MALLE | WOSCHITZ | KOTH | SALZGER

Mathematik verstehen

7

Univ.-Prof. Mag. Dr. Günther Malle
Hochschulprofessorin Mag. Dr. Maria Koth
Prof. Mag. Dr. Helge Woschitz
Prof. Mag. Sonja Malle
Prof. Mag. Dr. Bernhard Salzger
MMag. Dr. Andreas Ulovec

Die Online-Ergänzung auf www.oebv.at wurde erstellt von:
Prof. Mag. Dr. Bernhard Salzger
Mag. Dr. Christian Dorner
Doz. Dr. Franz Embacher
MMag. Dr. Andreas Ulovec
Prof. Mag. Gerald Puchinger

www.oebv.at

Wie arbeite ich mit dem Buch?

Jedes Kapitel beginnt mit einer **Aufzählung der Lernziele** (dunkelblau hinterlegt), die in den einzelnen Abschnitten dieses Kapitels angestrebt werden. Danach folgt eine **Zusammenstellung der Grundkompetenzen** (hellblau hinterlegt), die in diesem Kapitel erworben werden sollen.

Im Buch wird zwischen Lehrplan L und schriftlicher Reifeprüfung R unterschieden. Die orange Linie am linken Seitenrand zeigt genau an, was für die schriftliche Reifeprüfung relevant ist.

Fast jedes Kapitel beinhaltet eine Seite **Technologie kompakt**. Diese Seiten fördern technologiegestütztes Lernen, bieten gezielte Befehle für GeoGebra und Casio Class Pad II und beinhalten zusätzliche Aufgaben für den Technologieeinsatz.

Jedes Kapitel endet mit einem **Kompetenzcheck**, in dem die geforderten Grundkompetenzen durch Aufgaben vom **Typ 1** und **Typ 2** überprüft werden. Die zugehörigen Grundkompetenzen stehen jeweils links neben der Aufgabennummer.

Am Ende eines Semesters gibt es einen **Semestercheck** mit Aufgaben vom **Typ 1** und **Typ 2**, die alle geforderten Grundkompetenzen nochmals abprüfen.

Das **Lehrwerk Online** ist eine Ergänzung zum Schulbuch und bietet nützliche Materialien für den Unterricht. Man kann entweder den Online-Code direkt ins Suchfeld eingeben oder auf der Website direkt beim Lehrwerk auf Lehrwerk-Online klicken. Das verfügbare Online-Material wird laufend ergänzt und aktuell gehalten.

T – Dieses Symbol kennzeichnet Aufgaben oder Stellen, an denen ein **Technologieeinsatz** möglich bzw. empfehlenswert ist.

T kompakt
Seite XXX

Dieses Symbol verweist auf die **Technologie kompakt**-Seiten, auf denen man kurzgefasste Anleitungen zum Technologieeinsatz von GeoGebra bzw. Casio Class Pad II vorfindet.

Applet
Lernapplet
Arbeitsblatt
Lesetext: ABC
Fragen zum Grundwissen
TI-Nspire kompakt
XXXXXX

Symbole dieser Art verweisen auf
- **Applets**, die zur Erklärung des Stoffes im Unterricht herangezogen und mit dem Programm GeoGebra geöffnet werden können.
- **Lernapplets**, die zum eigenständigen Erlernen bzw. Festigen grundlegender Inhalte herangezogen werden.
- **Arbeitsblätter**, die Schülerinnen und Schüler beim Üben unterstützen.
- **Lesetexte** zur Geschichte der Mathematik oder anderen Themen. Sie fördern die Fähigkeit mathematische Texte zu lesen und geben Anregungen für eine vorwissenschaftliche Arbeit.
- **Fragen zum Grundwissen** mit ausformulierten Antworten zu jedem Kapitel, die als pdf-Datei zum Download angeboten werden.
- **TI-Nspire kompakt**, die analog zu den Technologie kompakt-Seiten für jedes Kapitel Kurzanleitungen für den TI-Nspire bieten.

Dieses Symbol verweist auf folgende Zusatzbände:
Mathematik verstehen Technologietraining GeoGebra bzw. **Casio**

Der Zusatzband **Mathematik verstehen Grundkompetenztraining** bietet weitere Möglichkeiten zum Erwerb und zur Überprüfung der Grundkompetenzen.

INHALTSVERZEICHNIS

5. SEMESTER

6. SEMESTER

1 GLEICHUNGEN UND POLYNOMFUNKTIONEN

LERNZIELE

1.1 **Polynome und algebraische Gleichungen vom Grad n** kennen. Einfache **Lösungsmethoden für Gleichungen vom Grad 3 oder 4** kennen.

1.2 Wissen, dass eine **algebraische Gleichung vom Grad n höchstens n Lösungen** und eine **Polynomfunktion vom Grad n höchstens n Nullstellen** haben kann.

- **Technologie kompakt**
- **Kompetenzcheck**

GRUNDKOMPETENZEN

AG-R 1.2 Wissen über **algebraische Begriffe** angemessen einsetzen können: […] Gleichungen, […] Umformungen, Lösbarkeit.

FA-R 4.4 Den Zusammenhang zwischen dem **Grad der Polynomfunktion** und der **Anzahl der Nullstellen** […] wissen.

1.1 ALGEBRAISCHE GLEICHUNGEN

R Wiederholung: Quadratische Gleichungen

Eine Gleichung der Form $\mathbf{a \cdot x^2 + b \cdot x + c = 0}$ (mit a, b, c $\in \mathbb{R}$ und $a \neq 0$) heißt **quadratische Gleichung**. Mittels Division durch a lässt sich eine solche Gleichung auf die normierte Form $\mathbf{x^2 + px + q = 0}$ (mit p, q $\in \mathbb{R}$) bringen.

Lösungsformeln:

- $x^2 + px + q = 0 \quad \Leftrightarrow \quad x = -\frac{p}{2} \pm \sqrt{\left(\frac{p}{2}\right)^2 - q}$
- $ax^2 + bx + c = 0 \quad \Leftrightarrow \quad x = \frac{-b \pm \sqrt{b^2 - 4ac}}{2a}$

Eine quadratische Gleichung kann genau zwei reelle Zahlen als Lösungen, genau eine reelle Zahl als Lösung oder keine reelle Zahl als Lösung haben.

Manche Gleichungen können mit dem folgenden Satz gelöst werden:

Produkt-Null-Satz: Ein Produkt ist genau dann null, wenn mindestens ein Faktor null ist.

R AUFGABEN

1.01 Löse die Gleichung in $\mathbb{R}$ und mache die Probe!

a) $x^2 + 12x + 36 = 0$ **b)** $x^2 - \frac{9}{2}x = -5$ **c)** $4x^2 - 9x - 9 = 0$ **d)** $70x^2 + 11x = 3$

1.02 Löse die Gleichung in $\mathbb{R}$ unter Verwendung des Produkt-Null-Satzes!

a) $\left(x - \frac{1}{2}\right)\left(x + \frac{5}{6}\right) = 0$ **c)** $5 \cdot \left(2x + \frac{3}{4}\right)(x - 5) = 0$ **e)** $\left(x + \frac{1}{4}\right)\left(x - \frac{1}{3}\right)\left(x + \frac{1}{2}\right) = 0$

b) $(x - 0{,}3) \cdot (x - 0{,}7) = 0$ **d)** $x \cdot (x - 5)^2 = 0$ **f)** $(x - 1)(x^2 - x - 6) = 0$

R Algebraische Gleichungen vom Grad n

Definition

(1) Ein Ausdruck der Form $a_n x^n + a_{n-1} x^{n-1} + \ldots + a_1 x + a_0$ (mit $n \in \mathbb{N}$, $a_n, a_{n-1}, \ldots, a_0 \in \mathbb{R}$ und $a_n \neq 0$) heißt **Polynom vom Grad n.**

(2) Eine Gleichung der Form $a_n x^n + a_{n-1} x^{n-1} + \ldots + a_1 x + a_0 = 0$ (mit $n \in \mathbb{N}$, $a_n, a_{n-1}, \ldots, a_0 \in \mathbb{R}$ und $a_n \neq 0$) heißt **(algebraische) Gleichung vom Grad n.**

Für algebraische Gleichungen vom Grad 2 kennen wir Lösungsformeln, für algebraische Gleichungen mit höherem Grad jedoch nicht. Im Folgenden besprechen wir einige Methoden, die zum Lösen solcher Gleichungen nützlich sein können.

R Lösen von Gleichungen durch Anwenden binomischer Formeln

Wir wiederholen zunächst die binomischen Formeln:

(1) $(a+b)^2 = a^2 + 2ab + b$

(2) $(a-b)^2 = a^2 - 2ab + b^2$

(3) $(a+b) \cdot (a-b) = a^2 - b^2$

1.03 Löse die Gleichung **a)** $x^2 + 8x + 16 = 0$, **b)** $x^2 - 6x + 9 = 0$, **c)** $x^4 - 81 = 0$ in $\mathbb{R}$!

LÖSUNG:

a) Nach der Formel (1) lässt sich die Gleichung so anschreiben: $(x+4)^2 = 0$
Diese Gleichung hat nur die reelle Lösung −4.
Die Lösungsmenge lautet: $L = \{-4\}$.

b) Nach der Formel (2) lässt sich die Gleichung so anschreiben: $(x-3)^2 = 0$
Diese Gleichung hat nur die reelle Lösung 3.
Die Lösungsmenge lautet: $L = \{3\}$.

c) Nach der Formel (3) lässt sich die Gleichung so anschreiben: $(x^2+9)(x^2-9) = 0$
Nach dem Produkt-Null-Satz folgt: $x^2 + 9 = 0 \lor x^2 - 9 = 0$
Die erste dieser beiden Gleichungen hat keine reelle Lösung, die zweite hat die reellen Lösungen 3 und −3.
Die Lösungsmenge lautet: $L = \{-3, 3\}$.

R AUFGABEN

1.04 Löse die Gleichung in $\mathbb{R}$ mit Hilfe einer binomischen Formel!

a) $x^4 - 625 = 0$ **b)** $x^4 = 81$ **c)** $x^2 - 2x + 1 = 0$ **d)** $x^2 + 12x + 36 = 0$

R Lösen von Gleichungen durch Herausheben

1.05 Löse die Gleichung **a)** $x^3 - 4x^2 - 5x = 0$, **b)** $x^2(x^2 - 2x + 1) = 2(x^2 - 2x + 1)$ in $\mathbb{R}$!

LÖSUNG:

a) $x^3 - 4x^2 - 5x = 0$
Wir heben x heraus:
$x \cdot (x^2 - 4x - 5) = 0$
Nach dem Produkt-Null-Satz gilt:
$x = 0 \lor x^2 - 4x - 5 = 0$
$x = 0 \lor x = -1 \lor x = 5$
$L = \{-1, 0, 5\}$

b) $x^2(x^2 - 2x + 1) - 2(x^2 - 2x + 1) = 0$
Wir heben $(x^2 - 2x + 1)$ heraus:
$(x^2 - 2)(x^2 - 2x + 1) = 0$
Nach dem Produkt-Null-Satz gilt:
$x^2 - 2 = 0 \lor x^2 - 2x + 1 = 0$
$x = \sqrt{2} \lor x = -\sqrt{2} \lor x = 1$
$L = \{-\sqrt{2}, 1, \sqrt{2}\}$

1.06 (Fortsetzung von 1.05 a) Jemand löst die Gleichung $x^3 - 4x^2 - 5x = 0$ so:

$x^3 - 4x^2 - 5x = 0 \quad | : x$

$x^2 - 4x - 5 = 0$

$x = -1 \lor x = 5$

Die Lösung $x = 0$ ist verlorengegangen. Wo liegt der Fehler?

LÖSUNG:

Durch x darf man nur dividieren, wenn $x \neq 0$ ist. Es wurde also stillschweigend $x \neq 0$ vorausgesetzt und dabei übersehen, dass $x = 0$ eine Lösung der Gleichung ist.

BEACHTE

Wenn man in einer Gleichung durch eine Unbekannte dividiert, können Lösungen verloren gehen.

R AUFGABEN

1.07 Löse die Gleichung in $\mathbb{R}$ durch Herausheben!

a) $x^3 + 2x^2 - 3x = 0$

b) $x^3 - 6x^2 + 8x = 0$

c) $x^3 - 4x^2 - 5x = 0$

d) $-\frac{1}{4}x^4 + x^3 = 0$

e) $\frac{1}{20} \cdot (x^4 - 14x^3 + 45x^2) = 0$

f) $\frac{1}{8}x^4 + \frac{1}{2}x^3 = 0$

1.08 Löse die Gleichung in $\mathbb{R}$ durch Herausheben!

a) $x^2(x + 3) - (x + 3) = 0$

b) $x^2(x - 3) = 2x(x - 3)$

c) $(x^2 - 7x)(x^2 - 3) = -6(x^2 - 3)$

d) $4(x^2 + 1)(x^2 - 1) - 17(x^2 - 1) = 0$

e) $x^3 - 5x^2 + (x - 5)^2 = 3x(5 - x)$

f) $5x(x^2 + 4x + 3) = (x^2 + 4)(x^2 + 4x + 3)$

R Lösen von Gleichungen durch Substitution

1.09 Ermittle alle reellen Lösungen der Gleichung **a)** $x^4 - x^2 - 2 = 0$, **b)** $x^6 - 9x^3 + 8 = 0$!

LÖSUNG:

a) Substitution: Wir setzen $x^2 = u$.

$u^2 - u - 2 = 0$

$u = -1 \lor u = 2$ (Rechne nach!)

Rücksubstition: Wir setzen $u = x^2$.

$x^2 = -1 \lor x^2 = 2$

Die Gleichung $x^2 = -1$ hat keine Lösung in $\mathbb{R}$, die Gleichung $x^2 = 2$ hat die Lösungen $x = \sqrt{2}$ und $x = -\sqrt{2}$.

$L = \{-\sqrt{2}, \sqrt{2}\}$

b) Substitution: Wir setzen $x^3 = u$.

$u^2 - 9u + 8 = 0$

$u = 1 \lor u = 8$ (Rechne nach!)

Rücksubstition: Wir setzen $u = x^3$.

$x^3 = 1 \lor x^3 = 8$

Die Gleichung $x^3 = 1$ hat die Lösung 1, die Gleichung $x^3 = 8$ hat die Lösung 2.

$L = \{1, 2\}$

BEMERKUNG: Eine Gleichung der Form $a \cdot x^4 + b \cdot x^2 + c = 0$ mit $a \neq 0$ bezeichnet man als **biquadratische Gleichung**.

R AUFGABEN

1.10 Ermittle alle reellen Lösungen der Gleichung durch Substitution!

a) $x^4 - 5x^2 + 6 = 0$

b) $3x^4 + 10x^2 + 3 = 0$

c) $4x^4 + 3x^2 - 1 = 0$

d) $x^4 - 13x^2 + 36 = 0$

e) $x^6 - 4x^3 + 3 = 0$

f) $8x^6 + 215x^3 - 27 = 0$

1.11 Ermittle alle reellen Lösungen der Gleichung durch Substitution!

a) $(x + 1)^4 + (x + 1)^2 - 20 = 0$

b) $(x - 2)^4 - 2(x - 2)^2 - 8 = 0$

R

Lösen von Gleichungen durch Abspalten von Linearfaktoren

Die binomische Formel $a^2 - b^2 = (a-b)(a+b)$ lässt sich wie folgt zu einer Regel verallgemeinern, die auf den Mathematiker **William George Horner** (1786–1837) zurückgeht.

Satz (Regel von Horner)

Für alle $a, b \in \mathbb{R}$ und alle $n \in \mathbb{N}^*$ gilt:

$$a^n - b^n = (a-b)(a^{n-1} + a^{n-2} \cdot b^1 + \ldots + a^1 \cdot b^{n-2} + b^{n-1})$$

BEWEIS:

$$(a-b)(a^{n-1} + a^{n-2} \cdot b + \ldots + a \cdot b^{n-2} + b^{n-1}) =$$
$$= a^n + a^{n-1} \cdot b + a^{n-2} \cdot b^2 + \ldots + a^2 \cdot b^{n-2} + a \cdot b^{n-1} -$$
$$- a^{n-1} \cdot b - a^{n-2} \cdot b^2 - \ldots - a^2 \cdot b^{n-2} - a \cdot b^{n-1} - b^n = a^n - b^n$$

□

1.12 Man sieht sofort, dass die Gleichung $x^3 - 8 = 0$ die Lösung $x = 2$ hat. Aber gibt es möglicherweise noch weitere Lösungen? Zeige mit der Regel von Horner, dass dies nicht der Fall ist!

LÖSUNG:

Mit Hilfe der Regel von Horner lässt sich die Gleichung so schreiben:

$$x^3 - 8 = x^3 - 2^3 = (x-2)(x^2 + x \cdot 2 + 2^2) = (x-2)(x^2 + 2x + 4) = 0$$
$$x - 2 = 0 \ \vee \ x^2 + 2x + 4 = 0$$

Die erste Gleichung hat die Lösung $x = 2$. Die quadratische Gleichung hat keine reelle Lösung, da die Diskriminante negativ ist. Somit ist 2 die einzige Lösung der gegebenen Gleichung.

1.13 Zeige, dass 1 eine Lösung der Gleichung $x^3 + 2x^2 - 13x + 10 = 0$ ist, und ermittle alle Lösungen dieser Gleichung!

LÖSUNG:

- Es gilt $1^3 + 2 \cdot 1^2 - 13 \cdot 1 + 10 = 0$. Somit ist 1 eine Lösung der Gleichung.
- Um die weiteren Lösungen zu ermitteln, zerlegen wir das Polynom $f(x) = x^3 + 2x^2 - 13x + 10$. Dies kann man auf zwei Arten durchführen:

1. Art (mit der Regel von Horner): Wegen $f(1) = 0$ können wir schreiben:

$$f(x) = f(x) - f(1) = x^3 + 2x^2 - 13x + 10 - (1^3 + 2 \cdot 1^2 - 13 \cdot 1 + 10) =$$
$$= (x^3 - 1^3) + 2 \cdot (x^2 - 1^2) - 13 \cdot (x-1) =$$
$$\overset{\text{Regel von Horner}}{=} (x-1)(x^2 + x + 1) + 2 \cdot (x-1)(x+1) - 13 \cdot (x-1) =$$
$$= (x-1) \cdot [(x^2 + x + 1) + 2 \cdot (x+1) - 13] = (x-1) \cdot (x^2 + 3x - 10)$$

2. Art (mittels Polynomdivision): $(x^3 + 2x^2 - 13x + 10) : (x-1) = x^2 + 3x - 10$

$$\begin{array}{l} \underline{\overset{-}{(+)}x^3 \overset{+}{(-)} x^2} \\ \quad 3x^2 - 13x \\ \quad \underline{\overset{-}{(+)}3x^2 \overset{+}{(-)} 3x} \\ \qquad -10x + 10 \\ \qquad \underline{\overset{+}{(-)}10x \overset{-}{(+)} 10} \\ \qquad\qquad 0 \end{array}$$

Wir erhalten (Probe zur Division): $f(x) = (x-1) \cdot (x^2 + 3x - 10)$

In beiden Fällen kann die gegebene Gleichung so geschrieben werden:

$$(x-1) \cdot (x^2 + 3x - 10) = 0$$
$$x = 1 \ \vee \ x = 2 \ \vee \ x = -5 \quad \text{(Rechne nach!)}$$

Mit Hilfe der Regel von Horner kann man den folgenden Satz beweisen:

Satz

Ist f(x) ein Polynom vom Grad n und x_0 eine Lösung der Gleichung $f(x) = 0$, dann gilt

$$\mathbf{f(x) = (x - x_0) \cdot g(x)}$$

für alle $x \in \mathbb{R}$, wobei g(x) ein Polynom vom Grad $n - 1$ ist.

BEWEIS: $f(x) = a_n x^n + a_{n-1} x^{n-1} + \ldots + a_1 x + a_0$

Wegen $f(x_0) = 0$ gilt:

$$f(x) = f(x) - f(x_0) = a_n x^n + a_{n-1} x^{n-1} + \ldots + a_1 x + a_0 - (a_n x_0^n + a_{n-1} x_0^{n-1} + \ldots + a_1 x_0 + a_0) =$$
$$= a_n(x^n - x_0^n) + a_{n-1}(x^{n-1} - x_0^{n-1}) + \ldots + a_1(x - x_0)$$

Auf jede Klammer in diesem Ausdruck wenden wir die Regel von Horner an:

$$f(x) = a_n(x - x_0)(x^{n-1} + \ldots) + a_{n-1}(x - x_0)(x^{n-2} + \ldots) + \ldots + a_1(x - x_0) =$$
$$= (x - x_0)(a_n x^{n-1} + \ldots) + (x - x_0)(a_{n-1} x^{n-2} + \ldots) + \ldots + a_1(x - x_0) =$$
$$= (x - x_0)(a_n x^{n-1} + \ldots) = (x - x_0) \cdot g(x)$$

Wegen $a_n \neq 0$ ist g(x) ein Polynom vom Grad $n - 1$. □

Definition

Den Faktor $\mathbf{x - x_0}$ im obigen Satz bezeichnet man als **Linearfaktor** zur Lösung x_0, die **Zerlegung** $\mathbf{f(x) = (x - x_0) \cdot g(x)}$ als **Abspalten des Linearfaktors** $\mathbf{x - x_0}$.

T kompakt Seite 13

Durch das Abspalten eines Linearfaktors kann das Lösen einer Gleichung vom Grad n auf das Lösen einer Gleichung vom Grad $n - 1$ zurückgeführt werden. Allerdings setzt dies voraus, dass man eine Lösung x_0 der gegebenen Gleichung kennt. Eine solche kann man manchmal durch Probieren finden.

R

AUFGABEN

1.14 Zeige mit Hilfe der Regel von Horner, dass die folgende Gleichung nur eine Lösung in $\mathbb{R}$ besitzt!

a) $x^3 - 27 = 0$ **b)** $x^3 - 64 = 0$ **c)** $x^3 - 343 = 0$

1.15 Ermittle alle reellen Lösungen der folgenden Gleichung!

a) $x(x^3 - 125) = 0$ **b)** $x^2(x^2 + 1) = 0$ **c)** $x^4 - 1 = 0$ **d)** $(x^2 - 1)(x^6 - 64) = 0$

1.16 Zeige, dass x_0 eine Lösung der gegebenen Gleichung ist, und ermittle alle weiteren reellen Lösungen dieser Gleichung durch Abspalten von $x - x_0$!

a) $x^3 - 7x + 6 = 0,\ x_0 = 1$
b) $x^3 + 2x^2 - x - 2 = 0,\ x_0 = 1$
c) $x^3 - 2x^2 - 9x + 18 = 0,\ x_0 = 2$
d) $4x^3 + 4x^2 - 7x + 2 = 0,\ x_0 = -2$
e) $x^3 + 2x^2 - 23x - 60 = 0,\ x_0 = -3$
f) $x^3 - 8x^2 + 19x - 12 = 0,\ x_0 = 3$
g) $x^3 - 3x^2 - 6x + 8 = 0,\ x_0 = 4$
h) $2x^3 + 9x^2 + 5x + 4 = 0,\ x_0 = -4$

1.17 Finde eine Lösung x_0 der folgenden Gleichung durch Probieren und ermittle anschließend alle weiteren reellen Lösungen der Gleichung durch Abspalten von $x - x_0$!

T kompakt Seite 13

a) $x^3 - 6x^2 + 11x - 6 = 0$
b) $x^3 - x^2 - 10x - 8 = 0$
c) $4x^3 - 3x - 1 = 0$
d) $2x^3 - x^2 - 13x - 6 = 0$
e) $x^4 + x^3 - 7x^2 - x + 6 = 0$
f) $x^4 + 2x^3 - 13x^2 - 14x + 24 = 0$
g) $2x^4 - 8x^3 + 9x^2 - 4x + 4 = 0$
h) $3x^4 + 11x^3 + 4x^2 - 20x - 16 = 0$

R

Anzahl der Lösungen einer Gleichung vom Grad n

Hat eine algebraische Gleichung $f(x) = 0$ vom Grad n mehrere Lösungen $x_1, x_2, \ldots, x_k$, so kann man fortlaufend Linearfaktoren abspalten und erhält:

$$f(x) = (x - x_1) \cdot (x - x_2) \cdot \ldots \cdot (x - x_k) \cdot g(x)$$

Da f(x) vom Grad n ist, kann man aber höchstens n Linearfaktoren abspalten. Daraus ergibt sich unmittelbar der folgende Satz:

Satz

Eine **Gleichung** vom **Grad n** besitzt **höchstens n reelle Lösungen**.

BEACHTE: Eine Gleichung vom Grad n kann durchaus weniger als n reelle Lösungen haben. Zum Beispiel kann die Gleichung $x^3 - 3x^2 + 3x - 1 = 0$ in der Form $(x - 1)^3 = 0$ geschrieben werden, woraus man erkennt:
Die Gleichung ist vom Grad 3, hat aber nur eine reelle Lösung, nämlich 1.

R

AUFGABEN

1.18 Gegeben ist eine algebraische Gleichung vom Grad 4. Kreuze die möglichen Fälle an!

Die Gleichung hat keine Lösung.	☒
Die Gleichung hat genau eine Lösung.	☒
Die Gleichung hat genau drei Lösungen.	☒
Die Gleichung hat mehr als vier Lösungen.	☐
Die Gleichung hat mehr als zwei Lösungen.	☒

1.19 Gib ein Beispiel einer Gleichung vom Grad 3 an, die **1)** genau eine, **2)** genau zwei, **3)** genau drei reelle Lösungen hat!

LÖSUNG ZU **1)**: Zum Beispiel hat die Gleichung $(x + 2)^3 = 0$ bzw. $x^3 + 6x^2 + 12x + 8 = 0$ nur die Lösung $x = -2$.

1.20 Gib ein Beispiel einer Gleichung vom Grad 4 an, die **1)** genau eine, **2)** genau zwei, **3)** genau drei, **4)** genau vier reelle Lösungen hat!

R

Faktorisieren von Polynomen

kompakt Seite 13

Arbeitsblatt 9ps5tk

Polynome lassen sich in Faktoren zerlegen.

BEISPIEL 1: $f_1(x) = x^3 - 2x^2 - 5x + 6 = (x + 2) \cdot (x - 1) \cdot (x - 3)$

BEISPIEL 2: $f_2(x) = x^3 - 5x^2 + 8x - 4 = (x - 1) \cdot (x - 2)^2 = (x - 1) \cdot (x - 2) \cdot (x - 2)$

BEISPIEL 3: $f_3(x) = x^3 - x^2 + 4x - 4 = (x - 1) \cdot (x^2 + 4)$

Nach dem Produkt-Null-Satz erkennt man daraus:

- Die Gleichung $f_1(x) = 0$ hat die Lösungen −2, 1 und 3.
- Die Gleichung $f_2(x) = 0$ hat nur die Lösungen 1 und 2, obwohl der Faktor $(x - 2)$ zweimal auftritt. Man bezeichnet die Lösung 2 daher auch als „**Doppellösung**".
- Die Gleichung $f_3(x) = 0$ hat nur die Lösung 1, weil sich der quadratische Faktor $(x^2 + 4)$ in $\mathbb{R}$ nicht weiter in Linearfaktoren zerlegen lässt.

1.2 NULLSTELLEN VON POLYNOMFUNKTIONEN

Wir wiederholen (siehe Mathematik verstehen 6, Seite 52):

Definition

Eine reelle Funktion f mit $f(x) = a_n x^n + a_{n-1}x^{n-1} + \ldots + a_1 x + a_0$ (mit $n \in \mathbb{N}$, $a_n, a_{n-1}, \ldots, a_0 \in \mathbb{R}$ und $a_n \neq 0$) heißt **Polynomfunktion vom Grad n.**

Häufig sind jene Stellen von Interesse, an denen die Funktion den Wert 0 annimmt.

Definition

Es sei $f\colon A \to \mathbb{R}$ eine reelle Funktion. Eine Stelle $x_0 \in A$ heißt **Nullstelle von f**, wenn $f(x_0) = 0$ ist.

BEACHTE

- **x_0 ist Nullstelle von f $\Leftrightarrow$ x_0 ist Lösung der Gleichung $f(x) = 0$**
- Eine **Nullstelle x_0** ist vom **Punkt $(x_0 \mid 0)$** zu unterscheiden.

Da eine Gleichung vom Grad n höchstens n Lösungen haben kann, kann eine Polynomfunktion vom Grad n höchstens n Nullstellen besitzen. Wir halten dies fest:

Satz

Eine **Polynomfunktion** vom **Grad n** hat **höchstens n Nullstellen**.

Eine Polynomfunktion f vom Grad n kann aber durchaus weniger als n Nullstellen besitzen, wenn die algebraische Gleichung $f(x) = 0$ vom Grad n weniger als n Lösungen hat.

Ist x_0 eine „Doppellösung" der Gleichung $f(x) = 0$, dann bezeichnet man die dazugehörige Nullstelle von f manchmal als **„Doppelnullstelle"**.

BEISPIEL: $f(x) = 0{,}25 \cdot (x^2 - 4x + c)$ mit $c \in \mathbb{R}$

- Für $c = 3$ ist $f(x) = 0{,}25 \cdot (x^2 - 4x + 3) = 0{,}25 \cdot (x-1)(x-3)$ (roter Graph)
- Für $c = 4$ ist $f(x) = 0{,}25 \cdot (x-2)^2$ (blauer Graph)

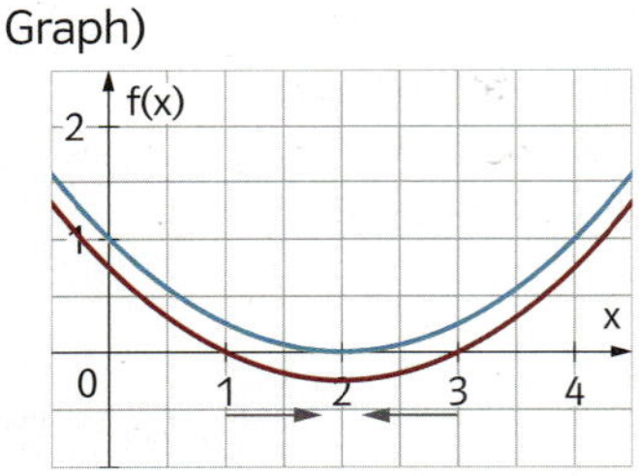

Wird der rote Graph in Richtung der zweiten Achse nach oben verschoben, kommen die beiden Nullstellen einander immer näher, bis sie schließlich zusammenfallen und eine „Doppelnullstelle" bilden. Man erkennt eine Doppelnullstelle also daran, dass der Graph von f die erste Achse an der betreffenden Stelle berührt.

R **AUFGABEN**

1.21 Nebenstehend ist ein Ausschnitt einer Polynomfunktion f vom Grad 6 dargestellt. Entnimm dem Graphen alle Nullstellen von f und begründe, dass keine weiteren Nullstellen von f existieren!

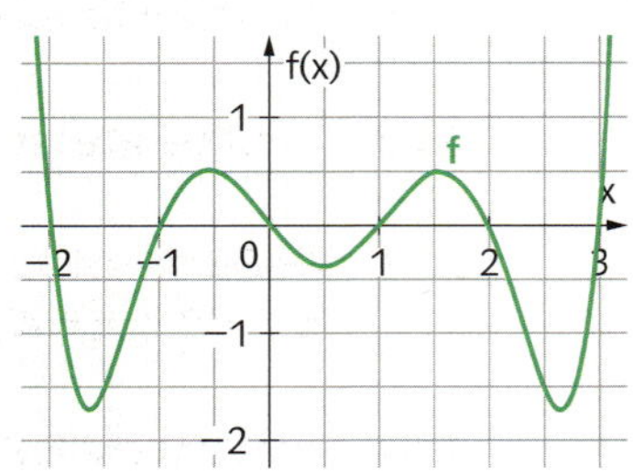

1.22 Ermittle alle Nullstellen der Funktion $f\colon \mathbb{R} \to \mathbb{R}$!

T kompakt Seite 13

a) $f(x) = (x-3)^2$
b) $f(x) = x^3 - x$
c) $f(x) = x^4 - 2x^2 + 1$
d) $f(x) = x^4 + x^3 - 6x^2$

T **1.23** Faktorisiere das Polynom f(x) und ermittle daraus die Lösungen der Gleichung $f(x) = 0$!

a) $f(x) = x^3 + 2x^2 - x - 2$
b) $f(x) = 2x^3 - 5x^2 + 4x - 1$
c) $f(x) = x^3 + x^2 + x + 1$
d) $f(x) = x^4 - 2x^3 - 3x^2 + 4x + 4$

R TECHNOLOGIE KOMPAKT

GEOGEBRA | CASIO CLASS PAD II

Algebraische Gleichung vom Grad n lösen

GeoGebra:
x= CAS-Ansicht:
Eingabe: Löse(*Gleichung*) – Werkzeug =
Ausgabe → *Liste der Lösung(en)*
BEMERKUNG: Gleichungen höheren Grades ($n > 4$) lassen sich auf diese Weise nicht immer lösen!

Casio Class Pad II:
Iconleiste – Main – Menüleiste – Aktion – Weiterführend – solve(*Gleichung*) EXE
Ausgabe → *Liste der Lösung(en)*

Linearfaktor(en) eines Polynoms abspalten

GeoGebra:
x= CAS-Ansicht:
Eingabe: Faktorisiere(*Polynom*) – Werkzeug =
Ausgabe → *Termdarstellung mit abgespaltenen Linearfaktoren*

Casio Class Pad II:
Iconleiste – Main – Menüleiste – Aktion – Umformungen – faktoris – factor(*Polynom*) EXE
Ausgabe → *Termdarstellung mit abgespaltenen Linearfaktoren*

Nullstelle(n) einer Polynomfunktion bestimmen

GeoGebra:
x= CAS-Ansicht:
Eingabe: Nullstelle(*Funktionsterm*) – Werkzeug =
Ausgabe → *Liste der reellen Nullstellen der Polynomfunktion*
oder
Algebra-Ansicht:
Eingabe: Nullstelle(*Funktionsterm*) ENTER
Ausgabe → *Liste von Punkten* $(x_0, 0)$*, wobei* x_0 *Nullstelle der Polynomfunktion*
Grafik-Ansicht:
Ausgabe → *Punkte* $(x_0, 0)$*, wobei* x_0 *Nullstelle der Polynomfunktion*

Casio Class Pad II:
Iconleiste – Main – Menüleiste – Aktion – Weiterführend – solve(*Funktionsterm, Variable*) EXE
Ausgabe → *Liste der reellen Nullstellen der Polynomfunktion*
oder
Iconleiste – Menu – Grafik & Tabelle
Eingabe: *Funktionsterm* EXE
Symbolleiste – [Grafik-Symbol]
Menüleiste – Analyse – Grafische Lösung – Nullstelle EXE
Ausgabe → *Punkt* $(x_0,0)$*, wobei* x_0 *Nullstelle der Polynomfunktion*
HINWEIS: Cursortaste rechts für weitere Nullstellen
HINWEIS: Nullstellen müssen vor der Analyse auf dem Bildschirm sichtbar sein.

AUFGABEN

T 1.01 Löse die Gleichung $x^2 + 12x + 36 = 0$
a) mit Hilfe einer binomischen Formel, **b)** mit Technologieeinsatz!

T 1.02 Ermittle alle reellen Lösungen der Gleichung $(x+1)^4 + (x+1)^2 - 20 = 0$!

T 1.03 Gegeben sei das Polynom f mit $f(x) = x^3 + 2x^2 - 13x + 10$. Bestimme die Lösungen der Gleichung $f(x) = 0$ durch Abspalten möglichst vieler Linearfaktoren mit Technologieeinsatz!

T 1.04 Ermittle alle Nullstellen der Polynomfunktion f mit $f(x) = x^4 + x^3 - 6x^2$! Hat diese Funktion eine Doppelnullstelle? Zeichne den Funktionsgraphen von f sowie die zu den Nullstellen gehörigen Punkte $(x_0, 0)$ in ein Koordinatensystem. Wenn es eine Doppelnullstelle gibt, wo ist diese?

R KOMPETENZCHECK

AUFGABEN VOM TYP 1

AG-R 1.2 **1.24** Ermittle alle reellen Lösungen der Gleichung!

a) $(x-100)(x-200)(x+200)=0$ **b)** $x(x^4-625)=0$

AG-R 1.2 **1.25** Zerlege die Terme in Linearfaktoren!

a) $(x-2)(x^2-9)$ **b)** $x^3+x^2-10x+8$

AG-R 1.2 **1.26** Ermittle alle reellen Lösungen der Gleichung!

a) $x^4-x^3-x+1=0$ **b)** $(x^2-9)(x^3-27)=0$

AG-R 1.2 **1.27** Ermittle alle reellen Lösungen der Gleichung!

a) $x^3+5x^2+6x=0$ **b)** $x^4-7x^3+x^2+63x-90=0$

AG-R 1.2 **1.28** Ermittle alle reellen Lösungen der Gleichung $x^3-\frac{1}{a^6}=0$ (mit $a \neq 0$)!

AG-R 1.2 **1.29** Ordne jeder Gleichung in der linken Tabelle die Anzahl der reellen Lösungen aus der rechten Tabelle zu!

$x^2 \cdot (x^2-4)=0$	C
$(x-64)^2=0$	A
$x^3-3x^2=0$	B

A	1
B	2
C	3

AG-R 1.2 **1.30** Kreuze die zutreffende(n) Aussage(n) an!

Jede algebraische Gleichung vom Grad n besitzt n reelle Lösungen.	☐
Jede algebraische Gleichung vom Grad n besitzt weniger als n reelle Lösungen.	☐
Jede algebraische Gleichung vom Grad n besitzt höchstens n reelle Lösungen.	☒
Eine algebraische Gleichung vom Grad n muss keine reelle Lösung besitzen.	☒
Eine algebraische Gleichung vom Grad n kann unendlich viele Lösungen besitzen.	☐

FA-R 4.4 **1.31** Nebenstehend ist eine Polynomfunktion f vom Grad 3 gezeichnet. Die Polynomfunktionen f_1, f_2, f_3 und f_4 sind definiert durch:

$f_1(x)=f(x)-1$ 3
$f_2(x)=f(x)-2$ 2 Nullstellen
$f_3(x)=f(x)-3$ 1
$f_4(x)=-f(x)$ 2

Gib an, wie viele Nullstellen diese Funktionen jeweils besitzen!

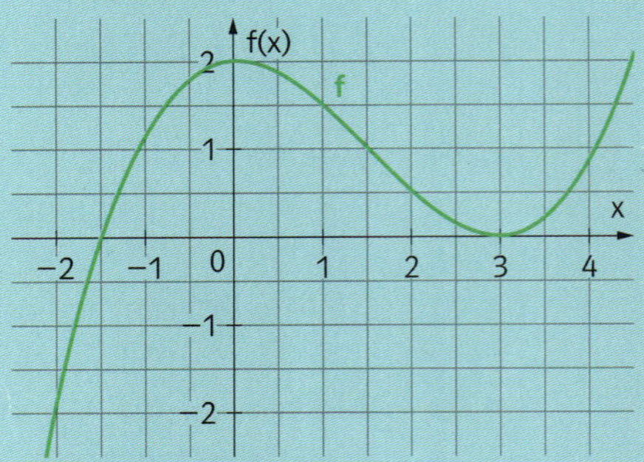

FA-R 4.4 **1.32** Wie viele Nullstellen kann eine Polynomfunktion vom Grad 4 haben? Skizziere für jede mögliche Anzahl von Nullstellen einen dazugehörigen Graphen!

AUFGABEN VOM TYP 2

AG-R 1.2 FA-R 4.4 **1.33 Gleichungen höheren Grades**

a) Aus gleichartigen Würfeln werden Pyramiden in mehreren Schichten wie in nebenstehender Abbildung gebaut. Um eine aus n Schichten bestehende Pyramide zu erhalten, benötigt man insgesamt $\frac{n(n+1)(2n+1)}{6}$ Würfel.

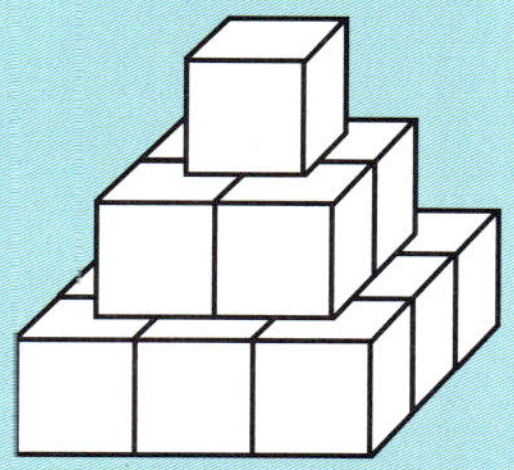

- Überprüfe dies für eine aus vier Schichten bestehende Pyramide!
- Berechne, wie viele Schichten man mit 140 Würfeln erhält!

b) Mit gleichartigen Würfeln soll eine Stiege wie in nebenstehender Abbildung gebaut werden. Um eine solche Stiege mit n Stufen zu erhalten, sind insgesamt $\frac{n \cdot (n+1)}{2}$ Würfel notwendig.

- Überprüfe dies für eine Stiege dieser Art mit 5 Stufen!
- Begründe, dass es nicht möglich ist, eine solche Stiege mit 130 Würfeln zu bauen!

c)
- Füllt man ein würfelförmiges Gefäß bis 1 dm unter der Oberkante mit Wasser, enthält es 100 Liter. Berechne die Kantenlänge des Gefäßes!
- Für ein quaderförmiges Gefäß ist die Breite um 3 dm größer als die Höhe und die Länge um 3 dm größer als die Breite. In das Gefäß passen genau 80 Liter Wasser hinein. Berechne die Höhe des Gefäßes!

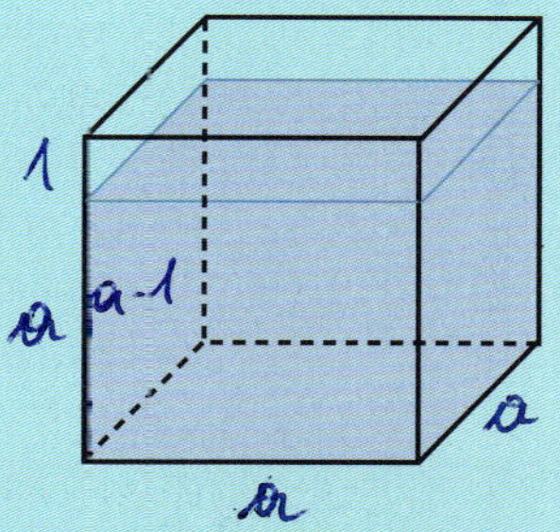

AG-R 1.2 FA-R 4.4 **1.34 Nullstellen von Polynomfunktionen**

a)
- Stelle das Polynom $f(x) = x^3 + 3x^2 - 5x + 1$ in der Form $f(x) = (x - 1) \cdot g(x)$ mit einem Polynom g(x) dar!
- Lässt sich auch das Polynom $h(x) = x^3 - 3x^2 - 5x + 1$ in dieser Form darstellen? Überprüfe mit Technologieeinsatz und begründe die Antwort!

b)
- Zerlege das Polynom $f(x) = x^3 - 6x^2 + 11x - 6$ in Linearfaktoren und gib alle reellen Lösungen der Gleichung $f(x) = 0$ an!
- Gib ein Polynom f(x) vom Grad 3 an, das den Linearfaktor $(x + 2)$ enthält und die Lösungen -3 und 1 besitzt!

c)
- Gib eine Polynomfunktion vom Grad 3 mit genau drei Nullstellen an, von denen eine negativ und die anderen beiden positiv sind!
- Gib eine Polynomfunktion vom Grad 4 mit genau zwei Nullstellen an, die beide negativ sind!

d)
- Gib eine Polynomfunktion vom Grad 5 an, die nur die Nullstelle 0 und zwei weitere von 0 verschiedene Nullstellen besitzt!
- Gib eine Polynomfunktion vom Grad 6 an, die keine Nullstelle besitzt!

2 GRUNDBEGRIFFE DER DIFFERENTIALRECHNUNG

LERNZIELE

2.1 Den **Differenzenquotienten** (die **mittlere Änderungsrate**) und den **Differentialquotienten** (die **Änderungsrate**) kennen und interpretieren können.

2.2 Den **Differenzen- und Differentialquotienten geometrisch deuten** können.

2.3 Die **Leibniz'sche Schreibweise für den Differenzen- und Differentialquotienten** kennen.

2.4 **Ableitungsregeln für Polynomfunktionen** kennen und anwenden können.

2.5 **Höhere Ableitungen** kennen und anwenden können.

- **Technologie kompakt**
- **Kompetenzcheck**

GRUNDKOMPETENZEN

AN-R 1.2 Den **Zusammenhang Differenzenquotient (mittlere Änderungsrate) – Differentialquotient („momentane" Änderungsrate)** auf der Grundlage eines intuitiven Grenzwertbegriffes kennen und damit (verbal sowie in formaler Schreibweise) auch kontextbezogen anwenden können.

AN-R 1.3 Den **Differenzen- und Differentialquotienten in verschiedenen Kontexten deuten** und entsprechende Sachverhalte durch den Differenzen- bzw. Differentialquotienten beschreiben können.

AN-R 2.1 **Einfache Regeln des Differenzierens** kennen und anwenden können: Potenzregel, Summenregel, […].

2.1 DIFFERENZENQUOTIENT UND DIFFERENTIALQUOTIENT

R

Geschwindigkeit

2.01 Beim Bungee-Jumping befindet sich der Springer im freien Fall, wenn man vom Luftwiderstand absieht. Für den Weg s(t), den ein Körper beim freien Fall im Zeitintervall [0; t] zurücklegt, gilt näherungsweise $s(t) = 5t^2$ (t in Sekunden, s in Meter).

1) Berechne die mittlere Geschwindigkeit des Springers im Zeitintervall [1; 4]!
2) Gib eine Formel für die mittlere Geschwindigkeit des Springers im Zeitintervall [t; z] an!
3) Wie groß ist die Geschwindigkeit des Springers zum Zeitpunkt 3?

LÖSUNG:

1) Wir bezeichnen die mittlere Geschwindigkeit des Springers im Zeitintervall $[t_1; t_2]$ mit $\bar{v}(t_1; t_2)$.

$$\bar{v}(1; 4) = \frac{\text{zurückgelegter Weg}}{\text{benötigte Zeit}} = \frac{s(4) - s(1)}{4 - 1} = \frac{5 \cdot 4^2 - 5 \cdot 1^2}{3} = 25 \text{ (m/s)}$$

Der Springer legt in den einzelnen Sekunden nicht den gleichen Weg zurück. (Am Anfang legt er in einer Sekunde etwas weniger, gegen Ende in einer Sekunde etwas mehr zurück.) Im Mittel (!) legt er jedoch 25 m pro Sekunde zurück.

2) $\overline{v}(t; z) = \frac{s(z) - s(t)}{z - t} = \frac{5 \cdot z^2 - 5 \cdot t^2}{z - t} = \frac{5 \cdot (z^2 - t^2)}{z - t} = \frac{5 \cdot (z - t)(z + t)}{z - t} = 5 \cdot (z + t)$

Diese Formel gilt nur für $z \neq t$, weil sonst die Nenner der Brüche gleich 0 wären.

3) Wir bezeichnen die Geschwindigkeit des Springers zum Zeitpunkt 3 mit v(3).
Was soll man darunter überhaupt verstehen? Es liegt nahe, die mittleren Geschwindigkeiten in immer kleiner werdenden Zeitintervallen [3; z] zu ermitteln, dh. z immer näher bei 3 zu wählen, wodurch man eine immer bessere Näherung für die gesuchte Geschwindigkeit v(3) erhält.

Nach **2)** gilt für $t = 3$:

$$\overline{v}(3; z) = 5 \cdot (z + 3) \text{ für } z \neq 3$$

In der nebenstehenden Tabelle wurde $\overline{v}(3; z)$ für verschiedene, immer näher bei 3 liegende Werte von z berechnet. Die Geschwindigkeit zum Zeitpunkt 3 kann man als „**Grenzwert**" [lat.: Limes] dieser mittleren Geschwindigkeiten auffassen, wenn sich z **unbegrenzt** der Zahl 3 nähert (dh. in beliebige Nähe von 3 kommt).

Zeitintervall [3; z]	mittlere Geschwindigkeit $\overline{v}(3; z)$
[3; 4]	35
[3; 3,5]	32,5
[3; 3,1]	30,5
[3; 3,01]	30,05
[3; 3,001]	30,005

Dies schreibt man kurz so an:

$$v(3) = \lim_{z \to 3} \overline{v}(3; z)$$

[Lies: v(3) ist der Limes von $\overline{v}(3; z)$ für z gegen 3.]

Aufgrund der Tabelle vermuten wir: Nähert sich z unbegrenzt der Zahl 3, dann nähert sich $\overline{v}(3; z)$ unbegrenzt der Zahl 30. Also:

$$v(3) = \lim_{z \to 3} \overline{v}(3; z) = 30\,m/s$$

Hätten wir in der letzten Aufgabe die Geschwindigkeit v(3) nicht einfacher erhalten können? Wir hätten ja einfach in der Formel $\overline{v}(3; z) = 5 \cdot (z + 3)$ für z die Zahl 3 einsetzen können und damit $v(3) = \overline{v}(3; 3) = 5 \cdot (3 + 3) = 30$ erhalten.

Dieses Vorgehen ist streng genommen nicht erlaubt, weil die Formel $\overline{v}(3; z) = 5 \cdot (z + 3)$ nur für $z \neq 3$ gilt. Wir können das Ergebnis jedoch rechtfertigen, indem wir folgendermaßen argumentieren:

Wenn sich z unbegrenzt der Zahl 3 nähert, dann nähert sich die Zahl $z + 3$ unbegrenzt der Zahl $3 + 3 = 6$ und somit die Zahl $5 \cdot (z + 3)$ unbegrenzt der Zahl $5 \cdot 6 = 30$.

Allgemein definiert man:

Definition

Bewegt sich ein Körper gemäß der Zeit-Ort-Funktion $s: t \mapsto s(t)$, dann setzt man:

- **Mittlere Geschwindigkeit im Zeitintervall $[t_1; t_2]$** $= \overline{v}(t_1; t_2) = \frac{s(t_2) - s(t_1)}{t_2 - t_1}$
- **Geschwindigkeit zum Zeitpunkt t = v(t)** $= \lim_{z \to t} \overline{v}(t; z) = \lim_{z \to t} \frac{s(z) - s(t)}{z - t}$

BEMERKUNG: **v(t)** wird auch als **Momentangeschwindigkeit zum Zeitpunkt t** bezeichnet. Beispielsweise gibt ein Tachometer im Auto zu jedem Zeitpunkt die jeweilige Momentangeschwindigkeit an.

R

AUFGABEN

2.02 (Fortsetzung von 2.01) Gib beim Bungee-Jumping eine Formel für die mittlere Geschwindigkeit $\overline{v}(4; z)$ an und begründe, dass daraus $v(4) = 40$ m/s folgt!

Lernapplet e49vp9

2.03 Die Tabelle ist ein Auszug aus dem Fahrplan des Railjet RJ 532. Berechne die mittlere Geschwindigkeit des Zuges zwischen Klagenfurt und Bruck an der Mur sowie zwischen Bruck an der Mur und Wien Meidling!
In welchem dieser beiden Streckenabschnitte fährt der Zug im Mittel schneller?

Bahnhof	an	ab	km
Klagenfurt		7:39	0
Bruck a. d. Mur	9:44	9:46	174
Wien Meidling	11:28		330

R

Änderungsgeschwindigkeit

2.04 Aus einem zylindrischen Behälter, in dem sich anfänglich 100 Liter Wasser befinden, fließt Wasser aus. Es sei V(t) das Volumen des im Behälter befindlichen Wassers zum Zeitpunkt t. Es gilt annähernd:

$V(t) = (10 - t)^2$ (t in Sekunden, V(t) in Liter)

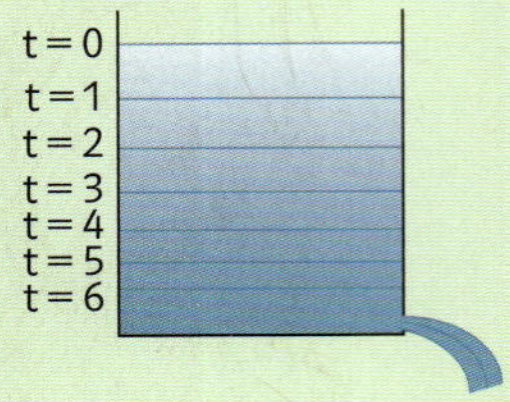

1) Zu welchem Zeitpunkt ist der Behälter leer?
2) Berechne die Änderung des Volumens in den Zeitintervallen [0; 1] und [9; 10]! Was bedeutet das negative Vorzeichen?
3) Berechne die mittlere Änderungsgeschwindigkeit des Volumens im Zeitintervall [0; 10]!
4) Gib eine Formel für die mittlere Änderungsgeschwindigkeit des Volumens im Zeitintervall [t; z] an!
5) Wir bezeichnen die Änderungsgeschwindigkeit des Volumens zum Zeitpunkt t mit V′(t). Gib eine Formel für V′(t) an!
6) Berechne die Änderungsgeschwindigkeit des Volumens zum Zeitpunkt 2 bzw. 8!

LÖSUNG:

1) $V(t) = 0 \iff t = 10$. Der Behälter ist zum Zeitpunkt t = 10 Sekunden leer.
2) Änderung des Volumens im Zeitintervall $[0; 1] = V(1) - V(0) = 9^2 - 10^2 = -19$ (l)
Änderung des Volumens im Zeitintervall $[9; 10] = V(10) - V(9) = 0^2 - 1^2 = -1$ (l)
Das negative Vorzeichen bedeutet, dass das Volumen im jeweiligen Zeitintervall abnimmt.
3) mittlere Änderungsgeschwindigkeit des Volumens im Zeitintervall $[0; 10] = \frac{\text{Volumsänderung}}{\text{verstrichene Zeit}} =$

$$= \frac{V(10) - V(0)}{10 - 0} = \frac{0 - 100}{10} = -10 \text{ (l/s)}$$

Das Volumen nimmt im Mittel (!) um 10 Liter pro Sekunde ab (am Anfang mehr, am Ende weniger, siehe die obige Abbildung).
4) mittlere Änderungsgeschwindigkeit des Volumens im Zeitintervall $[t; z] = \frac{V(z) - V(t)}{z - t} =$

$$= \frac{(10 - z)^2 - (10 - t)^2}{z - t} = \frac{(100 - 20z + z^2) - (100 - 20t + t^2)}{z - t} = \frac{z^2 - t^2 - 20(z - t)}{z - t} = \frac{(z - t)(z + t) - 20(z - t)}{z - t} = z + t - 20 \text{ (l/s)}$$

Diese Formel gilt nur für $z \neq t$, weil sonst die Nenner der Brüche gleich 0 wären.
5) Unter V′(t) versteht man naheliegenderweise den Grenzwert der mittleren Änderungsgeschwindigkeiten des Volumens für immer kleiner werdende Zeitintervalle [t; z]:

$$V'(t) = \lim_{z \to t} \frac{V(z) - V(t)}{z - t} = \lim_{z \to t} (z + t - 20)$$

Für die Berechnung dieses Limes überlegen wir so: Nähert sich z unbegrenzt der Zahl t, dann nähert sich $z + t - 20$ unbegrenzt der Zahl $t + t - 20 = 2t - 20$.
Also gilt: $V'(t) = 2t - 20$ (l/s)
6) Für t = 2 bzw. t = 8 ergibt sich: $V'(2) = -16$ (l/s) bzw. $V'(8) = -4$ (l/s)

BEMERKUNG:

Der Begriff der **Änderungsgeschwindigkeit** ist eine Verallgemeinerung des gewöhnlichen Geschwindigkeitsbegriffs. Man kann ihn nicht nur auf den Ort s(t), sondern auf beliebige zeitabhängige Größen anwenden (zB. Volumen V(t), Masse m(t), Temperatur T(t)).

- Eine positive (mittlere) Änderungsgeschwindigkeit bezeichnet man auch als **(mittlere) Zunahmegeschwindigkeit.**
- Eine negative (mittlere) Änderungsgeschwindigkeit bezeichnet man auch als **(mittlere) Abnahmegeschwindigkeit.**

R

AUFGABEN

2.05 Die Tabelle gibt für einen bestimmten Ort die Lufttemperatur zu drei verschiedenen Uhrzeiten eines Tages an.

Uhrzeit t	Temperatur T(t) in °C
8	9
12	13
14	17

1) Die Temperatur hat in den Zeitintervallen [8; 12] und [12; 14] jeweils um 4° C zugenommen. Kann man deshalb sagen, dass die Temperatur in beiden Zeitintervallen gleich schnell zugenommen hat? Begründe die Antwort!

2) In welchem dieser Zeitintervalle hat die Temperatur im Mittel schneller zugenommen?

2.06 Die Funktion $T: [0; 24] \to \mathbb{R} \mid t \mapsto T(t)$ gibt den Temperaturverlauf während eines Tages an (t in Stunden, T(t) in °C). Schreibe an, wie die mittlere Temperaturänderung an diesem Tag und die momentane Temperaturänderung um 11 Uhr definiert sind!

R

Änderungsrate

2.07 Ein kugelförmiger Ballon vom Radius r hat das Volumen $V(r) = \frac{4\pi}{3} r^3$ (r in Dezimeter, V in Kubikdezimeter). Der Ballon wird aufgeblasen.

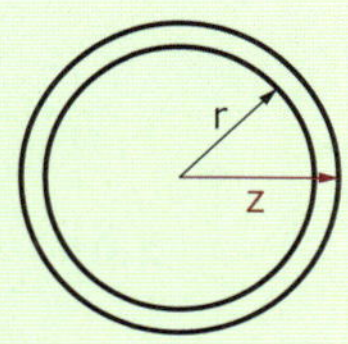

1) Berechne die Änderung des Volumens in den Radiusintervallen [1; 2] und [2; 3]!

2) Berechne die mittlere Änderungsrate des Volumens im Radiusintervall [1; 3]!

3) Gib eine Formel für die mittlere Änderungsrate des Volumens im Radiusintervall [r; z] an!

4) Gib eine Formel für die Änderungsrate V′(r) des Volumens beim Radius r an!

5) Berechne die Änderungsrate des Volumens beim Radius 1 bzw. beim Radius 3!

LÖSUNG:

1) Volumsänderung im Radiusintervall $[1; 2] = V(2) - V(1) = \frac{4\pi}{3} \cdot 2^3 - \frac{4\pi}{3} \cdot 1^3 = \frac{28\pi}{3} \approx 29{,}32\ (dm^3)$

Volumsänderung im Radiusintervall $[2; 3] = V(3) - V(2) = \frac{4\pi}{3} \cdot 3^3 - \frac{4\pi}{3} \cdot 2^3 = \frac{76\pi}{3} \approx 79{,}59\ (dm^3)$

2) Mittlere Änderungsrate des Volumens im Radiusintervall $[1; 3] = \frac{\text{Volumsänderung}}{\text{Radiusänderung}} =$

$$= \frac{V(3) - V(1)}{3 - 1} = \frac{\frac{4\pi}{3} \cdot 3^3 - \frac{4\pi}{3} \cdot 1^3}{2} = \frac{4\pi}{3} \cdot \frac{3^3 - 1^3}{2} = \frac{52\pi}{3} \approx 54{,}45\ (dm^3/dm)$$

Das Volumen nimmt im Radiusintervall [1; 3] im Mittel (!) für jeden zusätzlichen Dezimeter des Radius um ca. 54,45 dm^3 zu (am Anfang weniger, gegen Ende mehr).

3) Mittlere Änderungsrate des Volumens im Radiusintervall $[r; z] = \frac{V(z) - V(r)}{z - r} = \frac{\frac{4\pi}{3} \cdot z^3 - \frac{4\pi}{3} \cdot r^3}{z - r} =$

$$= \frac{4\pi}{3} \cdot \frac{z^3 - r^3}{z - r} = \frac{4\pi}{3} \cdot \frac{(z - r) \cdot (z^2 + z \cdot r + r^2)}{z - r} = \frac{4\pi}{3} \cdot (z^2 + z \cdot r + r^2) \text{ für } z \neq r$$

$a^3 - b^3$ Faktorisiere in GG (CAS) $(a-b)(a^2+ab+b^2)$

4) Unter der Änderungsrate V′(r) versteht man naheliegenderweise den Grenzwert der mittleren Änderungsrate des Volumens für immer kleiner werdende Radiusintervalle [r; z]:

$$V'(r) = \lim_{z \to r} \frac{V(z) - V(r)}{z - r} = \lim_{z \to r} \frac{4\pi}{3}(z^2 + z \cdot r + r^2)$$

Nähert sich z unbegrenzt der Zahl r, dann nähert sich $\frac{4\pi}{3} \cdot (z^2 + z \cdot r + r^2)$ unbegrenzt der Zahl $\frac{4\pi}{3} \cdot (r^2 + r \cdot r + r^2) = \frac{4\pi}{3} \cdot 3r^2 = 4\pi r^2$.
Also gilt: $V'(r) = 4\pi r^2$ (dm^3/dm)

5) Für r = 1 ergibt sich: $V'(1) = 4\pi \approx 12{,}57$ (dm^3/dm)
Für r = 3 ergibt sich: $V'(3) = 36\pi \approx 113{,}10$ (dm^3/dm)

Allgemein definiert man:

Applet 2695np

Definition

Es sei $f\colon A \to \mathbb{R}$ eine reelle Funktion und $[a; b] \subseteq A$.

- Die Zahl $\frac{f(b) - f(a)}{b - a}$ heißt **Differenzenquotient** oder **mittlere Änderungsrate von f in [a; b]**.
- Der Grenzwert $f'(x) = \lim\limits_{z \to x} \frac{f(z) - f(x)}{z - x}$ heißt **Differentialquotient von f an der Stelle x** oder **Änderungsrate von f an der Stelle x.**

BEMERKUNG: Der Begriff der **Änderungsrate** ist eine Verallgemeinerung des Begriffs der Änderungsgeschwindigkeit. Man kann ihn nicht nur auf zeitabhängige Größen anwenden, sondern auch auf Größen, die von einer anderen Größe abhängen (zB von einem Radius r).

- Eine positive (mittlere) Änderungsrate bezeichnet man auch als **(mittlere) Zunahmerate**.
- Eine negative (mittlere) Änderungsrate bezeichnet man auch als **(mittlere) Abnahmerate**.

Eine wichtige Vorstellung vom Differentialquotienten:

Ist z sehr nahe bei x, dann gilt: $f'(x) = \lim\limits_{z \to x} \frac{f(z) - f(x)}{z - x} \approx \frac{f(z) - f(x)}{z - x}$

Man kann sich also unter dem Differentialquotienten an der Stelle x einen Differenzenquotienten in einer sehr kleinen Umgebung von x vorstellen.

R

AUFGABEN

2.08 (Fortsetzung von 2.01) Beim Bungee-Jumping haben wir für die Geschwindigkeit nach 3 Sekunden erhalten: v(3) = 30 m/s. Ermittle, um wie viel sich diese Geschwindigkeit von der mittleren Geschwindigkeit im Zeitintervall [2,985; 3,018] unterscheidet!

2.09 Gegeben ist eine Zeit-Ort-Funktion $s\colon t \mapsto s(t)$. Kreuze die zutreffende(n) Aussage(n) an!

Die mittlere Geschwindigkeit in $[t_1; t_2]$ ist die Änderung des Ortes in $[t_1; t_2]$.	☐
Die Geschwindigkeit zum Zeitpunkt t ist die Änderungsrate von s an der Stelle t.	☒
Die mittlere Geschwindigkeit in $[t_1; t_2]$ ist die mittlere Änderungsrate von s in $[t_1; t_2]$.	☒
Die Geschwindigkeit zum Zeitpunkt t ist der Differenzenquotient von s in $[t_1; t_2]$.	☐
Die mittlere Geschwindigkeit in $[t_1; t_2]$ ist die Änderung der Geschwindigkeit in $[t_1; t_2]$.	☐

2.10 Berechne die mittlere Änderungsrate von f im angegebenen Intervall!

a) $f\colon x \mapsto 3x^2$, [1; 5]
b) $f\colon x \mapsto 2x - 1$, [−2; 4]
c) $f\colon x \mapsto x^2 - x$, [0; 5]
d) $f\colon x \mapsto x^3$, [2; 8]
e) $f\colon x \mapsto \frac{2}{x}$, [−5; −2]
f) $f\colon x \mapsto \frac{1}{x^2}$, [10; 20]

2.11 Gib den Differenzenquotienten der nachstehenden Funktion im angegebenen Intervall an!

a) $x \mapsto f(x)$, $[b; b + h]$
b) $r \mapsto A(r)$, $[r_1; r_2]$
c) $t \mapsto N(t)$, $[t_0; t_0 + 1]$
d) $z \mapsto y(z)$, $[-z_0; z_0]$
e) $r \mapsto u(r)$, $[a - 1; a]$
f) $s \mapsto g(s)$, $[0; s_0]$

2.12 Schreibe den Differenzenquotienten der Funktion f im angegebenen Intervall an und vereinfache das Ergebnis!

a) $f(x) = x^2$, $[a; a + h]$ **b)** $f(t) = \frac{1}{t}$, $[t_0; t_1]$ **c)** $f(y) = \frac{y}{y+1}$, $[y_1; y_2]$

2.13 Wenn ein Stein ins Wasser geworfen wird, geht vom Aufprallpunkt eine kreisförmige Welle aus. Die Wellenfront ist dabei ein Kreis mit wachsendem Radius r. Es sei A(r) der Flächeninhalt eines solchen Kreises (r in Meter, A(r) in Quadratmeter).

1) Gib eine Formel für die Zunahme des Flächeninhalts im Radiusintervall [r; z] an und berechne mit dieser Formel die Zunahme des Flächeninhalts in den Radiusintervallen [1; 2] und [2; 3]!

2) Gib eine Formel für die mittlere Änderungsrate des Flächeninhalts im Radiusintervall [r; z] an und berechne mit dieser Formel die mittlere Änderungsrate des Flächeninhalts in den Radiusintervallen [1; 2] und [2; 3]!

3) Gib eine Formel für die Änderungsrate A′(r) des Flächeninhalts beim Radius r an und berechne mit dieser Formel die Änderungsrate des Flächeninhalts bei den Radien 1 und 3! Bei welchem dieser beiden Radien ändert sich der Flächeninhalt stärker?

2.14 Ein kugelförmiger Ballon vom Radius r hat den Oberflächeninhalt $O(r) = 4\pi r^2$ (r in Dezimeter, O in dm^2). Der Ballon wird aufgeblasen.

1) Gib eine Formel für die mittlere Änderungsrate des Oberflächeninhalts im Radiusintervall [r; z] an und berechne mit dieser Formel die mittlere Änderungsrate des Oberflächeninhalts in den Radiusintervallen [10; 20] und [20; 30]! In welchem dieser beiden Intervalle ist die mittlere Änderungsrate des Oberflächeninhalts größer?

2) Gib eine Formel für die Änderungsrate O′(r) beim Radius r an und berechne O′(1) und O′(3)! Bei welchem dieser beiden Radien ändert sich der Oberflächeninhalt stärker?

3) Ändert sich O′(r) mit wachsendem Radius linear, quadratisch oder keines von beidem?

2.15 Fülle die Tabelle fertig aus!

x	f(x)	$\frac{f(z) - f(x)}{z - x}$	$\lim\limits_{z \to x} \frac{f(z) - f(x)}{z - x}$
zurückgelegter Weg (in km)	verbrauchte Benzinmenge nach x km (in l)	mittl. Änderung Benz v. [x; z]	Änderung Benz v bei x
Zeit (h)	Ort zum Zeitp. x [illegible]	mittlere Geschwindigkeit im Zeitintervall [x; z] (in km/h)	Geschwindigkeit zum Zeitpunkt x (in km/h)
Zeit (in h)	Fläche Bakt. zum Zeitp. x	durchschnittliche Wachstumsgeschwindigkeit des Flächeninhalts einer Bakterienkultur im Zeitintervall [x; z] (in mm^2/h)	Wachstum. zum Zeitp. x Änderung
Meereshöhe (in m)	Luftdruck in der Meereshöhe x (in hPa)	durchs. Änderung des Luftdruck in [x; z]	Änderung Luftdruck in Höhe x
Kanallänge von Anfang	Wassertiefe eines Kanals bei Kanalkilometer x (in m)	durchs. Ä. der Wassertiefe zum im (x; z)	Änderungsrate der Wassertiefe bei Kanalkilometer x (in m/km)

2.2 GEOMETRISCHE DEUTUNGEN DES DIFFERENZEN- UND DIFFERENTIALQUOTIENTEN

R

Differenzenquotient als Sekantensteigung

Wir untersuchen zuerst den Differenzen- und den Differentialquotient einer linearen Funktion.

Satz

(1) Der Differenzenquotient (die mittlere Änderungsrate) einer linearen Funktion f mit $f(x) = k \cdot x + d$ ist in jedem Intervall [a; b] gleich der Steigung k.

(2) Der Differentialquotient einer linearen Funktion f mit $f(x) = k \cdot x + d$ ist an jeder Stelle x gleich der Steigung k.

BEWEIS:

(1) $\frac{f(b) - f(a)}{b - a} = \frac{k \cdot b + d - (k \cdot a + d)}{b - a} = \frac{k \cdot b - k \cdot a}{b - a} = \frac{k \cdot (b - a)}{b - a} = k$

(2) $f'(x) = \lim\limits_{z \to x} \frac{f(z) - f(x)}{z - x} = \lim\limits_{z \to x} \frac{k \cdot z - k \cdot x}{z - x} = \lim\limits_{z \to x} \frac{k \cdot (z - x)}{z - x} = \lim\limits_{z \to x} k$

Für die Berechnung dieses Limes überlegen wir so: Nähert sich z unbegrenzt der Zahl x, so bleibt die Zahl k stets unverändert. Dies kann man als einen Grenzfall des unbegrenzten Näherns auffassen.
Wir erhalten somit: $f'(x) = k$

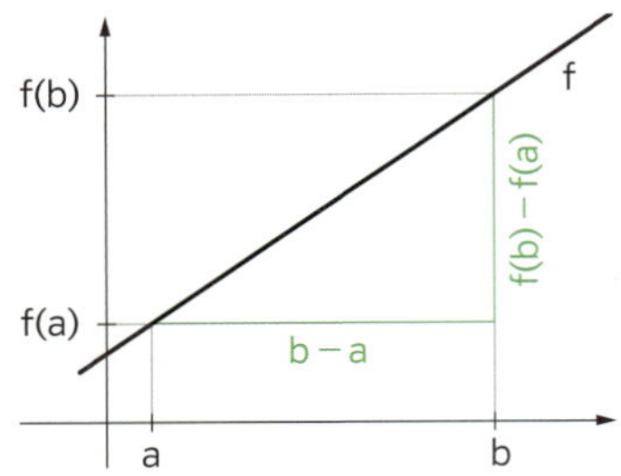

□

Ist die Funktion f in [a; b] nicht linear, so betrachten wir die lineare Funktion s mit $s(a) = f(a)$ und $s(b) = f(b)$. Diese Funktion heißt **Sekantenfunktion von f in [a; b]**. Der Graph von f verläuft oft in der Nähe des Graphen von s. Dies muss aber nicht immer der Fall sein.
Ist k die Steigung der Sekantenfunktion s, dann gilt aufgrund des obigen Satzes:

$$\frac{f(b) - f(a)}{b - a} = \frac{s(b) - s(a)}{b - a} = k$$

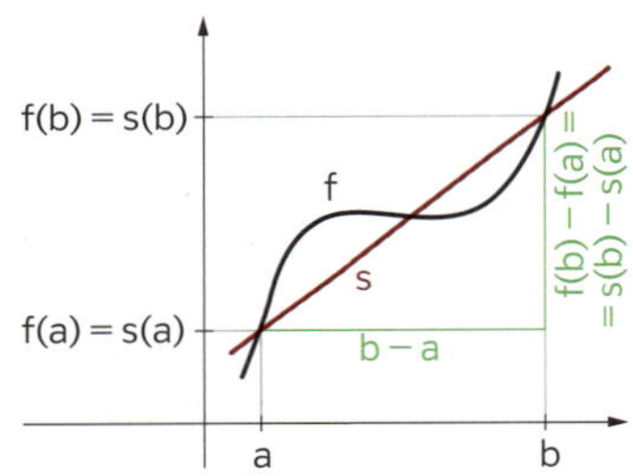

Damit haben wir gezeigt:

Satz

Der **Differenzenquotient (die mittlere Änderungsrate)** einer Funktion f in [a; b] ist gleich der **Steigung der Sekantenfunktion** von f in [a; b].

Lernapplet qy7af8

Die Steigung k der Sekantenfunktion bezeichnet man auch als **mittlere Steigung von f in [a; b]**. Im Intervall [a; b] kann die Steigung der Funktion f an manchen Stellen kleiner als die Steigung der Sekantenfunktion s, an manchen Stellen größer sein. Im Mittel hat f jedoch im Intervall [a; b] die Steigung k der Sekantenfunktion.

Lernapplet xr8y44

BEISPIEL: $f(x) = x^2$ (mit $x \in \mathbb{R}_0^+$)
Die Steigung von f ist an der Stelle 0 gleich 0, nimmt aber mit wachsendem x zu. Die mittlere Steigung im Intervall [0; 2] beträgt $\frac{f(2) - f(0)}{2 - 0} = \frac{2^2 - 0^2}{2 - 0} = 2$.
Dies ist die Steigung der Sekantenfunktion.

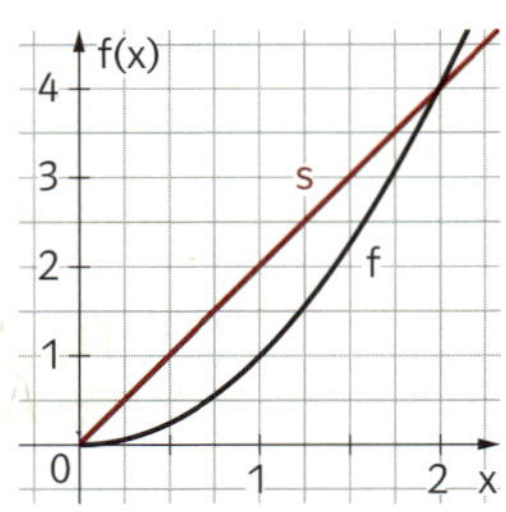

R Vorzeichen des Differenzenquotienten

Ist [a; b] ein Intervall, dann gilt $b - a > 0$ und somit gilt:

$\frac{f(b) - f(a)}{b - a} > 0$ ⇔ $f(b) - f(a) > 0$ ⇔ $f(a) < f(b)$ ⇔
⇔ Sekantenfunktion streng monoton steigend in [a; b]
⇔ f steigt im „Endeffekt" in [a; b] (muss aber in [a; b] nicht monoton steigend sein).
Man sagt auch: **f steigt im Mittel in [a; b].**

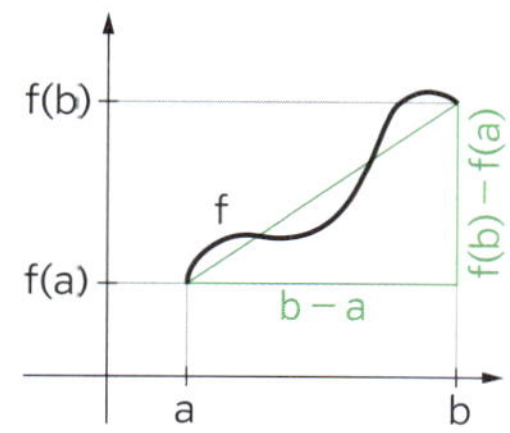

$\frac{f(b) - f(a)}{b - a} < 0$ ⇔ $f(b) - f(a) < 0$ ⇔ $f(a) > f(b)$ ⇔
⇔ Sekantenfunktion streng monoton fallend in [a; b]
⇔ f fällt im „Endeffekt" in [a; b] (muss aber in [a; b] nicht monoton fallend sein).
Man sagt auch: **f fällt im Mittel in [a; b].**

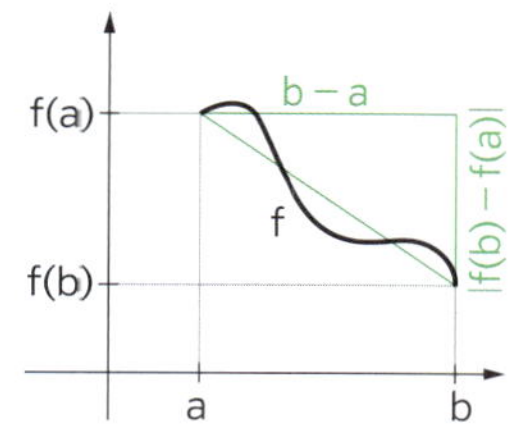

$\frac{f(b) - f(a)}{b - a} = 0$ ⇔ $f(b) - f(a) = 0$ ⇔ $f(a) = f(b)$ ⇔
⇔ Sekantenfunktion konstant in [a; b]
⇔ f ist im „Endeffekt" in [a; b] weder wachsend noch fallend (muss aber in [a; b] nicht konstant sein).

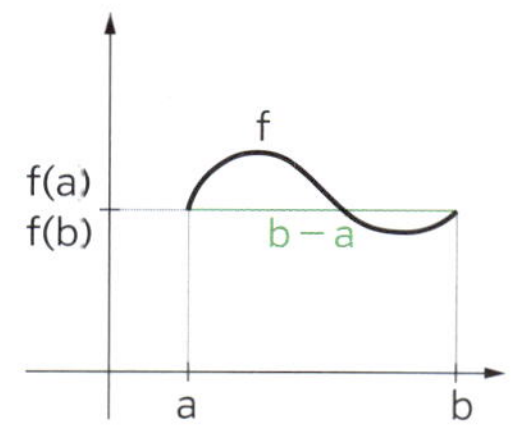

R Zwei Auffassungen des Differenzenquotienten

Lernapplet i7hp72

In der nebenstehenden Abbildung sind eine reelle Funktion f und die zugehörige Sekantenfunktion s in einem Intervall [a; b] dargestellt. Der Differenzenquotient $\frac{f(b) - f(a)}{b - a}$ ist gleich der Steigung k der Sekantenfunktion s. Man erkennt an der Abbildung, dass diese Steigung k auf zwei Arten aufgefasst werden kann:

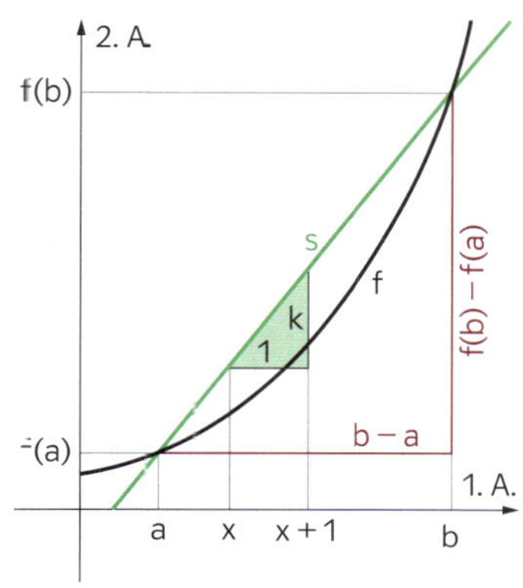

- $k = \frac{f(b) - f(a)}{b - a}$, dh. k ist gleich dem Verhältnis der Änderung der Funktionswerte von f zur Änderung der Argumente.
- k = Änderung der Funktionswerte von s bei Zunahme von x um 1 =
  = mittlere Änderung der Funktionswerte von f bei Zunahme von x um 1.

Wir fassen zusammen:

Merke

Ein **Differenzenquotient** $\frac{f(b) - f(a)}{b - a}$ kann aufgefasst werden als

- Verhältnis der Änderung der Funktionswerte zur Änderung der Argumente in [a; b],
- mittlere (durchschnittliche) Änderung der Funktionswerte pro Argumenteinheit in [a; b].

R

Differentialquotient als Tangentensteigung

Was ist eine Tangente an einen Funktionsgraphen?

Wir kennen bisher nur den Begriff der Tangente an einen Kreis. Eine Tangente an einen Kreis in einem Punkt des Kreises ist eine Gerade, die durch den betrachteten Punkt geht und normal auf den zugehörigen Radius steht (siehe Abb. 2.1). Diese Definition können wir nicht auf Funktionsgraphen übertragen, da wir dort nicht immer von einem Radius sprechen können.

Eine Tangente an einen Kreis kann man auch als eine Gerade auffassen, die mit dem Kreis genau einen Punkt gemeinsam hat. Auch diese Definition ist nicht auf Funktionsgraphen übertragbar. Die Gerade g in Abb. 2.2 entspricht nicht unserer Vorstellung von einer Tangente, obwohl sie mit dem Graphen genau einen Punkt gemeinsam hat. Die Gerade h in Abb. 2.3 hingegen wird man als Tangente akzeptieren, obwohl sie mit dem Graphen mehr als einen Punkt gemeinsam hat.

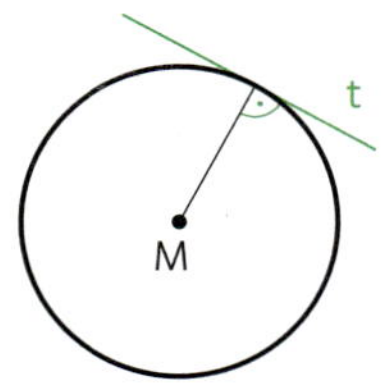

Abb. 2.1

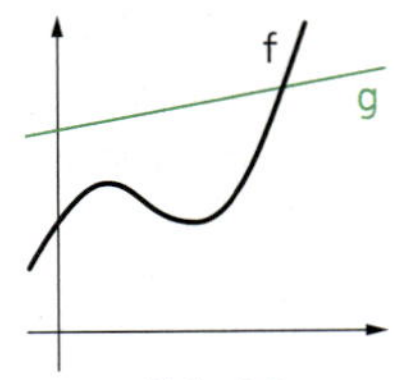

Abb. 2.2

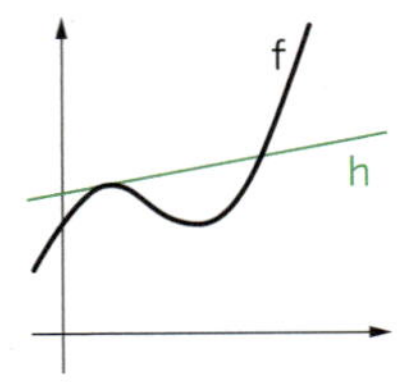

Abb. 2.3

Im Folgenden erarbeiten wir einen Tangentenbegriff, der auf **Gottfried Wilhelm Leibniz** (1646–1716) zurückgeht und auch auf Funktionsgraphen anwendbar ist.

Applet
9vf5kh

Wir betrachten eine Funktion f, die nicht unbedingt linear sein muss (siehe nebenstehende Abbildung). Im Intervall [x; z] gilt:

$$\text{Steigung der Sekante} = \frac{f(z) - f(x)}{z - x}$$

Wir lassen z gegen x streben. Nähert sich z unbegrenzt der Stelle x, so nähert sich der Punkt Z unbegrenzt dem Punkt X und die Sekante nähert sich unbegrenzt einer „Grenzgeraden“ t. Die Steigung dieser „Grenzgeraden“ ist der Grenzwert der Sekantensteigungen. Es gilt also:

$$\text{Steigung der „Grenzgeraden“} = \lim_{z \to x} \frac{f(z) - f(x)}{z - x} = f'(x)$$

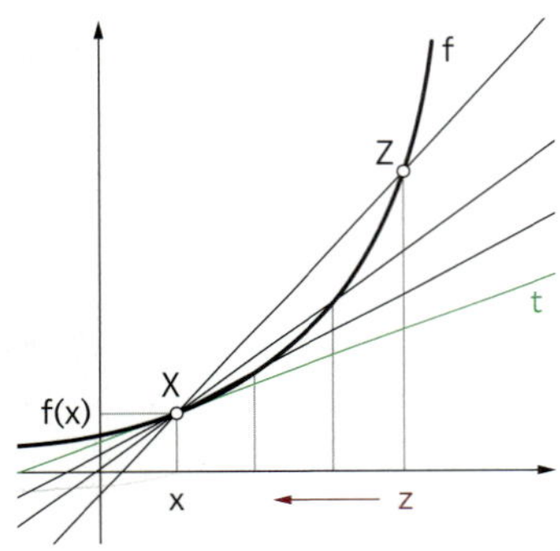

T kompakt
Seite 39

Diese „Grenzgerade“ bezeichnet man als **Tangente** an den Graphen von f im Punkt X.

Definition

Es sei f eine reelle Funktion und f′(x) ihr Differentialquotient an der Stelle x. Die Gerade durch den Punkt X = (x | f(x)) mit der Steigung f′(x) bezeichnet man als **Tangente** an den Graphen von f im Punkt X. Die Steigung f′(x) dieser Tangente heißt auch **Steigung der Funktion f** an der Stelle x.

Ist $f'(x) > 0$, so ist die Steigung der Tangente im Punkt (x | f(x)) positiv und die Tangente somit eine steigende Gerade.

Ist $f'(x) < 0$, so ist die Steigung der Tangente im Punkt (x | f(x)) negativ und die Tangente somit eine fallende Gerade.

Ist $f'(x) = 0$, so ist die Steigung der Tangente im Punkt (x | f(x)) gleich 0 und die Tangente somit parallel zur ersten Achse.

Applet
5gn776

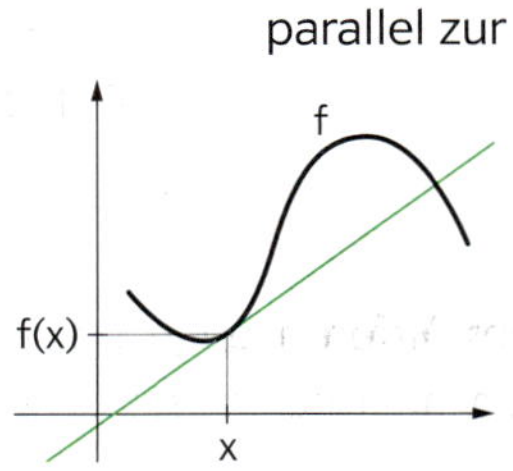

$f'(x) > 0$

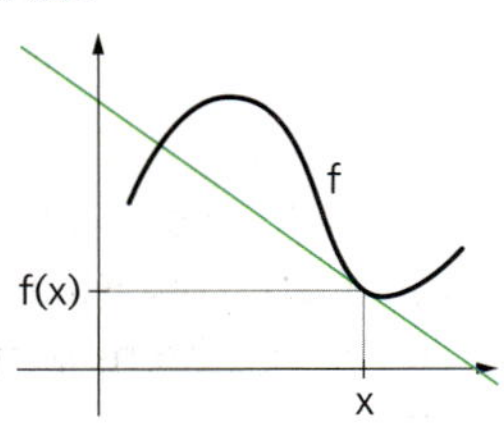

$f'(x) < 0$

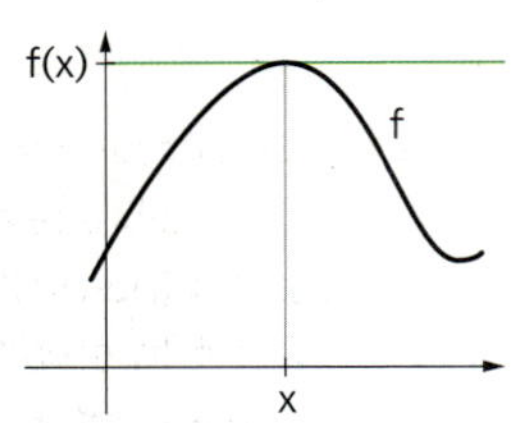

$f'(x) = 0$

R **AUFGABEN**

Arbeitsblatt 2u52dk

2.16 Gegeben ist die Funktion f mit $f(x) = x^2$. An welchen Stellen hat die Funktion die Steigung
a) 6, **b)** −2, **c)** 0, **d)** −4?

2.17 Gib an, welche der folgenden Eigenschaften die unten dargestellte Funktion f besitzt!

(1) $f(x) \geq 0$ für alle $x \in [0; 6]$
(2) $f(x) < 0$ für alle $x \in [3; 4]$
(3) $f'(x) \geq 0$ für alle $x \in [0; 6]$
(4) $f'(x) > 0$ für alle $x \in (1; 5)$
(5) $f(1) = f(5)$
(6) $f'(1) = f'(5)$
(7) Die mittlere Änderungsrate von f im Intervall [0; 6] beträgt 0.
(8) Die Steigung der Sekantenfunktion von f im Intervall [1; 5] beträgt −1.
(9) Der Differenzenquotient von f im Intervall [2; 3] beträgt −1.
(10) Die Änderungsrate von f an der Stelle 3 ist positiv.
(11) Der Differentialquotient von f an der Stelle 0 ist negativ.
(12) Der Differenzenquotient von f im Intervall [0; 6] ist 0.

a)
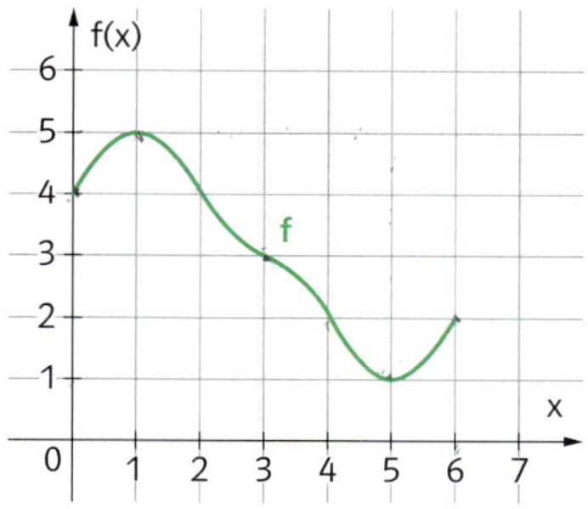

b)
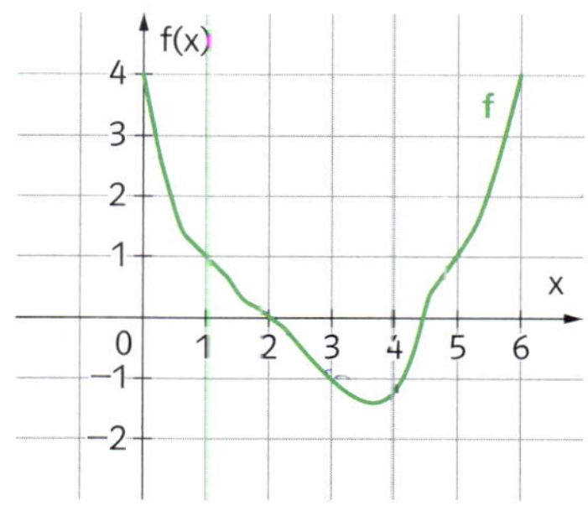

c)
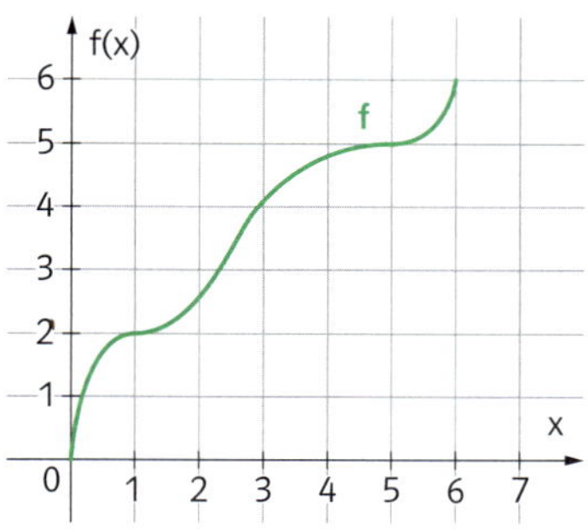

d)
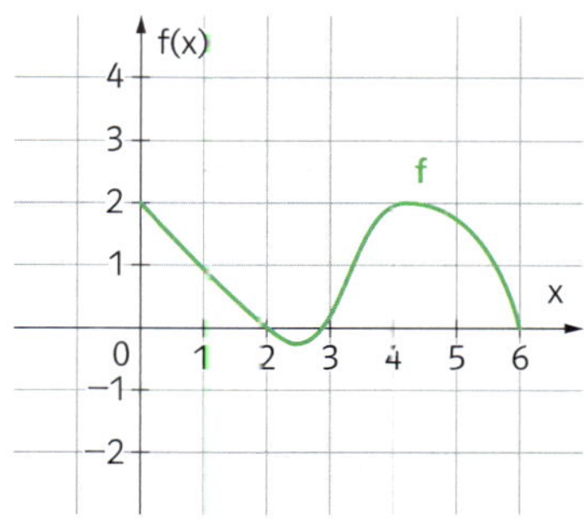

2.18 Zeichne auf dem nebenstehenden Funktionsgraphen ein:
a) einen Punkt A, in dem die Tangentensteigung positiv ist,
b) einen Punkt B, in dem die Tangentensteigung am kleinsten ist,
c) einen Punkt C, in dem die Tangentensteigung gleich 0 ist,
d) zwei Punkte D und E mit gleicher Tangentensteigung!

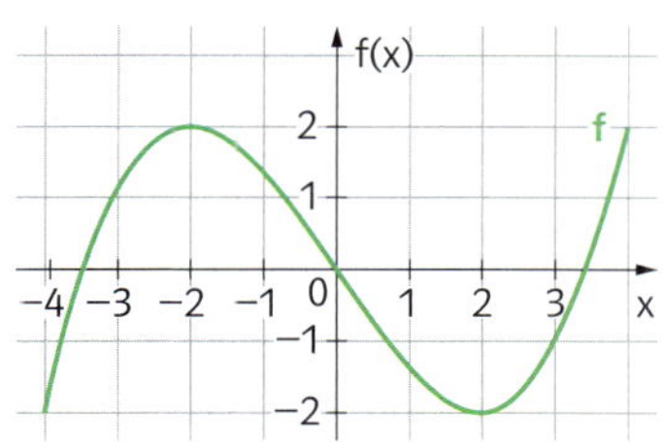

Lernapplet c6pt56

2.19 (Fortsetzung von 2.18) Nenne
a) eine Stelle a mit positivem Funktionswert und positivem Differentialquotienten,
b) ein Intervall [b; c] mit $f(b) < 0$ und $f(c) > 0$ und positivem Differenzenquotienten,
c) ein Intervall [d; e] mit negativem Differenzenquotienten, aber positivem Differentialquotienten an den Randstellen!

R

Neigungswinkel einer Tangente

Unter dem **Neigungswinkel (Steigungswinkel) einer Geraden g** versteht man den Winkel, den die Gerade g mit der positiven 1. Achse (x-Achse) einschließt (siehe Abb. 2.4 a, b). Für das Maß α des Neigungswinkels gilt stets $0° \leq \alpha < 180°$.

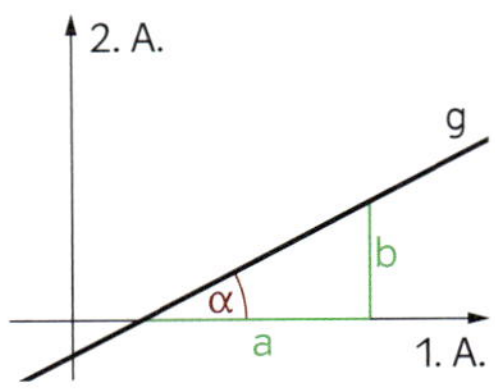

Abb. 2.4 a

In Abb. 2.4 a gilt: $k = \frac{b}{a} = \tan\alpha$

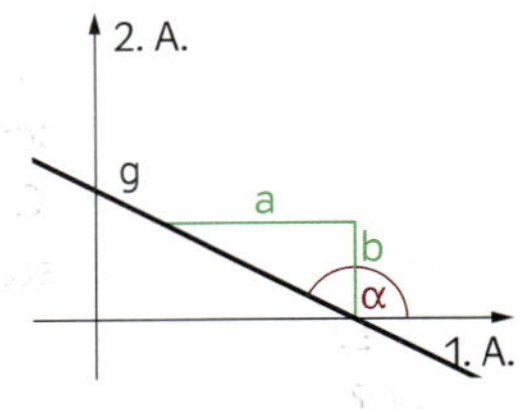

Abb. 2.4 b

In Abb. 2.4 b gilt: $k = -\frac{b}{a} = -\tan(180° - \alpha) = \tan\alpha$

In beiden Fällen gilt also: $k = \tan\alpha$. Insbesondere gilt für eine Tangente: $f'(x) = k = \tan\alpha$.
Wir halten fest:

Satz

Ist k die Steigung und α das Maß des Neigungswinkels der Tangente an den Graphen einer Funktion f an der Stelle x, so gilt:

$$\mathbf{f'(x) = k = \tan\alpha}$$

2.20 Gegeben ist die Funktion f mit $f(x) = x^2$.

1) Berechne die Steigungen von f an den Stellen −2 und 1!

2) Zeichne den Graphen von f und zeichne die Tangenten in den Punkten $P = (-2 \mid f(-2))$ und $Q = (1 \mid f(1))$ ein!

3) Berechne die Neigungswinkel der Tangenten in diesen Punkten!

4) Gib Gleichungen der Tangenten an den Graphen von f in den Punkten P und Q an!

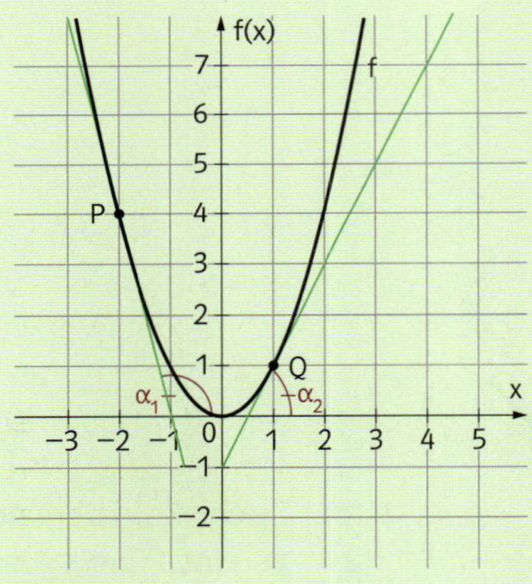

LÖSUNG:

1) $f'(x) = \lim\limits_{z \to x} \frac{z^2 - x^2}{z - x} = \lim\limits_{z \to x} \frac{(z + x)(z - x)}{z - x} = \lim\limits_{z \to x} (z + x) = 2x$

$f'(-2) = 2 \cdot (-2) = -4$

$f'(1) = 2 \cdot 1 = 2$

2) Siehe nebenstehende Abbildung!

3) Tangente in $P = (-2 \mid f(-2))$: $\tan\alpha_1 = -4 \Rightarrow \alpha_1 \approx 104{,}0°$

Tangente in $Q = (1 \mid f(1))$: $\tan\alpha_2 = 2 \Rightarrow \alpha_2 \approx 63{,}4°$

4) Tangente in P: $y = -4x - 4$ (Rechne nach! Beachte $k = f'(-2)$!)

Tangente in Q: $y = 2x - 1$ (Rechne nach! Beachte $k = f'(1)$!)

R

AUFGABEN

2.21 (Fortsetzung von 2.20)

1) Berechne die Neigungswinkel der Tangenten in den Punkten $P = (-1 \mid f(-1))$ und $Q = (2{,}5 \mid f(2{,}5))$!

2) In welchen Punkten ist der Neigungswinkel der Tangente gleich 45° bzw. 135°?

3) In welchen Punkten gilt für den Neigungswinkel α der Tangente: $0° \leq \alpha < 90°$?

4) In welchen Punkten gilt für den Neigungswinkel α der Tangente: $90° < \alpha < 180°$?

R

Deuten von Steigungen in Anwendungssituationen

In den folgenden Aufgaben ist jeweils der Graph einer Funktion gegeben. Es geht darum, die Steigung der Funktion in der entsprechenden Anwendungssituation zu deuten.

R

AUFGABEN

2.22 Die Höhe h(t) eines lotrecht nach oben geworfenen Steins zum Zeitpunkt t sei durch den Graphen in nebenstehender Abbildung gegeben (h(t) in Meter, t in Sekunden).

1) Was bedeutet die Steigung der Funktion an einer Stelle t physikalisch?

2) Entnimm der Abbildung, wann der Betrag der Geschwindigkeit am größten, wann am kleinsten ist!

3) Wie groß ist die Geschwindigkeit zu den Zeitpunkten 1 und 2 ungefähr?

4) In welchem Zeitintervall ist die Geschwindigkeit positiv, in welchem negativ? Wann ist sie gleich null?

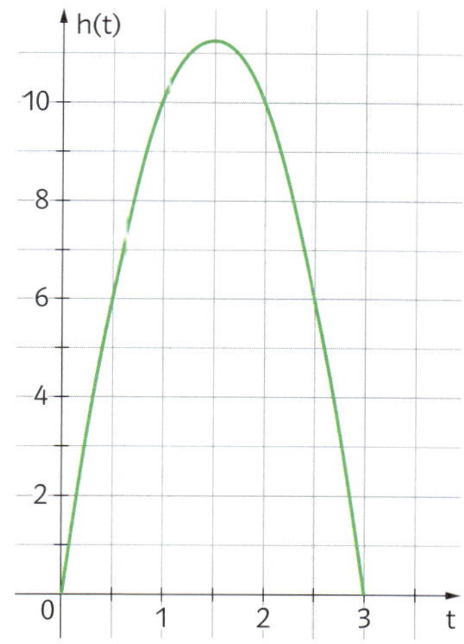

2.23 Ein Zug fährt zum Zeitpunkt t_1 in einem Ort ab und kommt zum Zeitpunkt t_2 in einem anderen Ort an. Im Folgenden ist ein Zeit-Ort-Diagramm dargestellt. Beschreibe den Verlauf der Geschwindigkeit im Zeitintervall $[t_1; t_2]$!

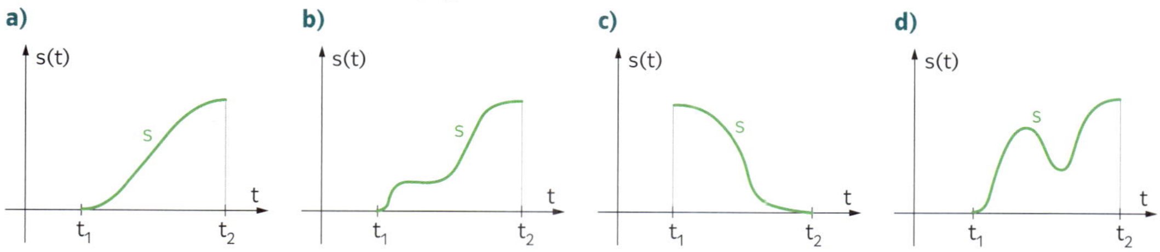

2.24 Nebenstehend ist der Treibstoffverbrauch einer bestimmten Autotype in Abhängigkeit von der Geschwindigkeit dargestellt, wobei mit durchgetretenem Gaspedal gefahren wird. Mit steigender Geschwindigkeit nimmt der Treibstoffverbrauch zunächst ab (weil untertouriges Fahren vermieden wird) und dann zu.

1) Es wird im zweiten Gang gefahren. Bei welcher ungefähren Geschwindigkeit ist der Treibstoffverbrauch am niedrigsten?

2) Was bedeuten die Steigungen der Graphen an einer Stelle v?

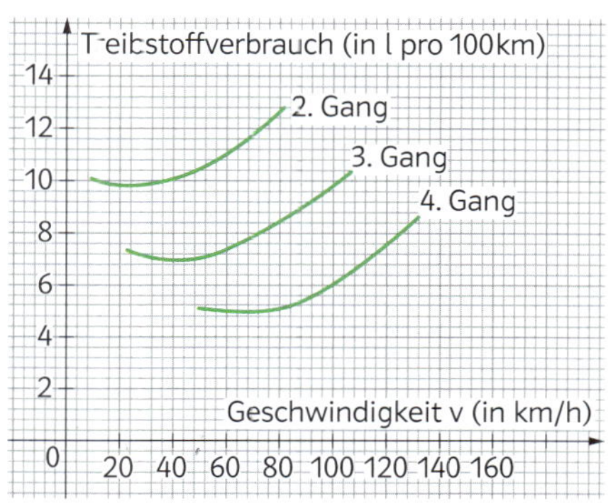

3) Es wird im dritten Gang gefahren. In welchem Geschwindigkeitsintervall ist die Änderungsrate des Treibstoffverbrauchs negativ, in welchem positiv? Wann ist sie gleich 0?

4) Es wird im vierten Gang gefahren. In welchem Geschwindigkeitsintervall nimmt die Änderungsrate des Treibstoffverbrauchs annähernd linear zu?

5) Es wird im vierten Gang gefahren. Bewirkt eine Geschwindigkeitserhöhung von 80 auf 81 km/h eine größere Änderung des Treibstoffverbrauchs als eine Geschwindigkeitserhöhung von 100 auf 101 km/h?

2.25 Nebenstehend ist der Zeigerausschlag eines Voltmeters in Abhängigkeit von der angelegten Spannung dargestellt.

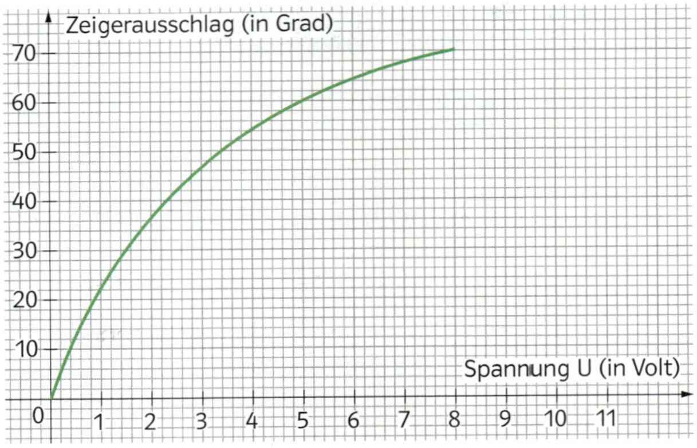

1) Um wie viel Grad nimmt der Zeigerausschlag zwischen 0 und 1 Volt bzw. 6 und 7 Volt zu?
2) Nimmt der Zeigerausschlag mit zunehmender Spannung zu oder ab?
3) Die Änderungsrate des Zeigerausschlags bezüglich der Spannung bezeichnet man als Empfindlichkeit des Voltmeters. Nimmt die Empfindlichkeit des Voltmeters mit steigender Spannung zu oder ab?
4) Bei wie viel Volt ist die Empfindlichkeit des Voltmeters bezüglich der Spannung am größten bzw. am kleinsten?

2.26 Die nebenstehende Abbildung zeigt für einen bestimmten Flugzeugtyp die Abhängigkeit des Auftriebs vom Anstellwinkel der Tragflächen, wobei vorausgesetzt wird, dass das Flugzeug mit einer bestimmten konstanten Geschwindigkeit fliegt.

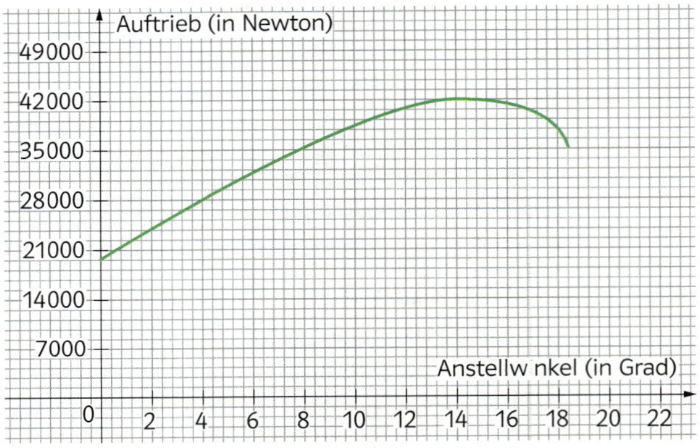

1) Was gibt die Steigung in einem Punkt des Graphen an?
2) Wie ändert sich der Auftrieb mit steigendem Anstellwinkel?
3) Nimmt die Änderungsrate des Auftriebs bezüglich des Anstellwinkels mit steigendem Anstellwinkel zu oder ab?
4) Bewirkt eine Erhöhung des Anstellwinkels von 2° auf 2,4° betragsmäßig eine größere Änderung des Auftriebs als eine Erhöhung von 18° auf 18,4°? Welches Vorzeichen hat die Änderung jeweils? Welche Gefahr besteht im letzteren Fall für das Flugzeug?

2.27 Nebenstehend sind die Antriebskraft und der Fahrtwiderstand (Rollwiderstand plus Luftwiderstand) für verschiedene Geschwindigkeiten eines Kleinwagens angegeben. Dabei wird vorausgesetzt, dass im 4. Gang gefahren wird. Bei sehr niedrigen Geschwindigkeiten ist die Antriebskraft klein (untertouriges Fahren), mit steigender Geschwindigkeit wächst sie, nimmt aber bei sehr hohen Geschwindigkeiten infolge von Reibungsverlusten im Motor und in der Kraftübertragung wieder ab.

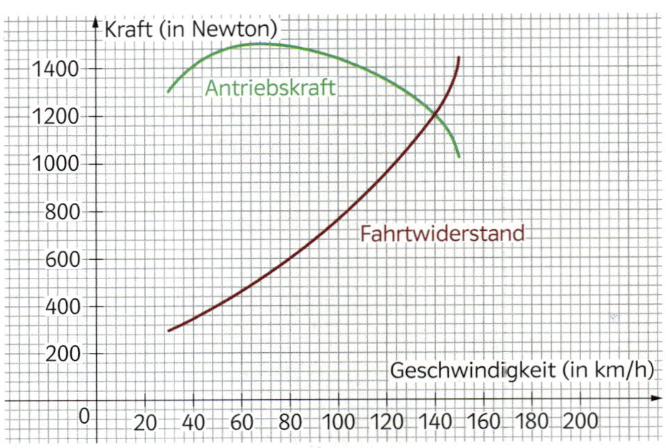

1) Wie ändert sich die Änderungsrate der Antriebskraft, wenn die Geschwindigkeit zunimmt?
2) Wie ändert sich die Änderungsrate des Fahrtwiderstands, wenn die Geschwindigkeit zunimmt?
3) Wie schnell kann das Auto maximal fahren?

2.3 SCHREIBWEISEN FÜR DEN DIFFERENZEN- UND DIFFERENTIALQUOTIENTEN

R

Leibniz'sche Schreibweise

In vielen Anwendungen ist für den Differenzen- und Differentialquotienten eine Schreibweise gebräuchlich, die auf **Gottfried Wilhelm Leibniz** (1646–1716) zurückgeht. Dieser setzte:

$z - x = \Delta x$ [lies: Delta x] und $f(z) - f(x) = \Delta y$ [lies: Delta y]

Damit lässt sich der Differenzenquotient so schreiben:

$$\frac{f(z) - f(x)}{z - x} = \frac{\Delta y}{\Delta x}$$

Nähert sich z unbegrenzt der Zahl x, so wird sowohl Δx als auch Δy immer kleiner. Schließlich erhält man „unendlich kleine Größen", die Leibniz **Differentiale** nannte und mit dx bzw. dy bezeichnete. Die Zahl, der sich der Quotient $\frac{\Delta y}{\Delta x}$ dabei unbegrenzt nähert, bezeichnete Leibniz mit $\frac{dy}{dx}$ [lies: dy nach dx]. Er fasste diese Zahl als Quotienten der Differentiale dy und dx auf und nannte sie folgerichtig **Differentialquotient**.

Unsere bisherige Schreibweise lässt sich leicht in die Leibniz'sche Schreibweise übersetzen:

bisherige Schreibweise:

$$f'(x) = \lim_{z \to x} \frac{f(z) - f(x)}{z - x}$$

Leibniz'sche Schreibweise:

$$\frac{dy}{dx} = \lim_{\Delta x \to 0} \frac{\Delta y}{\Delta x}$$

Diese Überlegungen sind aber nicht unproblematisch. Was sind „unendlich kleine Größen"? Wie kann man aus zwei „unendlich kleinen Größen" deren Quotienten berechnen? Da die Differentiale dx und dy für sich allein keine Bedeutung haben, kann $\frac{dy}{dx}$ nicht als Bruch mit einem Zähler und einem Nenner aufgefasst werden. Das Symbol ergibt nur als Ganzes einen Sinn. Man liest deshalb auch nicht „dy durch dx", sondern „dy nach dx".

Obwohl Leibniz seine Vorstellungen nicht näher erklären konnte und obwohl seine Schreibweise vielfach kritisiert wurde, wird sie noch heute häufig verwendet. (Statt $\frac{dy}{dx}$ schreibt man manchmal auch $\frac{df}{dx}$ oder $\frac{df(x)}{dx}$). Ein Vorteil des Symbols $\frac{dy}{dx}$ gegenüber dem Symbol f'(x) besteht darin, dass es an die Definition des Differentialquotienten als Grenzwert des Differenzenquotienten erinnert. Die Vorstellung eines Bruchs kann dabei für manche intuitive Überlegungen von Vorteil sein, auch wenn sie streng genommen nicht gerechtfertigt ist. Insbesondere sind die Symbole $\frac{\Delta y}{\Delta x}$ und $\frac{dy}{dx}$ dann nützlich, wenn es auf die genaue Angabe der Intervallgrenzen bzw. der betrachteten Stelle nicht ankommt.

Zwei Beispiele mögen die Verwendung der Leibniz'schen Schreibweise illustrieren:

Applet 59k8p4

BEISPIEL 1: In nebenstehender Abbildung ist die Steigung der Sekante gleich $\frac{\Delta y}{\Delta x}$. Strebt Δx gegen 0, so strebt die Sekantensteigung $\frac{\Delta y}{\Delta x}$ gegen die Tangentensteigung $\frac{dy}{dx}$.

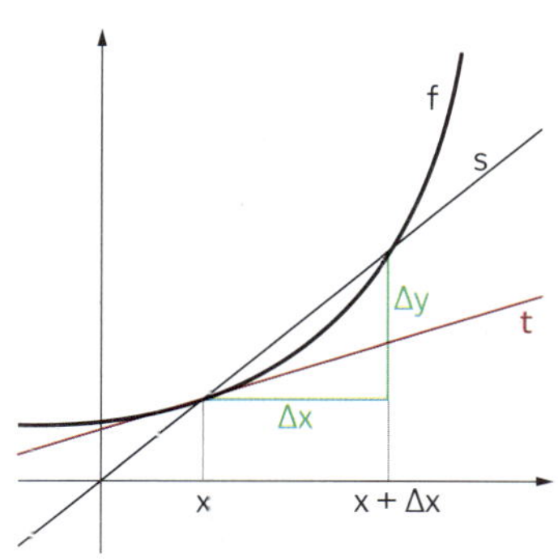

BEISPIEL 2: Wenn sich in einem Zeitintervall der Länge Δt der Ort um Δs ändert, so beträgt die mittlere Geschwindigkeit in diesem Wegintervall $\frac{\Delta s}{\Delta t}$. Strebt Δt gegen 0, so strebt die mittlere Geschwindigkeit $\frac{\Delta s}{\Delta t}$ gegen die Geschwindigkeit $\frac{ds}{dt}$ zum Zeitpunkt t.

Da sich der lockere Umgang mit den Differentialen dx und dy in Anwendungen bewährt hatte, versuchte man später, diese Ausdrücke für sich allein zu definieren. Dies gelang im Prinzip auch im 20. Jahrhundert, wodurch die Leibniz'sche Schreibweise nachträglich (nach ca. 300 Jahren) gerechtfertigt wurde. Wir können darauf nicht näher eingehen, da dazu weitreichende Mittel aus der höheren Mathematik erforderlich sind.

R Weitere Schreibweisen

Statt $z - x = \Delta x$ setzt man manchmal $z - x = h$ und erhält damit:

$$\frac{f(z) - f(x)}{z - x} = \frac{f(x + \Delta x) - f(x)}{\Delta x} = \frac{f(x + h) - f(x)}{h} \quad \text{bzw.}$$

$$f'(x) = \frac{dy}{dx} = \lim_{z \to x} \frac{f(z) - f(x)}{z - x} = \lim_{\Delta x \to 0} \frac{f(x + \Delta x) - f(x)}{\Delta x} = \lim_{h \to 0} \frac{f(x + h) - f(x)}{h}$$

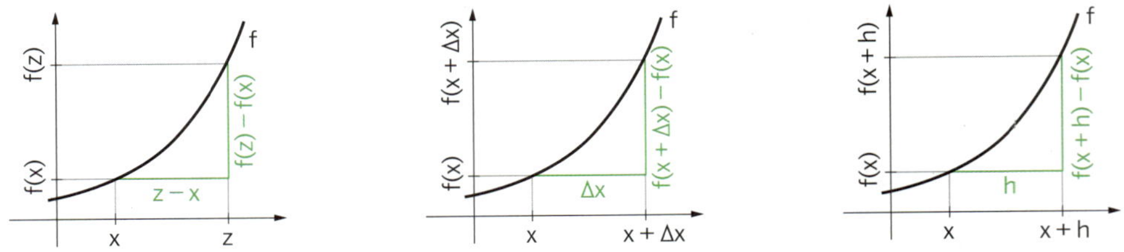

In der Physik schreibt man statt $f'(x)$ gelegentlich $\dot{f}(x)$ [lies: f Punkt von x].

BEISPIEL: Für die Geschwindigkeit zum Zeitpunkt t schreibt man $v(t) = \dot{s}(t)$.

R AUFGABEN

2.28 Schreibe die folgende Aussage mit Hilfe der Leibniz'schen Schreibweise an!

a) $V'(t) = \lim\limits_{z \to t} \frac{V(z) - V(t)}{z - t}$ **b)** $V'(r) = \lim\limits_{z \to r} \frac{V(z) - V(r)}{z - r}$ **c)** $A'(r) = \lim\limits_{z \to r} \frac{A(z) - A(r)}{z - r}$ **d)** $F'(v) = \lim\limits_{z \to v} \frac{F(z) - F(v)}{z - v}$

2.29 Schreibe die folgende Aussage mit Hilfe der Leibniz'schen Schreibweise an!

a) $s(t) = \frac{g}{2}t^2 \Rightarrow s'(t) = gt$ **b)** $A(s) = s^2 \Rightarrow A'(s) = 2s$ **c)** $O(r) = 4\pi r^2 \Rightarrow O'(r) = 8\pi r$

2.30 Schreibe die Aussage auf drei weitere Arten an!

a) $s'(t) = \lim\limits_{z \to t} \frac{s(z) - s(t)}{z - t}$ **b)** $g'(x) = \lim\limits_{h \to 0} \frac{g(x + h) - g(x)}{h}$ **c)** $f'(u) = \lim\limits_{z \to u} \frac{f(z) - f(u)}{z - u}$

2.31 In einer Fabrik wird eine flüssige Chemikalie erzeugt. Bei einer Tagesproduktion von x Liter entstehen die Produktionskosten K(x). Interpretiere den folgenden Ausdruck im gegebenen Kontext!

a) $K(x + \Delta x) - K(x)$ **b)** $\frac{K(x + \Delta x) - K(x)}{\Delta x}$ **c)** $\frac{dK(x)}{dx}$

2.32 Es sei $y = g(x)$. Ordne jeder Schreibweise in der linken Tabelle die zugehörige Schreibweise aus der rechten Tabelle zu!

$g'(x)$	C
$\frac{\Delta y}{\Delta x}$	A
$g(x + \Delta x) - g(x)$	B

A	$\frac{g(x + h) - g(x)}{h}$
B	Δy
C	$\frac{dy}{dx}$

R

Definition von Begriffen mit Hilfe des Differentialquotienten

Im Folgenden geht es nicht darum, Differentialquotienten **auszurechnen**, sondern verschiedene Begriffe mit Hilfe des Differentialquotienten zu **definieren**.

2.33 Dreht man das Lenkrad eines Autos um einen Winkel mit dem Maß x (beginnend in der Geradeausstellung), so drehen sich die Vorderräder um einen Winkel mit dem Maß w(x). Die Vorderräder reagieren dabei unterschiedlich auf eine Änderung des Lenkradeinschlags x. Dreht man zB das Lenkrad immer um 1° weiter, so drehen sich die Vorderräder im Allgemeinen immer weniger mit. Man sagt: Die „Empfindlichkeit" des Vorderradeinschlags bezüglich des Lenkradeinschlags wird immer kleiner.

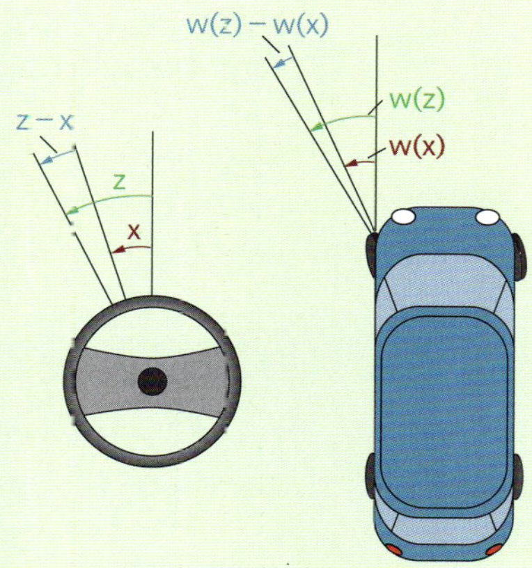

1) Definiere den Begriff „mittlere Empfindlichkeit des Vorderradeinschlags im Lenkradeinschlag-intervall [x; z]"!

2) Definiere den Begriff „Empfindlichkeit des Vorderradeinschlags beim Lenkradeinschlag x"!

LÖSUNG:

Wir betrachten die Funktion w: x ↦ w(x), die jedem Lenkradeinschlag x den dazugehörigen Vorderradeinschlag w(x) zuordnet.

1) Die mittlere Empfindlichkeit $\overline{e}(x, z)$ des Vorderradeinschlags im Intervall [x; z] kann als mittlere Änderungsrate der Funktion w im Intervall [x; z] angesehen werden:

$$\overline{e}(x, z) := \frac{w(z) - w(x)}{z - x} = \frac{\Delta w}{\Delta x}$$ [Das Zeichen „:=" wird gelesen: „ist definiert durch"]

2) Die Empfindlichkeit e(x) des Vorderradeinschlags beim Lenkradeinschlag x kann als Änderungsrate der Funktion w an der Stelle x angesehen werden:

$$e(x) := \lim_{z \to x} \frac{w(z) - w(x)}{z - x} = \lim_{\Delta x \to 0} \frac{\Delta w}{\Delta x}$$

R

AUFGABEN

2.34 Es sei Q(t) die zum Zeitpunkt t durch einen elektrischen Leiter fließende Ladung. Die mittlere Stromstärke gibt an, wie viel Ladung im Mittel pro Zeiteinheit durch den Querschnitt des Leiters fließt. Definiere die folgenden Begriffe und schreibe sie auch in der Leibniz'schen Schreibweise an!

1) Mittlere Stromstärke $\overline{I}(t, z)$ im Zeitintervall [t; z] **2)** Stromstärke I(t) zum Zeitpunkt t

2.35 Es sei W(t) die Arbeit, die ein Motor im Zeitintervall [0; t] verrichtet. Die mittlere Leistung des Motors gibt an, wie viel Arbeit im Mittel pro Zeiteinheit verrichtet wird. Definiere die folgenden Begriffe und schreibe sie auch in der Leibniz'schen Schreibweise an!

1) Mittlere Leistung $\overline{P}(t, z)$ im Zeitintervall [t; z]

2) Leistung P(t) zum Zeitpunkt t

2.36 Jeder Meerestiefe m sei die Temperatur T(m) zugeordnet. Der mittlere Temperaturgradient gibt an, um wie viel sich die Temperatur im Mittel pro Tiefeneinheit ändert. Definiere die folgenden Begriffe und schreibe sie auch in der Leibniz'schen Schreibweise an!

1) Mittlerer Temperaturgradient $\overline{G}(m, z)$ im Tiefenintervall [m; z]

2) Temperaturgradient G(m) in der Tiefe m

2.4 ABLEITUNGEN

Ableitungsfunktion

T kompakt Seite 39

Bisher haben wir den Differentialquotienten einer Funktion $f: A \to \mathbb{R}$ lediglich an einer bestimmten Stelle x betrachtet. Kann man aber **jeder Stelle** $x \in A$ den Differentialquotienten $f'(x)$ zuordnen, so kann man auch die Funktion $f': A \to \mathbb{R} \mid x \mapsto f'(x)$ betrachten.

Definition

Die Funktion $f': x \mapsto f'(x)$ nennt man **Ableitungsfunktion von f** oder kurz **Ableitung von f**. Das Berechnen der Ableitungsfunktion nennt man **Ableiten** oder **Differenzieren**.

Ableitungsregeln für Polynomfunktionen

Eine Polynomfunktion kann als „Summe" von Potenzfunktionen der Form $p_n(x) = c \cdot x^n$ aufgefasst werden. So kann etwa die Polynomfunktion f mit

$$f(x) = 5 \cdot x^3 - 3 \cdot x^2 + x + 1$$

in folgender Form geschrieben werden:

$f(x) = p_3(x) + p_2(x) + p_1(x) + p_0(x)$ mit $p_3(x) = 5 \cdot x^3$, $p_2(x) = -3 \cdot x^2$, $p_1(x) = x$ und $p_0(x) = 1$

Um Polynomfunktionen auf einfache Weise differenzieren zu können, werden wir uns Regeln für die Ableitung von Funktionen der folgenden Art überlegen:

- konstante Funktion: $f(x) = c$ (c konstant)
- Potenzfunktion: $f(x) = x^n$ ($n \in \mathbb{N}^*$)
- Vielfaches einer Funktion: $f(x) = c \cdot g(x)$ (c konstant)
- Summe von Funktionen: $f(x) = g(x) + h(x)$

Satz (Ableitung einer konstanten Funktion)

$f(x) = c \Rightarrow f'(x) = 0 \quad (c \in \mathbb{R})$

BEWEIS: $f(x) = c \Rightarrow f'(x) = \lim\limits_{z \to x} \frac{f(z) - f(x)}{z - x} = \lim\limits_{z \to x} \frac{c - c}{z - x} = \lim\limits_{z \to x} 0 = 0$ □

Satz (Ableitung der identischen Funktion)

$f(x) = x \Rightarrow f'(x) = 1$

BEWEIS: $f'(x) = \lim\limits_{z \to x} \frac{f(z) - f(x)}{z - x} = \lim\limits_{z \to x} \frac{z - x}{z - x} = \lim\limits_{z \to x} 1 = 1$ □

2.37 Es sei **a)** $f(x) = x^2$, **b)** $f(x) = x^3$. Ermittle $f'(x)$! Ergibt sich eine allgemeine Vermutung?

Satz (Potenzregel für natürliche Exponenten)

$f(x) = x^n \Rightarrow f'(x) = n \cdot x^{n-1} \quad (n \in \mathbb{N}^*, n > 1)$

BEWEIS: Sei $f(x) = x^n$ (mit $n \in \mathbb{N}^*$, $n > 1$). Dann gilt unter Benutzung der Regel von Horner:

$$f'(x) = \lim_{z \to x} \frac{f(z) - f(x)}{z - x} = \lim_{z \to x} \frac{z^n - x^n}{z - x} = \lim_{z \to x} \frac{(z - x)(z^{n-1} + z^{n-2} \cdot x + z^{n-3} \cdot x^2 + \ldots + z \cdot x^{n-2} + x^{n-1})}{z - x} =$$

$$= \lim_{z \to x} \underbrace{(z^{n-1} + z^{n-2} \cdot x + \ldots + z \cdot x^{n-2} + x^{n-1})}_{\text{n Summanden}} = \underbrace{(x^{n-1} + x^{n-2} \cdot x + \ldots + x \cdot x^{n-2} + x^{n-1})}_{\text{n Summanden}} =$$

$$= \underbrace{(x^{n-1} + x^{n-1} + \ldots + x^{n-1} + x^{n-1})}_{\text{n Summanden}} = n \cdot x^{n-1}$$ □

Satz (Regel vom konstanten Faktor)

$f(x) = c \cdot g(x) \Rightarrow f'(x) = c \cdot g'(x) \quad (c \in \mathbb{R})$

BEWEIS: Sei $f(x) = c \cdot g(x)$. Dann gilt:

$$f'(x) = \lim_{z \to x} \frac{f(z) - f(x)}{z - x} = \lim_{z \to x} \frac{c \cdot g(z) - c \cdot g(x)}{z - x} = \lim_{z \to x} c \cdot \frac{g(z) - g(x)}{z - x} = c \cdot g'(x) \qquad \square$$

Man sagt auch: Ein konstanter Faktor bleibt beim Differenzieren erhalten.

Satz (Summenregel)

$f(x) = g(x) + h(x) \Rightarrow f'(x) = g'(x) + h'(x)$

BEWEIS:

Sei $f(x) = g(x) + h(x)$. Dann gilt:

$$f'(x) = \lim_{z \to x} \frac{f(z) - f(x)}{z - x} = \lim_{z \to x} \frac{g(z) + h(z) - [g(x) + h(x)]}{z - x} = \lim_{z \to x} \left(\frac{g(z) - g(x)}{z - x} + \frac{h(z) - h(x)}{z - x}\right) = g'(x) + h'(x) \qquad \square$$

Man sagt auch: Eine Summe darf gliedweise differenziert werden.

Die Summenregel gilt auch für mehr als zwei Summanden:

Satz (Allgemeine Summenregel)

$f(x) = f_1(x) + f_2(x) + \ldots + f_n(x) \Rightarrow f'(x) = f_1'(x) + f_2'(x) + \ldots + f_n'(x)$

BEWEIS: Wir überlegen uns den Beweis zunächst für eine Funktion der Form:

$$f(x) = f_1(x) + f_2(x) + f_3(x)$$

Setzen wir zur Abkürzung $g(x) = f_2(x) + f_3(x)$, dann gilt $f(x) = f_1(x) + g(x)$. Daraus folgt:

$$f'(x) = f_1'(x) + g'(x) = f_1'(x) + f_2'(x) + f_3'(x)$$

Auf analoge Weise kann man die Regel für vier, fünf, sechs, … Summanden beweisen. $\square$

Mit Hilfe der bisher bewiesenen Regeln können wir jede Polynomfunktion differenzieren:

Satz (Ableitung einer Polynomfunktion)

$f(x) = a_n x^n + a_{n-1} x^{n-1} + \ldots + a_1 x + a_0 \Rightarrow f'(x) = a_n \cdot n \cdot x^{n-1} + a_{n-1} \cdot (n-1) \cdot x^{n-2} + \ldots + a_1$

R

AUFGABEN

2.38 Ermittle $f'(x)$!

a) $f(x) = 1$ **b)** $f(x) = 15$ **c)** $f(x) = x$ **d)** $f(x) = 2x$ **e)** $f(x) = x + 1$ **f)** $f(x) = x - 1$ **g)** $f(x) = 2x + 1$ **h)** $f(x) = -2x + 1$

2.39 Ermittle $f'(x)$!

a) $f(x) = x^2$ **b)** $f(x) = x^5$ **c)** $f(x) = x^{12}$ **d)** $f(x) = x^{150}$ **e)** $f(x) = 3x^2$ **f)** $f(x) = 2x^8$ **g)** $f(x) = 4x^5 + 3$ **h)** $f(x) = -x^7 - 5$

2.40 Ermittle $f'(x)$!

a) $f(x) = x^6 + x^3$
b) $f(x) = x^6 + x^3 - x + 8$
c) $f(x) = 4x^3 - 7x^2 + 3x - 5$
d) $f(x) = -6x^4 - 2x^3 + 12$
e) $f(x) = x^5 - 18x^2 + 6x$
f) $f(x) = x^5 + x^4 - 2x + 1$
g) $f(x) = 7x^7 + 3x^3 - x$
h) $f(x) = 2x^{11} - 13x^{10} - 10$
i) $f(x) = 7{,}5x^{25} - 3{,}5x^{15}$

2.41 Ermittle $f'(3)$!

a) $f(x) = x^7 - x^2 - x$
b) $f(x) = x^4 - x^5 - 3$
c) $f(x) = x(x^3 - x)$
d) $f(x) = 2 - x^6$
e) $f(x) = 5 - x$
f) $f(x) = (x - 3)(x + 2)$

2.42 Gegeben ist die Funktion f mit $f(x) = 2x^2 + 2$. Kreuze die richtigen Aussagen an!

- [x] $f'(1) = f(1)$
- [ ] $f'(-1) = f(-1)$
- [x] $f(3) = 5 \cdot f'(1)$
- [x] $f'(3) + f'(4) = f'(7)$
- [ ] $f'(-1) = f(1)$
- [x] $f'(1) = f(-1)$
- [ ] $f'(-1) > 5 \cdot f'(0)$
- [x] $f'(0) + f'(4) = f'(4)$

2.43 Ermittle die Steigung der Funktion f an der Stelle p!

a) $f(x) = x^7 - x^2 - 1,\ p = 5$
b) $f(x) = x^6 - x,\ p = -3$
c) $f(x) = -x^3 + 2x^2 - x + 1,\ p = -1$
d) $f(x) = 1 - 2x^9 - x^2,\ p = 0$
e) $f(x) = (x^5 - x^2) \cdot x,\ p = 0{,}5$
f) $f(x) = 3(x^4 - x^2 - x),\ p = -2$
g) $f(x) = (x + 4)(x - 4),\ p = 4$
h) $f(x) = (x^3 - 1)(x^2 + 1),\ p = 1$

2.44 Ermittle die Steigung der Funktion f an der Stelle p und das Maß des Neigungswinkels der Tangente im Punkt $(p \mid f(p))$!

a) $f(x) = 2x^2 - 3,\ p = -2$
b) $f(x) = 3 - x,\ p = 4$
c) $f(x) = x^6 - x^5 - x,\ p = 0$
d) $f(x) = 1 - x^7,\ p = -1$

2.45 An welchen Stellen hat die Funktion f die Steigung 5?

a) $f(x) = 5x^2 - 7$
b) $f(x) = 8x^3 - x$
c) $f(x) = \frac{1}{6}x(2x^2 + 3x + 18)$

2.46 Bestimme einen Punkt Q auf dem Graphen der Funktion f, in dem die Tangente parallel zur Geraden g ist!

a) $f(x) = x^2 - 2x - 5,\ g: y = 2x - 1$
b) $f(x) = x^2 - 6x + 3,\ g: y = x + 3$
c) $f(x) = x^3 - 31x - 4,\ g: 4x + y = 7$
d) $f(x) = x^3 - x^2 - 1,\ g: y = 9$

2.47 Bestimme einen von P verschiedenen Punkt Q auf dem Graphen der Funktion f, in dem die Tangente parallel zur Tangente im Punkt P ist!

a) $f(x) = x^3,\ P = (1 \mid f(1))$
b) $f(x) = x^3 - x^2 - 4x + 4,\ P = (0 \mid f(0))$
c) $f(x) = x^3 - 3,\ P = (-1 \mid f(-1))$
d) $f(x) = x^3 - x + 5,\ P = (3 \mid f(3))$

2.48 Gegeben ist die Funktion f mit $f(x) = x^2 + 4x + 3$.

1) Berechne die Schnittpunkte mit den Achsen und die Steigungen der Tangenten in diesen Punkten!
2) In welchen Punkten des Graphen ist die Tangente zur ersten Achse (x-Achse) parallel, in welchen Punkten parallel zur Geraden $2x - y + 3 = 0$?
3) In welchem Punkt des Graphen bildet die Tangente mit der positiven ersten Achse einen Winkel von 45°?

2.49 Gib eine Gleichung der Tangente an den Graphen der Funktion f im Punkt P des Graphen an!

a) $f(x) = \frac{1}{3} \cdot x^3 - x,\ P = (2 \mid f(2))$
b) $f(x) = x^2 \cdot (x - 1),\ P = (-2 \mid f(-2))$

2.50 Ermittle Gleichungen jener Tangenten an den Graphen der Funktion f, die parallel zur Geraden g sind!

a) $f(x) = x \cdot (x + 1),\ g: 9x - y = 5$
b) $f(x) = x^3,\ g: 3x - y = 1$

2.51 Die Höhe (in Meter) eines vom Boden lotrecht nach oben geschossenen Steins nach t Sekunden ist gegeben durch $h(t) = 30t - 5t^2$. Berechne die Geschwindigkeit des Steins zu den Zeitpunkten 2 und 4 sowie zum Zeitpunkt des Aufschlagens auf dem Boden!

2.52 Es ist s eine Zeit-Ort-Funktion mit $s(t) = 0{,}1t^3 - 0{,}8t^2 + 14{,}2$ (t in Sekunden, s(t) in Meter). Berechne die Geschwindigkeit zu den Zeitpunkten 10, 20, 30, 40 und 50!

2.53 Eine Kugel wird von der Dachkante eines 140 m hohen Gebäudes mit der Abschussgeschwindigkeit 60 m/s lotrecht nach oben geschossen. Nach t Sekunden hat sie die Höhe $s(t) = 140 + 60t - 5t^2$ erreicht (s in Meter, t in Sekunden).

1) Nach welcher Zeit befindet sich die Kugel wieder auf Abschusshöhe?
2) Wie groß ist die mittlere Geschwindigkeit der Kugel in den ersten 5 s?
3) Wie groß ist die Geschwindigkeit der Kugel nach 5 s?
4) Nach welcher Zeit und mit welcher Geschwindigkeit trifft die Kugel auf dem Boden auf?

2.54 Ein Körper bewegt sich gemäß der Zeit-Ort-Funktion s mit $s(t) = 0{,}5 \cdot t^2 + 1$.

1) Wie groß ist die Geschwindigkeit v(t) des Körpers zum Zeitpunkt $t = 3$?
2) Zu welchem Zeitpunkt t hat der Körper die Geschwindigkeit $v(t) = 4$?
3) Nimmt die Geschwindigkeit des Körpers mit der Zeit zu?
4) Von welchem Typ ist die Funktion $v: t \mapsto v(t)$?

2.55 Die Höhe eines lotrecht nach oben geworfenen Steins zum Zeitpunkt t ist ungefähr gegeben durch $h(t) = v_0 t - 5t^2$, wobei v_0 die Abschussgeschwindigkeit ist (t in Sekunden, h(t) in Meter, v_0 in m/s). Berechne für $v_0 = 34$ m/s

1) die mittlere Geschwindigkeit des Steins während der ersten zwei Sekunden,
2) die Geschwindigkeit des Steins zu den Zeitpunkten 0, 1, 2, 3, 4, 5 (s)!
Was bedeutet eine negative Geschwindigkeit?

2.56 Für den Strömungswiderstand F(v) eines mit der Geschwindigkeit v fliegenden Flugzeugs gilt ungefähr: $F(v) = 2{,}3 \cdot v^2$ (F(v) in Newton, v in km/h). Berechne die Änderungsrate des Strömungswiderstands bezüglich der Geschwindigkeit bei der Geschwindigkeit 200, 400, 600, 800 km/h! Nimmt diese Änderungsrate mit steigender Geschwindigkeit zu oder ab?

2.57 Wird ein Körper mit der Abschussgeschwindigkeit v_0 (in m/s) vom Boden lotrecht nach oben geschossen, so ist seine Höhe (in Meter) nach t Sekunden ungefähr gegeben durch: $s(t) = v_0 \cdot t - 5 \cdot t^2$. Es sei $v_0 = 65$ (m/s).

1) Nach welcher Zeit schlägt der Körper wieder auf dem Boden auf?
2) Wie schnell ist der Körper in 25 m Höhe beim Aufsteigen bzw. Absteigen?
3) Nach welcher Zeit erreicht der Körper seine größte Höhe? Wie groß ist diese Höhe?

2.58 Wenn ein Auto gegen eine Mauer fährt, hängt die Wucht des Aufpralls von der kinetischen Energie des Autos ab. Beschleunigt das Auto gleichmäßig, so wächst seine kinetische Energie mit dem Quadrat der Zeit. Für die kinetische Energie eines Autos zum Zeitpunkt t gelte: $E(t) = 5000 \cdot t^2$ (t in Sekunden, E(t) in Joule).

1) Berechne die Zunahme der kinetischen Energie in den Zeitintervallen [0; 5] und [5; 10]! In welchem dieser beiden Zeitintervalle ist die Zunahme größer?
2) Berechne die mittlere Zunahme der kinetischen Energie in den unter 1) angegebenen Zeitintervallen! In welchem der beiden Zeitintervalle nimmt die Energie im Mittel stärker zu?
3) Gib eine Formel für die Zunahmegeschwindigkeit E′(t) der kinetischen Energie zum Zeitpunkt t an! Zu welchem Zeitpunkt $t \in [0; 10]$ nimmt E(t) am schnellsten zu?
4) Wie groß ist die Zunahmegeschwindigkeit der kinetischen Energie zu Beginn, nach 5 s bzw. nach 10 s?

2.59 Das durchhängende Seil einer Materialseilbahn sei ungefähr durch die Funktion f mit $f(x) = \frac{1}{50}(x - 10)^2 + 100$ (mit $0 \leq x \leq 50$) beschrieben. Ist das Seil an der Stelle 20 oder an der Stelle 30 steiler? Überprüfe das Rechenergebnis anhand einer Skizze!

2.60 Durchfährt ein Auto der Masse m eine kreisförmige Kurve vom Radius r, so ist die Fliehkraft gegeben durch $F = \frac{mv^2}{r}$ (F in Newton, m in Kilogramm, r in Meter, v in m/s). Wir betrachten ein Auto der Masse m = 1200 kg, das eine Kurve vom Radius r = 100 m durchfährt.

1) Gib eine Termdarstellung der Funktion $F: v \mapsto F(v)$ an!

2) Das Auto erhöht seine Geschwindigkeit. Gib eine Formel für die Änderungsrate der Fliehkraft bezüglich der Geschwindigkeit bei der Geschwindigkeit v an!

3) Wie stark ändert sich die Fliehkraft bei der Geschwindigkeit 100 km/h?

2.61 Bewegt sich ein Körper der Masse m mit der Geschwindigkeit v, so beträgt seine kinetische Energie $E(v) = \frac{mv^2}{2}$. Die Größe $p(v) = m \cdot v$ bezeichnet man als Impuls bei der Geschwindigkeit v.

1) Zeige: Der Impuls ist die Änderungsrate der kinetischen Energie bezüglich der Geschwindigkeit.

2) Stelle eine Formel für den Impuls eines frei fallenden Körpers auf $(v = g \cdot t)$!
Zeige: Die Änderungsrate dieses Impulses bezüglich der Zeit ist das Gewicht G des Körpers.

2.62 Die Geschwindigkeit des Bluts in einem Blutgefäß ist nicht an allen Stellen gleich groß. In der Mitte ist sie am größten, an den Wänden nahezu 0. Theorie und Messungen zeigen, dass die Blutgeschwindigkeit im Abstand r von der Mitte ungefähr $v = C \cdot (R^2 - r^2)$ beträgt, wobei R der durchschnittliche Radius des Blutgefäßes und C eine positive Konstante ist.

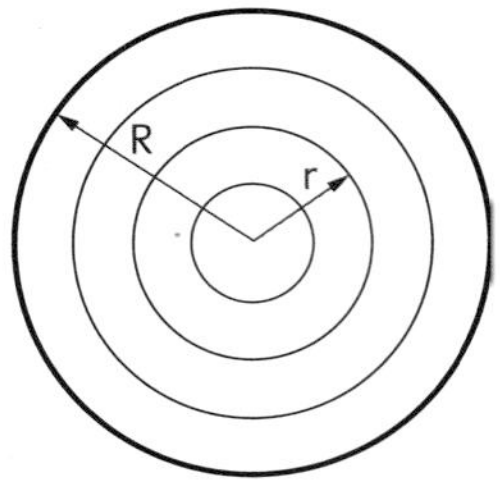

1) Berechne die Änderungsrate der Blutgeschwindigkeit bezüglich des Abstands r! Was bedeutet es, dass diese Änderungsrate negativ ist?

2) Wenn jemand Alkohol zu sich nimmt, erweitern sich die Blutgefäße. Nimmt dadurch die Blutgeschwindigkeit in einem bestimmten Abstand r ab oder zu? Hat dies einen Einfluss auf die in 1) berechnete Änderungsrate?

2.63 Die Flugbahn eines Körpers ist gegeben durch den Graphen der Funktion f. Berechne den Abschusswinkel α und den Aufprallwinkel β!

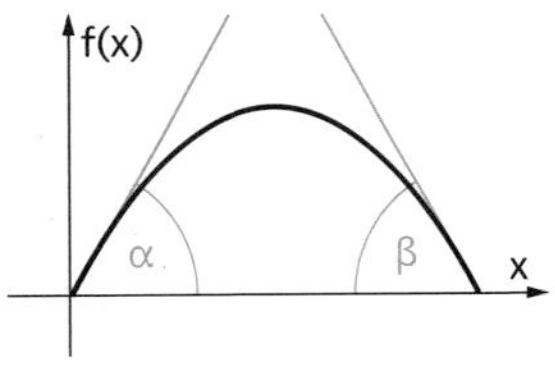

a) $f(x) = -x^2 + 8x$

b) $f(x) = -0{,}1x^2 + 0{,}2x$

2.64 Die Flugbahn eines Körpers ist gegeben durch den Graphen einer Funktion f mit $f(x) = ax^2 + bx + c$.

1) Welche Bedingungen müssen a, b und c erfüllen, damit die Abschussstelle im Koordinatenursprung und die Aufprallstelle auf der positiven ersten Achse liegt?

2) Ermittle die Steigung der Flugbahn an der Abschussstelle und an der Aufprallstelle!

2.65 Der Lichtpunkt auf einem Bildschirm bewegt sich längs einer Kurve, die durch die Funktion f mit $f(x) = x^3 - x$ gegeben ist.

1) In welche Richtung bewegt sich der Lichtpunkt an der Stelle 2? (Gib einen Richtungsvektor der Tangente an!)

2) Wie groß ist der Neigungswinkel der Tangente im Punkt $P = (2 \mid f(2))$?

2.66 Ein punktförmiges Teilchen bewegt sich längs einer Kurve, die durch die Funktion f mit $f(x) = \frac{1}{4}(x^3 + 2x^2 - 3x)$ gegeben ist. Das Teilchen trifft auf eine Wand, die durch die Gleichung x = 4 beschrieben wird. Unter welchem Winkelmaß α trifft das Objekt auf die Wand auf?

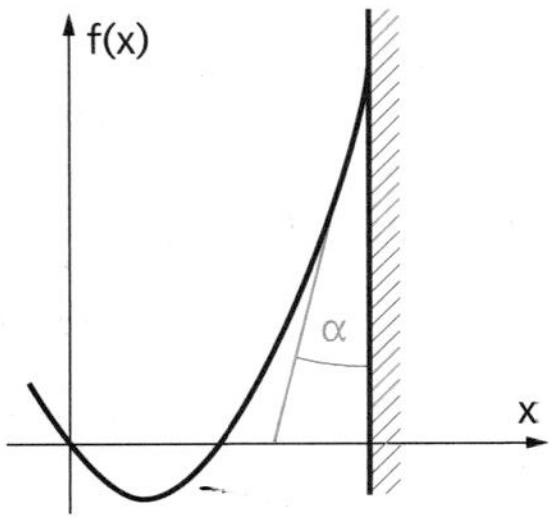

Beweisaufgaben

2.67 Gegeben sei der Graph der Zeit-Ort-Funktion $s: t \mapsto t^2$. Zeige, dass die Gerade durch die Punkte $(a \mid a^2)$ und $(b \mid b^2)$ parallel zur Tangente an der Stelle $\frac{a+b}{2}$ ist! Wie kann dieses Ergebnis mit Hilfe von Geschwindigkeiten gedeutet werden?

2.68 Gegeben sei der Graph der Funktion $f: x \mapsto x^3$. Zeige, dass die Gerade durch die Punkte $(a \mid a^3)$ und $(b \mid b^3)$ parallel zur Tangente an den Graphen an der Stelle $\sqrt{\frac{a^2+ab+b^2}{3}}$ ist!

2.69 Zeige für die Funktion f mit $f(x) = x^n$ $(n \in \mathbb{N}^*)$, dass die Tangente an den Graphen von f im Ursprung mit der 1. Achse übereinstimmt, wenn $n > 1$ ist! Was gilt für $n = 1$?

2.70 Zeige, dass die Funktionen f mit $f(x) = x^2$ und g mit $g(x) = x^2 + 3$ dieselbe Ableitungsfunktion besitzen! Wie kann dieses Ergebnis geometrisch begründet werden?

2.71 Jemand liefert folgenden „Beweis" für die Behauptung, dass die Ableitung jeder Funktion an jeder Stelle gleich 0 sein muss: „f hat an der Stelle x einen konstanten Wert. Da die Ableitung einer Konstanten gleich 0 ist, folgt $f'(x) = 0$." Wo liegt der Fehler?

Aufgaben zur Leibniz'schen Schreibweise

2.72 Gegeben ist die Formel $p = \frac{1}{2}\varrho v^2 + q$. Ermittle:

a) $\frac{dp}{dv}$ (ϱ und q konstant) **b)** $\frac{dp}{dq}$ (ϱ und v konstant) **c)** $\frac{dp}{d\varrho}$ (v und q konstant)

2.73 Gegeben ist die Formel $E = at + \frac{b}{2}t^2$. Ermittle:

a) $\frac{dE}{dt}$ (a und b konstant) **b)** $\frac{dE}{da}$ (b und t konstant) **c)** $\frac{dE}{db}$ (a und t konstant)

2.74 Gegeben ist die Formel $p \cdot V = N \cdot k \cdot T$. Ermittle:

a) $\frac{dV}{dN}$ (p, k, T konstant)

b) $\frac{dT}{dp}$ (k, N, V konstant)

2.75 Gegeben ist die Formel $2 \cdot u = v \cdot w^2 - v^3$. Ermittle

a) $\frac{du}{dv}$ (w konstant),

b) $\frac{du}{dw}$ (v konstant)!

2.76 Gegeben sei die Formel $O = 2r^2\pi + 2r\pi h$. Ermittle die Ableitung **a)** von O nach r (h konstant), **b)** von O nach h (r konstant)!

2.77

a) $y = C \cdot x^2$ Zeige: $\frac{dy}{dx} = \frac{2y}{x}$

b) $r = C \cdot \varphi + \varphi^2$ Zeige: $\frac{dr}{d\varphi} - \frac{r}{\varphi} = \varphi$

c) $a = C \cdot z^2 + 1$ Zeige: $\frac{da}{dz} = 2 \cdot \frac{a-1}{z}$

d) $z = \frac{c}{2} \cdot x^2 - \frac{1}{2c}$ Zeige: $x \cdot \frac{dz}{dx} - 2z = \frac{1}{c}$

e) $u = v^3 + c \cdot v^2$ Zeige: $\frac{du}{dv} = u \cdot \left(\frac{3}{v} - \frac{c \cdot v}{u}\right)$

f) $w = u^3 - 5$ Zeige: $\frac{1}{3} \cdot \frac{dw}{du} = \frac{w+5}{u}$

2.78 N(t) sei die Anzahl der noch unzerfallenen Atome eines radioaktiven Stoffes zum Zeitpunkt t. Formuliere die folgende Beziehung in Worten!

a) $\frac{\Delta N(t)}{\Delta t} \approx -\lambda \cdot N(t)$ ($\lambda \in \mathbb{R}^+$ konstant) **b)** $\frac{dN(t)}{dt} \approx -\lambda \cdot N(t)$ ($\lambda \in \mathbb{R}^+$ konstant)

2.5 HÖHERE ABLEITUNGEN

Fortlaufendes Differenzieren

Wir betrachten eine Polynomfunktion f, zum Beispiel:	$f(x) = x^5 + 2x^3 - 5x + 7$
Wir bilden die Ableitung:	$f'(x) = 5x^4 + 6x^2 - 5$
Die Funktion f′ können wir abermals differenzieren:	$(f')'(x) = 20x^3 + 12x$
Statt (f′)′ schreibt man kürzer f″ [lies: f zwei Strich]:	$f''(x) = 20x^3 + 12x$
Die Funktion f″ können wir wiederum differenzieren:	$(f'')'(x) = 60x^2 + 12$
Statt (f″)′ schreibt man kürzer f‴ [lies: f drei Strich]:	$f'''(x) = 60x^2 + 12$

T kompakt Seite 39

Auf diese Weise könnte man beliebig weit fortfahren.

Definition

Es sei f eine reelle Funktion. Man bezeichnet

- die Funktion **f′** als **erste Ableitung** von f,
- die Funktion **f″ = (f′)′** als **zweite Ableitung** von f,
- die Funktion **f‴ = (f″)′** als **dritte Ableitung** von f.

BEISPIEL: Es sei s: t ↦ s(t) eine Zeit-Ort-Funktion.

Geschwindigkeit zum Zeitpunkt t: $v(t) = s'(t)$

Die Geschwindigkeit ist die Änderungsrate des Ortes zum Zeitpunkt t.
Sie gibt an, wie schnell sich der Ort zum Zeitpunkt t ändert.

Beschleunigung zum Zeitpunkt t: $a(t) = v'(t) = s''(t)$

Die Beschleunigung ist die Änderungsrate der Geschwindigkeit zum Zeitpunkt t bzw. die Änderungsrate der Änderungsrate des Ortes zum Zeitpunkt t.
Sie gibt an, wie schnell sich die Geschwindigkeit zum Zeitpunkt t ändert.

AUFGABEN

2.79 Berechne f′(x) und f″(x)!

a) $f(x) = x + 3$
b) $f(x) = \frac{1}{2}x^2 + x^3$
c) $f(x) = x^5 - x^4 + 3x^3 + 2$
d) $f(x) = x^7 - x^2 + 3x$
e) $f(x) = x(x-1)(x+1)$
f) $f(x) = (x-1)(x^2+2)$

T **2.80** Berechne f′(x) und f″(x)!

a) $f(x) = ax + b$
b) $f(x) = ax^3 + bx^2 + cx + d$
c) $f(x) = a_n x^n + a_{n-1}x^{n-1} + \ldots + a_2x^2 + a_1x + a_0$

T **2.81** Berechne f′(x), f″(x) und f‴(x)!

a) $f(x) = 5x^3 - 7x^2 + x - 8$
b) $f(x) = ax^5 - bx^3 + c$
c) $f(x) = ax^6 - bx^5 + cx^2$

T **2.82** Berechne f′(0), f″(2) und f‴(−6) für f(x)!

a) $f(x) = x^4 - x^3 + 5$
b) $f(x) = x^2(x^3 + 2)$
c) $f(x) = x(x-1)$

2.83 Berechne die Geschwindigkeit v(10) und die Beschleunigung a(10) für die Zeit-Ort-Funktion s!

a) $s(t) = 2 \cdot t^2$
b) $s(t) = 3 \cdot t^3 - 1$
c) $s(t) = 4t^3 + t - 1$
d) $s(t) = 2t^4 - t^2 + 5$

2.84 Für den zurückgelegten Weg beim freien Fall gilt (ohne Berücksichtigung des Luftwiderstands):
$s(t) = \frac{g}{2} \cdot t^2$ (t in Sekunden, s(t) in Meter)
Stelle eine Formel für die Geschwindigkeit v(t) zum Zeitpunkt t sowie eine Formel für die Beschleunigung a(t) zum Zeitpunkt t auf! Erkläre, warum für die Konstante g die Bezeichnung „Erdbeschleunigung“ üblich ist!

R TECHNOLOGIE KOMPAKT

GEOGEBRA / CASIO CLASS PAD II

Tangente in einem Punkt $P=(x_P, y_P)$ an einen Funktionsgraphen legen

GeoGebra

Algebra-Ansicht:
Eingabe: $P = (x_P, y_P)$ ENTER
Eingabe: f(x) = *Funktionsterm* ENTER
Eingabe: Tangente(*f*, *P*) ENTER
oder
Werkzeug P und f anklicken
Ausgabe → *Gleichung der Tangente an den Graphen von f im Punkt P*
Grafik-Ansicht:
Ausgabe → *Tangente an den Graphen von f im Punkt P*

Casio Class Pad II

Iconleiste – Main – Menüleiste – Aktion – Berechnungen – linie – tanLine(*Funktionsterm, x, x_P*)
Ausgabe → *Funktionsterm der Tangente an den Graphen von f im Punkt P*
oder
Iconleiste – Menu – Grafik & Tabelle
Eingabe: *Funktionsterm* EXE
Symbolleiste – [Symbol]
Menüleiste – Analyse – Skizze – Tangente – 1 – x-Wert: x_P – OK
Ausgabe → *Tangente an den Graphen von f im Punkt P* EXE
Ausgabe → *Gleichung der Tangente an den Graphen von f im Punkt P*

Ableitung einer Funktion ermitteln

GeoGebra

CAS-Ansicht:
Eingabe: f(x) := *Funktionsterm* – Werkzeug =
Eingabe: f'(x) – Werkzeug =
Ausgabe → *Funktionsterm der Ableitungsfunktion von f*

Casio Class Pad II

Iconleiste – Main – Keyboard – Math2 – [d/d□]
1. Feld: *x* – 2. Feld: *Funktionsterm* EXE
oder
Iconleiste – Main – Menüleiste – Aktion – Berechnungen – diff(*Funktionsterm*)
Ausgabe → *Funktionsterm der Ableitungsfunktion von f*

Funktionswert der Ableitungsfunktion (Differentialquotient) an einer bestimmten Stelle c ermitteln

GeoGebra

CAS-Ansicht:
Eingabe: f(x) := *Funktionsterm* – Werkzeug =
Eingabe: f'(c) – Werkzeug =
Ausgabe → *Funktionswert der Ableitungsfunktion von f an der Stelle c, also der Differentialquotient von f an dieser Stelle.*

Casio Class Pad II

Iconleiste – Main – Keyboard – Math2 – [d/d□]
1. Feld: *x* – 2. Feld: *Funktionsterm* – | *x = c* EXE
oder
Iconleiste – Main – Menüleiste – Aktion – Berechnungen – diff(*Funktionsterm, x, 1, c*)
BEMERKUNG: *1* steht für die 1. Ableitung
Ausgabe → *Funktionswert der Ableitungsfunktion von f an der Stelle c, also der Differentialquotient von f an dieser Stelle.*

Höhere Ableitungen einer Funktion ermitteln

GeoGebra

CAS-Ansicht:
Eingabe: f(x) := *Funktionsterm* – Werkzeug =
Eingabe: f''(x) – Werkzeug =
bzw. Eingabe: f'''(x) – Werkzeug =
oder Eingabe: Ableitung(f, x, 2) – Werkzeug =
bzw. Eingabe: Ableitung(f, x, 3) – Werkzeug =
Ausgabe → *Funktionsterm der 2. bzw. 3. Ableitungsfunktion von f*
BEMERKUNG: Für Ableitungen höheren Grades ist die zweite Variante übersichtlicher.

Casio Class Pad II

Iconleiste – Main – Keyboard – Math2 – [d/d□]
1. Feld: *x* – 2. (3.) Feld: *2* – 4. Feld: *Funktionsterm* EXE
bzw.
1. Feld: *x* – 2. (3.) Feld: *3* – 4. Feld: *Funktionsterm* EXE
oder
Iconleiste – Main – Menüleiste – Aktion – Berechnungen – diff(*Funktionsterm, x, 2*)
bzw. diff(*Funktionsterm, x, 3*)
BEMERKUNG: *2* steht für die 2. Ableitung, *3* für die 3. Ableitung
Ausgabe → *Funktionsterm der 2. bzw. 3. Ableitungsfunktion von f*

R KOMPETENZCHECK

AUFGABEN VOM TYP 1

AN-R 1.2 **2.85** Kreuze an, was der Differenzenquotient einer Funktion f im Intervall [a; b] angibt!

die Änderung der Funktionswerte in [a; b]	☐
das Verhältnis der Änderung der Funktionswerte zur Änderung der Argumente in [a; b]	☒
den Unterschied zwischen den Funktionswerten und den Argumenten in [a; b]	☐
die mittlere Änderung der Funktionswerte pro Argumenteinheit in [a; b]	☒
die mittlere Änderungsrate der Funktion f in [a; b]	☒

AN-R 1.2 **2.86** Gegeben ist eine Polynomfunktion f. Kreuze an, womit die Ableitung f′(x) näherungsweise übereinstimmt!

mit dem Differenzenquotienten von f in einem sehr kleinen Intervall um x	☒
mit der mittleren Änderungsrate von f in einem sehr kleinen Intervall um x	☒
mit der Änderung der Funktionswerte von f in einem sehr kleinen Intervall um x	☐
mit der Änderungsrate der Ableitung von f in einem sehr kleinen Intervall um x	☐
mit der Steigung der Sekantenfunktion von f in einem sehr kleinen Intervall um x	☒

AN-R 1.2 **2.87** Gegeben ist die Funktion f mit $f(x) = x \cdot (x^2 + 1)$. Berechne f′(2), den Differenzenquotienten von f im Intervall [1,99; 2,01] und gib den Unterschied der beiden Werte an!

AN-R 1.3 **2.88** Zeichne den Graphen der Funktion f mit $f(x) = \frac{1}{x}$ für $x > 0$! Der Graph wird mit wachsendem x immer flacher. Überprüfe dies durch Berechnung der mittleren Änderungsraten von f in den gleich langen Intervallen [0,5; 1,5], [10; 11] und [100; 101]!

AN-R 1.3 **2.89** Es sei p(h) der Luftdruck in der Höhe h über dem Meeresniveau. Die Zahl k ist eine Konstante. Formuliere in Worten: **a)** $\frac{\Delta p(h)}{\Delta h} \approx -k \cdot p(h)$ **b)** $\frac{dp(h)}{dh} \approx -k \cdot p(h)$

AN-R 1.3 **2.90** Kreuze an, was die mittlere Geschwindigkeit in einem Zeitintervall $[t_1; t_2]$ angibt!

die Änderung des Ortes in $[t_1; t_2]$	☐
die Änderung der Geschwindigkeit in $[t_1; t_2]$	☐
die mittlere Änderungsrate des Ortes in $[t_1; t_2]$	☒
die mittlere Änderungsrate der Geschwindigkeit in $[t_1; t_2]$	☐
den Differenzenquotient der Zeit-Ort-Funktion in $[t_1; t_2]$	☒

AN-R 1.3 **2.91** Kreuze die Aussagen an, die gelten müssen, wenn der Differenzenquotient von f in [a; b] positiv ist!

f ist monoton steigend in [a; b].	☐
f ist streng monoton steigend in [a; b].	☐
Die Sekantenfunktion von f in [a; b] ist streng monoton steigend.	☒
$f(b) > f(a)$	☒
$f(x) > 0$ für alle $x \in [a; b]$.	☐

AN-R 1.3 **2.92** Eine Wanne wird gleichmäßig mit Wasser gefüllt. Für das Wasservolumen (in Liter) nach t Minuten gilt: $V(t) = 30 \cdot t + 50$. Kreuze die zutreffende(n) Aussage(n) an!

Zu Beginn sind 30 Liter Wasser in der Wanne und pro Minute fließen 50 Liter zu.	☐
Die Zunahmegeschwindigkeit des Wasservolumens beträgt zu jedem Zeitpunkt 50 l/min.	☐
Im Mittel nimmt das Wasservolumen pro Minute um 30 l zu.	☒
In einem Zeitraum von vier Minuten nimmt das Wasservolumen stets um 120 l zu.	☒
Das Volumen nimmt pro Minute um 30 % zu.	☐

AN-R 1.3 **2.93** Ein Auto kostet 23 000 €, nach 3 Jahren ist es 13 800 € wert und nach weiteren 3 Jahren 8 280 €. Kreuze die zutreffende(n) Aussagen an (die Grenzen der Zeitintervalle werden in Jahren nach dem Kauf angegeben)!

Der Wertverlust ist im Zeitintervall [0; 3] größer als im Zeitintervall [3; 6].	☐
Der Wertverlust im Zeitintervall [0; 6] beträgt 14 720 €.	☐
Der mittlere jährliche Wertverlust im Zeitintervall [0; 3] beträgt 3 060 €.	☐
Der mittlere jährliche Wertverlust in den Zeitintervalle [0; 3] und [3; 6] gleich groß.	☐
Der mittlere jährliche Wertverlust im Zeitintervall $[t_1; t_2]$ beträgt $\frac{t_1 + t_2}{2}$.	☐

AN-R 1.3 **2.94** Gegeben ist eine reelle Funktion $f: A \to \mathbb{R}$. Kreuze an, was gilt, wenn $f'(x) < 0$ für alle $x \in A$ ist!

f nimmt nur negative Funktionswerte an.	☐
Der Graph von f liegt im zweiten Quadranten.	☐
f ist nur für negative x definiert.	☐
Die Steigung von f ist an allen Stellen x negativ.	☐
Die Sekantenfunktion von f besitzt in jedem Intervall $I \subseteq A$ eine negative Steigung.	☐

AN-R 2.1 **2.95** Gegeben ist die Polynomfunktion f mit $f(x) = x^4 + 2x^3 - 5x^2 + 10$. Kreuze an, was zutrifft!

$4x^3 + 6x^2 - 10x$

$f'(2) < 0$	☐
$f'(-2) > 0$	☒
$f'(1) = 0$	☒
$f'(1) = f'(0)$	☒
$f'(-1) > f'(1)$	☒

AN-R 2.1 **2.96** Gegeben ist die Polynomfunktion f mit $f(x) = ax^2 + bx + c$ mit $a, b, c \neq 0$. Kreuze an, was zutrifft!

f(x) hängt von a, b und c ab.	☒
f'(x) hängt nur von a und b ab.	☒
f''(x) hängt nur von b ab.	☐
f'''(x) hängt von a ab.	☒
$f''''(x) > 0$	☐

AN-R 2.1 **2.97** Zeige: Für die Polynomfunktion f mit $f(x) = x^4$ gilt $f''''(1) = 2 \cdot f''(1) = 6 \cdot f'(1) = 24 \cdot f(1)$.

AUFGABEN VOM TYP 2

AN-R 1.3 AN-R 2.1 **2.98 Geschwindigkeit und Beschleunigung**

Gegeben ist eine Zeit-Ort-Funktion s: $t \mapsto s(t)$.

a)
- Stelle eine Formel für die mittlere Geschwindigkeit $\overline{v}(t, z)$ im Zeitintervall $[t; z]$ auf!
- Drücke die Momentangeschwindigkeit $v(t)$ durch $\overline{v}(t, z)$ aus!

b)
- Stelle eine Formel für die mittlere Beschleunigung $\overline{a}(t, z)$ im Zeitintervall $[t; z]$ auf!
- Drücke die Momentanbeschleunigung $a(t)$ durch $\overline{a}(t, z)$ aus!

c) Für eine bestimmte Zeit-Ort-Funktion gilt $s(t) = 0{,}5 \cdot t^2$.
- Berechne die mittlere Geschwindigkeit im Zeitintervall $[1; 5]$ und die Momentangeschwindigkeit zum Zeitpunkt 5!
- Zeige: Die Momentanbeschleunigung ist konstant.

AG-R 2.3 AN-R 1.3 AN-R 2.1 **2.99 Ausbreitung einer Schockwelle**

Die Schockwelle einer atomaren Explosion breitet sich annähernd nach der Gleichung $s(t) = 1{,}6t^2 + 3{,}2t \quad (0 \leq t \leq 3)$ aus, wobei $s(t)$ die Entfernung der Wellenfront (in km) vom Explosionszentrum nach t Sekunden ist.

a)
- Berechne die mittlere Ausbreitungsgeschwindigkeit der Wellenfront in den Zeitintervallen $[0; 1]$ und $[2; 3]$ sowie die momentane Ausbreitungsgeschwindigkeit der Wellenfront zu den Zeitpunkten 1 und 3!
- Begründe, dass die Wellenfront sich immer schneller ausbreitet!

b)
- Berechne, wie lang die Wellenfront bis zu einem 12,8 km vom Zentrum entfernten Ort braucht!
- Ermittle, welche Ausbreitungsgeschwindigkeit sie dort hat!

FA-R 2.1 FA-R 2.6 AN-R 2.1 **2.100 Ausbreitung einer Wasserwelle**

Wenn ein Stein ins Wasser geworfen wird, geht vom Aufprallpunkt eine kreisförmige Welle aus. Es sei $u(r)$ der Umfang und $A(r)$ der Flächeninhalt dieses Kreises beim Radius r.

a)
- Zeige, dass die mittlere Änderungsrate des Kreisumfangs in jedem Radiusintervall $[r; z]$ den gleichen Wert hat!
- Zeige, dass die Änderungsrate des Kreisumfangs bezüglich des Radius konstant ist!

b)
- Zeige, dass die Änderungsrate des Kreisflächeninhalts linear mit dem Radius wächst!
- Ist die Änderungsrate des Kreisflächeninhalts zum Radius direkt proportional, indirekt proportional oder keines von beidem? Begründe die Antwort!

FA-R 1.4 AN-R 1.3 **2.101 Temperaturgradient**

In der Abbildung ist die mittlere Temperatur T der Atmosphäre in Abhängigkeit von der Höhe h für einen bestimmten Ort der Erde eingezeichnet. Die Änderungsrate T'(h) heißt „Temperaturgradient in der Höhe h".

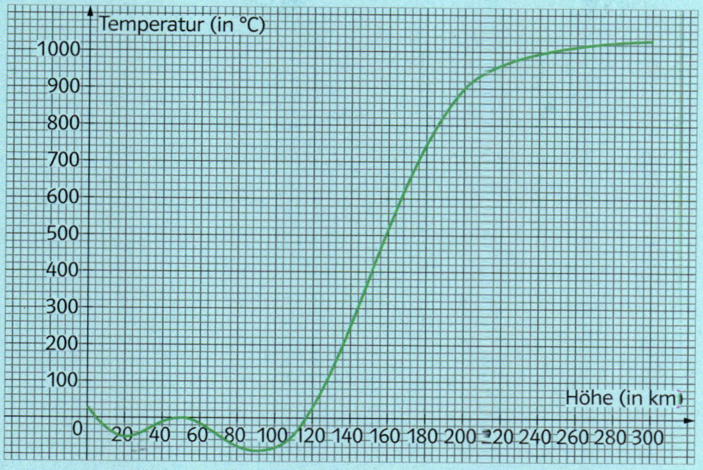

a)
- Gib an, in welchen Höhen die Temperatur 0° C beträgt!
- Gib an, in welcher Höhe der Temperaturgradient gleich 0 ist!

b)
- Ermittle Höhenbereiche, in denen der Temperaturgradient positiv bzw. negativ ist!
- Interpretiere ein positives bzw. negatives Vorzeichen des Temperaturgradienten im Kontext!

c)
- Nimmt die Temperatur ab einer Höhe von 120 km stets zu? Begründe die Antwort!
- Nimmt der Temperaturgradient ab der Höhe 160 km stets zu? Begründe die Antwort!

AN-R 1.3 AN-R 2.1 **2.102 Ausdehnung des Weltalls**

Sehr große astronomische Entfernungen misst man in Lichtjahren oder Megaparsec.

- Ein Lichtjahr ist die Länge des Weges, den das Licht in einem Jahr (365 Tage) zurücklegt.
- Ein Megaparsec (Mpc) ist die Länge des Weges, den das Licht in 3,26 Millionen Jahren zurücklegt.

Die Lichtgeschwindigkeit im Vakuum beträgt ungefähr 300 000 km/s.

a)
- Die nächste große Galaxie ist die Andromeda-Galaxie, die rund 2,5 Millionen Lichtjahre von uns entfernt ist. Drücke diese Entfernung näherungsweise in km aus!
- Drücke 1 Mpc näherungsweise in km aus!

b) Der amerikanische Astronom Edwin Hubble hat in den Zwanzigerjahren des vorigen Jahrhunderts herausgefunden, dass sich das Weltall ausdehnt. Fast alle Sternensysteme bewegen sich von uns weg, und zwar umso schneller, je weiter sie von uns entfernt sind. Die Ausbreitungsgeschwindigkeit v(r) im Abstand r von der Erde ist näherungsweise gegeben durch $v(r) = 75 \cdot r$ (v in km/s, r in Mpc).
- Ermittle die Änderungsrate der Ausbreitungsgeschwindigkeit im Abstand r!
- Gib an, um wie viel die Ausbreitungsgeschwindigkeit pro Megaparsec zunimmt!

3 UNTERSUCHEN VON POLYNOMFUNKTIONEN

LERNZIELE

3.1 Die **Definitionen des (strengen) monotonen Steigens bzw. Fallens** sowie die **Definitionen von globalen und lokalen Extremstellen** kennen.

3.2 Den **Zusammenhang zwischen Funktionsverlauf und 1. Ableitung** kennen.

3.3 **Polynomfunktionen mit Hilfe der 1. Ableitung untersuchen** und ihre Graphen skizzieren können.

3.4 **Polynomfunktionen mit Hilfe höherer Ableitungen untersuchen** können.

3.5 **Eigenschaften von Polynomfunktionen** und **typische Formen ihrer Graphen** kennen.

3.6 **Polynomfunktionen** aufgrund vorgegebener Bedingungen **aufsuchen** können.

3.7 **Zusammenhänge** zwischen **Funktionen** und ihren **Ableitungsfunktionen** kennen.

3.8 **Extremwertaufgaben** mit Methoden der Differentialrechnung lösen können.

- **Technologie kompakt**
- **Kompetenzcheck**

GRUNDKOMPETENZEN

FA-R 4.1 **Typische Verläufe** von Graphen **in Abhängigkeit vom Grad der Polynomfunktion** (er)kennen.

FA-R 4.4 Den Zusammenhang zwischen dem **Grad der Polynomfunktion** und der **Anzahl der Null-, Extrem- und Wendestellen** wissen.

AN-R 1.3 Den **Differenzen- und Differentialquotienten in verschiedenen Kontexten deuten** und entsprechende Sachverhalte durch den Differenzen- bzw. Differentialquotienten beschreiben können.

AN-R 2.1 **Einfache Regeln des Differenzierens** kennen und anwenden können: Potenzregel, Summenregel, Regeln für $[k \cdot f(x)]'$ und $[f(k \cdot x)]'$ […].

AN-R 3.1 Den Begriff **Ableitungsfunktion** kennen und zur Beschreibung von Funktionen einsetzen können.

AN-R 3.2 Den **Zusammenhang zwischen Funktion und Ableitungsfunktion** […] in deren graphischer Darstellung erkennen und beschreiben können.

AN-R 3.3 **Eigenschaften von Funktionen mit Hilfe der Ableitung(sfunktion)** beschreiben können: **Monotonie, lokale Extrema, Links- und Rechtskrümmung, Wendestellen.**

AN-L 3.4 Zielfunktionen in einer Variablen für **Optimierungsaufgaben** (**Extremwertaufgaben**) aufstellen und globale Extremstellen ermitteln können.

3.1 WIEDERHOLUNG: MONOTONIE UND EXTREMSTELLEN VON FUNKTIONEN

R

Monotonie

Definition: Es sei $f: A \to \mathbb{R}$ eine reelle Funktion und $M \subseteq A$. Die Funktion f heißt
- **monoton steigend in M**, wenn für alle $x_1, x_2 \in M$ gilt: $x_1 < x_2 \Rightarrow f(x_1) \leq f(x_2)$
- **monoton fallend in M**, wenn für alle $x_1, x_2 \in M$ gilt: $x_1 < x_2 \Rightarrow f(x_1) \geq f(x_2)$
- **streng monoton steigend in M**, wenn für alle $x_1, x_2 \in M$ gilt: $x_1 < x_2 \Rightarrow f(x_1) < f(x_2)$
- **streng monoton fallend in M**, wenn für alle $x_1, x_2 \in M$ gilt: $x_1 < x_2 \Rightarrow f(x_1) > f(x_2)$

Die Funktion f heißt **(streng) monoton in M**, wenn sie (streng) monoton steigend in M oder (streng) monoton fallend in M ist.

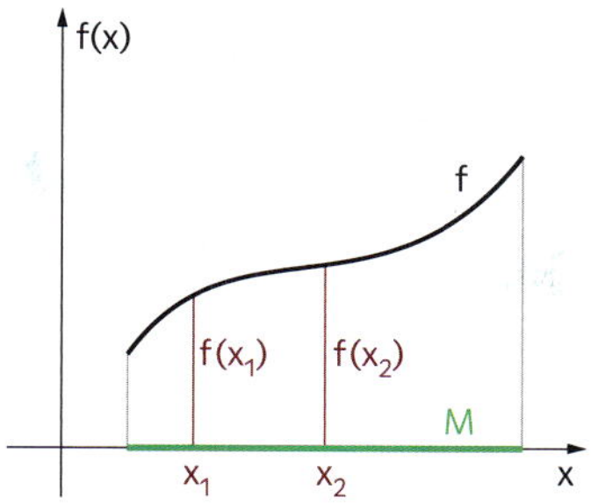

Abb. 3.1a streng monoton steigende Funktion

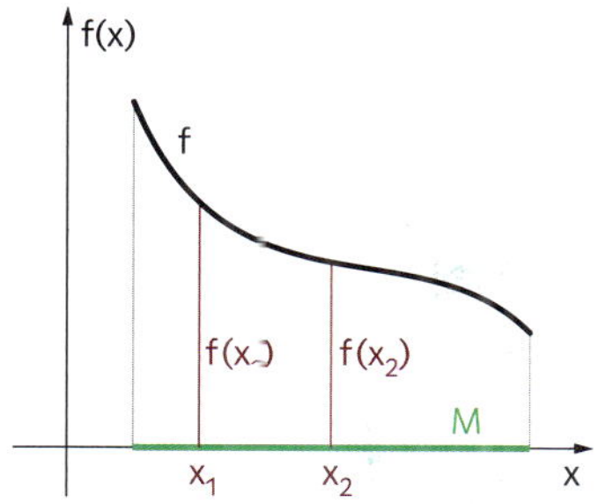

Abb. 3.1b streng monoton fallende Funktion

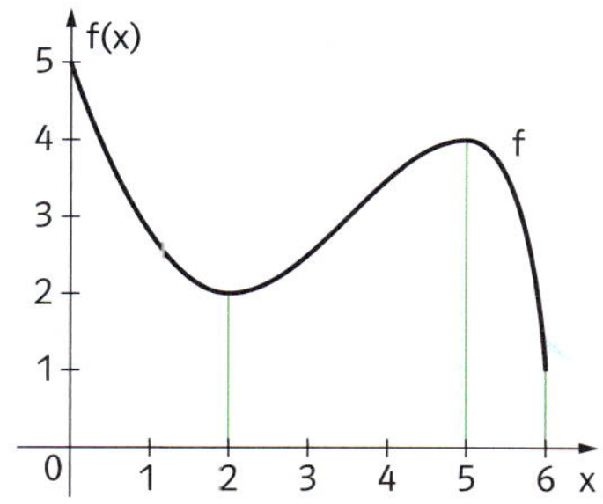

Abb. 3.2

Globale und lokale Extremstellen

Definition

Sei $f: A \to \mathbb{R}$ eine reelle Funktion und $M \subseteq A$. Eine Stelle $p \in M$ heißt

- **Maximumstelle von f in M**, wenn $f(x) \leq f(p)$ für alle $x \in M$.
- **Minimumstelle von f in M**, wenn $f(x) \geq f(p)$ für alle $x \in M$.
- **Extremstelle von f in M**, wenn p eine **Maximumstelle** oder **Minimumstelle** von f in M ist.

Man unterscheidet **globale** und **lokale Extremstellen** einer Funktion.

Definition

Sei $f: A \to \mathbb{R}$ eine reelle Funktion. Eine Stelle $p \in A$ heißt

- **globale Maximumstelle von f**, wenn p Maximumstelle von f im gesamten Definitionsbereich A ist,
- **globale Minimumstelle von f**, wenn p Minimumstelle von f im gesamten Definitionsbereich A ist,
- **globale Extremstelle von f**, wenn p **globale Maximumstelle** oder **globale Minimumstelle** von f ist.

Definition

Sei $f: A \to \mathbb{R}$ eine reelle Funktion. Eine Stelle $p \in A$ heißt

- **lokale Maximumstelle von f**, wenn es eine Umgebung $U(p) \subseteq A$ gibt, sodass p Maximumstelle von f in U(p) ist,
- **lokale Minimumstelle von f**, wenn es eine Umgebung $U(p) \subseteq A$ gibt, sodass p Minimumstelle von f in U(p) ist,
- **lokale Extremstelle von f**, wenn sie eine **lokale Maximumstelle** oder **lokale Minimumstelle** von f ist.

BEACHTE:

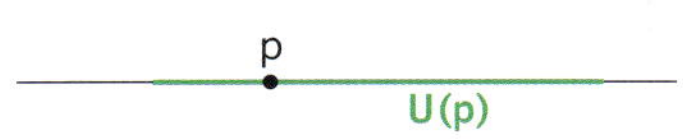

- Unter einer **Umgebung U(p)** einer Stelle p verstehen wir in diesem Buch ein **beliebiges Intervall**, welches p als **innere Stelle** enthält (dh. p darf keine Randstelle des Intervalls sein). Die Umgebung U(p) erstreckt sich also sowohl links als auch rechts von p, muss aber nicht symmetrisch um p liegen.
- Ist p eine lokale Extremstelle einer Funktion f, dann muss nach der obigen Definition die Umgebung U(p) ganz im Definitionsbereich A von f liegen. Somit kann in diesem Buch eine **Randstelle von A keine lokale Extremstelle** (wohl aber eine globale Extremstelle) sein.
- Vermeide den unklaren Ausdruck **Extremstelle von f**! Sprich genauer von einer **Extremstelle von f in M** (zB. in [a; b]) oder von einer **lokalen** bzw. **globalen Extremstelle von f**!

Definition

- Ist p eine lokale Maximumstelle von f, so nennt man den Punkt **H = (p | f(p))** einen **Hochpunkt des Graphen von f**.
- Ist p eine lokale Minimumstelle von f, so nennt man den Punkt **T = (p | f(p))** einen **Tiefpunkt des Graphen von f**.
- Die Hoch- und Tiefpunkte des Graphen von f nennt man **Extrempunkte des Graphen von f**.

BEISPIEL: Für die nebenstehend abgebildete, auf A = [0; 6] definierte Funktion f gilt:

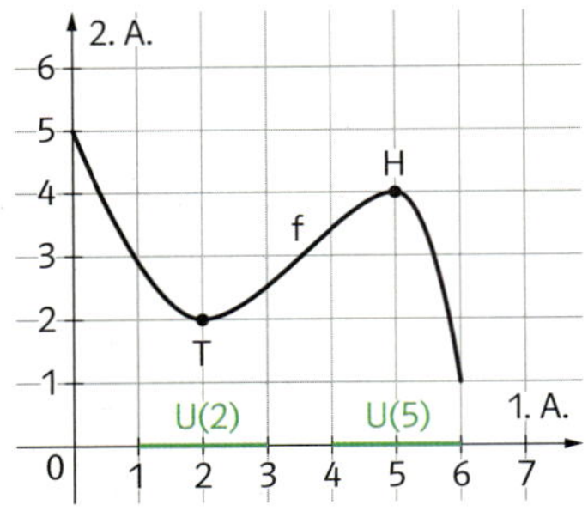

- Die Stelle 0 ist eine globale Maximumstelle von f, da $f(x) \leq f(0)$ für alle $x \in A$ ist. Die Stelle 0 ist aber keine lokale Maximumstelle von f, weil 0 eine Randstelle von A ist.
- Die Stelle 6 ist eine globale Minimumstelle von f, da $f(x) \geq f(6)$ für alle $x \in A$ ist. Die Stelle 6 ist aber keine lokale Minimumstelle von f, weil 6 eine Randstelle von A ist.
- Die Stelle 2 ist eine lokale Minimumstelle von f, weil 2 beispielsweise Minimumstelle von f in der Umgebung U(2) = [1; 3] ist. Die Stelle 2 ist aber keine globale Minmumstelle von f, weil es in A kleinere Funktionswerte als f(2) gibt.
- Die Stelle 5 ist eine lokale Maximumstelle von f, weil 5 beispielsweise Maximumstelle von f in der Umgebung U(5) = [4; 6] ist. Die Stelle 5 ist aber keine globale Maximumstelle von f, weil es in A größere Funktionswerte als f(5) gibt.
- H = (5 | 4) ist ein Hochpunkt, T = (2 | 2) ein Tiefpunkt des Graphen von f.

R **AUFGABEN**

3.01 Die dargestellten Funktionen f, g und h sind im Intervall [−3; 3] definiert. Kreuze in der Tabelle an, was auf die jeweilige Funktion zutrifft!

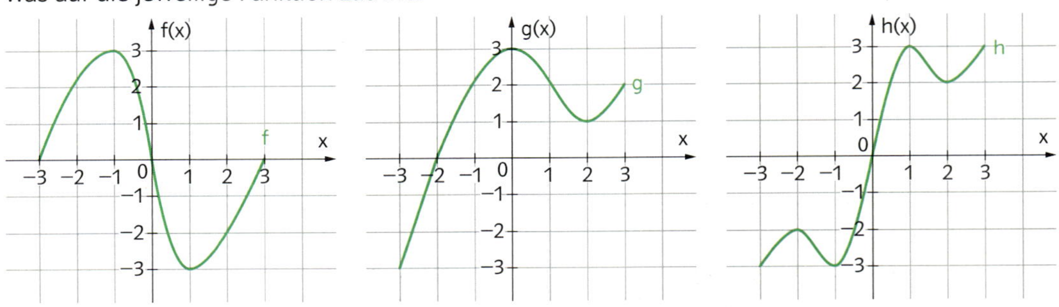

	f	g	h
0 ist eine Nullstelle der Funktion.	☒	☐	☒
−1 und 1 sind lokale Extremstellen der Funktion.	☒	☐	☒
2 ist eine lokale Minmumstelle der Funktion.	☐	☒	☒
Die Funktion ist in [−1; 1] streng monoton fallend.	☒	☐	☐
Die Funktion wechselt an der Stelle −1 ihr Monotonieverhalten.	☒	☐	☒

3.02 Nebenstehend ist eine Funktion f: [0, 6] → ℝ dargestellt. Ergänze!

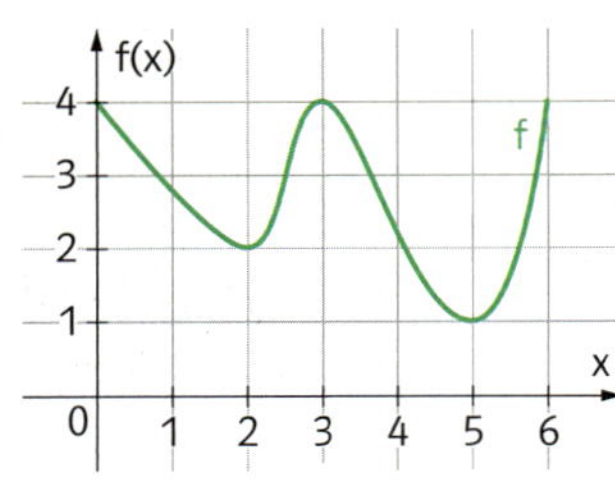

a) Die Stelle ___5___ ist eine globale Minimumstelle von f.
b) Die Stelle 2 ist eine ___lokale___ Minimumstelle von f.
c) Es gibt ___3___ globale Maximumstellen von f.
d) Der Punkt (3 | 4) ist ein ___Hochpunkt___ des Graphen von f.

3.03 In der Abbildung ist eine Funktion f: $[-3; 3] \to \mathbb{R}$ dargestellt.

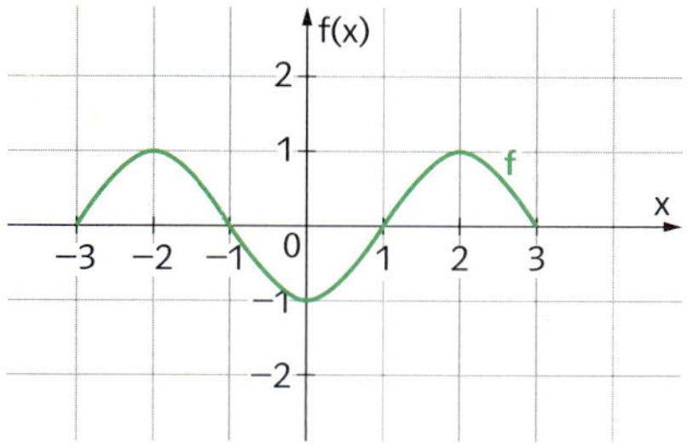

Kreuze in der folgenden Tabelle die richtige(n) Aussage(n) an!

(1 I 0) ist eine Nullstelle von f.	☐
(2 I 1) ist eine globale Maximumstelle von f.	☐
0 ist ein Tiefpunkt von f.	☐
(−2 I 1) und (2 I 1) sind Hochpunkte des Graphen von f.	☒
1 ist keine Extremstelle von f in [−3; 3].	☒

3.04 Skizziere den Graphen einer Funktion f: $[0; 6] \to \mathbb{R}$, für die

a) 1 eine globale Maximumstelle und 4 eine globale Minimumstelle ist,
b) 1 und 6 globale Maximumstellen sind und 3 eine globale Minimumstelle ist,
c) 3 eine lokale, aber keine globale Maximumstelle ist,
d) 2 und 4 lokale, aber keine globalen Minimumstellen sind,
e) keine lokalen Maximumstellen existieren!

3.05 Die abgebildete Funktion f könnte man scherzhaft als „Tafelbergfunktion" bezeichnen, weil der Tafelberg in Kapstadt eine im Prinzip ähnliche Form aufweist.

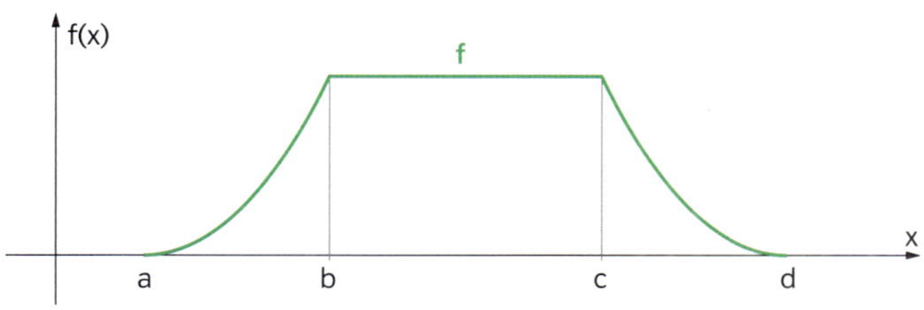

Kreuze in der folgenden Tabelle diejenigen Aussagen an, die auf diese Funktion f zutreffen!

Die Funktion f besitzt keine globale Maximumstelle.	☐
Jede Stelle $x \in [b; c]$ ist eine lokale Maximumstelle von f.	☒
Jede Stelle $x \in (b; c)$ ist eine lokale Maximumstelle von f.	☒
Jede Stelle $x \in [b; c]$ ist eine lokale Minimumstelle von f.	☐
Jede Stelle $x \in (b; c)$ ist eine lokale Minimumstelle von f.	☒

3.06 Kreuze die beiden richtigen Aussagen an!

Jede lokale Maximumstelle einer reellen Funktion f ist eine globale Maximumstelle von f.	☐
Jede globale Maximumstelle einer reellen Funktion f ist eine lokale Maximumstelle von f.	☐
Es gibt reelle Funktionen, die keine globale und keine lokale Maximumstelle besitzen.	☒
Es gibt reelle Funktionen, die unendlich viele lokale Maximumstellen besitzen.	☒
Eine Nullstelle einer reellen Funktion f kann keine lokale Maximumstelle von f sein.	☐

3.2 FUNKTIONSVERLAUF UND ERSTE ABLEITUNG

Bedingungen für Monotonie und Extremstellen

3.07 Nebenstehend ist eine Polynomfunktion f dargestellt und es sind einige Tangenten eingezeichnet. Lässt sich

1) im Intervall [a; b],
2) im Intervall [b; c],
3) an der Stelle b,
4) an der Stelle d

ein Zusammenhang zwischen der Tangentensteigung und dem Verlauf von f erkennen?

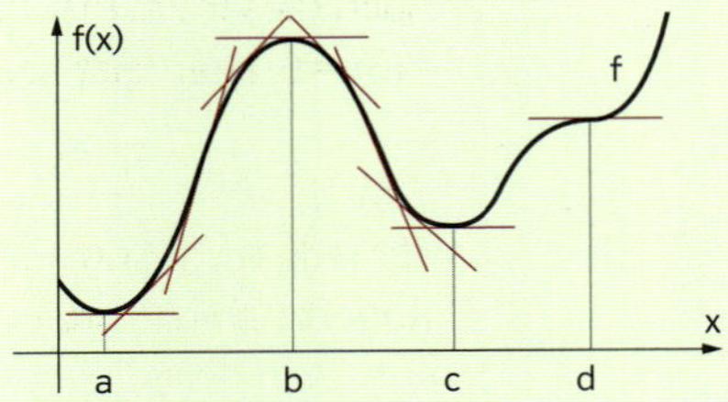

LÖSUNG:

1) An jeder Stelle $x \in (a; b)$ ist die Tangentensteigung positiv, also $f'(x) > 0$. Obwohl dies nur für die inneren Stellen des Intervalls [a; b] gilt, ist die Funktion f im gesamten Intervall [a; b] streng monoton steigend.

2) An jeder Stelle $x \in (b; c)$ ist die Tangentensteigung negativ, also $f'(x) < 0$. Obwohl dies nur für die inneren Stellen des Intervalls [b; c] gilt, ist die Funktion f im gesamten Intervall [b; c] streng monoton fallend.

3) An der Stelle b ist die Tangentensteigung gleich 0 (weil die Tangente parallel zur x-Achse ist), also $f'(b) = 0$. Da f links von b streng monoton steigend und rechts von b streng monoton fallend ist, ist b eine lokale Maximumstelle von f.

4) An der Stelle d ist die Tangentensteigung gleich 0, also $f'(d) = 0$. Da aber f links und rechts von d streng monoton steigend ist, ist d keine lokale Maximumstelle von f.

Aufgrund dieser Aufgabe lassen sich einige Sätze vermuten. Zur Formulierung dieser Sätze verwenden wir folgende Definition:

Definition
Bei einer Aussage der Form $A \Rightarrow B$ sagt man:
A ist eine hinreichende Bedingung für B und **B ist eine notwendige Bedingung für A**.

Man sagt auch: „A ist hinreichend für B" bzw. „B folgt notwendig aus A".

Monotoniesatz (Hinreichende Bedingung für strenge Monotonie in einem Intervall)
Ist $f: A \to \mathbb{R}$ eine Polynomfunktion und $I \subseteq A$ ein Intervall, dann gilt:
(1) $f'(x) > 0$ für alle inneren Stellen $x \in I$ $\Rightarrow$ **f streng monoton steigend in I**
(2) $f'(x) < 0$ für alle inneren Stellen $x \in I$ $\Rightarrow$ **f streng monoton fallend in I**

Der Monotoniesatz ist **nicht** umkehrbar. Es gilt zum Beispiel nicht:

f streng monoton steigend in $I \Rightarrow f'(x) > 0$ für alle inneren Stellen $x \in I$

Ein Gegenbeispiel stellt die Funktion f mit $f(x) = x^3$ dar (siehe die nebenstehende Abbildung). Die Funktion f ist streng monoton steigend in ganz $\mathbb{R}$, aber es ist $f'(0) = 0$, wie man leicht nachrechnen kann.

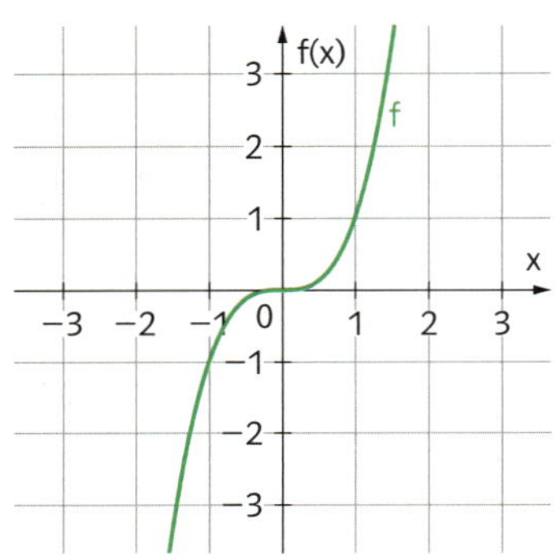

Satz (Notwendige Bedingung für eine lokale Extremstelle)
Für jede Polynomfunktion f gilt:
p ist lokale Extremstelle von f $\Rightarrow$ f′(p) = 0

Auch dieser Satz ist nicht umkehrbar, wie man an der Funktion f mit $f(x) = x^3$ sieht. Es ist $f'(0) = 0$, aber 0 ist keine lokale Extremstelle von f.

Satz (Hinreichende Bedingung für eine lokale Extremstelle)
Für jede nicht konstante Polynomfunktion f gilt:
Ändert f an der Stelle p das **Monotonieverhalten**, dann ist p eine **lokale Extremstelle** von f.

AUFGABEN

3.08 In Abb. 3.3 a, b, c, d ist jeweils eine Funktion f: [0; 6] → ℝ dargestellt. Wir betrachten folgende Eigenschaften:
(1) f besitzt keine lokale Extremstelle.
(2) f besitzt die Nullstellen 2 und 4.
(3) Es gibt genau zwei Stellen x mit $f'(x) = 0$.
(4) Es ist $f'(x) > 0$ für $1 < x < 3$.
(5) An keiner Stelle x ist $f'(x) < 0$.
(6) Es gibt eine Stelle x mit $f'(x) = 0$, die keine lokale Extremstelle ist.
(7) f ändert an zwei Stellen das Monotonieverhalten.
(8) Im Intervall [2; 4] gibt es keine Stelle x mit $f'(x) = 0$.
Kreuze in der folgenden Tabelle an, welche Eigenschaften die dargestellten Funktionen aufweisen!

	(1)	(2)	(3)	(4)	(5)	(6)	(7)	(8)
Funktion in Abb. 3.3 a	☐	☒	☐	☒	☐	☒	☒	☐
Funktion in Abb. 3.3 b	☒	☐	☐	☒	☒	☒	☐	☐
Funktion in Abb. 3.3 c	☐	☐	☒	☐	☐	☐	☒	☐
Funktion in Abb. 3.3 d	☐	☒	☒	☒	☐	☐	☒	☐

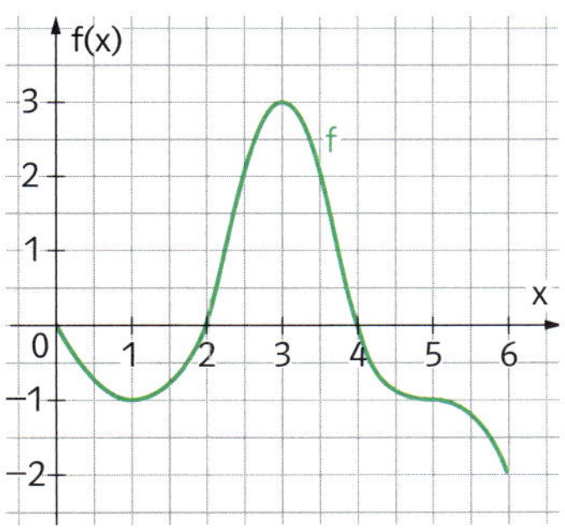

Abb. 3.3 a

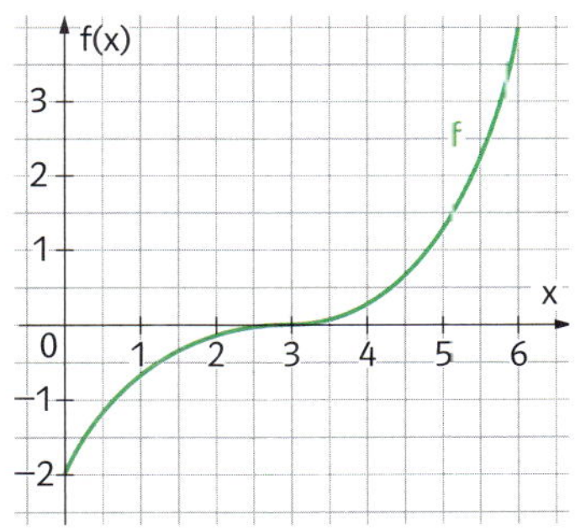

Abb. 3.3 b

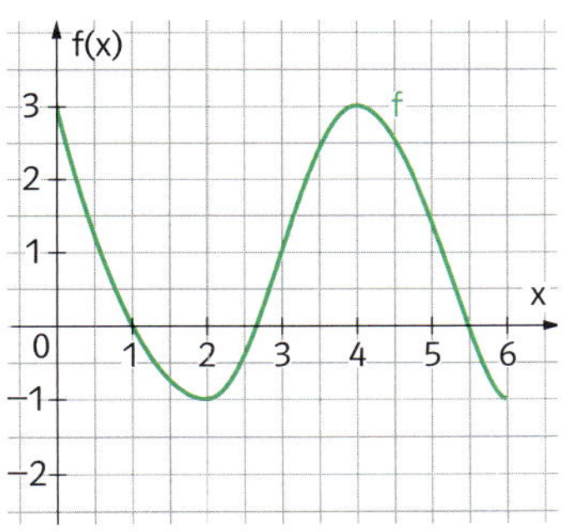

Abb. 3.3 c

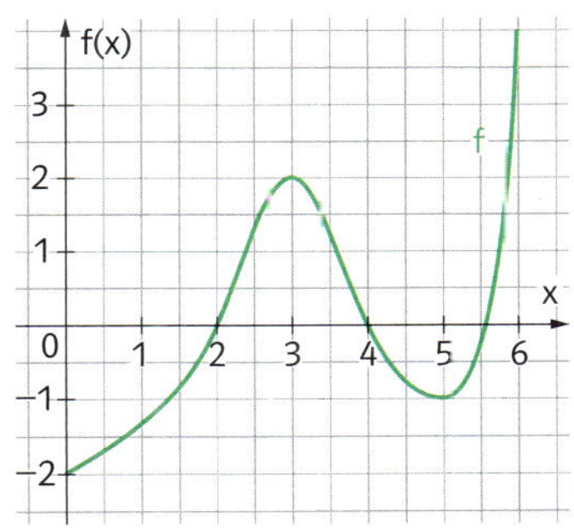

Abb. 3.3 d

3.3 UNTERSUCHEN VON POLYNOMFUNKTIONEN MIT HILFE DER ERSTEN ABLEITUNG

R

Monotonieintervalle und lokale Extremstellen

3.09 Gegeben ist die Polynomfunktion $f: \mathbb{R} \to \mathbb{R}$ mit $f(x) = x^3 - 6x^2 + 9x - 2$. Ermittle ohne Technologieeinsatz die Extremstellen von f sowie die Bereiche, in denen f streng monoton steigt bzw. fällt! Skizziere den Graphen von f!

LÖSUNG:

- Wir berechnen zuerst die Ableitung von f:
  $f(x) = x^3 - 6x^2 + 9x - 2 \Rightarrow f'(x) = 3x^2 - 12x + 9$
- Da an einer lokalen Extremstelle die Ableitung f′ notwendigerweise null ist, kommen als lokale Extremstellen von f nur die Nullstellen von f′ in Frage. Daher bestimmen wir diese:
  $f'(x) = 0 \Leftrightarrow 3x^2 - 12x + 9 = 0 \Leftrightarrow x = 1 \vee x = 3$ (Rechne nach!)
- Durch die Nullstellen von f′ wird der Definitionsbereich von f in die Intervalle $(-\infty; 1]$, $[1; 3]$ und $[3; \infty)$ zerlegt (Abb. 3.4 a). Diese Intervalle nennt man **Monotonieintervalle von f**, weil f in diesen Intervallen jeweils ein einheitliches, streng monotones Monotonieverhalten aufweist. (Denn würde sich im Inneren eines dieser Intervalle die strenge Monotonie ändern, müsste im Inneren dieses Intervalls eine weitere Nullstelle von f′ liegen.)
- Um jeweils die Art der Monotonie in diesen Monotonieintervallen festzustellen, berechnen wir die Funktionswerte an den Stellen 1 und 3 sowie an einer Stelle links von 1 und einer rechts von 3, etwa:
  $f(0) = -2,\ f(1) = 2,\ f(3) = -2,\ f(4) = 2$
  Wir tragen die zugehörigen Punkte ein und sehen, dass f in $(-\infty; 1]$ streng monoton steigend, in $[1; 3]$ streng monoton fallend und in $[3; \infty)$ streng monoton steigend sein muss (Abb. 3.4 b).
- An den Stellen 1 und 3 ändert die Funktion f ihr Monotonieverhalten. Da f links von 1 streng monoton steigend und rechts von 1 streng monoton fallend ist, ist 1 eine lokale Maximumstelle von f. Da f links von 3 streng monoton fallend und rechts von 3 streng monoton steigend ist, ist 3 eine lokale Minimumstelle von f. Wir zeichnen im Hoch- bzw. Tiefpunkt kurze Tangentenstücke parallel zur x-Achse ein und skizzieren den Graphen.

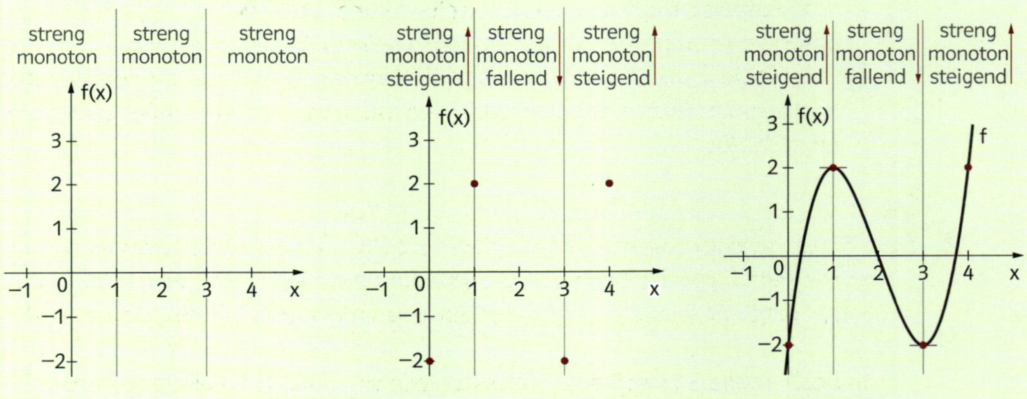

Abb. 3.4 a Abb. 3.4 b Abb. 3.4 c

Merke: Für jede nicht konstante Polynomfunktion lässt sich der Definitonsbereich in Monotonieintervalle (dh. Intervalle mit einheitlichem, strengen Monotonieverhalten) zerlegen.

T kompakt Seite 78

Ermittlung von Extremstellen und Monotoniebereichen mit Technologieeinsatz
Man gibt eine Termdarstellung der Funktion ein und lässt sich die Hoch- und Tiefpunkte des Graphen ausgeben. Daraus schließt man auf die Monotonieintervalle.

R

AUFGABEN

3.10 Ermittle die Monotonieintervalle und lokalen Extremstellen der Funktion f: ℝ → ℝ! Gib die Hoch- und Tiefpunkte des Graphen von f an (sofern vorhanden) und zeichne den Graphen!

a) $f(x) = x^2 + x - 6$
b) $f(x) = x^2 - 5x + 6$
c) $f(x) = -x^2 - x + 6$
d) $f(x) = -x^2 + 2x$
e) $f(x) = 4x - x^2$
f) $f(x) = x^2 + 4x + 4$
g) $f(x) = (x - 2)(x + 4)$
h) $f(x) = (x + 1)(x + 4)$
i) $f(x) = (x + 7)(x + 1)$

3.11 Ermittle die Monotonieintervalle und lokalen Extremstellen der Funktion f: ℝ → ℝ! Gib die Hoch- und Tiefpunkte des Graphen von f an (sofern vorhanden) und zeichne den Graphen!

a) $f(x) = 2x^3 - 3x^2 - 12x + 1$
b) $f(x) = x^3 + 3x^2 + 3x$
c) $f(x) = x^3 - 3x^2 + 5$
d) $f(x) = x - x^3$
e) $f(x) = x^3 - x^2$
f) $f(x) = -x(x^2 + x) - 1$
g) $f(x) = x(x^2 - 3) + 1$
h) $f(x) = x(x^2 + x)$
i) $f(x) = -(x^2 + 2x + 1)x$

3.12 Ermittle das Monotonieverhalten der Funktion f: ℝ → ℝ und zeichne den Graphen von f!

a) $f(x) = x^5 - x^4$ **b)** $f(x) = x^5 - 5x$ **c)** $f(x) = 0{,}05x^5 - x^2$ **d)** $f(x) = 0{,}05x^6 - 0{,}3x^4$

R

Terrassenstellen

3.13 Ermittle die Monotonieintervalle und lokalen Extremstellen der Funktion f: ℝ → ℝ mit $f(x) = \frac{1}{9} \cdot (-x^4 + 8x^3 - 18x^2 + 36)$ und skizziere den Graphen dieser Funktion.

LÖSUNG:

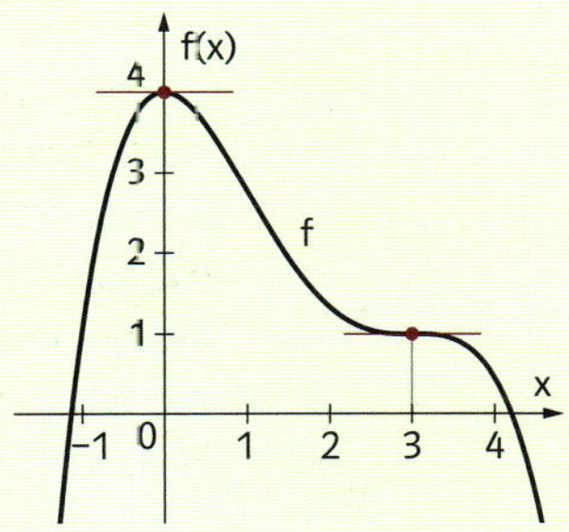

- Nullstellen der Ableitung:
  $f'(x) = \frac{1}{9} \cdot (-4x^3 + 24x^2 - 36x)$
  $f'(x) = 0 \Leftrightarrow x = 0 \lor x = 3$
- Monotonieintervalle: $(-\infty; 0]$, $[0; 3]$, $[3; \infty)$
  Aus $f(-1) = 1$, $f(0) = 4$, $f(3) = 1$ und $f(4) = \frac{4}{9}$ folgt:
  f ist in $(-\infty; 0]$ streng monoton steigend, in $[0; 3]$ streng monoton fallend und in $[3; \infty)$ streng monoton fallend.
- Da f links von 0 streng monoton steigend und rechts von 0 streng monoton fallend ist, ist 0 eine lokale Maximumstelle von f.
- 3 ist keine lokale Extremstelle von f, da f an der Stelle 3 das strenge Monotonieverhalten nicht ändert und es daher in jeder Umgebung von 3 Werte größer als f(3) und Werte kleiner als f(3) gibt.

Definition
Sei f eine nicht konstante Polynomfunktion. Eine Stelle p heißt **Terrassenstelle** oder **Sattelstelle** von f, wenn $f'(p) = 0$ ist und sich das Monotonieverhalten von f an der Stelle p nicht ändert.
Der zugehörige Punkt $(p \mid f(p))$ heißt **Terrassenpunkt** oder **Sattelpunkt** des Graphen von f.

In der Aufgabe 3.13 ist 3 eine Terrassenstelle von f und $(3 \mid 1)$ ein Terrassenpunkt.

R

AUFGABEN

Lernapplet r2y2fp

3.14 Ermittle die Monotonieintervalle, die lokalen Extremstellen sowie die Terrassenstellen der Funktion f: ℝ → ℝ und skizziere den Graphen dieser Funktion!

a) $f(x) = -2x^3 + 1$
b) $f(x) = x^3 - 9x^2 + 27x + 6$
c) $f(x) = \frac{1}{2} \cdot (x^3 + 3x^2 + 3x + 2)$
d) $f(x) = 3x^4 - 8x^3 + 16$
e) $f(x) = \frac{1}{4}x^4 + \frac{4}{3}x^3 + 2x^2$
f) $f(x) = -x^4 + 4x^3 - 4$

R

Extremstellen von Polynomfunktionen in abgeschlossenen Intervallen

3.15 Ermittle durch Rechnung die Monotonieintervalle sowie die globalen Extremstellen der Funktion f: [0; 5] → ℝ mit $f(x) = \frac{1}{4}(x^3 - 6x^2 + 9x - 8)$ und skizziere den Graphen von f!

LÖSUNG:

- Nullstellen der Ableitung:

  $f(x) = \frac{1}{4}(x^3 - 6x^2 + 9x - 8)$

  $f'(x) = \frac{1}{4}(3x^2 - 12x + 9) = \frac{3}{4}(x^2 - 4x + 3) = 0 \Leftrightarrow x = 1 \vee x = 3$

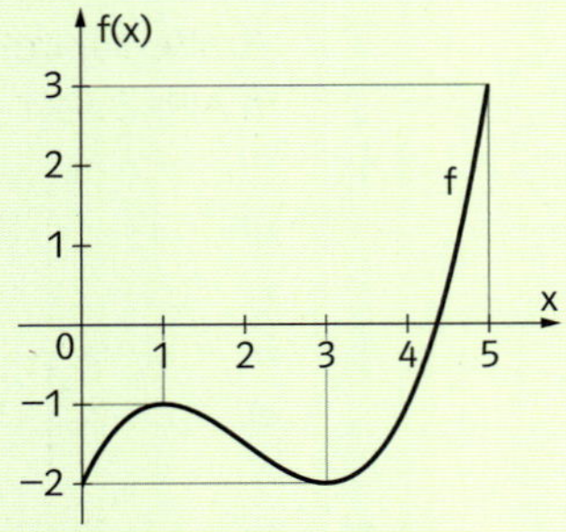

- Durch die Nullstellen von f′ wird das Intervall [0; 5] in folgende Monotonieintervalle zerlegt: [0; 1], [1; 3], [3; 5]. Aus f(0) = −2, f(1) = −1, f(3) = −2 und f(5) = 3 ergibt sich: f ist in [0; 1] streng monoton steigend, in [1; 3] streng monoton fallend und in [3; 5] streng monoton steigend.
- Als globale Extremstellen von f im Intervall [0; 5] kommen nur die Randstellen 0 und 5 des Intervalls [0; 5] und die Nullstellen 1 und 3 von f′ in Frage (denn innerhalb der Monotonieintervalle ist f jeweils streng monoton). Anhand der Funktionswerte an diesen Stellen erkennt man: 5 ist globale Maximumstelle von f, 0 und 3 sind globale Minimumstellen von f.

Beachte

- Als globale Extremstellen einer Polynomfunktion f in einem abgeschlossenen Intervall [a; b] kommen nur die Nullstellen von f′ sowie die Randstellen a und b des Intervalls in Frage, wobei f′(a) und f′(b) nicht unbedingt null sein müssen.
- Werden die Hoch- und Tiefpunkte mit Technologieeinsatz ermittelt und wird das Definitionsintervall nicht angegeben, kann es sein, dass auch Hoch- und Tiefpunkte ausgegeben werden, die außerhalb dieses Intervalls liegen.

R

AUFGABEN

T **3.16** Ermittle die Monotonieintervalle und globalen Extremstellen der Funktion f im angegebenen Intervall! Skizziere den Graphen von f!

a) $f(x) = (x - 1)^2$, [−1; 3] **b)** $f(x) = x^2 + 1$, [−2; 2] **c)** $f(x) = -x(x - 2)$, [−2; 1]

T **3.17** Ermittle die Monotonieintervalle und globalen Extremstellen der Funktion f im angegebenen Intervall! Gib allenfalls Hoch- und Tiefpunkte an! Skizziere den Graphen von f!

a) $f(x) = x^3 - 12x^2 + 45x - 53$, [1; 6] **b)** $f(x) = x^2(x - 3)$, [−1; 3]

T **3.18** Ermittle die Stellen im angegebenen Intervall, an denen die Funktion f den kleinsten bzw. größten Wert annimmt! Skizziere den Graphen von f!

a) $f(x) = 1 - \frac{2}{5}x$, [−10; 7] **b)** $f(x) = -\frac{1}{4}x^2 + \frac{5}{2}x - \frac{9}{4}$, [2; 8] **c)** $f(x) = -\frac{1}{3}x^3 + x^2 - \frac{4}{3}$, [−1; 3]

3.19 Ein Körper bewegt sich im Zeitintervall [6; 16] gemäß der Zeit-Ort-Funktion s mit $s(t) = -0{,}01t^3 + 0{,}24t^2 + 6$ (t in min, s(t) in m).

1) Wie groß ist die Geschwindigkeit des Körpers zu Beginn und am Ende des angegebenen Zeitintervalls?

2) In welchen Zeitintervallen nimmt die Geschwindigkeit zu, in welchen ab?

3.4 FUNKTIONSVERLAUF UND HÖHERE ABLEITUNGEN

R Krümmung

Man sagt: Die Funktion f in Abb. 3.5a ist im Intervall I **linksgekrümmt** und die Funktion f in Abb. 3.5b ist im Intervall I **rechtsgekrümmt**. Man stelle sich etwa vor, dass der Graph von f eine Straße darstellt und dass ein Autofahrer diese Straße **von links nach rechts** durchfährt. In Abb. 3.5a muss er das Lenkrad nach links einschlagen, in Abb. 3.5b nach rechts.

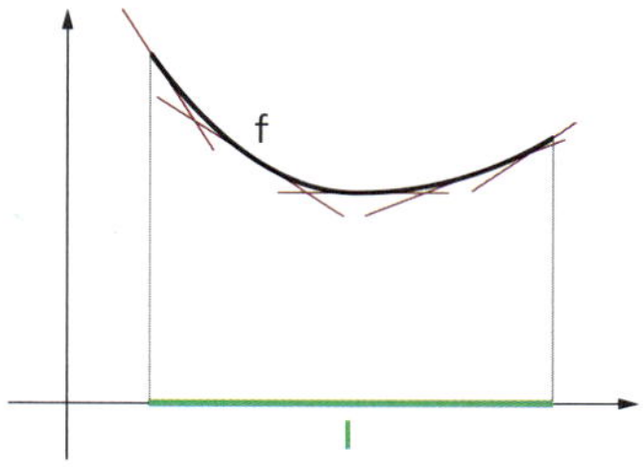

Abb 3.5a

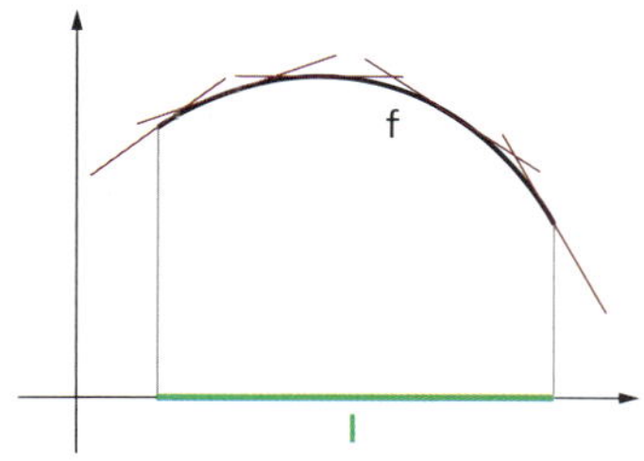

Abb 3.5b

In Abb. 3.5a nimmt die Steigung von f mit wachsendem x zu (sie ist zuerst negativ, dann null, dann positiv). In Abb. 3.5b nimmt die Steigung von f mit wachsendem x ab (sie ist zuerst positiv, dann null, dann negativ). Mit anderen Worten: In Abb. 3.5a ist f′ streng monoton steigend, in Abb. 3.5b streng monoton fallend. Dies führt uns zu folgender Definition:

Definition

Es sei $f\colon A \to \mathbb{R}$ eine Polynomfunktion, $f'\colon A \to \mathbb{R}$ ihre Ableitung und $I \subseteq A$ ein Intervall.
Die Funktion f heißt
- **linksgekrümmt in I**, wenn f′ **streng monoton steigend** in I ist,
- **rechtsgekrümmt in I**, wenn f′ **streng monoton fallend** in I ist,
- **einheitlich gekrümmt in I**, wenn f in I entweder linksgekrümmt oder rechtsgekrümmt ist.

Die Art der Krümmung kann man mit Hilfe des folgenden Satzes feststellen:

Krümmungssatz (Hinreichende Bedingung für Links- bzw. Rechtskrümmung)

Ist $f\colon A \to \mathbb{R}$ eine Polynomfunktion und $I \subseteq A$ ein Intervall, dann gilt:
(1) $\mathbf{f''(x) > 0}$ für alle inneren Stellen $x \in I \Rightarrow$ **f linksgekrümmt in I**
(2) $\mathbf{f''(x) < 0}$ für alle inneren Stellen $x \in I \Rightarrow$ **f rechtsgekrümmt in I**

BEWEIS:

(1) Nach dem Monotoniesatz gilt:
$f''(x) = (f')'(x) > 0$ für alle inneren Stellen $x \in I \Rightarrow$ f′ ist streng monoton steigend in I $\Rightarrow$
$\Rightarrow$ f in I linksgekrümmt

(2) Kann analog bewiesen werden. □

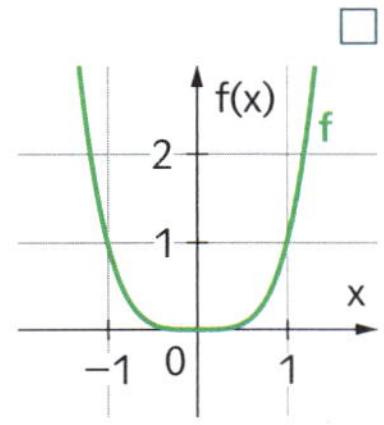

Der Krümmungssatz ist nicht umkehrbar. Es gilt zum Beispiel nicht:
f linksgekrümmt in I $\Rightarrow f''(x) > 0$ für alle inneren Stellen $x \in I$.
Ein Gegenbeispiel stellt die Funktion f mit $f(x) = x^4$ dar (siehe die nebenstehende Abbildung). Die Funktion f ist linksgekrümmt in ganz $\mathbb{R}$, aber es ist $f''(0) = 0$ (rechne nach).
Durch die Nullstellen von f″ wird der Definitionsbereich von f in Intervalle zerlegt. Diese Intervalle nennt man **Krümmungsintervalle von f**, weil in diesen Intervallen f″ jeweils ein einheitliches Vorzeichen und deshalb f ein einheitliches Krümmungsverhalten aufweist. (Würde nämlich f″ im Inneren eines dieser Intervalle das Vorzeichen wechseln, müsste im Inneren dieses Intervalls eine weitere Nullstelle von f″ liegen.)

Merke: Für jede nicht konstante Polynomfunktion lässt sich der Definitonsbereich in Krümmungsintervalle (dh. Intervalle mit einheitlichem Krümmungsverhalten) zerlegen.

Um die Art der Krümmung in einem **Krümmungsintervall I** festzustellen, genügt es, das Vorzeichen von f″ an einer **beliebigen inneren Stelle** $p \in I$ zu ermitteln, denn f″ besitzt ja an allen inneren Stellen von I dasselbe Vorzeichen. Man kann dann schließen:

- $f''(p) > 0 \Rightarrow$ f ist linksgekrümmt in I
- $f''(p) < 0 \Rightarrow$ f ist rechtsgekrümmt in I

3.20 Nebenstehend ist eine Straße in einem Ortskoordinatensystem dargestellt. Die Form der Straße lässt sich ungefähr durch den Graphen der Funktion f mit
$f(x) = \frac{1}{10^4} \cdot (x^3 - 300x^2 + 22500x)$ $(0 \leq x \leq 200)$
beschreiben (x und f(x) in Meter). Ein Autofahrer durchfährt die Straße von O nach Q. Auf welchem Streckenabschnitt muss er das Lenkrad nach rechts einschlagen, auf welchem nach links? In welchem Punkt der Straße muss er vom Rechtseinschlag zum Linkseinschlag wechseln?

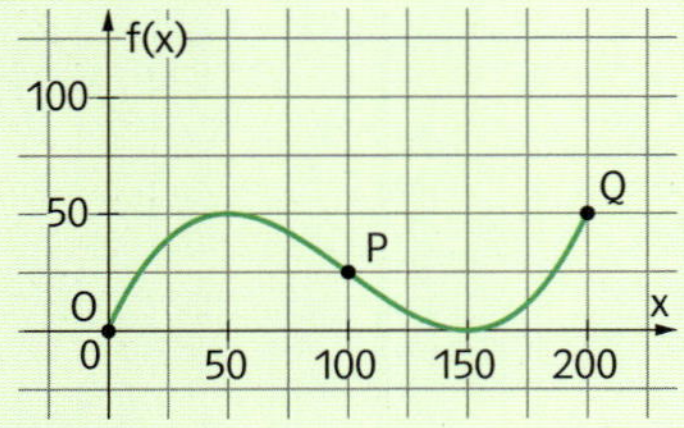

LÖSUNG:

- Erste und zweite Ableitung von f: $f(x) = \frac{1}{10^4} \cdot (x^3 - 300x^2 + 22500x)$
$$f'(x) = \frac{1}{10^4} \cdot (3x^2 - 600x + 22500)$$
$$f''(x) = \frac{1}{10^4} \cdot (6x - 600)$$
- Nullstellen von f″: $f''(x) = 0 \Leftrightarrow x = 100$
- Krümmungsintervalle: [0; 100] und [100; 200]
Wir berechnen f″ in diesen Intervallen jeweils an einer inneren Stelle, etwa:
$f''(50) = \frac{1}{10^4} \cdot (6 \cdot 50 - 600) < 0$ und $f''(150) = \frac{1}{10^4} \cdot (6 \cdot 150 - 600) > 0.$
Daraus folgt: f ist in [0; 100] rechtsgekrümmt und in [100; 200] linksgekrümmt.
Der Autofahrer muss also von $O = (0 \mid 0)$ bis $P = (100 \mid 25)$ das Lenkrad nach rechts einschlagen und von $P = (100 \mid 25)$ bis $Q = (200 \mid 50)$ nach links einschlagen. Im Punkt P muss er vom Rechtseinschlag zum Linkseinschlag wechseln.

R

AUFGABEN

3.21 Zeige, dass die Funktion $f: \mathbb{R} \to \mathbb{R}$ einheitlich gekrümmt ist und gib die Art der Krümmung an!

a) $f(x) = -3x^2 + 12x - 9$ **c)** $f(x) = x(x - 1)$ **e)** $f(x) = 2x^2 - 4$
b) $f(x) = x^2 - x + 1$ **d)** $f(x) = (x - 2)(x + 2)$ **f)** $f(x) = -(x - 2)(x + 1)$

T **3.22** Ermittle die Krümmungsbereiche der Funktion $f: \mathbb{R} \to \mathbb{R}$ und gib jeweils die Art der Krümmung an!

a) $f(x) = 3x^3 + 6x$ **c)** $f(x) = 2x^3 - 12x^2 + 27x + 26$ **e)** $f(x) = x^3 - 3x^2 + 2x - 4$
b) $f(x) = x^3 - 9x^2 + 24x - 18$ **d)** $f(x) = x^3 - 9x^2 + 3x - 3$ **f)** $f(x) = x^3 + 6x^2 + 18x - 20$

3.23 Aus einem Würfel der Kantenlänge 1 wird eine quadratische Pyramide wie in der Abbildung herausgeschnitten $(0 \leq x \leq 1)$.

1) Stelle eine Formel für das Volumen V(x) des Restkörpers auf!
2) Skizziere den Graphen der Funktion $V: [0; 1] \to \mathbb{R} \mid x \mapsto V(x)$!
3) Was lässt sich über die Krümmung von V aussagen?
4) Nimmt V mit wachsendem x immer schneller oder immer langsamer ab?

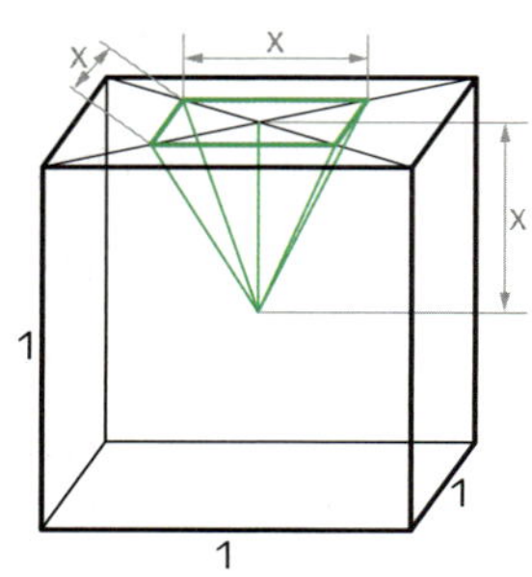

Hinreichende Bedingung für lokale Extremstellen mit der 2. Ableitung

Wir wissen bereits: Für das Vorliegen einer lokalen Extremstelle p einer Polynomfunktion f ist die Bedingung $f'(p) = 0$ zwar notwendig, aber nicht hinreichend. Man erhält jedoch eine hinreichende Bedingung, wenn man neben $f'(p) = 0$ eine zusätzliche Voraussetzung verlangt. Wir betrachten dazu die folgenden beiden Abbildungen:

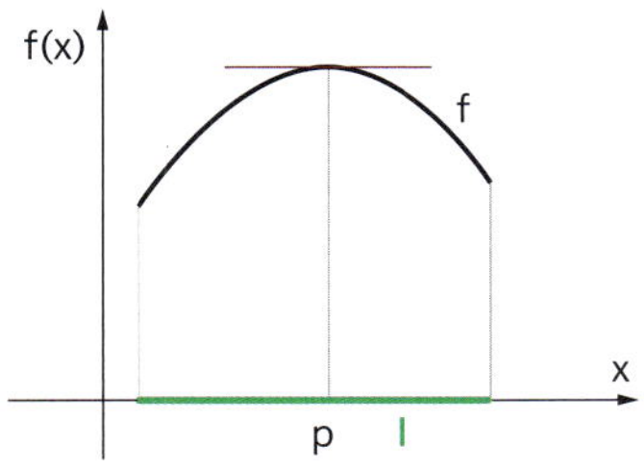

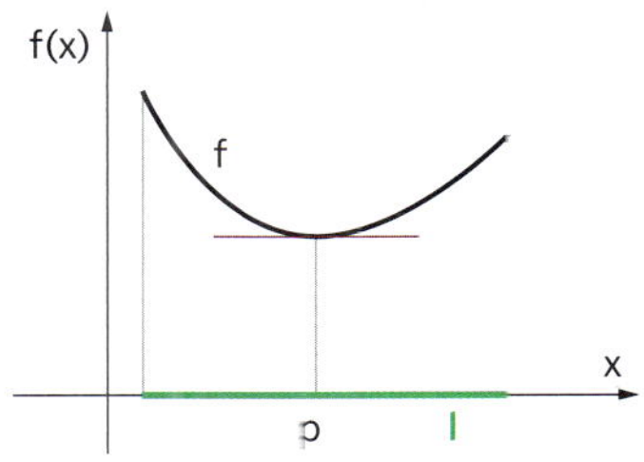

Aufgrund dieser Abbildungen kann man vermuten:

- Ist $f'(p) = 0$ und $f''(x) < 0$ für alle $x \in I$ (dh. f rechtsgekrümmt in I), dann ist p eine lokale Maximumstelle von f.
- Ist $f'(p) = 0$ und $f''(x) > 0$ für alle $x \in I$ (dh. f linksgekrümmt in I), dann ist p eine lokale Minimumstelle von f.

Man kann sogar mehr beweisen. Es muss nicht verlangt werden, dass die Zusatzvoraussetzung $f''(x) < 0$ bzw. $f''(x) > 0$ im ganzen Intervall I gilt. Es genügt, dass diese Voraussetzung an der Stelle p erfüllt ist. Es gilt nämlich der folgende Satz, den wir ohne Beweis anführen:

Satz (Hinreichende Bedingung für eine lokale Extremstelle mit Hilfe der 2. Ableitung)
Ist $f: A \to \mathbb{R}$ eine Polynomfunktion, $I \subseteq A$ ein Intervall und p eine innere Stelle von I, dann gilt:
(1) $f'(p) = 0 \wedge f''(p) < 0 \Rightarrow$ p ist lokale Maximumstelle von f
(2) $f'(p) = 0 \wedge f''(p) > 0 \Rightarrow$ p ist lokale Minimumstelle von f

3.24 Ermittle mit Hilfe des eben angeführten Satzes die lokalen Extremstellen der Funktion $f: \mathbb{R} \to \mathbb{R}$ mit $f(x) = x^3 + 3x^2 - 4$!

LÖSUNG:
$f(x) = x^3 + 3x^2 - 4$
$f'(x) = 3x^2 + 6x = 0 \Leftrightarrow x = -2 \vee x = 0$
$f''(x) = 6x + 6$

Mit dem obigen Satz ergibt sich:

$f'(-2) = 0 \wedge f''(-2) = -6 < 0 \Rightarrow -2$ ist lokale Maximumstelle von f.
$f'(0) = 0 \wedge f''(0) = 6 > 0 \Rightarrow 0$ ist lokale Minimumstelle von f.

AUFGABEN

3.25 Ermittle mit Hilfe des obigen Satzes die lokalen Extremstellen der Funktion $f: \mathbb{R} \to \mathbb{R}$!

a) $f(x) = \frac{1}{3}x^2 - 2x + 3$
b) $f(x) = -\frac{1}{8}x^2 + x - 2$
c) $f(x) = x^3 - 27x$
d) $f(x) = x^4 - x^2$
e) $f(x) = x^3 - 3x^2 - 9x + 11$
f) $f(x) = x^4 - 2x^2 + 1$
g) $f(x) = x^4 + x^2$
h) $f(x) = 2x^3 - 6x + 2$
i) $f(x) = x^5 - 5x$

R

Wendestellen

Definition

Sei $f: A \to \mathbb{R}$ eine Polynomfunktion.

- Eine Stelle $p \in A$ heißt **Wendestelle** von f, wenn sich an der Stelle p das Krümmungsverhalten von f ändert.
- Der Punkt $(p \mid f(p))$ heißt **Wendepunkt** des Graphen von f.
- Die Tangente an den Graphen von f im Wendepunkt heißt **Wendetangente**.

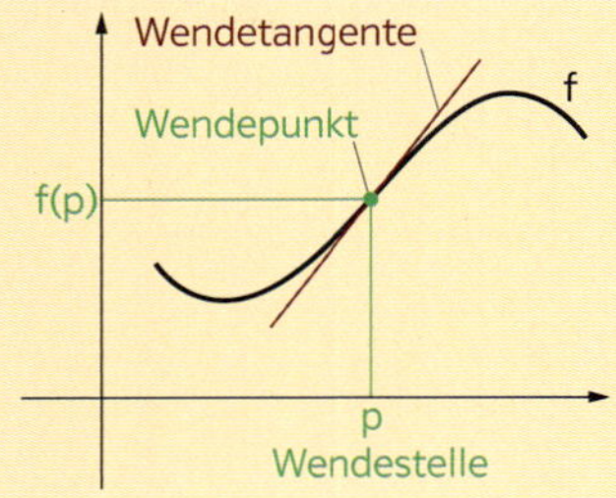

In einem Wendepunkt berührt der Graph der Polynomfunktion f die Wendetangente und wechselt dort auf die andere Seite der Tangente (siehe obige Abbildung). Daher ist es beim Zeichnen des Graphen mit der Hand oft nützlich, die Wendetangente einzuzeichnen.

Dass eine Polynomfunktion f an einer Wendestelle p das Krümmungsverhalten ändert, bedeutet: Auf der einen Seite von p nimmt $f'(x)$ zu, auf der anderen ab oder umgekehrt. Somit ist p eine lokale Maximumstelle oder lokale Minimumstelle der Funktion f'. Wir halten dies fest:

Satz

Eine **Wendestelle p** einer Polynomfunktion f ist eine **lokale Extremstelle der Ableitung f'**.

Dass eine Polynomfunktion f an einer Wendestelle p das Krümmungsverhalten ändert, bedeutet auch, dass f'' an der Stelle p das Vorzeichen ändert. Daraus folgt, dass $f''(p) = 0$ sein muss. Es gilt also:

Satz (Notwendige Bedingung für eine Wendestelle)

Für jede Polynomfunktion f gilt:

p ist eine **Wendestelle** von f $\Rightarrow$ $\mathbf{f''(p) = 0}$

Die Umkehrung dieses Satzes gilt nicht. Ein Gegenbeispiel stellt die Funktion f mit $f(x) = x^4$ dar (siehe nebenstehende Abbildung). Es ist $f''(x) = 12x^2$ und somit $f''(0) = 0$, aber 0 ist keine Wendestelle von f.

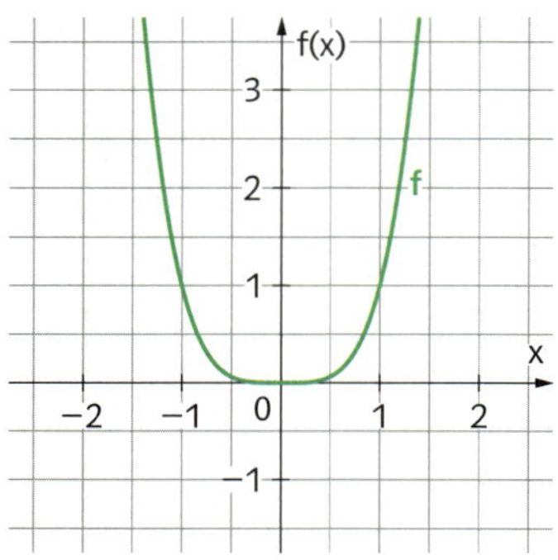

Die Bedingung $f''(p) = 0$ ist somit eine notwendige, aber keine hinreichende Bedingung dafür, dass p eine Wendestelle von f ist.

Man erhält jedoch eine hinreichende Bedingung für das Vorliegen einer Wendestelle, wenn man neben $f''(p) = 0$ noch eine zusätzliche Voraussetzung verlangt:

Satz (Hinreichende Bedingung für eine Wendestelle)

Ist $f: A \to \mathbb{R}$ eine Polynomfunktion, $I \subseteq A$ ein Intervall und p eine innere Stelle von I, dann gilt:

$\mathbf{f''(p) = 0 \ \wedge \ f'''(p) \neq 0 \Rightarrow}$ **p ist Wendestelle von f**

BEWEIS:

$f''(p) = 0 \ \wedge \ f'''(p) \neq 0 \Rightarrow (f')'(p) = 0 \ \wedge \ (f')''(p) \neq 0 \Rightarrow$ p ist lokale Extremstelle von f' $\Rightarrow$

$\Rightarrow$ p ist Wendestelle von f □

3.26 Ermittle ohne Technologieeinsatz die Wendestellen der Funktion $f: \mathbb{R} \to \mathbb{R}$ mit $f(x) = x^3 - 6x^2 + 9x - 4$! Gib außerdem die Koordinaten der Wendepunkte sowie Gleichungen der Wendetangenten an!

LÖSUNG:

- Ableitungen von f: $f(x) = x^3 - 6x^2 + 9x - 4$
  $f'(x) = 3x^2 - 12x + 9$
  $f''(x) = 6x - 12$
  $f'''(x) = 6$
- Aufgrund der notwendigen Bedingung für Wendestellen kommen als Wendestellen von f nur die Nullstellen von f″ in Frage.
  Daher ermitteln wir diese:
  $f''(x) = 0 \iff 6x - 12 = 0 \iff x = 2$
  Mit der hinreichenden Bedingung für Wendestellen ergibt sich:
  $f''(2) = 0 \wedge f'''(2) = 6 \neq 0 \Rightarrow$ 2 ist Wendestelle von f
- Wendepunkt: $W = (2 \mid f(2)) = (2 \mid -2)$
- Steigung der Wendetangente: $k = f'(2) = -3$
  Ein Richtungsvektor der Wendetangente ist $(1 \mid k)$, ein Normalvektor somit $(-k \mid 1) = (3 \mid 1)$.
  Damit ergibt sich die folgende Gleichung der Wendetangente:
  $t: 3x + y = 3 \cdot 2 + 1 \cdot (-2) \Rightarrow t: 3x + y = 4$

T kompakt Seite 78

Mit **Technologieeinsatz** lassen sich solche Aufgaben ebenso lösen. Wenn man eine Termdarstellung eingibt, erhält man ein Bild des Graphen. Durch geeignete Befehle erhält man die Wendepunkte.

R

AUFGABEN

Arbeitsblatt s789ws

3.27 Nebenstehend ist eine Polynomfunktion vom Grad 4 dargestellt.

a) Lies aus dem Graphen die Nullstellen, die lokalen Extremstellen und die Wendestellen von f ab!

b) Gib die Monotoniebereiche von f sowie die jeweilige Art der Monotonie an!

c) Gib die Krümmungsbereiche von f sowie die jeweilige Art der Krümmung an!

d) Besitzt f eine Sattelstelle? Wenn ja, gib diese an!

Sattelstelle Krümmung ändert sich
Tangente ist waagrecht f(−1)

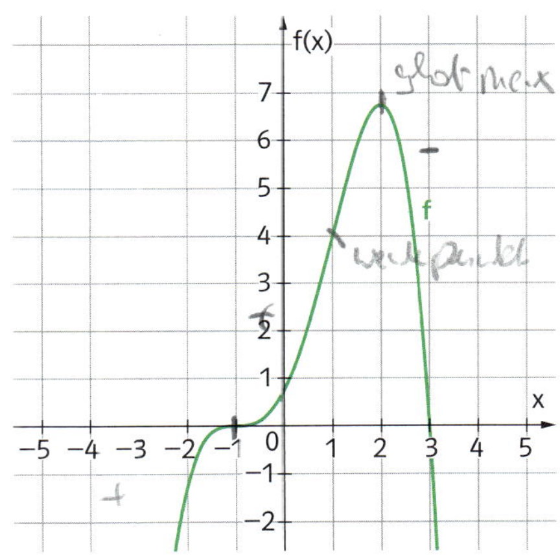

3.28 Ermittle die Krümmungsbereiche und Wendestellen der Funktion f und gib die Koordinaten der Wendepunkte sowie Gleichungen der Wendetangenten an!

a) $f(x) = x^3 - x^2 + 2$

b) $f(x) = x^3 - 4x + 4$

c) $f(x) = x^3 - x^2 + x + 1$

d) $f(x) = (x - 6)(x + 3)(x - 3)$

e) $f(x) = -2x^3 + 3x^2$

f) $f(x) = x^3 - x + 1$

g) $f(x) = (x - 3)(x + 2)(x - 4)$

h) $f(x) = x^4 + x^3$

i) $f(x) = 3x^3 - 9x^2 + 2x - 1$

j) $f(x) = x^3 - 6x^2 + 8x + 7$

k) $f(x) = x^4 + 4x^3 - 18x^2 + 12x$

l) $f(x) = x^4 + 3x^3 + 3x^2 - x - 5$

Lernapplet 9hp2q9

3.29 Kreuze an, welche Eigenschaften auf eine Polynomfunktion $f: \mathbb{R} \to \mathbb{R}$ unter der angegebenen Bedingung jeweils zutreffen müssen!

	$f(0) = 0$	$f(0) \neq 0$	$f'(0) = 0$	$f'(0) \neq 0$	$f''(0) = 0$	$f''(0) \neq 0$
0 ist lokale Extremstelle von f.	☐	☐	☐	☐	☐	☐
0 ist globale Extremstelle von f.	☐	☐	☐	☐	☐	☐
0 ist Sattelstelle von f.	☐	☐	☐	☐	☐	☐
0 ist Wendestelle von f.	☐	☐	☐	☐	☐	☐
0 ist Nullstelle von f.	☐	☐	☐	☐	☐	☐
(0 | 5) ist Wendepunkt.	☐	☐	☐	☐	☐	☐
(0 | −1) ist Sattelpunkt.	☐	☐	☐	☐	☐	☐
(0 | 0) ist Tiefpunkt.	☐	☐	☐	☐	☐	☐

3.30 Untersuche die Polynomfunktion $f: \mathbb{R} \to \mathbb{R}$ in Hinblick auf Monotonie, Krümmung, Hoch- und Tiefpunkte, Terrassenpunkte und Wendepunkte! Skizziere den Graphen von f!

a) $f(x) = x^4 + 2x^2$ **c)** $f(x) = \frac{1}{9}x^4 - 2x^2$ **e)** $f(x) = 3(3x^4 + 4x^3)$

b) $f(x) = 2x^4 - x$ **d)** $f(x) = -\frac{1}{6}x^4 + x^2$ **f)** $f(x) = \frac{1}{64}(x^4 + 8x^3)$

3.31 Untersuche die Polynomfunktion $f: \mathbb{R} \to \mathbb{R}$ in Hinblick auf Monotonie, Krümmung, Hoch- und Tiefpunkte, Terrassenpunkte und Wendepunkte! Skizziere den Graphen von f!

a) $f(x) = x^3 + 6x$ **c)** $f(x) = -x^3 + 3x^2 - 3x$ **e)** $f(x) = 3x^3 - 9x^2 + 9x$

b) $f(x) = x^3 - 12x + 8$ **d)** $f(x) = 5x^3 + 15x^2 + 5$ **f)** $f(x) = -(x - 1)^3$

3.32 Gegeben ist eine Polynomfunktion $f: \mathbb{R} \to \mathbb{R}$. Kreuze die zutreffende(n) Aussage(n) an!

p ist lokale Extremstelle von f $\Rightarrow$ $f'(p) = 0$	☒
$f'(p) = 0$ $\Rightarrow$ p ist lokale Extremstelle von f	☐
$f''(p) = 0$ und $f'''(p) \neq 0$ $\Rightarrow$ p ist Wendestelle von f	☒
p ist Wendestelle von f $\Rightarrow$ $f''(p) = 0$ und $f'''(p) \neq 0$	☐
p ist Sattelstelle von f $\Rightarrow$ $f'(p) = 0$	☒

3.33 Zeige, dass die einzige Wendestelle der Polynomfunktion $f: \mathbb{R} \to \mathbb{R}$ mit $f(x) = a(x - x_1)(x - x_2)(x - x_3)$ und $a \neq 0$ das arithmetische Mittel der Nullstellen von f ist!

3.34 **1)** Zeige: Der Graph einer Polynomfunktion $f: \mathbb{R} \to \mathbb{R}$ mit $f(x) = ax^3 + bx^2 + cx + d$ und $a \neq 0$ hat genau einen Wendepunkt.

2) Welche Beziehung muss zwischen den Koeffizienten a, b, c und d bestehen, damit dieser Wendepunkt ein Sattelpunkt ist?

3.35 Welche Beziehung muss zwischen den Koeffizienten bestehen, damit der Graph der Polynomfunktion $f: \mathbb{R} \to \mathbb{R}$ mit $f(x) = ax^4 + bx^3 + cx^2 + dx + e$ und $a \neq 0$ **1)** genau zwei Wendepunkte, **2)** keinen Wendepunkt besitzt?

3.36 Zeige: Der Graph der Funktion $f: \mathbb{R} \to \mathbb{R}$ mit $f(x) = 0{,}3x^5 - 8x^3 + 10x + 1$ hat genau drei Wendepunkte.

3.37 Zeige, dass die Wendepunkte des Graphen der Funktion f mit $f(x) = 3x^5 - 10x^3 + 7$ auf einer Geraden liegen!

3.5 EIGENSCHAFTEN VON POLYNOMFUNKTIONEN

R Symmetrie

Applet 4ma99k

3.38 Zeige und überprüfe am Graphen!

a) Der Graph der Funktion f mit $f(x) = \frac{1}{2}x^4 + x^2$ ist symmetrisch bezüglich der 2. Achse.
b) Der Graph der Funktion f mit $f(x) = x^3 - 3x$ ist symmetrisch bezüglich des Ursprungs.

LÖSUNG:

a) $f(-x) = \frac{1}{2}(-x)^4 + (-x)^2 = \frac{1}{2}x^4 + x^2 = f(x)$

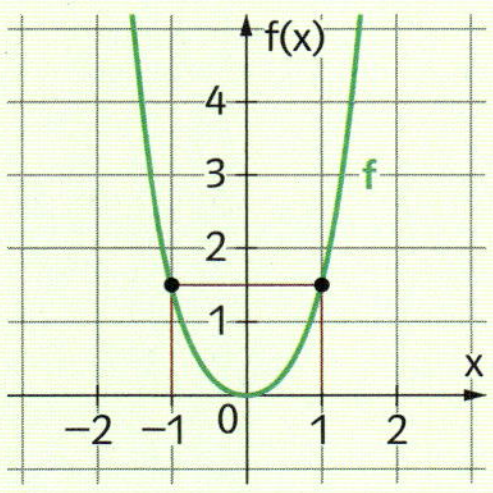

b) $f(-x) = (-x)^3 - 3(-x) = -x^3 + 3x = -f(x)$

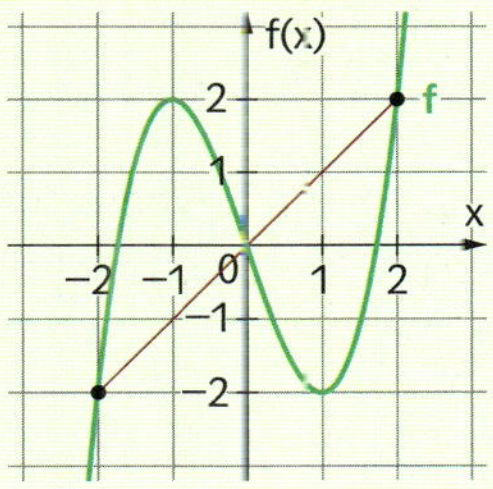

Wir erinnern uns (vgl. Mathematik verstehen 6, Seite 50):

Definition
Eine reelle Funktion f: A → ℝ heißt
- **gerade**, wenn für alle $x \in A$ gilt: $\mathbf{f(-x) = f(x)}$
- **ungerade**, wenn für alle $x \in A$ gilt: $\mathbf{f(-x) = -f(x)}$

Der Graph einer geraden Funktion ist symmetrisch bezüglich der 2. Achse, der Graph einer ungeraden Funktion symmetrisch bezüglich des Ursprungs.

R AUFGABEN

3.39 Eine Funktion f kann gerade oder ungerade oder keines von beidem sein. Kreuze jene Funktionsgleichungen an, für die f gerade oder ungerade ist!

$f(x) = x^3$	☒
$f(x) = x^2 - x$	☐
$f(x) = x^3 - x^2$	☐
$f(x) = -x^3$	☒
$f(x) = -x^2 + 1$	☒

3.40 Begründe: Treten bei einer Polynomfunktion f im Funktionsterm f(x) nur Potenzen von x mit gerader Hochzahl auf, dann ist der Graph von f symmetrisch bezüglich der zweiten Achse.

3.41 Zeige: Eine Polynomfunktion f vom Grad 3, deren Graph symmetrisch bezüglich des Ursprungs ist, muss von der Form $f(x) = ax^3 + cx$ mit $a \neq 0$ sein.
BEACHTE: Der Ursprung ist ein Wendepunkt.

3.42 Der Graph einer Polynomfunktion sei symmetrisch **a)** bezüglich der Geraden $x = p$, **b)** bezüglich des Punktes $(p \mid f(p))$. Was lässt sich dann über den Punkt $(p \mid f(p))$ aussagen?

Verhalten für x gegen $\pm\infty$

Definition

Sei f: A → ℝ eine reelle Funktion. Man schreibt

- $\lim\limits_{x \to \infty} f(x) = q$, wenn sich f(x) mit unbegrenzt wachsendem x unbegrenzt der Zahl q nähert,
- $\lim\limits_{x \to \infty} f(x) = \infty$, wenn f(x) mit unbegrenzt wachsendem x jede noch so große Schranke überschreitet,
- $\lim\limits_{x \to \infty} f(x) = -\infty$, wenn f(x) mit unbegrenzt wachsendem x jede noch so kleine Schranke unterschreitet.

Analoge Definitionen gelten für $\lim\limits_{x \to -\infty} f(x) = q$, $\lim\limits_{x \to -\infty} f(x) = \infty$ und $\lim\limits_{x \to -\infty} f(x) = -\infty$.

3.43 Sei f eine Polynomfunktion der Form $f(x) = ax^3 + bx^2 + cx + d$ mit $a \neq 0$. Begründe:

(1) Für $a > 0$ gilt: $\lim\limits_{x \to \infty} f(x) = \infty$ und $\lim\limits_{x \to -\infty} f(x) = -\infty$

(2) Für $a < 0$ gilt: $\lim\limits_{x \to \infty} f(x) = -\infty$ und $\lim\limits_{x \to -\infty} f(x) = \infty$

LÖSUNG:

(1) $ax^3 + bx^2 + cx + d = x^3\left(a + \frac{b}{x} + \frac{c}{x^2} + \frac{d}{x^3}\right)$.

Wenn x unbegrenzt wächst, nähert sich der Klammerausdruck unbegrenzt der Zahl $a > 0$ und x^3 überschreitet jede noch so große Schranke. Somit überschreitet auch f(x) jede noch so große Schranke.

(2) Führe den Beweis selbst!

AUFGABEN

3.44 Sei f eine Polynomfunktion der Form $f(x) = ax^4 + bx^3 + cx^2 + dx + e$ mit $a \neq 0$. Begründe:

(1) Für $a > 0$ gilt: $\lim\limits_{x \to \infty} f(x) = \lim\limits_{x \to -\infty} f(x) = \infty$ **(2)** Für $a < 0$ gilt: $\lim\limits_{x \to \infty} f(x) = \lim\limits_{x \to -\infty} f(x) = -\infty$

3.45 Ermittle die Nullstellen von f und untersuche das Verhalten von f für $x \to -\infty$ und $x \to \infty$!

a) $f(x) = x^3 + x^2 - 6x$ **b)** $f(x) = -x^3 - 2x^2 - 3x$ **c)** $f(x) = -x^4 + x^3 + 12x^2$

Typische Formen der Graphen von Polynomfunktionen

3.46 Beweise:

(1) Eine Polynomfunktion vom Grad $n \geqslant 1$ hat höchstens $n-1$ lokale Extremstellen.

(2) Eine Polynomfunktion vom Grad $n \geqslant 2$ hat höchstens $n-2$ Wendestellen.

LÖSUNG:

$f(x) = a_n x^n + a_{n-1} x^{n-1} + \ldots + a_2 x^2 + a_1 x + a_0 \quad (a_n \neq 0)$

$f'(x) = n a_n x^{n-1} + (n-1) a_{n-1} x^{n-2} + \ldots + 2 a_2 x + a_1$

$f''(x) = n(n-1) a_n x^{n-2} + (n-1)(n-2) a_{n-1} x^{n-3} + \ldots + 2 a_2$

Da f′ vom Grad $n-1$ und f″ vom Grad $n-2$ ist, hat f′ höchstens $n-1$ und f″ höchstens $n-2$ Nullstellen. Somit hat f höchstens $n-1$ lokale Extremstellen und höchstens $n-2$ Wendestellen.

Die Ergebnisse der letzten Aufgabe und die vorangegangenen Überlegungen zur Symmetrie lassen einige Aussagen über typische Formen der Graphen von Polynomfunktionen zu.

Polynomfunktionen vom Grad 2:

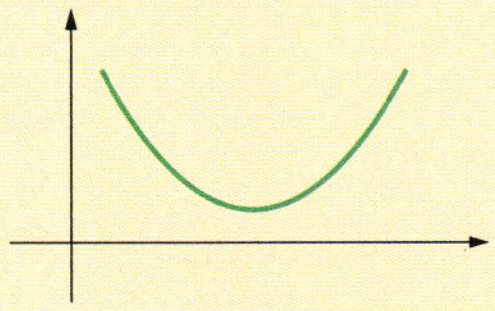
Abb. 3.6 a

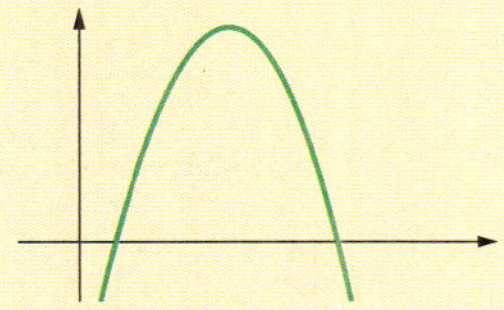
Abb. 3.6 b

Der Graph einer Polynomfunktion vom Grad 2 hat stets die Form einer Parabel (Abb. 3.6 a, b).

Polynomfunktionen vom Grad 3:

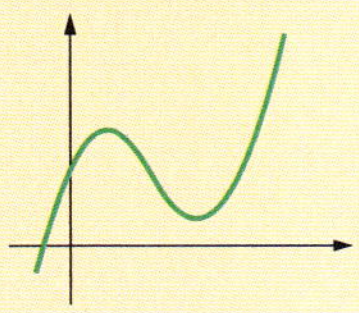
Abb. 3.7 a

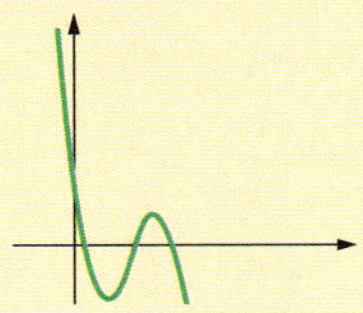
Abb. 3.7 b

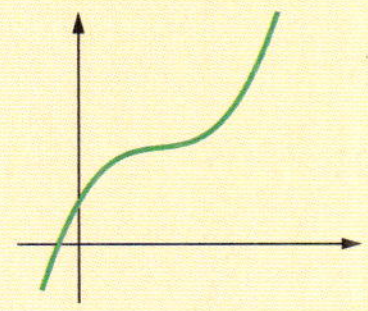
Abb. 3.7 c

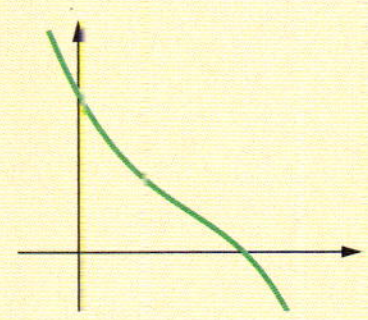
Abb. 3.7 d

Der Graph einer Polynomfunktion vom Grad 3 hat im Allgemeinen die Form einer „S-Kurve" (Abb. 3.7 a, b), wobei „Entartungen" auftreten können (Abb. 3.7 c, d).

Polynomfunktionen vom Grad 4:

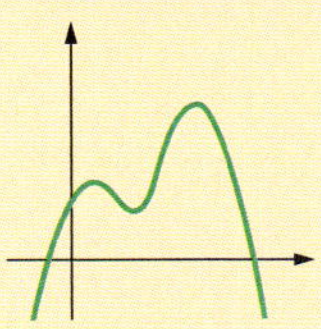
Abb. 3.8 a

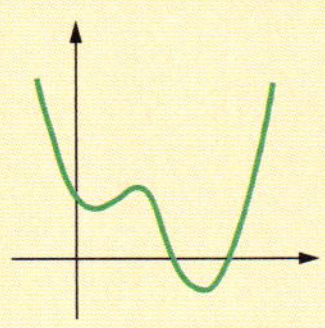
Abb. 3.8 b

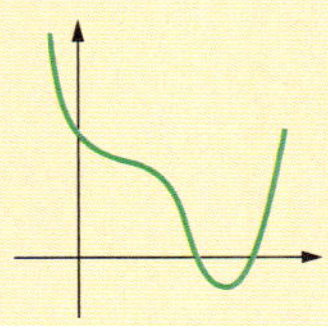
Abb. 3.8 c

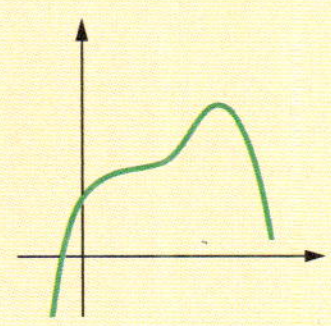
Abb. 3.8 d

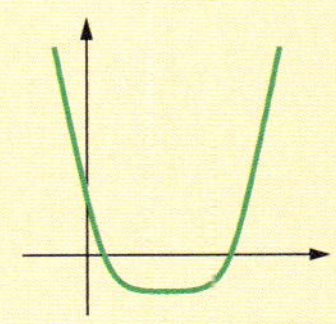
Abb. 3.8 e

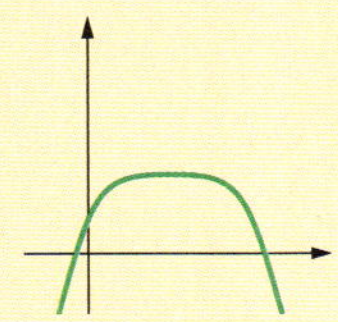
Abb. 3.8 f

Der Graph einer Polynomfunktion vom Grad 4 hat im Allgemeinen die Form einer „Doppel-S-Kurve" (Abb. 3.8 a, b), wobei ebenfalls „Entartungen" auftreten können (Abb. 3.8 c, d, e, f).

3.47 Die abgebildeten Funktionen sind Polynomfunktionen vom Grad 2, 3 oder 4. Trage in die Kästchen den kleinstmöglichen Grad ein!

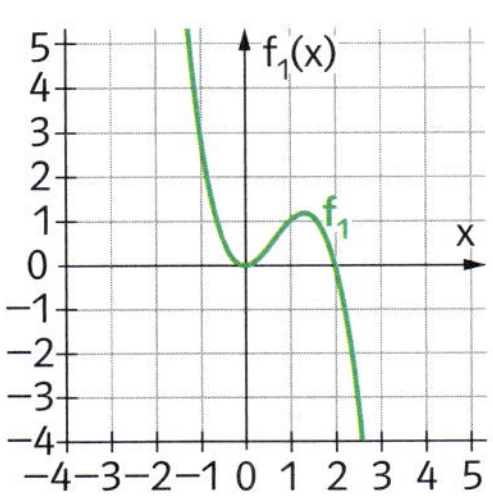

Grad: 3

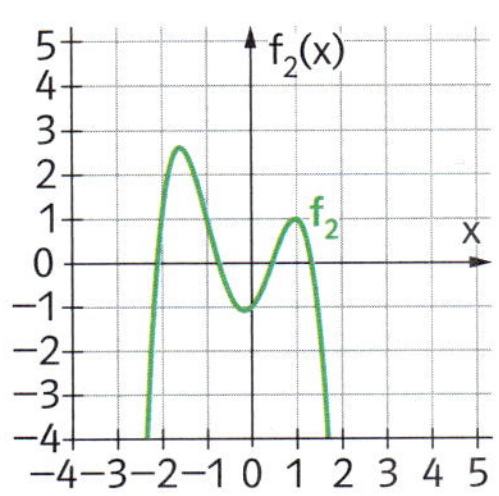

Grad: 4

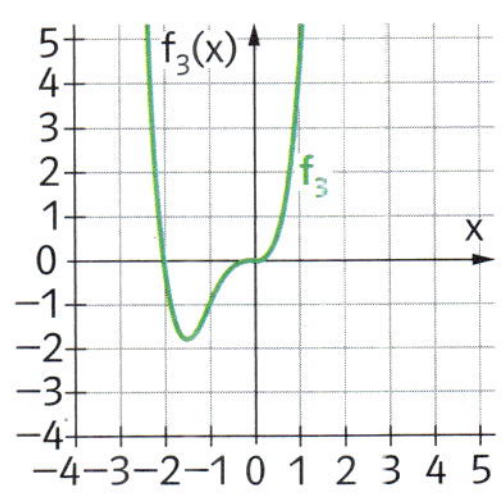

Grad: 4

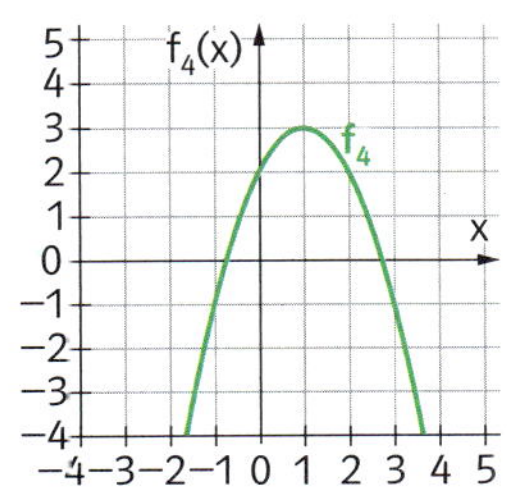

Grad: 2

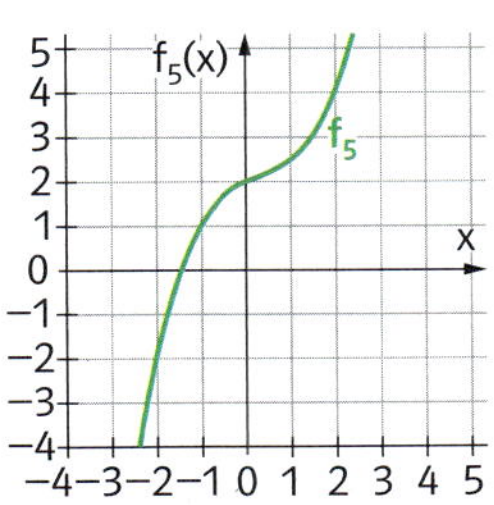

Grad: 3

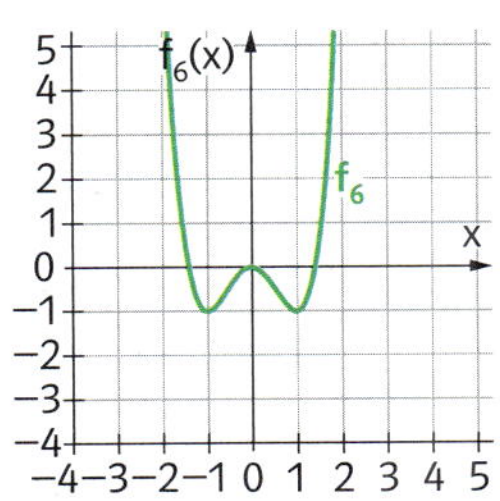

Grad: 4

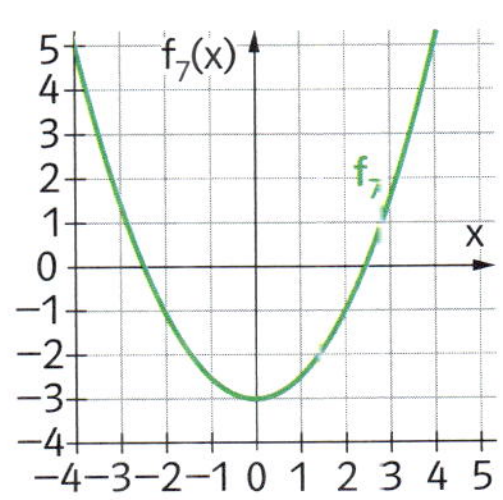

Grad: 2

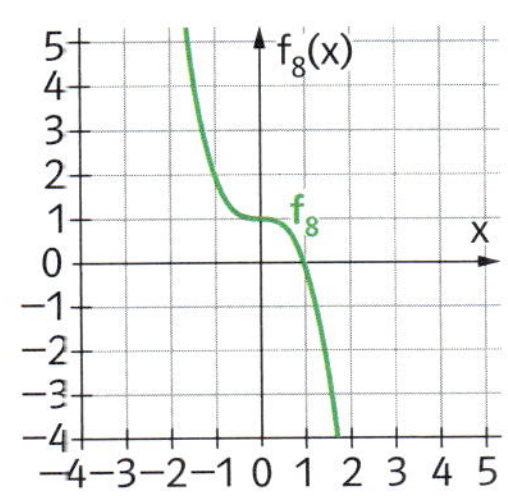

Grad: 3

3.6 AUFSUCHEN VON POLYNOMFUNKTIONEN

R Ermitteln einer Termdarstellung aufgrund von Bedingungen

3.48 Der Graph einer Polynomfunktion vom Grad 3 hat T = (3 | 1) als Tiefpunkt und die Steigung der Tangente im Punkt P = (0 | 1) beträgt 3. Ermittle eine Termdarstellung dieser Funktion!

LÖSUNG:

T kompakt Seite 78

Die gesuchte Termdarstellung hat die Form: $f(x) = ax^3 + bx^2 + cx + d$
Die Ableitung lautet: $f'(x) = 3ax^2 + 2bx + c$

Zur Bestimmung der Koeffizienten a, b, c, d entnehmen wir dem Text vier Bedingungen:

1. Bedingung: Der Graph geht durch T = (3 | 1), dh. f(3) = 1. $\Rightarrow 27a + 9b + 3c + d = 1$
2. Bedingung: Der Graph geht durch P = (0 | 1), dh. f(0) = 1. $\Rightarrow d = 1$
3. Bedingung: 3 ist lokale Minimumstelle von f und somit f′(3) = 0. $\Rightarrow 27a + 6b + c = 0$
4. Bedingung: Die Steigung von f an der Stelle 0 ist 3, dh. f′(0) = 3. $\Rightarrow c = 3$

Insgesamt erhalten wir somit folgendes Gleichungssystem:

$$\begin{cases} 27a + 9b + 3c + d = 1 \\ d = 1 \\ 27a + 6b + c = 0 \\ c = 3 \end{cases}$$

Löse dieses Gleichungssystem selbst!
Es ergibt sich: $a = \frac{1}{3}$, $b = -2$, $c = 3$, $d = 1$
Folglich lautet die Termdarstellung von f:

$$f(x) = \frac{1}{3}x^3 - 2x^2 + 3x + 1$$

Führe die Probe selbst durch! Überprüfe dabei, ob alle Bedingungen des Textes erfüllt sind!

R T AUFGABEN

3.49 Der Graph einer Polynomfunktion f vom Grad 2 besitzt den Tiefpunkt T = (2 | −2).
Die Steigung der Tangente an der Stelle 0 beträgt −3.
Ermittle eine Termdarstellung der Funktion f!

3.50 Der Graph einer Polynomfunktion f vom Grad 2 besitzt den Hochpunkt H = (1 | 2).
Die Steigung der Tangente an der Stelle 4 beträgt −6.
Ermittle eine Termdarstellung der Funktion f!

3.51 Der Graph einer Polynomfunktion f vom Grad 2 geht durch den Punkt P = (0 | 1) und hat den Tiefpunkt $T = \left(\frac{1}{3} \middle| \frac{2}{3}\right)$. Ermittle eine Termdarstellung der Funktion f!

3.52 Die Gerade t: $x + y + 4 = 0$ ist Tangente an den Graphen von f: $x \mapsto ax^2 + bx + 1$ im Punkt P = (−1 | −3). Ermittle a und b!

3.53 Der Graph einer Polynomfunktion vom Grad 3 besitzt den Hochpunkt H = (0 | 2) und den Tiefpunkt T = (4 | −30). Ermittle eine Termdarstellung der Funktion f sowie den Wendepunkt des Graphen von f!

3.54 Der Graph einer Polynomfunktion f vom Grad 3 besitzt den Hochpunkt H = (0 | 3) und den Wendepunkt W = (1 | 1). Ermittle eine Termdarstellung der Funktion f! Ermittle weiters den Tiefpunkt des Graphen von f! Zeichne den Graphen!

3.55 Der Graph einer Polynomfunktion f vom Grad 3 berührt im Ursprung die 1. Achse. Die Tangente im Punkt $P = (1 \mid 1)$ hat die Steigung -24. Ermittle eine Termdarstellung der Funktion f und gib die lokalen Extremstellen von f an!

3.56 Der Graph einer Polynomfunktion f vom Grad 3 geht durch den Punkt $P = (1 \mid 1)$ und hat den Wendepunkt $W = (0 \mid 0)$. Die Steigung der Wendetangente in W beträgt -1.
Ermittle eine Termdarstellung der Funktion f!

3.57 Der Graph einer Polynomfunktion f vom Grad 3 geht durch den Ursprung. Die Tangente an den Graphen im Ursprung hat eine negative Steigung und schließt mit der positiven ersten Achse einen Winkel von 135° ein. Im Punkt $(1 \mid 5)$ hat die Tangente die Steigung 14.
Gib eine Termdarstellung der Funktion f an!

3.58 Der Graph einer Polynomfunktion f vom Grad 3 berührt die 1. Achse bei $x = 1$ und besitzt den Wendepunkt $W = (3 \mid -4)$. Ermittle eine Termdarstellung der Funktion f!

3.59 Der Graph einer Polynomfunktion f vom Grad 3 nimmt ein lokales Extremum im Punkt $E = (1 \mid -2)$ an, schneidet die 1. Achse im Punkt $(2 \mid 0)$ und die 2. Achse im Punkt $(0 \mid -2)$.
Ermittle eine Termdarstellung der Funktion f!

3.60 Der Graph einer Polynomfunktion f vom Grad 3 nimmt lokale Extrema in den Punkten $E = \left(\frac{1}{2} \middle| -3\right)$ und $F = \left(-\frac{1}{2} \middle| 3\right)$ an. Ermittle eine Termdarstellung der Funktion f!

3.61 Der Graph einer Polynomfunktion f vom Grad 3 hat eine lokale Extremstelle bei $x = 4$.
Die Steigung der Tangente an den Graphen von f an der Stelle $x = -3$ beträgt 21, im Punkt $P = (-2 \mid 8)$ ist die Tangente parallel zur 1. Achse. Ermittle eine Termdarstellung der Funktion f!

3.62 Der Graph einer Polynomfunktion vom Grad 3 hat eine lokale Extremstelle bei $x = 3$ und eine weitere lokale Extremstelle bei $x = -1$. Im Schnittpunkt $P = (0 \mid 8)$ mit der 2. Achse ist die Steigung der Tangente -9. Ermittle eine Termdarstellung der Funktion f!

3.63 Der Graph einer Polynomfunktion f vom Grad 3 besitzt den Wendepunkt $W = (-1 \mid 4)$, schneidet die 1. Achse im Punkt $(1 \mid 0)$ und die 2. Achse im Punkt $(0 \mid -7)$. Ermittle eine Termdarstellung der Funktion f!

3.64 Untenstehend ist der Graph einer Polynomfunktion f vom Grad 3 gezeichnet.
Ermittle eine Termdarstellung von f!

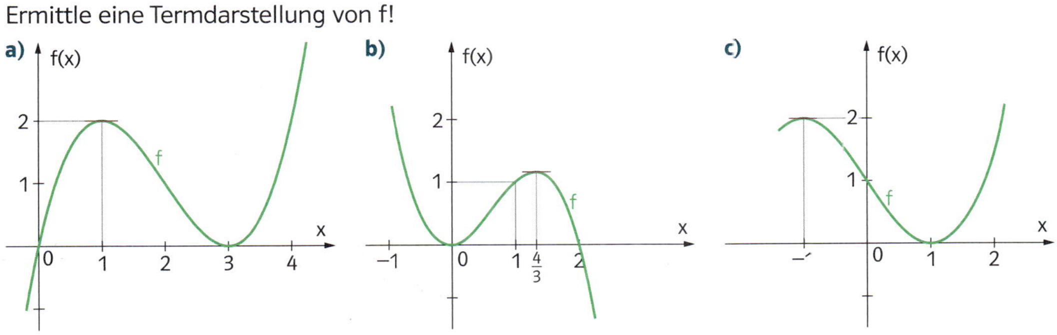

3.65 Eine Polynomfunktion f vom Grad 3 hat eine Nullstelle bei $x = 2$. Eine lokale Extremstelle befindet sich bei $x = 1$, eine andere bei $x = 3$. Die Steigung von f an der Stelle 2 beträgt -6.
Ermittle eine Termdarstellung der Funktion f!

3.66 Der Graph einer Polynomfunktion f vom Grad 4 ist symmetrisch bezüglich der 2. Achse und geht durch den Punkt $P = (0 \mid 2)$. Die Stelle 1 ist eine Nullstelle und lokale Extremstelle von f. Ermittle eine Termdarstellung der Funktion f!

3.67 Der Graph einer Polynomfunktion f mit $f(x) = ax^4 + bx$ besitzt den Tiefpunkt $T = (-1 \mid -3)$. Ermittle eine Termdarstellung der Funktion f!

3.68 Der Graph einer Polynomfunktion f vom Grad 4 besitzt den Tiefpunkt $T = (2 \mid 0)$ und den Wendepunkt $W = (0 \mid 0)$. Die Wendetangente bildet mit der positiven 1. Achse einen Winkel von 45°. Ermittle eine Termdarstellung von f!

3.69 Der Graph einer Polynomfunktion f mit $f(x) = ax^4 + bx + c$ geht durch den Punkt $P = (1 \mid 2)$ und besitzt den Tiefpunkt $T = \left(\frac{1}{2} \middle| \frac{5}{8}\right)$. Ermittle eine Termdarstellung der Funktion f!

3.70 Der Graph einer Polynomfunktion f vom Grad 4 hat einen Hochpunkt im Koordinatenursprung. Im Wendepunkt $W = (1 \mid -1)$ ist die Tangente parallel zur ersten Achse. Ermittle eine Termdarstellung der Funktion f!

3.71 Der Graph einer Polynomfunktion f vom Grad 4 geht durch den Koordinatenursprung und den Punkt $P = (-2 \mid 12)$, hat bei $x = 2$ einen Wendepunkt und bei $x = -1$ einen Wendepunkt mit zur 1. Achse paralleler Tangente. Ermittle eine Termdarstellung der Funktion f!

3.72 Untenstehend ist der Graph einer Polynomfunktion f vom Grad 4 gezeichnet. Ermittle eine Termdarstellung von f!

a)

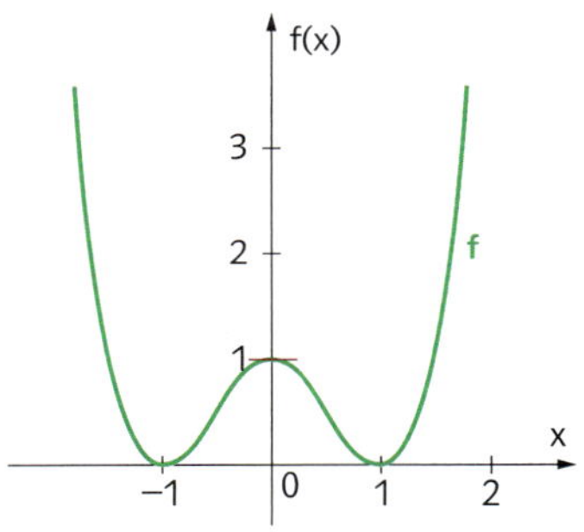

b)

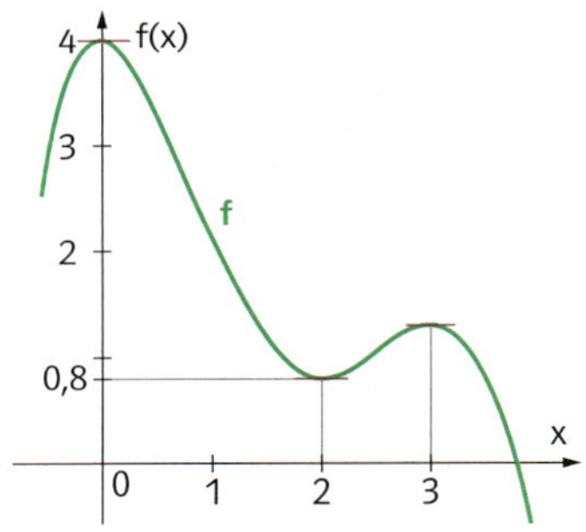

3.73 Das Drahtseil einer Materialseilbahn überbrückt einen Graben von 40 m Breite bei einem Höhenunterschied von 8 m. Die Form des Seil kann näherungsweise durch eine Polynomfunktion vom Grad 2 beschrieben werden. Im oberen Aufhängepunkt B ist das Seil unter 45° geneigt. Berechne das Maß α des Winkels, den das Seil im unteren Aufhängepunkt A mit der Horizontalen einschließt, sowie den maximalen „Durchhang" d!

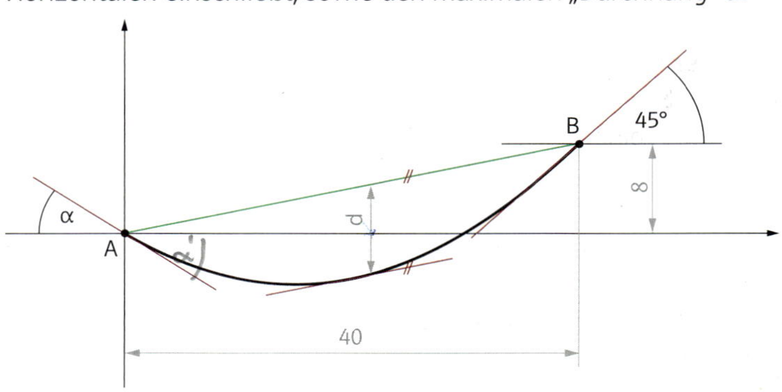

3.74 Die Form eines zwischen zwei gleich hohen Aufhängepunkten A und B verlaufenden Seils lässt sich annähernd durch eine Polynomfunktion vom Grad 2 beschreiben, wenn der „Durchhang“ d klein im Vergleich zur „Spannweite“ s ist. In nebenstehender Abbildung sei $s = 36$ und $d = 5$ (beides in Meter).

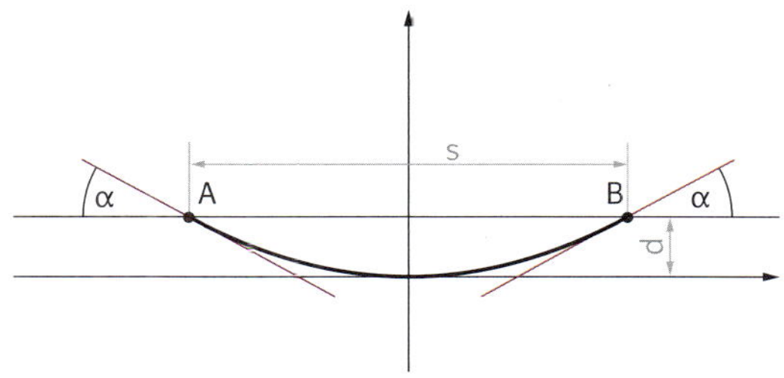

1) Berechne die Steigungen des Seils in den Aufhängepunkten A und B!

2) Berechne das Maß α der Winkel, die das Seil in den Aufhängepunkten A und B mit der Horizontalen einschließt!

3) Berechne den Betrag der Zugkraft Z in jeweils einem Aufhängepunkt, wenn das Gewicht des Seils $G = 500$ N (Newton) beträgt.
HINWEIS: Das Gewicht verteilt sich je zur Hälfte auf die beiden Aufhängepunkte.

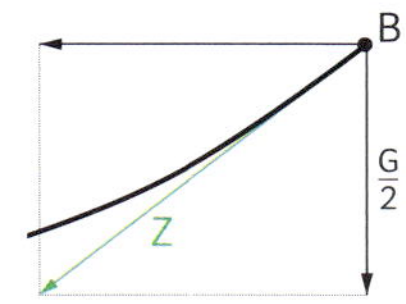

3.75 Das Drahtseil einer Seilbahn überbrückt einen Graben von 100 m Breite bei einem Höhenunterschied von 25 m. Seine Form kann näherungsweise durch eine Polynomfunktion vom Grad 2 beschrieben werden. Im unteren Aufhängepunkt A hat f die Steigung $-\frac{1}{4}$.

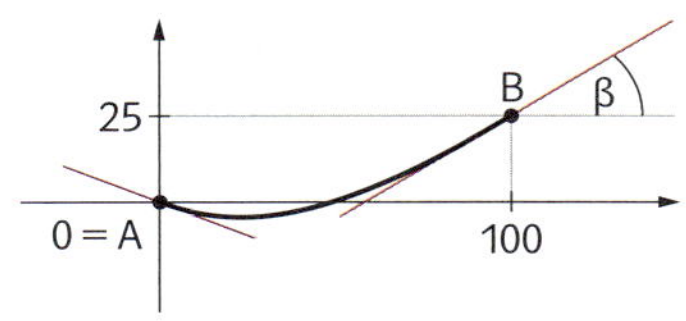

1) Gib eine Termdarstellung dieser Polynomfunktion an!

2) An welcher Stelle ist das Seil am tiefsten und wie tief liegt es dort unter dem Aufhängepunkt A?

3) Ab welcher Stelle ist das Seil mindestens so hoch wie A?

4) Wie groß ist der Winkel β, unter dem das Seil im oberen Aufhängepunkt B zur Horizontalen geneigt ist?

Angabe von Bedingungen für Koeffizienten

3.76 Welche Bedingung müssen a, b und c erfüllen, damit die Ableitung der Polynomfunktion $f: \mathbb{R} \to \mathbb{R}$ mit $f(x) = ax^3 + bx^2 + cx + d$ und $a \neq 0$

1) keine Nullstelle, **2)** genau eine Nullstelle, **3)** genau zwei Nullstellen hat?

3.77 Bestimme a so, dass die Stelle 6 eine lokale Extremstelle der Polynomfunktion $f: \mathbb{R} \to \mathbb{R}$ mit $f(x) = x^3 \cdot (a - x)$ ist! Zeichne den Graphen von f! Für welche $x \in \mathbb{R}$ ist $f(x) < 0$?

3.78 Für welche Werte von p und q hat der Graph der Polynomfunktion $f: \mathbb{R} \to \mathbb{R} \mid x \mapsto x^3 + px + q$
1) einen Hoch- und einen Tiefpunkt, **2)** einen Terrassenpunkt, **3)** weder lokale Extrempunkte noch Terrassenpunkte?

3.79 Welche Beziehung muss zwischen den Koeffizienten a, b und c bestehen, damit der Graph der Polynomfunktion $f: \mathbb{R} \to \mathbb{R}$ mit $f(x) = ax^3 + bx^2 + cx + d$ und $a \neq 0$
1) lokale Extrempunkte, **2)** einen Terrassenpunkt, **3)** weder lokale Extrempunkte noch einen Terrassenpunkt besitzt?

3.80 Welche Bedingung müssen die Koeffizienten a und b der Polynomfunktion $f: \mathbb{R} \to \mathbb{R}$ mit $f(x) = ax^6 + bx^4$ und $a \neq 0$ erfüllen, damit f zwei Wendestellen hat?
HINWEIS: Überlege, dass der Graph von f symmetrisch zur 2. Achse ist und dass daher 0 keine Wendestelle von f sein kann!

3.7 GRAPHEN VON FUNKTIONEN UND DEREN ABLEITUNGSFUNKTIONEN

R Zusammenhänge zwischen f und f′

Lernapplet 4625uc

3.81 Rechts ist eine Polynomunktion f vom Grad 3 dargestellt. Von den nachfolgenden drei Abbildungen stellt eine die Ableitung f′ dar. Kreuze diese Abbildung an und begründe, dass die anderen beiden Abbildungen nicht in Frage kommen!

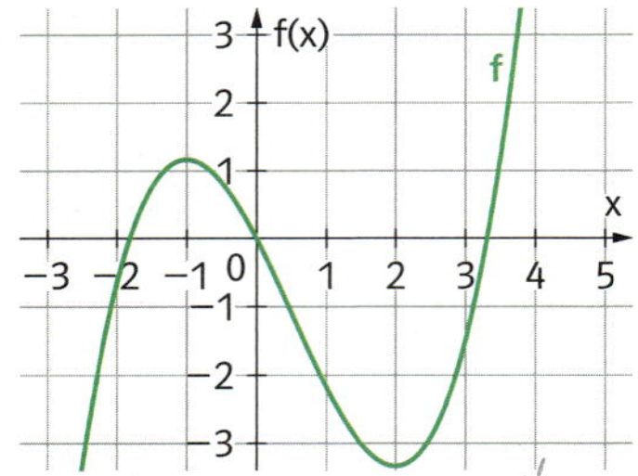

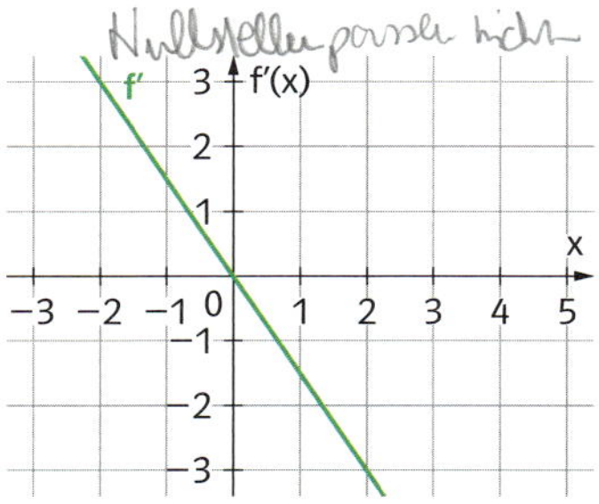

☐

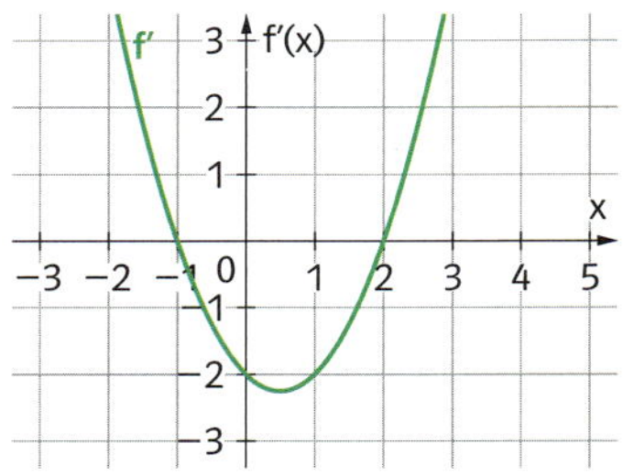

☒

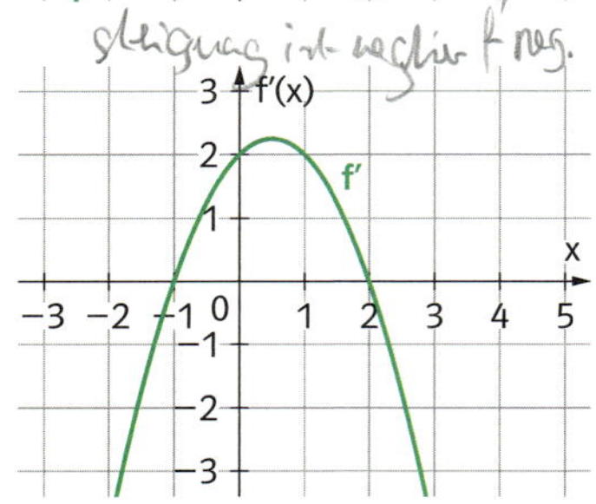

☐

3.82 Rechts ist eine Polynomfunktion f vom Grad 4 dargestellt. Von den nachfolgenden drei Abbildungen stellt eine die Ableitung f′ dar. Kreuze diese Abbildung an und begründe, dass die anderen beiden Abbildungen nicht in Frage kommen!

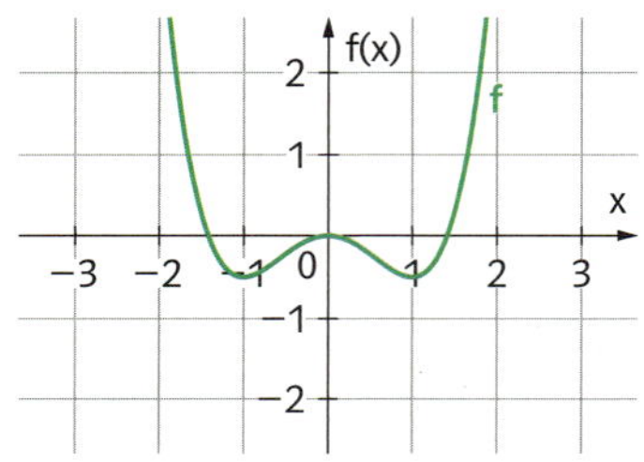

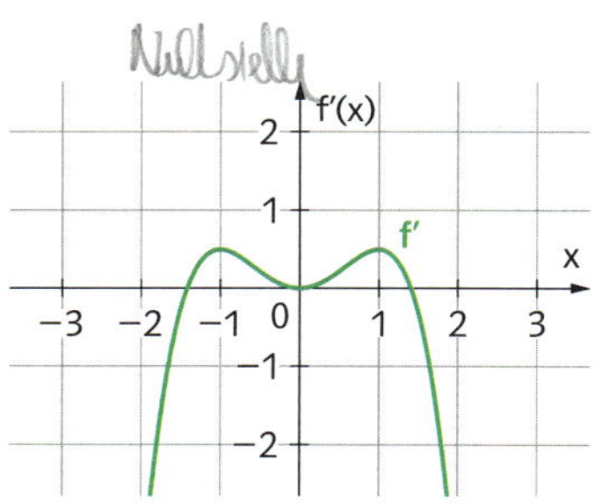

☐

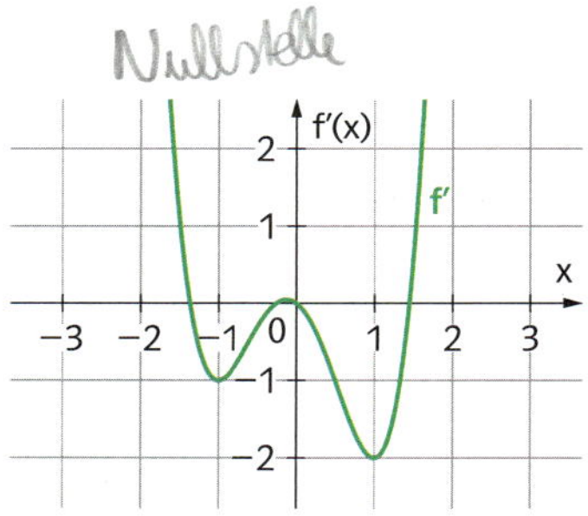

☐

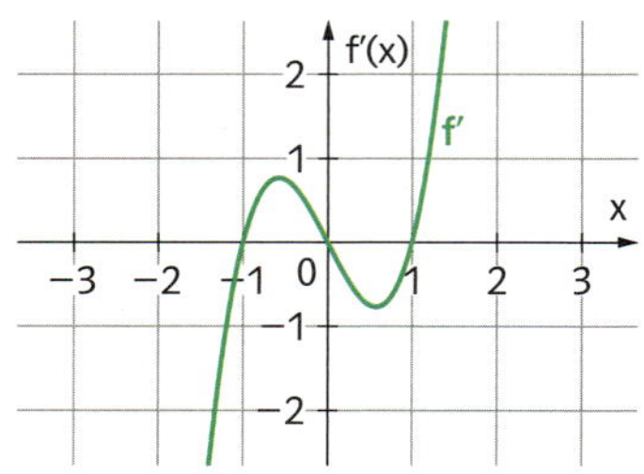

☒

3.83 In der Abbildung ist der Graph einer Polynomfunktion f dargestellt.

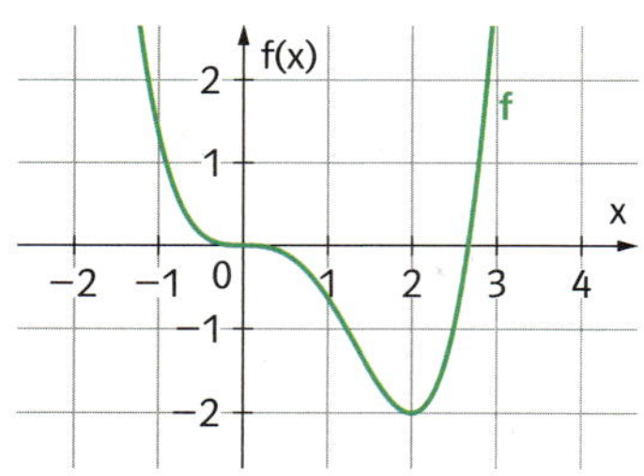

1) An welchen Stellen hat die Ableitungsfunktion f′ den Wert 0?

2) In welchen Intervallen ist f′(x) positiv bzw. negativ?

3) Begründe, dass die Stelle 0 eine lokale Extremstelle von f′ sein muss! Entscheide, ob 0 eine lokale Maximum- oder Minimumstelle von f′ ist!

4) Ist 2 eine lokale Extremstelle von f′? Begründe die Antwort!

R

Zusammenhänge zwischen f, f′, f″ und f‴

Applet
kj4f2i

3.84 Die Abbildungen zeigen eine Polynomfunktion f vom Grad 4 und ihre ersten drei Ableitungsfunktionen. Ermittle anhand dieser Abbildungen:

a) alle lokalen Extremstellen von f

b) alle Wendestellen von f

c) alle Terrassenstellen von f

Begründe jeweils die Entscheidung mit Hilfe der Abbildungen!

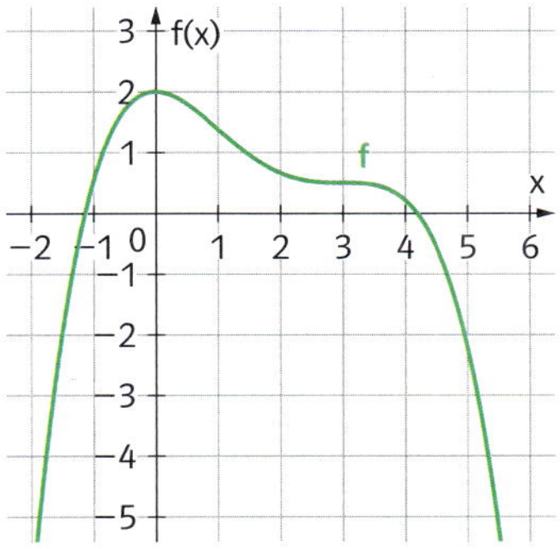

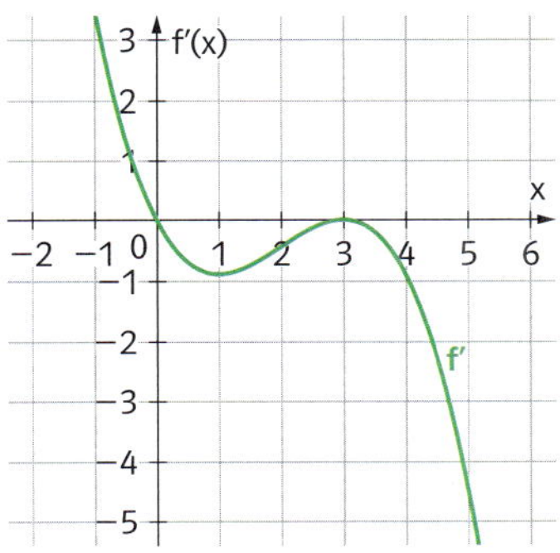

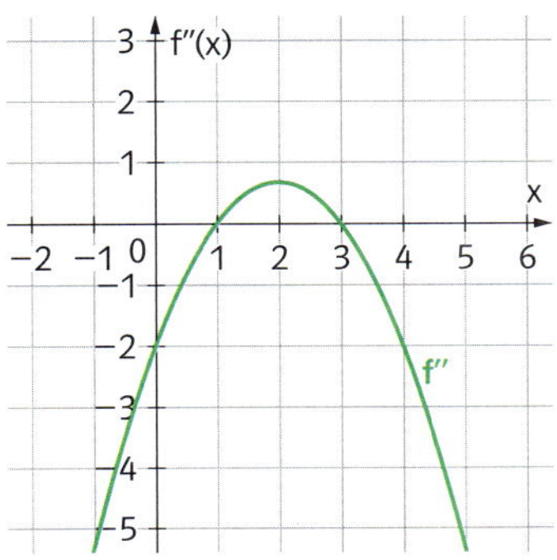

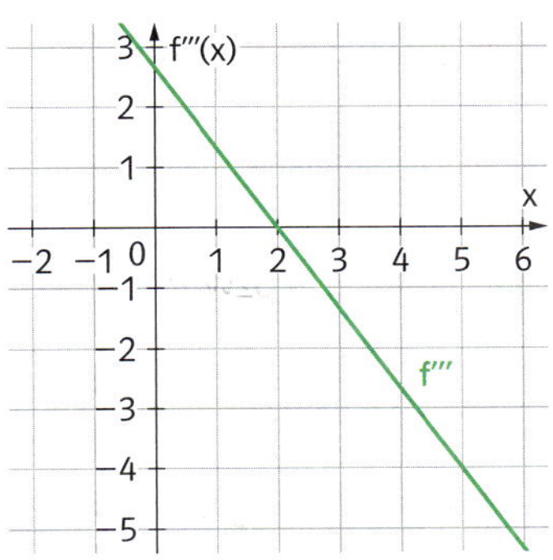

3.85 (Fortsetzung von 3.84)
Ermittle anhand der Abbildungen:
a) die Monotoniebereiche von f **b)** die Krümmungsbereiche von f
Begründe jeweils die Entscheidung mit Hilfe der Abbildungen!

3.86 Rechts ist eine Polynomfunktion f dargestellt.
In den nachfolgenden Abbildungen sind verschiedene Vorschläge für f′, f″ und f‴ angegeben, von denen jeweils einer zu f passt. Kreuze den jeweils passenden Vorschlag an und begründe, dass die anderen beiden Vorschläge nicht in Frage kommen!

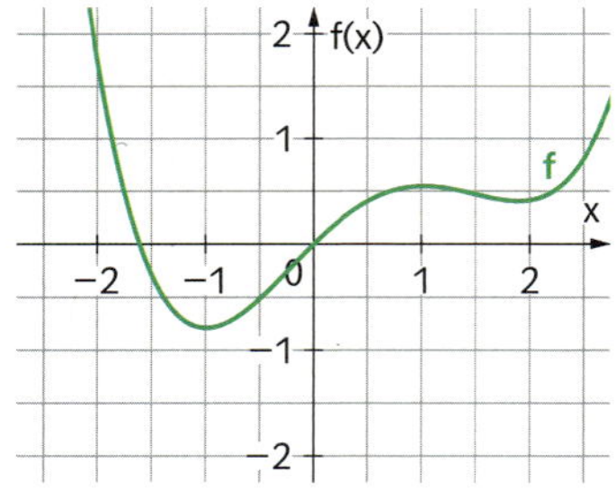

Vorschläge für f′:

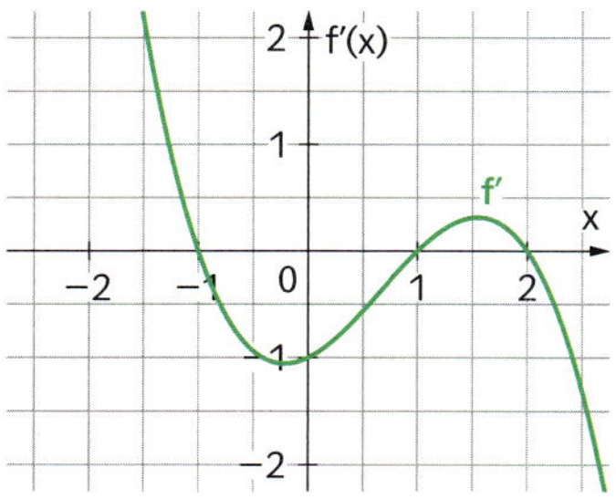

☐

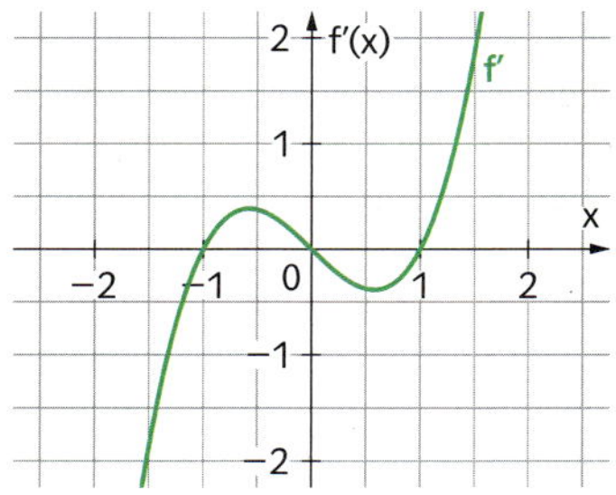

☐

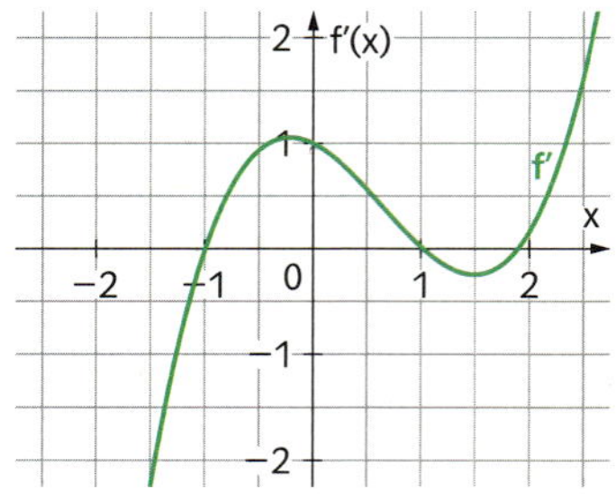

☒

−1, 1 1,2 Nullstellen

Vorschläge für f″:

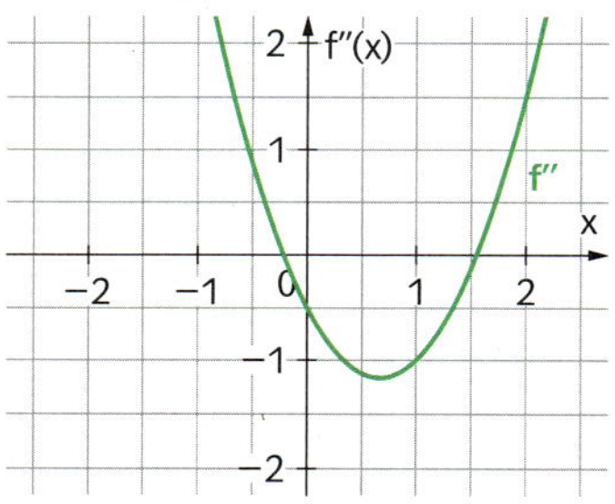

☒

−0,2
1,5
Nullstelle

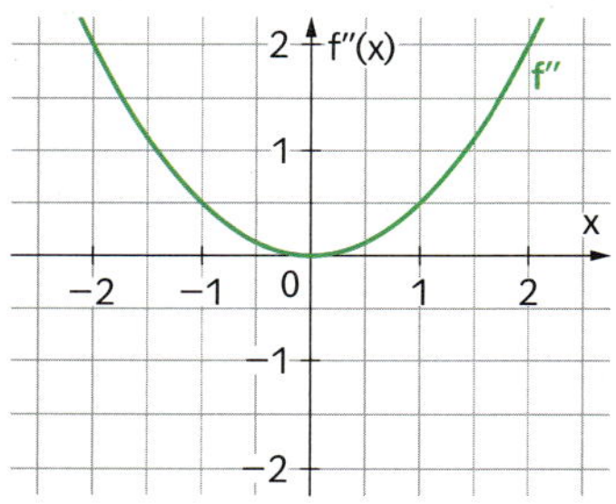

☐

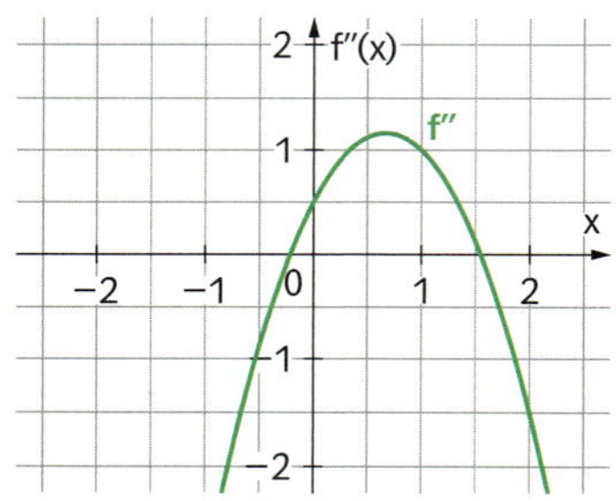

☒

Vorschläge für f‴:

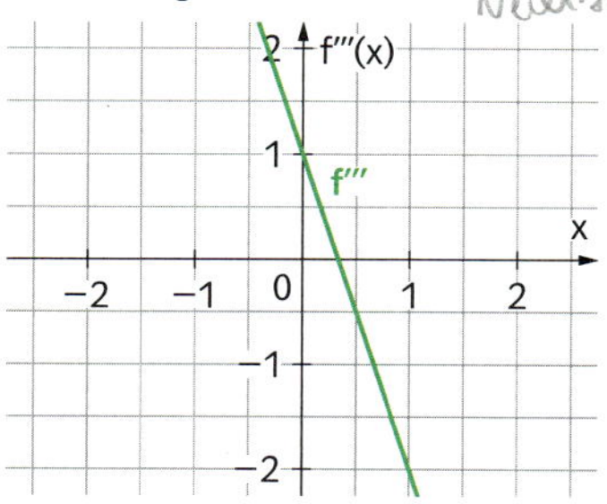

☐

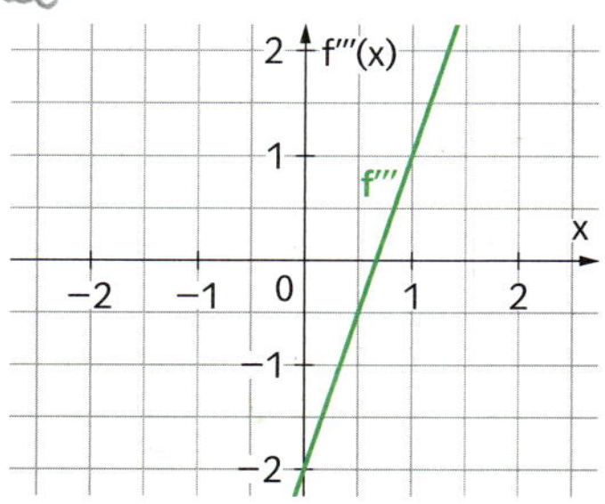

☒

0,6 Nullstelle

Negativ < 0,6 < positive Steigung in f″(x)

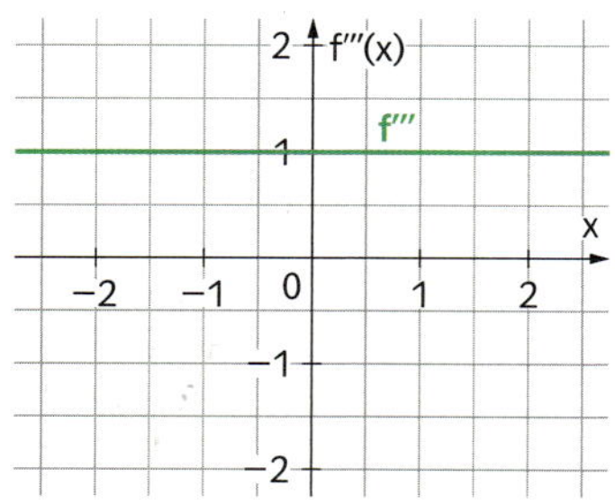

☐

R

Skizzieren des Graphen der Ableitungsfunktion einer Funktion

Applet rn9wu2

3.87 Die Bewegung eines Massenpunktes wird durch die nebenstehend dargestellte Zeit-Ort-Funktion s beschrieben.

1) Was bedeutet s'(t) physikalisch?

2) An welchen Stellen hat die Ableitungsfunktion s' den Wert 0?

3) In welchen Intervallen nimmt s' positive, in welchen Intervallen negative Werte an?

4) Skizziere den ungefähren Verlauf des Graphen der Funktion s'!

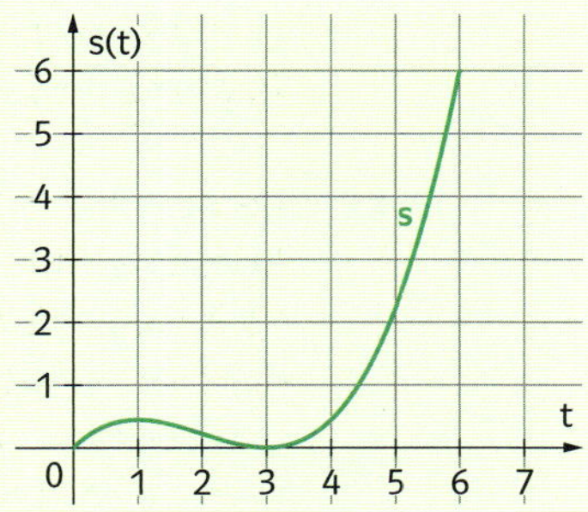

LÖSUNG:

1) $s'(t) = v(t)$ ist die Geschwindigkeit des Massenpunktes zum Zeitpunkt t.

2) $s'(t) = 0$ für $t = 1$ und $t = 3$.

3) In den Intervall $[0; 1)$ bzw. $(3; 6]$ nimmt s' positive Wert an, im Intervall $(1; 3)$ negative Werte.

4) Siehe nebenstehende Abbildung!

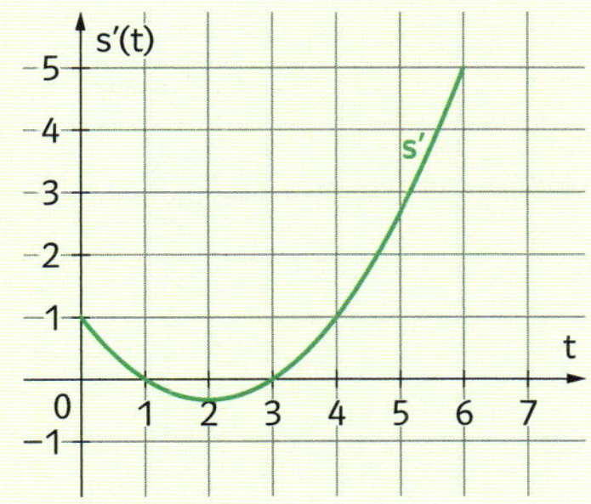

R

AUFGABEN

3.88 In der linken Abbildung ist eine Zeit-Ort-Funktion s dargestellt. Skizziere in der rechten Abbildung den ungefähren Verlauf des Graphen der dazugehörigen Geschwindigkeitsfunktion v!

a)

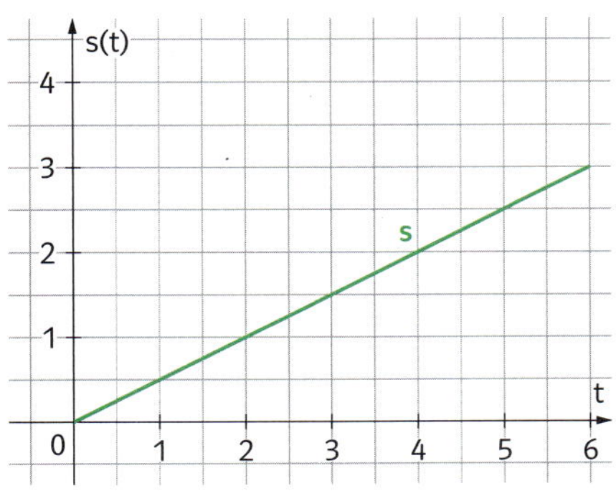

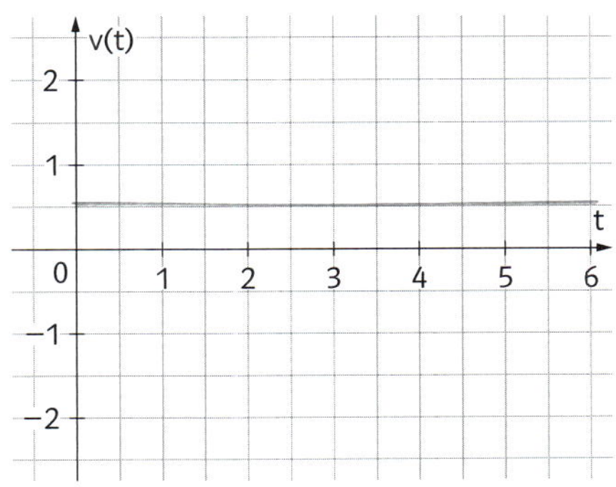

b)

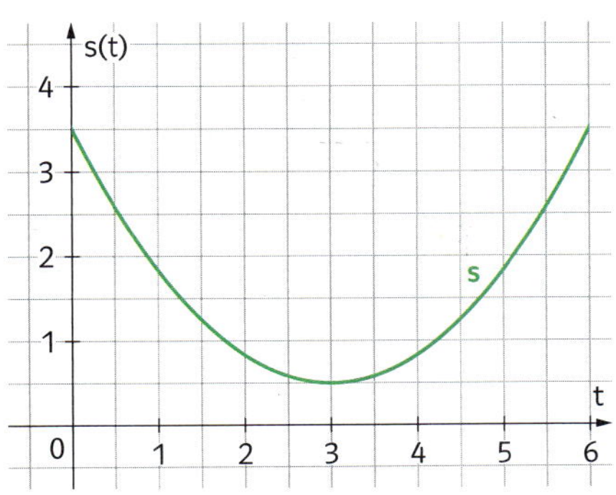

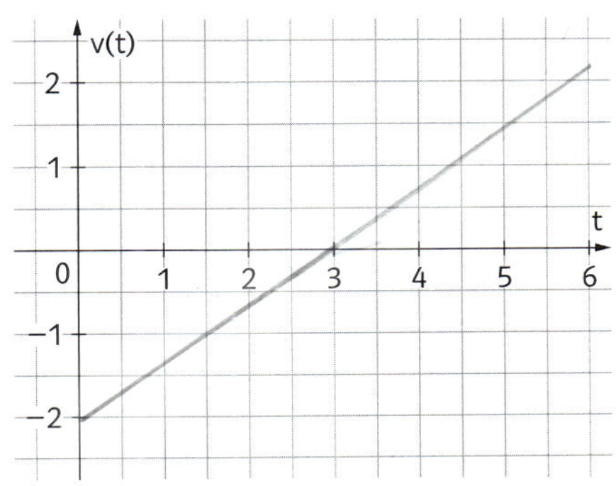

R

Rekonstruktion einer Polynomfunktion aus ihrer Ableitungsfunktion

3.89 Nebenstehend ist die Ableitungsfunktion f′ einer Polynomfunktion f dargestellt.

1) In welchen Intervallen ist die Funktion f streng monoton steigend, in welchen streng monoton fallend?

2) An welchen Stellen hat der Graph der Funktion f eine zur 1. Achse parallele Tangente?

3) Skizziere den ungefähren Verlauf der Funktion f unter der Annahme $f(0) = 0$!

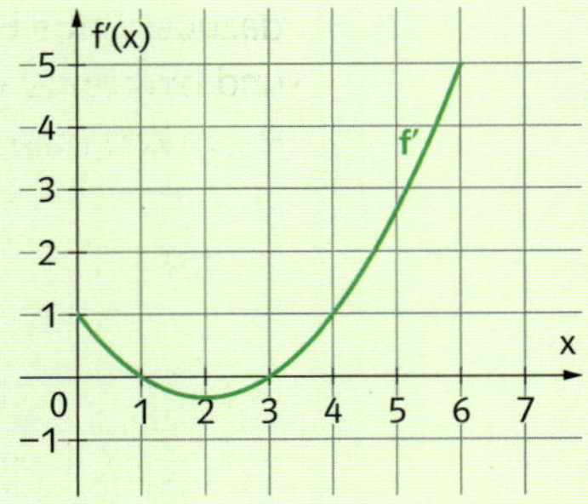

LÖSUNG:

1) f ist streng monoton steigend in [0; 1] und [3; 6] und streng monoton fallend in [1; 3].

2) An den Stellen 1 und 3.

3) Siehe nebenstehende Abbildung!

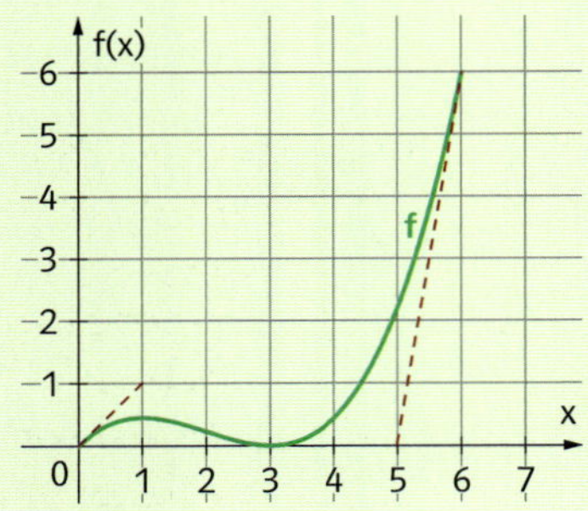

R

AUFGABEN

3.90 Die Ableitungsfunktion f′ einer Funktion f ist durch den folgenden Graphen gegeben. Skizziere im darunterstehenden Koordinatensystem den ungefähren Verlauf des Graphen von f unter der Annahme, dass $f(0) = 0$ ist!

a) **b)** **c)**

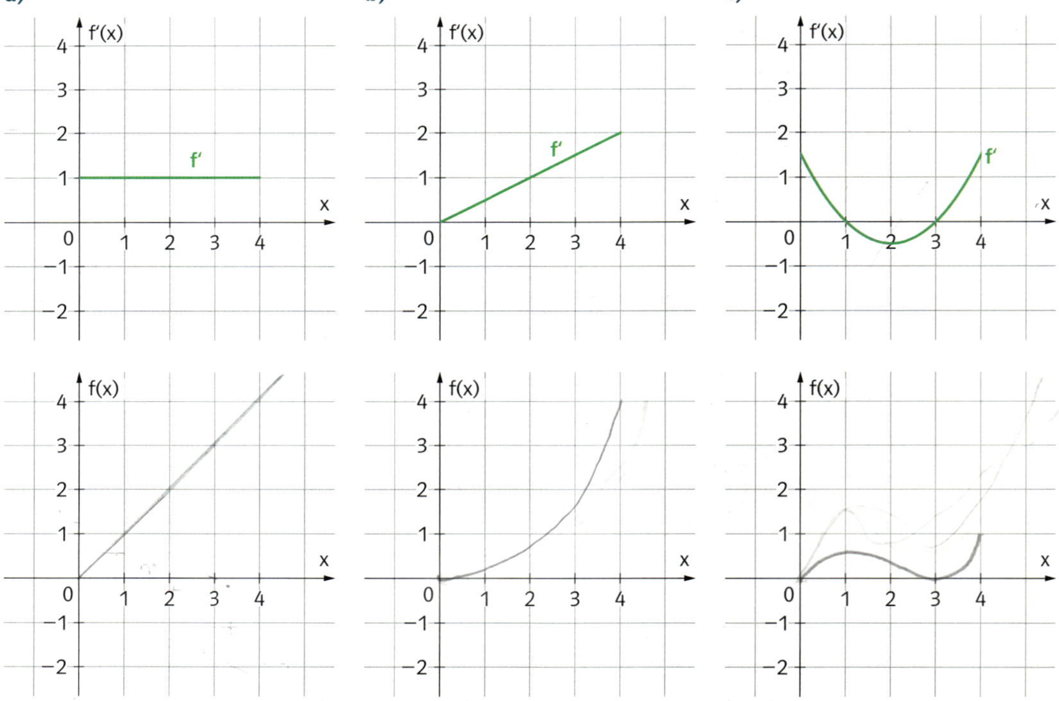

3.91 Rechts ist die Ableitungsfunktion f′ einer Polynomfunktion f dargestellt. In einer der drei folgenden Abbildungen ist die dazugehörige Funktion f dargestellt. Kreuze diese Abbildung an und begründe, dass die anderen beiden Abbildungen nicht in Frage kommen!

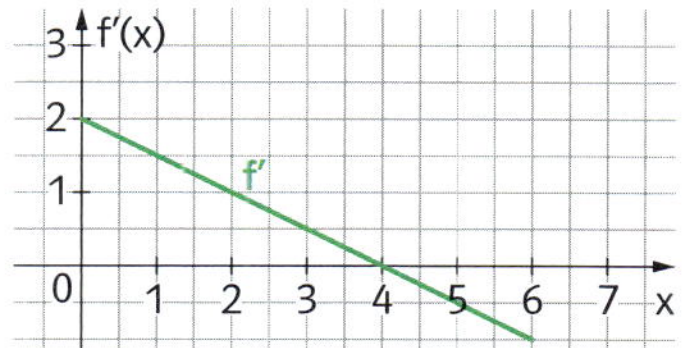

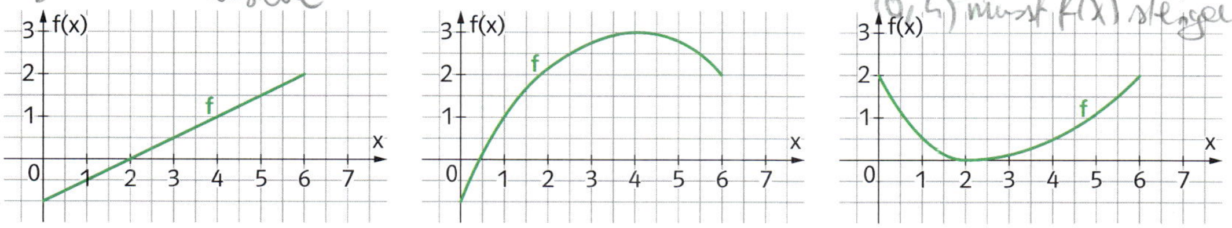

☐ ☒ ☐

3.92 Von einer Polynomfunktion f kennt man den nebenstehenden Graphen der Ableitungsfunktion f′.

a) In welchen Intervallen ist die Funktion f streng monoton steigend, in welchen streng monoton fallend?

b) An welchen Stellen hat der Graph der Funktion f eine zur x-Achse parallele Tangente?

c) Wie groß ist die Steigung der Funktion f an der Stelle 2,5?

d) Skizziere den Graphen der Funktion f unter der Annahme, dass f(0) = 0 ist!

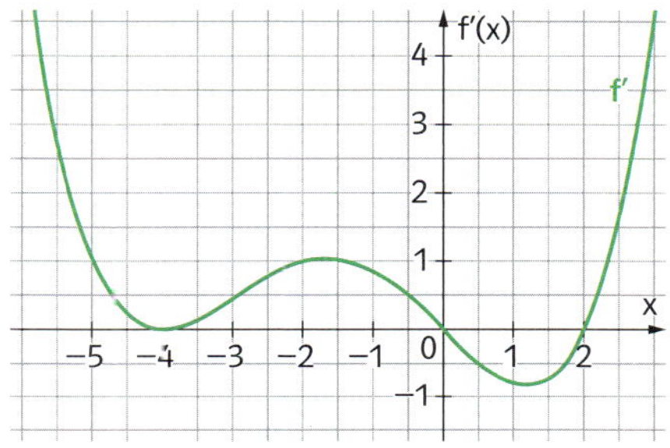

3.93 Nebenstehend ist der Graph der Ableitungsfunktion f′ einer Polynomfunktion dargestellt. Kreuze die auf die Funktion f zutreffende(n) Aussage(n) an!

Die Stelle −1 ist eine lokale Maximumstelle von f.	☐
Die Stelle −1 ist eine lokale Minimumstelle von f.	☐
Die Stelle −1 ist eine Terrassenstelle von f.	☒
f ist in [−1; 1] streng monoton fallend.	☒
f ist in [1; 2] streng monoton steigend.	☐

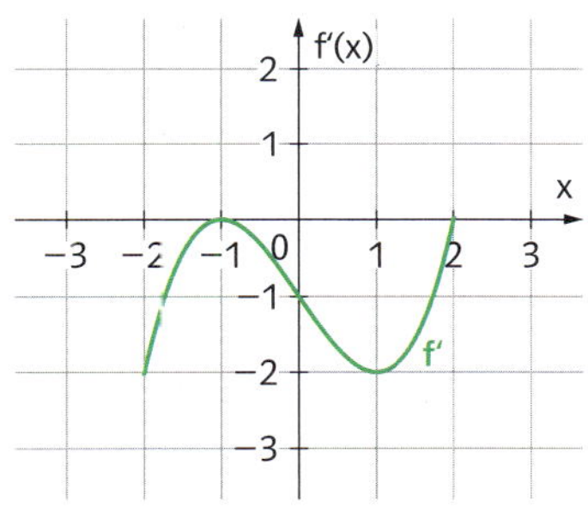

3.94 Von einer Polynomfunktion f unbekannten Grades kennt man die Funktionswerte an einigen Stellen und die Vorzeichen von f′ bzw. f″ in den durch diese Stellen festgelegten offenen Intervallen. Skizziere den ungefähren Verlauf des Graphen von f!

a)

x		−3		0		3		6	
f(x)		0		2		1		0	
Vorzeichen von f′(x)	+		+		−		−		+
Vorzeichen von f″(x)	−		−		−		+		+

b)

x		−3		−2		−1		0		1		2	
f(x)		0		−1		0		1		0		−1	
Vorzeichen von f′(x)	−		−		+		+		−		−		+
Vorzeichen von f″(x)	+		+		+		−		−		+		+

3.8 EXTREMWERTAUFGABEN

Extremwerte aufgrund von Nebenbedingungen ermitteln

3.95 Welches Rechteck vom Umfang 100 hat den größten Flächeninhalt?

LÖSUNG:

- Um eine solche Aufgabe richtig zu verstehen, muss man sich zuerst darüber im Klaren sein, was variiert werden kann und was maximal werden soll. Im vorliegenden Fall können die Seitenlängen des Rechtecks variiert werden, wobei der Umfang allerdings immer 100 betragen muss. Das bedeutet: Wenn die eine Seite länger wird, wird die andere kürzer. In der folgenden Abbildung sind einige Rechtecke mit dem Umfang 100 dargestellt, wobei auch die beiden Extremfälle einbezogen werden, in denen eine Seite die Länge 0 hat.

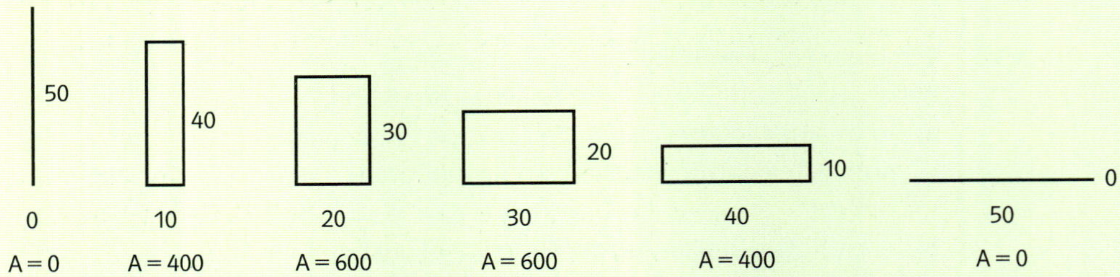

  Unter allen Rechtecken mit dem Umfang 100 ist nun jenes gesucht, dessen Flächeninhalt maximal ist. Aufgrund der obigen Abbildung vermuten wir, dass die gesuchten Seitenlängen irgendwo zwischen 20 und 30 liegen.

- Um die gesuchten Seitenlängen zu berechnen, gehen wir von der Formel für den Flächeninhalt eines Rechtecks mit den Seitenlängen x und y aus:

  $A(x, y) = x \cdot y$

  Die Funktion A ist eine Funktion in zwei Variablen. Leider kennen wir keine Methode, mit der wir feststellen können, für welches Paar $(x \mid y)$ diese Funktion ein Maximum annimmt.
  Wir überlegen daher anders. Weil der Umfang 100 betragen muss, gilt die **„Nebenbedingung"**:

  $2x + 2y = 100$

  Wir drücken aus dieser y durch x aus:

  $y = 50 - x$

- Setzen wir dies in die Formel für den Flächeninhalt ein, erhalten wir eine Funktion in einer Variablen:

  $A(x) = x \cdot (50 - x) = 50x - x^2 \quad (0 \leq x \leq 50)$

  Diese Funktion A ist in nebenstehender Abbildung dargestellt.

- Unsere Aufgabe besteht darin, die globalen Maximumstellen dieser Funktion A im Intervall [0; 50] zu ermitteln:

  $A'(x) = 50 - 2x = 0 \Leftrightarrow x = 25$

  Als globale Maximumstellen der Funktion A im Intervall [0; 50] kommen grundsätzlich nur die Randstellen dieses Intervalls sowie die Nullstellen von A' in Frage. Wir berechnen daher die Werte an diesen Stellen:

  $A(0) = 0,\ A(25) = 625,\ A(50) = 0$

  Daraus erkennen wir: 25 ist Maximumstelle von A in [0; 50].

- Ist $x = 25$ die Länge einer Seite, so erhält man für die Länge der anderen Seite $y = 50 - x = 25$. Somit gilt: Unter allen Rechtecken vom Umfang 100 hat das Quadrat mit der Seitenlänge 25 den größten Flächeninhalt.

BEACHTE: Man könnte die Maximumstelle von A in [0; 50] auch so ermitteln:
$A'(x) = 50 - 2x = 0 \Leftrightarrow x = 25$
$A''(x) = -2 \Rightarrow A''(25) = -2 < 0 \Rightarrow$ 25 ist lokale (!) Maximumstelle der Funktion A.
Da A eine Polynomfunktion vom Grad 2 ist, ist die lokale Maximumstelle 25 automatisch auch eine globale Maximumstelle von A im Intervall [0; 50].

Dieser „Kurzschluss" funktioniert aber nur, weil die Funktion A eine Polynomfunktion vom Grad 2 ist. Bei Polynomfunktionen höheren Grades kann das globale Maximum nämlich auch an den Randstellen des Intervalls angenommen werden. Deshalb ist es im Allgemeinen besser, wie in der vorangegangenen Aufgabe vorzugehen. Dabei wird die zweite Ableitung nicht gebraucht.

Eine Aufgabe der obigen Art nennt man eine **Extremwertaufgabe**. Dabei geht es darum, eine bestimmte Größe unter vorgegebenen Bedingungen möglichst groß oder möglichst klein zu machen. Zweckmäßigerweise geht man dazu in folgenden Schritten vor:

Vorgehen bei der Lösung einer Extremwertaufgabe mit Hilfe der ersten Ableitung

Allgemein		**Beispiel** (vgl. Aufgabe 3.95)
1. Schritt:	„Zielgröße" festlegen: Welche Größe soll maximal bzw. minimal werden?	Flächeninhalt A
2. Schritt:	Zielgröße als Funktion mehrerer Variablen anschreiben („Zielfunktion")!	$A(x, y) = x \cdot y$ Schreibe nicht nur $A = x \cdot y$!
3. Schritt:	Nebenbedingung(en) anhand des Textes suchen und alle Variablen durch eine ausdrücken!	$2x + 2y = 100 \Rightarrow y = 50 - x$
4. Schritt:	Ergebnis in den Term der Zielfunktion einsetzen und die erhaltene Funktion als Funktion in einer Variablen anschreiben! Definitionsbereich angeben!	$A(x) = x \cdot (50 - x) = 50x - x^2$ $(0 \leqslant x \leqslant 50)$
5. Schritt:	Nullstellen der 1. Ableitung dieser Funktion berechnen! Vergleich der Werte an diesen Stellen mit den Werten an den Randstellen des Definitionsintervalls liefert die gesuchte Extremstelle im Definitionsbereich.	$A'(x) = 50 - 2x = 0 \Leftrightarrow x = 25$ $A(0) = 0$, $A(25) = 625$, $A(50) = 0$ 25 ist Maximumstelle von A im Intervall [0; 50].

AUFGABEN

3.96 Ermittle zwei Zahlen x und y mit der Summe 93 so, dass xy^2 möglichst groß wird!

3.97 Eine Strecke der Länge s ist so in zwei Teile zu teilen, dass das Produkt der Längen der beiden Teilstrecken möglichst groß wird. Gib das Teilungsverhältnis an!

3.98 Eine Strecke der Länge s ist so in zwei Teile zu teilen, dass die Summe der Quadrate der Längen der beiden Teilstrecken möglichst klein wird. Gib das Teilungsverhältnis an!

3.99 Welches Rechteck mit dem Umfang u hat den größten Flächeninhalt?

3.100 Aus **a)** 64, **b)** 124 ganzen Zündhölzern ist ein Rechteck von größtem Flächeninhalt zu legen. Aus wie vielen Zündhölzern bestehen die einzelnen Seiten dieses Rechtecks?

3.101 Die beiden Kathetenlängen eines rechtwinkeligen Dreiecks ergeben zusammen a cm. Wie lang sind die Katheten zu wählen, damit der Dreiecksflächeninhalt möglichst groß ist?

3.102 Aus einer rechteckigen Blechtafel von 40 cm Breite ist eine Rinne mit nebenstehendem Querschnitt anzufertigen. Wie groß muss x gewählt werden, damit die Querschnittsfläche möglichst groß wird?

3.103 An eine Mauer angrenzend soll mit 20 m Drahtzaun ein rechteckiges Areal so eingezäunt werden, dass dessen Flächeninhalt möglichst groß ist. Ist das Areal quadratisch zu wählen? Wenn nicht, wie lang müssen seine Seitenlängen gewählt werden?

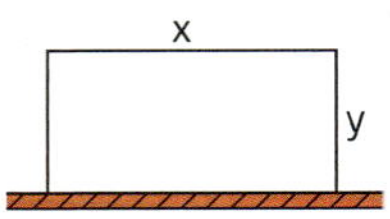

3.104 In einer Mauerecke soll mit 40 m Maschendraht ein rechteckiges Areal wie in nebenstehender Abbildung abgegrenzt werden. Wie sind seine Seitenlängen zu wählen?

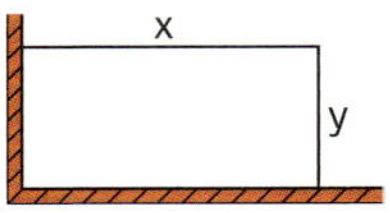

3.105 Einem Quadrat mit der Seitenlänge a ist ein gleichschenkeliges Dreieck so einzuschreiben, dass seine Spitze in einer Ecke des Quadrats liegt. Wie sind die Seitenlängen des Dreiecks zu wählen, damit sein Flächeninhalt maximal wird?

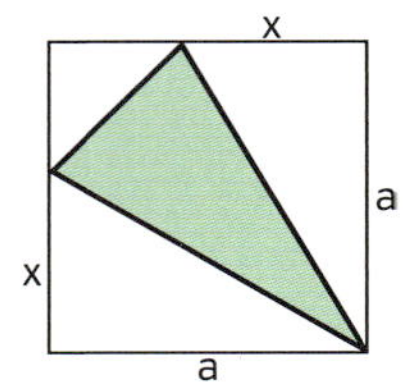

Applet 7t64ph

3.106 In ein Quadrat mit der Seitenlänge a ist ein Rechteck wie in nebenstehender Abbildung einzuschreiben. Wie lang sind die Seiten des Rechtecks zu wählen, damit dessen Flächeninhalt maximal wird?

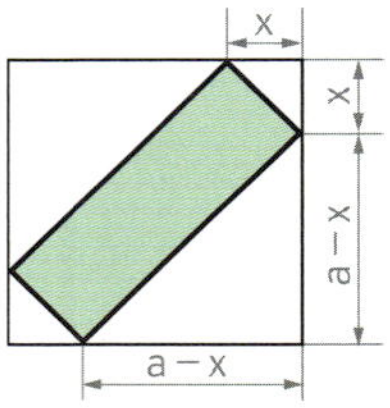

3.107 Welches quadratische Prisma mit der Kantenlängensumme 72 cm hat das größte Volumen?

Applet 8dw8fz

3.108 Aus jeder Ecke eines quadratischen Kartonstücks mit der Seitenlänge 18 cm wird ein kleines Quadrat ausgeschnitten. Die verbleibenden Seitenteile werden aufgebogen, sodass eine (oben offene) Schachtel mit quadratischer Grundfläche entsteht. Wie groß muss die Seitenlänge der auszuschneidenden Quadrate gewählt werden, damit das Volumen der Schachtel möglichst groß wird? Wie groß ist dieses Volumen?

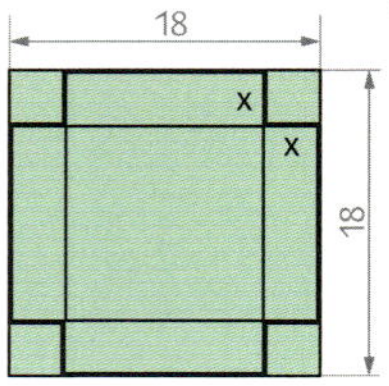

3.109 Ein Rechteck vom Umfang 2 soll um die kürzere Seite gedreht werden. Wie müssen die Seitenlängen des Rechtecks gewählt werden, damit das Volumen des entstehenden Drehzylinders möglichst groß wird?

3.110 Welcher Drehzylinder hat bei gegebenem Umfang u des Achsenschnitts
a) den größten Mantelflächeninhalt,
b) das größte Volumen?
Gib den Radius r der Grundfläche und die Höhe h des Zylinders an!

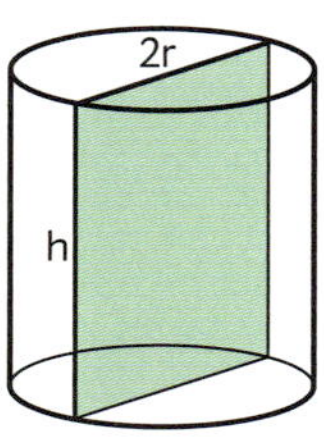

Vereinfachen der Zielfunktion

Satz

a) Die Funktionen $f\colon A \to \mathbb{R} \mid x \mapsto f(x)$ und $\bar{f}\colon A \to \mathbb{R} \mid x \mapsto c \cdot f(x)$ mit $c > 0$ besitzen die gleichen Maximumstellen (Minimumstellen) in A.

b) Nimmt die Funktion f in A nur nichtnegative Werte an, dann haben die Funktionen $f\colon A \to \mathbb{R} \mid x \mapsto f(x)$ und $\bar{f}\colon A \to \mathbb{R} \mid x \mapsto [f(x)]^2$ die gleichen Maximumstellen (Minimumstellen) in A.

BEWEIS:

Wir führen die Beweise für Maximumstellen. Für Minimumstellen verlaufen diese analog.

a) p ist Maximumstelle von f in A $\Leftrightarrow$ $f(x) \leq f(p)$ für alle $x \in A$ $\Leftrightarrow$ $c \cdot f(x) \leq c \cdot f(p)$ für alle $x \in A$ $\Leftrightarrow$ $\bar{f}(x) \leq \bar{f}(p)$ für alle $x \in A$ $\Leftrightarrow$ p ist Maximumstelle von $\bar{f}$ in A

b) p ist Maximumstelle von f in A $\Leftrightarrow$ $f(x) \leq f(p)$ für alle $x \in A$ $\Leftrightarrow$ $[f(x)]^2 \leq [f(p)]^2$ für alle $x \in A$ $\Leftrightarrow$
$\Leftrightarrow$ $\bar{f}(x) \leq \bar{f}(p)$ für alle $x \in A$ $\Leftrightarrow$ p ist Maximumstelle von $\bar{f}$ in A □

Merke

- Im Term einer Zielfunktion darf ein positiver Faktor weggelassen werden.
- Der Term einer im Definitionsbereich nichtnegativen Zielfunktion darf quadriert werden.

3.111 Ein Rechteck vom Umfang 2 dreht sich um eine seiner Seiten. Wie müssen die Seitenlängen des Rechtecks gewählt werden, damit der Inhalt der Mantelfläche des entstehenden Drehzylinders möglichst groß wird?

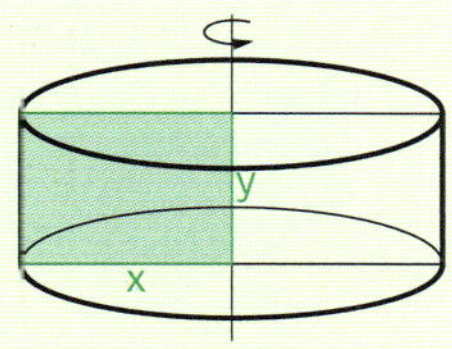

LÖSUNG:

- $M(x, y) = 2\pi x \cdot y$
- Nebenbedingung: $2x + 2y = 2$
  $y = 1 - x$
- $M(x) = 2\pi x(1 - x) \quad (0 \leq x \leq 1)$
- Wir lassen den positiven Faktor 2π weg:
  $\bar{M}(x) = x(1 - x) = x - x^2 \quad (0 \leq x \leq 1)$
  $\bar{M}'(x) = 1 - 2x = 0 \Leftrightarrow x = \frac{1}{2}$
  $\bar{M}(0) = 0,\ \bar{M}\left(\frac{1}{2}\right) = \frac{1}{4},\ \bar{M}(1) = 0$

  Somit ist $x = \frac{1}{2}$ eine globale Maximumstelle von $\bar{M}$ und damit auch von M.
- Aus der Nebenbedingung ergibt sich: $y = 1 - \frac{1}{2} = \frac{1}{2}$. Somit gilt:
  Das gesuchte Rechteck ist ein Quadrat mit der Seitenlänge $\frac{1}{2}$.

3.112 Welches unter allen einem Kreis vom Radius r eingeschriebenen Rechtecken hat den größten Flächeninhalt?

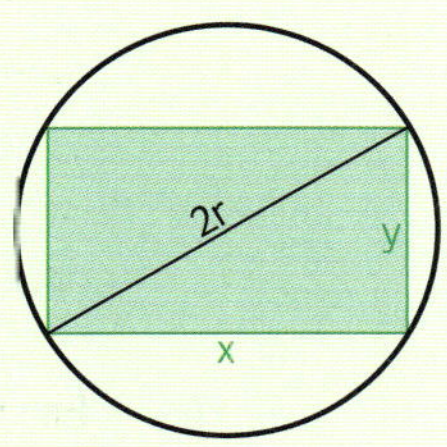

LÖSUNG:

- $A(x, y) = x \cdot y$
- Nebenbedingung: $x^2 + y^2 = 4r^2$
  $y = \sqrt{4r^2 - x^2}$ (da $y \geq 0$)
- $A(x) = x\sqrt{4r^2 - x^2}$
- Weil stets $A(x) \geq 0$ ist, dürfen wir A(x) quadrieren:
  $\bar{A}(x) = x^2 \cdot (4r^2 - x^2) = 4r^2x^2 - x^4 \quad (0 \leq x \leq 2r)$
- $\bar{A}'(x) = 8r^2x - 4x^3 = 0 \Leftrightarrow 4x \cdot (2r^2 - x^2) = 0 \Leftrightarrow x = 0 \lor x = r\sqrt{2}$
  $\bar{A}(0) = 0,\ \bar{A}(r\sqrt{2}) = 4r^4,\ \bar{A}(2r) = 0$
  Daher ist $x = r\sqrt{2}$ eine globale Maximumstelle von $\bar{A}$ und damit auch von A.
- Aus der Nebenbedingung ergibt sich: $y = \sqrt{4r^2 - 2r^2} = r\sqrt{2}$. Daher gilt:
  Das gesuchte Rechteck ist ein Quadrat mit der Seitenlänge $r\sqrt{2}$.

AUFGABEN

Aufgaben mit dem pythagoräischen Lehrsatz

3.113 Die Tragfähigkeit T eines quaderförmigen Balkens ist direkt proportional zur Breite b und zum Quadrat der Höhe h, also $T = c \cdot b \cdot h^2$, wobei c eine positive Konstante ist, die vom Material abhängt. Ein Balken soll aus einem zylindrischen Stamm vom Durchmesser d = 48 cm geschnitten werden. Wie groß müssen Breite und Höhe des Balkens gewählt werden, damit dessen Tragfähigkeit möglichst groß wird?

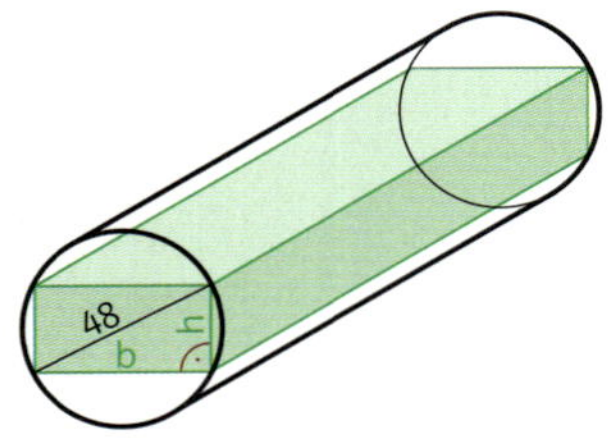

3.114 Einer Kugel vom Radius R ist ein Drehzylinder von größtem Volumen einzuschreiben (nebenstehend ist ein Achsenschnitt gezeichnet). In welchem Verhältnis stehen die Volumina der beiden Körper zueinander?

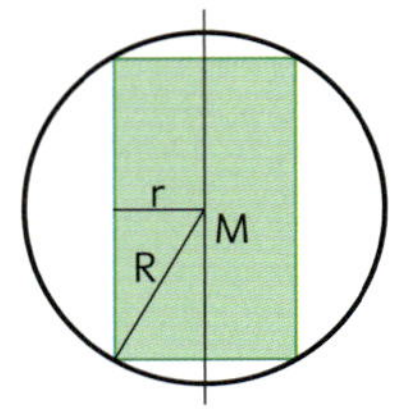

3.115 Welcher von allen Drehkegeln mit der Erzeugendenlänge s hat das größte Volumen? Ermittle den Radius und die Höhe dieses Kegels!

3.116 Einer Halbkugel mit dem Radius R soll ein auf der Spitze stehender Drehkegel wie in nebenstehender Abbildung eingeschrieben werden. Wie sind seine Abmessungen zu wählen, damit sein Volumen möglichst groß wird?

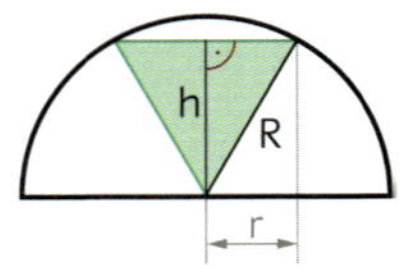

3.117 Aus zwei Brettern der Breite a soll eine Rinne mit möglichst großer dreieckiger Querschnittsfläche hergestellt werden. Wie groß ist der Inhalt der Querschnittsfläche?

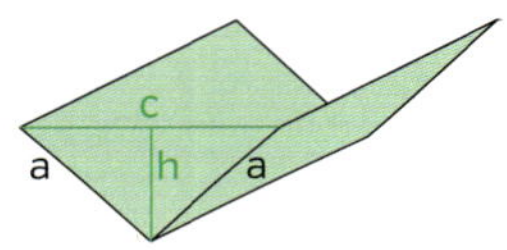

Aufgaben mit dem Strahlensatz (bzw. ähnlichen Dreiecken)

3.118 Einem gleichschenkeligen Dreieck mit der Basislänge c und der Höhe h soll ein Rechteck eingeschrieben werden, dessen eine Seite auf der Basis des Dreiecks liegt. Wie müssen die Seitenlängen des Rechtecks gewählt werden, damit dessen Flächeninhalt maximal wird?

LÖSUNG:

- $A(x, y) = x \cdot y$
- Nebenbedingung: $x : c = (h - y) : h$
  $xh = ch - cy$
  $y = \frac{h}{c} \cdot (c - x)$
- $A(x) = x \cdot \frac{h}{c} \cdot (c - x) \quad (0 \leq x \leq c)$
- $\overline{A}(x) = x \cdot (c - x) \quad (0 \leq x \leq c)$

Setze selbst fort. Es ergibt sich:
Das Rechteck mit den Seitenlängen $x = \frac{c}{2}$ und $y = \frac{h}{2}$ hat den größten Flächeninhalt.

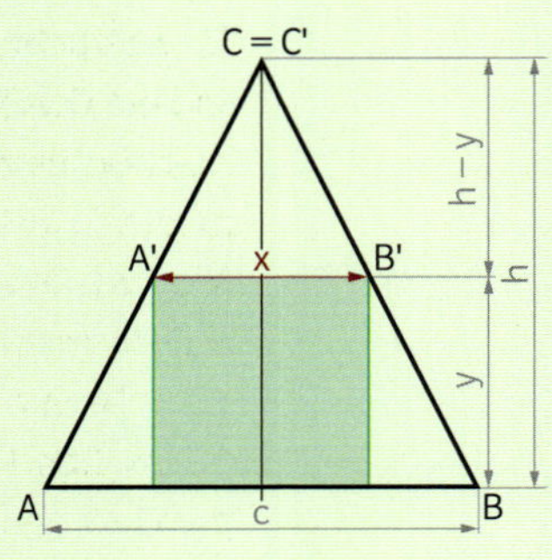

3.119 Einem gleichschenkeligen Dreieck mit der Grundlinienlänge a und der Höhe h wird ein gleichschenkeliges Dreieck eingeschrieben, dessen Spitze in der Mitte der Grundlinie liegt. Wie groß ist seine Höhe zu wählen, damit sein Flächeninhalt maximal wird?

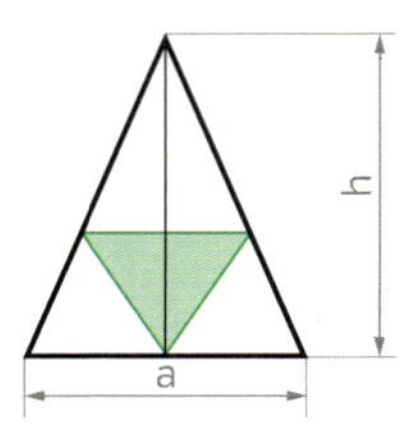

Historisches zu Extremwertaufgaben

Euklid
(ca. 300 v. Chr.)

Extremwertaufgaben waren schon den alten Griechen bekannt. Bereits **Euklid** (um ca. 300 v. Chr.) betrachtete die Aufgabe: Welches Rechteck mit vorgegebenem Umfang besitzt den größten Flächeninhalt (vgl. Aufgaben 3.95 und 3.99)? Er löste diese Aufgabe durch geometrische Überlegungen, die wir hier nachvollziehen wollen.

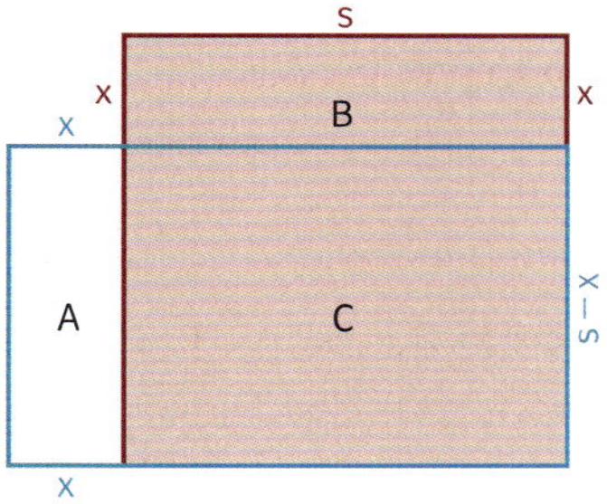

Wir betrachten ein beliebiges Rechteck R (blau) und ein Quadrat Q mit der Seitenlänge s, das den gleichen Umfang wie das Rechteck R hat (rot unterlegt). Wir legen das Quadrat Q und das Rechteck R wie in obiger Abbildung übereinander. Da Q und R den gleichen Umfang haben, müssen alle mit x bezeichneten Strecken die gleiche Länge haben. Das Teilrechteck A hat den Flächeninhalt $(s-x)\cdot x$ und das Teilrechteck B hat den Flächeninhalt $s\cdot x$. Wegen $s > s-x$ ist der Flächeninhalt von B größer als der von A. Somit ist auch der Flächeninhalt des Quadrats $Q = B \cup C$ größer als der des Rechtecks $R = A \cup C$.
Da das Rechteck R ein beliebiges Rechteck war, folgt, dass das Quadrat das flächengrößte Rechteck mit vorgegebenem Umfang ist.

Im 17. Jahrhundert wurden Extremwertaufgaben mit Methoden behandelt, die im Prinzip schon den Methoden der Differentialrechnung entsprochen haben. **Pierre de Fermat** (1601–1665) löste die obige Aufgabe folgendermaßen. Er bezeichnet den gegebenen Umfang mit 2a und die Seitenlängen des Rechtecks mit x und $a-x$. Das Problem besteht darin, jenen Wert von x zu finden, für den der Flächeninhalt $A(x) = x(a-x) = ax - x^2$ den größten Wert annimmt. Fermat geht davon aus, dass sich bei einer sehr kleinen Änderung von x in der Nähe der Maximumstelle der Flächeninhalt nur sehr wenig ändert. Ist e eine sehr kleine positive Zahl, so gilt also näherungsweise:

$$A(x-e) = A(x)$$

$$(x-e)(a-x+e) = x(a-x)$$

Rechne nach, dass sich diese Gleichung vereinfachen lässt zu:

$$a - 2x = e$$

Diese Beziehung ist umso besser erfüllt, je kleiner e ist. Setzt man $e = 0$, ergibt sich:

$$a - 2x = 0$$

Daraus erhält man $x = \frac{a}{2}$ und $a - x = \frac{a}{2}$. Somit ist das Quadrat mit der Seitenlänge $\frac{a}{2}$ das flächengrößte Rechteck mit dem Umfang 2a.

Aus heutiger Sicht entspricht die Gleichung $a - 2x = 0$ der Gleichung $A'(x) = 0$. Fermat macht also nichts anderes als die 1. Ableitung von A gleich null zu setzen.
Dass $\frac{a}{2}$ eine Maximumstelle von A ist, ist aufgrund der Problemstellung klar und wird von Fermat nicht weiter begründet.
Schon etwas früher (um 1610) hat **Johannes Kepler** auf ähnliche Weise ein damals übliches Verfahren zur Bestimmung des Volumens von Fässern kritisch untersucht. **René Descartes** (1596–1650) hat mit der Methode von Fermat die folgende Aufgabe behandelt: Eine Strecke ist so in zwei Strecken zu unterteilen, dass der aus dem Quadrat der einen Strecke und der anderen Strecke gebildete Quader ein maximales Volumen besitzt.

R TECHNOLOGIE KOMPAKT

GEOGEBRA

CASIO CLASS PAD II

Extremstellen und Wendestellen einer Funktion ermitteln

GeoGebra

x= CAS-Ansicht:
Eingabe: f(x) := *Funktionsterm* – Werkzeug [=]
Eingabe: Extremum(f) – Werkzeug [=]
Ausgabe → *Liste der Extrempunkte der Funktion*
Eingabe: Wendepunkt(f) – Werkzeug [=]
Ausgabe → *Liste der Wendepunkte der Funktion*
oder
Algebra-Ansicht:
Eingabe: f(x) := *Funktionsterm* [ENTER]
Eingabe: Extremum(f) [ENTER]
Ausgabe → *Liste der Extrempunkte der Funktion*
Eingabe: Wendepunkt(f) [ENTER]
Ausgabe → *Liste der Wendepunkte der Funktion*
Grafik-Ansicht:
Ausgabe → *Funktionsgraph und Extrempunkte der Funktion*
Ausgabe → *Funktionsgraph und Wendepunkte der Funktion*

BEMERKUNG: Schränkt man die Funktion auf ein Definitionsintervall ein, so liefert nur die zweite Methode ein richtiges Ergebnis.

Casio Class Pad II

Iconleiste – Main – [Keyboard] – [Math3] – [solve(] –
Menüleiste – Aktion – Berechnungen – diff
solve(diff(*Funktionsterm*) = 0) [EXE]
Ausgabe → *Liste der (potentiellen) Extremstellen der Funktion*
solve(diff(*Funktionsterm*), *x*, 2) = 0 [EXE]
Ausgabe → *Liste der (potentiellen) Wendestellen der Funktion*
oder
Iconleiste – Menu – Grafik & Tabelle –
Eingabe: *Funktionsterm* [EXE]
Symbolleiste – [Ψ]
Menüleiste – Analyse – Grafische Lösung – Minimum/Maximum [EXE]
Ausgabe → *Funktionsgraph und Minima/Maxima der Funktion*
Menüleiste – Analyse – Grafische Lösung – Wendepunkt [EXE]
Ausgabe → *Funktionsgraph und Wendepunkt der Funktion*

HINWEIS: Cursortaste rechts für weitere Minima/Maxima/Wendepunkte

HINWEIS: Minima/Maxima/Wendepunkte müssen vor der Analyse auf dem Bildschirm sichtbar sein.

BEMERKUNG: Es gibt keinen gesonderten Befehl für Terrassenstellen. Man kann jedoch die Wendestellen untersuchen, ob dort f′(x) = 0 gilt. In diesem Fall handelt es sich um eine Terrassenstelle.

Ermitteln einer Termdarstellung einer Polynomfunktion aufgrund von Bedingungen

BEMERKUNG: Hier wird als Beispiel eine Polynomfunktion 3. Grades gezeigt. Für Polynomfunktionen anderer Grade kann ebenso vorgegangen werden.

GeoGebra

x= CAS-Ansicht:
Eingabe: f(x) := *a**x^3 + *b**x^2 + *c**x + *d* – Werkzeug [=]
Eingabe: Löse({*Liste von Bedingungen*}, {*a*, *b*, *c*, *d*}) – Werkzeug [=]
Ausgabe → *Lösung des Gleichungssystems*

Casio Class Pad II

Iconleiste – Main – [Keyboard] – [Math3]
Define *f*(*x*) = *a**x^3 + *b**x^2 + *c**x + *d* [EXE]
Define *f1*(*x*) = diff(*f*(*x*)) [EXE]
Iconleiste – Main – [Keyboard] – [Math1]
[{▭] – [{▭] – [{▭] – *Liste der Bedingungen* und *Liste der Variablen a, b, c, d* eingeben [EXE]
Ausgabe → *Lösung des Gleichungssystems*

BEMERKUNG: Bei Aufgabe 3.48 lauten die Bedingungen f(3) = 1, f(0) = 1, f′(3) = 0, f′(0) = 3 und werden so eingegeben:

Löse({f(3) = 1, f(0) = 1, f′(3) = 0, f′(0) = 3}, {a, b, c, d})

```
⎧f(3)=1
⎪f(0)=1
⎨f1(3)=0
⎩f1(0)=3|a,b,c,d
```

R KOMPETENZCHECK

AUFGABEN VOM TYP 1

FA-R 4.1 **3.120** Für einen bestimmten Artikel lässt sich die Abhängigkeit der Produktionskosten K (in Euro) von unterschiedlichen Produktionsmengen x (in Mengeneinheiten) folgendermaßen anschreiben:

Produktionsmenge x	1	2	3	4	5	6	7	8	9	10
Produktionskosten K	6	9	11	12	14	16	19	23	29	38

Der Zusammenhang zwischen x und K lässt sich näherungsweise durch eine Polynomfunktion beschreiben. Stelle die Zahlenpaare (1|6), (2|9), … in einem Koordinatensystem dar! Welchen Grad hat die Funktion K vermutlich?

FA-R 4.4 **3.121** Kreuze die Aussagen an, die auf eine Polynomfunktion f vom Grad n zutreffen!

f besitzt höchstens n – 1 Nullstellen.	☐
f besitzt höchstens n lokale Extremstellen.	☐
f besitzt höchstens n – 2 Wendestellen.	☐
f kann keine Nullstelle besitzen.	☐
f kann eine Nullstelle besitzen, die auch eine Wendestelle von f ist.	☐

AN-R 3.1 **3.122** Zeichne in das Koordinatensystem den Graphen der Ableitungsfunktion f′ von f ein!

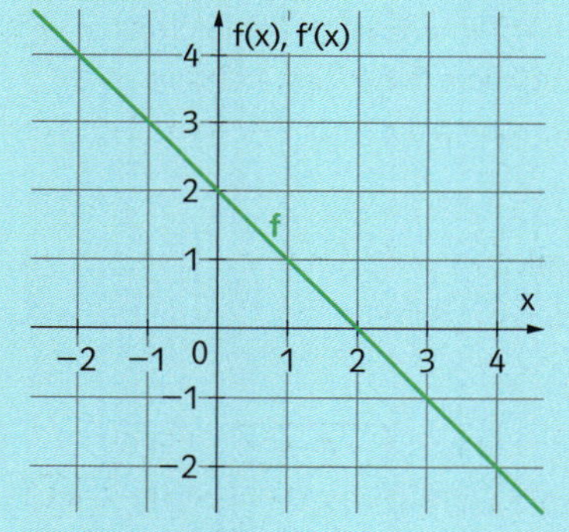

AN-R 3.2 **3.123** In der Abbildung ist eine Funktion f dargestellt. Kreuze die Aussagen an, die auf die Ableitungsfunktion f′ zutreffen!

f′ besitzt in [–1; 3] zwei lokale Extremstellen.	☐
f′ ist in [0; 1] streng monoton steigend.	☐
f′ besitzt in [–1; 3] zwei Nullstellen.	☐
f′ nimmt in [0; 2] keinen positiven Wert an.	☐
f′ besitzt in [–1; 3] zwei Wendestellen.	☐

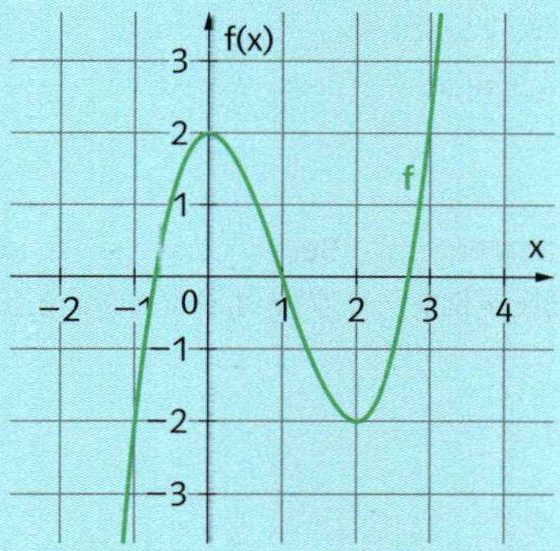

AN-R 3.3 **3.124** Kreuze die Intervalle an, in denen die Funktion $f: \mathbb{R} \to \mathbb{R}$ mit $f(x) = -x^4 + 4x^3$ streng monoton steigend ist!

$[0; 4]$	☐
$[3; \infty)$	☐
$(-\infty; 3]$	☐
$[0; 3]$	☐
$(-\infty; -3]$	☐

AN-R 3.3 **3.125** Gegeben ist die Funktion $f: \mathbb{R} \to \mathbb{R}$ mit $f(x) = -x^3 + 12x^2 - 45x + 53$. Kreuze jene Angaben für p und M an, bei denen p eine Minimumstelle in M ist!

$p = 3, M = [0; 7]$	☐
$p = 3, M = [2; 6]$	☐
$p = 6, M = [2; 6]$	☐
$p = 3, M = [0; \infty)$	☐
$p = 0, M = (-\infty; 0]$	☐

AN-R 3.3 **3.126** Kreuze die Funktionen an, für die 0 eine lokale Minimumstelle ist!

$f_1(x) = x^2 - x^3$	☐
$f_2(x) = x^2 - x^4$	☐
$f_3(x) = x^4 - x^3$	☐
$f_4(x) = x^5 + x^4$	☐
$f_5(x) = x^5 - x^4$	☐

AN-R 3.3 **3.127** Kreuze die Funktionen an, für die -1 eine Wendestelle ist!

$f_1(x) = x^3 - 3x^2$	☐
$f_2(x) = x^4 - 6x^2$	☐
$f_3(x) = x^6 + 5x^3$	☐
$f_4(x) = x^6 - 3x^4 + 3x^2$	☐
$f_5(x) = x^2 - x$	☐

AN-R 3.3 **3.128** Gegeben ist eine Polynomfunktion $f: \mathbb{R} \to \mathbb{R}$. Kreuze die Aussagen an, die für $a < b$ zutreffen!

Ist $p \in [a; b]$ eine Maximumstelle von f in $[a; b]$, dann ist $f(x) < f(p)$ für alle $x \in [a; b]$.	☐
Ist $f''(x) > 0$ für alle $x \in [a; b]$, dann ist f linksgekrümmt in $[a; b]$.	☐
Ist p eine lokale Extremstelle von f, dann ist $f'(p) = 0$.	☐
Ist $f'(p) = 0 \wedge f''(p) > 0$, dann ist p eine lokale Maximumstelle von p.	☐
Ist p eine Wendestelle von f, dann ist $f''(p) = 0 \wedge f'''(p) \neq 0$.	☐

AN-R 3.3 **3.129** Gib die Intervalle an, in denen die Funktion $f: \mathbb{R} \to \mathbb{R}$ streng monoton steigend bzw. fallend ist!

a) $f(x) = -x^3 - 3x^2 + 9x + 15$ **b)** $f(x) = x^4 - 4x^3$

AN-R 3.3 **3.130** Gib die Intervalle an, in denen die Funktion $f: \mathbb{R} \to \mathbb{R}$ linksgekrümmt bzw. rechtsgekrümmt ist!

a) $f(x) = x^3 - 2x^2 + x - 2$ **b)** $f(x) = \frac{5}{6}x^4 - 2x^3 + x^2 + 3$

AN-R 3.3 **3.131** Der Graph einer Polynomfunktion f vom Grad 3 hat $H = (-1 \mid 16)$ als Hochpunkt und $T = (3 \mid -16)$ als Tiefpunkt. Ermittle eine Termdarstellung der Funktion f!

AN-R 3.3 **3.132** Gegeben ist die abgebildete Funktion f.

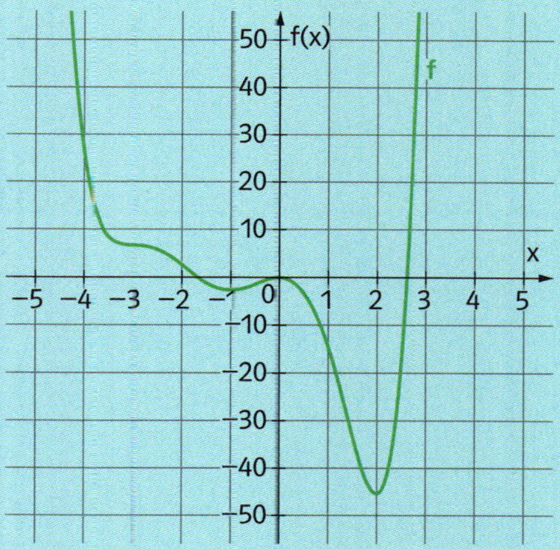

Ordne jeder Bedingung in der linken Tabelle einen Wert von x aus der rechten Tabelle zu, für den die Bedingung erfüllt ist!

$f(x) < 0 \land f'(x) = 0 \land f''(x) > 0$	D
$f(x) = 0 \land f'(x) = 0 \land f''(x) < 0$	B
$f(x) > 0 \land f'(x) < 0 \land f''(x) > 0$	A

A	$x = -4$
B	$x = 0$
C	$x = 1$
D	$x = 2$

AN-R 3.3 **3.133** Von einer Funktion $f: \mathbb{R} \to \mathbb{R}$ weiß man, dass gilt:

$f(-3) = 5$

$f'(-3) = 0$

$f(2) = 1$

$f'(2) = 0$

$f'(x) > 0$ für $x < -3$

$f'(x) < 0$ für $-3 < x < 2$

$f'(x) > 0$ für $x > 2$

Kreuze an, was über f ausgesagt werden kann!

f ist streng monoton steigend in $(-\infty; -3]$.	☐
f ist streng monoton fallend in $[-3; 2]$.	☐
f kann keine Polynomfunktion vom Grad 3 sein.	☐
-3 ist eine lokale Maximumstelle von f.	☐
Es gibt eine globale Maximumstelle x mit $x > 0$.	☐

AN-R 3.3 **3.134** Gegeben sind eine Polynomfunktion $f: \mathbb{R} \to \mathbb{R}$ und eine Stelle $p \in \mathbb{R}$.
Ergänze durch Ankreuzen den folgenden Text so, dass eine korrekte Aussage entsteht!
Wenn ______①______ ist, dann ist ______②______.

①	
p eine Nullstelle von f	☐
p eine lokale Extremstelle von f	☐
p eine Wendestelle von f	☒

②	
$f''(p) > 0$	☐
$f''(p) = 0$	☒
$f''(p) < 0$	☐

AUFGABEN VOM TYP 2

AN-R 1.3
AN-R 2.1
AN-R 3.3

3.135 Sauerstoffabgabe eines Baums

Pflanzen produzieren bei der Fotosynthese Sauerstoff, den sie an die Umgebung abgeben. Für einen konkreten Baum wurde die Sauerstoffproduktion an einem bestimmten Tag aufgezeichnet. Für das Volumen V(t) des zum Zeitpunkt t abgegebenen Sauerstoffs (in Liter) gilt näherungsweise $V(t) = -t^3 + 20t^2$ mit $0 \leq t \leq 12$, wobei t die Zeit (in Stunden) seit dem Sonnenaufgang um 6 Uhr ist. Der Graph der Funktion V ist dargestellt.

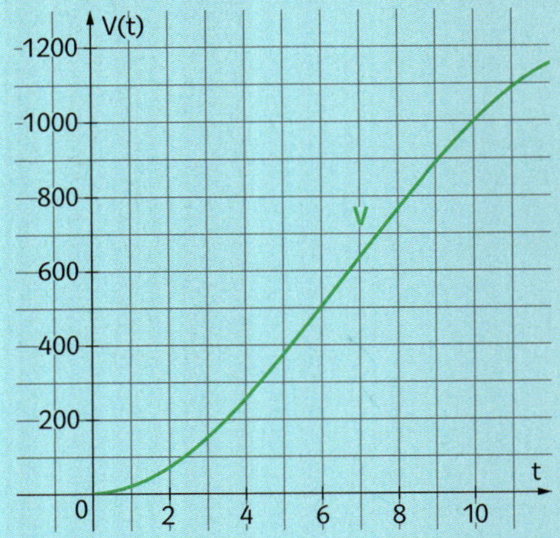

a)
- Beschreibe den Verlauf der Sauerstoffabgabe in eigenen Worten!
- Ermittle durch Rechnung, um welche Uhrzeit die Sauerstoffabgabe am schnellsten zunimmt!

b)
- Ermittle, wie groß die Sauerstoffabgabe an der Wendestelle der Funktion V ist!
- Berechne, wie groß die Geschwindigkeit der Sauerstoffabgabe an der Wendestelle von V ist!

FA-R 1.4
AN-R 1.3
AN-R 2.1
AN-R 3.3

3.136 Reaktion auf ein Medikament

Patienten reagieren auf Medikamente unterschiedlich. In der Medizin spielen dabei zwei Größen eine Rolle:

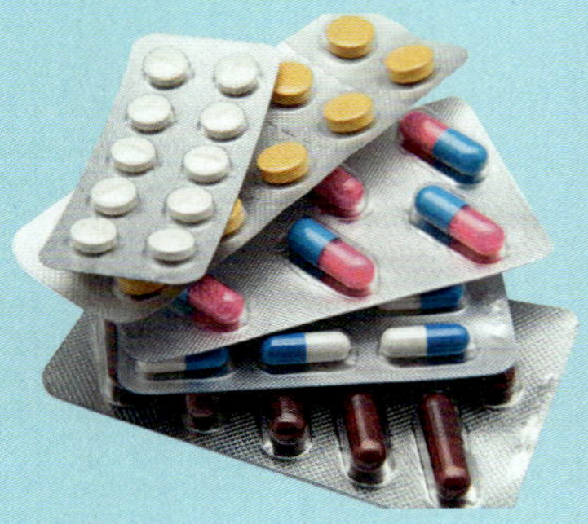

– Die *Reaktionsstärke* R auf ein Medikament in Abhängigkeit von der Dosis x wird durch eine Funktion R mit $R(x) = ax^2(b - x)$ beschrieben. Dabei sind a und b positive Konstanten, die vom Medikament abhängen.

– Die *Empfindlichkeit* eines Patienten bezüglich der Dosis x wird als Ableitung R′(x) definiert.

Wir betrachten im Folgenden ein Medikament, für welches $a = 0{,}5$ und $b = 3$ gilt.

a)
- Berechne die Nullstellen und lokalen Extremstellen der Funktion R und zeichne den Graphen von R!
- Berechne die Nullstellen und lokalen Extremstellen der Funktion R′ und zeichne den Graphen von R′!

b)
- Ermittle die Dosis, für die die Reaktion am stärksten ist!
- Ermittle die Dosis, für die die Empfindlichkeit am stärksten ist!

AG-R 2.2 AG-R 2.3 FA-R 1.2 FA-R 1.4 AN-R 1.3 AN-R 2.1 AN-R 3.3

3.137 Freier Fall

Ein frei fallender Körper legt in der Zeit t näherungsweise den Weg $s(t) = 5t^2$ zurück (t in s, s(t) in m).
Der Luftwiderstand wird dabei nicht berücksichtigt.

a)
- Berechne die Länge des Weges, den der Körper in 20 Sekunden zurücklegt!
- Berechne den Zeitpunkt, zu dem der Körper 80 m zurückgelegt hat!

b)
- Gib eine Formel für die Geschwindigkeit v(t) zum Zeitpunkt t an!
- Gib an, ob die Geschwindigkeit mit zunehmender Zeit linear oder quadratisch wächst!

c)
- Berechne den Zeitpunkt, zu dem die Geschwindigkeit 45 m/s beträgt!
- Ermittle die Beschleunigung zu diesem Zeitpunkt!

d)
- Zeichne den Graphen der Funktion $s: t \mapsto s(t)$!
- Zeichne den Graphen der Funktion $v: t \mapsto v(t)$!

e)
- Gib das Krümmungsverhalten der Funktion s an!
- Interpretiere das Krümmungsverhalten von s im gegebenen Kontext!

FA-R 1.4 AN-R 1.3 AN-R 2.1 AN-R 3.3

3.138 Kinderrutsche

Eine Firma plant die Produktion der abgebildeten Kinderrutsche (Maße in Meter). Das seitliche Profil des Rutschenbodens entspricht ausschnittweise dem Graphen einer Polynomfunktion f vom Grad 3 mit dem Hochpunkt $H = (0 \mid f(0))$ und dem Tiefpunkt $T = (4 \mid f(4))$.

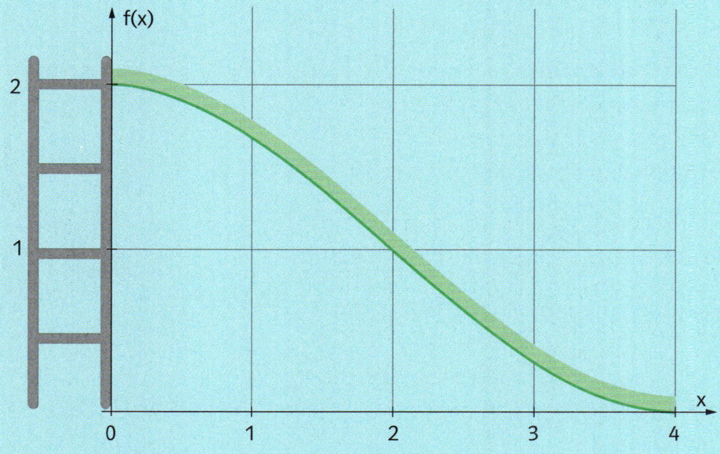

a)
- Zeige, dass f die Funktionsgleichung $f(x) = \frac{1}{16}x^3 - \frac{3}{8}x^2 + 2$ besitzt!
- Zeige durch Rechnung, dass im Punkt $(2 \mid 1)$ die Rechtskrümmung der Rutsche in eine Linkskrümmung übergeht!

b)
- Gib das Gefälle des Rutschenbodens an den Stellen 1 und 3 in Prozent an!
- Aufgrund von Sicherheitsvorschriften darf das Gefälle der Rutsche in keinem Punkt mehr als 50 % betragen. Untersuche, ob die geplante Rutsche diese Vorschrift erfüllt!

4 KREIS UND KUGEL

LERNZIELE

4.1 Die **Definition des Kreises** kennen; Kreise in der Ebene durch **Gleichungen beschreiben** können.

4.2 Die **gegenseitige Lage von Kreisen und Geraden** und allfällige **Schnittpunkte** ermitteln können; **Gleichungen von Tangenten** aufstellen können.

4.3 **Kugeln** und deren **Tangentialebenen** im Raum durch **Gleichungen beschreiben** können.

- **Technologie kompakt**
- **Kompetenzcheck**

GRUNDKOMPETENZEN

AG-L 5.1 **Kegelschnitte in der Ebene** durch **Gleichungen beschreiben** können; aus einer Kreisgleichung **Mittelpunkt und Radius** bestimmen können.

AG-L 5.2 Die **gegenseitige Lage von Kreis und Gerade** ermitteln können.

AG-L 5.3 **Kugeln** im Raum **durch Gleichungen beschreiben** können.

4.1 DER KREIS

Definition und Gleichung eines Kreises

Definition

Ein **Kreis k** mit dem **Mittelpunkt M** und dem **Radius r** ist die Menge aller Punkte der Ebene, die von M den Abstand $r > 0$ haben.

Anhand der nebenstehenden Abbildung erkennt man, dass ein Punkt X genau dann auf dem Kreis k liegt, wenn gilt:

$$\overline{MX} = r \quad \text{bzw.} \quad |X - M| = r$$

Da beide Seiten dieser Gleichung positiv sind, erhalten wir durch Quadrieren eine äquivalente Gleichung:

$$(X - M)^2 = r^2$$

Für $X = (x \mid y)$ und $M = (m_1 \mid m_2)$ lautet diese Gleichung:

$$(x - m_1)^2 + (y - m_2)^2 = r^2$$

Wir haben somit bewiesen:

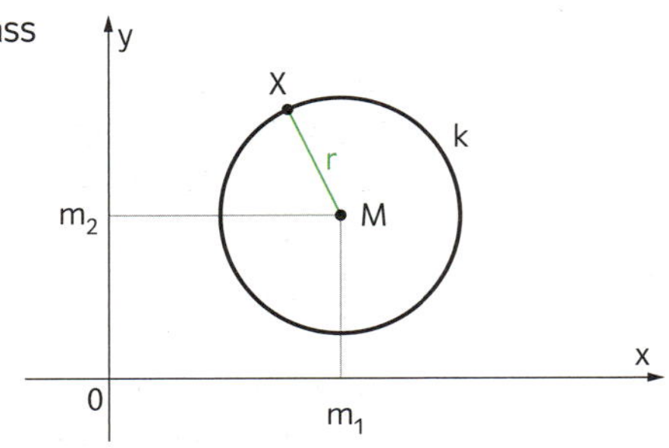

Satz

Ist **k** ein **Kreis** mit dem Mittelpunkt $\mathbf{M = (m_1 \mid m_2)} \in \mathbb{R}^2$ und dem **Radius r**, dann gilt:

$$X \in k \Leftrightarrow (X - M)^2 = r^2 \quad \text{bzw.} \quad (x \mid y) \in k \Leftrightarrow (x - m_1)^2 + (y - m_2)^2 = r^2$$

Der Kreis k kann als Punktmenge dargestellt werden:

$$k = \{X \in \mathbb{R}^2 \mid (X - M)^2 = r^2\} \quad \text{bzw.} \quad k = \{(x \mid y) \in \mathbb{R}^2 \mid (x - m_1)^2 + (y - m_2)^2 = r^2\}$$

Wir nennen diese Punktmenge einen **Kreis in** $\mathbb{R}^2$.

Die Gleichung

$$(X - M)^2 = r^2 \text{ bzw. } (x - m_1)^2 + (y - m_2)^2 = r^2$$

nennt man eine **Gleichung des Kreises k**. Für $M = O = (0|0)$ lautet diese Gleichung:

$$X^2 = r^2 \text{ bzw. } x^2 + y^2 = r^2$$

Wir halten fest:

Gleichung eines Kreises mit dem **Mittelpunkt** $\mathbf{M = (m_1|m_2)}$ und dem **Radius r**:

$$\mathbf{(X - M)^2 = r^2} \quad \text{bzw.} \quad \mathbf{(x - m_1)^2 + (y - m_2)^2 = r^2}$$

Gleichung eines Kreises mit dem **Mittelpunkt** $\mathbf{O = (0|0)}$ und dem **Radius r**:

$$\mathbf{X^2 = r^2} \quad \text{bzw.} \quad \mathbf{x^2 + y^2 = r^2}$$

4.01 Gib eine Gleichung des Kreises mit dem Mittelpunkt $M = (2|1)$ und dem Radius $r = 5$ an! Untersuche, ob die Punkte $P = (5|5)$ und $Q = (3|-5)$ auf dem Kreis liegen!

LÖSUNG: $k: (x - 2)^2 + (y - 1)^2 = 25$

Für P gilt: $(5 - 2)^2 + (5 - 1)^2 = 25 \quad \Rightarrow P \in k$

Für Q gilt: $(3 - 2)^2 + (-5 - 1)^2 \neq 25 \quad \Rightarrow Q \notin k$

4.02 Gib eine Gleichung des Kreises mit dem Mittelpunkt $O = (0|0)$ und dem Radius $r = \sqrt{10}$ an! Ermittle die Punkte auf dem Kreis mit **1)** $x = 1$, **2)** $y = -2$! Deute die Rechnung geometrisch!

LÖSUNG: $k: x^2 + y^2 = 10$

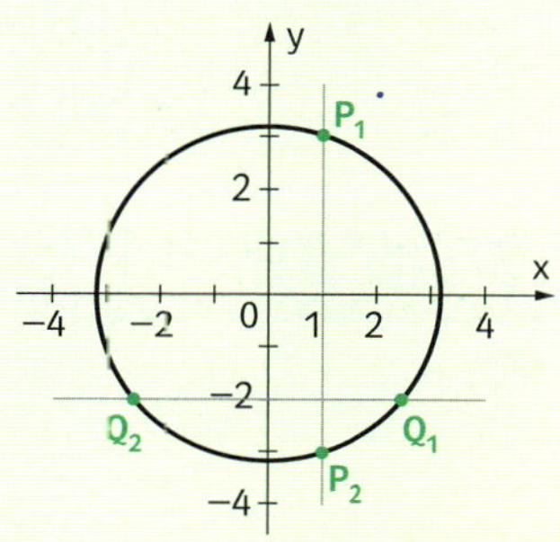

1) Für $x = 1$ ergibt sich aus der Kreisgleichung:

$$1^2 + y^2 = 10 \Rightarrow y = 3 \lor y = -3$$

Gesuchte Punkte: $P_1 = (1|3)$, $P_2 = (1|-3)$

Man erhält diese Punkte geometrisch, wenn man den Kreis mit der Parallelen zur y-Achse durch den Punkt $(1|0)$ schneidet.

2) Für $y = -2$ ergibt sich aus der Kreisgleichung:

$$x^2 + 4 = 10 \Rightarrow x = \sqrt{6} \lor x = -\sqrt{6}$$

Gesuchte Punkte: $Q_1 = (\sqrt{6}|-2)$, $Q_2 = (-\sqrt{6}|-2)$

Man erhält diese Punkte geometrisch, wenn man den Kreis mit der Parallelen zur x-Achse durch den Punkt $(0|-2)$ schneidet.

T kompakt Seite 95

Mit **Technologieeinsatz** lässt sich bei gegebenem Mittelpunkt und Radius eine Gleichung des Kreises und ein Bild des Kreises ermitteln. Dasselbe gilt, wenn der Kreis durch den Mittelpunkt und einen Punkt des Kreises gegeben ist oder wenn der Kreis durch drei Punkte gegeben ist.

AUFGABEN

Lernapplet wh3n8j

4.03 Gib eine Gleichung des Kreises mit dem Mittelpunkt M und dem Radius r an und ermittle acht Punkte auf dem Kreis!

a) $M = (0|0)$, $r = 3$
b) $M = (3|1)$, $r = 2$
c) $M = (-3|-3)$, $r = 5$
d) $M = (0|2)$, $r = \sqrt{50}$
e) $M = (3|2)$, $r = 4$
f) $M = (6|-1)$, $r = \sqrt{5}$

4.04 Gib eine Gleichung des Kreises mit dem Mittelpunkt M und dem Radius r an und berechne die Schnittpunkte des Kreises mit den Achsen!

a) $M = (7|1)$, $r = \sqrt{65}$
b) $M = (-9|-3)$, $r = \sqrt{130}$
c) $M = (-5|4)$, $r = 4$
d) $M = (0|0)$, $r = \sqrt{5}$

4.05 Ermittle eine Gleichung des Kreises mit dem Mittelpunkt M, der durch den Punkt P geht!

a) $M = (0 | 0)$, $P = (3 | 1)$ **b)** $M = (5 | -2)$, $P = (5 | 0)$ **c)** $M = (-2 | -5)$, $P = (2 | -2)$ **d)** $M = (3 | 7)$, $P = (5 | 9)$ **e)** $M = (0 | -4)$, $P = (1 | 1)$ **f)** $M = (-3 | 6)$, $P = (1 | 6)$

4.06 Ermittle eine Gleichung des Kreises mit dem Mittelpunkt M, der **1)** die erste Achse berührt, **2)** die zweite Achse berührt, **3)** durch den Ursprung geht!

a) $M = (-8 | 3)$ **b)** $M = (-3 | -4)$ **c)** $M = (\sqrt{8} | 1)$ **d)** $M = (2 | 2)$

4.07 Der Punkt P liegt auf dem Kreis k: $x^2 + y^2 = 125$. Berechne die fehlende Koordinate!

a) $P = (5 | p_2)$ mit $p_2 > 0$ **b)** $P = (p_1 | -10)$ mit $p_1 > 0$ **c)** $P = (8 | p_2)$ mit $p_2 < 0$ **d)** $P = (p_1 | -2)$ mit $p_1 < 0$ **e)** $P = (-2\sqrt{11} | p_2)$ mit $p_2 > 0$ **f)** $P = (5\sqrt{5} | p_2)$

4.08 Entscheide rechnerisch, ob der Punkt P im Inneren des Kreises k, im Äußeren des Kreises k oder auf dem Kreis k liegt!

a) k: $x^2 + y^2 = 10$, $P = (2 | 4)$ **b)** k: $x^2 + y^2 = 17$, $P = (4 | 1)$ **c)** k: $x^2 + y^2 = 15$, $P = (3 | 2)$ **d)** k: $(x-5)^2 + (y+3)^2 = 25$, $P = (-4 | 9)$ **e)** k: $(x-1)^2 + (y+1)^2 = 16$, $P = (0 | 2)$ **f)** k: $(x-3)^2 + (y-2)^2 = 5$, $P = (4 | 4)$

4.09 Ermittle die Schnittpunkte des Kreises k mit der 1. Mediane und der 2. Mediane!

a) k: $(x-1)^2 + (y-1)^2 = 8$ **b)** k: $(x+1)^2 + y^2 = 5$

4.10 Ermittle eine Gleichung jenes Kreises, auf dem die Punkte A, B und C liegen! Berechne die Schnittpunkte dieses Kreises mit den Koordinatenachsen!

a) $A = (-2 | -4)$, $B = (13 | -9)$, $C = (9 | 7)$ **b)** $A = (-6 | 4)$, $B = (2 | -2)$, $C = (-4 | 10)$

4.11 Ermittle eine Gleichung des Umkreises des Dreiecks ABC!

a) $A = (-4 | 7)$, $B = (0 | -5)$, $C = (8 | 3)$ **b)** $A = (-5 | -3)$, $B = (10 | 0)$, $C = (6 | 8)$ **c)** $A = (3 | -8)$, $B = (12 | 1)$, $C = (6 | 13)$ **d)** $A = (-9 | -7)$, $B = (6 | -2)$, $C = (8 | 10)$

4.12 Ermittle eine Gleichung des Kreises mit dem Mittelpunkt M, der die Gerade g berührt!

a) $M = (0 | 5)$, g: $5x + 3y = -19$ **b)** $M = (-2 | 3)$, g: $-4x + 3y = 42$ **c)** $M = (2 | 6)$, g: $2x - y = 8$ **d)** $M = (4 | -7)$, g: $3x + y = 35$

HINWEIS: Berührt der Kreis die Gerade g im Punkt P, dann ist MP normal zu g.

4.13 Ermittle eine Gleichung des Kreises, der durch die Punkte A und B geht und dessen Mittelpunkt auf der Geraden g liegt!

a) $A = (7 | 5)$, $B = (5 | 5)$, g: $5x - y = 4$ **b)** $A = (6 | 1)$, $B = (2 | 7)$, g: $3x + 2y = 7$ **c)** $A = (6 | 15)$, $B = (12 | 1)$, g: $X = (2 | 5) + t \cdot (-3 | 7)$ **d)** $A = (4 | 1)$, $B = (10 | 9)$, g: $X = (13 | 4) + t \cdot (5 | -2)$

HINWEIS: Der Mittelpunkt M des Kreises liegt auf der Streckensymmetralen von AB.

4.14 Ermittle eine Gleichung des Kreises, der durch den Punkt A geht und die Gerade g im Punkt $P \in g$ berührt!

a) $A = (-10 | 7)$, g: $9x + 2y = 60$, $P = (6 | p_2)$ **b)** $A = (6 | 8)$, g: $-2x + y = 6$, $P = (-2 | p_2)$

HINWEIS: Die Streckensymmetrale von AP und die Normale auf g in P schneiden einander im Mittelpunkt M des Kreises!

4.15 Ermittle Gleichungen der Kreise, die durch den Punkt P gehen und beide Koordinatenachsen berühren!

a) $P = (6 | 3)$ **b)** $P = (2 | -4)$

Quadratische Gleichungen als Kreisgleichungen

T kompakt Seite 95

Quadriert man die Klammern in einer Kreisgleichung $(x-m_1)^2+(y-m_2)^2=r^2$ aus, erhält man eine quadratische Gleichung der Form $x^2+y^2+ax+by+c=0$.
Stellt jede solche Gleichung einen Kreis dar?

4.16 Untersuche, ob die folgende Gleichung einen Kreis darstellt!

a) $x^2+y^2+8x-2y-32=0$ **b)** $x^2+y^2-2x+3y+5=0$

LÖSUNG:

Wir formen die Gleichung so um, dass Quadrate der Form $(x-m_1)^2$ bzw. $(y-m_2)^2$ entstehen.

a) $x^2+8x+y^2-2y=32 \Leftrightarrow (x+4)^2+(y-1)^2=32+16+1 \Leftrightarrow (x+4)^2+(y-1)^2=49$

Dies ist eine Gleichung des Kreises mit dem Mittelpunkt $M=(-4\,|\,1)$ und dem Radius $r=7$.

b) $x^2-2x+y^2+3y=-5 \Leftrightarrow (x-1)^2+\left(y+\frac{3}{2}\right)^2=-5+1+\frac{9}{4} \Leftrightarrow \underbrace{(x-1)^2+\left(y+\frac{3}{2}\right)^2}_{\geq 0}=\underbrace{-\frac{7}{4}}_{<0}$

Es gibt keinen Punkt $(x\,|\,y)$, der diese Gleichung erfüllt. Es liegt also keine Kreisgleichung vor.

4.17 Welche Bedingung müssen die Koeffizienten der Gleichung $x^2+y^2+ax+by+c=0$ erfüllen, damit diese Gleichung eines Kreises ist?

LÖSUNG:

Wir formen die Gleichung so um, dass Quadrate der Form $(x-m_1)^2$ bzw. $(y-m_2)^2$ entstehen.

$$\left(x+\frac{a}{2}\right)^2+\left(y+\frac{b}{2}\right)^2+c=\frac{a^2}{4}+\frac{b^2}{4}$$

$$\left(x+\frac{a}{2}\right)^2+\left(y+\frac{b}{2}\right)^2=\frac{a^2+b^2-4c}{4}$$

Dies ist genau dann eine Gleichung eines Kreises, wenn $a^2+b^2-4c>0$ bzw. $a^2+b^2>4c$ ist.
In diesem Fall handelt es sich nämlich um den Kreis mit dem Mittelpunkt $M=\left(-\frac{a}{2}\,\middle|\,-\frac{b}{2}\right)$ und dem Radius $r=\frac{1}{2}\sqrt{a^2+b^2-4c}$.

Wir halten das Ergebnis der letzten Aufgabe fest:

Satz

Die Gleichung $\mathbf{x^2+y^2+ax+by+c=0}$ ist genau dann **Gleichung eines Kreises**, wenn $\mathbf{a^2+b^2>4c}$ ist.

AUFGABEN

4.18 Stellt die folgende Gleichung einen Kreis dar? Wenn ja, gib Mittelpunkt und Radius an!

a) $x^2+y^2+2x-4y-9=0$
b) $x^2+y^2-6x-2y-13=0$
c) $x^2+y^2+10x+4y-1=0$
d) $4x^2+4y^2-12x+16y=39$
e) $x^2+y^2+4y-5=0$
f) $x^2+y^2+5x-3y-10=0$
g) $x^2+y^2-2x+2y-1=0$
h) $x^2+y^2+8y=9$

4.19 Kreuze diejenigen Gleichungen an, die einen Kreis mit dem Radius 10 darstellen!

$x^2+y^2-10x+10y-50=0$	☒
$x^2+y^2-4x-84=0$	☐
$x^2+y^2-12x-16y=0$	☒
$x^2+y^2+30y-125=0$	☐
$x^2+y^2-40x+20y+400=0$	☒

4.2 KREIS UND GERADE

Gegenseitige Lage und Schnitt von Kreis und Gerade

Satz
Ein Kreis und eine Gerade haben entweder zwei Punkte, einen Punkt oder keinen Punkt gemeinsam.

BEWEIS: Es sei k: $(X - M)^2 = r^2$ ein Kreis und g: $X = P + t \cdot \vec{g}$ eine Gerade. Der Punkt X liegt genau dann auf dem Kreis k und der Geraden g, wenn gilt:

$$(P + t \cdot \vec{g} - M)^2 = r^2$$
$$[t \cdot \vec{g} + (P - M)]^2 - r^2 = 0$$
$$[t \cdot \vec{g} + \overrightarrow{MP}]^2 - r^2 = 0$$
$$\vec{g}^2 \cdot t^2 + 2 \cdot (\vec{g} \cdot \overrightarrow{MP}) \cdot t + \overrightarrow{MP}^2 - r^2 = 0$$

Diese quadratische Gleichung in t hat zwei Lösungen, eine Lösung oder keine Lösung. Daher haben k und g zwei Punkte, einen Punkt oder keinen Punkt gemeinsam. □

Definition
Gegeben ist ein Kreis k und eine Gerade g.
Die Gerade g heißt
- **Sekante** von k, wenn g mit k genau **zwei Punkte** gemeinsam hat,
- **Tangente** von k, wenn g mit k genau **einen Punkt** gemeinsam hat,
- **Passante** von k, wenn g mit k **keinen Punkt** gemeinsam hat.

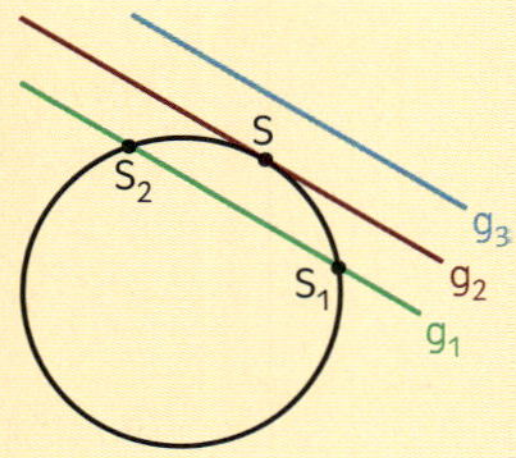

BEMERKUNG: secare (lat.) = schneiden, tangere (lat.) = berühren, passare (lat.) = vorbeigehen

4.20 Ermittle durch Rechnung die gegenseitige Lage des Kreises k: $(x + 2)^2 + (y - 2)^2 = 50$ und der Geraden g!

1) g_1: $x + y = 8$ **2)** g_2: $x + y = 10$ **3)** g_3: $x + y = 12$

LÖSUNG:

1) Ein Punkt (x | y) liegt genau dann auf dem Kreis k und der Geraden g, wenn gilt:

$$\begin{cases} (x + 2)^2 + (y - 2)^2 = 50 \\ x + y = 8 \quad \Rightarrow y = 8 - x \end{cases}$$

Einsetzen in die erste Gleichung liefert:

$$(x + 2)^2 + (8 - x - 2)^2 = 50$$
$$x^2 - 4x - 5 = 0$$
$$x = -1 \lor x = 5$$

Wir setzen diese Werte in die Gleichung $y = 8 - x$ ein.
Für $x = -1$ erhält man $y = 9$, für $x = 5$ erhält man $y = 3$.
Schnittpunkte: $S_1 = (-1 | 9)$, $S_2 = (5 | 3)$. Die Gerade g_1 ist eine Sekante des Kreises k.

2) Gehe analog zu 1) vor! Es ergibt sich die quadratische Gleichung $x^2 - 6x + 9 = 0$.
Diese Gleichung hat genau eine Lösung: $x = 3$. Es ergibt sich also genau ein Schnittpunkt: $S = (3 | 7)$. Die Gerade g_2 ist eine Tangente des Kreises k.

3) Gehe wiederum wie in 1) vor! Es ergibt sich die quadratische Gleichung $x^2 - 8x + 27 = 0$.
Diese Gleichung hat keine Lösung. Es ergibt sich also kein Schnittpunkt. Die Gerade g_3 ist eine Passante des Kreises k.

4.21 Berechne die Schnittpunkte des Kreises k: $(x+2)^2+(y-7)^2=85$ mit der Geraden g: $X=(8\,|\,1)+t\cdot(4\,|\,1)$!

LÖSUNG:

Ein Schnittpunkt $S=(x\,|\,y)$ liegt auf g und auf k. Da S auf g liegt, gibt es ein $t\in\mathbb{R}$, sodass gilt:

$$(x\,|\,y)=(8\,|\,1)+t\cdot(4\,|\,1)\iff\begin{cases}x=8+4t\\y=1+t\end{cases}$$

Da S auch auf k liegt, müssen seine Koordinaten die Kreisgleichung erfüllen:

$$(8+4t+2)^2+(1+t-7)^2=85$$
$$17t^2+68t+51=0$$
$$t^2+4t+3=0$$
$$t=-1\ \vee\ t=-3$$

Einsetzen dieser Werte in die Parameterdarstellung von g liefert die Schnittpunkte $S_1=(4\,|\,0)$ und $S_2=(-4\,|\,-2)$.

T kompakt Seite 95

Mit **Technologieeinsatz** lassen sich allfällige Schnittpunkte eines Kreises k und einer Geraden g und damit auch die gegenseitige Lage von k und g ebenso ermitteln.

AUFGABEN

4.22 Berechne die Schnittpunkte des Kreises k mit der Geraden g!

a) k: $x^2+y^2=25$, g: $y-x=-1$
b) k: $x^2+y^2=65$, g: $x-2y=-15$
c) k: $(x+3)^2+(y-2)^2=85$, g: $4x+y=7$
d) k: $(x+2)^2+(y-4)^2=45$, g: $y=3x-5$
e) k: $(x+5)^2+(y+9)^2=170$, g: $x+4y=10$
f) k: $x^2+y^2-4x+10y-36=0$, g: $2x+3y=2$

4.23 Berechne die Schnittpunkte des Kreises k mit der Geraden g!

a) k: $x^2+y^2-50=0$, g: $X=(1\,|\,-2)+t\cdot(2\,|\,1)$
b) k: $x^2+y^2-130=0$, g: $X=(5\,|\,12)+t\cdot(-2\,|\,3)$
c) k: $(x-5)^2+(y+2)^2=52$, g: $X=(3\,|\,6)+t\cdot(1\,|\,1)$
d) k: $(x-1)^2+(y+3)^2-25=0$, g: $X=(12\,|\,-5)+t\cdot(4\,|\,-3)$
e) k: $x^2+y^2-4x+10y=36$, g: $X=(0\,|\,-2)+t\cdot(5\,|\,-1)$
f) k: $M=(-3\,|\,-4)$, $P=(-1\,|\,1)\in k$, g: $X=(2\,|\,-2)+t\cdot(-7\,|\,3)$

4.24 Welche Punkte der Geraden g haben vom Punkt P den Abstand a?

a) g: $2x+y=4$, $P=(7\,|\,5)$, $a=\sqrt{65}$
b) g: $x-3y=-14$, $P=(2\,|\,-3)$, $a=\sqrt{85}$
c) g: $3x-4y=13$, $P=(6\,|\,-5)$, $a=\sqrt{50}$
d) g: $X=(5\,|\,2)+t\cdot(-1\,|\,3)$, $P=(0\,|\,2)$, $a=\sqrt{45}$
e) g: $X=(-2\,|\,5)+t\cdot(3\,|\,-4)$, $P=(-3\,|\,-2)$, $a=\sqrt{125}$
f) g: $X=(-2\,|\,-1)+t\cdot(5\,|\,3)$, $P=(-5\,|\,4)$, $a=\sqrt{170}$

4.25 Bestimme die gegenseitige Lage des Kreises k und der Geraden g!

a) k: $x^2+y^2+2x+4y+1=0$, g: $y=15$
b) k: $(x+12)^2+(y-8)^2=68$, g: $4x-y=-22$
c) k: $x^2+y^2=25$, g: $x+2y=16$
d) k: $x^2+y^2+2x=129$, g: $A=(13\,|\,5)$, $B=(-11\,|\,-11)$
e) k: $x^2+y^2-16=0$, g: $X=(1\,|\,15)+t\cdot(2\,|\,-3)$
f) k: $M=(2\,|\,-4)$, $r=13$, g: $5x+12y=131$

4.26 Kreuze die Geraden an, die Passanten des Kreises k: $(x-3)^2+(y+7)^2=36$ sind!

$4x+3y=21$	☐
$3x+4y=12$	☐
$4x-3y=3$	☐
$3x-4y=4$	☐
$3x+5y=10$	☐

Tangente in einem Punkt eines Kreises

Definition
Eine Gerade, die mit einem Kreis genau einen Punkt T gemeinsam hat, bezeichnet man als **Tangente** an den Kreis im Punkt T.

Satz
Die **Tangente** in einem Punkt T eines Kreises mit dem Mittelpunkt M steht **normal auf den Radius MT**.

BEWEIS: Wie wir im Satz auf Seite 88 gezeigt haben, führt der Schnitt eines Kreises k mit einer Geraden g: $X = P + t \cdot \vec{g}$ auf die quadratische Gleichung:

$$\vec{g}^2 \cdot t^2 + 2 \cdot (\vec{g} \cdot \overrightarrow{MP}) \cdot t + \overrightarrow{MP}^2 - r^2 = 0$$

Wenn nun g die Tangente an den Kreis k im Punkt T des Kreises ist, dann kann T als fester Punkt P von g verwendet werden und gleichzeitig gilt $\overrightarrow{MT}^2 = r^2$. Somit gilt:

$$\vec{g}^2 \cdot t^2 + 2 \cdot (\vec{g} \cdot \overrightarrow{MT}) \cdot t + 0 = 0$$

Da k und g genau einen Punkt gemeinsam haben, muss die Diskriminante D dieser Gleichung null sein: $D = [2 \cdot (\vec{g} \cdot \overrightarrow{MT})]^2 - 4 \cdot \vec{g}^2 \cdot 0 = [2 \cdot (\vec{g} \cdot \overrightarrow{MT})]^2 = 0$
Daraus folgt $\vec{g} \cdot \overrightarrow{MT} = 0$ und das bedeutet $\vec{g} \perp \overrightarrow{MT}$. Also steht g normal auf MT. □

4.27 Gib eine Gleichung der Tangente im Punkt T des Kreises k an!
$T = (6 \mid t_2 > 0)$, k: $(x-2)^2 + (y-1)^2 = 25$

LÖSUNG:
Setzt man in der Kreisgleichung $x = 6$, so ergibt sich $y = 4$. Also ist $T = (6 \mid 4)$.
Ein Normalvektor der gesuchten Tangente ist $\overrightarrow{MT} = T - M = (6 \mid 4) - (2 \mid 1) = (4 \mid 3)$.
Gleichung der Tangente: $4x + 3y = 36$

Eine andere Möglichkeit, diese Aufgabe zu lösen, bietet der folgende Satz:

Satz (Spaltform der Tangentengleichung)
Eine **Gleichung der Tangente** in einem Punkt $T = (x_T \mid y_T)$ des Kreises
k: $(x-m_1)^2 + (y-m_2)^2 = r^2$ lautet:

$$\mathbf{(x_T - m_1) \cdot (x - m_1) + (y_T - m_2) \cdot (y - m_2) = r^2}$$

BEWEIS: Für alle Punkte $X = (x \mid y)$ auf der Tangente im Punkt T des Kreises k gilt:

$$\overrightarrow{MT} \cdot \overrightarrow{TX} = 0$$
$$(T - M) \cdot (X - T) = 0$$
$$(T - M) \cdot (X - T) + r^2 = r^2$$
$$(T - M) \cdot (X - T) + \overrightarrow{MT}^2 = r^2$$
$$(T - M) \cdot (X - T) + (T - M)^2 = r^2$$
$$(T - M) \cdot [(X - T) + (T - M)] = r^2$$
$$(T - M) \cdot (X - M) = r^2$$
$$(x_T - m_1) \cdot (x - m_1) + (y_T - m_2) \cdot (y - m_2) = r^2$$
□

Merke
Man erhält die Spaltform der Tangentengleichung, indem man die Quadrate der Klammern in der Kreisgleichung folgendermaßen „aufspaltet":

$$k: \quad (x - m_1)^2 \quad + \quad (y - m_2)^2 \quad = r^2$$
$$\downarrow \qquad\qquad \downarrow$$
$$t: (x_T - m_1) \cdot (x - m_1) + (y_T - m_2) \cdot (y - m_2) = r^2$$

4.28 Ermittle eine Gleichung der Tangente aus Aufgabe 4.27 mit Hilfe der Spaltform!

LÖSUNG: $k: (x-2)^2 + (y-1)^2 = 25$

$t: (x_T - 2) \cdot (x-2) + (y_T - 1) \cdot (y-1) = 25$

$t: (6-2) \cdot (x-2) + (4-1) \cdot (y-1) = 25$

$t: 4x + 3y = 36$

AUFGABEN

4.29 Ermittle eine Gleichung der Tangente an den Kreis k im Punkt T des Kreises!

a) $k: x^2 + y^2 = 100$, $T = (-8 \mid t_2)$ mit $t_2 < 0$

b) $k: x^2 + y^2 - 4x + 8y = 149$, $T = (7 \mid t_2)$ mit $t_2 > 0$

c) $k: (x-3)^2 + (y-2)^2 = 65$, $T = (t_1 \mid -5)$ mit $t_1 > 0$

d) $k: x^2 + y^2 + 10x + 8y + 1 = 0$, $T = (t_1 \mid -2)$ mit $t_1 < 0$

4.30 Der Punkt T liegt auf dem Kreis k. Stelle eine Gleichung der Tangente an den Kreis k im Punkt T auf und ermittle den Flächeninhalt des Dreiecks, das diese Tangente mit den positiven Koordinatenachsen einschließt!

a) $k: (x-5)^2 + (y+7)^2 = 25$, $T = (9 \mid t_2)$ mit $t_2 < 0$

b) $k: x^2 + (y-3)^2 = 65$, $T = (t_1 \mid 4)$ mit $t_1 > 0$

Tangenten von einem Punkt aus an einen Kreis

4.31 Vom Punkt $Q = (-7 \mid 4)$ aus sind Tangenten an den Kreis k zu legen, der den Mittelpunkt $M = (3 \mid -6)$ und den Radius $r = \sqrt{20}$ hat. Berechne die Koordinaten der Berührpunkte!

LÖSUNG:

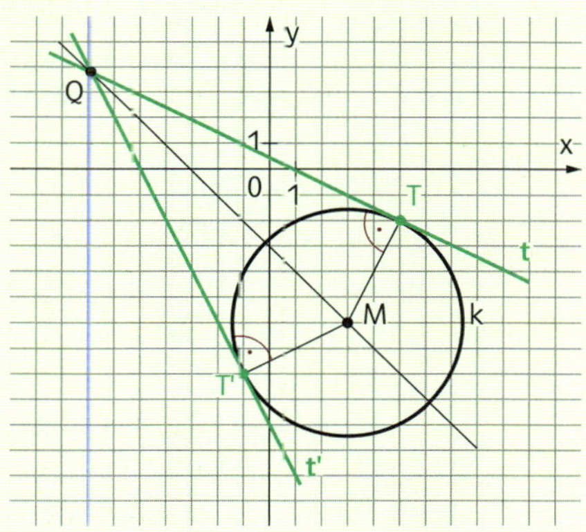

Aus der Abbildung erkennt man, dass es zwei passende Tangenten t und t' mit den Berührpunkten T und T' gibt.

Gleichung von k: $(x-3)^2 + (y+6)^2 = 20$

Die Tangente t berührt den Kreis k im Punkt $T = (t_1 \mid t_2)$.

Es muss gelten:

- $T \in k \Rightarrow (t_1 - 3)^2 + (t_2 + 6)^2 = 20$
- $\overrightarrow{MT} \perp \overrightarrow{QT} \Rightarrow (t_1 - 3 \mid t_2 + 6) \cdot (t_1 + 7 \mid t_2 - 4) = 0$

Insgesamt erhalten wir folgendes Gleichungssystem:

$$\begin{cases} (t_1 - 3)^2 + (t_2 + 6)^2 = 20 \\ (t_1 - 3) \cdot (t_1 + 7) + (t_2 + 6) \cdot (t_2 - 4) = 0 \end{cases}$$

$$\begin{cases} t_1^2 + t_2^2 - 6t_1 + 12t_2 + 25 = 0 \\ t_1^2 + t_2^2 + 4t_1 + 2t_2 - 45 = 0 \end{cases}$$

Um dieses Gleichungssystem zu vereinfachen, lassen wir die erste Gleichung unverändert und subtrahieren die zweite Gleichung von der ersten:

$$\begin{cases} t_1^2 + t_2^2 - 6t_1 + 12t_2 + 25 = 0 \\ \quad -10t_1 + 10t_2 + 70 = 0 \Rightarrow t_2 = t_1 - 7 \end{cases}$$

Einsetzen in die erste Gleichung liefert die quadratische Gleichung:

$$t_1^2 + (t_1 - 7)^2 - 6t_1 + 12(t_1 - 7) + 25 = 0$$

Löse diese Gleichung selbst! Es ergibt sich:

$$t_1 = 5 \lor t_1 = -1$$

Für $t_1 = 5$ erhält man $t_2 = -2$, für $t_1 = -1$ erhält man $t_2 = -8$.

Berührpunkte: $T = (5 \mid -2)$, $T' = (-1 \mid -8)$

L **AUFGABEN**

4.32 Ermittle Gleichungen der Tangenten vom Punkt Q aus an den Kreis k!

a) k: $x^2 + y^2 = 20$, $Q = (5 | 0)$ **b)** k: $(x-1)^2 + (y+1)^2 = 10$, $Q = (5 | 1)$

4.33 Vom Punkt Q aus werden Tangenten t und t' an den Kreis k gelegt. Ermittle Gleichungen von t und t' sowie die Koordinaten der Berührpunkte T und T'!

a) $Q = (10 | 5)$, k hat den Mittelpunkt $M = (0 | 0)$ und den Radius $r = 5$.

b) $Q = (12 | -1)$, k hat den Mittelpunkt $M = (-3 | 4)$ und den Radius $r = \sqrt{125}$.

4.34 Ermittle Gleichungen der Tangenten an den Kreis k: $x^2 + (y-3)^2 = 5$ vom Schnittpunkt S der Geraden g: $2x - 5y = 20$ und h: $x + y = 3$ aus!

4.35 Unter welchem Winkel sieht man den Kreis k: $(x+2)^2 + (y-2)^2 = 20$ vom Punkt $Q = (3 | 2)$ aus?

L **Tangenten mit vorgegebener Richtung**

4.36 Ermittle Gleichungen der Tangenten an den Kreis k: $(x+1)^2 + (y-2)^2 = 45$, die den Richtungsvektor $\vec{g} = (1 | 2)$ haben. Gib die Berührpunkte dieser Tangenten mit dem Kreis an!

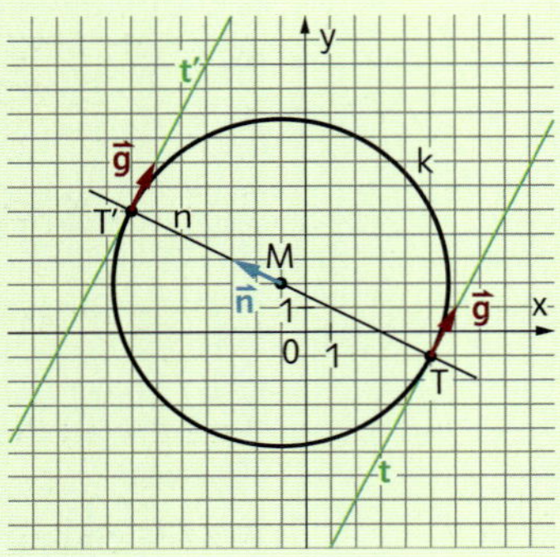

LÖSUNG:

- Ermittle selbst eine Gleichung der Normalen n durch den Mittelpunkt M des Kreises mit dem Normalvektor $\vec{g}$!
- Schneide n mit dem Kreis k! Man erhält die Berührpunkte $T = (5 | -1)$ und $T' = (-7 | 5)$.
- Stelle die Tangentengleichungen in diesen Punkten selbst auf! Es ergibt sich: t: $2x - y = 11$, t': $2x - y = -19$

L **AUFGABEN**

4.37 Ermittle Gleichungen der Tangenten an den Kreis k, die den Richtungsvektor $\vec{g}$ haben und gib die Berührpunkte an!

a) k: $(x+4)^2 + (y-3)^2 = 52$, $\vec{g} = (2 | -3)$ **c)** k: $x^2 + y^2 = 68$, $\vec{g} = (1 | -4)$

b) k: $(x-2)^2 + (y-1)^2 = 225$, $\vec{g} = (3 | 4)$ **d)** k: $(x+1)^2 + (y+3)^2 = 9$, $\vec{g} = (1 | 0)$

4.38 Ermittle Gleichungen der Tangenten an den Kreis k, die parallel zur Geraden g sind, und gib die Koordinaten der Berührpunkte an!

a) k: $(x-1)^2 + (y+1)^2 = 13$, g: $y = -1{,}5x + 3$ **c)** k: $(x-1)^2 + (y-4)^2 = 45$, g: $2y = x$

b) k: $(x+3)^2 + (y+1)^2 = 125$, g: $2x + y = 7$ **d)** k: $(x+2)^2 + (y-1)^2 = 34$, g: $3x - 5y = 0$

4.39 Ermittle Gleichungen der Tangenten an den Kreis k, die parallel zur Geraden g sind, und gib die Koordinaten der Berührpunkte an!

a) k: $(x+3)^2 + (y-2)^2 = 169$, g: $X = t \cdot (5 | -12)$

b) k: $(x+4)^2 + (y-4)^2 = 200$, g: $X = (2 | -5) + t \cdot (1 | -7)$

4.40 Ermittle Gleichungen der Tangenten an den Kreis k, die zur Geraden g normal sind!

a) k: $(x+1)^2 + (y-5)^2 = 100$, g: $3x - 4y = 0$ **c)** k: $x^2 + y^2 - 6x - 4y = 0$, g: $X = t \cdot (3 | -2)$

b) k: $x^2 + (y+1)^2 = 20$, g: $y - 2x = 6$ **d)** k: $4(x^2 + y^2) = 125$, g: $X = (-5 | -6) + t \cdot (1 | 2)$

4.3 DIE KUGEL

Gleichung einer Kugel

Definition

Eine **Kugel** K mit dem Mittelpunkt M und dem Radius r ist die Menge aller Punkte des Raumes, die von M den Abstand r haben.

Anhand der nebenstehenden Abbildung erkennt man, dass ein Punkt X genau dann auf der Kugel K liegt, wenn gilt:

$\overline{MX} = r$ bzw. $|X - M| = r$

$(X - M)^2 = r^2$

Für $X = (x\,|\,y\,|\,z)$ und $M = (m_1\,|\,m_2\,|\,m_3)$ lautet diese Gleichung:

$(x - m_1)^2 + (y - m_2)^2 + (z - m_3)^2 = r^2$

Wir haben somit bewiesen:

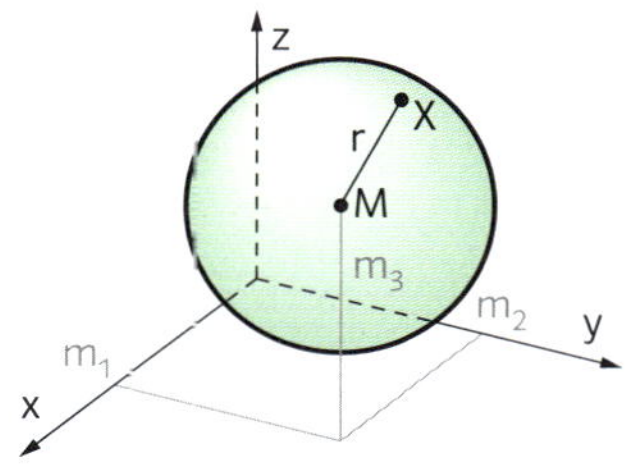

Satz

Ist **K** eine **Kugel** mit dem Mittelpunkt $\mathbf{M = (m_1\,|\,m_2\,|\,m_3)} \in \mathbb{R}^3$ und dem **Radius r**, dann gilt:

$X \in K \Leftrightarrow (X - M)^2 = r^2$ bzw. $(x\,|\,y\,|\,z) \in K \Leftrightarrow (x - m_1)^2 + (y - m_2)^2 + (z - m_3)^2 = r^2$

Die Kugel K kann als Punktmenge dargestellt werden:

$K = \{X \in \mathbb{R}^3 \mid (X - M)^2 = r^2\}$ bzw. $K = \{(x\,|\,y\,|\,z) \in \mathbb{R}^3 \mid (x - m_1)^2 + (y - m_2)^2 + (z - m_3)^2 = r^2\}$

Wir nennen diese Punktmenge eine **Kugel in $\mathbb{R}^3$.**

Die Gleichung

$(X - M)^2 = r^2$ bzw. $(x - m_1)^2 + (y - m_2)^2 + (z - m_3)^2 = r^2$

nennt man eine **Gleichung der Kugel K**. Für $M = O = (0\,|\,0\,|\,0)$ lautet diese Gleichung:

$X^2 = r^2$ bzw. $x^2 + y^2 + z^2 = r^2$

Wir halten fest:

Gleichung einer Kugel mit dem **Mittelpunkt $\mathbf{M = (m_1\,|\,m_2\,|\,m_3)}$** und dem **Radius r**:

$\mathbf{(X - M)^2 = r^2}$ bzw. $\mathbf{(x - m_1)^2 + (y - m_2)^2 + (z - m_3)^2 = r^2}$

Gleichung einer Kugel mit dem **Mittelpunkt $\mathbf{O = (0\,|\,0\,|\,0)}$** und dem **Radius r**:

$\mathbf{X^2 = r^2}$ bzw. $\mathbf{x^2 + y^2 + z^2 = r^2}$

T kompakt Seite 95

Mit **Technologieeinsatz** können Gleichungen von Kugeln ermittelt werden und Kugeln in der 3D-Grafik gezeichnet werden.

AUFGABEN

4.41 Welche der folgenden Punkte liegen auf der Kugel K: $(x - 1)^2 + (y - 4)^2 + (z + 2)^2 = 161$? Kreuze an!

☐ $(5\,|\,12\,|\,7)$ ☐ $(11\,|\,9\,|\,4)$ ☐ $(12\,|\,11\,|\,-1)$ ☐ $(3\,|\,-2\,|\,9)$ ☐ $(9\,|\,-3\,|\,5)$

4.42 Gib eine Gleichung der Kugel mit dem Mittelpunkt M und dem Radius r an!

a) $M = (3\,|\,0\,|\,-2)$, $r = 3$
b) $M = (-2\,|\,0\,|\,-2)$, $r = 2$
c) $M = (4\,|\,-1\,|\,-2)$, $r = 6$
d) $M = (-3\,|\,2\,|\,-7)$, $r = 5$
e) $M = (0\,|\,0\,|\,0)$, $r = \sqrt{3}$
f) $M = (0{,}5\,|\,-0{,}5\,|\,-2)$, $r = \sqrt{3}$

4.43 Ermittle eine Gleichung der Kugel, die den Mittelpunkt M hat und durch den Punkt P geht!

a) $M = (1|2|3)$, $P = (2|4|5)$ **c)** $M = (-3|2|5)$, $P = (-2|3|4)$ **e)** $M = (2|-4|7)$, $P = (1|-6|8)$
b) $M = (1|2|1)$, $P = (2|2|0)$ **d)** $M = (8|0|-7)$, $P = (7|1|-5)$ **f)** $M = (2|5|4)$, $P = (-2|5|7)$

4.44 Gib eine Gleichung der Kugel an, die den Mittelpunkt $M = (4|-2|5)$ hat und **a)** die xy-Ebene, **b)** die xz-Ebene, **c)** die yz-Ebene berührt!

4.45 Stelle Gleichungen der Kugeln mit dem Radius r auf, die **a)** die xy-Ebene, **b)** die xz-Ebene, **c)** die yz-Ebene im Ursprung berühren!

4.46 Stelle eine Gleichung der Kugel mit dem Durchmesser AB auf!

a) $A = (5|2|-2)$, $B = (3|4|6)$ **c)** $A = (5|2|-3)$, $B = (9|-2|-2)$ **e)** $A = (2|-3|-4)$, $B = (-2|3|-2)$
b) $A = (0|0|1)$, $B = (2|-4|3)$ **d)** $A = (1|7|3)$, $B = (1|9|3)$ **f)** $A = (-1|-1|3)$, $B = (5|3|1)$

4.47 Die Kugel K hat den Mittelpunkt M und den Radius r. Gib eine Gleichung der Kugel und mindestens acht Punkte auf der Kugel an!

a) $M = (0|0|0)$, $r = 5$ **c)** $M = (1|-1|4)$, $r = 3$ **e)** $M = (2|-3|-4)$, $r = 4$
b) $M = (0|0|0)$, $r = \sqrt{101}$ **d)** $M = (1|1|1)$, $r = \sqrt{5}$ **f)** $M = (0|0|-3)$, $r = 7$

4.48 Die Punkte P und Q liegen auf der Kugel K. Ermittle jeweils die fehlende Koordinate!

a) $K: x^2 + y^2 + z^2 = 33$, $P = (2|p_2|2)$ mit $p_2 > 0$, $Q = (1|q_2|4)$ mit $q_2 > 0$
b) $K: (x-1)^2 + (y-1)^2 + z^2 = 77$, $P = (p_1|-2|8)$ mit $p_1 > 0$, $Q = (7|-3|q_3)$ mit $q_3 < 0$
c) $K: x^2 + (y+6)^2 + z^2 = 90$, $P = (1|p_2|5)$ mit $p_2 < 0$, $Q = (q_1|-11|4)$ mit $q_1 > 0$
d) $K: x^2 + y^2 + z^2 = 153$, $P = (5|a|a)$ mit $a > 0$, $Q = (b|-b|9)$ mit $b > 0$

Tangentialebene in einem Punkt einer Kugel

Sei T ein Punkt auf der Kugel K. Die Ebene E, die mit der Kugel nur den Punkt P gemeinsam hat, bezeichnet man als **Tangentialebene der Kugel K im Punkt T**.
Man sagt auch: Die Kugel K berührt die Ebene E im Punkt T.

Man kann zeigen, dass diese Tangentialebene auf den Kugelradius MT normal steht.

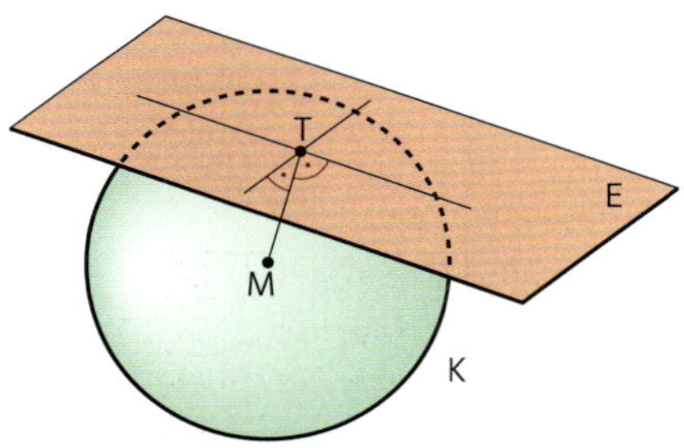

AUFGABEN

4.49 Von einer Kugel K kennt man den Mittelpunkt M und den Punkt T Stelle eine Gleichung von K auf und ermittle eine Gleichung der Tangentialebene der Kugel im Punkt T!

a) $M = (0|0|0)$, $T = (4|6|1)$ **d)** $M = (3|-2|-5)$, $T = (5|0|-6)$
b) $M = (0|0|0)$, $T = (1|-2|-2)$ **e)** $M = (1|1|2)$, $T = (13|1|7)$
c) $M = (0|0|1)$, $T = (8|0|1)$ **f)** $M = (-1|-2|-3)$, $T = (1|-4|1)$

4.50 Ermittle eine Gleichung der Kugel, die den Mittelpunkt M hat und die Ebene E berührt!

a) $M = (-6|5|1)$, $E: 4x - y + 2z = 15$ **d)** $M = (2|7|-10)$, $E: x + 3y - z = 0$
b) $M = (2|4|-1)$, $E: x - y + z = 12$ **e)** $M = (0|0|0)$, $E: 2x - y + 2z = 18$
c) $M = (-5|3|1)$, $E: 2x + y = 13$ **f)** $M = (3|1|5)$, $E: 3x + 2y + 2z = 55$

L TECHNOLOGIE KOMPAKT

GEOGEBRA | CASIO CLASSPAD II

Kreisgleichung ermitteln

GeoGebra

Bei gegebenem Mittelpunkt M und Radius r

Grafik-Ansicht:
Eingabe: $M = (m_1, m_2)$ ENTER
Werkzeug – Punkt M anklicken, r eingeben

Bei gegebenem Mittelpunkt M und Kreispunkt P

Grafik-Ansicht:
Eingabe: $M = (m_1, m_2)$ ENTER $P = (x_P, y_P)$ ENTER
Werkzeug – Punkt M und P anklicken

Bei gegebenen Kreispunkten P, Q, R

Grafik-Ansicht:
Eingabe: $P = (x_P, y_P)$ ENTER $Q = (x_Q, y_Q)$ ENTER
$R = (x_R, y_R)$ ENTER
Werkzeug – Punkt P, Q und R anklicken
Algebra-Ansicht:
Ausgabe → *Kreisgleichung*

Casio ClassPad II

Bei gegebenem Mittelpunkt M und Kreispunkt P

Iconleiste – Menu – Geometrie –
Menüleiste – Zeichnen – Basisobjekt – Kreis –
Punkt M anklicken, Punkt P anklicken – –
Kreis anklicken – ▶ – ▼ – x+y=
Ausgabe → *Kreisgleichung*

Bei gegebenen Kreispunkten P, Q, R

Iconleiste – Main – Keyboard – Math1
{ – { – 1. Feld: $(x_P - m_1)^\wedge 2 + (y_P - m_2)^\wedge 2 = r^\wedge 2$
2. Feld: $(x_Q - m_1)^\wedge 2 + (y_Q - m_2)^\wedge 2 = r^\wedge 2$
3. Feld: $(x_R - m_1)^\wedge 2 + (y_R - m_2)^\wedge 2 = r^\wedge 2$
4. Feld: m_1, m_2, r EXE
Ausgabe → *Liste mit Koordinaten für den Mittelpunkt und Radius*

Aus einer Kreisgleichung Mittelpunkt und Radius ermitteln

GeoGebra

Grafik-Ansicht:
Eingabe: *Kreisgleichung* ENTER
Algebra-Ansicht:
Ausgabe → *Kreisgleichung in der Form* $(x - m_1)^2 + (y - m_2)^2 = r^2$

Casio ClassPad II

Iconleiste – Menu – Kegelschnitte –
Eingabe: *Kreisgleichung* – Resize
Menüleiste – Analyse – Grafische Lösung – Mittelpunkt/Radius
Ausgabe → *Mittelpunkt/Radius wird angezeigt*

Gegenseitige Lage und Schnitt von Kreis und Gerade

GeoGebra

Grafik-Ansicht:
Eingabe: *Kreisgleichung* ENTER
Eingabe: *Geradengleichung* ENTER
Werkzeug – Kreis und Gerade anklicken
Ausgabe → *Kreis, Gerade und eventuelle Schnittpunkte*
Algebra-Ansicht:
Ausgabe → *Eventuelle Schnittpunkte*

Casio ClassPad II

Iconleiste – Main – Keyboard – Math1
{ – 1. Feld: *Kreisgleichung* – 2. Feld: *Geradengleichung* –
3. Feld: x, y EXE
Ausgabe → *Eventuelle Schnittpunkte*
Symbolleiste – – Kreisgleichung und Geradengleichung
mittels Drag & Drop ins untere Fenster ziehen
Ausgabe → *Kreis und Gerade*

Gleichung einer Kugel ermitteln

GeoGebra

Bei gegebenem Mittelpunkt M und Radius r

3D-Grafik-Ansicht:
Eingabe: $M = (x_M, y_M, z_M)$ ENTER
Werkzeug – Punkt M anklicken, r eingeben

Bei gegebenem Mittelpunkt M und Kugelpunkt P

3D-Grafik-Ansicht:
Eingabe: $M = (x_M, y_M, z_M)$ ENTER $P = (x_P, y_P, z_P)$ ENTER
Werkzeug – Punkt M und P anklicken
Algebra-Ansicht:
Ausgabe → *Gleichung der Kugel*

Casio ClassPad II

Bei gegebenem Mittelpunkt M und Kugelpunkt P

Iconleiste – Main – Keyboard – Math2
– – Eingabe: *Koordinaten von M* ⇒ M EXE –
– – Eingabe: *Koordinaten von P* ⇒ P EXE –
– – Eingabe: *Koordinaten von X* ⇒ X EXE –
Menüleiste – Aktion – Vektor –
Eingabe: norm(*M* – *P*) ⇒ *r* EXE
Menüleiste – Aktion – Vektor – dotP(*X* – *M*, *X* – *M*) = r^2 EXE
Ausgabe → *Gleichung der Kugel*

R L KOMPETENZCHECK

AUFGABEN VOM TYP 1

AG-L 5.1 **4.51** Kreuze an, welche Punkte im Inneren des Kreises k: $(x+7)^2+(y+4)^2=130$ liegen!

(−12 | 6)	☐
(1 | 5)	☐
(−2 | 7)	☐
(4 | −1)	☐
(3 | −9)	☐

AG-L 5.1 **4.52** Kreuze an, welche Punkte im Äußeren des Kreises k: $(x+2)^2+(y-5)^2=49$ liegen!

(2 | −1)	☐
(−8 | 8)	☐
(4 | 9)	☐
(−1 | 11)	☐
(3 | 0)	☐

AG-L 5.1 **4.53** Kreuze die Gleichungen an, die einen Kreis mit dem Radius 7 darstellen!

$x^2+y^2+6x-2y-9=0$	☐
$x^2+y^2-10x+2y-13=0$	☐
$x^2+y^2-16x-10y+40=0$	☐
$2x^2+2y^2+6x-10y-81=0$	☐
$2x^2+2y^2+18x+26y+27=0$	☐

AG-L 5.1 **4.54** Kreuze die Gleichungen an, die einem in der Abbildung dargestellten Kreis entsprechen!

$(x-1)^2+(y+1)^2=16$	☐
$(x+2)^2+(y-2)^2=4$	☐
$x^2+(y+1)^2=4$	☐
$(x-3)^2+(y-4)^2=5$	☐
$(x+3)^2+(y+3)^2=1$	☐

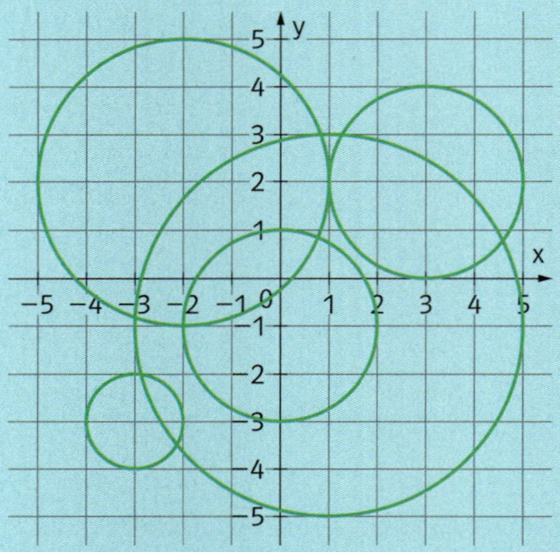

AG-L 5.2 **4.55** Berechne die Schnittpunkte des Kreises k mit der Geraden g!

a) k: $(x-4)^2+(y-3)^2=50$, g: $x+3y=3$

b) k: $x^2+y^2+10x+8y=129$, g: $X=(-1 \mid 12)+t\cdot(3 \mid -5)$

AG-L 5.2 **4.56** Ermittle eine Gleichung des Kreises k mit dem Mittelpunkt M, der durch den Punkt T geht, sowie eine Gleichung der Tangente t an den Kreis k im Punkt T!

a) $M=(0 \mid 0)$, $T=(4 \mid 2)$ **b)** $M=(-3 \mid 1)$, $T=(9 \mid -2)$

AG-L 5.3 **4.57** Gib zwei von A und B verschiedene Punkte an, die auf der Kugel mit dem Durchmesser AB liegen!

a) $A=(3 \mid -2 \mid -4)$, $B=(-3 \mid 2 \mid 4)$ **b)** $A=(6 \mid 5 \mid 2)$, $B=(-2 \mid -3 \mid 0)$

AUFGABEN VOM TYP 2

AG-R 3.4 AG-R 3.5 AG-L 5.1 AG-L 5.2 FA-R 1.6

4.58 Kreise und Tangenten

a)
- Kreuze an, welche der angegebenen Geraden Tangenten des Kreises k: $(x-1)^2+(y+4)^2=18$ sind!

$2x-y=10$	☐
$x+y=3$	☐
$7x+y=27$	☐
$7y-x=1$	☐
$y=0$	☐

- Der Kreis k hat den Mittelpunkt $M=(1|1)$ und den Radius $r=5$. Gib eine Gleichung der Tangente im Punkt $T=(4|t_2)$ des Kreises k an, wobei $t_2>0$ ist!

b)
- Ermittle, in welchen Punkten des Kreises k: $(x-1)^2+y^2=25$ die jeweilige Tangente an den Kreis k die Steigung $-\frac{3}{4}$ hat!
- Gib jene Punkte des Kreises k: $(x-1)^2+(y-1)^2=16$ an, in denen man der Tangente an k keine Steigung zuordnen kann! Begründe die Antwort!

c)
- Die Gerade g: $x-3y=17$ ist Tangente an den Kreis k mit dem Mittelpunkt $M=(3|2)$. Gib eine Gleichung des Kreises k an!
- Ein Kreis k geht durch die Punkte $A=(1|4)$ und $B=(5|2)$. Sein Mittelpunkt M liegt auf der Geraden g: $5x+2y=-15$. Gib eine Gleichung der Tangente an den Kreis k im Punkt A an!

AG-R 3.4 AG-R 3.5 AG-L 5.1 AG-L 5.2 FA-R 1.6

4.59 Sichtweite von einem Beobachtungspunkt aus

Ein Beobachtungspunkt befindet sich im Ursprung eines ebenen Koordinatensystems auf Meeresniveau. Wegen starken Nebels beträgt die Sichtweite vom Beobachtungspunkt aus nur 7 km.
Ein Handelsschiff bewegt sich entlang der Geraden g: $-x+y=11$.

a)
- Stelle die Menge S der Punkte $(x|y)$, die vom Beobachtungspunkt aus in Sichtweite liegen, in der Form $S=\{(x|y)\,|\,\dots\}$ dar (Koordinaten in km)!
- Zeige, dass das Handelsschiff vom Beobachtungspunkt aus zu keinem Zeitpunkt gesichtet werden kann!

b)
- Angenommen, die Sichtweite hätte 9 km betragen. Entscheide rechnerisch, ob dann das Handelsschiff vom Beobachtungspunkt aus gesichtet werden kann! Wenn dies der Fall ist, berechne, zwischen welchen ungefähren Positionen des Handelsschiffs Sichtkontakt vorliegt!
- Ermittle, wie groß die Sichtweite mindestens sein muss, damit das Handelsschiff an wenigstens einer Position vom Beobachtungspunkt aus gesehen werden kann! Gib diese Position des Handelsschiffs an!

5 ELLIPSE, HYPERBEL UND PARABEL

LERNZIELE

5.1 **Definition einer Ellipse** kennen und Ellipsen durch **Gleichungen** beschreiben können; **Schnittpunkte von Ellipsen mit Geraden** und **Gleichungen von Tangenten** ermitteln können.

5.2 **Definition einer Hyperbel** kennen und Hyperbeln durch **Gleichungen** beschreiben können; **Schnittpunkte von Hyperbeln mit Geraden** und **Gleichungen von Tangenten** ermitteln können.

5.3 **Definition einer Parabel** kennen und Parabeln durch **Gleichungen** beschreiben können; **Schnittpunkte von Parabeln mit Geraden** und **Gleichungen von Tangenten** ermitteln können.

5.4 Wissen, warum man Ellipse, Hyperbel und Parabel als **Kegelschnitte** bezeichnet.

- **Technologie kompakt**
- **Kompetenzcheck**

GRUNDKOMPETENZEN

AG-L 5.1 **Kegelschnitte** in der Ebene **durch Gleichungen beschreiben** können […].
AG-L 5.2 Die **gegenseitige Lage von Kegelschnitt und Gerade** ermitteln können.

5.1 DIE ELLIPSE

Definition der Ellipse

Applet e2g3km

Ein elliptisches Blumenbeet kann man so anfertigen: Man befestigt die Enden einer Schnur an zwei fixen Pflöcken F und F′ und spannt die Schnur mit der Spitze einer Stange (siehe die Abbildung). Bewegt man die Stangenspitze in alle möglichen Lagen, so erzeugt diese eine Ellipse. Bezeichnen wir die Länge der Schnur mit 2a, dann gilt für jeden Punkt X der Ellipse: $\overline{FX} + \overline{F'X} = 2a$

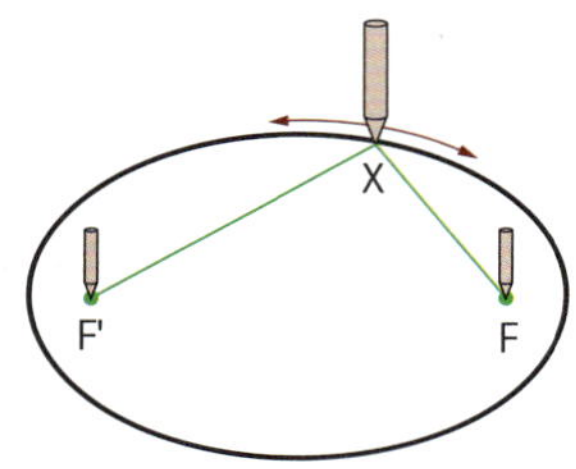

Definition:
Eine **Ellipse** ell ist die Menge aller Punkte einer Ebene, für die die Summe der Abstände von zwei gegebenen Punkten F und F′ konstant ($= 2a > \overline{FF'}$) ist.

$$\mathbf{ell = \{X \in \mathbb{R}^2 \mid \overline{FX} + \overline{F'X} = 2a\}}$$

Konstruktion einer Ellipse mit Zirkel und Lineal

Applet 9g57jj

Eine Ellipse $ell = \{X \in \mathbb{R}^2 \mid \overline{FX} + \overline{F'X} = 2a\}$ kann man so konstruieren:

- Zeichne die Punkte F und F′!
- Zeichne eine Hilfsstrecke UV der Länge 2a!
- Wähle auf UV einen Punkt T (nicht zu nahe an U bzw. V)! Dieser zerlegt die Strecke UV in zwei Teilstrecken der Längen d und 2a − d.
- Schlage diese beiden Längen jeweils von F und von F′ aus mit dem Zirkel ab!

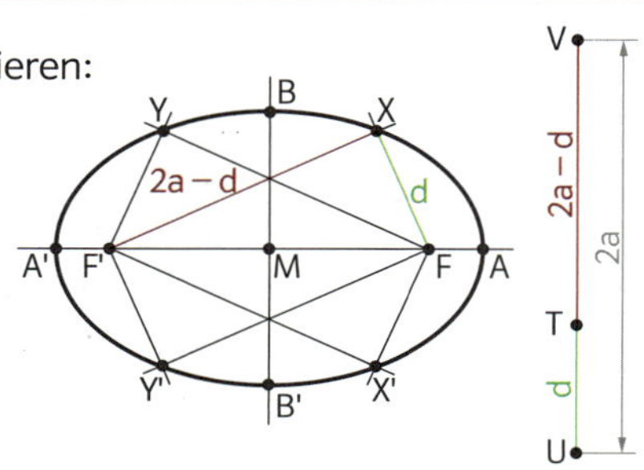

Man erhält vier Schnittpunkte X, X′, Y, Y′. Für jeden dieser Schnittpunkte ist die Summe der Abstände von F und F′ gleich $d + (2a - d) = 2a$. Diese vier Punkte liegen also auf der Ellipse.

- Konstruiere für andere Lagen des Teilungspunktes T analog weitere Ellipsenpunkte!

Bezeichnungen bei einer Ellipse

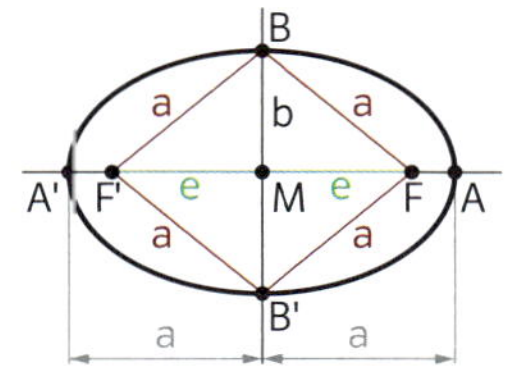

Wir bezeichnen den Mittelpunkt der Strecke FF′ mit M und setzen $\overline{MF} = \overline{MF'} = e$. Die Punkte auf der Geraden FF′, die von M den Abstand a haben, bezeichnen wir mit A und A′. Die Punkte auf der Normalen zu FF′ durch M, die sowohl von F als auch von F′ den Abstand a haben, bezeichnen wir mit B und B′.

Die Punkte A und A′ liegen auf der Ellipse, denn es gilt:

$\overline{FA} + \overline{F'A} = (a - e) + (a + e) = 2a$ und $\overline{FA'} + \overline{F'A'} = (e + a) + (a - e) = 2a$

Die Punkte B und B′ liegen ebenfalls auf der Ellipse, denn es gilt:

$\overline{FB} + \overline{F'B} = a + a = 2a$ und $\overline{FB'} + \overline{F'B'} = a + a = 2a$.

Folgende Namen sind üblich:

F und F′	…… **Brennpunkte**	**Strecke AA′**	…… **Hauptachse**
M	…… **Mittelpunkt**	**Strecke BB′**	…… **Nebenachse**
A und **A′**	…… **Hauptscheitel**	$\overline{AA'} = 2a$	…… **Hauptachsenlänge**
B und **B′**	…… **Nebenscheitel**	$\overline{BB'} = 2b$	…… **Nebenachsenlänge**

$\overline{MA} = \overline{MA'} = a$ und $\overline{MB} = \overline{MB'} = b$ …… **Halbachsenlängen**

$\overline{MF} = \overline{MF'} = e$ …… **Brennweite** oder **lineare Exzentrizität**

Aus der Abbildung erkennt man:

Satz: Für eine **Ellipse** mit den **Halbachsenlängen a** und **b** und der **Brennweite e** gilt: $e^2 = a^2 - b^2$

Beachte: Aus $b^2 = a^2 - e^2$ ergibt sich, dass für eine Ellipse stets $b \leq a$ gilt.

AUFGABEN

5.01 Zeichne eine Ellipse mit **a)** $a = 6\,cm, b = 4\,cm$, **b)** $a = 10\,cm, e = 8\,cm$, **c)** $b = 4\,cm, e = 4\,cm$!

T kompakt Seite 115

5.02 Zeichne eine Ellipse mit den Brennpunkten F und F′ und dem Punkt P!

a) $F = (3|0)$, $F' = -F$, $P = (2|2)$ **b)** $F = (2|0)$, $F' = -F$, $P = (5|3)$

5.03 Das 1. Keplersche Gesetz lautet: „Die Bahnen der Planeten sind Ellipsen, wobei die Sonne in einem Brennpunkt steht.“

Im Folgenden sind für jeden Planeten die Halbachsenlänge a und die sogenannte numerische Exzentrizität $\varepsilon = \frac{e}{a}$ angegeben.

Entfernungen werden in astronomischen Einheiten (AE) gemessen:

1 AE = Länge der großen Halbachse der Erdumlaufbahn ≈ 149 597 871 km.

Berechne für jeden Planeten die Halbachsenlänge b (in Kilometer) sowie die größte und kleinste Entfernung des Planeten von der Sonne (in Kilometer)!

a) Merkur: $a = 0{,}387$ AE, $\varepsilon = 0{,}206$
b) Venus: $a = 0{,}72$ AE, $\varepsilon = 0{,}0068$
c) Erde: $a = 1$ AE, $\varepsilon = 0{,}017$
d) Mars: $a = 1{,}52$ AE, $\varepsilon = 0{,}093$
e) Jupiter: $a = 5{,}20$ AE, $\varepsilon = 0{,}048$
f) Saturn: $a = 9{,}54$ AE, $\varepsilon = 0{,}056$
g) Uranus: $a = 19{,}18$ AE, $\varepsilon = 0{,}047$
h) Neptun: $a = 29{,}80$ AE, $\varepsilon = 0{,}0086$

Gleichung einer Ellipse

Man sagt: Eine **Ellipse ist in 1. Hauptlage (2. Hauptlage)**, wenn die Brennpunkte F und F' auf der 1. Achse (2. Achse) liegen.

BEACHTE: Wir behandeln im Folgenden **ausschließlich Ellipsen in 1. Hauptlage**.

Wir leiten eine Gleichung für eine Ellipse in 1. Hauptlage her.

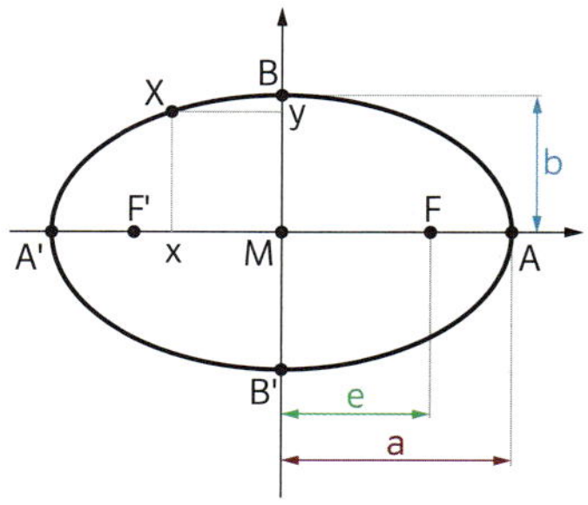

$A = (a \mid 0)$
$A' = (-a \mid 0)$
$B = (0 \mid b)$
$B' = (0 \mid -b)$
$F = (e \mid 0)$
$F' = (-e \mid 0)$

Für einen beliebigen Punkt $X = (x \mid y)$ der Ellipse gilt:

$$\overline{FX} + \overline{F'X} = 2a$$

$$\sqrt{(x-e)^2 + (y-0)^2} + \sqrt{(x+e)^2 + (y-0)^2} = 2a$$

$$\sqrt{(x-e)^2 + y^2} = 2a - \sqrt{(x+e)^2 + y^2} \qquad \mid \text{Quadrieren}$$

$$(x-e)^2 + y^2 = 4a^2 - 4a\sqrt{(x+e)^2 + y^2} + (x+e)^2 + y^2$$

$$x^2 - 2ex + e^2 + y^2 = 4a^2 - 4a\sqrt{(x+e)^2 + y^2} + x^2 + 2ex + e^2 + y^2$$

$$4a\sqrt{(x+e)^2 + y^2} = 4a^2 + 4ex \qquad \mid :4$$

$$a\sqrt{(x+e)^2 + y^2} = a^2 + ex \qquad \mid \text{Quadrieren}$$

$$a^2(x^2 + 2ex + e^2 + y^2) = a^4 + 2a^2ex + e^2x^2$$

$$a^2x^2 + 2a^2ex + a^2e^2 + a^2y^2 = a^4 + 2a^2ex + e^2x^2$$

$$(a^2 - e^2)x^2 + a^2y^2 = a^4 - a^2e^2$$

$$(a^2 - e^2)x^2 + a^2y^2 = a^2(a^2 - e^2) \qquad \mid a^2 - e^2 = b^2$$

$$b^2x^2 + a^2y^2 = a^2b^2 \qquad \mid :(a^2b^2)$$

$$\frac{x^2}{a^2} + \frac{y^2}{b^2} = 1$$

BEMERKUNG: Bei dieser Herleitung haben wir zweimal beide Seiten der Gleichung quadriert. Da Quadrieren der beiden Seiten im Allgemeinen keine Äquivalenzumformung ist, haben wir durch unsere Umformungen nur bewiesen, dass aus der ersten Gleichung die letzte Gleichung folgt. Man kann beweisen, dass auch umgekehrt aus der letzten Gleichung die erste Gleichung folgt.

Satz (Gleichung einer Ellipse in 1. Hauptlage)
Für eine **Ellipse ell** in **1. Hauptlage** mit den **Halbachsenlängen a** und **b** gilt:

$$(x \mid y) \in ell \iff b^2x^2 + a^2y^2 = a^2b^2 \iff \frac{x^2}{a^2} + \frac{y^2}{b^2} = 1$$

Eine solche Ellipse kann als Punktmenge so dargestellt werden:

$$\text{Ellipse in } \mathbb{R}^2 \text{ in 1 Hauptlage} = \{(x \mid y) \in \mathbb{R}^2 \mid b^2x^2 + a^2y^2 = a^2b^2\} = \left\{(x \mid y) \in \mathbb{R}^2 \,\middle|\, \frac{x^2}{a^2} + \frac{y^2}{b^2} = 1\right\}$$

AUFGABEN

5.04 Gib eine Gleichung der Ellipse in 1. Hauptlage an und ermittle die Koordinaten der Scheitel sowie der Brennpunkte der Ellipse!

a) $a = 9,\ b = 5$ **c)** $a = 4,\ b = \sqrt{3}$ **e)** $a = 24,\ b = 16$ **g)** $a = 25,\ b = 20$
b) $a = 9,\ e = 6$ **d)** $a = 2\sqrt{5},\ e = 4$ **f)** $b = 8,\ e = 6$ **h)** $b = 5,\ e = 15$

5.05 Ermittle eine Gleichung der Ellipse in 1. Hauptlage!

a) $F = (4|0),\ a = 5$ **c)** $F = (2|0),\ b = 4$ **e)** $F = (1|0),\ a = \sqrt{8}$
b) $F = (\sqrt{2}|0),\ a = \sqrt{11}$ **d)** $A = (\sqrt{7}|0),\ e = \sqrt{3}$ **f)** $B = (0|2),\ e = 3$

5.06 Von einer Ellipse in 1. Hauptlage kennt man den Brennpunkt F und einen Punkt P auf der Ellipse. Ermittle eine Gleichung der Ellipse und die Koordinaten der Scheitel!

a) $F = (5|0),\ P = (6|2)$ **c)** $F = (6|0),\ P = (-8|2)$ **e)** $F = (3|0),\ P = (6|\sqrt{40})$
b) $F = (4|0),\ P = (4|6)$ **d)** $F = (6|0),\ P = (4|\sqrt{21})$ **f)** $F = (3|0),\ P = (3|3{,}2)$

5.07 Stelle eine Gleichung der Ellipse in 1. Hauptlage auf und berechne die unbekannte Koordinate des Punktes P auf der Ellipse!

a) $a = 8,\ b = 4,\ P = (2|p_2)$ mit $p_2 > 0$ **d)** $a = 12,\ e = 8\sqrt{2},\ P = (9|p_2)$ mit $p_2 > 0$
b) $a = 15,\ b = 5,\ P = (9|p_2)$ mit $p_2 < 0$ **e)** $b = 6,\ e = 6,\ P = (8|p_2)$ mit $p_2 > 0$
c) $a = 4,\ e = 2,\ P = (p_1|3)$ mit $p_1 > 0$ **f)** $b = 3,\ e = 6,\ P = (5|p_2)$ mit $p_2 < 0$

Kreis als Spezialfall einer Ellipse

Wir betrachten eine Ellipse $b^2x^2 + a^2y^2 = a^2b^2$.

Ist $a = b$, ergibt sich aus der Formel $e^2 = b^2 - a^2$ die Gleichung $e = 0$ und somit fallen die beiden Brennpunkte F und F′ im Mittelpunkt M der Ellipse zusammen.

Setzen wir $a = b = r$, geht die Gleichung der Ellipse über in $r^2x^2 + r^2y^2 = r^2 \cdot r^2$. Die Division durch r^2 liefert: $x^2 + y^2 = r^2$. Dies ist eine Gleichung eines Kreises mit dem Radius r.

Merke
Ein Kreis mit dem Radius r ist eine spezielle Ellipse mit $a = b = r$, wobei die beiden Brennpunkte im Mittelpunkt des Kreises zusammenfallen.

Ermittlung der Halbachsenlängen aus der Gleichung einer Ellipse

5.08 Gegeben ist die Ellipse ell: $9x^2 + 25y^2 = 100$. Ermittle die Halbachsenlängen a und b, die Haupt- und Nebenscheitel sowie die Brennpunkte F und F′ der Ellipse!

LÖSUNG:
Da $9 \cdot 25 \neq 100$ ist, dürfen wir nicht einfach annehmen, dass $b^2 = 9$ und $a^2 = 25$ ist.
Wir dividieren vielmehr beide Seiten der Ellipsengleichung durch 100 und erhalten:

$$\frac{9x^2}{100} + \frac{25y^2}{100} = 1 \quad \text{bzw.} \quad \frac{x^2}{\frac{100}{9}} + \frac{y^2}{4} = 1$$

Dieser Gleichung entnimmt man: $a^2 = \frac{100}{9}$ und $b^2 = 4$. Also ist $a = \frac{10}{3}$ und $b = 2$.

Weiters gilt: $e^2 = a^2 - b^2 = \frac{100}{9} - 4 = \frac{64}{9}$, also ist $e = \frac{8}{3}$.

Damit erhalten wir: $A = \left(\frac{10}{3}\middle|0\right)$, $A' = \left(-\frac{10}{3}\middle|0\right)$, $B = (0|2)$, $B' = (0|-2)$, $F = \left(\frac{8}{3}\middle|0\right)$, $F' = \left(-\frac{8}{3}\middle|0\right)$

L **AUFGABEN**

Lernapplet a3925e

5.09 Ermittle die Halbachsenlängen a und b sowie die Brennweite der Ellipse ell!

a) ell: $2x^2 + 5y^2 = 20$
b) ell: $16x^2 + 25y^2 = 400$
c) ell: $4x^2 + 9y^2 = 144$
d) ell: $3x^2 + 7y^2 = 84$
e) ell: $4x^2 + 9y^2 = 324$
f) ell: $x^2 + 5y^2 = 25$
g) ell: $9x^2 + 25y^2 = 900$
h) ell: $2x^2 + 3y^2 = 60$
i) ell: $3x^2 + 4y^2 = 36$

L Ellipse durch vorgegebene Punkte

5.10 Ermittle eine Gleichung der Ellipse ell, die durch die Punkte P = (6 | 4) und Q = (8 | 3) geht!

LÖSUNG: ell: $b^2x^2 + a^2y^2 = a^2b^2$

$$\left.\begin{array}{l} P \in \text{ell}: 36b^2 + 16a^2 = a^2b^2 \\ Q \in \text{ell}: 64b^2 + 9a^2 = a^2b^2 \end{array}\right\}$$

Löse dieses Gleichungssystem nach a^2 und b^2. Es ergibt sich:

$a^2 = 100,\ b^2 = 25$

ell: $25x^2 + 100y^2 = 2\,500 \qquad | : 25$

ell: $x^2 + 4y^2 = 100$

L **AUFGABEN**

5.11 Ermittle eine Gleichung der Ellipse in 1. Hauptlage, die durch P und Q geht!

a) P = (2 | 2), Q = (−4 | 1)
b) P = ($\sqrt{6}$ | 3), Q = (4 | −2)
c) P = (−3 | −1), Q = (−1 | −2)
d) P = (5 | 0), Q = (0 | −2)
e) P = (6 | 2), Q = (3 | −4)
f) P = (−3 | 2), Q = (4 | 1,5)

5.12 Eine Ellipse in 1. Hauptlage geht durch die Punkte P und Q. Welche der Punkte R, S und T liegen auf der Ellipse?

a) P = (4 | 4), Q = (8 | −2), R = (2 | $\sqrt{19}$), S = (−6 | $\sqrt{11}$), T = (7 | $\sqrt{8}$)
b) P = ($\sqrt{21}$ | $\sqrt{21}$), Q = (−9 | −1), R = (−7 | 3), S = (6 | 4), T = (3 | −5)
c) P = (2 | 8), Q = (7 | 7), R = (11 | 5), S = (12 | 4), T = (13 | 3)

5.13 Von einer Ellipse in 1. Hauptlage kennt man die Punkte P und Q. Stelle eine Gleichung der Ellipse auf und berechne jenen Punkt der Ellipse, der im 1. Quadranten liegt und dessen 1. Koordinate das Dreifache seiner 2. Koordinate ist!

a) P = (1 | 5), Q = (11 | −1)
b) P = (−2 | −10), Q = (−8 | 8)
c) P = (3 | 7), Q = (21 | 1)

L Schnitt von Ellipse und Gerade

5.14 Ermittle die Schnittpunkte der Geraden g: X = (8 | 0) + t · (−4 | 3) mit der Ellipse ell: $9x^2 + 16y^2 = 360$!

LÖSUNG:

Falls es einen Schnittpunkt X = (x | y) gibt, liegt dieser auf der Geraden und auf der Ellipse.

Wegen X ∈ g gibt es ein t ∈ ℝ, sodass: (x | y) = (8 | 0) + t · (−4 | 3) = (8 − 4t | 3t)

Wegen X ∈ ell muss gelten: $9 \cdot (8 - 4t)^2 + 16 \cdot (3t)^2 = 360$

Vereinfachen dieser Gleichung liefert: $4t^2 - 8t + 3 = 0$ (Rechne nach!)

Daraus ergibt sich: $t = \frac{3}{2} \vee t = \frac{1}{2}$

Setzt man $t = \frac{3}{2}$ bzw. $t = \frac{1}{2}$ in die Gleichung (x | y) = (8 − 4t | 3t) ein, erhält man (x | y) = (2 | 4,5) bzw. (x | y) = (6 | 1,5).

Somit lauten die Schnittpunkte: S_1 = (2 | 4,5) und S_2 = (6 | 1,5)

5.15 Ermittle die Schnittpunkte der Geraden g: $x + 4y = 14$ mit der Ellipse ell: $3x^2 + 8y^2 = 140$!

LÖSUNG:

Für einen Schnittpunkt $X = (x \mid y)$ muss gelten:

$$\begin{cases} x + 4y = 14 \\ 3x^2 + 8y^2 = 140 \end{cases}$$

Aus der ersten Gleichung erhält man: $x = 14 - 4y$

Einsetzen in die zweite Gleichung ergibt: $3 \cdot (14 - 4y)^2 + 8y^2 = 140$

Vereinfachen dieser Gleichung liefert: $y^2 - 6y + 8 = 0$ (Rechne nach!)

Daraus ergibt sich: $y = 4 \lor y = 2$

Einsetzen in die erste Gleichung: Für $y = 4$ erhält man $x = -2$, für $y = 2$ erhält man $x = 6$.

Somit lauten die Schnittpunkte: $S_1 = (-2 \mid 4)$ und $S_2 = (6 \mid 2)$

T kompakt Seite 115 Mit Technologieeinsatz lassen sich solche Schnittpunktaufgaben ebenso lösen.

AUFGABEN

5.16 Ermittle die Schnittpunkte der Geraden g und der Ellipse ell!

a) g: $X = (2 \mid 3) + t \cdot (4 \mid -1)$, ell: $3x^2 + 8y^2 = 140$

b) g: $X = (-4 \mid 1) + t \cdot (4 \mid -1)$, ell: $2x^2 + 3y^2 = 35$

c) g: $X = (0 \mid 1) + t \cdot (1 \mid 0)$, ell: $x^2 + 4y^2 = 4$

d) g: $X = t \cdot (1 \mid 1)$, ell: $3x^2 + 4y^2 = 112$

e) g: $X = (2 \mid -1) + t \cdot (3 \mid 4)$, ell: $2x^2 + 3y^2 = 275$

f) g: $X = (9 \mid 4) + t \cdot (2 \mid 3)$, ell: $3x^2 + 5y^2 = 152$

5.17 Ermittle die Schnittpunkte der Geraden g und der Ellipse ell!

a) g: $2x + y = 10$, ell: $4x^2 + 9y^2 = 340$

b) g: $x + y = -9$, ell: $x^2 + 5y^2 = 105$

c) g: $3x + 4y = -12$, ell: $9x^2 + 16y^2 = 3600$

d) g: $3x + 2y = 18$, ell: $3x^2 + 4y^2 = 108$

e) g: $x + 2y = 1$, ell: $x^2 + 4y^2 = 25$

f) g: $3x - 2y = 12$, ell: $3x^2 + 4y^2 = 48$

5.18 Die Gerade g schneidet die Ellipse ell in zwei Punkten. Ermittle den Abstand dieser Punkte!

a) g: $3x - 2y = 12$, ell: $3x^2 + 4y^2 = 336$

b) g: $x + 3y = 21$, ell: $2x^2 + 3y^2 = 210$

5.19 Die erste Mediane schneidet die Ellipse ell in zwei Punkten. Ermittle den Abstand dieser Punkte!

a) ell: $3x^2 + 5y^2 = 512$

b) ell: $x^2 + 2y^2 = 243$

5.20 Zeige, dass die Ellipse ell: $4x^2 + 9y^2 = 144$ und die Gerade g: $2x + 5y = 25$ keinen Schnittpunkt besitzen!

5.21 Für welche $a \in \mathbb{R}$ hat die Gerade g mit der Ellipse ell zwei Punkte, genau einen Punkt bzw. keinen Punkt gemeinsam? Falls g mit ell genau einen Punkt gemeinsam hat, gib diesen an!

a) g: $x - ay = 17$, ell: $x^2 + 4y^2 = 17$

b) g: $-2x + ay = 20$, ell: $4x^2 + 25y^2 = 200$

c) g: $x + 9y = 10$, ell: $x^2 + 9y^2 = a$

5.22 Ermittle die gegenseitige Lage der Ellipse ell und der Geraden g!

a) ell: $x^2 + 12y^2 = 16$, g: $x + 2y = 4$

b) ell: $2x^2 + 5y^2 = 13$, g: $4x + 5y = 13$

c) ell: $2x^2 + 3y^2 = 7$, g: $x + y = 10$

d) ell: $x^2 + 3y^2 = 16$, g: $x + 3y = 8$

e) ell: $4x^2 + 5y^2 = 20$, g: $10x - y = -50$

f) ell: $4x^2 + 9y^2 = 36$, g: $2x + 3y = 6$

Tangente in einem Punkt T einer Ellipse

Definition

Eine Gerade t, die mit einer Ellipse nur einen Punkt T gemeinsam hat, bezeichnet man als **Tangente** an die Ellipse im Punkt T.

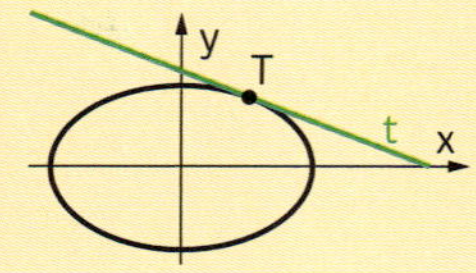

Satz (Spaltform der Tangentengleichung)

Eine **Gleichung der Tangente** in einem Punkt $T = (x_T \mid y_T)$ der Ellipse $b^2x^2 + a^2y^2 = a^2b^2$ lautet:

$$\mathbf{b^2x_Tx + a^2y_Ty = a^2b^2}$$

Merke

Man erhält die Spaltform der Tangentengleichung, indem man in der Ellipsengleichung die Quadrate x^2 und y^2 folgendermaßen „aufspaltet":

$$\text{ell: } b^2 \cdot x^2 + a^2 \cdot y^2 = a^2b^2$$
$$\downarrow \qquad \downarrow$$
$$\text{t: } b^2 \cdot \underbrace{x_T \cdot x} + a^2 \cdot \underbrace{y_T \cdot y} = a^2b^2$$

Ein Beweis dieser Spaltform findet sich im Anhang auf Seite 260.

5.23 Gegeben ist die Ellipse ell: $2x^2 + 3y^2 = 77$. Gib eine Gleichung der Tangente im Ellipsenpunkt $T = (5 \mid t_2)$ mit $t_2 > 0$ an!

LÖSUNG: Aus der Ellipsengleichung folgt $y = \pm\sqrt{\frac{77 - 2x^2}{3}}$ und somit $t_2 = \pm\sqrt{\frac{77 - 2 \cdot 5^2}{3}} = \pm 3$.

Wegen $t_2 > 0$ ist $T = (5 \mid 3)$. Eine Gleichung der Tangente an die Ellipse in T lautet:
t: $2 \cdot 5 \cdot x + 3 \cdot 3 \cdot y = 77$
t: $10x + 9y = 77$

T kompakt Seite 115 — Mit Technologieeinsatz lässt sich eine Tangentengleichung ebenso ermitteln.

AUFGABEN

5.24 Gib Gleichungen der Tangenten in den Punkten $T = (t_1 \mid t_2)$ und $T' = (-t_1 \mid -t_2)$ der Ellipse ell an!

a) ell: $x^2 + 5y^2 = 29$, $T = (3 \mid t_2)$ mit $t_2 > 0$
b) ell: $2x^2 + 3y^2 = 75$, $T = (t_1 \mid -1)$ mit $t_1 > 0$
c) ell: $4x^2 + 25y^2 = 200$, $T = (-5 \mid t_2)$ mit $t_2 > 0$
d) ell: $x^2 + 9y^2 = 10$, $T = (1 \mid t_2)$ mit $t_2 > 0$
e) ell: $3x^2 + 5y^2 = 192$, $T = (t_1 \mid -6)$ mit $t_1 < 0$

5.25 Ermittle den Flächeninhalt des Dreiecks, das die Tangente im Ellipsenpunkt T mit den positiven Koordinatenachsen einschließt!

a) ell: $x^2 + 3y^2 = 84$, $T = (6 \mid 4)$
b) ell: $x^2 + 4y^2 = 360$, $T = (18 \mid 3)$

5.26 Die Tangente im Punkt P der Ellipse ell schneidet die beiden Ellipsentangenten, die durch die Hauptscheitel A und A' gehen, in den Punkten S und S'. Berechne S und S' und zeige, dass S, S' und die Brennpunkte F und F' der Ellipse auf einem Kreis liegen!

a) ell: $3x^2 + 4y^2 = 48$, $P = (2 \mid 3)$
b) ell: $x^2 + 2y^2 = 144$, $P = (-4 \mid 8)$

5.2 DIE HYPERBEL

Definition der Hyperbel

Eine Hyperbel ist ähnlich definiert wie eine Ellipse, nur betrachtet man anstelle der Summe der Abstände $\overline{FX}$ und $\overline{F'X}$ deren Differenz.

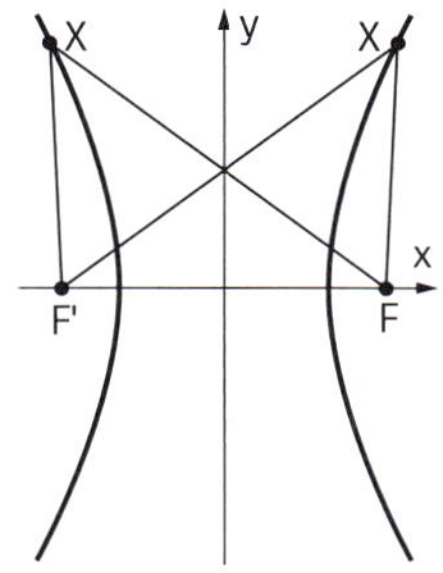

Eine Hyperbel besteht aus zwei Ästen.

- Für alle Punkte X auf dem linken Ast ist $\overline{FX} - \overline{F'X}$ konstant $(= 2a < \overline{FF'})$.
- Für alle Punkte X auf dem rechten Ast ist $\overline{F'X} - \overline{FX}$ konstant $(= 2a < \overline{FF'})$.

Für jeden Punkt X auf einem der beiden Äste ist $|\overline{FX} - \overline{F'X}|$ konstant $(= 2a < \overline{FF'})$.

Definition

Eine **Hyperbel** hyp ist die Menge aller Punkte einer Ebene, für die der Unterschied (Betrag der Differenz) der Abstände von zwei gegebenen Punkten F und F′ konstant $(= 2a < \overline{FF'})$ ist.

$$\mathbf{hyp = \{X \in \mathbb{R}^2 \mid |\overline{FX} - \overline{F'X}| = 2a\}}$$

Konstruktion einer Hyperbel mit Zirkel und Lineal

Applet 442k9y

Eine Hyperbel $hyp = \{X \in \mathbb{R}^2 \mid |\overline{FX} - \overline{F'X}| = 2a\}$ kann man so konstruieren:

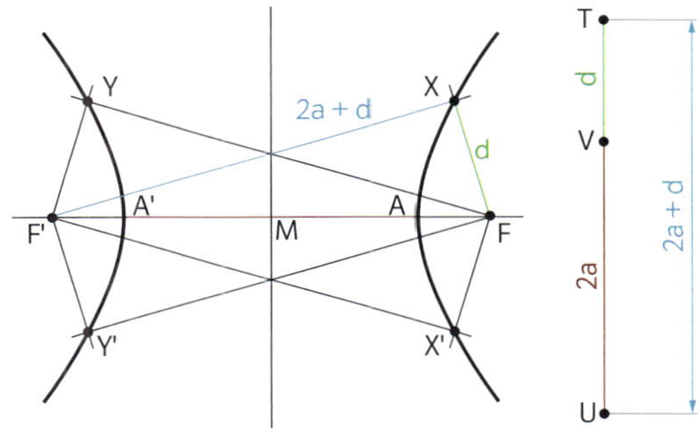

- Zeichne die Punkte F und F′!
- Zeichne eine Hilfsstrecke UV der Länge 2a!
- Wähle auf der Verlängerung dieser Strecke einen Punkt T (nicht zu nahe an V)! Man erhält zwei Strecken VT und UT mit den Längen d und 2a + d.
- Schlage diese beiden Längen jeweils von F und von F′ aus mit dem Zirkel ab! Man erhält vier Schnittpunkte X, X′, Y, Y′. Für jeden dieser Schnittpunkte ist der Betrag der Differenz der Abstände von F und F′ gleich $|(2a + d) - d| = 2a$. Diese vier Punkte liegen also auf der Hyperbel.
- Konstruiere für andere Lagen des Teilungspunkte T analog weitere Hyperbelpunkte!

Bezeichnungen bei einer Hyperbel

Wir bezeichnen den Mittelpunkt der Strecke FF′ mit M und setzen $\overline{MF} = \overline{MF'} = e$. Die Punkte auf der Geraden FF′, die von M der Abstand a haben, bezeichnen wir mit A und A′.
Die Punkte auf der Normalen zu FF′ durch M, die sowohl von A als auch von A′ den Abstand e haben, bezeichnen wir mit B und B′.
Schließlich setzen wir $\overline{MB} = \overline{MB'} = b$.

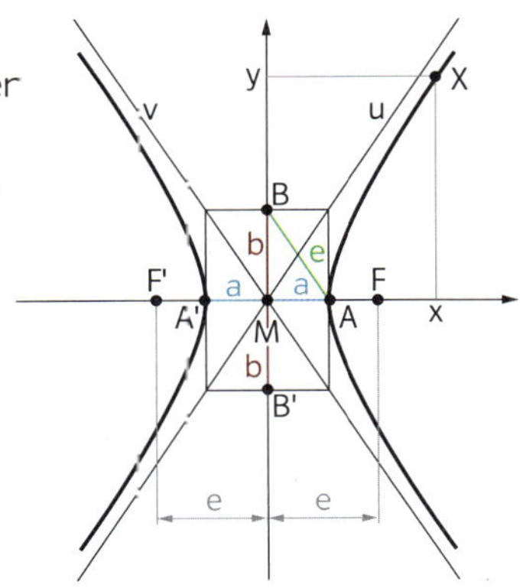

Die Punkte A und A′ liegen auf der Hyperbel, denn es gilt:

$$|\overline{FA} - \overline{F'A}| = |(e - a) - (e + a)| = |-2a| = 2a$$
$$|\overline{FA'} - \overline{F'A'}| = |(e + a) - (e - a)| = |2a| = 2a$$

Die Punkte B und B′ liegen nicht auf der Hyperbel, denn es gilt:

$$|\overline{FB} - \overline{F'B}| = 0 \neq 2a \quad \text{und} \quad |\overline{FB'} - \overline{F'B'}| = 0 \neq 2a$$

Folgende Namen sind üblich:

F und F′ ...... **Brennpunkte**
M ...... **Mittelpunkt**
A und **A′** ...... **Hauptscheitel**
B und **B′** ...... **Nebenscheitel**
Strecke AA′ ...... **Hauptachse**
Strecke BB′ ...... **Nebenachse**
$\overline{AA'} = 2a$ ...... **Hauptachsenlänge**
$\overline{BB'} = 2b$ ...... **Nebenachsenlänge**
$\overline{MA} = \overline{MA'} = a$ und $\overline{MB} = \overline{MB'} = b$ ...... **Halbachsenlängen**
$\overline{MF} = \overline{MF'} = e$ ...... **Brennweite** oder **lineare Exzentrizität**

BEMERKUNG: Obwohl die Punkte B und B′ nicht auf der Hyperbel liegen, bezeichnet man sie in Analogie zur Ellipse als Nebenscheitel der Hyperbel.

Das achsenparallele Rechteck durch A, A′, B und B′ nennt man **Achsenrechteck** der Hyperbel, die Diagonalgeraden dieses Rechtecks heißen **Asymptoten** der Hyperbel.

Aus der letzten Abbildung erkennt man:

Satz
Für eine **Hyperbel** mit den **Halbachsenlängen a** und **b** und der **Brennweite e** gilt: $e^2 = a^2 + b^2$

Beachte: Im Gegensatz zur Ellipse muss bei einer Hyperbel nicht unbedingt $b \leq a$ gelten.

Gleichung einer Hyperbel

Wie bei Ellipsen bezeichnet man eine Hyperbel als **Hyperbel in 1. Hauptlage (2. Hauptlage)**, wenn die Brennpunkte F und F′ auf der 1. Achse (2. Achse) liegen.

BEACHTE: Wir behandeln im Folgenden **ausschließlich Hyperbeln in 1. Hauptlage**.

In der folgenden Abbildung ist eine Hyperbel in 1. Hauptlage dargestellt.

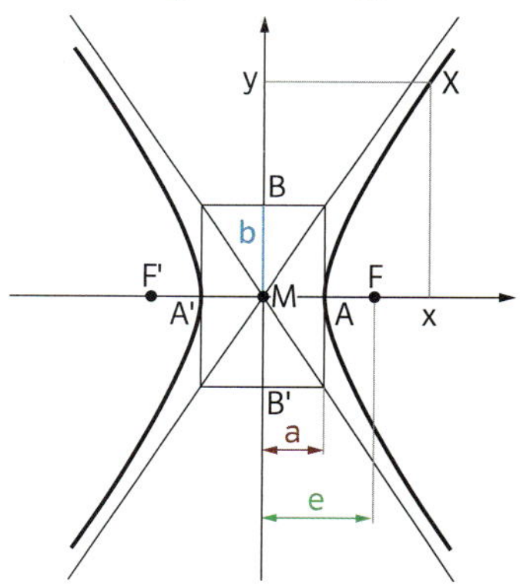

A = (a | 0)
A′ = (−a | 0)
B = (0 | b)
B′ = (0 | −b)
F = (e | 0)
F′ = (−e | 0)

Analog zur Ellipse kann man eine Gleichung für eine solche Hyperbel herleiten:

Satz (Gleichung einer Hyperbel in 1. Hauptlage)
Für eine **Hyperbel hyp** in **1. Hauptlage** mit den **Halbachsenlängen a** und **b** gilt:

$$(x \mid y) \in hyp \iff b^2x^2 - a^2y^2 = a^2b^2 \iff \frac{x^2}{a^2} - \frac{y^2}{b^2} = 1$$

Eine solche Hyperbel kann als Punktmenge so dargestellt werden:

$$\textbf{Hyperbel in } \mathbb{R}^2 \textbf{ in 1. Hauptlage} = \{(x \mid y) \in \mathbb{R}^2 \mid b^2x^2 - a^2y^2 = a^2b^2\} = \left\{(x \mid y) \in \mathbb{R}^2 \,\middle|\, \frac{x^2}{a^2} - \frac{y^2}{b^2} = 1\right\}$$

AUFGABEN

5.27 Von einer Hyperbel in 1. Hauptlage kennt man die beiden Halbachsenlängen. Gib eine Gleichung der Hyperbel an, ermittle die Koordinaten der Scheitel sowie der Brennpunkte der Hyperbel und zeichne die Hyperbel!

a) $a = 3,\ b = 4$ **b)** $a = 4,\ b = 3$ **c)** $a = 3,\ b = 3$ **d)** $a = 2,\ b = 6$

5.28 Von einer Hyperbel in 1. Hauptlage kennt man eine Halbachsenlänge und die Brennweite. Gib eine Gleichung der Hyperbel an und ermittle die Koordinaten der Scheitel sowie der Brennpunkte der Hyperbel!

a) $a = 4,\ e = 8$ **b)** $a = 5,\ e = 6$ **c)** $b = 6,\ e = 8$ **d)** $b = 5,\ e = 9$

5.29 Ermittle eine Gleichung der Hyperbel in 1. Hauptlage mit folgenden Angaben!

a) $F = (7|0),\ a = 6$ **b)** $A = (3|0),\ e = 9$ **c)** $B = (0|6),\ e = 7$ **d)** $F = (3|0),\ a = 1$

5.30 Die Scheitel A und B der Hyperbel hyp in 1. Hauptlage liegen auf der Geraden g. Stelle eine Gleichung der Hyperbel auf!

a) $g\colon 7x + 3y = 21$ **b)** $g\colon 3x + 4y = 6$ **c)** $g\colon 5x + y = 10$

T kompakt Seite 115

5.31 Von einer Hyperbel in 1. Hauptlage kennt man den Brennpunkt F und einen Punkt P auf der Hyperbel. Ermittle eine Gleichung der Hyperbel und gib die Koordinaten der Scheitel an!

a) $F = (3|0),\ P = (5|4)$ **b)** $F = (2|0),\ P = (-2|3)$ **c)** $F = (6|0),\ P = (-10|8)$

5.32 Stelle eine Gleichung der Hyperbel in 1. Hauptlage mit folgenden Angaben auf und berechne die unbekannte Koordinate des Punktes P auf der Hyperbel!

a) $a = 3,\ b = 6,\ P = (5|p_2)$ mit $p_2 > 0$ **b)** $a = 8,\ e = 10,\ P = (p_1|-4{,}5)$ mit $p_1 > 0$

Lernapplet he39ki

5.33 Ermittle die Halbachsenlängen, die Haupt- und Nebenscheitel sowie die Brennpunkte der Hyperbel hyp in 1. Hauptlage!

a) $hyp\colon 8x^2 - y^2 = 72$ **b)** $hyp\colon 4x^2 - 21y^2 = 336$ **c)** $hyp\colon x^2 - 6y^2 = 36$

Gleichungen der Asymptoten einer Hyperbel

Die Asymptoten u und v einer Hyperbel in 1. Hauptlage mit den Halbachsenlängen a und b haben die Steigungen $\frac{b}{a}$ und $-\frac{b}{a}$ (siehe die folgende Abbildung).

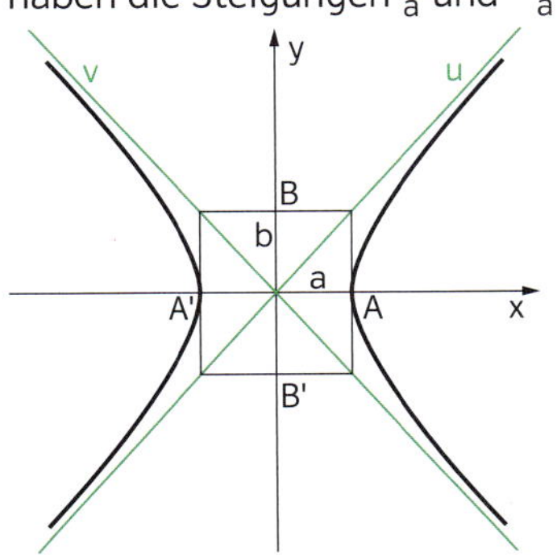

Daraus ergibt sich:

Satz

Die **Asymptoten u und v einer Hyperbel hyp: $b^2x^2 - a^2y^2 = a^2b^2$** besitzen die Gleichungen:

$$\mathbf{u\colon y = \frac{b}{a} \cdot x} \quad \text{und} \quad \mathbf{v\colon y = -\frac{b}{a} \cdot x}$$

Satz

Die Äste einer Hyperbel kommen den Asymptoten beliebig nahe, ohne diese jemals zu berühren.

BEWEIS:

Wir zeigen dies für den im 1. Quadranten liegenden Teil der Hyperbel. Aus Symmetriegründen muss die Behauptung dann auch in den anderen Quadranten gelten.
Es sei $X = (x \mid y)$ ein Punkt der Hyperbel hyp im 1. Quadranten und $\bar{X} = (x \mid \bar{y})$ der zu X gehörige Punkt auf der Asymptote u (siehe die Abbildung). Wegen $X \in \text{hyp}$ gilt $b^2x^2 - a^2y^2 = a^2b^2$ bzw. $y = \frac{b}{a} \cdot \sqrt{x^2 - a^2}$ und wegen $\bar{X} \in u$ gilt $\bar{y} = \frac{b}{a} \cdot x$.

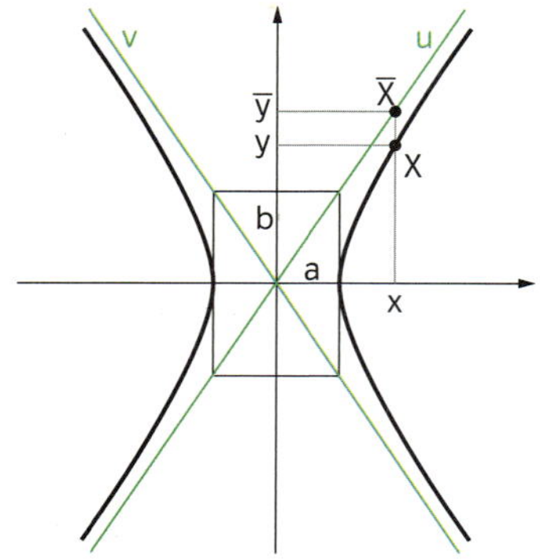

Daraus folgt:

$$\bar{y} - y = \frac{b}{a} \cdot \left(x - \sqrt{x^2 - a^2}\right) = \frac{b}{a} \cdot \left(x - \sqrt{x^2 \cdot \left(1 - \frac{a^2}{x^2}\right)}\right) = \frac{b}{a} \cdot \left(x - x \cdot \sqrt{1 - \frac{a^2}{x^2}}\right)$$

Mit wachsendem x nähert sich $\frac{a^2}{x^2}$ unbegrenzt der Zahl 0, ohne jemals gleich 0 zu werden. Damit nähert sich der Ausdruck in der letzten Klammer und somit auch der Abstand $\bar{y} - y$ unbegrenzt der Zahl 0, ohne jemals gleich 0 zu werden. □

L **AUFGABEN**

5.34 Gib Gleichungen der Asymptoten der folgenden Hyperbel an!

a) $9x^2 - 25y^2 = 900$ **b)** $2x^2 - 8y^2 = 1$ **c)** $3x^2 - 6y^2 = 1$ **d)** $x^2 - y^2 = 25$

5.35 Von einer Hyperbel in 1. Hauptlage kennt man eine Gleichung einer Asymptote und eine Halbachsenlänge. Ermittle eine Gleichung der Hyperbel!

a) $4x - 3y = 0,\ a = 2$ **b)** $2x + y = 0,\ a = 4$ **c)** $3x + 2y = 0,\ b = 6$ **d)** $x - y = 0,\ b = 4$

L Schnitt von Hyperbel und Gerade

T kompakt Seite 115

Zur Berechnung von Schnittpunkten geht man analog zur Ellipse vor.

L **AUFGABEN**

5.36 Berechne die Schnittpunkte der Hyperbel hyp und der Geraden g!

a) hyp: $8x^2 - 5y^2 = 108$, g: $2x - y = 6$
b) hyp: $5x^2 - 2y^2 = 27$, g: $5x + 4y = -3$
c) hyp: $4x^2 - 3y^2 = 88$, $g = PQ$ mit $P = (-8 \mid -4)$, $Q = (10 \mid 8)$
d) hyp: $2x^2 - 3y^2 = 45$, $g = PQ$ mit $P = (3 \mid -3)$, $Q = (-9 \mid 5)$

5.37 Die Gerade g schneidet die Hyperbel hyp in zwei Punkten P und Q und die Asymptoten der Hyperbel in zwei Punkten S_1 und S_2. Zeige, dass $\overline{PS_1} = \overline{QS_2}$ ist!

a) hyp: $4x^2 - y^2 = 192$, g: $2x + 3y = 8$
b) hyp: $9x^2 - y^2 = 135$, g: $2x - y = 5$
c) hyp: $x^2 - 4y^2 = 33$, g: $3x - 5y = 11$
d) hyp: $x^2 - y^2 = 63$, g: $2x + 5y = 21$

5.38 Für welche $a \in \mathbb{R}$ hat die Gerade g mit der Hyperbel hyp zwei Punkte, genau einen Punkt bzw. keinen Punkt gemeinsam? Falls g mit hyp genau einen Punkt gemeinsam hat, gib diesen Punkt an!

a) g: $ax + 2y = 12$, hyp: $3x^2 - 4y^2 = 72$
b) g: $10x - ay = 2$, hyp: $5x^2 - 2y^2 = 2$
c) g: $ax - 7y = 43$, hyp: $2x^2 - 7y^2 = 43$
d) g: $ax + 3y = 2$, hyp: $x^2 - 3y^2 = 2$

Tangente in einem Punkt T einer Hyperbel

Definition

Eine Gerade t, die mit einer Hyperbel nur den Punkt T gemeinsam hat und nicht parallel zu einer Asymptote ist, bezeichnet man als **Tangente** an die Hyperbel im Punkt T.

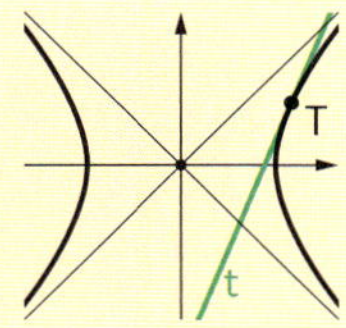

Analog zur Ellipse kann man beweisen:

Satz (Spaltform der Tangentengleichung)

Eine **Gleichung der Tangente** in einem Punkt $T = (x_T \mid y_T)$ der Hyperbel $b^2x^2 - a^2y^2 = a^2b^2$ lautet:

$$\mathbf{b^2x_Tx - a^2y_Ty = a^2b^2}$$

Merke

Man erhält die Spaltform der Tangentengleichung, indem man in der Hyperbelgleichung die Quadrate x^2 und y^2 folgendermaßen „aufspaltet“:

$$\text{hyp: } b^2 \cdot x^2 - a^2 \cdot y^2 = a^2b^2$$

$$\text{t: } b^2 \cdot \underbrace{x_T \cdot x} - a^2 \cdot \underbrace{y_T \cdot y} = a^2b^2$$

AUFGABEN

5.39 Gib eine Gleichung der Tangente t im Punkt T der Hyperbel hyp an!

T kompakt Seite 115

a) hyp: $x^2 - 3y^2 = 6$, $T = (3 \mid t_2)$ mit $t_2 > 0$
b) hyp: $5x^2 - 2y^2 = 18$, $T = (6 \mid t_2)$ mit $t_2 < 0$
c) hyp: $9x^2 - 4y^2 = 128$, $T = (-4 \mid t_2)$ mit $t_2 < 0$
d) hyp: $2x^2 - 3y^2 = 45$, $T = (t_1 \mid 3)$ mit $t_1 < 0$
e) hyp: $3x^2 - 4y^2 = 176$, $T = (t_1 \mid 2)$ mit $t_1 > 0$
f) hyp: $4x^2 - 9y^2 = 36$, $T = (t_1 \mid 0)$ mit $t_1 > 0$

5.40 Gib Gleichungen der Tangenten der Hyperbel hyp: $9x^2 - 16y^2 = 144$ in den Hauptscheiteln A und A′ an!

5.41 Von einer Hyperbel in 1. Hauptlage kennt man die Punkte P und Q. Die Tangente in P schneidet die Asymptoten in den Punkten P_1 und P_2, die Tangente in Q in den Punkten Q_1 und Q_2.
Zeige, dass die Punkte P_1, P_2, Q_1 und Q_2 Eckpunkte eines Trapezes sind, und berechne den Flächeninhalt dieses Trapezes!

a) $P = (3 \mid -2)$, $Q = (4{,}5 \mid 7)$ **b)** $P = (-7 \mid 1)$, $Q = (8 \mid 4)$ **c)** $P = (5 \mid 3)$, $Q = (7 \mid -15)$

5.42 Welche Beziehung muss zwischen a, b, k und d bestehen, damit die Gerade g: $y = k \cdot x + d$ Tangente der Hyperbel hyp: $b^2x^2 - a^2y^2 = a^2b^2$ ist?

5.43 Zeige, dass die Tangente im Hyperbelpunkt P eine Winkelsymmetrale der Geraden PF und PF′ ist!

a) hyp: $3x^2 - 2y^2 = 30$, $P = (4 \mid 3)$ **b)** hyp: $4x^2 - y^2 = 80$, $P = (6 \mid -8)$

5.44 Die Tangente im Punkt P der gegebenen Hyperbel $b^2x^2 - a^2y^2 = a^2b^2$ schneidet die 1. Achse in einem Punkt T_1 und die 2. Achse in einem Punkt T_2. Die Normale auf die Tangente durch den Punkt P schneidet die 1. Achse in einem Punkt N_1 und die 2. Achse in N_2.
Zeige, dass P die Strecke N_1N_2 im Verhältnis $b^2 : a^2$ teilt! Zeige weiters, dass die Punkte P, T_2, N_2 und die Brennpunkte F und F′ auf einem Kreis liegen!

a) hyp: $x^2 - 2y^2 = 14$, $P = (4 \mid 1)$ **b)** hyp: $3x^2 - 4y^2 = 156$, $P = (8 \mid 3)$ **c)** hyp: $x^2 - y^2 = 12$, $P = (4 \mid 2)$

5.3 DIE PARABEL

Definition der Parabel

Definition

Eine **Parabel** ist die Menge aller Punkte einer Ebene E, die von einem gegebenen Punkt F und einer gegebenen Geraden l gleichen Abstand haben ($F \notin l$).

$$\textbf{par} = \{X \in \mathbb{R}^2 \mid \overline{FX} = \overline{Xl}\}$$

Konstruktion einer Parabel mit Zirkel und Lineal

Applet u85s3v

Eine Parabel mit dem Brennpunkt F und der Leitlinie l kann so konstruiert werden:

- Zeichne die Gerade l und den Punkt F, der nicht auf l liegt!
  Den Abstand $\overline{Fl}$ bezeichnet man mit p.
- Zeichne eine Parallele zur Geraden l im Abstand $d > \frac{\overline{Fl}}{2}$! Nimm den Abstand d dieser Parallelen von der Geraden l in den Zirkel und schlage ihn von F aus ab! Man erhält zwei Schnittpunkte X und X' mit der Parallelen (siehe die nebenstehende Abbildung).
  Da X und X' sowohl von l als auch von F den gleichen Abstand haben, liegen beide Punkte auf der Parabel.
- Konstruiere für andere Lagen der Parallelen zu l weitere Parabelpunkte! Insbesondere erhält man den Punkt S auf der Normalen zu l durch F mit $\overline{SF} = \frac{p}{2}$.

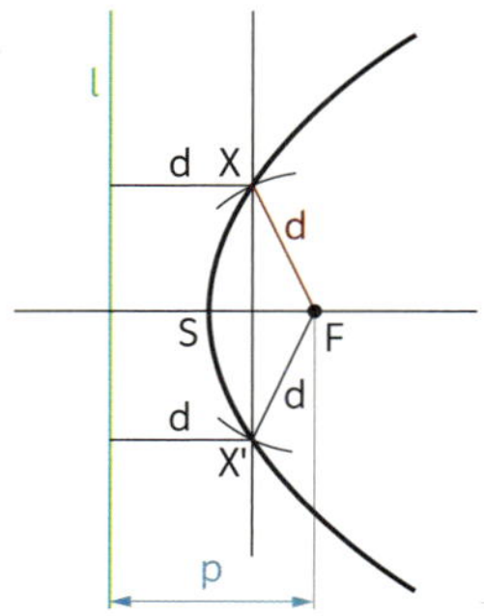

Bezeichnungen bei einer Parabel

Gerade l ...... **Leitlinie**
F ...... **Brennpunkt der Parabel**
$p = \overline{Fl}$ ...... **Parameter der Parabel**
S ...... **Scheitel der Parabel**
Gerade SF ...... **Achse der Parabel**

Hauptlagen einer Parabel in einem Koordinatensystem

1. Hauptlage

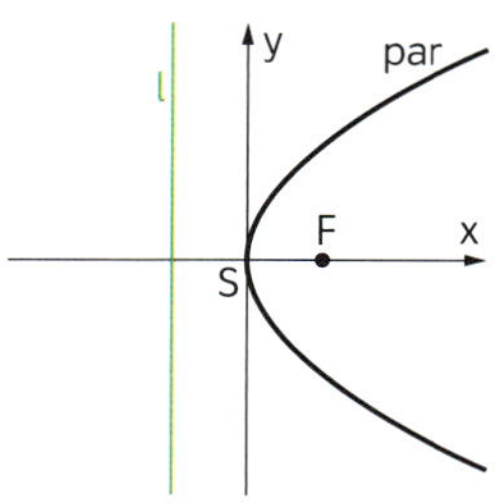

$S = (0 \mid 0)$

$F = \left(\frac{p}{2} \middle| 0\right)$

$l\colon x = -\frac{p}{2}$

2. Hauptlage

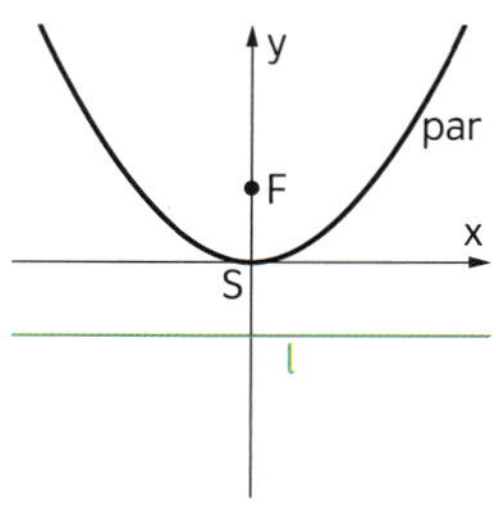

$S = (0 \mid 0)$

$F = \left(0 \middle| \frac{p}{2}\right)$

$l\colon y = -\frac{p}{2}$

3. Hauptlage

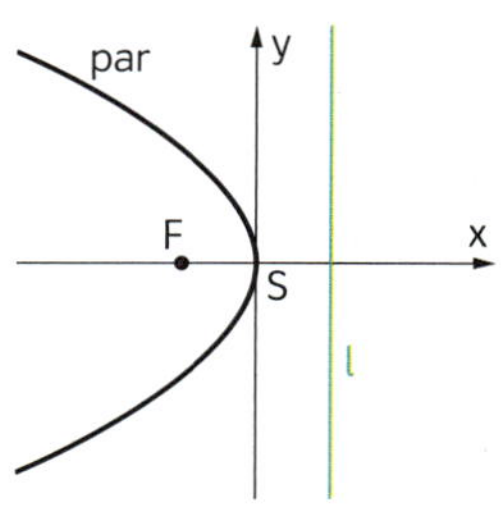

$S = (0 \mid 0)$

$F = \left(-\frac{p}{2} \middle| 0\right)$

$l\colon x = \frac{p}{2}$

4. Hauptlage

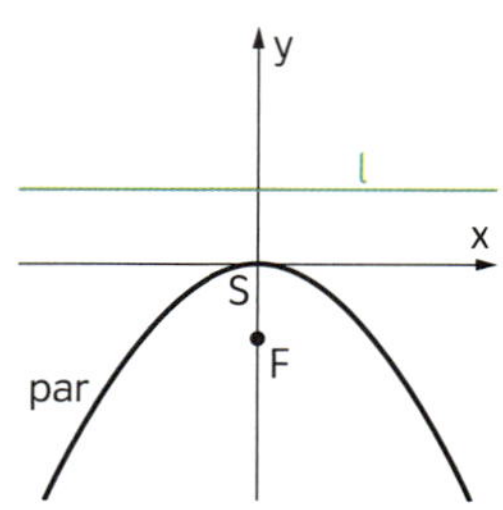

$S = (0 \mid 0)$

$F = \left(0 \middle| -\frac{p}{2}\right)$

$l\colon y = \frac{p}{2}$

BEACHTE: Wir behandeln im Folgenden **ausschließlich Parabeln in 1. Hauptlage**.

AUFGABEN

5.45 Zeichne eine Parabel mit dem Parameter **a)** $p = 1\,\text{cm}$, **b)** $p = 3\,\text{cm}$, **c)** $p = 5\,\text{cm}$!

kompakt Seite 115

5.46 Von einer Parabel kennt man die Leitlinie l und den Brennpunkt F. Zeichne die Parabel!
a) $l: x = -1$, $F = (1 \mid 0)$ **b)** $l: x = -2$, $F = (2 \mid 0)$ **c)** $l: x = -3$, $F = (3 \mid 0)$

Gleichung einer Parabel

Für einen beliebigen Punkt $X = (x \mid y)$ einer Parabel gilt:

$$\overline{FX} = \overline{Xl}$$

$$\sqrt{\left(x - \frac{p}{2}\right)^2 + y^2} = x + \frac{p}{2}$$

Da beide Seiten dieser Gleichung positiv sind, erhält man durch Quadrieren eine äquivalente Gleichung:

$$\left(x - \frac{p}{2}\right)^2 + y^2 = \left(x + \frac{p}{2}\right)^2$$

$$x^2 - px + \frac{p^2}{4} + y^2 = x^2 + px + \frac{p^2}{4}$$

$$y^2 = 2px$$

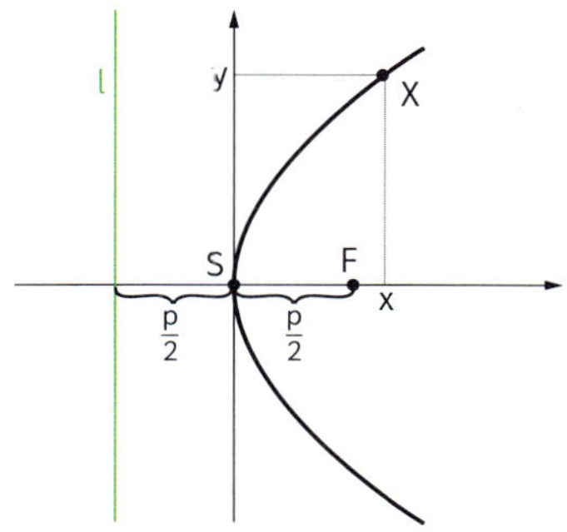

Satz (Gleichung einer Parabel in 1. Hauptlage)
Für eine **Parabel par** in **1. Hauptlage** mit dem **Parameter $p > 0$** gilt:

$$(x \mid y) \in \text{par} \iff y^2 = 2px$$

Diese Parabel kann als Punktmenge so dargestellt werden:

Parabel in $\mathbb{R}^2$ in 1. Hauptlage $= \{(x \mid y) \in \mathbb{R}^2 \mid y^2 = 2px\}$

AUFGABEN

Lernapplet j3d5sh

5.47 Von einer Parabel in 1. Hauptlage kennt man den Parameter p. Stelle eine Gleichung der Parabel auf und gib den Scheitel sowie zwei weitere Punkte auf der Parabel an!
a) $p = 3$ **b)** $p = 4$ **c)** $p = 0{,}5$ **d)** $p = 0{,}25$ **e)** $p = 10$ **f)** $p = 0{,}2$

5.48 Eine Parabel in 1. Hauptlage geht durch den Punkt P. Ermittle eine Gleichung der Parabel und gib den Brennpunkt an!
a) $P = (2 \mid -5)$ **b)** $P = (1 \mid 4)$ **c)** $P = (3 \mid 4)$ **d)** $P = (1 \mid -2)$

5.49 Gib eine Gleichung der Parabel in 1. Hauptlage mit folgender Leitlinie l an!
a) $l: x = -4$ **b)** $l: x + 3 = 0$ **c)** $l: x = -8$ **d)** $l: x = -4{,}5$

5.50 Gib eine Gleichung der Parabel in 1. Hauptlage mit dem Brennpunkt F an!
a) $F = (2 \mid 0)$ **b)** $F = (5 \mid 0)$ **c)** $F = (1 \mid 0)$ **d)** F liegt auf der Geraden $5x + 4y = 15$.

5.51 Wie lautet der Brennpunkt der Parabel in 1. Hauptlage mit der folgenden Gleichung:
a) $y^2 = 10x$ **b)** $y^2 = x$ **c)** $y^2 - 3x = 0$ **d)** $2y^2 - 5x = 0$

5.52 Der Punkt $P = (9 \mid p_2)$ mit $p_2 > 0$ liegt auf der Parabel mit der Gleichung $y^2 = 4x$. Gib den Brennpunkt F sowie eine Gleichung der Leitlinie der Parabel an! Überprüfe durch Rechnung, dass $\overline{PF} = \overline{Pl}$ gilt!

5.53 Gegeben ist die Parabel mit folgender Gleichung.
Berechne den Flächeninhalt des nebenstehend abgebildeten Rechtecks!
a) $y^2 = 4x$ **b)** $y^2 = 8x$ **c)** $y^2 = 5x$ **d)** $y^2 = 9x$

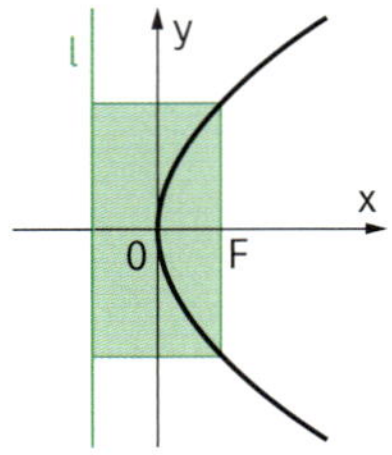

Schnitt von Parabel und Gerade

5.54 Ermittle die Schnittpunkte der Geraden g: $2x - y = 4$ mit der Parabel par: $y^2 = 4x$!

LÖSUNG: $\begin{cases} 2x - y = 4 \\ y^2 = 4x \end{cases}$

Aus der ersten Gleichung erhält man: $y = 2x - 4$
Einsetzen in die zweite Gleichung: $(2x - 4)^2 = 4x$ bzw. $x^2 - 5x + 4 = 0$
Man erhält die Lösungen: $x = 4 \vee x = 1$
Einsetzen in die 1. Gleichung: Für $x = 4$ erhält man $y = 4$, für $x = 1$ erhält man $y = -2$.
Somit lauten die Schnittpunkte: $S_1 = (4 \mid 4)$ und $S_2 = (1 \mid -2)$

AUFGABEN

5.55 Ermittle die Schnittpunkte der Geraden g mit der Parabel par!

T kompakt Seite 115

a) g: $3x - 2y = 24$, par: $y^2 = 9x$
b) g: $x - 3y = 0$, par: $y^2 = \frac{2}{3}x$
c) g: $3x + 4y = 18$, par: $y^2 = \frac{9}{2}x$
d) g: $x + y = 6$, par: $y^2 = 3x$
e) g: $4x - 9y = -24$, par: $y^2 = \frac{16}{3}x$
f) g: $4x - 5y = 20$, par: $y^2 = \frac{8}{5}x$

5.56 Die Gerade g schneidet die Parabel par in zwei Punkten S_1 und S_2. Wie groß ist der Abstand $\overline{S_1S_2}$?
a) g: $y = 5x + \frac{1}{4}$, par: $y^2 - 9x = 0$
b) g: $4y - 4x = 3$, par: $y^2 = 4x$
c) g: $y = 2x + 1$, par: $y^2 = 9x$
d) g: $y = x$, par: $y^2 = 7x$

5.57 Welche Beziehung muss zwischen k und d bestehen, damit die Gerade g: $y = kx + d$ und die Parabel par: $y^2 = 2x$ **1)** genau einen Schnittpunkt, **2)** keinen Schnittpunkt, **3)** zwei Schnittpunkte haben?

5.58 Die Parabel par: $y^2 = 8x$ und die Gerade g: $-2x + 2y = 3$ haben die Schnittpunkte S_1 und S_2.
1) Berechne die Länge der entstehenden Parabelsehne S_1S_2!
2) Unter welchem Winkel erscheint die Sehne S_1S_2 vom Scheitel der Parabel aus?
3) Unter welchem Winkel erscheint die Sehne S_1S_2 vom Brennpunkt der Parabel aus?
4) Wie groß ist der Abstand des Brennpunktes von der Sehne S_1S_2?

5.59 Die Parabel par: $y^2 = 12x$ mit dem Brennpunkt F und die Gerade g: $-2x + 3y = 12$ schneiden einander in den Punkten S und T.
1) Ermittle den Flächeninhalt des Dreiecks STF!
2) Ermittle die Maße der Winkel dieses Dreiecks!

5.60 Gib eine Gleichung einer Geraden an, die mit der Parabel $y^2 = 2px$ (mit $p > 0$)
a) keine gemeinsamen Punkte, **b)** genau einen gemeinsamen Punkt, **c)** zwei gemeinsame Punkte hat!

Tangente in einem Punkt einer Parabel

Definition

Eine Gerade t, die mit einer Parabel nur einen Punkt T gemeinsam hat und nicht parallel zur Achse der Parabel ist, bezeichnet man als **Tangente** an die Parabel im Punkt T.

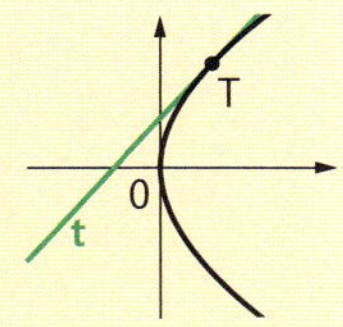

Satz (Spaltform der Tangentengleichung einer Parabel)

Eine **Gleichung der Tangente** in einem Punkt $\mathbf{T = (x_T \mid y_T)}$ der **Parabel** $y^2 = 2px$ lautet:

$$\mathbf{y_T \cdot y = p \cdot x + p \cdot x_T}$$

Merke

Man erhält die Spaltform der Tangentengleichung, indem man sich die Parabelgleichung $y^2 = 2px$ in der Form $y^2 = p \cdot x + p \cdot x$ geschrieben denkt und folgende „Aufspaltungen" vornimmt:

$$\text{par: } y^2 = \underbrace{p \cdot x} + p \cdot x$$

$$\downarrow \qquad \downarrow$$

$$\text{t: } \underbrace{y_T \cdot y} = \underbrace{p \cdot x_T} + p \cdot x$$

Ein Beweis dieser Spaltform findet sich im Anhang auf Seite 260.

AUFGABEN

5.61 Ermittle eine Gleichung der Tangente der Parabel par im Punkt T der Parabel!

T kompakt Seite 115

a) par: $y^2 = 5x$, $T = (5 \mid t_2)$ mit $t_2 > 0$
b) par: $y^2 = 4x$, $T = (9 \mid t_2)$ mit $t_2 > 0$
c) par: $y^2 - 2x = 0$, $T = (32 \mid t_2)$ mit $t_2 < 0$
d) par: $2y^2 = 3x$, $T = (t_1 \mid 3)$
e) par: $y^2 = x$, $T = (t_1 \mid -9)$
f) par: $y^2 - 2x = 0$, $T = (t_1 \mid 18)$

5.62 Von einer Parabel in 1. Hauptlage kennt man den Punkt $P = (6 \mid 6)$.
1) Gib eine Gleichung der Tangente der Parabel im Punkt P an!
2) Berechne die Schnittpunkte dieser Tangente mit der 2. Achse und der Leitlinie der Parabel!

5.63 Ermittle eine Gleichung der Parabel par in 1. Hauptlage durch den Punkt $P = (1{,}5 \mid 6)$ sowie eine Gleichung der Tangente t in P! Gib die Koordinaten des Schnittpunkts L dieser Tangente mit der Leitlinie der Parabel an und zeige, dass die Normale auf t durch L ebenfalls Tangente von par ist!

5.64 Von einer Parabel in 1. Hauptlage kennt man den Punkt $P = (4 \mid 4)$. Der Punkt P' liegt symmetrisch zu P bezüglich der Parabelachse.
1) Gib Gleichungen der Tangenten an die Parabel in den Punkten P und P' an!
2) Berechne den Schnittpunkt S dieser beiden Tangenten!
3) Berechne den Flächeninhalt des Dreiecks PSP'!

5.65 Die Punkte P und P' liegen auf der Parabel par symmetrisch zur Parabelachse. Berechne den Schnittpunkt S der Parabeltangenten in P und P' und zeige, dass der Brennpunkt F der Parabel der Umkreismittelpunkt des Dreiecks PP'S ist!
a) par: $y^2 = 48x$, $P = (3 \mid p_2)$, $P' = (3 \mid -p_2)$
b) par: $y^2 = 2x$, $P = (8 \mid p_2)$, $P' = (8 \mid -p_2)$

5.66 Ermittle zur Parabel $y^2 = 2px$ eine Gleichung der Tangente im Parabelpunkt $P = (p_1 \mid p_2)$ und zeige, dass diese die Koordinatenachsen in den Punkten $(-p_1 \mid 0)$ und $\left(0 \,\middle|\, \frac{p_2}{2}\right)$ schneidet!

5.4 KEGELSCHNITTE

L

Ebene Schnitte eines Doppelkegels

In diesem Abschnitt wird erläutert, warum man Ellipse, Hyperbel und Parabel als Kegelschnitte bezeichnet.

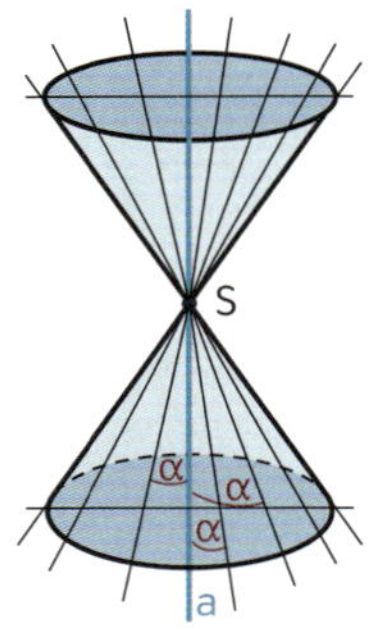

Sei a eine Gerade im Raum und S ein Punkt auf a. Alle Geraden, die durch den Punkt S gehen und mit der Geraden a einen Winkel vom Maß α einschließen, bilden eine unbegrenzte Fläche, die man als **Doppelkegel** bezeichnet. Die Gerade a heißt **Achse** dieses Doppelkegels. Die Geraden, aus denen der Doppelkegel besteht, heißen **Erzeugende** bzw. **Mantellinien** des Doppelkegels. Der Punkt S heißt **Spitze** des Doppelkegels.

Applet 9f566x

Schneidet man einen solchen Doppelkegel mit einer Ebene E, die nicht durch die Spitze S geht, erhält man je nach Lage der Ebene verschiedene Schnittkurven, die in den folgenden Abbildungen dargestellt sind.

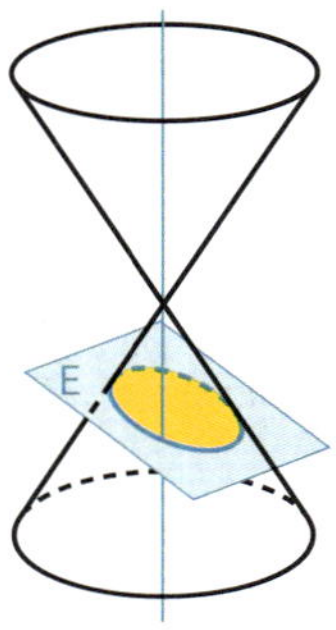

Abb. 5.1a

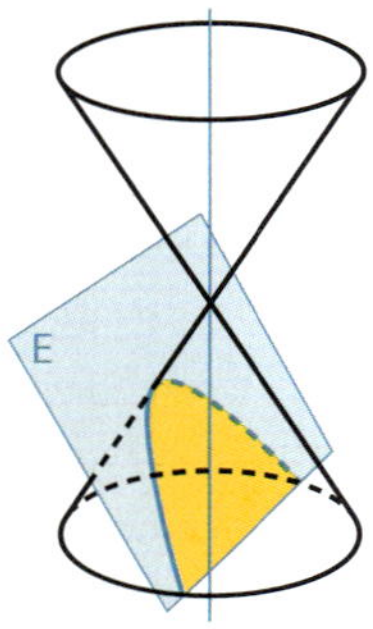

Abb. 5.1b

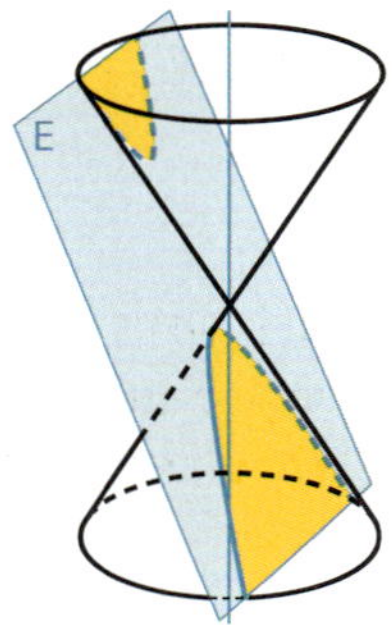

Abb. 5.1c

Man kann beweisen:

- Die Schnittkurve in Abb. 5.1a ist eine **Ellipse**. (Falls die Ebene normal zur Achse ist, erhält man als Sonderfall einen Kreis.)
- Die Schnittkurve in Abb. 5.1b ist eine **Parabel**. (In diesem Fall ist die Ebene parallel zu einer Erzeugenden des Doppelkegels.)
- Die Schnittkurve in Abb. 5.1c ist eine **Hyperbel**.

L

Die Scheitelgleichung der Kegelschnitte

Man kann zeigen, dass Ellipse, Hyperbel und Parabel sich durch eine einheitliche Gleichung beschreiben lassen, wenn man einen Scheitel wie in der folgenden Abbildung in den Ursprung legt:

Satz (Scheitelgleichung der Kegelschnitte)

Die Gleichung $\mathbf{y^2 = 2px + (\varepsilon^2 - 1) \cdot x^2}$ (mit $p \in \mathbb{R}^+$, $\varepsilon \in \mathbb{R}_0^+$) stellt

- für $\varepsilon < 1$ eine **Ellipse**,
- für $\varepsilon = 1$ eine **Parabel**,
- für $\varepsilon > 1$ eine **Hyperbel** dar.

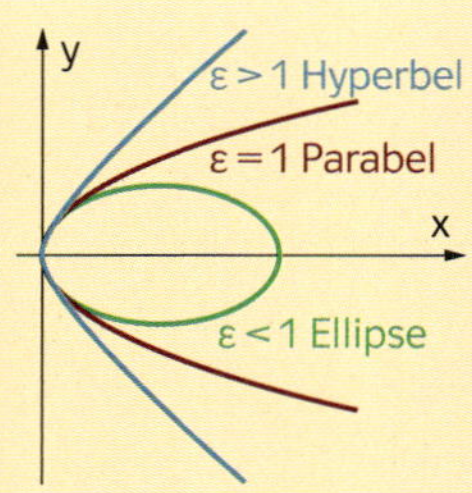

Dabei ist ε die **numerische Exzentrizität** des betreffenden Kegelschnitts. Für die Ellipse ist $\varepsilon = \frac{e}{a} < 1$, für die Hyperbel ist $\varepsilon = \frac{e}{a} > 1$. Für $\varepsilon = 1$ ergibt sich $y^2 = 2px$, also eine Gleichung einer Parabel in 1. Hauptlage.

L TECHNOLOGIE KOMPAKT

GEOGEBRA — CASIO CLASS PAD II

Ellipse/Hyperbel aus Brennpunkten und Punkt konstruieren

GeoGebra

Grafik-Ansicht:
Eingabe: $F = (x_F, y_F)$ ENTER $F' = (x_F', y_F')$ ENTER
Eingabe: $P = (x_P, y_P)$ ENTER
Werkzeug – Punkte F, F′ und P anklicken
bzw.
Werkzeug – Punkte F, F′ und P anklicken
Ausgabe → *Ellipse/Hyperbel*
Algebra-Ansicht:
Ausgabe → *Gleichung der Ellipse/Hyperbel*

Casio Class Pad II

Iconleiste – Menu – Geometrie –
Menüleiste – Zeichnen – Basisobjekt – Ellipse – Brennp. –
Punkte F, F′ und P anklicken
bzw.
Menüleiste – Zeichnen – Basisobjekt – Hyperbel –
Punkte F, F′ und P anklicken
Ausgabe → *Ellipse/Hyperbel*
Menüleiste – ⬚ – Ellipse/Hyperbel anklicken – ▶ – ▼ – x+y=
Ausgabe → *Gleichung der Ellipse/Hyperbel*

Parabel aus Brennpunkt und Leitlinie konstruieren

GeoGebra

Grafik-Ansicht:
Eingabe: $F = (x_F, y_F)$ ENTER
Eingabe: l: *Gleichung der Leitlinie* ENTER
Werkzeug – Punkt F anklicken, Leitlinie l anklicken
Ausgabe → *Parabel*
Algebra-Ansicht:
Ausgabe → *Gleichung der Parabel*

Casio Class Pad II

Iconleiste – Menu – Geometrie –
Menüleiste – Zeichnen – Basisobjekt – Parabel –
2 Punkte für die Leitlinie l und einen Punkt F anklicken
Ausgabe → *Parabel*
Menüleiste – ⬚ – Parabel anklicken – ▶ – ▼ – x+y=
Ausgabe → *Gleichung der Parabel*

Gegenseitige Lage und Schnitt von Ellipse/Hyperbel/Parabel und Gerade

GeoGebra

Grafik-Ansicht:
Eingabe: *Gleichung der Ellipse/Hyperbel/Parabel*
oder *Konstruktion wie oben* ENTER
Eingabe: *Geradengleichung* ENTER
Werkzeug – Ellipse/Hyperbel/Parabel und Gerade anklicken
Ausgabe → *Ellipse/Hyperbel/Parabel, Gerade und eventuelle Schnittpunkte*
Algebra-Ansicht:
Ausgabe → *Eventuelle Schnittpunkte*

Casio Class Pad II

Iconleiste – Main – Keyboard – Math1
⬚ – 1. Feld: *Gleichung der Ellipse/Hyperbel/Parabel* –
2. Feld: Geradengleichung – 3. Feld: *x, y* EXE
Ausgabe → *Eventuelle Schnittpunkte*
Symbolleiste – ⬚ – *Gleichung der Ellipse/Hyperbel/Parabel* und *Geradengleichung* mittels Drag & Drop ins untere Fenster ziehen
Ausgabe → *Ellipse/Hyperbel/Parabel und Gerade*

Tangente in einem Punkt T der Ellipse/Hyperbel/Parabel

GeoGebra

Grafik-Ansicht:
Eingabe: *Gleichung der Ellipse/Hyperbel/Parabel*
oder *Konstruktion wie oben* ENTER
Eingabe: $T = (x_T, y_T)$ ENTER
Werkzeug – Punkt T und Ellipse/Hyperbel/Parabel anklicken
Ausgabe → *Ellipse/Hyperbel/Parabel, Punkt T, Tangente im Punkt T*
Algebra-Ansicht:
Ausgabe → *Gleichung der Tangente im Punkt T*

Casio Class Pad II

Iconleiste – Menu – Geometrie –
Menüleiste – Zeichnen – Basisobjekt – *Konstruktion der Ellipse/Hyperbel/Parabel wie oben*
Menüleiste – ⬚ – Ellipse/Hyperbel/Parabel anklicken
Menüleiste – Zeichnen – Konstruiere – Tangente an Kurve –
Punkt T anklicken
Ausgabe → *Ellipse/Hyperbel/Parabel, Punkt T, Tangente im Punkt T*
Menüleiste – ⬚ – Tangente anklicken – ▶ – ▼ – x+y=
Ausgabe → *Gleichung der Tangente im Punkt T*

R L KOMPETENZCHECK

AUFGABEN VOM TYP 1

AG-L 5.1 **5.67** Stelle eine Gleichung der Ellipse in 1. Hauptlage mit den folgenden Angaben auf und berechne die unbekannte Koordinate des Punktes P auf der Ellipse!

a) $a = 16,\ b = 4,\ P = (12 \mid p_2)$ mit $p_2 > 0$ **b)** $a = 12,\ e = 8\sqrt{2},\ P = (3 \mid p_2)$ mit $p_2 < 0$

AG-L 5.1 **5.68** Ermittle eine Gleichung der Hyperbel in 1. Hauptlage mit den folgenden Angaben:

a) $a = 2,\ b = 4$ **b)** $b = 5,\ e = 10$

AG-L 5.1 **5.69** Stelle eine Gleichung der Parabel in 1. Hauptlage mit dem Parameter $p = 3$ auf und gib die Koordinaten des Brennpunktes sowie eine Gleichung der Leitlinie an!

AG-L 5.1 **5.70** In der Abbildung sind fünf Kegelschnitte dargestellt.

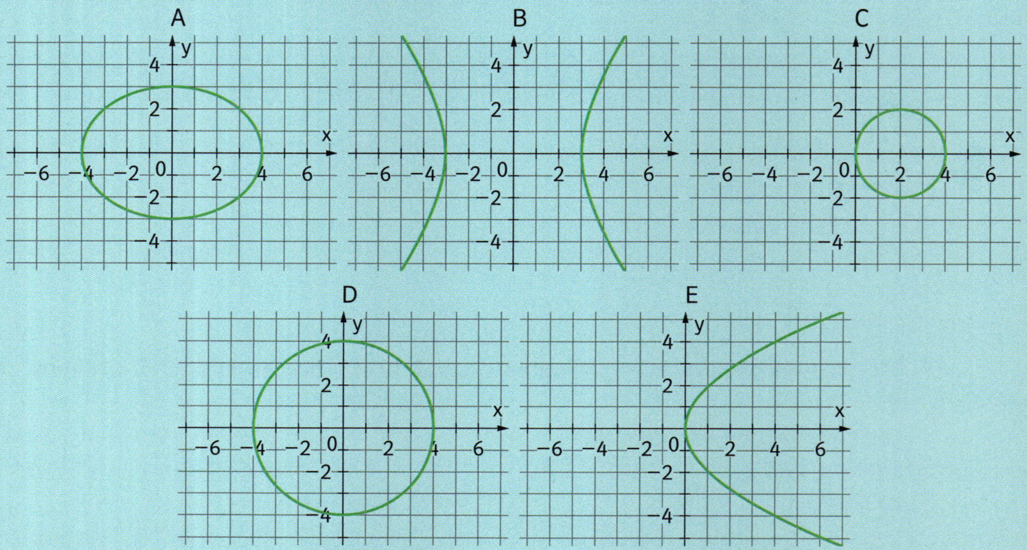

Ordne jeder Abbildung in der linken Tablle die zugehörige Gleichung aus der rechten Tabelle zu!

Abbildung A	
Abbildung B	
Abbildung C	
Abbildung D	
Abbildung E	

A	$(x-2)^2 + y^2 = 4$
B	$9x^2 + 16y^2 = 144$
C	$16x^2 - 9y^2 = 144$
D	$25x^2 + 36y^2 = 900$
E	$x^2 + y^2 = 16$
F	$y^2 = 4x$

AG-L 5.1 **5.71** Ermittle die Halbachsenlängen a und b sowie die Koordinaten der Brennpunkte der Hyperbel hyp!

a) hyp: $x^2 - 4y^2 = 16$ **b)** hyp: $x^2 - y^2 = 9$

AG-L 5.1 **5.72** Von einer Parabel par kennt man den Brennpunkt $F = (1 \mid 0)$ und die Leitlinie l: $x = -1$. Ermittle vier Punkte auf dieser Parabel!

AG-L 5.1 **5.73** Kreuze jene Gleichung an, die eine Asymptote der Hyperbel hyp: $4x^2 - y^2 = 8$ beschreibt!

$y = 0{,}25x$	☐
$y = x\sqrt{2}$	☐
$y = 2x$	☐
$y = 0{,}5x$	☐
$y = 4x$	☐
$y = x$	☐

AG-L 5.1 **5.74** Kreuze die Gleichungen an, die eine Ellipse mit $e = 6$ beschreiben!

$4x^2 + 5y^2 = 80$	☐
$3x^2 + 7y^2 = 189$	☐
$2x^2 = 120 - 5y^2$	☐
$3x^2 = 270 - 5y^2$	☐
$3y^2 = 54 - x^2$	☐

AG-L 5.1 **5.75** Eine Hyperbel in 1. Hauptlage geht durch die Punkte $P = (6 \mid 2)$ und $Q = (7 \mid 11)$. Kreuze diejenigen Punkte an, die ebenfalls auf dieser Hyperbel liegen!

$(8 \mid 16)$	☐
$(-8 \mid 16)$	☐
$(16 \mid -8)$	☐
$(-8 \mid -16)$	☐
$(16 \mid 8)$	☐

AG-L 5.1 **5.76** Kreuze jene Gleichung an, die eine Parabel in 1. Hauptlage mit der Leitlinie l: $x = -4$ darstellt!

$y^2 = 4x$	☐
$y^2 = 8x$	☐
$y^2 = 16x$	☐
$y^2 = x$	☐
$y^2 = 2x$	☐
$y^2 = 6x$	☐

AG-L 5.2 **5.77** Kreuze die Gleichungen an, die eine Tangente an die Ellipse ell: $x^2 + 4y^2 = 160$ darstellen!

$y = 2x$	☐
$x + 3y = 10$	☐
$x - 6y = 40$	☐
$3x + 2y = -40$	☐
$4x - 3y = 40$	☐

AG-L 5.2 **5.78** Gegeben ist die Ellipse ell: $3x^2 + 8y^2 = 120$ und der Ellipsenpunkt $T = (4 \mid t_2)$ mit $t_2 > 0$. Die Gerade n geht durch T und ist normal zur Tangente t an die Ellipse in T. Zeige, dass die Gerade n den Winkel FTF' halbiert!

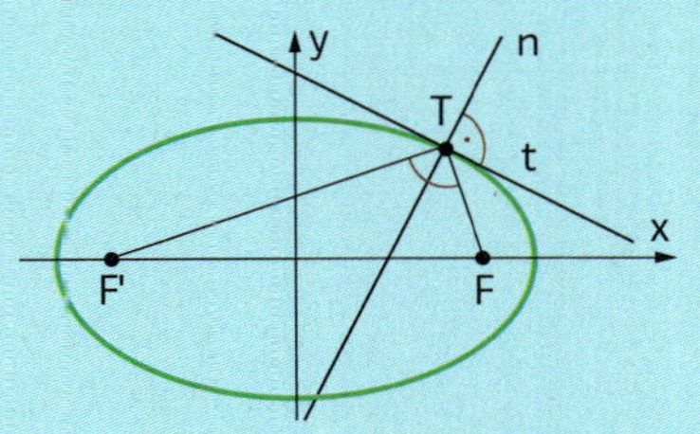

AUFGABEN VOM TYP 2

AG-L 3.6
AG-L 5.1
AG-L 5.2
FA-R 1.6

5.79 **Vierecke in einer Ellipse**

Gegeben ist eine Ellipse ell: $b^2x^2 + a^2y^2 = a^2b^2$

a)
- Ermittle die Koordinaten der Eckpunkte und den Flächeninhalt des rot unterlegten Rechtecks in Abb. 5.13 a!
- Ermittle die Koordinaten der Eckpunkte und den Flächeninhalt des rot unterlegten Rhombus in Abb. 5.13 b!

b)
- Ermittle die Koordinaten der Eckpunkte und den Flächeninhalt des rot unterlegten Quadrats in Abb. 5.13 c!
- Gib die Eckpunkte des rot unterlegten Rechtecks in Abb. 5.13 d an!

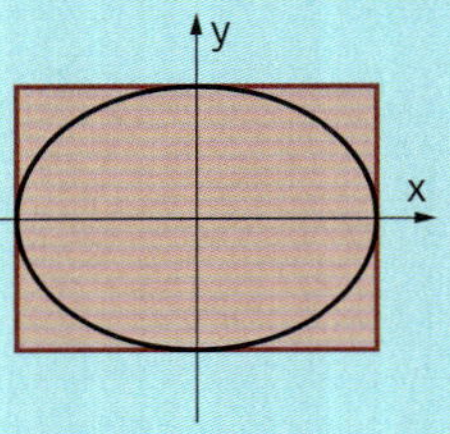

Abb. 5.13 a

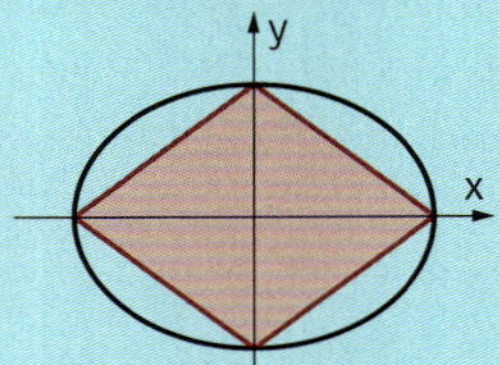

Abb. 5.13 b

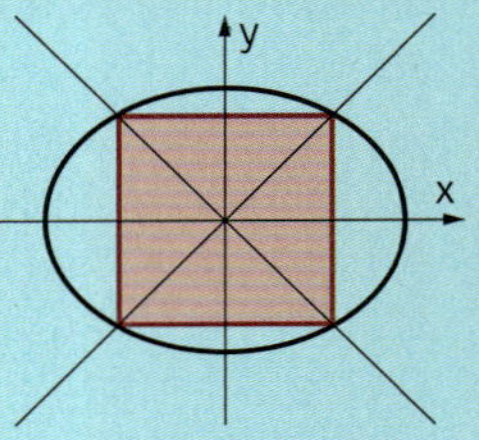

Abb. 5.13 c

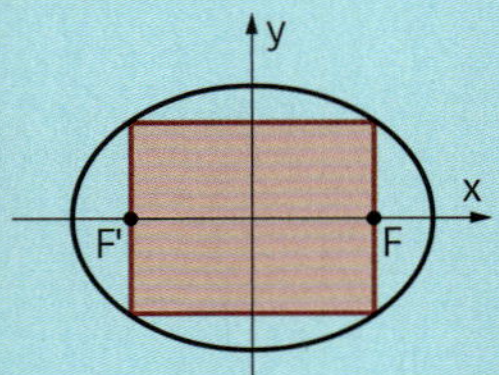

Abb. 5.13 d

AG-R 3.4
AG-R 3.5
AG-L 5.1
AG-L 52
FA-R 1.6

5.80 **Hyperbel und Gerade**

Gegeben sind die Hyperbel hyp: $4x^2 - y^2 = 192$ und die Gerade g: $2x + 3y = 8$.

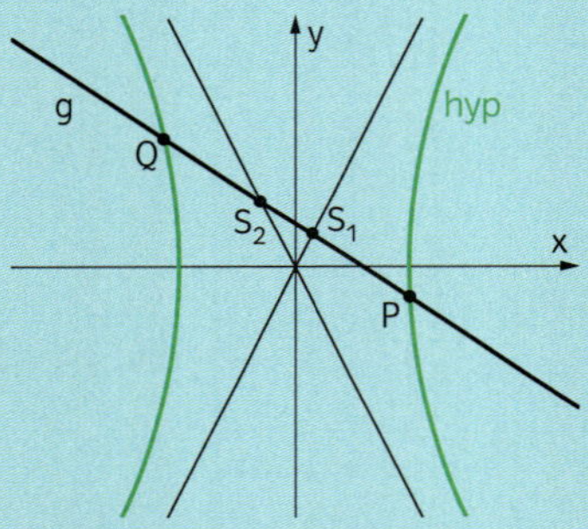

a)
- Zeige, dass für die Halbachsenlängen der Hyperbel gilt: $a = 4\sqrt{3}$ und $b = 8\sqrt{3}$.
- Zeige, dass die Asymptoten der Hyperbel hyp durch die Gleichungen $y = \pm 2x$ beschrieben werden!

b)
- Berechne die Koordinaten der Schnittpunke P und Q der Geraden g mit der Hyperbel hyp und die Koordinaten der Schnittpunke S_1 und S_2 der Geraden g mit den Asymptoten der Hyperbel hyp!
- Zeige: $\overline{PS_1} = \overline{QS_2}$.

c)
- Ermittle eine Gleichung der Tangente t an die Hyperbel hyp im Punkt $R = (8 \mid 8)$!
- Zeige, dass die Tangente t zu keiner Asymptote der Hyperbel parallel ist!

AG-R 3.4
AG-R 3.5
AG-L 5.1
AG-L 5.2
FA-R 1.6

5.81 **Tangenten einer Parabel**

Gegeben ist die Parabel par mit der Gleichung $y^2 = 4x$.

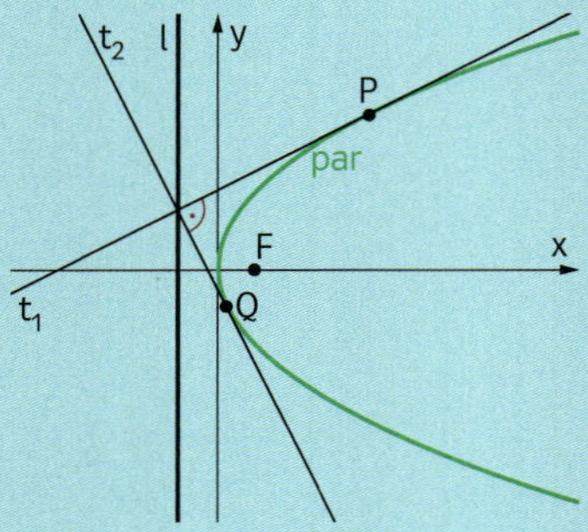

a)
- Zeige, dass die Punkte $P = (4 \mid 4)$ und $Q = \left(\frac{1}{4} \middle| -1\right)$ auf der Parabel liegen!
- Überprüfe für jeden der beiden Punkte P und Q, dass der Abstand vom Brennpunkt und der Abstand von der Leitlinie jeweils gleich groß sind!

b)
- Stelle Gleichungen der Tangenten an die Parabel in den Punkten P und Q auf und zeige, dass sich diese beiden Tangenten auf der Leitlinie der Parabel schneiden!
- Zeige, dass die Parabeltangenten in P und Q zueinander normal sind!

FA-R 1.6
AG-R 3.4
AG-R 3.5
AG-L 5.1
AG-L 5.2

5.82 Tangentenkonstruktionen bei Kegelschnitten

Die Tangente an einen Kreis in einem Punkt dieses Kreises konstruiert man leicht als Normale auf den zugehörigen Radius. Für Ellipsen, Hyperbeln und Parabeln sind entsprechende Tangentenkonstruktionen dagegen aufwändiger.

a) Konstruktion der Tangente t in einem Punkt P einer Ellipse

Gegeben sind die Ellipse ell: $4x^2 + 9y^2 = 180$ und der Ellipsenpunkt $P = (3 \mid p_2)$ mit $p_2 > 0$.

- Ermittle die Koordinaten der Brennpunkte F und F', die Hauptachsenlänge 2a und die Koordinaten von P!
- Zeige durch Rechnung, dass die folgende Konstruktion die Tangente t an ell in P liefert!

Schritt 1: Zeichne den so genannten *Leitkreis* k' mit dem Mittelpunkt F' und dem Radius 2a!

Schritt 2: Ermittle den Schnittpunkt G des Strahls F'P mit dem Leitkreis k'!

Schritt 3: Zeichne die Normale durch P auf die Strecke FG! Dies ist die gesuchte Tangente.

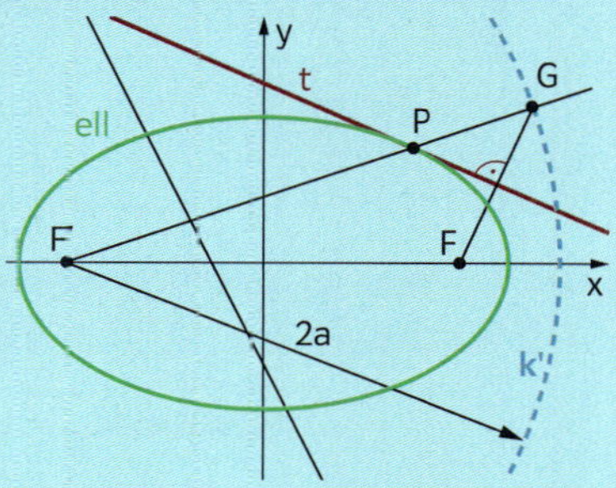

b) Konstruktion der Tangente t in einem Punkt P einer Hyperbel

Gegeben sind die Hyperbel hyp: $5x^2 - 4y^2 = 20$ und der Hyperbelpunkt $P = (p_1 \mid 7{,}5)$ mit $p_1 > 0$.

- Ermittle die Koordinaten der Brennpunkte F und F', die Hauptachsenlänge 2a und die Koordinaten von P!
- Zeige durch Rechnung, dass die folgende Konstruktion die Tangente t an hyp in P liefert!

Schritt 1: Zeichne den so genannten *Leitkreis* k' mit dem Mittelpunkt F' und dem Radius 2a!

Schritt 2: Ermittle den Schnittpunkt G der Strecke F'P mit dem Leitkreis k'!

Schritt 3: Zeichne die Normale durch P auf die Strecke FG ! Dies ist die gesuchte Tangente.

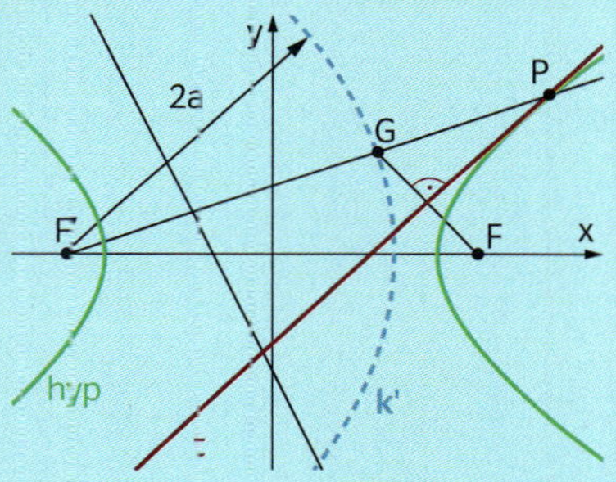

c) Konstruktion der Tangente t in einem Punkt einer Parabel

Gegeben sind eine Parabel par: $y^2 = 4x$ und der Parabelpunkt $P = (4 \mid p_2)$ mit $p_2 > 0$.

- Zeige durch Rechnung, dass die folgende Konstruktion die Tangente t an par in P liefert!

Schritt 1: Zeichne den Kreis k mit dem Mittelpunkt F und dem Radius $\overline{FP}$!

Schritt 2: Schneide den Kreis k mit der Parabelachse a! Von den beiden Schnittpunkten sei T der näher beim Scheitel S liegende Schnittpunkt und N der andere Schnittpunkt.

Schritt 3: Zeichne die Gerade durch die Punkte T und P! Dies ist die gesuchte Tangente.

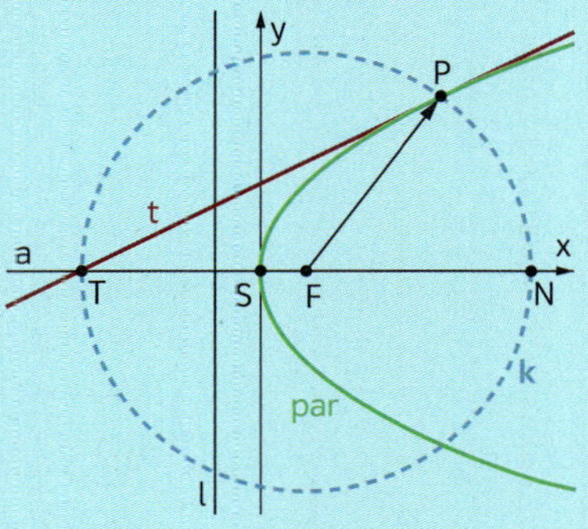

- Begründe, dass die Gerade PN zur Tangente an die Parabel in P normal ist!

6 KURVEN

LERNZIELE

6.1 **Parameterdarstellungen von Kurven in der Ebene** kennen; Funktionsgraphen als spezielle Kurven auffassen können.

6.2 **Parameterdarstellungen von Kurven im Raum** kennen.

- **Technologie kompakt**
- **Kompetenzcheck**

6.1 KURVEN IN DER EBENE

Gleichungen und Parameterdarstellungen von Kurven in der Ebene

T kompakt Seite 127

Unter einer Kurve in der Ebene verstehen wir eine (meist gekrümmte) Linie in der Ebene, die im Prinzip ohne Unterbrechung gezeichnet werden kann. Viele Kurven lassen sich durch Gleichungen in x und y beschreiben, zB Ellipsen, Hyperbeläste oder Parabeln. Manche Kurven sind Funktionsgraphen oder lassen sich aus Funktionsgraphen zusammensetzen. ZB kann die Ellipse in Abb. 1b aus dem roten und dem blauen Funktionsgraph zusammengesetzt werden. Bei komplizierteren Kurven wie etwa der in Abb. 1c wird das aber schnell sehr umständlich.

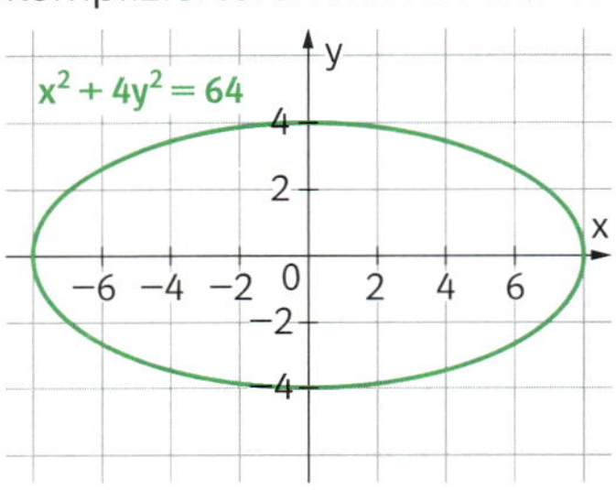

Abb. 1a

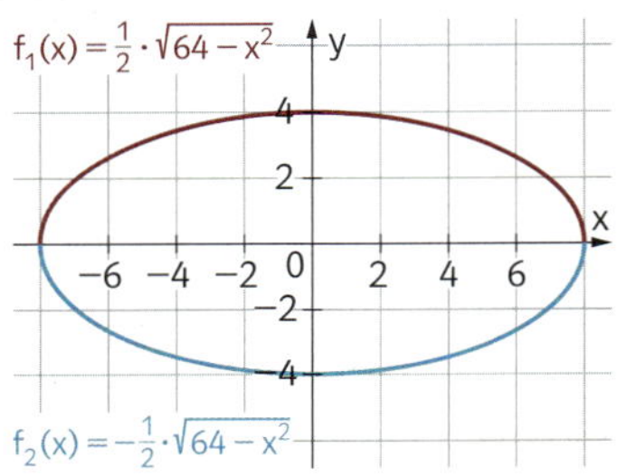

Abb. 1b

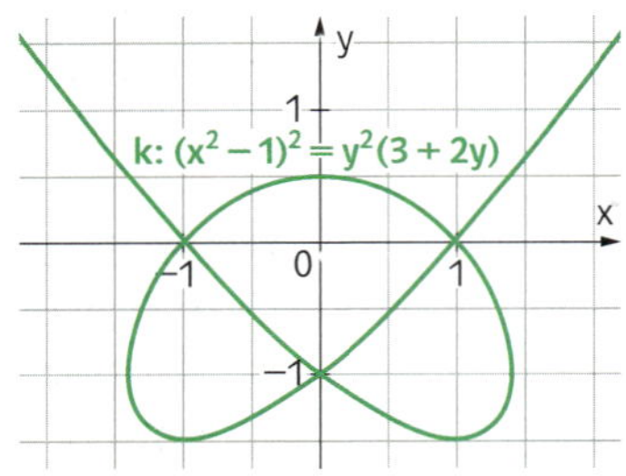

Abb. 1c

Man kann Kurven in der Ebene aber auch durch Parameterdarstellungen beschreiben. Wir kennen bereits die Parameterdarstellung einer Geraden durch den Punkt $P = (p_1 \mid p_2)$ mit dem Richtungsvektor $\vec{g} = (g_1 \mid g_2)$:

$$X = P + t \cdot \vec{g} \quad \text{bzw.} \quad \begin{cases} x = p_1 + t \cdot g_1 \\ y = p_2 + t \cdot g_2 \end{cases} \text{mit } t \in \mathbb{R}$$

Die Koordinaten x und y des Punktes X hängen beide vom Parameter t ab. Man schreibt daher genauer:

$$X(t) = P + t \cdot \vec{g} \quad \text{bzw.} \quad \begin{cases} x(t) = p_1 + t \cdot g_1 \\ y(t) = p_2 + t \cdot g_2 \end{cases} \text{mit } t \in \mathbb{R}$$

Dabei nehmen wir in Kauf, dass die Symbole x und y je nach Schreibweise Zahlen oder Funktionen bezeichnen können.

Die Funktionen $t \mapsto x(t)$ und $t \mapsto y(t)$ sind im vorliegenden Fall lineare Funktionen. Es spricht aber nichts dagegen, auch nichtlineare Funktionen in t zuzulassen. Dabei liegen die Punkte X(t) im Allgemeinen auf einer „Kurve" (die keine Gerade sein muss). Allerdings verlangt man von einer Kurve, dass die Funktionen $t \mapsto x(t)$ und $t \mapsto y(t)$ sog. „stetige Funktionen" sind. Eine genauere Definition des Begriffs „stetige Funktion" werden wir erst im Kapitel 8 angeben. Vorläufig reicht die Vorstellung aus, dass solche Funktionen keine Sprünge machen.

Definition

Es sei I ein Intervall. Falls die Funktionen $t \mapsto x(t)$ und $t \mapsto y(t)$ stetig sind, bezeichnet man die Punktmenge

$$\mathbf{k = \{X(t) \in \mathbb{R}^2 \mid t \in I\} = \{(x(t) \mid y(t)) \in \mathbb{R}^2 \mid t \in I\}}$$

als **Kurve in** $\mathbb{R}^2$.

Die Gleichung **X(t) = (x(t) | y(t))** bezeichnet man als **Parameterdarstellung der Kurve k**.

Applet 8ux6dd

Durch die Parameterdarstellung von k wird jedem Parameterwert $t \in I$ genau ein Punkt X(t) der Kurve k in $\mathbb{R}^2$ zugeordnet. Man kann sich unter t die Zeit vorstellen. Durchläuft t das Zeitintervall $I = [a; b]$, so durchläuft der Punkt X(t) die Kurve vom Anfangspunkt $A = X(a)$ bis zum Endpunkt $B = X(b)$. Falls $I = (-\infty; b]$, $I = [a; \infty)$ bzw. $I = \mathbb{R}$ ist, hat die Kurve keinen Anfangs- bzw. Endpunkt.

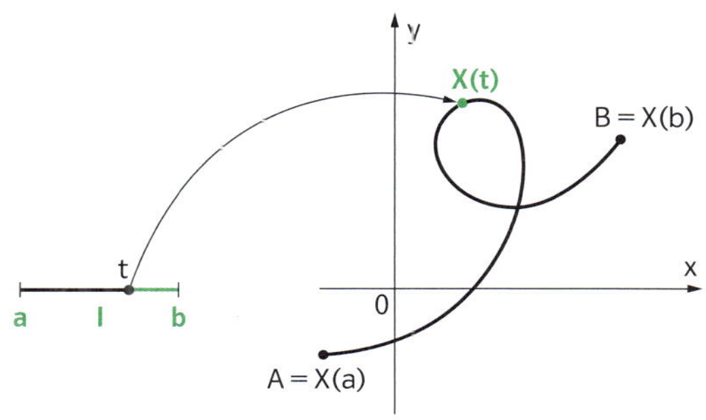

Es kann vorkommen, dass verschiedenen Parameterwerten derselbe Punkt auf der Kurve zugeordnet wird. In solchen Punkten schneidet sich die Kurve selbst.

Beispiel: Parameterdarstellung eines Kreises

Gegeben ist ein Kreis mit dem Mittelpunkt O und dem Radius r. Der Punkt X(t) durchlaufe den Kreis einmal im Gegenuhrzeigersinn. Wir nehmen als Parameter das Bogenmaß t des zu X(t) gehörigen Drehwinkels (siehe die Abbildung). Damit erhalten wir folgende Parameterdarstellung des Kreises:

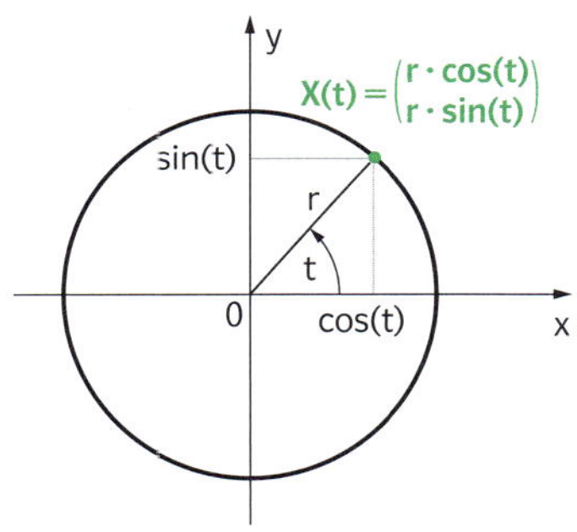

$$\mathbf{X(t) = (r \cdot \cos(t) \mid r \cdot \sin(t)) \quad mit\ t \in [0; 2\pi)}$$

Der Kreis k kann als Punktmenge so dargestellt werden:

$$\mathbf{k = \{X \in \mathbb{R}^2 \mid X = (r \cdot \cos(t) \mid r \cdot \sin(t)) \ \wedge\ t \in [0; 2\pi)\} =}$$
$$\mathbf{= \{(x \mid y) \in \mathbb{R}^2 \mid x = r \cdot \cos(t) \ \wedge\ y = r \cdot \sin(t) \ \wedge\ t \in [0; 2\pi)\}}$$

AUFGABEN

6.01 T kompakt Seite 127

Jede der folgenden Gleichungen beschreibt eine Kurve in der Ebene. Stelle die Kurve mit Technologieeinsatz dar! Untersuche, ob die Kurve der Graph einer reellen Funktion $x \mapsto f(x)$ ist bzw. ob sie zumindest aus den Graphen zweier reeller Funktionen $x \mapsto f_1(x)$ und $x \mapsto f_2(x)$ zusammengesetzt werden kann!

a) $x(x^2 + y^2) - 8y^2 = 0$ **b)** $9x^2 - x^3 - 16y^2 = 0$ **c)** $(x^2 - 9)(x - 3)^2 + (y^2 - 9)^2 = 0$

6.02 Die folgende Punktmenge ist der Graph einer reellen Funktion f. Gib die Definitionsmenge und eine Funktionsgleichung von f an!

a) $\{X \in \mathbb{R}^2 \mid X = (2t \mid t^3 - 2) \wedge t \in \mathbb{R}\}$

b) $\{X \in \mathbb{R}^2 \mid X = (t \mid t^2 + 1) \wedge t \in \mathbb{R}\}$

c) $\{X \in \mathbb{R}^2 \mid X = (4t - 1 \mid 2t + 5) \wedge t \in \mathbb{R}\}$

d) $\{X \in \mathbb{R}^2 \mid X = (2t + 1 \mid t^2 + 1) \wedge t \in \mathbb{R}\}$

e) $\{X \in \mathbb{R}^2 \mid X = (t - 5 \mid \sqrt{t}) \wedge t \in \mathbb{R}_0^+\}$

f) $\left\{X \in \mathbb{R}^2 \,\middle|\, X = \left(\frac{t^2+4}{2} \,\middle|\, t\right) \wedge t \in \mathbb{R}_0^+\right\}$

HINWEIS **zu a):** Es gilt $x = 2t$ und $y = t^3 - 2$. Aus der ersten Gleichung ergibt sich $t = \frac{x}{2}$. Einsetzen in die zweite Gleichung liefert die Funktionsgleichung $y = \frac{x^3}{8} - 2$.

6.03 Gib eine Gleichung des **Kreises** an, der folgende Parameterdarstellung hat!

a) $X(t) = (3 \cdot \cos(t) \mid 3 \cdot \sin(t))$ mit $t \in [0; 2\pi)$

b) $X(t) = (\sqrt{10} \cdot \cos(t) \mid \sqrt{10} \cdot \sin(t))$ mit $t \in [0; 2\pi)$

6.04 Zeige, dass die **Ellipse** mit der Gleichung $b^2x^2 + a^2y^2 = a^2b^2$ durch die Parameterdarstellung $X(t) = (a \cdot \cos(t) \mid b \cdot \sin(t))$ mit $t \in [0; 2\pi)$ beschrieben werden kann!

6.05 Zeige, dass die so genannte **Astroide** $x^{\frac{2}{3}} + y^{\frac{2}{3}} = a^{\frac{2}{3}}$ (mit $a \in \mathbb{R}^+$) durch die Parameterdarstellung $X(t) = (a \cdot \cos^3(t) \mid a \cdot \sin^3(t))$ mit $t \in [0; 2\pi)$ beschrieben werden kann!

6.06 Gib eine Gleichung der ebenen Kurve an, die folgendermaßen beschrieben werden kann:

a) $\{X(t) \in \mathbb{R}^2 \mid X(t) = (2t^2 \mid t) \wedge t \in \mathbb{R}\}$

b) $\{X(t) \in \mathbb{R}^2 \mid X(t) = (t^2 \mid t^3) \wedge t \in \mathbb{R}\}$

c) $\{X(t) \in \mathbb{R}^2 \mid X(t) = (t^2 \mid t^2) \wedge t \in \mathbb{R}\}$

d) $\{X(t) \in \mathbb{R}^2 \mid X(t) = (4 \cdot \cos(t) \mid 2 \cdot \sin(t)) \wedge t \in \mathbb{R}\}$

e) $\{X(t) \in \mathbb{R}^2 \mid X(t) = (\sin(t) \mid \cos^2(t)) \wedge t \in \mathbb{R}\}$

f) $\{X(t) \in \mathbb{R}^2 \mid X(t) = (\cos^2(t) \mid \sin^2(t)) \wedge t \in \mathbb{R}\}$

6.07 Kurven mit der Parameterdarstellung $X(t) = (r \cdot \sin(at) \cdot \cos(bt) \mid r \cdot \sin(at) \cdot \sin(bt))$ mit $t \in [0; 2\pi)$ und $r \in \mathbb{R}^+$ sowie $a, b \in \mathbb{Z}^+$ heißen **Rosenkurven** oder **Rhodoneen**.

Applet p9i2n5

$a = 4, b = 1$ $a = 7, b = 2$ $a = 11, b = 6$

a) Betrachte mit Technologieeinsatz die Rosenkurven mit $r = 4$ und den in der folgenden Tabelle angegebenen Kombinationen der Werte a und b. Trage jeweils die beobachtete Anzahl n der Rosenblätter ein!

a	2	4	6	3	6	9	4	8	12	5	10	15
b	1	2	3	1	2	3	1	2	3	1	2	3
n												

b) Stelle eine Vermutung auf, wie sich das Verhältnis a : b auf die Blätterzahl n auswirkt!

c) Zeige durch Umformen der obigen Parameterdarstellung, dass eine Rosenkurve mit $a = b$ stets ein Kreis mit dem Mittelpunkt $M = \left(0 \,\middle|\, \frac{r}{2}\right)$ und dem Radius $\frac{r}{2}$ ist!

Applet 7y98tc

6.08 Kurven mit der Parameterdarstellung

$X(t) = (r_1 \cdot \sin(a \cdot t + c) \mid r_2 \cdot \sin(b \cdot t + d))$ mit $r_1, r_2, a, b \in \mathbb{R}^+$ und $c, d \in \mathbb{R}$ sowie $t \in \mathbb{R}_0^+$

heißen **Lissajouskurven**. Wir setzen im Folgenden der Einfachheit halber $r_1 = r_2 = 4$ und $c = d = 0$, dh. betrachten Lissajouskurven mit der Parameterdarstellung

$X(t) = (4 \cdot \sin(a \cdot t) \mid 4 \cdot \sin(b \cdot t))$ mit $a, b \in \mathbb{Z}^+$ und $t \in [0; 2\pi)$.

1) Betrachte zunächst die Kurven mit den in der Tabelle angegebenen Werten von a und b. Stelle eine Vermutung auf, wovon die Form der entstehenden Kurve abhängt!

a	1	2	3	2	4	6	3	6	9	4	8	12
b	1	2	3	1	2	3	1	2	3	1	2	3

2) Ergibt sich für $a = 2$ und $b = 8$ dieselbe Kurve wie für $a = 8$ und $b = 2$? Wenn nicht, worin unterscheiden sich die beiden Kurven?

3) Ein Harmonograph ist ein mechanisches Gerät, mit dem man zwei normal zueinander erfolgende harmonische Schwingungen in eine Lissajouskurve umsetzen kann. Die Abbildung zeigt ein einfaches Gerät dieser Art. Ein an einer Schnur hängender Becher ist mit Sand gefüllt und enthält an der Unterseite ein kleines Loch. Führt der Becher eine harmonische Schwingung in x-Richtung und gleichzeitig die Unterlage eine harmonische Schwingung in der dazu normalen y-Richtung aus, überlagern sich die beiden Schwingungen und der aus dem Loch rieselnde Sand zeichnet eine Kurve auf der Unterlage. Begründe, dass diese Kurve eine Lissajouskurve ist!

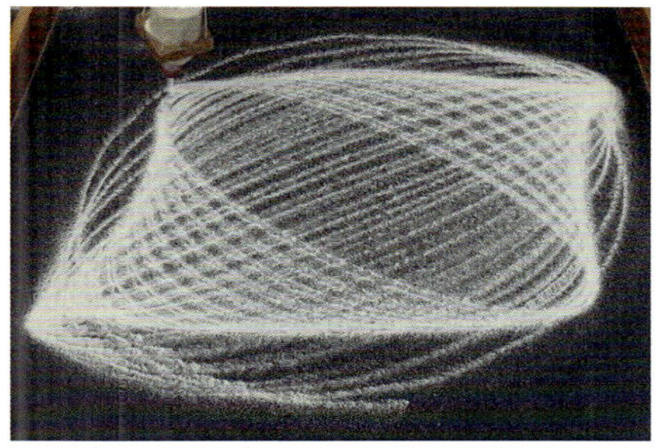

6.09 Eine Kreisscheibe mit dem Radius r rollt ohne zu gleiten auf einer Geraden ab (wie zB. ein Rad auf einer geradlinigen Straße). Dabei durchläuft ein Punkt X, der mit der Kreisscheibe fest verbunden ist, eine Kurve, die man **Zykloide** nennt. Abhängig vom Abstand d des Punktes X vom Mittelpunkt M der Kreisscheibe hat die Zykloide verschiedene Formen.

Applet vt68k4

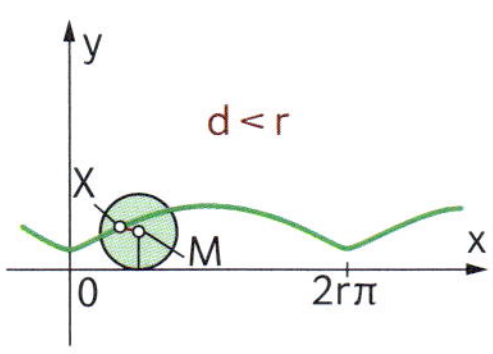

gestreckte Zykloide

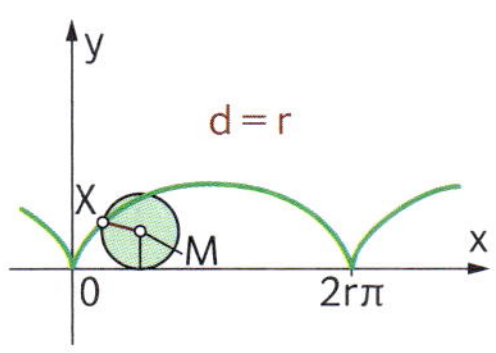

gespitzte Zykloide

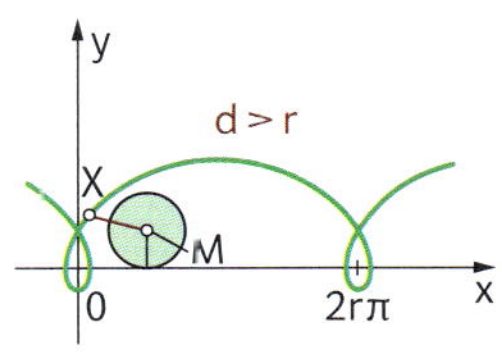

geschlungene Zykloide

Man kann zeigen, dass eine Zykloide die folgende Parameterdarstellung besitzt:

$X(t) = (r \cdot t - d \cdot \sin(t) \mid r - d \cdot \cos(t))$ mit $r \in \mathbb{R}^+$, $d \in \mathbb{R}_0^+$ und $t \in \mathbb{R}$

a) Setze $r = 3$ und $0 \leq d \leq 6$! Beschreibe mit Technologieeinsatz, wie sich die Zykloide bei Vergrößerung von d ändert!

b) Ordne ohne Verwendung von Technologie jeder Parameterdarstellung in der linken Tabelle die entsprechende Kurve aus der rechten Tabelle zu!

$X(t) = (4 \cdot t - 3 \cdot \sin(t) \mid 4 - 3 \cdot \cos(t))$	
$X(t) = (3 \cdot t - 4 \cdot \sin(t) \mid 3 - 4 \cdot \cos(t))$	
$X(t) = (3 \cdot t - 3 \cdot \sin(t) \mid 3 - 3 \cdot \cos(t))$	

B	gestreckte Zykloide
C	gespitzte Zykloide
D	geschlungene Zykloide

6.10 Eine Kreisscheibe mit dem Radius r befinde sich im Inneren eines größeren Kreises mit dem Radius R und rolle ohne zu gleiten auf diesem größeren Kreis ab. Dabei beschreibt ein Punkt X, der mit der Kreisscheibe fest verbunden ist, eine Kurve, die man **Hypozykloide (Inradlinie)** nennt. Je nach dem Abstand d des Punktes X vom Mittelpunkt der Kreisscheibe hat die Hypozykloide verschiedene Formen:

Applet f87t85

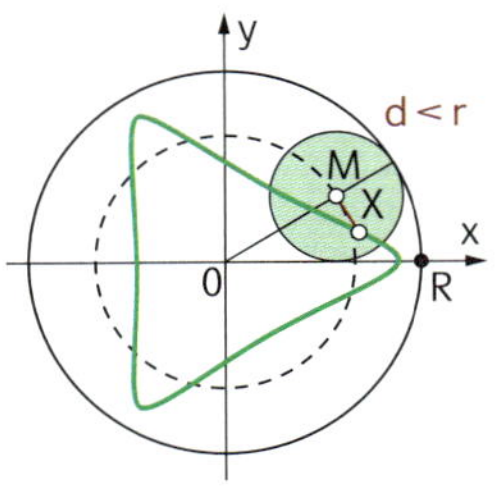

gestreckte Hypozykloide

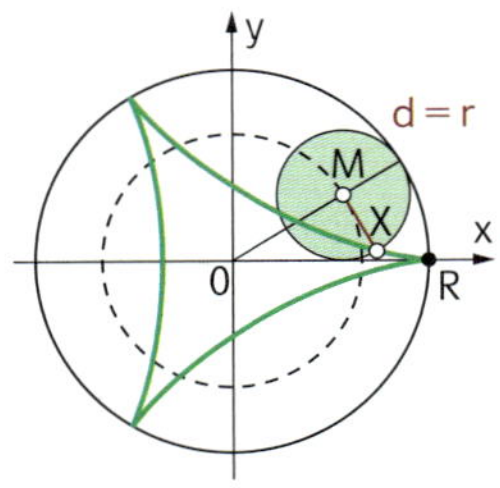

gespitzte Hypozykloide

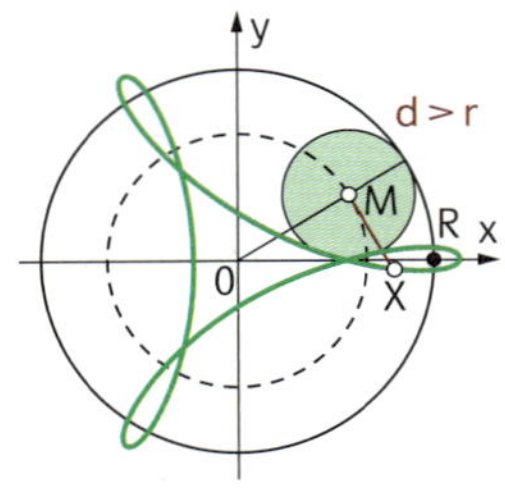

geschlungene Hypozykloide

Man kann zeigen, dass eine Hypozykloide die folgende Parameterdarstellung besitzt:

$$X(t) = \left((R-r)\cdot\cos(t) + d\cdot\cos\left(\frac{R-r}{r}\cdot t\right) \,\middle|\, (R-r)\cdot\sin(t) + d\cdot\sin\left(\frac{R-r}{r}\cdot t\right)\right) \text{ mit } t \in \mathbb{R}$$

Ist das Verhältnis R : r ganzzahlig, dann schließt sich die Kurve nach einem Umlauf des kleinen Kreises längs des großen Kreises. Ist R : r rational, aber nicht ganzzahlig, dann schließt sich die Kurve erst nach mehreren Umläufen. Ist R : r irrational, schließt sich die Kurve nie.

a) Betrachte mit Technologieeinsatz Zykloiden mit selbst gewählten Werten für R, r und d!

b) Beschreibe mit Technologieeinsatz die Formen von Hypozykloiden in folgenden Schritten:
1) $d = 0$. Variiere R und r! **2)** $R = 2r$. Variiere r und d! **3)** $R : r = n \in \mathbb{N}^*$. Variiere d!

6.11 Eine Kreisscheibe mit dem Radius r befinde sich im Äußeren eines größeren Kreises mit dem Radius R und rolle ohne zu gleiten auf diesem größeren Kreis ab. Dabei beschreibt ein Punkt X, der mit der Kreisscheibe fest verbunden ist, eine Kurve, die man **Epizykloide (Aufradlinie)** nennt. Abhängig vom Abstand d des Punktes X vom Mittelpunkt der Kreisscheibe hat die Epizykloide verschiedene Formen:

Applet px76hv

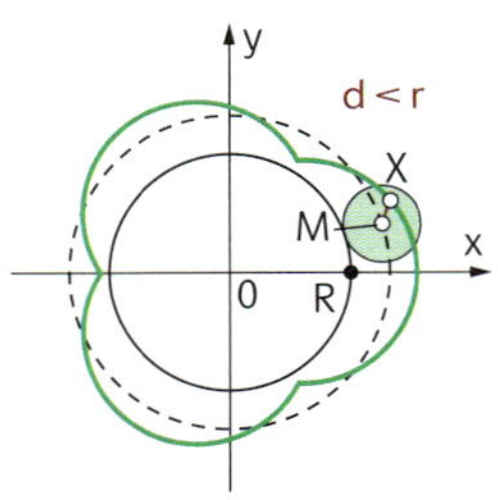

gestreckte Epizykloide

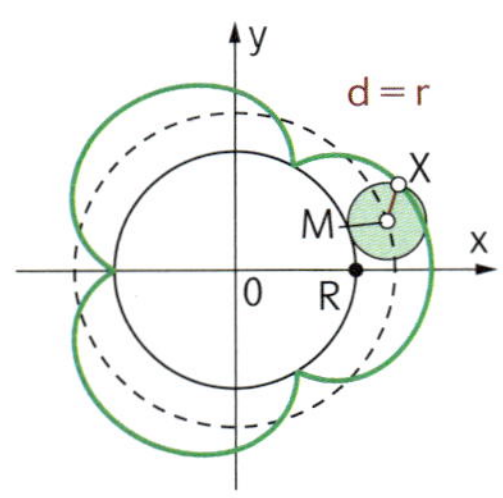

gespitzte Epizykloide

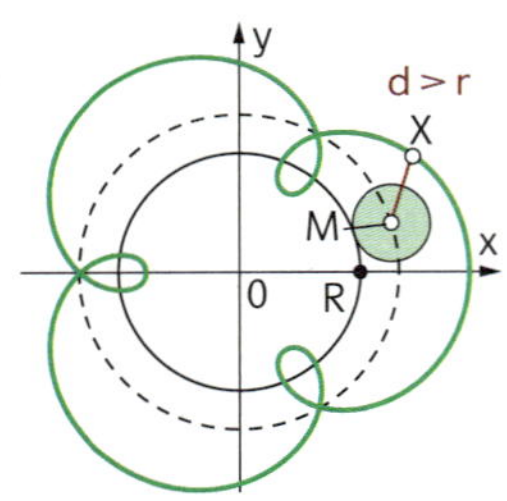

geschlungene Epizykloide

Man kann zeigen, dass eine Epizykloide die folgende Parameterdarstellung besitzt:

$$X(t) = \left((R+r)\cdot\cos(t) - d\cdot\cos\left(\frac{R+r}{r}\cdot t\right) \,\middle|\, (R+r)\cdot\sin(t) - d\cdot\sin\left(\frac{R+r}{r}\cdot t\right)\right) \text{ mit } t \in \mathbb{R}$$

Ist das Verhältnis R : r ganzzahlig, dann schließt sich die Kurve nach einem Umlauf des kleinen Kreises längs des großen Kreises. Ist R : r rational, aber nicht ganzzahlig, dann schließt sich die Kurve erst nach mehreren Umläufen. Ist R : r irrational, schließt sich die Kurve nie.

a) Setze $R = 5$, $r = 1$ und $0 \leq d \leq 5$! Beschreibe mit Hilfe von Technologie, wie sich die Zykloide bei Vergrößerung von d ändert!

b) Betrachte mit Technologieeinsatz Zykloiden mit selbst gewählten Werten für R, r und d!

Polardarstellung von Kurven in der Ebene

kompakt Seite 127

Man kann jeden Punkt X einer Kurve k in $\mathbb{R}^2$, die nicht durch O geht, durch den **Polarabstand r** und den **Polarwinkel φ** von X festlegen. Dazu genügt es, r als Funktion von φ anzugeben, also **r: φ ↦ r(φ)**. Dadurch wird jedem φ in einem vorgegebenen Intervall genau ein Punkt $X = [r(\varphi) \mid \varphi]$ auf der Kurve zugeordnet. Eine solche Darstellung bezeichnet man als **Polardarstellung der Kurve k**.

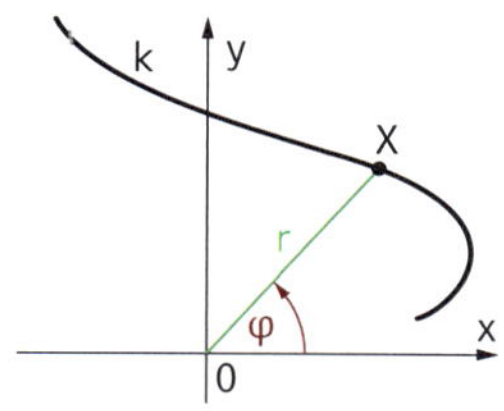

6.12 Ein Gedankenexperiment: Eine Scheibe dreht sich mit konstanter Winkelgeschwindigkeit ω im Gegenuhrzeigersinn. Eine kleine Raupe befindet sich zum Zeitpunkt t = 0 im Mittelpunkt M der Scheibe und kriecht mit der konstanten Geschwindigkeit v radial nach außen. Auf welcher Kurve bewegt sich die Raupe für einen Beobachter, der von oben auf die Scheibe blickt?

LÖSUNG: Da sich die Scheibe mit konstanter Winkelgeschwindigkeit ω dreht, gilt für das Bogenmaß φ des Drehwinkels zum Zeitpunkt t:

(1) $\varphi = \omega \cdot t$

Da die Raupe mit der konstanten Geschwindigkeit v nach außen kriecht, gilt für ihre Entfernung vom Mittelpunkt M zum Zeitpunkt t:

(2) $r = v \cdot t$

Aus (1) und (2) folgt:

$$r = v \cdot t = v \cdot \frac{\varphi}{\omega} = \frac{v}{\omega} \cdot \varphi.$$

Somit erhalten wir folgende Polardarstellung der gesuchten Kurve:

$$r(\varphi) = \frac{v}{\omega} \cdot \varphi$$

Diese Kurve bezeichnet man als **Archimedische Spirale**.
Sie ist nebenstehend für $\frac{v}{\omega} = 2$ und $\varphi \in [0; 6\pi]$ abgebildet.

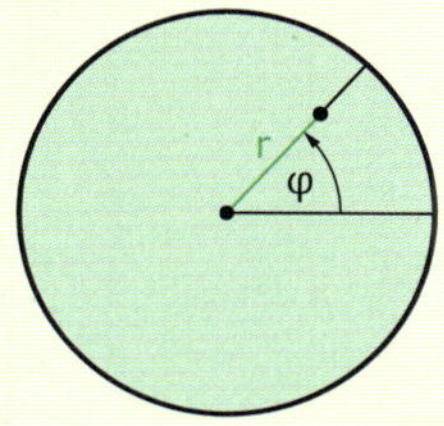

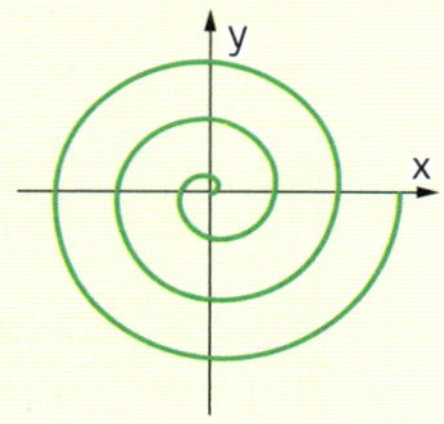

AUFGABEN

Applet jh6s5j

6.13 Zeichne mit Technologieeinsatz Archimedische Spiralen mit verschiedenen selbst gewählten Werten für v und ω! Beschreibe, wie sich die Form der Spirale ändert, wenn
1) v (bei konstantem ω), **2)** ω (bei konstantem v) wächst!

Applet p8f64t

6.14 Eine Kurve mit der Polardarstellung $r(\varphi) = c \cdot e^{a\varphi}$ (mit $c, a \in \mathbb{R}^+$) heißt **logarithmische Spirale**. Sie ist in der nebenstehenden Abbildung für c = 1,1 und a = 0,08 dargestellt. Zeichne mit Technologieeinsatz logarithmische Spiralen mit verschiedenen, selbst gewählten Werten für c und a! Beschreibe, wie sich die Form der Spirale ändert, wenn
1) c (bei konstantem a), **2)** a (bei konstantem c) wächst!

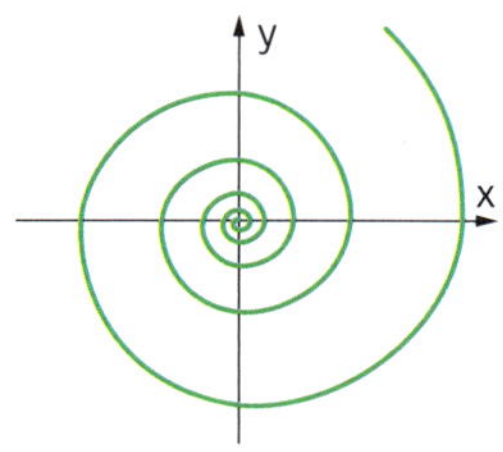

6.15 Wähle verschiedene, streng monoton steigende Funktionen $r\colon \mathbb{R}_0^+ \to \mathbb{R} \mid \varphi \mapsto r(\varphi)$ und stelle mit Technologieeinsatz fest, ob die zugehörigen Kurven eine Gemeinsamkeit aufweisen!

Applet z2m6tn

6.16 Von einer Kurve kennt man die folgende Polardarstellung. Variiere die Werte der Parameter und stelle die jeweilige Kurve mit Technologieeinsatz dar!

a) Kardioide (Herzkurve): $r(\varphi) = 2a \cdot (1 + \cos(\varphi))$

b) Cartesisches Blatt: $r(\varphi) = \frac{3a \cdot \sin\varphi \cdot \cos\varphi}{\sin^3\varphi + \cos^3\varphi}$

c) Nephroide: $r(\varphi) = a + 2 \cdot a \cdot \sin\left(\frac{\varphi}{2}\right)$

d) Rosenkurve: $r(\varphi) = c \cdot \sin\left(\frac{a}{b} \cdot \varphi\right)$

6.2 KURVEN IM RAUM

Parameterdarstellungen von Kurven im Raum

kompakt Seite 127

Kurven im Raum kann man auf analoge Weise durch eine Parameterdarstellung angeben wie Kurven in der Ebene.

Definition

Es sei I ein Intervall. Falls die Funktionen $t \mapsto x(t)$, $t \mapsto y(t)$ und $t \mapsto z(t)$ stetig sind, bezeichnet man die Punktmenge

$$\mathbf{k = \{X(t) \in \mathbb{R}^3 \mid t \in I\} = \{(x(t), y(t), z(t)) \in \mathbb{R}^3 \mid t \in I\}}$$

als **Kurve in $\mathbb{R}^3$**.

Die Gleichung $\mathbf{X(t) = (x(t) \mid y(t) \mid z(t))}$ bezeichnet man als **Parameterdarstellung der Kurve k**.

Durch diese Parameterdarstellung wird jedem Parameterwert $t \in I$ genau ein Punkt X(t) der Kurve k zugeordnet. Durchläuft t das Intervall I, dann durchläuft der Punkt X(t) die Kurve k.

Applet c3gc6k

Beispiel: Parameterdarstellung einer Schraubenlinie

Wir betrachten die in der nebenstehenden Abbildung dargestellte Schraubenlinie mit dem „Radius" r und der „Ganghöhe" h. Für einen Punkt $X(t) = (x(t) \mid y(t) \mid z(t))$ auf der Schraubenlinie gilt:

$$x(t) = r \cdot \cos(t),\ y(t) = r \cdot \sin(t),\ z(t) = c \cdot t$$

Dabei ist c so zu bestimmen, dass $z(2\pi) = c \cdot 2\pi = h$ ist, also $c = \frac{h}{2\pi}$.

Damit erhält man folgende Parameterdarstellung der Schraubenlinie:

$$X(t) = \left(r \cdot \cos(t) \,\middle|\, r \cdot \sin(t) \,\middle|\, \frac{h}{2\pi} \cdot t\right) \text{ mit } t \in \mathbb{R}$$

Die Schraubenlinie S kann man so darstellen:

$$S = \left\{X(t) \in \mathbb{R}^3 \,\middle|\, X = \left(r \cdot \cos(t) \,\middle|\, r \cdot \sin(t) \,\middle|\, \frac{h}{2\pi} \cdot t\right) \wedge \ t \in \mathbb{R}\right\} =$$

$$= \left\{(x(t) \mid y(t) \mid z(t)) \in \mathbb{R}^3 \mid x(t) = r \cdot \cos(t) \wedge y(t) = r \cdot \sin(t) \wedge z(t) = \frac{h}{2\pi} \cdot t \wedge t \in \mathbb{R}\right\}$$

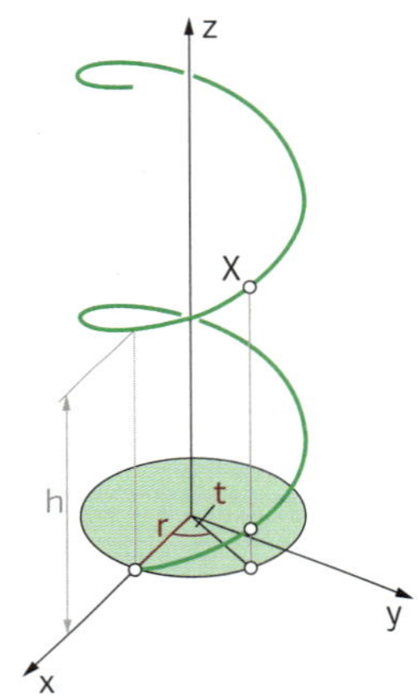

Beachte, dass sich die Schraubenlinie unter der xy-Ebene fortsetzt!

AUFGABEN

6.17 Stelle die folgende Raumkurve mit Technologieeinsatz grafisch dar und beschreibe ihre Form!

a) $X(t) = (t \mid 2t \mid 3t)$ mit $t \in \mathbb{R}$

b) $X(t) = (t \mid t \mid t^2)$ mit $t \in \mathbb{R}$

c) $X(t) = (t \mid t^2 \mid 0)$ mit $t \in \mathbb{R}$

d) $X(t) = (t \mid 0 \mid \sqrt{t})$ mit $t \in \mathbb{R}_0^+$

e) $X(t) = (3 \cdot \cos(t) \mid 3 \cdot \sin(t) \mid t)$ mit $t \in [-4\pi; 4\pi]$

f) $X(t) = \left(\frac{t}{3} \cdot \cos(t) \,\middle|\, \frac{t}{3} \cdot \sin(t) \,\middle|\, \frac{t}{3}\right)$ mit $t \in [0; 4\pi]$

g) $X(t) = (2 + \cos(t) \mid \sin(t) \mid 0)$ mit $t \in [0; 2\pi]$

h) $X(t) = (4 \cdot \cos(t) \mid 1 \mid 4 \cdot \sin(t))$ mit $t \in [0; 2\pi]$

6.18 Gib an, in welcher der drei Koordinatenebenen des Raumes der folgende Kreis liegt!

a) $X(t) = (\cos(t) \mid \sin(t) \mid 0)$ mit $t \in [0; 2\pi)$

b) $X(t) = (0 \mid \sin(t) \mid \cos(t))$ mit $t \in [0; 2\pi)$

L TECHNOLOGIE KOMPAKT

GEOGEBRA / CASIO CLASS PAD II

Konstruktion einer Kurve in der Ebene mit Hilfe ihrer Gleichung

GeoGebra

Grafik-Ansicht:
Eingabe: *Gleichung der Kurve* [ENTER]
Ausgabe → *Kurve in der Ebene*

Casio Class Pad II

BEMERKUNG: Das CPII kann durch (implizite) Gleichungen gegebene Kurven nur als Funktionen in x oder in y darstellen. Daher müssen die Gleichungen ggf. in einzelne Funktionen aufgetrennt werden.
Iconleiste – Main – Menüleiste – Aktion – Weiterführend –
solve(*Gleichung der Kurve, x (oder y)*) [EXE]
Ausgabe → *Liste der Lösungen*
Symbolleiste – [Graph-Symbol] – Lösungen mittels Drag & Drop in das untere Fenster ziehen
Ausgabe → *(aus Funktionen zusammengesetzte) Kurve in der Ebene*

Konstruktion einer Kurve in der Ebene mit Hilfe ihrer Parameterdarstellung

GeoGebra

Grafik-Ansicht:
Eingabe: Kurve(*x(t), y(t), t, a, b*) [ENTER]
Ausgabe → *Kurve mit Parameterdarstellung* $X(t) = (x(t) | y(t))$, $t \in [a; b]$

Casio Class Pad II

Iconleiste – Menu – Grafik & Tabelle – Statusleiste – 2π –
Symbolleiste – [▼] – [Xt=] – Eingabe: *x(t), y(t)* [EXE] –
Symbolleiste – [Fenster-Symbol] – tmin: *a* – max: *b* – [OK] –
Symbolleiste – [Graph-Symbol]
Ausgabe → *Kurve mit Parameterdarstellung* $X(t) = (x(t) | y(t))$, $t \in [a; b]$
HINWEIS: [*t*] findet man unter [Keyboard] – [Math2]

Konstruktion einer Kurve in der Ebene mit Hilfe ihrer Polardarstellung

GeoGebra

Grafik-Ansicht:
Eingabe: Kurve((*r(φ); φ*), *φ, a, b*) [ENTER]
Ausgabe → *Kurve mit Polardarstellung* $X(\varphi) = [r(\varphi) | \varphi]$, $\varphi \in [a; b]$

Casio Class Pad II

Iconleiste – Menu – Grafik & Tabelle – Statusleiste – 2π –
Symbolleiste – [▼] – [r=] – Eingabe: *r(Θ)* [EXE] –
Symbolleiste – [Fenster-Symbol] – tmin: *a* – max: *b* – [OK] –
Symbolleiste – [Graph-Symbol]
Ausgabe → *Kurve in Polardarstellung* $r(\theta)$, $\theta \in [a; b]$
HINWEIS: [*θ*] findet man unter [Keyboard] – [Math2]

Konstruktion einer Kurve im Raum mit Hilfe ihrer Parameterdarstellung

GeoGebra

3D-Grafik-Ansicht:
Eingabe: Kurve(*x(t), y(t), z(t), t, a, b*) [ENTER]
Ausgabe → *Kurve mit Parameterdarstellung* $X(t) = (x(t) | y(t) | z(t))$, $t \in [a; b]$

Casio Class Pad II

Iconleiste – Menu – 3D-Grafik – Statusleiste – 2π –
Symbolleiste – [Z=] (zur Auswahl von [Xst]) –
Eingabe: *x(t), y(t), z(t)* [EXE] –
Symbolleiste – [Fenster-Symbol] – tmin: *a* – max: *b* – [OK] –
Symbolleiste – [3D-Graph-Symbol]
Ausgabe → *Kurve in Parameterdarstellung* $X(t) = (x(t) | y(t) | z(t))$, $t \in [a; b]$

Für konkrete Anleitungen siehe Technologietrainingshefte

L KOMPETENZCHECK

AUFGABEN VOM TYP 1

6.19 Gegeben ist der Kreis $k = \{(x(t) \mid y(t)) \in \mathbb{R}^2 \mid x(t) = r \cdot \cos(t) \ \wedge \ y(t) = r \cdot \sin(t) \ \wedge \ t \in [0; 4\pi)\}$.
Kreuze die zutreffende(n) Aussage(n) an!

Der Kreis wird unendlich oft im Uhrzeigersinn durchlaufen.	☐
Der Kreis wird mindestens einmal im Gegenuhrzeigersinn durchlaufen.	☐
Der Kreis wird genau einmal im Uhrzeigersinn durchlaufen.	☐
Der Kreis wird genau einmal im Gegenuhrzeigersinn durchlaufen.	☐
Der Kreis wird genau zweimal im Gegenuhrzeigersinn durchlaufen.	☐

6.20 Gegeben ist der Kreis $k = \{(x(t) \mid y(t)) \in \mathbb{R}^2 \mid x(t) = \cos(t) \ \wedge \ y(t) = \sin(t) \ \wedge \ t \in [0; 4\pi)\}$.
Kreuze die zutreffende(n) Aussage(n) an!

Dem Parameterwert $t = \pi$ entspricht der Punkt $(0 \mid -1)$.	☐
Dem Parameterwert $t = 3\pi$ entspricht der Punkt $(-1 \mid 0)$.	☐
Dem Parameterwert $t = \frac{5\pi}{2}$ entspricht der Punkt $(0 \mid 1)$.	☐
Dem Parameterwert $t = \frac{7\pi}{2}$ entspricht der Punkt $(1 \mid 0)$.	☐
Dem Punkt $\left(\frac{\sqrt{2}}{2} \middle\vert -\frac{\sqrt{2}}{2}\right)$ entsprechen die Parameterwerte $t = \frac{7\pi}{4}$ und $t = \frac{13\pi}{4}$.	☐

6.21 Kreuze die Kurven in $\mathbb{R}^2$ an, die nicht Graph einer reellen Funktion $x \mapsto y$ sind!

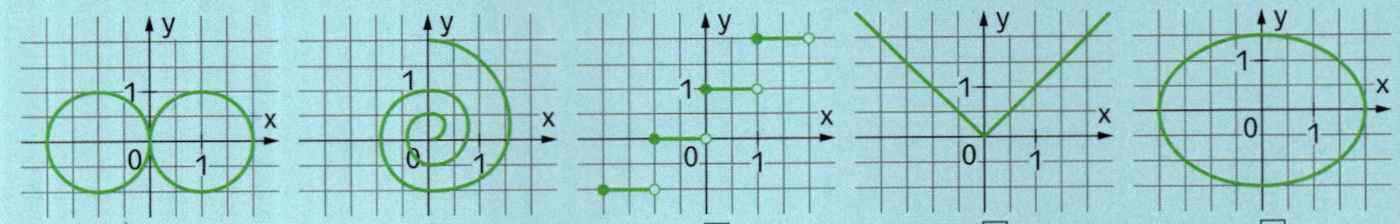

☐ ☐ ☐ ☐ ☐

6.22 Gegeben ist eine Kurve in $\mathbb{R}^2$ mit der Parameterdarstellung $X(t) = (x(t) \mid y(t))$ für $0 \leq t \leq b$.
Kreuze die zutreffenden Aussagen an!

Der Anfangspunkt der Kurve ist $(x(0) \mid y(0))$.	☐
Der Punkt $(x(2b) \mid y(2b))$ liegt auf der Kurve.	☐
Verschiedene Punkte der Kurve können den gleichen Parameterwert haben.	☐
Verschiedenen Parameterwerten kann der gleiche Punkt der Kurve entsprechen.	☐
Zu einem Punkt der Kurve können drei Parameterwerte gehören.	☐

6.23 Gegeben ist die **Neilsche Parabel** mit der Parameterdarstellung $X(t) = (t^2 \mid t^3)$ für $t \in \mathbb{R}$.
Kreuze die zutreffende(n) Aussage(n) an!

Die Kurve hat einen Anfangs- und einen Endpunkt.	☐
Dem Parameterwert $t = 0$ entspricht der Punkt $(0 \mid 0)$ auf der Kurve.	☐
Es gibt keinen Punkt auf der Kurve mit negativer erster Koordinate.	☐
Es gibt keinen Punkt auf der Kurve mit negativer zweiter Koordinate.	☐
Für jeden Punkt der Kurve ist die zweite Koordinate größer als die erste Koordinate.	☐

AUFGABEN VOM TYP 2

6.24 **Knotenparabel**

Die abgebildete Kurve k ist Teil einer so genannten Knotenparabel (parabola nodata). Sie besitzt die Parameterdarstellung:

$X(t) = \left(t^2 \middle| \frac{t}{4} \cdot (4 - t^2)\right)$ mit $t \in [-3; 3]$.

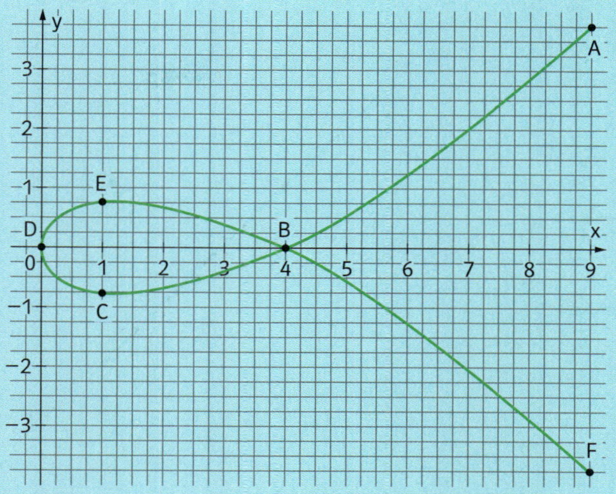

a) ▪ Gib die Parameterwerte an, die zu den Punkten A, B, C, D, E und F gehören!

▪ Gib die kartesischen Koordinaten des Anfangs- und Endpunkts der Kurve k an!

b) ▪ Zeige: Die Kurve k kann durch die Gleichung $y^2 = \frac{x}{16} \cdot (4 - x)^2$ für $0 \leq x \leq 9$ beschrieben werden.

▪ Zerlege die Kurve k in zwei Funktionsgraphen und gib Termdarstellungen der zugehörigen Funktionen an!

c) Man kann zeigen: Ist $X(t) = (x(t) \,|\, y(t))$ eine Parameterdarstellung der Knotenparabel, dann ist der aus den Ableitungen bestehende Vektor $\vec{t} = (\dot{x}(t) \,|\, \dot{y}(t))$ ein Tangentenvektor im Punkt X(t).

▪ Gib eine Formel für $\vec{t}$ an!

▪ Ermittle die Tangentenvektoren der Kurve k im Kreuzungspunkt der Kurve und zeichne die Tangenten in die Abbildung ein!

6.25 **Kardioide**

Die Abbildung zeigt eine spezielle Kardioide (Herzkurve) mit der Parameterdarstellung

$X(t) = (4 \cdot (1 - \cos(t)) \cdot \cos(t) \,|\, 4 \cdot (1 - \cos(t)) \cdot \sin(t))$ für $0 \leq t < 2\pi$.

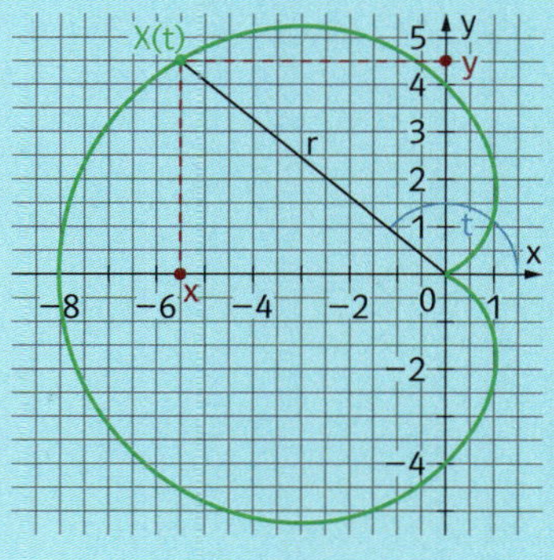

a) ▪ Berechne für diese Kardioide die Parameterwerte der Punkte auf den Koordinatenachsen!

▪ Gib die kartesischen Koordinaten dieser Punkte an!

b) ▪ Zeige, dass für den Abstand r des Punktes X(t) vom Ursprung $O = (0 \,|\, 0)$ gilt: $r = 4 \cdot (1 - \cos(t))$

▪ Berechne die kartesischen Koordinaten des Punktes auf der Kardioide, der von O den größten Abstand hat!

c) ▪ Zeige, dass die Kardioide durch die Gleichung $(x^2 + y^2)^2 + 8x \cdot (x^2 + y^2) - 16y^2 = 0$ beschrieben werden kann. Setze dazu in der Gleichung $r = 4 \cdot (1 - \cos(t))$ für r und cos(t) ein: $r = \sqrt{x^2 + y^2}$ und $\cos(t) = \frac{x}{r} = \frac{x}{\sqrt{x^2 + y^2}}$

▪ Allgemein besitzt eine Kardioide die folgende Parameterdarstellung:
$X(t) = (2a \cdot (1 - \cos(t)) \cdot \cos(t) \,|\, 2a \cdot (1 - \cos(t)) \cdot \sin(t))$ für $a \in \mathbb{R}^+$ und $0 \leq t < 2\pi$
Beschreibe mit Technologiehilfe, wie sich die Kardioide ändert, wenn a wächst!

R SEMESTERCHECK 1

AUFGABEN VOM TYP 1

AG-R 1.2 **1** Zeige: Die Gleichung $x^4 - x^2 + 1 = 0$ besitzt keine reelle Lösung.

AG-R 1.2 **2** Ein Kasten erhält einen Aufsatz wie in der Abbildung. Die Oberkante des Aufsatzes lässt sich durch die Funktion f mit $f(x) = x^2 - x^4$ modellieren. Berechne die Breite des Aufsatzes!

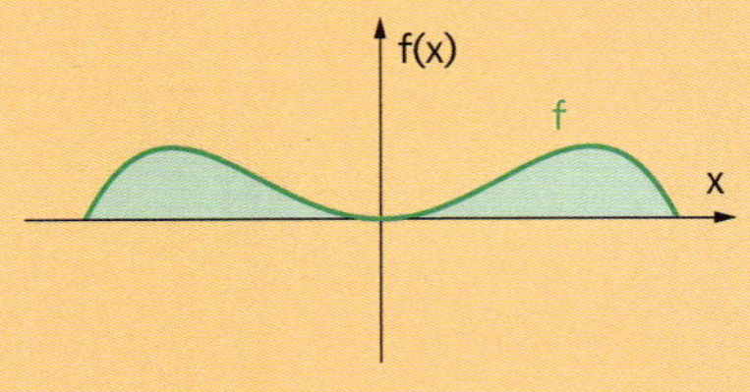

AG-R 1.2 **3** Gegeben ist die Gleichung $x^3 + ax = 0$ mit $a \in \mathbb{R}$. Ergänze durch Ankreuzen den folgenden Text so, dass eine mathematisch korrekte Aussage entsteht!

Die Gleichung besitzt genau dann ____①____, wenn ____②____ ist.

①	
keine Lösung	☐
genau eine Lösung	☒
genau zwei Lösungen	☐

②	
$a \geq 0$	☒
$a < 0$	☐
$a \neq 0$	☐

FA-R 4.1 **4** Im Folgenden sind einige Polynomfunktionen dargestellt.
Kreuze die Graphen der Funktionen an, deren Grad größer als 3 sein muss!

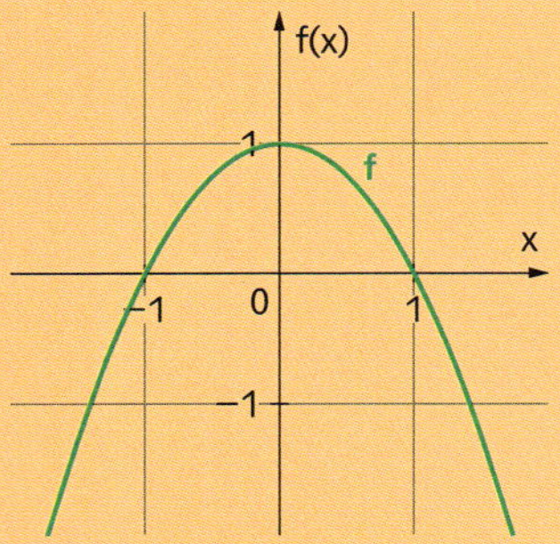

☐

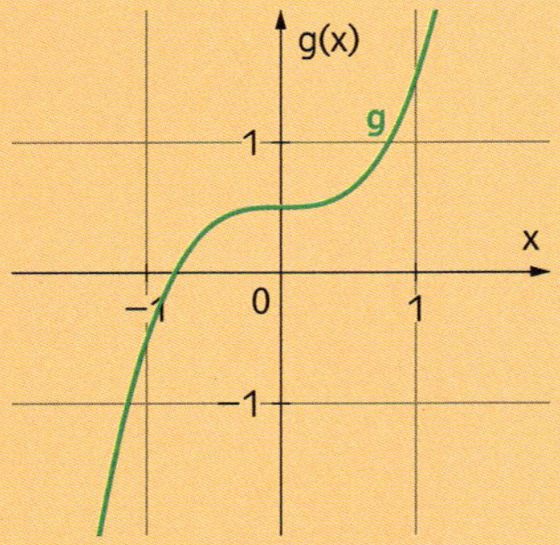

☐

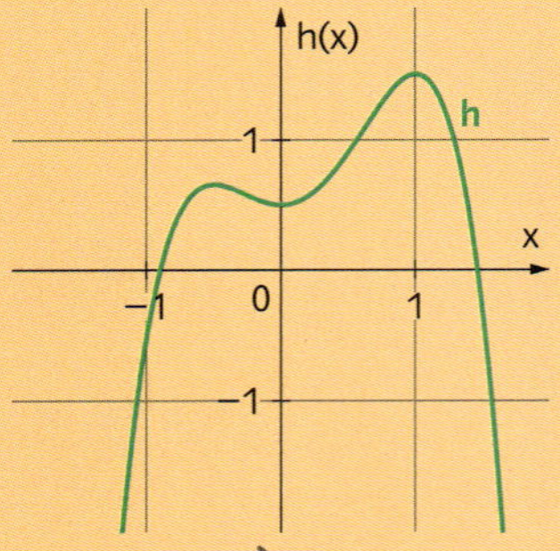

☒

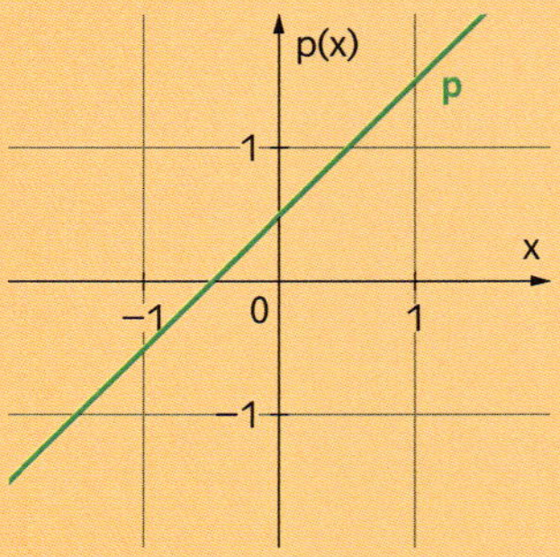

☐

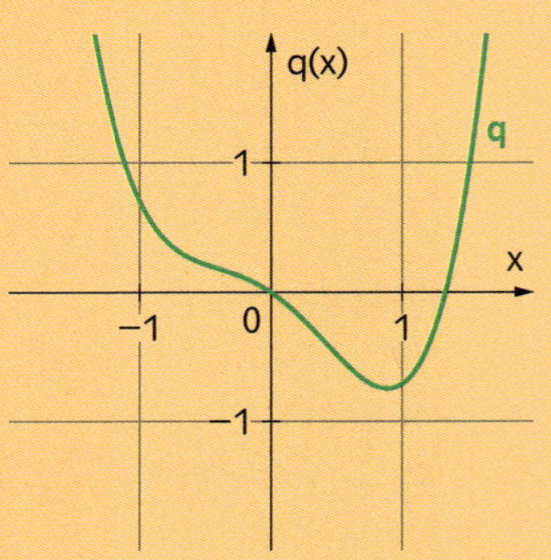

☒

FA-R 4.4 **5** Gegeben sind Polynomfunktionen, die auf ℝ definiert sind.
Kreuze die auf diese Polynomfunktionen zutreffende(n) Aussage(n) an!

Jede Polynomfunktion vom Grad ≥ 2 besitzt mindestens eine Nullstelle.	☐
Jede Polynomfunktion, die mindestens drei lokale Extremstellen hat, ist vom Grad ≥ 4.	☒
Es gibt eine Polynomfunktion, die mehr lokale Extremstellen als Nullstellen hat.	☒
Es gibt eine Polynomfunktion, die mehr Nullstellen als lokale Extremstellen hat.	☒
Es gibt eine Polynomfunktion, die gleich viele Nullstellen wie Wendestellen hat.	☒

AN-R 1.2 **6** Gegeben ist eine Zeit-Ort-Funktion s: t → s(t).
Ordne jedem Ausdruck in der linken Tabelle dessen Bedeutung in der rechten Tabelle zu!

$\frac{s(b) - s(a)}{b - a}$	B
$\lim\limits_{b \to a} \frac{s(b) - s(a)}{b - a}$	E
$\frac{s'(b) - s'(a)}{b - a}$	C
$\lim\limits_{b \to a} \frac{s'(b) - s'(a)}{b - a}$	G
s(b) – s(a)	A

A	Ortsänderung im Zeitintervall [a; b]
B	mittlere Geschwindigkeit im Zeitintervall [a; b]
C	mittlere Beschleunigung im Zeitintervall [a; b]
D	Momentangeschwindigkeit zum Zeitpunkt b
E	Momentangeschwindigkeit zum Zeitpunkt a
F	Momentanbeschleunigung zum Zeitpunkt b
G	Momentanbeschleunigung zum Zeitpunkt a

AN-R 1.3 **7** Ein Stein wird zum Zeitpunkt t = 0 lotrecht nach oben geworfen. Die Funktion h beschreibt die Höhe h(t) in Abhängigkeit von der Zeit t (t in s, h(t) in m). Interpretiere die Gleichung h′(2) = –h′(4) im gegebenen Kontext! Die Geschw. nach 2s ist nach 4s vom Betrag gleich groß

AN-R 1.3 **8** Ein Körper bewegt sich im Zeitintervall [0; 5] gemäß einer Zeit-Ort-Funktion s: t ↦ s(t) (t in s, s(t) in m). Es ist s(0) = 0 und s(5) = 25. $\frac{25}{5} = 5$
Kreuze die Aussagen an, die sicher zutreffen!

Die Funktion s ist monoton steigend in [0; 5].	☐
Die mittlere Geschwindigkeit des Körpers in [0; 5] beträgt 5 m/s.	☒
Zu genau einem Zeitpunkt in [0; 5] hat der Körper 5 m zurückgelegt.	☐
Zu mindestens einem Zeitpunkt in [0; 5] beträgt die Momentangeschwindigkeit 5 m/s.	☒
Die Momentangeschwindigkeit des Körpers ist zum Zeitpunkt 5 am größten.	☐

AN-R 1.3 **9** In der Abbildung sieht man den Graphen einer Polynomfunktion f und die Tangente an den Graphen im Punkt (1 | –1).
Gib den Differentialquotienten von f an der Stelle 1 an!

$f'(1) = 2$

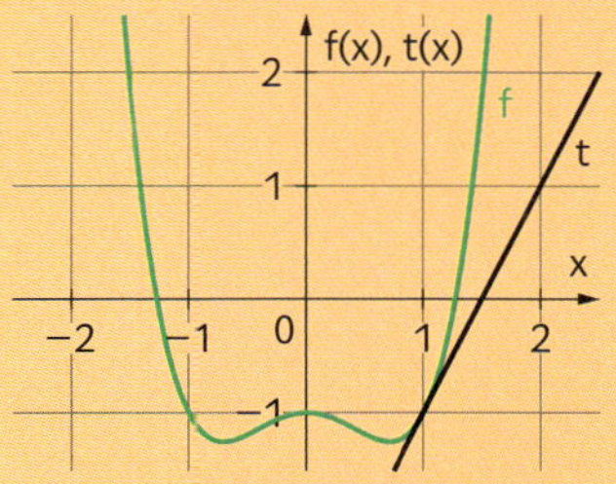

AN-R 1.3 **10** In den folgenden Abbildungen sind eine Polynomfunktion f: [−1; 4] → ℝ und ihre Ableitungsfunktion f′: [−1; 4] → ℝ dargestellt.
Gib die Steigung der Tangente an den Graphen von f an der Stelle 2 an und zeichne die Tangente von f an dieser Stelle mit Hilfe der ermittelten Steigung ein!

$f'(2) = -1$

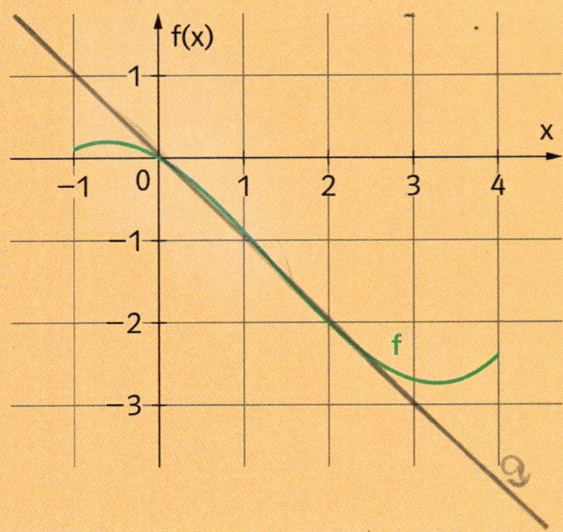

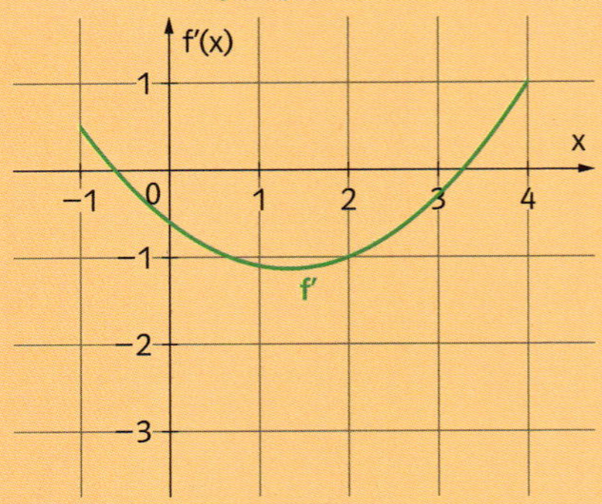

AN-R 2.1 **11** Gegeben ist die Zeit-Ort-Funktion s mit $s(t) = 0{,}1 \cdot (t^3 + t^2 + t + 70)$ (t in s, s(t) in m).
Ermittle die Momentangeschwindigkeit zum Zeitpunkt t = 0,5 min und gib diese in km/h an!

$s'(t) = 0{,}1 \cdot (3t^2 + 2t + 1)$ $s'(30) = 276{,}1$ m/s $= 993{,}96$ km/h

AN-R 2.1 **12** Für die Polynomfunktion f mit $f(x) = ax^3 + 2x^2 + 3x + 4$ gilt $f'''(5) = 12$.
Ermittle den Koeffizienten a! $f'(x) = 3ax^2 + 4x + 3$ $f'''(x) = 6a \Rightarrow a = 2$
$f''(x) = 6ax + 4$

AN-R 3.1 **13** In der Abbildung ist die Ableitungsfunktion f′ einer Funktion f dargestellt. Gib eine mögliche Termdarstellung von f an!

f(x) = X ____________________

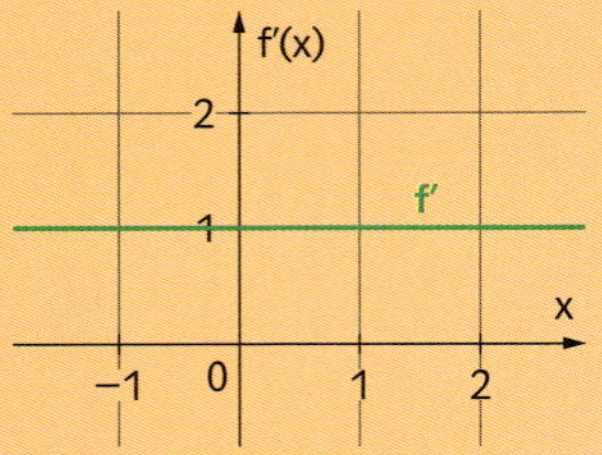

AN-R 3.1 **14** In der folgenden Abbildung ist eine Polynomfunktion f vom Grad 2 dargestellt.
Die Geraden s und t sind parallel.
Kreuze die zutreffende(n) Aussage(n) an!

$f(2) = 0$	☐
$\frac{s(2) - s(0)}{2} > \frac{t(2) - t(0)}{2}$	☐
$\frac{s(2) - s(0)}{2} = f'(1)$	☒
$f'(2) = 0$	☒
$f'(0) = f'(4)$	☐

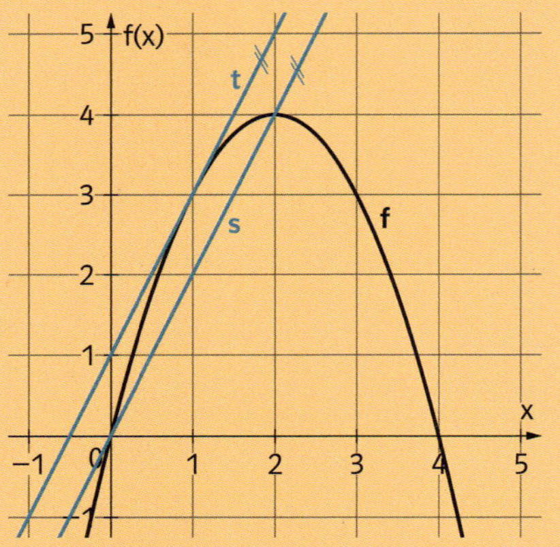

AN-R 3.1 **15** Die Funktion T: $\mathbb{R}_0^+ \to \mathbb{R} \mid t \mapsto T(t)$ mit t in s und T(t) in °C beschreibt den Verlauf der Temperatur in einem Gefrierschrank, der zum Zeitpunkt $t = 0$ geschlossen wurde. Wir nehmen an, dass die Temperatur danach abnimmt.
Für die Funktion T gilt: $T(60) = -10{,}5$ und $T'(60) = -0{,}02$.
Kreuze alle Aussagen an, die auf die Funktion T bzw. den durch T beschriebenen Sachverhalt zutreffen!

$T(61) \approx -10{,}52\,°C$.	☒
Eine Minute nach dem Schließen fällt die Temperatur im Gefrierschrank um ca. 2 Zehntel °C pro Sekunde.	☐
Wenn für alle $t \geq 60$ zusätzlich zu den obigen Angaben $T''(t) > 0$ gilt, dann verlangsamt sich der Abkühlvorgang ab diesem Zeitpunkt.	☒
Die Änderungsgeschwindigkeit der Temperatur im Gefrierschrank nach einer Minute beträgt $-0{,}02\,°C/s$.	☒
Wenn die Temperatur im Gefrierschrank ab dem Zeitpunkt $t = 60$ linear abnimmt, dann gilt: $T(90) < -11{,}5$.	☐

AN-R 3.1 **16** Gegeben sind zwei Polynomfunktionen f: $[0; 4] \to \mathbb{R}$ mit $f(x) = ax^2 + b$ $(a, b > 0)$ und g: $[0; 4] \to \mathbb{R}$ mit $g(x) = a - bx^2$ $(a, b > 0)$. Gib an, welche dieser beiden Funktionen im Intervall $[0; 4]$ rechtsgekrümmt und welche linksgekrümmt ist!

$f'(x) = 2ax$ $f''(2a)$ links
$g'(x) = -2bx$ $g''(-2b)$ rechts

AN-R 3.1 **17** Ein Körper bewegt sich entlang einer Geraden gemäß einer Zeit-Ort-Funktion s: $[0; 12] \mid t \mapsto s(t)$, die eine Polynomfunktion ist (t in min, s(t) in m).
Für einige Zeitpunkte ist die Länge des zurückgelegten Weges in der folgenden Tabelle angegeben. Bei $t = 12$ kommt der Körper zum Stillstand.

Zeitpunkt t (in min)	Länge s(t) des zurückgelegten Weges (in m)
0	0
4	10
8	40
12	50

Für die Zeit-Ort-Funktion s gilt:
- $s''(t) > 0$ für $0 \leq t \leq 4$
- $s'(t)$ ist konstant für $4 \leq t \leq 8$
- $s''(t) < 0$ für $8 \leq t \leq 12$

Zeichne einen möglichen Graphen der Funktion s in das folgende Koordinatensystem ein!

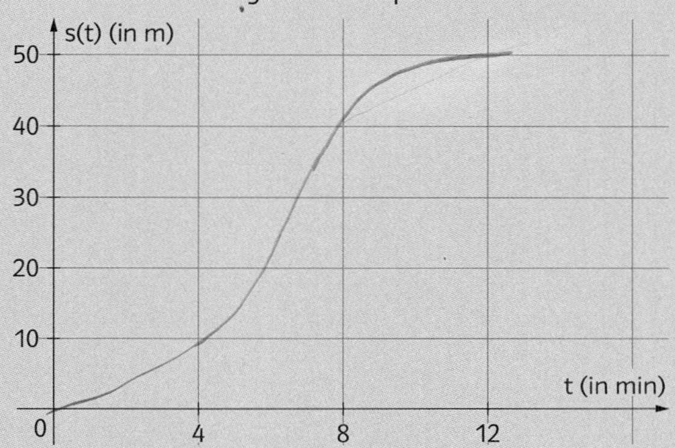

AN-R 3.2 **18** In der Abbildung ist eine Polynomfunktion f dargestellt.

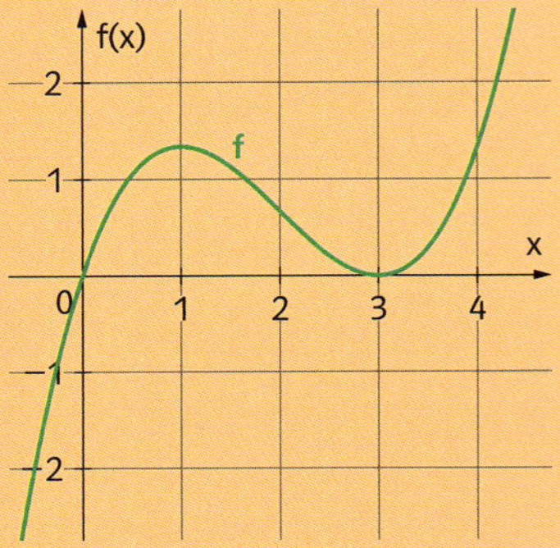

Eine der folgenden Funktionen ist die Ableitungsfunktion der Funktion f. Kreuze diese an und begründe, dass die übrigen Funktionen nicht in Frage kommen!

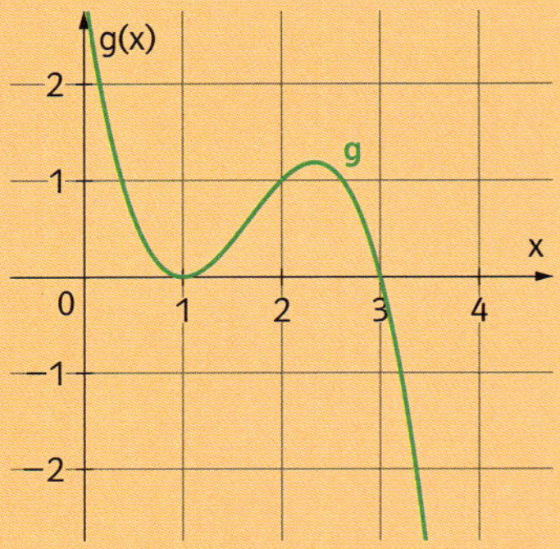

☐

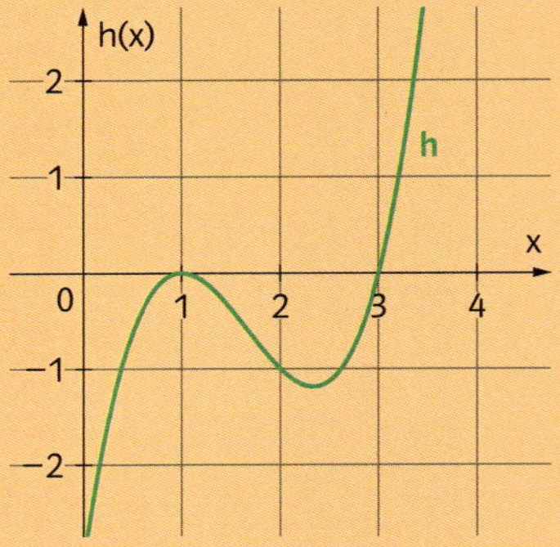

☐

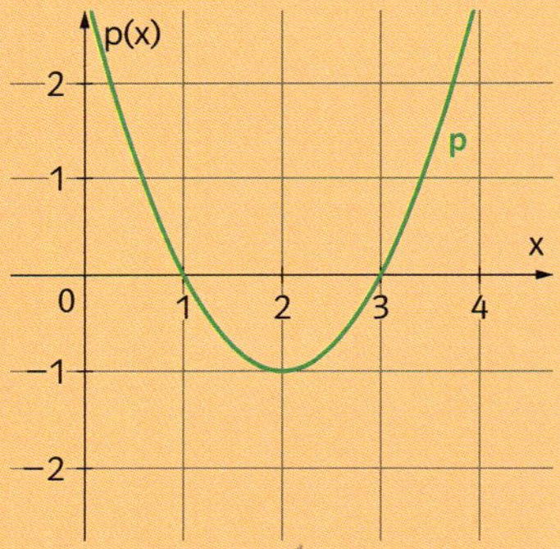

☒

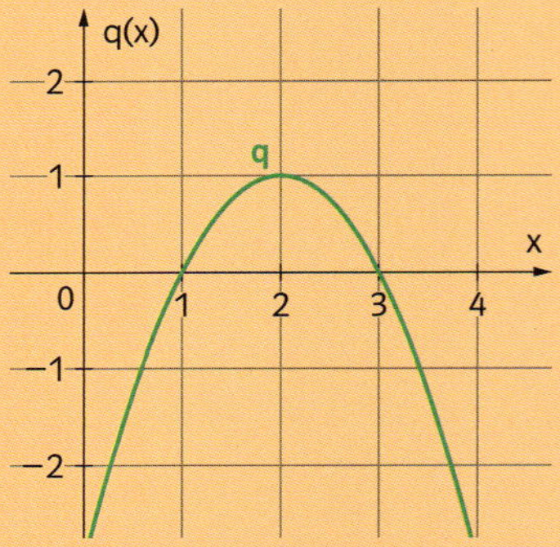

☐

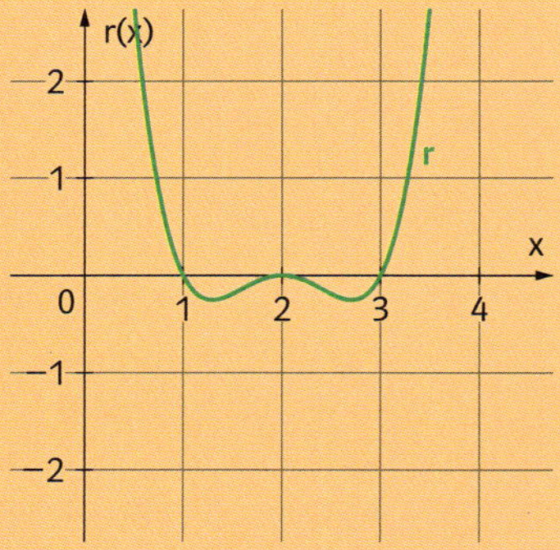

☐

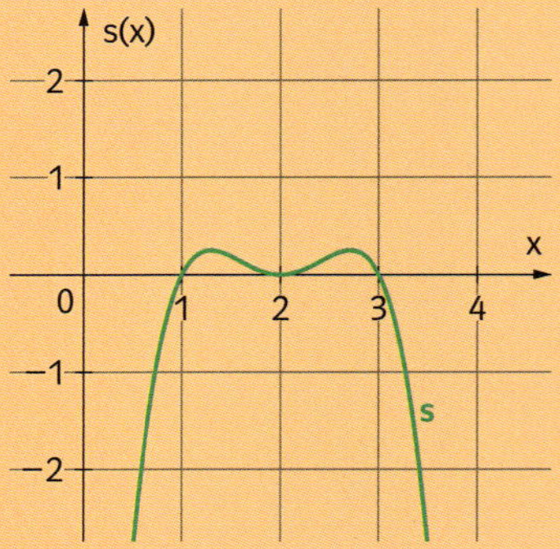

☐

AN-R 3.2 **19** In der Abbildung ist die Ableitungsfunktion f′ einer Polynomfunktion f dargestellt.

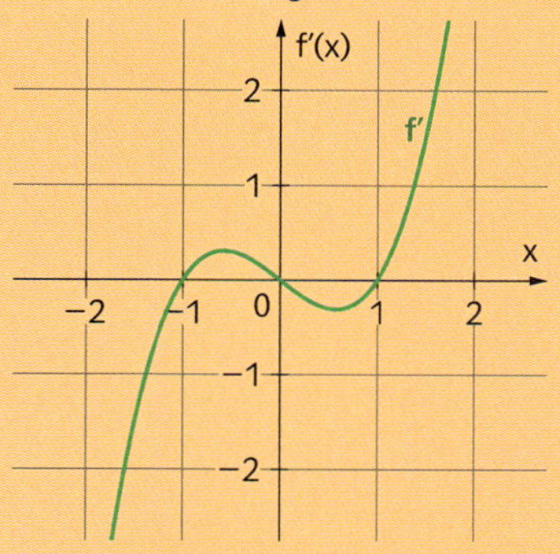

Eine der folgenden Funktionen stimmt mit der Funktion f überein.
Kreuze diese an und begründe, dass die übrigen Funktionen nicht in Frage kommen!

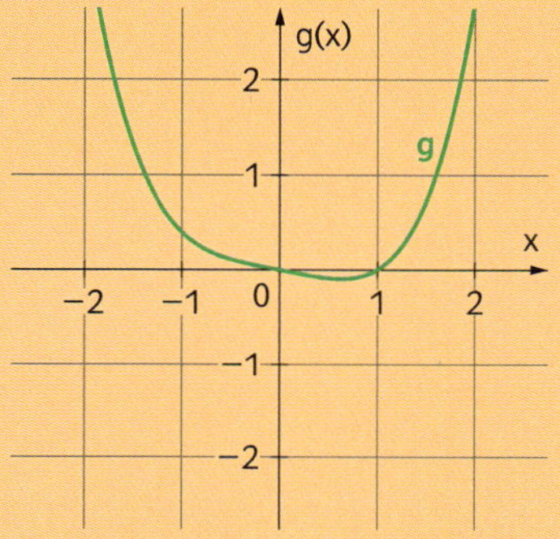

☐

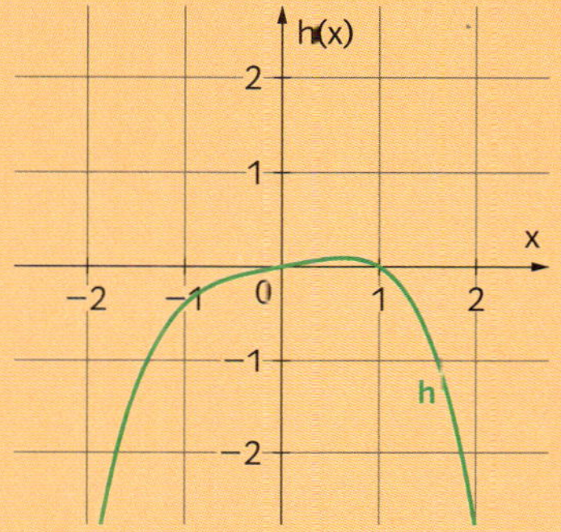

☐

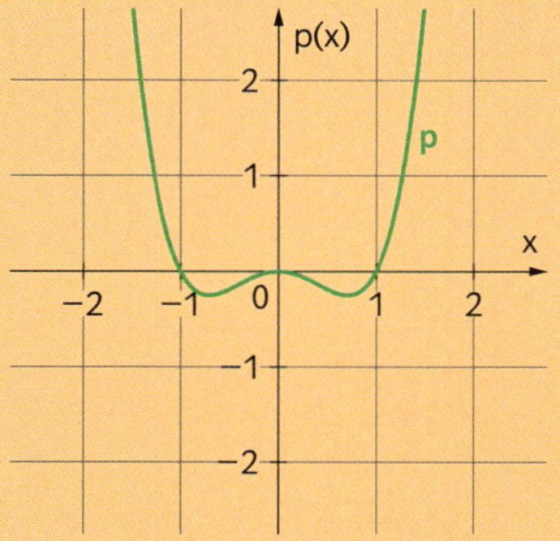

☐

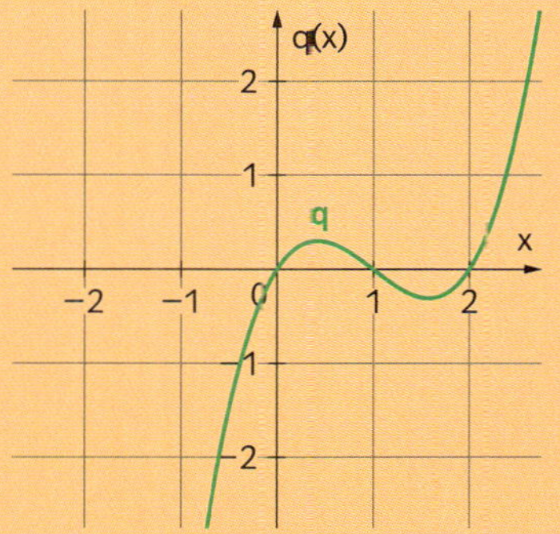

☐

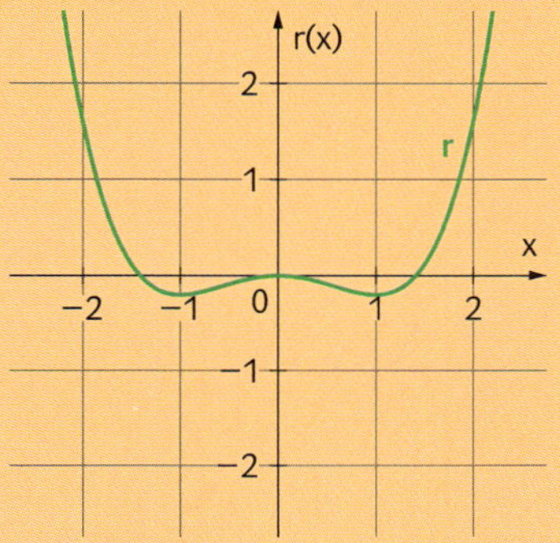

☒

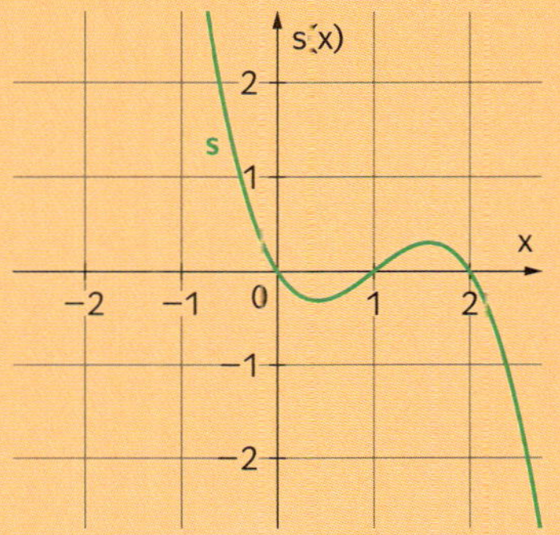

☐

AN-R 3.2 **20** Von einer Polynomfunktion f unbekannten Grades sind die in der Tabelle angeführten Werte von f, f′ und f″ bekannt. Außerdem weiß man, dass alle Nullstellen von f, f′ und f″ im Intervall [−3; 2] liegen.
Skizziere den ungefähren Verlauf des Graphen von f!

x	f(x)	f′(x)	f″(x)
−3	0,9	10,2	−26
−2	2,8	−2,4	−2,6
−1	0,5	−1,4	2,4
0	0	0	0,2
1	0,1	0,6	2,8
2	4,4	11,2	22

AN-R 3.3 **21** In der Abbildung ist eine Polynomfunktion f dargestellt.
Kreuze die zutreffende(n) Aussage(n) an!

$f'(-2) = 0$	☒
$f'(-1) < f'(1)$	☒
$f''(-2) > 0$	☐
Für $-3 \leq x \leq 1$ ist $f''(x) < 0$.	☐
An einer Stelle p zwischen −2 und 1 ist $f''(p) = 0$.	☒

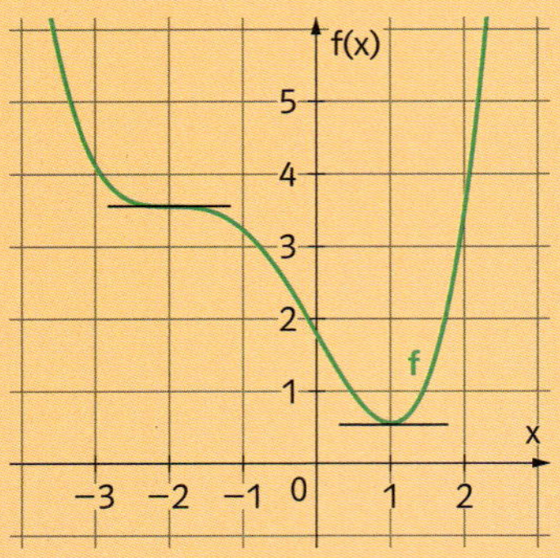

AN-R 3.3 **22** In der Abbildung ist die Ableitungsfunktion f′ einer Polynomfunktion f: [−3; 3] → ℝ dargestellt.
Kreuze die zutreffende(n) Aussage(n) an!

f hat in [−3; 3] genau zwei lokale Extremstellen.	☐
f ist in [−3; 3] streng monoton steigend.	☐
f hat in [−3; 3] genau zwei Wendestellen.	☒
f″ hat in [−3; 3] genau zwei Nullstellen.	☒
f″ ist in [−3; 3] linksgekrümmt.	☐

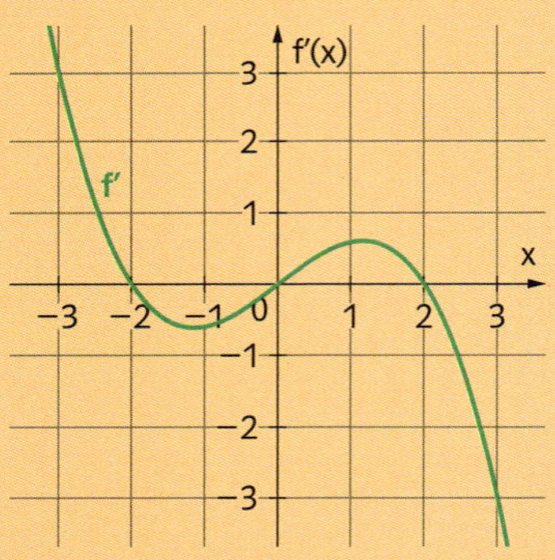

AN-R 3.3 **23** Gegeben sind eine Polynomfunktion f: ℝ → ℝ und eine Stelle $p \in \mathbb{R}$.
Ergänze die Textlücken im folgenden Satz so, dass eine mathematisch korrekte Aussage entsteht!

Wenn ____①____ und ____②____, besitzt die Funktion f an der Stelle p eine lokale Minimumstelle.

①	
$f'(p) > 0$	☐
$f'(p) = 0$	☒
$f'(p) < 0$	☐

②	
$f''(p) > 0$	☒
$f''(p) = 0$	☐
$f''(p) < 0$	☐

AN-R 3.3 **24** Berechne die maximale Steigung der Funktion f: ℝ → ℝ mit $f(x) = -x^3 - 3x^2 + 9x - 5$

AUFGABEN VOM TYP 2

FA-R 1.4
FA-R 1.7
AN-R 1.3
AN-R 2.1

1 Laktatkonzentration beim Laufen

Beim Laufen bildet sich infolge der körperlichen Belastung Laktat (Milchsäure) im Blut des Läufers, wodurch die Bewegung immer schwieriger wird. Mit steigender Laufgeschwindigkeit v (in km/h) nimmt die Laktatkonzentration (in Millimol/Liter) zwar zunächst etwas ab, nimmt aber von einer bestimmten Laufgeschwindigkeit an schnell zu. Gut trainierte Läufer können höhere Geschwindigkeiten bei vergleichsweise niedrigerer Laktatkonzentration laufen.

Der Körper muss die zum Laufen nötige Energie bereitstellen. Wenn durch die Atmung so viel Sauerstoff aufgenommen wird, wie zur Bewegung benötigt wird, spricht man von *aerober Energiegewinnung* (Energiegewinnung mit Sauerstoff). Wenn jedoch die Belastung zu groß wird und der eingeatmete Sauerstoff nicht mehr ausreicht, muss der Körper die Energie auf andere Art bereitstellen und man spricht von *anaerober Energiegewinnung* (Energiegewinnung ohne Sauerstoff). Diejenige Laufgeschwindigkeit, bei der die aerobe in die anaerobe Energiegewinnung übergeht, bezeichnet man als *anaerobe Schwelle*.

In den untenstehenden Diagrammen ist die Abhängigkeit der Laktatkonzentration L(v) von der Laufgeschwindigkeit v für zwei Sportler A und B dargestellt. Die Funktion $L: v \mapsto L(v)$ lässt sich in beiden Fällen näherungsweise durch eine Polynomfunktion dritten Grades beschreiben, deren Termdarstellung angegeben ist.

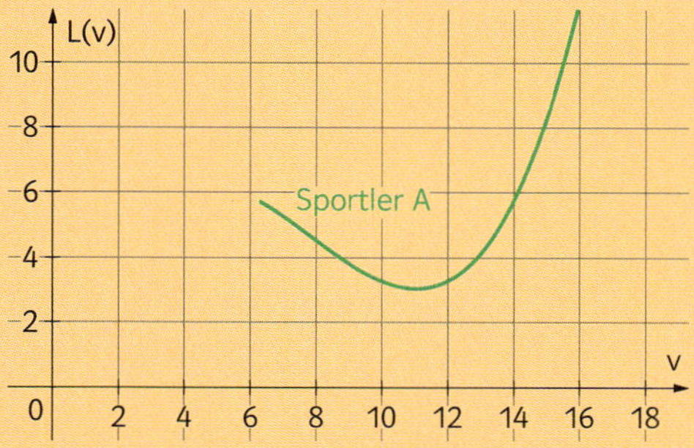

$L(v) = 0{,}025v^3 - 0{,}59v^2 + 3{,}89v - 1{,}65$

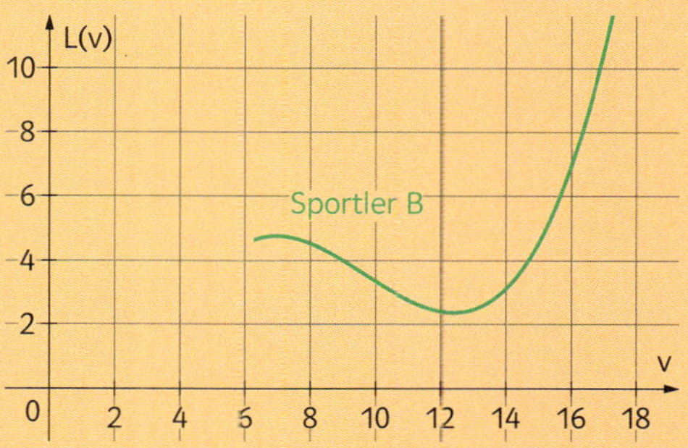

$L(v) = 0{,}03v^3 - 0{,}87v^2 + 7{,}745v - 17{,}125$

a)
- Gib an, welcher der beiden Sportler bei einer Laufgeschwindigkeit von 14 km/h die höhere Laktatkonzentration hat!
- Begründe, welcher der beiden Sportler sich in einem besseren Trainingszustand befindet!

b) Zur Ermittlung der anaeroben Schwelle gibt es verschiedene Methoden:
- Nach der *Methode von Mader* wird die anaerobe Schwelle bei einer Laktatkonzentration von 4 Millimol pro Liter erreicht.
- Nach der *Methode von Simon* wird die anaerobe Schwelle erreicht, wenn die Änderungsrate der Laktatkonzentration den Wert 1 annimmt.
- Ermittle die anaerobe Schwelle für die beiden Sportler nach der Methode von Mader näherungsweise durch Ablesen aus den Graphen!
- Ermittle die anaerobe Schwelle für die beiden Sportler nach der Methode von Simon durch Rechnung!

AG-R 2.3 **2** **Bambuswachstum**
FA-R 1.5
AN-R 1.3
AN-R 2.1

Bambus gehört zu den am schnellsten wachsenden Pflanzenarten. In einem botanischen Garten wird ein Bambussetzling ausgepflanzt und die Höhe dieser Pflanze während eines Halbjahres laufend registriert. Wir verwenden folgende Bezeichnungen:
$h(t)$ = Pflanzenhöhe zum Zeitpunkt t (t in Tagen, h(t) in cm)
$v(t)$ = Wachstumsgeschwindigkeit der Pflanzenhöhe zum Zeitpunkt t (t in Tagen, v(t) in cm/Tag)
Auf Grund der erhobenen Daten kann v(t) annähernd so beschrieben werden:

$$v(t) = 0{,}00004 \cdot t^3 - 0{,}0144 \cdot t^2 + 1{,}296 \cdot t \quad \text{für } t \in [0; 180]$$

Der Graph der Funktion $v: t \mapsto v(t)$ ist in der folgenden Abbildung dargestellt.

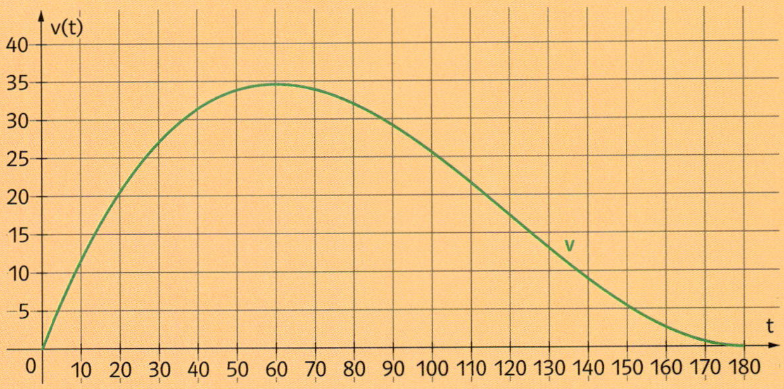

a)
- Gib an, wie die Wachstumsgeschwindigkeit der Höhe h zum Zeitpunkt t definiert ist! Formuliere diese Definition auch in der Leibniz'schen Schreibweise!
- Berechne alle Nullstellen der Funktion v und interpretiere diese im Sachzusammenhang!

b)
- Definiere den Begriff „mittlere Wachstumsbeschleunigung $\bar{a}(t, z)$ der Pflanzenhöhe h im Zeitintervall [t; z]“ und berechne die mittlere Wachstumsbeschleunigung im Zeitintervall [70; 130]!
- Ermittle die Steigung des Graphen von v an der Stelle t = 20 zuerst näherungsweise anhand der obigen Abbildung und anschließend etwas genauer durch Rechnung! Gib an, welche Bezeichnungen für diese Steigung im Sachzusammenhang üblich sind!

c)
- Berechne den Zeitpunkt t_1, zu dem die Pflanze die größte Wachstumsgeschwindigkeit im Zeitintervall [0; 180] erreicht!
- Zeige, dass die Funktion v im Zeitintervall (0; 180) genau eine Wendestelle t_2 besitzt, und gib die Wendestelle t_2 an! Berechne $v(t_2)$ und $v'(t_2)$! Erläutere die Bedeutung von t_2, $v(t_2)$ und $v'(t_2)$ im Sachzusammenhang!

d)
- Die Pflanzenhöhe h(0) beim Aussetzen beträgt 15 cm. Gib den Typ der Funktion $h: t \mapsto h(t)$ an, ermittle die Monotonie- und Krümmungsbereiche von h und skizziere die ungefähre Form des Graphen von h! Beschrifte die Randstellen dieser Bereiche!
- Man sagt: In einem Zeitintervall liegt ein *verzögertes Wachstum* vor, wenn die Wachstumsgeschwindigkeit abnimmt.
  Charakterisiere den Begriff *„verzögertes Wachstum“* mit Hilfe der Funktion h und ihrer Ableitungen und gib das längste Zeitintervall an, in dem die Pflanze ein solches verzögertes Wachstum aufweist!

AG-R 2.1
AG-R 2.2
AG-R 2.4
AN-R 1.1
AN-R 2.1
AN-L 3.4

3 **Abfallverwertung**

In einer Kartonagenfabrik entstehen auf einer Produktionsstraße lauter gleichartige Abfälle. Jedes Abfallstück hat die unten dargestellte Form eines Trapezes mit den Abmessungen a, c und h (a, c und $h > 0$ und $a \geq c$).

Die Abfälle sollen weiterverwertet werden. Dazu wird durch zwei Schnitte, die normal zueinander verlaufen, aus jedem Abfallstück ein rechteckiger Streifen wie abgebildet herausgeschnitten.

Den Quotienten aus dem Flächeninhalt des so erzeugten Rechtecks und dem Flächeninhalt des trapezförmigen Abfallstücks bezeichnen wir im Folgenden als den zugehörigen Verwertungsgrad.

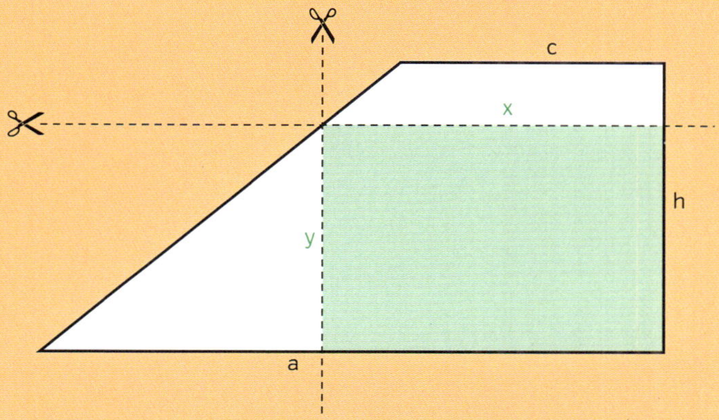

a)
- Sei x die Länge der Seite des erzeugten Rechtecks wie oben dargestellt. Zeige, dass für die Länge y der anderen Seite des erzeugten Rechtecks gilt: $y = \frac{h}{a-c} \cdot (a - x)$!
- Zeige, dass für den Flächeninhalt A(x) des erzeugten Rechtecks in Abhängigkeit von x gilt: $A(x) = \frac{h}{a-c} \cdot (ax - x^2)$ mit $c \leq x \leq a$!

b)
- In der Produktion fallen Abfallstücke mit den Abmessungen $a = 100\,\text{cm}$, $c = 40\,\text{cm}$ und $h = 50\,\text{cm}$ an. Berechne die Abmessungen x und y des inhaltsgrößten Rechtecks, das man auf die angegebene Art aus einem solchen Abfallstück herausschneiden kann!
- Berechne den zugehörigen Verwertungsgrad in Prozent!

c)
- Die Fertigung auf der Produktionsstraße wird geändert. Jetzt fallen Abfallstücke mit den Abmessungen $a = 100\,\text{cm}$, $c = 60\,\text{cm}$ und $h = 50\,\text{cm}$ an.
  Berechne die Abmessungen x und y des inhaltsgrößten Rechtecks, das man auf die angegebene Art aus einem derartigen Abfallstück erzeugen kann!
- Berechne den zugehörigen Verwertungsgrad in Prozent!

d)
- Zeige: Die Abmessungen des inhaltsgrößten Rechtecks, das man auf die angegebene Art herstellen kann, lauten:

$$\begin{cases} x = \frac{a}{2} \text{ und } y = \frac{a \cdot h}{2 \cdot (a-c)} & \text{für } 0 < c \leq \frac{a}{2} \\ x = c \text{ und } y = h & \text{für } \frac{a}{2} < c \leq a \end{cases}$$

- Wir nehmen im Folgenden an, dass für die Abmessungen eines Abfallstücks $0 < c \leq \frac{a}{2}$ gilt.
  - Zeige, dass der maximale Verwertungsgrad v_{max} eines solchen Abfallstücks nur von a und c, aber nicht von h abhängt! Gib eine Formel für v_{max} an!
  - Begründe, dass der maximale Verwertungsgrad v_{max} eines solchen Abfallstücks mindestens 50 % betragen muss, aber nicht mehr als $66\frac{2}{3}$ % betragen kann!

7 ERWEITERUNG DER DIFFERENTIALRECHNUNG

LERNZIELE

7.1 **Weitere Funktionen** ableiten können (**Quadratwurzelfunktion, Exponentialfunktionen, Sinus-** und **Cosinusfunktion**).

7.2 **Weitere Ableitungsregeln** kennen und anwenden können (**Produktregel, Quotientenregel, Ableitung der Tangensfunktion**).

7.3 **Rationale Funktionen** kennen, ableiten und untersuchen können.

7.4 **Verkettungen von Funktionen** ableiten können; die **Kettenregel** kennen.

7.5 **Umkehrfunktionen** ableiten können, die **Umkehrregel** kennen. **Logarithmusfunktionen** ableiten können.

7.6 **Änderungsgeschwindigkeiten** berechnen können.

- **Kompetenzcheck**

GRUNDKOMPETENZEN

FA-R 5.4 Charakteristische Eigenschaften $[\dots; [e^x]' = e^x]$ kennen und im Kontext deuten können.

FA-R 6.6 Wissen, dass gilt: $[\sin(x)]' = \cos(x)$; $[\cos(x)]' = -\sin(x)$.

AN-R 1.3 Den **Differenzen- und Differentialquotienten in verschiedenen Kontexten deuten** und entsprechende Sachverhalte durch den Differenzen- bzw. Differentialquotienten beschreiben können.

AN-R 2.1 **Einfache Regeln des Differenzierens** kennen und anwenden können: Potenzregel, Summenregel, Regeln für $[k \cdot f(x)]'$ und $[f(k \cdot x)]'$.

AN-L 2.2 **Kettenregel** kennen und anwenden können.

7.1 ABLEITUNGEN WEITERER FUNKTIONEN

R

Ableitung der Quadratwurzelfunktion

Satz (Ableitungsregel für die Quadratwurzelfunktion)

$$f(x) = \sqrt{x} \Rightarrow f'(x) = \frac{1}{2\sqrt{x}}$$

BEWEIS: $\frac{f(z)-f(x)}{z-x} = \frac{\sqrt{z}-\sqrt{x}}{z-x} = \frac{\sqrt{z}-\sqrt{x}}{(\sqrt{z})^2-(\sqrt{x})^2} = \frac{\sqrt{z}-\sqrt{x}}{(\sqrt{z}-\sqrt{x})\cdot(\sqrt{z}+\sqrt{x})} = \frac{1}{\sqrt{z}+\sqrt{x}}$

$$f'(x) = \lim_{z \to x} \frac{f(z)-f(x)}{z-x} = \lim_{z \to x} \frac{1}{\sqrt{z}+\sqrt{x}} = \frac{1}{2 \cdot \sqrt{x}}$$ □

7.01 Gegeben ist die Funktion f mit $f(x) = 8x^2 - 2 \cdot \sqrt{x}$. Ermittle $f'(x)$!

LÖSUNG: $f'(x) = 16x - 2 \cdot \frac{1}{2 \cdot \sqrt{x}} = 16x - \frac{1}{\sqrt{x}}$

R

AUFGABEN

7.02 Ermittle $f'(x)$!

a) $f(x) = 10 \cdot \sqrt{x}$ **b)** $f(x) = -\sqrt{x}$ **c)** $f(x) = x + x^{\frac{1}{2}}$ **d)** $f(x) = 2x - 3 \cdot \sqrt{x}$

Ableitung von $f(k \cdot x)$

Satz (Ableitungsregel für $f(k \cdot x)$)

$$g(x) = f(k \cdot x) \Rightarrow g'(x) = f'(k \cdot x) \cdot k \quad (k \in \mathbb{R}^*)$$

BEWEIS: $\frac{g(z) - g(x)}{z - x} = \frac{f(k \cdot z) - f(k \cdot x)}{z - x} = \frac{f(k \cdot z) - f(k \cdot x)}{k \cdot z - k \cdot x} \cdot \frac{k \cdot z - k \cdot x}{z - x} = \frac{f(k \cdot z) - f(k \cdot x)}{k \cdot z - k \cdot x} \cdot \frac{k \cdot (z - x)}{z - x} =$

$= \frac{f(k \cdot z) - f(k \cdot x)}{k \cdot z - k \cdot x} \cdot k$

Da $k \cdot z$ genau dann gegen $k \cdot x$ strebt, wenn z gegen x strebt, folgt:

$$g'(x) = \lim_{z \to x} \frac{g(z) - g(x)}{z - x} = \lim_{k \cdot z \to k \cdot x} \frac{f(k \cdot z) - f(k \cdot x)}{k \cdot z - k \cdot x} \cdot \lim_{z \to x} k = f'(k \cdot x) \cdot k$$ □

7.03 Ermittle f′(x)!

a) $f(x) = \sqrt{2x}$ **b)** $f(x) = -4 \cdot \sqrt{6x}$

LÖSUNG: **a)** $f'(x) = \frac{1}{2 \cdot \sqrt{2x}} \cdot 2 = \frac{1}{\sqrt{2x}} = \frac{\sqrt{2}}{2 \cdot \sqrt{x}}$ **b)** $f'(x) = -4 \cdot \frac{1}{2 \cdot \sqrt{6x}} \cdot 6 = -\frac{12}{\sqrt{6x}} = -\frac{2 \cdot \sqrt{6}}{\sqrt{x}}$

AUFGABEN

7.04 Ermittle f′(x)!

a) $f(x) = \sqrt{4x}$ **b)** $f(x) = 6 \cdot \sqrt{3x}$ **c)** $f(x) = 2x - \sqrt{2x}$ **d)** $f(x) = x^2 - \frac{2}{5} \cdot \sqrt{5x}$

7.05 Untersuche die Funktion $f: \mathbb{R}_0^+ \to \mathbb{R} \mid x \mapsto \sqrt{x}$ in Hinblick auf Nullstellen, Monotonie, Krümmung, globale und lokale Extremstellen sowie Wendestellen!

Ableitung von Exponentialfunktionen

Satz (Ableitungsregeln für Exponentialfunktionen)

(1) $f(x) = e^x \Rightarrow f'(x) = e^x$ **(2)** $f(x) = a^x \Rightarrow f'(x) = a^x \cdot \ln(a)$ (wobei $a \in \mathbb{R}^+, a \neq 1$)

BEWEISSKIZZE:

(1) $\frac{f(x+h) - f(x)}{h} = \frac{e^{x+h} - e^x}{h} = \frac{e^x \cdot e^h - e^x}{h} = e^x \cdot \frac{e^h - 1}{h}$

Man kann zeigen (vgl. die nebenstehende Tabelle):

$\lim_{h \to 0} \frac{e^h - 1}{h} = 1$

Damit erhalten wir: $f'(x) = \lim_{h \to 0} \frac{f(x+h) - f(x)}{h} = e^x \cdot 1 = e^x$

h	$\frac{e^h - 1}{h}$
0,1	1,051709181…
0,01	1,005016708…
0,001	1,000500167…
0,0001	1,000050000…

(2) $f(x) = a^x = (e^{\ln(a)})^x = e^{\ln(a) \cdot x}$

Nach der Ableitungsregel für $f(k \cdot x)$ ergibt sich:

$f'(x) = e^{\ln(a) \cdot x} \cdot \ln(a) = (e^{\ln(a)})^x \cdot \ln(a) = a^x \cdot \ln(a)$ □

7.06 Ermittle f′(x)!

a) $f(x) = x^2 - 2 \cdot e^x$ **b)** $f(x) = e^{-x}$ **c)** $f(x) = e^{2x}$

LÖSUNG:

a) $f'(x) = 2x - 2e^x = 2 \cdot (x - e^x)$ **b)** $f'(x) = e^{-x} \cdot (-1) = -e^{-x}$ **c)** $f'(x) = e^{2x} \cdot 2 = 2 \cdot e^{2x}$

7.07 Ermittle f′(x)!

a) $f(x) = -3 \cdot 2^x$ **b)** $f(x) = 5 \cdot 2^{-x}$

LÖSUNG:

a) $f'(x) = -3 \cdot 2^x \cdot \ln 2 \approx -2{,}079 \cdot 2^x$ **b)** $f'(x) = 5 \cdot 2^{-x} \cdot \ln 2 \cdot (-1) \approx -3{,}466 \cdot 2^{-x}$

R

AUFGABEN

7.08 Ermittle $f'(x)$!

a) $f(x) = -2 \cdot e^{2x}$ **b)** $f(x) = e^{-5x}$ **c)** $f(x) = 3 \cdot e^{4x}$ **d)** $f(x) = -2 \cdot e^{-2x}$

7.09 Ermittle $f'(x)$!

a) $f(x) = 2^{-x}$ **b)** $f(x) = -2^{-2x}$ **c)** $f(x) = x + 10^{-x}$ **d)** $f(x) = 2 \cdot 0{,}5^{-x}$

7.10 Ermittle $f'(x)$!

a) $f(x) = x + e^{x}$ **b)** $f(x) = 5 \cdot e^{x}$ **c)** $f(x) = 3 \cdot 3^{x}$ **d)** $f(x) = \sqrt{x} + 10^{x}$

7.11 Der Flächeninhalt A einer Bakterienkultur beträgt $100\,\text{cm}^2$ und wächst stündlich um 2%. Berechne die Wachstumsgeschwindigkeit des Flächeninhalts nach 5 Stunden!

7.12 Das radioaktive Element Radon 222 zerfällt nach dem Gesetz $N(t) \approx N_0 \cdot 0{,}834\,058\,161^{t}$ (t in Tagen). Gib eine Formel für die momentane Änderungsrate der Anzahl der noch unzerfallenen Atome **a)** nach 2 Tagen, **b)** nach 4 Tagen an!

7.13 Ermittle für die Funktion f näherungsweise jene Stelle $x \in \mathbb{R}$, für die $f'(x) = 1$ ist!

a) $f(x) = e^{x}$ **b)** $f(x) = 2 \cdot e^{x}$ **c)** $f(x) = e^{4x}$ **d)** $f(x) = 10^{x}$

7.14 Berechne $f'(1)$ näherungsweise!

a) $f(x) = 3 \cdot e^{x}$ **b)** $f(x) = 2{,}5 \cdot 3^{x}$ **c)** $f(x) = x^7 + e^{2x}$ **d)** $f(x) = x + 2^{x}$

7.15 Ein Körper bewegt sich gemäß der Zeit-Ort-Funktion s mit $s(t) = 10 \cdot e^{-t}$ für $0 \leq t \leq 10$ (t in Sekunden, s(t) in Meter).

1) Gib eine Formel für die Geschwindigkeit des Körpers zum Zeitpunkt t an!
2) Gib eine Formel für die Beschleunigung des Körpers zum Zeitpunkt t an!
3) Zu welchem Zeitpunkt beträgt die Geschwindigkeit des Körpers $-0{,}1\,\text{m/s}$?
4) Zu welchem Zeitpunkt beträgt die Beschleunigung des Körpers $0{,}1\,\text{m/s}^2$?

7.16 Ermittle den größtmöglichen Definitionsbereich der Funktion f! Untersuche f in Hinblick auf Nullstellen, Monotonie, Krümmung, lokale Extremstellen und Wendestellen!

a) $f(x) = e^{x}$ **b)** $f(x) = e^{-x}$

7.17 Ermittle den größtmöglichen Definitionsbereich der Funktion f! Untersuche f in Hinblick auf Nullstellen, Monotonie, Krümmung, lokale Extremstellen und Wendestellen!

a) $f(x) = 2^{x}$ **b)** $f(x) = 2^{-x}$ **c)** $f(x) = e^{2x}$ **d)** $f(x) = e^{-2x}$

7.18 Untersuche die Funktion $f\colon \mathbb{R} \to \mathbb{R} \mid x \mapsto e^{x} - e^{-x}$ in Hinblick auf Nullstellen, Monotonie, Krümmung, lokale Extremstellen und Wendestellen!

7.19 Gegeben ist die Funktion $f\colon x \mapsto e^{x} + e^{-x}$. Kreuze die zutreffende(n) Aussage(n) an!

Der größtmögliche Definitionsbereich von f ist $\mathbb{R}_0^+$.	☐
Der Graph von f besitzt den Tiefpunkt $T = (0 \mid 2)$.	☒
Der Graph von f ist im größtmöglichen Definitionsbereich rechtsgekrümmt.	☐
Die Funktion f besitzt keine Wendestelle.	☒
Die Steigung des Graphen von f ist an der Stelle 1 kleiner als 3.	☒

Ableitung der Sinus- und Cosinusfunktion

Satz (Ableitungsregeln für die Sinus- und Cosinusfunktion)

(1) $f(x) = \sin(x) \Rightarrow f'(x) = \cos(x)$ **(2)** $f(x) = \cos(x) \Rightarrow f'(x) = -\sin(x)$

BEWEISSKIZZE:

Wir benutzen das erste Additionstheorem (siehe Mathematik verstehen 6, Seite 100):

$$\sin(x + y) = \sin(x) \cdot \cos(y) + \cos(x) \cdot \sin(y)$$
$$\cos(x + y) = \cos(x) \cdot \cos(y) - \sin(x) \cdot \sin(y)$$

Damit erhalten wir:

(1) $\frac{f(x+h) - f(x)}{h} = \frac{\sin(x+h) - \sin(x)}{h} = \frac{\sin(x) \cdot \cos(h) + \cos(x) \cdot \sin(h) - \sin(x)}{h} = \sin(x) \cdot \frac{\cos(h) - 1}{h} + \cos(x) \cdot \frac{\sin(h)}{h}$

Man kann zeigen (vgl. die Tabelle):

$\lim\limits_{h \to 0} \frac{\cos(h) - 1}{1} = 0$ und $\lim\limits_{h \to 0} \frac{\sin(h)}{1} = 1$

h	$\frac{\cos(h)-1}{h}$	$\frac{\sin(h)}{h}$
0,1	−0,049958347…	0,998334166…
0,01	−0,004999958…	0,999983333…
0,001	−0,000500000…	0,999999833…
0,0001	−0,000050010…	0,999999998…

Damit erhalten wir:

$$f'(x) = \lim_{h \to 0} \frac{f(x+h) - f(x)}{h} = \sin(x) \cdot 0 + \cos(x) \cdot 1 = \cos(x)$$

(2) $\frac{f(x+h) - f(x)}{h} = \frac{\cos(x+h) - \cos(x)}{h} = \frac{\cos(x) \cdot \cos(h) - \sin(x) \cdot \sin(h) - \cos(x)}{h} = \cos(x) \cdot \frac{\cos(h) - 1}{h} - \sin(x) \cdot \frac{\sin(h)}{h}$

$$f'(x) = \lim_{h \to 0} \frac{f(x+h) - f(x)}{h} = \cos(x) \cdot 0 - \sin(x) \cdot 1 = -\sin(x)$$ □

7.20 Ermittle f'(x)!

a) $f(x) = \sin(2x)$ **b)** $f(x) = -\cos(-x)$

LÖSUNG:

a) $f'(x) = \cos(2x) \cdot 2 = 2 \cdot \cos(2x)$ **b)** $f'(x) = -(-\sin(-x)) \cdot (-1) = -\sin(-x)$

AUFGABEN

7.21 Ermittle f'(x)!

a) $f(x) = 2 \cdot \sin(x)$ **c)** $f(x) = -2{,}5 \cdot \sin(4x)$ **e)** $f(x) = \cos(x) + \sin(-x)$

b) $f(x) = 3 \cdot \cos(x)$ **d)** $f(x) = x^2 - \cos\left(\frac{3x}{2}\right)$ **f)** $f(x) = \sin(3x) - \cos(3x)$

7.22 Ermittle die Steigung der **a)** Sinusfunktion, **b)** Cosinusfunktion an den Stellen $\pi, \frac{\pi}{2}, \frac{\pi}{4}$ und $\frac{3\pi}{4}$!

7.23 Die Elongation einer schwingenden Feder zum Zeitpunkt t ist gegeben durch $s(t) = \sin(t)$ (t in Sekunden, s(t) in Meter).

1) Gib eine Formel für die Geschwindigkeit der Feder zum Zeitpunkt t an und berechne die Geschwindigkeit zum Zeitpunkt 4!

2) Gib eine Formel für die Beschleunigung der Feder zum Zeitpunkt t an und berechne die Beschleunigung zum Zeitpunkt 4!

7.24 Untersuche f im Intervall $[0; 2\pi]$ in Hinblick auf Nullstellen, Monotonie, Krümmung, lokale Extremstellen und Wendestellen!

a) $f(x) = \sin(x)$ **c)** $f(x) = 1 - \sin(x)$ **e)** $f(x) = \sin\left(\frac{x}{2}\right)$

b) $f(x) = \cos(x)$ **d)** $f(x) = \cos(x) + 2$ **f)** $f(x) = 2 \cdot \cos(3x)$

7.2 WEITERE ABLEITUNGSREGELN

Die Produktregel

Die Funktion f mit $f(x) = x \cdot \sin x$ ist von der Form $f(x) = u(x) \cdot v(x)$ mit $u(x) = x$ und $v(x) = \sin x$. Im Folgenden leiten wir eine Ableitungsregel für solche Funktionen her.

Satz (Produktregel)

$f(x) = u(x) \cdot v(x) \Rightarrow f'(x) = u'(x) \cdot v(x) + u(x) \cdot v'(x)$ **Kurz:** $f = u \cdot v \Rightarrow f' = u'v + uv'$

Merke

Ableitung eines Produkts = erster Faktor differenziert mal zweiter Faktor unverändert +
erster Faktor unverändert mal zweiter Faktor differenziert

BEWEIS DER REGEL:

$$\frac{f(z) - f(x)}{z - x} = \frac{u(z) \cdot v(z) - u(x) \cdot v(x)}{z - x}$$

Wir fügen im Zähler $-u(x)v(z) + u(x)v(z)$ (also 0) als Summand ein:

$$\frac{f(z) - f(x)}{z - x} = \frac{u(z) \cdot v(z) - u(x) \cdot v(z) + u(x) \cdot v(z) - u(x) \cdot v(x)}{z - x} = \frac{[u(z) - u(x)] \cdot v(z) + u(x) \cdot [v(z) - v(x)]}{z - x} =$$

$$= \frac{u(z) - u(x)}{z - x} \cdot v(z) + u(x) \cdot \frac{v(z) - v(x)}{z - x}$$

$$f'(x) = \lim_{z \to x} \frac{f(z) - f(x)}{z - x} = u'(x) \cdot v(x) + u(x) \cdot v'(x) \qquad \square$$

7.25 Gegeben ist die Funktion f mit $f(x) = x \cdot \sin(x)$. Ermittle $f'(x)$!

LÖSUNG: $f'(x) = 1 \cdot \sin(x) + x \cdot \cos(x) = \sin(x) + x \cdot \cos(x)$

AUFGABEN

7.26 Ermittle $f'(x)$!

a) $f(x) = x^2 \cdot \sin(x)$ **b)** $f(x) = e^x \cdot \cos(x)$ **c)** $f(x) = x^2 \cdot e^x$ **d)** $f(x) = 3x \cdot 2^x$

Die Quotientenregel

Die Funktion f mit $f(x) = \frac{x^2}{x+1}$ (mit $x \neq -1$) ist von der Form $f(x) = \frac{u(x)}{v(x)}$ mit $u(x) = x^2$ und $v(x) = x + 1$. Im Folgenden leiten wir eine Ableitungsregel für solche Funktionen her.

Satz (Quotientenregel)

$f(x) = \frac{u(x)}{v(x)} \Rightarrow f'(x) = \frac{u'(x) \cdot v(x) - u(x) \cdot v'(x)}{[v(x)]^2}$ **Kurz:** $f = \frac{u}{v} \Rightarrow f' = \frac{u'v - uv'}{v^2}$

BEWEIS: $\frac{f(z) - f(x)}{z - x} = \frac{\frac{u(z)}{v(z)} - \frac{u(x)}{v(x)}}{z - x} = \frac{u(z)v(x) - v(z)u(x)}{(z - x) \cdot v(z) \cdot v(x)}$

Wir fügen im Zähler $-u(x)v(x) + u(x)v(x)$ (also 0) als Summand ein:

$$\frac{f(z) - f(x)}{z - x} = \frac{u(z)v(x) - u(x)v(x) + u(x)v(x) - v(z)u(x)}{(z - x)v(z)v(x)} = \frac{[u(z) - u(x)] \cdot v(x) - u(x) \cdot [v(z) - v(x)]}{(z - x)v(z)v(x)} =$$

$$= \frac{1}{v(z)v(x)} \cdot \left[\frac{u(z) - u(x)}{z - x} \cdot v(x) - u(x) \cdot \frac{v(z) - v(x)}{z - x}\right]$$

$$f'(x) = \lim_{z \to x} \frac{f(z) - f(x)}{z - x} = \frac{1}{v(x)v(x)} \cdot [u'(x) \cdot v(x) - u(x) \cdot v'(x)] = \frac{u'(x)v(x) - u(x)v'(x)}{[v(x)]^2} \qquad \square$$

7.27 Ermittle f′(x)!

a) $f(x) = \frac{x^2}{x+1}$ **b)** $f(x) = \frac{1}{x}$

LÖSUNG:

a) $f'(x) = \frac{2x \cdot (x+1) - x^2 \cdot 1}{(x+1)^2} = \frac{2x^2 + 2x - x^2}{(x+1)^2} = \frac{x^2 + 2x}{(x+1)^2}$

b) $f'(x) = \frac{0 \cdot x - 1 \cdot 1}{x^2} = -\frac{1}{x^2}$

Da das Ergebnis aus Aufgabe 7.27b) öfter vorkommt, halten wir diesen Spezialfall fest:

Spezialfall der Quotientenregel: $\mathbf{f(x) = \frac{1}{x} \Rightarrow f'(x) = -\frac{1}{x^2}}$

L **AUFGABEN**

7.28 An welchen Stellen ist die Funktion f definiert? Ermittle die Ableitung von f!

a) $f(x) = -\frac{1}{x}$ **b)** $f(x) = \frac{x-1}{x^2}$ **c)** $f(x) = \frac{x^2}{2x-1}$ **d)** $f(x) = \frac{x}{x-1}$ **e)** $f(x) = \frac{x-1}{x+1}$ **f)** $f(x) = \frac{x-1}{x^2+1}$ **g)** $f(x) = \frac{3x^2+2}{x^3-1}$ **h)** $f(x) = \frac{2-x^2}{x^3-1}$ **i)** $f(x) = \frac{x^2+x+1}{2x^3}$ **j)** $f(x) = \frac{x+1}{x^2+1}$

7.29 Berechne die Steigung der Funktion f an den Stellen 0 und 2!

a) $f(x) = \frac{1}{x+1}$ **b)** $f(x) = -\frac{1}{x^2+1}$ **c)** $f(x) = \frac{2x}{x^2+2}$ **d)** $f(x) = \frac{x+1}{x-1}$ **e)** $f(x) = \frac{x+2}{1-x}$ **f)** $f(x) = \frac{x^2+3}{1+x}$

7.30 In welchen Punkten des Graphen von f ist die Tangentensteigung gleich −1 bzw. 0?

a) $f(x) = \frac{x^2+1}{x-1}$ **b)** $f(x) = \frac{x^2+2}{x}$ **c)** $f(x) = \frac{x+3}{1+x}$ **d)** $f(x) = \frac{x^2}{x+1}$

7.31 Berechne f′(x) für konstantes $k \in \mathbb{R}^*$!

a) $f(x) = \frac{k}{x}$ **b)** $f(x) = \frac{x}{k}$ **c)** $f(x) = \frac{k^2}{x^2}$ **d)** $f(x) = \frac{x^2}{k^2}$

7.32 Ordne jeder Funktion f in der linken Tabelle die zugehörige Ableitung aus der rechten Tabelle zu!

$f(x) = \frac{e^x}{x}$	C
$f(x) = \frac{e^{-x}}{x}$	D
$f(x) = -\frac{e^x}{x}$	A
$f(x) = -\frac{e^{-x}}{x}$	B

A	$f'(x) = \frac{1-x}{x^2} \cdot e^x$
B	$f'(x) = \frac{x+1}{x^2 \cdot e^x}$
C	$f'(x) = \frac{x-1}{x^2} \cdot e^x$
D	$f'(x) = -\frac{x+1}{x^2 \cdot e^x}$

7.33 Ordne jeder Funktion f in der linken Tabelle die zugehörige Ableitung aus der rechten Tabelle zu!

$f(x) = \frac{\sin(x)}{x}$	
$f(x) = -\frac{\cos(x)}{x}$	
$f(x) = 1 - \frac{\sin(x)}{x}$	
$f(x) = 1 + \frac{\cos(x)}{x}$	

A	$f'(x) = -\frac{x \cdot \sin(x) + \cos(x)}{x^2}$
B	$f'(x) = \frac{\sin(x) - x \cdot \cos(x)}{x^2}$
C	$f'(x) = \frac{x \cdot \cos(x) - \sin(x)}{x^2}$
D	$f'(x) = \frac{x \cdot \sin(x) + \cos(x)}{x^2}$

Extremwertaufgaben

7.34 Zeige: Unter allen Rechtecken mit dem Flächeninhalt A hat das Quadrat den kleinsten Umfang.

LÖSUNG:

- $u(x, y) = 2x + 2y = 2 \cdot (x + y)$
  $u(x) = 2 \cdot \left(x + \frac{A}{x}\right)$ $(x > 0)$
- Nebenbedingung: $A = x \cdot y$
  $y = \frac{A}{x}$
- $\overline{u}(x) = x + \frac{A}{x}$ $\quad (x > 0)$
- Da $\overline{u}$ in $(0; \infty)$ definiert ist, kommen als globale Minimumstellen von $\overline{u}$ in $(0; \infty)$ nur die Nullstellen der Ableitung von $\overline{u}$ in Frage.
  $\overline{u}'(x) = 1 - \frac{A}{x^2} = 0 \Leftrightarrow x = \sqrt{A}$
  $\overline{u}''(x) = 0 - \frac{0 \cdot x^2 - A \cdot 2x}{x^4} = \frac{2A}{x^3}$, $\overline{u}''(\sqrt{A}) = \frac{2A}{A\sqrt{A}} = \frac{2}{\sqrt{A}} > 0$
  Daraus folgt: $x = \sqrt{A}$ ist die einzige lokale und damit globale Minimumstelle von $\overline{u}$ in $(0; \infty)$.
- Aus der Nebenbedingung ergibt sich: $y = \frac{A}{\sqrt{A}} = \sqrt{A}$. Somit gilt: Unter allen Rechtecken mit dem Flächeninhalt A hat das Quadrat mit der Seitenlänge $\sqrt{A}$ den kleinsten Umfang.

7.35 Welches Rechteck mit gegebenem Flächeninhalt A hat die kürzeste Diagonalenlänge?

7.36 Welches rechtwinkelige Dreieck mit dem Flächeninhalt A hat die kürzeste Hypotenuse?

7.37 Welcher Drehzylinder mit dem Volumen $V = 1\,dm^3$ hat den kleinsten Oberflächeninhalt?

7.38 Der Querschnitt eines Kanals hat die Form eines oben offenen Rechtecks. Der Inhalt der Querschnittsfläche soll $2\,m^2$ betragen. Um den Reibungswiderstand des durchfließenden Wassers möglichst gering zu halten, soll der vom Wasser benetzte Teil des Querschnitts möglichst klein sein. Wie sind die Maße des Querschnitts zu wählen?

7.39 Durch den Punkt $P = (2 \mid 4)$ soll eine Gerade so gelegt werden, dass das von der Geraden und den beiden positiven Achsen des Koordinatensystems gebildete Dreieck einen möglichst kleinen Flächeninhalt hat. Berechne die Steigung dieser Geraden!

L Ableitung der Tangensfunktion

Satz (Ableitungsregeln für die Tangensfunktion)

$$f(x) = \tan(x) \Rightarrow f'(x) = \frac{1}{\cos^2(x)} = 1 + \tan^2(x)$$

BEWEIS: $f(x) = \tan(x) = \frac{\sin(x)}{\cos(x)}$

Nach der Quotientenregel ergibt sich: $f'(x) = \frac{\cos(x) \cdot \cos(x) - \sin(x) \cdot (-\sin(x))}{\cos^2(x)} = \frac{\cos^2(x) + \sin^2(x)}{\cos^2(x)}$

Diesen Term können wir auf zwei Arten umformen:

1. Art: $f'(x) = \frac{\cos^2(x) + \sin^2(x)}{\cos^2(x)} = \frac{1}{\cos^2(x)}$

2. Art: $f'(x) = \frac{\cos^2(x) + \sin^2(x)}{\cos^2(x)} = 1 + \frac{\sin^2(x)}{\cos^2(x)} = 1 + \tan^2(x)$ □

L AUFGABEN

7.40 Ermittle die Steigung der Tangensfunktion an den Stellen $k \cdot \pi$ mit $k \in \mathbb{Z}$!

7.3 RATIONALE FUNKTIONEN

Untersuchen rationaler Funktionen

Definition

Eine **rationale Funktion** ist eine reelle Funktion f: A → ℝ mit **$f(x) = \frac{u(x)}{v(x)}$**, wobei u(x) und v(x) Polynome sind und $v(x) \neq 0$ für alle $x \in A$ ist.

Zur Untersuchung von rationalen Funktionen verwenden wir die gleichen Sätze wie für die Untersuchung von Polynomfunktionen. Man kann nämlich zeigen, dass diese Sätze für alle in diesem Kapitel behandelten Funktionen gelten (siehe dazu Seite 162 und 163).

7.41 Gegeben ist die Funktion f mit $f(x) = \frac{x^2+1}{x^2-4}$. Zeichne den Graphen von f mit Technologieeinsatz und beantworte dann durch Rechnung:

1) Ist die Funktion f auf ganz ℝ definiert? Gib den größtmöglichen Definitionsbereich D_f an!

2) Besitzt die Funktion f Nullstellen?

3) In welche Monotoniebereiche zerfällt D_f? Gib jeweils die Art der Monotonie an! Besitzt die Funktion f lokale Extremstellen?

4) Weist der Graph von f eine Symmetrie auf?

LÖSUNG:

1) Die Funktion f ist an jeder Stelle $x \in \mathbb{R}$ definiert, ausgenommen an jenen Stellen, an denen der Nenner null ist. Somit gilt: $D_f = \mathbb{R}\setminus\{-2, 2\}$

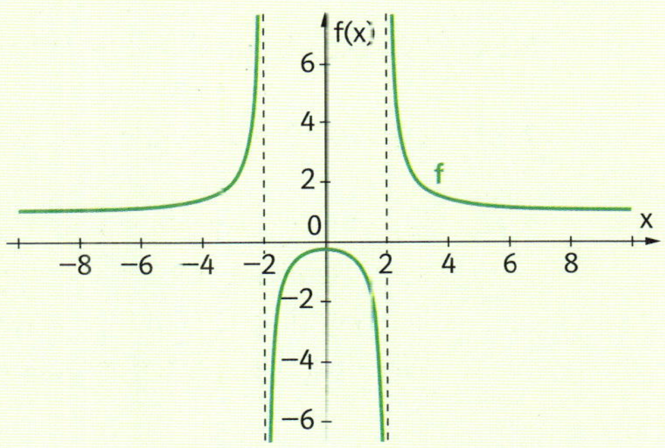

2) $f(x) = \frac{x^2+1}{x^2-4} = 0 \Leftrightarrow x^2+1=0$

Diese Gleichung hat keine reelle Lösung. Daher besitzt f keine Nullstelle.

3) Nullstellen von f': $f'(x) = \frac{2x \cdot (x^2-4) - (x^2+1) \cdot 2x}{(x^2-4)^2} = \frac{-10x}{(x^2-4)^2} = 0 \Leftrightarrow x = 0$

Durch die Nullstellen des Nenners von f und die Nullstelle von f' wird der Definitionsbereich D_f in die folgenden Intervalle zerlegt:

$(-\infty; -2),\ (-2; 0],\ [0; 2),\ (2; \infty)$

Im Inneren dieser Intervalle gibt es keine Nullstellen von f'. Somit ist f in diesen Intervallen streng monoton. Um die Art der Monotonie festzustellen, berechnen wir jeweils die erste Ableitung an einer inneren Stelle, zum Beispiel:

$f'(-3) = \frac{6}{5} > 0,\ f'(-1) = \frac{10}{9} > 0,\ f'(1) = -\frac{10}{9} < 0,\ f'(3) = -\frac{6}{5} < 0$

Somit gilt:

f ist in $(-\infty; -2)$ streng monoton steigend.
f ist in $(-2; 0]$ streng monoton steigend.
f ist in $[0; 2)$ streng monoton fallend.
f ist in $(2; \infty)$ streng monoton fallend.

Demnach ist die Stelle 0 eine lokale Maximumstelle von f.

4) Wegen $f(-x) = f(x)$ für alle x aus dem Definitionsbereich von f ist der Graph von f symmetrisch bezüglich der 2. Achse.

Die Stellen -2 und 2 in der letzten Aufgabe bezeichnet man als Polstellen der Funktion f.

Definition

Eine Stelle a heißt **Polstelle** einer reellen Funktion f, wenn gilt:

(1) f ist in einer Umgebung von a definiert, aber nicht an der Stelle a.

(2) Nähert sich x von links oder rechts her unbegrenzt der Stelle a, so strebt f(x) gegen ∞ oder $-\infty$.

An einer Polstelle a kommt der Graph von f der Geraden $x = a$ von beiden Seiten her beliebig nahe, ohne diese jemals zu erreichen. Die Gerade $x = a$ ist eine **Asymptote** des Graphen von f.

AUFGABEN

7.42 Ermittle die Polstellen der Funktion f!

a) $f(x) = \frac{1}{x^2}$ **b)** $f(x) = \frac{1}{x^2 - 1}$ **c)** $f(x) = \frac{1}{x^2 + x - 2}$

7.43 Zeichne den Graphen der Funktion f mit Technologieeinsatz! Untersuche f durch Rechnung in Hinblick auf größtmöglichen Definitionsbereich, Monotonie und lokale Extremstellen! Gib allenfalls vorhandene Hoch- und Tiefpunkte des Graphen von f an!

Lernapplet r5626x

a) $f(x) = \frac{1}{x}$
b) $f(x) = \frac{1}{x^2}$
c) $f(x) = \frac{1}{x - 1}$
d) $f(x) = \frac{1}{x + 1}$
e) $f(x) = \frac{2x - 1}{x + 1}$
f) $f(x) = \frac{x + 1}{2x - 4}$
g) $f(x) = \frac{1}{x^3}$
h) $f(x) = \frac{1}{x^2 + 1}$
i) $f(x) = \frac{1}{x^2 - 1}$
j) $f(x) = \frac{x}{x^2 + 1}$
k) $f(x) = \frac{1}{x^2 - x + 6}$
l) $f(x) = \frac{1}{(x - 1)^2}$

7.44 Zeichne den Graphen der Funktion f mit Technologieeinsatz! Untersuche f durch Rechnung in Hinblick auf größtmöglichen Definitionsbereich, Monotonie, lokale Extremstellen und Krümmung! Gib allenfalls vorhandene Hoch-, Tief- und Wendepunkte des Graphen von f an!

a) $f(x) = x + \frac{1}{x}$
b) $f(x) = x^2 + \frac{1}{x}$
c) $f(x) = \frac{1}{x^3} + 1$
d) $f(x) = \frac{1}{x} + \frac{1}{x^2}$
e) $f(x) = \frac{1}{x} + \frac{1}{x^3}$
f) $f(x) = \frac{1}{x^2} + \frac{1}{x^3}$
g) $f(x) = 1 - \frac{1}{x}$
h) $f(x) = \frac{x}{x - 1}$
i) $f(x) = \frac{x}{x + 1}$

7.45 Der Graph der Funktion f mit $f(x) = ax + \frac{b}{x^2}$ (mit $a, b \neq 0$) hat den Tiefpunkt $T = (2 \mid 9)$. Ermittle a und b!

7.46 Der Graph der Funktion f mit $f(x) = \frac{ax + b}{x^2}$ (mit $a, b \neq 0$) hat den Wendepunkt $W = (-1 \mid -2)$. Ermittle a und b!

7.47 Der Graph der Funktion f mit $f(x) = \frac{a - bx}{x^2}$ (mit $a, b \neq 0$) hat den Wendepunkt $W = \left(6 \middle| -\frac{1}{9}\right)$. Ermittle a und b!

7.48 Der Graph der Funktion f mit $f(x) = ax + \frac{b}{x}$ (mit $a, b > 0$) hat einen Tiefpunkt an der Stelle 2. Die Steigung an der Stelle 1 beträgt -3. Ermittle a und b!

7.49 Zeige, dass die Funktion f weder eine Extremstelle noch eine Wendestelle besitzt ($a, b \in \mathbb{R}^+$)!

a) $f(x) = \frac{x + a}{bx}$ (mit $x \neq 0$)
b) $f(x) = \frac{ax + 1}{bx}$ (mit $x \neq 0$)
c) $f(x) = \frac{ax}{x + b}$ (mit $x \neq -b$)
d) $f(x) = \frac{ax}{1 + bx}$ $\left(\text{mit } x \neq -\frac{1}{b}\right)$

7.4 ABLEITUNG VON VERKETTUNGEN

Die Kettenregel

Die Ableitungsregel für $f(k \cdot x)$ lässt sich verallgemeinern. Betrachten wir zum Beispiel die Funktion f mit $f(x) = \sqrt{x^2+1}$. Diese Funktion ist von folgender Form:

$$f(x) = u(v(x)) \quad \text{mit} \quad u(x) = \sqrt{v(x)} \quad \text{und} \quad v(x) = x^2 + 1$$

Wie kann man eine Ableitungsregel für eine solche Funktion erhalten?

Ein naheliegender Gedanke zur Herleitung einer solchen Regel besteht darin, den Differenzenquotienten so zu zerlegen, wie wir es bei der Herleitung der Ableitungsregel für $f(k \cdot x)$ gemacht haben:

$$\frac{f(z)-f(x)}{z-x} = \frac{u(v(z))-u(v(x))}{z-x} = \frac{u(v(z))-u(v(x))}{v(z)-v(x)} \cdot \frac{v(z)-v(x)}{z-x}$$

$$f'(x) = \lim_{z \to x} \frac{f(z)-f(x)}{z-x} = u'(v(x)) \cdot v'(x)$$

Leider ist dieses Vorgehen kein vollgültiger Beweis. Es funktioniert nämlich nur, wenn der Nenner $v(z) - v(x) \neq 0$ ist. Dies muss aber nicht immer der Fall sein. Die vermutete Regel ist aber trotzdem richtig und kann korrekt bewiesen werden. Wir führen den Beweis jedoch nicht durch.

Satz (Kettenregel)

$$f(x) = u(v(x)) \Rightarrow f'(x) = u'(v(x)) \cdot v'(x)$$

Man nennt

- **$u'(v(x))$** die äußere Ableitung von f an der Stelle $v(x)$,
- **$v'(x)$** die **innere Ableitung** von f an der Stelle x.

Damit ergibt sich eine einfache Merkhilfe für die Kettenregel:

Merke

Ableitung einer Verkettung = äußere Ableitung mal innere Ableitung

7.50 Berechne $f'(x)$!

a) $f(x) = \sqrt{x^2+1}$ **b)** $f(x) = \sin(2x + \pi)$

LÖSUNG:

a) Es ist $f(x) = u(v(x))$ mit $u(v(x)) = \sqrt{v(x)}$ und $v(x) = x^2 + 1$.

$$f'(x) = u'(v(x)) \cdot v'(x) = \underbrace{\frac{1}{2\sqrt{x^2+1}}}_{\text{äußere Ableitung}} \cdot \underbrace{2x}_{\text{innere Ableitung}} = \frac{x}{\sqrt{x^2+1}}$$

b) Es ist $f(x) = u(v(x))$ mit $u(v(x)) = \sin(v(x))$ und $v(x) = 2x + \pi$.

$$f'(x) = u'(v(x)) \cdot v'(x) = \underbrace{\cos(2x+\pi)}_{\text{äußere Ableitung}} \cdot \underbrace{2}_{\text{innere Ableitung}} = 2\cos(2x+\pi)$$

Die Ableitungsregel für $f(k \cdot x)$ ist ein Spezialfall der Kettenregel, denn es gilt:

$$g(x) = f(k \cdot x) \Rightarrow g'(x) = \underbrace{f'(k \cdot x)}_{\text{äußere Ableitung}} \cdot \underbrace{k}_{\text{innere Ableitung}}$$

AUFGABEN

7.51 Ermittle f'(x)!
a) $f(x) = \sqrt{x+1}$ **b)** $f(x) = \sqrt{x^3+4}$ **c)** $f(x) = \sin(x^2+1)$ **d)** $f(x) = \cos\left(\frac{\pi}{4} - x\right)$

7.52 Ermittle f'(x)!
a) $f(x) = e^{x-1}$ **b)** $f(x) = e^{2x+1}$ **c)** $f(x) = 2^{x^2+2}$ **d)** $f(x) = 10^{x^2-1}$

7.53 Ermittle f'(x)!
a) $f(x) = x \cdot e^{x^2-1}$ **b)** $f(x) = x^2 \cdot e^{x^2+x}$ **c)** $f(x) = x^2 \cdot \sin(2x)$ **d)** $f(x) = x \cdot \cos(3x)$

7.54 Berechne f'(t)!
a) $f(t) = \sin(1-2t)$ **b)** $f(t) = \cos(2t-\pi)$ **c)** $f(t) = \sin(3t^2)$ **d)** $f(t) = \cos\left(\frac{t^2}{2}\right)$

7.55 Berechne f'(t)!
a) $f(t) = \sin(\omega t + \varphi)$ **b)** $f(t) = \cos(\omega t + \varphi)$ **c)** $f(t) = a \cdot \sin(\omega t + \varphi)$ **d)** $f(t) = a \cdot \cos(\omega t + \varphi)$

Funktionsuntersuchungen

7.56 Gib den größtmöglichen Definitionsbereich der Funktion f an! Berechne die Nullstellen und Extremstellen von f (sofern vorhanden)!
a) $f(x) = \sqrt{x-2}$ **c)** $f(x) = \sqrt{x^2+3x+2}$ **e)** $f(x) = (1-\sqrt{x})^2$
b) $f(x) = \sqrt{x^3+8}$ **d)** $f(x) = x^2 \cdot \sqrt{x-1}$ **f)** $f(x) = (1-x)^{11}$

7.57 Ermittle die Nullstellen und Extremstellen der Funktion f in $[0; 2\pi]$ (falls vorhanden)!
a) $f(x) = \sin^2 x$ **c)** $f(x) = \cos(2x)$ **e)** $f(x) = \cos(x-\pi)$
b) $f(x) = \cos^2 x$ **d)** $f(x) = 2 \cdot \sin\left(x + \frac{\pi}{2}\right)$ **f)** $f(x) = (1+\cos x)^2$

Extremwertaufgaben

7.58 Auf der Straße von A nach B ($\overline{AB} = 50$ km) hat B mit 27 km den kürzesten Abstand zum Haus H. Von A aus soll eine Wasserleitung zum Haus H verlegt werden. Die Kosten für die Verlegung betragen längs der Straße AB 120 € pro Laufmeter und im Gelände neben der Straße 165 € pro Laufmeter. Wo muss die Abzweigung C gewählt werden, damit die Gesamtkosten möglichst klein werden? Wie hoch sind die minimalen Gesamtkosten?

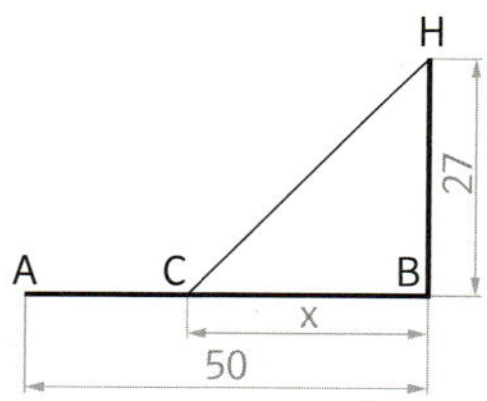

7.59 Einem Halbkreis vom Radius r soll ein Rechteck wie in nebenstehender Abbildung eingeschrieben werden. Wie lang sind die Seiten des Rechtecks zu wählen, damit **a)** sein Flächeninhalt, **b)** sein Umfang maximal wird?

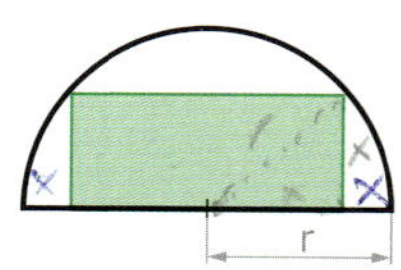

7.60 Als „mittleren Wert" von n Messwerten $x_1, x_2, \ldots, x_n$ nimmt man häufig jenen Wert x, für den die Summe $S(x) = (x-x_1)^2 + (x-x_2)^2 + \ldots + (x-x_n)^2$ ein Minimum wird.

Zeige, dass x gleich dem arithmetischen Mittel $\frac{x_1 + x_2 + \ldots + x_n}{n}$ der Messwerte ist!

7.61 **1)** Welches ist der kürzeste Weg auf der Oberfläche eines Würfels mit der Kantenlänge a von einer Ecke zur diametral gegenüberliegenden Ecke?
2) Wie kann man diese Aufgabe auch geometrisch lösen?

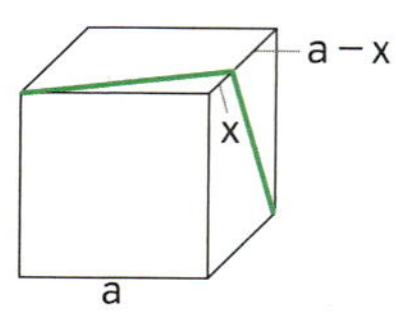

7.5 ABLEITUNG VON UMKEHRFUNKTIONEN

Die Umkehrregel; Ableitung von Logarithmusfunktionen

Satz (Umkehrregel)

Ist g die Umkehrfunktion der reellen Funktion f, dann gilt:

$$g'(x) = \frac{1}{f'(g(x))}$$

BEWEIS: Wir setzen $y = f(x)$ und $t = f(z)$ (siehe nebenstehende Abbildung). Dann ist $x = g(y)$ und $z = g(t)$. Die Zahl z nähert sich genau dann unbegrenzt der Zahl x, wenn sich die Zahl t unbegrenzt der Zahl y nähert. Somit gilt:

$$g'(y) = \lim_{t \to y} \frac{g(t) - g(y)}{t - y} = \lim_{z \to x} \frac{z - x}{f(z) - f(x)} = \lim_{z \to x} \frac{1}{\frac{f(z) - f(x)}{z - x}} = \frac{1}{f'(x)} = \frac{1}{f'(g(y))}$$

Schreibt man x statt y, ergibt sich:

$$g'(x) = \frac{1}{f'(g(x))}$$ □

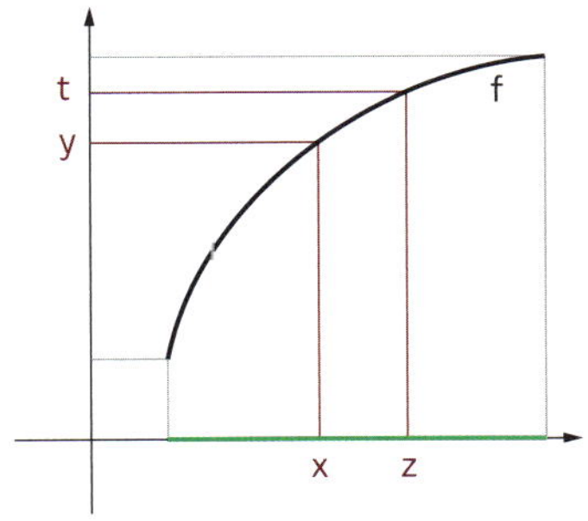

Mit Hilfe der Umkehrregel können wir die Ableitungen von Logarithmusfunktionen ermitteln.

Satz (Ableitung einer Logarithmusfunktion)

(1) $f(x) = \ln(x) \Rightarrow f'(x) = \frac{1}{x}$ **(2)** $f(x) = \log_a(x) \Rightarrow f'(x) = \frac{1}{x \cdot \ln(a)}$ $(a \neq 1)$

BEWEIS:

(1) Die Funktion g mit $g(x) = \ln(x)$ ist die Umkehrfunktion der Funktion f mit $f(x) = e^x$.
Nach der Umkehrregel ergibt sich:
$$g'(x) = \frac{1}{f'(g(x))} = \frac{1}{e^{g(x)}} = \frac{1}{e^{\ln(x)}} = \frac{1}{x}$$

(2) Die Funktion g mit $g(x) = \log_a x$ ist die Umkehrfunktion der Funktion f mit $f(x) = a^x$.
Nach der Umkehrregel ergibt sich:
$$g'(x) = \frac{1}{f'(g(x))} = \frac{1}{a^{g(x)} \cdot \ln(a)} = \frac{1}{a^{\log_a(x)} \cdot \ln(a)} = \frac{1}{x \cdot \ln(a)}$$ □

7.62 Leite die Quadratwurzelregel mit Hilfe der Umkehrregel her!

LÖSUNG:
Die Funktion g mit $g(x) = \sqrt{x}$ ist die Umkehrfunktion der auf $\mathbb{R}_0^+$ definierten Funktion f mit $f(x) = x^2$. Es ist $f'(x) = 2x$. Nach der Umkehrregel ergibt sich:

$$g'(x) = \frac{1}{f'(g(x))} = \frac{1}{2g(x)} = \frac{1}{2\sqrt{x}}$$

AUFGABEN

7.63 Berechne f′(x)!
a) $f(x) = 2 \cdot \ln(x)$ **b)** $f(x) = \ln(2x)$ **c)** $f(x) = 3 \cdot \ln(x^2)$ **d)** $f(x) = 5 \cdot (\ln x)^2$

7.64 Berechne f′(x)!
a) $f(x) = \log_2(x)$ **b)** $f(x) = \log_3(x)$ **c)** $f(x) = \log_2(x + 3)$ **d)** $f(x) = \log_4(x^4)$

7.65 Wie groß ist die Steigung der Funktion f an der Stelle $x = 15$?
a) $f(x) = 5 \cdot \ln(2x)$ **b)** $f(x) = 5 \cdot \log_{10}(2x)$ **c)** $f(x) = 5 \cdot \log_2(2x)$

Funktionsuntersuchungen

7.66 Ermittle den größtmöglichen Definitionsbereich der Funktion f! Untersuche f bezüglich Nullstellen, Monotonie, Krümmung, Extremstellen und Wendestellen! Zeichne den Graphen von f mit Technologieeinsatz!

a) $f(x) = \ln(x)$ **b)** $f(x) = \log_{10}(x)$

7.67 Ermittle den größtmöglichen Definitionsbereich der Funktion f! Untersuche f bezüglich Nullstellen, Monotonie, Krümmung, Extremstellen und Wendestellen!

a) $f(x) = \log_a(x)$ (mit $a > 1$) **b)** $f(x) = \log_a(x)$ (mit $0 < a < 1$)

7.68 Ermittle den größtmöglichen Definitionsbereich der Funktion f! Untersuche f bezüglich Nullstellen, Monotonie, Krümmung, Extremstellen und Wendestellen! Gib vorhandene Hoch-, Tief- und Wendepunkte des Graphen von f an und zeichne diesen mit Technologieeinsatz!

a) $f(x) = x \cdot \ln(x)$ **b)** $f(x) = \frac{\ln(x)}{x}$ **c)** $f(x) = 1 + \ln(x)$ **d)** $f(x) = \log_{10}(10x)$

7.69 Nebenstehend ist der Graph der Funktion f mit $f(x) = x - (x - 1) \cdot \ln(x - 1)$ abgebildet.

1) Gib den größtmöglichen Definitionsbereich von f an!

2) Zeige durch Rechnung, dass der Graph von f genau einen Hochpunkt H, aber keinen Tiefpunkt besitzt! Berechne die Koordinaten von H!

3) Begründe, dass f im gesamten Definitionsbereich rechtsgekrümmt ist!

4) Begründe, dass f genau eine Nullstelle besitzt und dass diese im Intervall (4; 5) liegt!

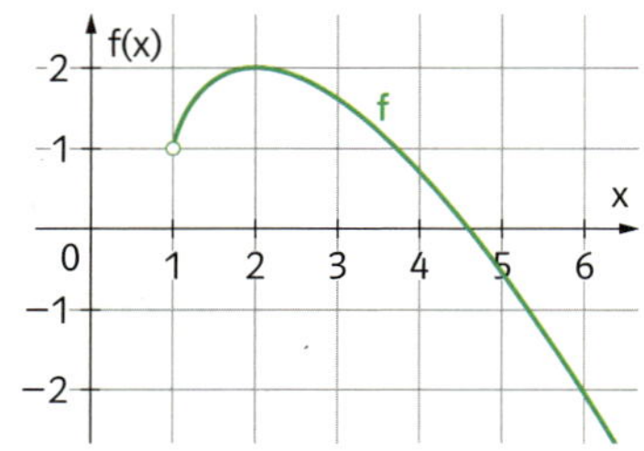

Potenzregel für reelle Exponenten

Mit Hilfe der Ableitungsregel für e^x und $\ln(x)$ können wir die Potenzregel verallgemeinern. Auf Seite 32 haben wir diese Regel nur für natürliche Exponenten bewiesen. Sie gilt aber für beliebige reelle Exponenten.

Satz (Potenzregel für reelle Exponenten)

Für alle $x \in \mathbb{R}^+$ und alle $r \in \mathbb{R}$ gilt:

$$\mathbf{f(x) = x^r \Rightarrow f'(x) = r \cdot x^{r-1}}$$

BEWEIS: $f(x) = x^r = \left(e^{\ln(x)}\right)^r = e^{r \cdot \ln(x)}$

Nach der Kettenregel folgt:

$$f'(x) = e^{r \cdot \ln(x)} \cdot r \cdot \frac{1}{x} = \left(e^{\ln(x)}\right)^r \cdot r \cdot \frac{1}{x} = x^r \cdot r \cdot \frac{1}{x} = r \cdot x^{r-1}$$ □

7.70 Leite die Quadratwurzelregel mit Hilfe der Potenzregel für reelle Exponenten her!

LÖSUNG: $f(x) = \sqrt{x} = x^{\frac{1}{2}} \Rightarrow f'(x) = \frac{1}{2} \cdot x^{-\frac{1}{2}} = \frac{1}{2} \cdot \frac{1}{x^{\frac{1}{2}}} = \frac{1}{2 \cdot \sqrt{x}}$

AUFGABEN

7.71 Ermittle f′(x)!

a) $f(x) = x^{\frac{3}{2}}$ **b)** $f(x) = x^{-2,5}$ **c)** $f(x) = \pi \cdot x^{\sqrt{2}}$ **d)** $f(x) = \sqrt[3]{x^2} + \sqrt[5]{x^3}$

7.6 BERECHNUNG VON ÄNDERUNGSGESCHWINDIGKEITEN

Differentialquotient als Änderungsgeschwindigkeit

7.72 In einen drehkegelförmigen Behälter vom Radius 6 dm und der Höhe 12 dm fließt Wasser mit der konstanten Zuflussgeschwindigkeit von 50 Liter pro Minute ein.

1) Stelle eine Formel auf, die jedem Zeitpunkt t die Wasserhöhe h(t) im Behälter zuordnet!

2) Wie schnell steigt die Wasserhöhe nach 2 Minuten?

3) Wie schnell steigt die Wasserhöhe, wenn das Wasser gerade 8 dm hoch ist?

4) Wie schnell steigt die Wasserhöhe, wenn das Volumen des Wassers im Behälter gerade 400 dm^3 beträgt?

5) Wie schnell wächst der Radius des Wasserspiegels nach 2 Minuten?

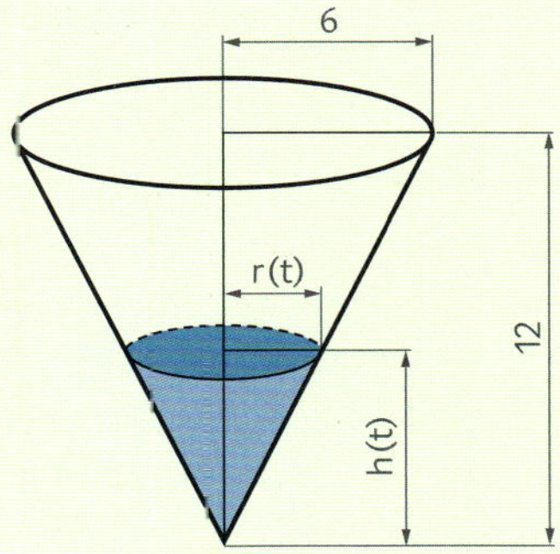

LÖSUNG:

1) Aufgrund ähnlicher Dreiecke gilt:

$$h(t) : r(t) = 12 : 6 = 2 : 1$$

Daraus folgt:

$$r(t) = \frac{1}{2} \cdot h(t)$$

Nach der Volumsformel für einen Kegel gilt:

$$V(t) = \frac{r^2(t) \cdot \pi \cdot h(t)}{3} = \frac{\pi}{3} \cdot r^2(t) \cdot h(t) = \frac{\pi}{3} \cdot \frac{1}{4} \cdot h^2(t) \cdot h(t) = \frac{\pi}{12} \cdot h^3(t)$$

Wegen der konstanten Zuflussgeschwindigkeit von 50 l/min gilt $V(t) = 50 \cdot t$ und damit erhalten wir:

$$50 \cdot t = \frac{\pi}{12} \cdot h^3(t)$$

Daraus ergibt sich:

$$h(t) = \sqrt[3]{\frac{600}{\pi} \cdot t} = \left(\frac{600}{\pi} \cdot t\right)^{\frac{1}{3}}$$

2) $$h'(t) = \frac{1}{3} \cdot \left(\frac{600}{\pi} \cdot t\right)^{-\frac{2}{3}} \cdot \frac{600}{\pi} = \frac{200}{\pi} \cdot \left(\frac{600}{\pi} \cdot t\right)^{-\frac{2}{3}}$$

$$h'(2) \approx 1{,}21$$

Nach 2 Minuten steigt die Wasserhöhe ungefähr mit 1,21 dm/min.

3) $$h(t) = \left(\frac{600}{\pi} \cdot t\right)^{\frac{1}{3}} = 8 \Rightarrow \frac{600}{\pi} \cdot t = 512 \Rightarrow t = \frac{512 \cdot \pi}{600}$$

$$h'\left(\frac{512 \cdot \pi}{600}\right) = \frac{200}{\pi} \cdot \left(\frac{600}{\pi} \cdot \frac{512 \cdot \pi}{600}\right)^{-\frac{2}{3}} \approx 0{,}99$$

Wenn das Wasser gerade 8 dm hoch ist, steigt die Wasserhöhe mit ungefähr 0,99 dm/min.

4) $$V(t) = 50 \cdot t = 400 \Rightarrow t = 8$$

$$h'(8) = \frac{200}{\pi} \cdot \left(\frac{600}{\pi} \cdot 8\right)^{-\frac{2}{3}} \approx 0{,}48$$

Wenn das Volumen des Wassers im Behälter gerade 400 dm^3 beträgt, steigt die Wasserhöhe mit ungefähr 0,48 dm/min.

5) $$r(t) = \frac{1}{2} \cdot h(t)$$

$$r'(t) = \frac{1}{2} \cdot h'(t)$$

$$r'(2) = \frac{1}{2} \cdot h'(2) = \frac{1}{2} \cdot \frac{200}{\pi} \cdot \left(\frac{600}{\pi} \cdot 2\right)^{-\frac{2}{3}} \approx 0{,}60$$

Nach 2 Minuten wächst der Radius ungefähr mit 0,60 dm/min.

AUFGABEN

7.73 Ein Behälter hat die Form einer geraden quadratischen Pyramide mit der Grundkantenlänge 2 m und der Höhe 6 m (siehe nebenstehende Abbildung).
In den Behälter fließt Wasser mit der konstanten Zuflussgeschwindigkeit von 10 l/min ein.

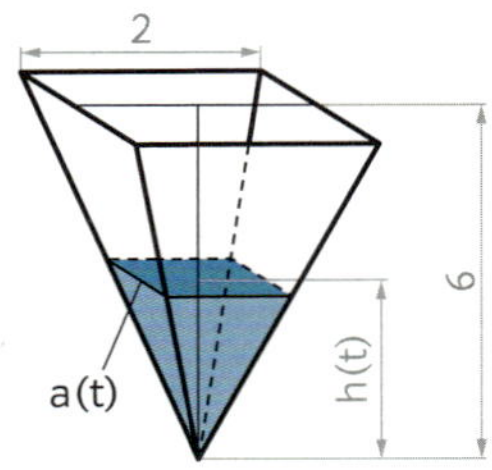

1) Stelle eine Formel auf, die jedem Zeitpunkt t die Wasserhöhe h(t) im Behälter zuordnet!
2) Wie schnell steigt die Wasserhöhe nach 3 min?
3) Wie schnell steigt die Wasserhöhe, wenn das Wasser gerade 3 m hoch ist?
4) Wie schnell steigt die Wasserhöhe, wenn das Volumen des Wassers im Behälter gerade $2\,m^3$ beträgt?

7.74 Ein Trog hat die nebenstehend abgebildete Gestalt (Maße in Meter). Es fließt Wasser mit der konstanten Zuflussgeschwindigkeit von 10 l pro Minute ein.

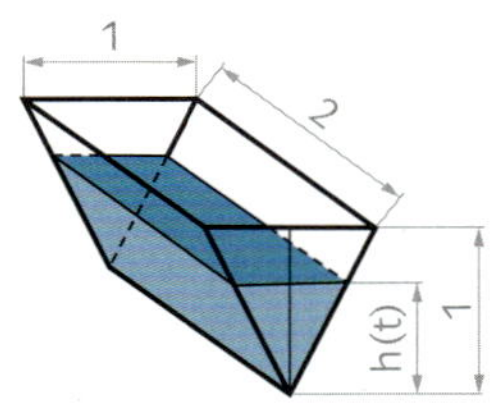

1) Stelle eine Formel auf, die jedem Zeitpunkt t die Wasserhöhe h(t) im Trog zuordnet!
2) Wie schnell steigt die Wasserhöhe nach 15 min?
3) Wie schnell steigt die Wasserhöhe, wenn das Wasser gerade 0,5 m hoch steht?
4) Wie schnell steigt das Wasser, wenn sich im Trog gerade 1000 l befinden?

7.75 Eine 5 m lange Leiter lehnt an einer Hausmauer (siehe nebenstehende Abbildung). Jemand zieht das untere Ende der Leiter mit einer Geschwindigkeit von 3 m/s längs des Bodens weg. (Zum Zeitpunkt $t = 0$ sei $x = 0$.)

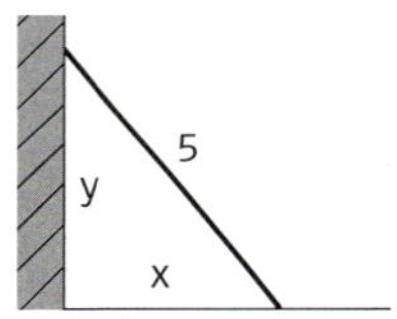

1) Stelle eine Formel auf, die jedem Zeitpunkt t die Höhe y(t) des oberen Endes der Leiter zuordnet!
2) Wie schnell sinkt das obere Ende der Leiter längs der Hausmauer, wenn das untere Ende von dieser gerade 3 m entfernt ist?

7.76 Der Scheinwerfer eines Leuchtturms L, der 5 km vom nächstgelegenen Punkt A an der geradlinigen Küstenlinie entfernt ist, dreht sich mit 2 Umdrehungen pro Minute.

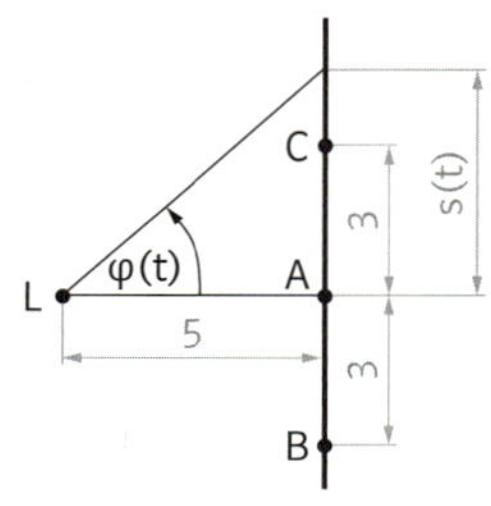

1) Stelle eine Formel für die von A aus gemessene Entfernung s(t) desjenigen Punktes auf, in dem der Lichtstrahl auf die Küste trifft! Dabei sei $-\frac{\pi}{2} < \varphi(t) < \frac{\pi}{2}$ und für $t = 0$ soll der Lichtstrahl auf A treffen.
2) Wie schnell wandert der Lichtstrahl im Punkt A bzw. in den 3 km von A entfernten Punkten B und C die Küstenlinie entlang?

7.77 Ein Riesenrad von 15 m Durchmesser, dessen Mittelpunkt M 10 m über dem Boden liegt, dreht sich im Gegenuhrzeigersinn mit einer Umdrehung pro Minute.

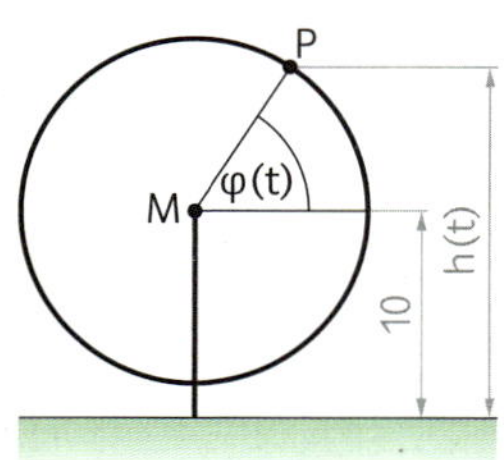

1) Stelle eine Formel auf, die jedem Zeitpunkt t die Höhe h(t) des Aufhängepunktes P einer Kabine zuordnet, wobei für $t = 0$ der Punkt P sich in der Höhe des Mittelpunktes des Riesenrads befindet!
2) Wie schnell steigt der Punkt P, wenn er gerade 12 m hoch ist?

R L KOMPETENZCHECK

AUFGABEN VOM TYP 1

FA-R 6.6 **7.78** Bilde der Reihe nach die erste, zweite, dritte, … Ableitung der Funktion f! Beschreibe, was auffällt!

a) $f(x) = \sin(x)$ **b)** $f(x) = \cos(x)$

FA-R 6.6 **7.79** Zeige, dass für die folgende Funktion f gilt: $f(x) + f''(x) = 0$.

a) $f(x) = a \cdot \sin(x) + b \cdot \cos(x)$ (mit $a, b \in \mathbb{R}$) **b)** $f(x) = a \cdot \sin(x) - b \cdot \cos(x)$ (mit $a, b \in \mathbb{R}$)

FA-R 6.6 **7.80** Ermittle näherungsweise jene Stellen $x \in [0; 2\pi)$, für die gilt:

a) $\sin'(x) = 0{,}7$ **b)** $\cos'(x) = -0{,}4$

AN-R 2.1 **7.81** Ermittle, an welcher Stelle der Graph der Funktion $f: \mathbb{R}_0^+ \to \mathbb{R} \mid x \mapsto \sqrt{x}$ die folgende Steigung hat!

a) 1 **b)** 0,01

AN-R 2.1 **7.82** Ordne jeder Funktion in der linken Tabelle die zugehörige Ableitung aus der rechten Tabelle zu! (k ist eine von 0 verschiedene Konstante.)

$f(x) = k \cdot g(x)$	D
$f(x) = g(k \cdot x)$	E
$f(x) = \frac{g(x)}{k}$	B
$f(x) = g\left(\frac{x}{k}\right)$	C
$f(x) = g(x) + k$	A

A	$f'(x) = g'(x)$
B	$f'(x) = \frac{1}{k} \cdot g'(x)$
C	$f'(x) = \frac{1}{k} \cdot g'\left(\frac{x}{k}\right)$
D	$f'(x) = k \cdot g'(x)$
E	$f'(x) = k \cdot g'(k \cdot x)$

AN-R 2.1 **7.83** Kreuze alle richtigen Aussagen an!

$f(x) = 2^x \Rightarrow f'(x) = x \cdot 2^{x-1}$	☐
$f(x) = \sqrt{2x} \Rightarrow f'(x) = \frac{1}{\sqrt{2x}}$	☒
$f(x) = \cos(2x) \Rightarrow f'(x) = -2 \cdot \sin(2x)$	☒
$f(x) = e^{2x} \Rightarrow f'(x) = 2 \cdot e^x$	☐
$f(x) = \ln(2x) \Rightarrow f'(x) = \frac{1}{x}$	☒

AN-R 2.1 **7.84** Ordne jeder Funktion f in der linken Tabelle die Funktion g aus der rechten Tabelle zu, die für alle $x \in \mathbb{R}^+$ dieselbe Ableitung besitzt!

$f(x) = \ln(x)$	C
$f(x) = 0{,}5 \cdot \ln\left(\frac{x}{2}\right)$	D
$f(x) = 2 \cdot \ln(x)$	A
$f(x) = 4 \cdot \ln\left(\frac{x}{2}\right)$	B

A	$g(x) = 2 \cdot \ln\left(\frac{x}{2}\right)$
B	$g(x) = 4 \cdot \ln(4x)$
C	$g(x) = \ln(2x)$
D	$g(x) = \frac{1}{2} \cdot \ln(2x)$

Fragen zum Grundwissen w6ip3y

AUFGABEN VOM TYP 2

FA-R 1.5 FA-R 5.4 AN-R 1.3 AN-R 2.1

7.85 Radioaktiver Zerfall

Ein radioaktiver Zerfallsprozess verläuft nach dem Gesetz $N(t) = 1000 \cdot e^{-0{,}0227261 \cdot t}$ (t in Minuten).

a)
- Stelle eine Formel für die Zerfallsgeschwindigkeit zum Zeitpunkt t auf!
- Berechne die Zerfallsgeschwindigkeit (in Atome/min) nach 10 Sekunden!

b)
- Gib an, ob die Zerfallsgeschwindigkeit mit zunehmender Zeit betragsmäßig zunimmt, abnimmt oder gleich bleibt!
- Zeichne die Graphen der Funktionen N und N′ mit Technologieeinsatz!

FA-R 6.1 FA-R 6.2 FA-R 6.3 FA-R 6.6 AN-R 2.1

7.86 Harmonische Schwingung

Die Elongation einer harmonischen Schwingung zum Zeitpunkt t ist gegeben durch $s(t) = 3 \cdot \sin(2t)$ (s(t) in Meter, t in Sekunden).

a)
- Gib die Amplitude der Schwingung an!
- Gib die Anzahl der vollen Schwingungen im Zeitintervall $[0; 2\pi]$ an!

b)
- Gib die Schwingungsdauer der Schwingung an!
- Gib die Frequenz der Schwingung an!

c)
- Stelle eine Formel für die Geschwindigkeit des schwingenden Körpers zum Zeitpunkt t auf und gib an, wie groß diese Geschwindigkeit zu den Zeitpunkten $t = 0$ und $t = \frac{\pi}{2}$ ist!
- Stelle eine Formel für die Beschleunigung des schwingenden Körpers zum Zeitpunkt t auf und gib an, wie groß diese Beschleunigung zu den Zeitpunkten $t = 0$ und $t = \frac{\pi}{2}$ ist!

FA-R 1.4 FA-R 1.6 FA-R 6.6 AN-R 2.1 AN-R 3.3

7.87 Gedämpfte Schwingung

Viele Systeme (zB Federungseinrichtungen in Kraftfahrzeugen) führen bei einer einmaligen Anregung eine „gedämpfte Schwingung“ aus. Für die Elongation s(t) zum Zeitpunkt t gilt dabei näherungsweise: $s(t) = c \cdot e^{-\delta t} \cdot \sin(\omega t)$ (mit $t \in \mathbb{R}_0^+$). Die Zahlen c, ω und δ sind positive Konstanten, die vom jeweiligen System abhängen (δ heißt Dämpfungskonstante).

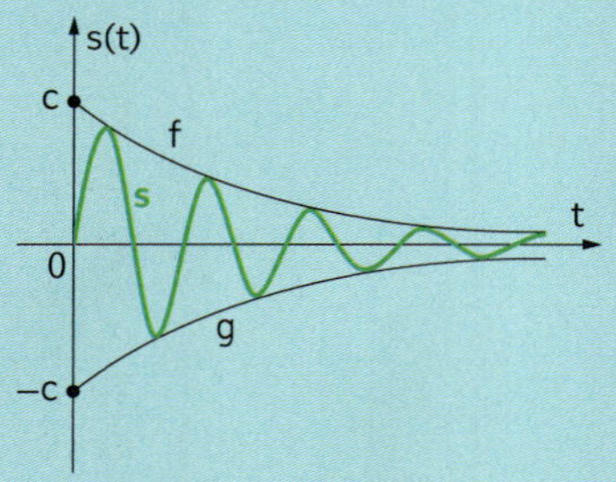

a)
- Erläutere, wodurch sich eine gedämpfte Schwingung von einer harmonischen Schwingung unterscheidet!
- Ermittle die Nullstellen der Funktion s!

b)
- Untersuche durch Rechnung, ob jede lokale Extremstelle von s genau in der Mitte zwischen ihren beiden benachbarten Nullstellen von s liegt!
- Untersuche durch Rechnung, ob die Wendestellen von s mit den Nullstellen von s identisch sind!

c)
- Die Funktionen f und g mit $f(t) = c \cdot e^{-\delta t}$ und $g(t) = -c \cdot e^{-\delta t}$ bezeichnet man als „Einhüllende“ der Funktion s. Zeige, dass für alle $t \in \mathbb{R}_0^+$ gilt: $g(t) \leq s(t) \leq f(t)$.
- Berechne die Schnittpunkte von s mit diesen „Einhüllenden“!

FA-R 1.5
AG-R 2.1
AN-R 2.1
AG-L 5.1

7.88 **Hyperbelfunktionen**

Man definiert:

(1) Für alle $x \in \mathbb{R}$ setzt man: Sinus hyperbolicus von $x = \sinh(x) = \frac{e^x - e^{-x}}{2}$

(2) Für alle $x \in \mathbb{R}$ setzt man: Cosinus hyperbolicus von $x = \cosh(x) = \frac{e^x + e^{-x}}{2}$

Die Funktionen sinh: $\mathbb{R} \to \mathbb{R}$ und cosh: $\mathbb{R} \to \mathbb{R}$ heißen Hyperbelfunktionen. Ihre Graphen sind in der folgenden Abbildung dargestellt. Diese Funktionen haben zum Teil ähnliche Eigenschaften wie die Funktionen sin: $\mathbb{R} \to \mathbb{R}$ und cos: $\mathbb{R} \to \mathbb{R}$.

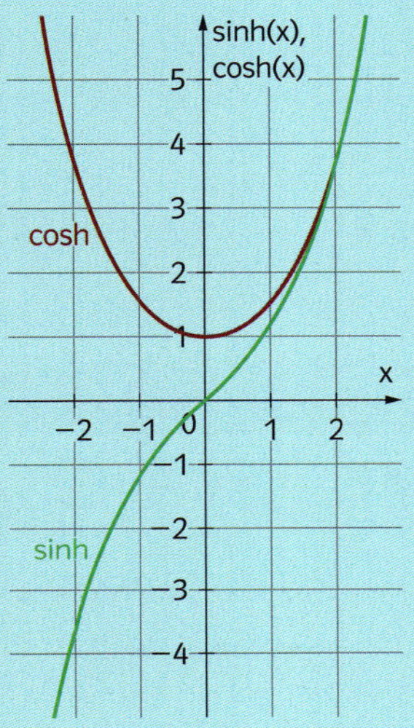

a)
- Zeige, dass für alle $x \in \mathbb{R}$ gilt: $\cos^2(x) + \sin^2(x) = 1$
- Zeige, dass für alle $x \in \mathbb{R}$ gilt: $\cosh^2(x) - \sinh^2(x) = 1$

b)
- Zeige, dass eine Kurve mit der folgenden Parameterdarstellung ein Kreis ist: $X = (x \mid y) = (a \cdot \cos(t) \mid a \cdot \sin(t))$ mit $a, b \in \mathbb{R}^+$ und $t \in \mathbb{R}$
- Zeige, dass eine Kurve mit der folgenden Parameterdarstellung der rechte Ast einer Hyperbel ist (daraus leitet sich der Name „Hyperbelfunktionen" her): $X = (x \mid y) = (a \cdot \cosh(t) \mid b \cdot \sinh(t))$ mit $a, b \in \mathbb{R}^+$ und $t \in \mathbb{R}$

c)
- Zeige: sinh ist eine ungerade Funktion und cosh eine gerade Funktion.
- Ermittle Formeln für $\sinh'(x)$ und $\cosh'(x)$!

d) Die obige Abbildung legt folgende Aussagen nahe. Beweise diese durch Rechnung!
- Für alle $x \in \mathbb{R}$ gilt: $\cosh(x) \geq 1$
- Für alle $x \in \mathbb{R}$ gilt: $\cosh(x) > \sinh(x)$

e)
- Die obige Abbildung legt auch nahe, dass sich cosh(x) und sinh(x) mit wachsendem x immer weniger unterscheiden. Begründe: $\lim\limits_{x \to \infty} (\cosh(x) - \sinh(x)) = 0$
- Gib an, ab welchem x sich cosh(x) und sinh(x) um weniger als ein Millionstel unterscheiden! Runde auf drei Nachkommastellen!

8 EXAKTIFIZIERUNG DER DIFFERENTIALRECHNUNG

LERNZIELE

- 8.1 **Grenzwertregeln** kennen.
- 8.2 Den Begriff der **Stetigkeit** und Formen von Unstetigkeitsstellen kennen.
- 8.3 Den Begriff der **Differenzierbarkeit** kennen.
- 8.4 **Sätze** über **stetige** und **differenzierbare Funktionen** kennen.
- 8.5 Eine **exaktere Definition des Grenzwerts für Funktionen** kennen.
- 8.6 **Historisches zur Differentialrechnung** kennen.
- ▪ **Kompetenzcheck**

8.1 GRENZWERTREGELN

R

Präzisierung intuitiver Grenzwertberechnungen

Einen Grenzwert wie beispielsweise $\lim\limits_{x \to 2} (x^2 + 3x)$ haben wir bisher im Prinzip so berechnet:

$$\lim_{x \to 2} (x^2 + 3x) = \lim_{x \to 2} (x \cdot x) + \lim_{x \to 2} (3 \cdot x) = \lim_{x \to 2} x \cdot \lim_{x \to 2} x + \lim_{x \to 2} 3 \cdot \lim_{x \to 2} x = 2 \cdot 2 + 3 \cdot 2 = 10$$

Dabei haben wir intuitiv die folgenden Regeln angewendet:

Satz (Grenzwertregeln)

Es seien f: A → ℝ und g: A → ℝ reelle Funktionen. Falls die Grenzwerte existieren, gilt:

(1) $\lim\limits_{x \to p} [f(x) + g(x)] = \lim\limits_{x \to p} f(x) + \lim\limits_{x \to p} g(x)$

(2) $\lim\limits_{x \to p} [f(x) - g(x)] = \lim\limits_{x \to p} f(x) - \lim\limits_{x \to p} g(x)$

(3) $\lim\limits_{x \to p} [f(x) \cdot g(x)] = \lim\limits_{x \to p} f(x) \cdot \lim\limits_{x \to p} g(x)$

(4) $\lim\limits_{x \to p} \frac{f(x)}{g(x)} = \frac{\lim\limits_{x \to p} f(x)}{\lim\limits_{x \to p} g(x)}$ (sofern $g(x) \neq 0$ in einer Umgebung von p und $\lim\limits_{x \to p} g(x) \neq 0$)

Beweise dieser Regeln führen wir nicht durch. Als Spezialfall der Regel (3) ergibt sich:

Satz (Grenzwertregel für einen konstanten Faktor c)

$\lim\limits_{x \to p} [c \cdot f(x)] = c \cdot \lim\limits_{x \to p} f(x)$

BEWEIS: Nach der Grenzwertregel (3) gilt: $\lim\limits_{x \to p} [c \cdot f(x)] = \lim\limits_{x \to p} c \cdot \lim\limits_{x \to p} f(x) = c \cdot \lim\limits_{x \to p} f(x)$ □

Die Grenzwertregeln (1) und (3) lassen sich auf mehr als zwei Funktionen verallgemeinern:

(1') $\lim\limits_{x \to p} [f_1(x) + f_2(x) + \ldots + f_n(x)] = \lim\limits_{x \to p} f_1(x) + \lim\limits_{x \to p} f_2(x) + \ldots + \lim\limits_{x \to p} f_n(x)$

(3') $\lim\limits_{x \to p} [f_1(x) \cdot f_2(x) \cdot \ldots \cdot f_n(x)] = \lim\limits_{x \to p} f_1(x) \cdot \lim\limits_{x \to p} f_2(x) \cdot \ldots \cdot \lim\limits_{x \to p} f_n(x)$

BEISPIEL: $\lim\limits_{x \to 0} [3(x + e^x)] = 3 \cdot \lim\limits_{x \to 0} (x + e^x) = 3 \cdot \left(\lim\limits_{x \to 0} x + \lim\limits_{x \to 0} e^x\right) = 3 \cdot (0 + 1) = 3$

8.2 STETIGKEIT

Stetige und unstetige Funktionen

Für eine Funktion f: [a; b] → ℝ schließt man manchmal so:
Ist $f(a) > 0$ und $f(b) < 0$, dann besitzt f mindestens eine Nullstelle zwischen a und b (siehe Abb. 8.1a).
Dieser Schluss ist aber für Sprungfunktionen nicht immer gerechtfertigt (siehe Abb. 8.1b).

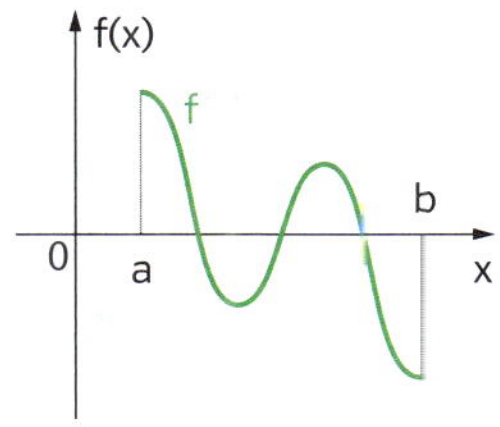

Abb. 8.1a

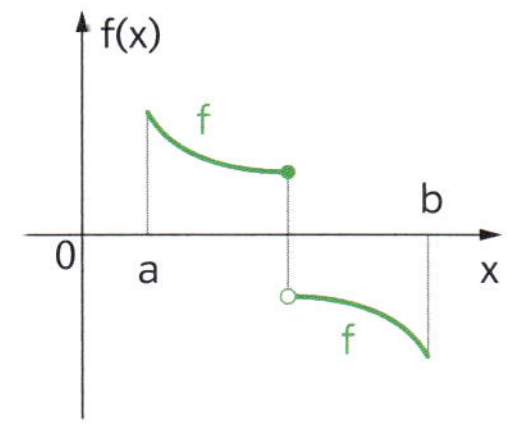

Abb. 8.1b

Wir haben schon im Abschnitt 6.1 darauf hingewiesen, dass Funktionen, die keine Sprungfunktionen sind, zu den **stetigen Funktionen** zählen. Im Folgenden präzisieren wir diesen Begriff. Wie kann der Begriff einer stetigen Funktion exakter definiert werden? Wir betrachten dazu die folgenden drei Funktionen:

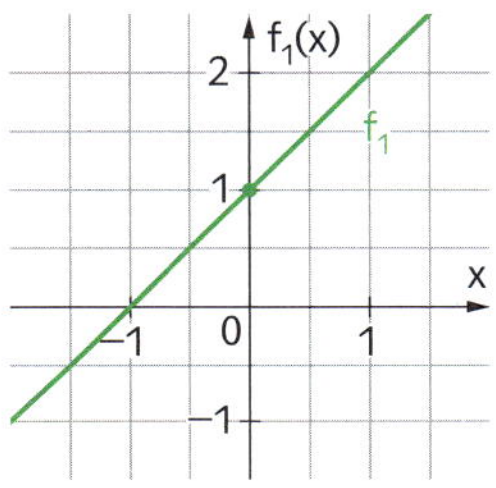

$f_1(x) = x + 1$

$\lim\limits_{x \to 0} f_1(x) = 1 = f_1(0)$

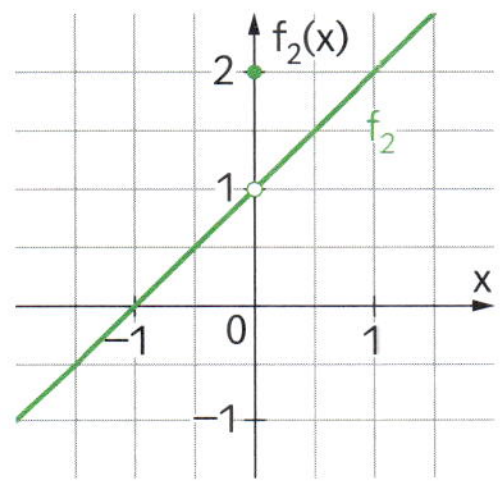

$f_2(x) = \begin{cases} x + 1 & \text{für } x \neq 0 \\ 2 & \text{für } x = 0 \end{cases}$

$\lim\limits_{x \to 0} f_2(x) = 1 \neq f_2(0)$

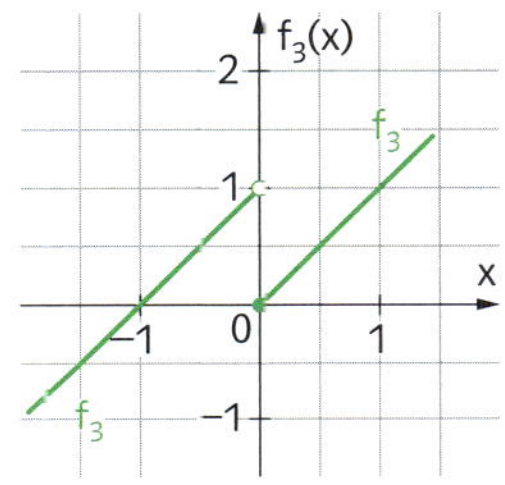

$f_3(x) = \begin{cases} x + 1 & \text{für } x < 0 \\ x & \text{für } x \geq 0 \end{cases}$

$\lim\limits_{x \to 0} f_3(x)$ existiert nicht

Von diesen Funktionen werden wir nur die Funktion f_1 an der Stelle 0 stetig nennen, da die anderen beiden an der Stelle 0 einen Sprung aufweisen. Dies legt folgende Definition nahe:

Definition (Stetigkeit)
Eine reelle **Funktion f: A → ℝ** heißt
(1) an der Stelle p ∈ A stetig, wenn $\lim\limits_{x \to p} f(x) = f(p)$ ist,
(2) an der Stelle p ∈ A unstetig, wenn **$\lim\limits_{x \to p} f(x)$ nicht existiert** oder **von f(p) verschieden** ist,
(3) stetig, wenn sie an jeder Stelle p ∈ A stetig ist,
(4) unstetig, wenn sie an mindestens einer Stelle p ∈ A nicht stetig ist.

8.01 Nebenstehend ist der Graph der Funktion f: ℝ* → ℝ mit $f(x) = \frac{1}{x}$ gezeichnet.
1) Ist die Polstelle 0 eine Unstetigkeitsstelle von f? Begründe!
2) Ist f stetig? Begründe!

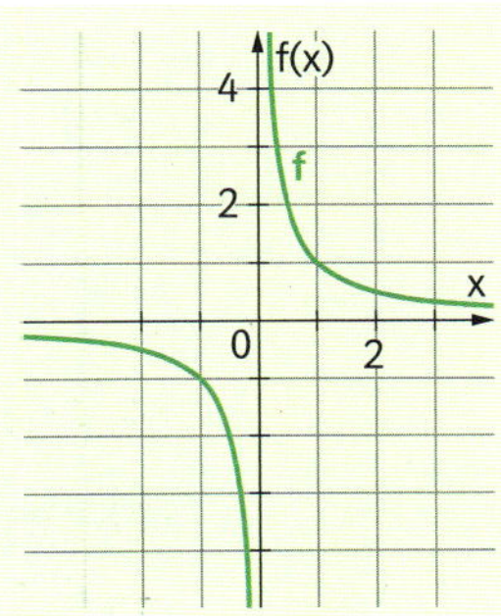

LÖSUNG:
1) Die Polstelle 0 ist keine Unstetigkeitsstelle von f, weil 0 nicht in der Definitionsmenge ℝ* von f liegt.
2) Die Funktion f ist stetig, weil sie an jeder Stelle p ∈ ℝ* stetig ist.

Merke
Polstellen sind keine Unstetigkeitsstellen, weil sie nicht zur Definitionsmenge von f gehören.

Der Begriff der **Stetigkeit** ist ein gutes Beispiel dafür, dass man bei der Definition eines mathematischen Begriffs nicht immer genau das erfasst, woran man ursprünglich gedacht hat. Bisher sind wir von der Vorstellung ausgegangen, dass eine stetige Funktion dasselbe ist wie eine **Funktion ohne Sprungstellen**. Das folgende Beispiel zeigt jedoch, dass es auch Funktionen gibt, die keine Sprungstellen enthalten, aber trotzdem unstetig sind.

BEISPIEL: Wir betrachten die Funktion f mit

$$f(x) = \begin{cases} \sin\frac{1}{|x|} & \text{für } x \neq 0 \\ 0 & \text{für } x = 0 \end{cases}$$

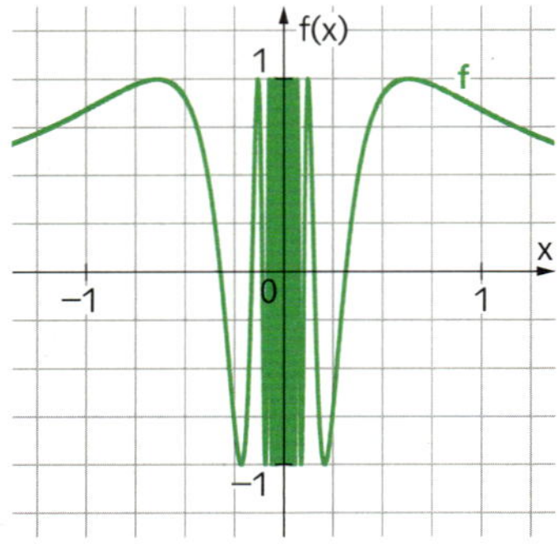

Der Grenzwert $\lim\limits_{x \to 0} f(x)$ existiert nicht, denn f nimmt in jeder beliebigen Nähe von 0 sowohl den Wert 1 als auch den Wert −1 an. Die Funktion ist also an der Stelle 0 unstetig, obwohl die Stelle 0 keine Sprungstelle ist. Eine solche Stelle bezeichnet man als **Oszillationsstelle** von f.

8.02 Begründe:

1) Jede Potenzfunktion f mit $f(x) = c \cdot x^n$ und natürlichem Exponenten n ist stetig.
2) Jede Polynomfunktion mit $f(x) = a_n \cdot x^n + a_{n-1} \cdot x^{n-1} + \ldots + a_0$ ist stetig.
3) Jede rationale Funktion ist (in ihrem Definitionsbereich) stetig.

LÖSUNG:

1) Nach den Grenzwertregeln gilt an jeder Stelle $p \in \mathbb{R}$:

$$\lim_{x \to p} f(x) = \lim_{x \to p} (c \cdot x^n) = \lim_{x \to p} (c \cdot \underbrace{x \cdot x \cdot \ldots \cdot x}_{\text{n Faktoren}}) = \lim_{x \to p} c \cdot \underbrace{\lim_{x \to p} x \cdot \lim_{x \to p} x \cdot \ldots \cdot \lim_{x \to p} x}_{\text{n Faktoren}} =$$

$$= c \cdot \underbrace{p \cdot p \cdot \ldots \cdot p}_{\text{n Faktoren}} = c \cdot p^n = f(p)$$

2) Nach den Grenzwertregeln und nach 1) gilt an jeder Stelle $p \in \mathbb{R}$:

$$\lim_{x \to p} f(x) = \lim_{x \to p} (a_n \cdot x^n + a_{n-1} \cdot x^{n-1} + \ldots + a_0) = \lim_{x \to p} (a_n \cdot x^n) + \lim_{x \to p} (a_{n-1} \cdot x^{n-1}) + \ldots + \lim_{x \to p} a_0 =$$

$$= a_n \cdot p^n + a_{n-1} \cdot p^{n-1} + \ldots + a_0 = f(p)$$

3) Eine rationale Funktion ist von der Form $f(x) = \frac{g(x)}{h(x)}$, wobei g(x) und h(x) Polynome sind. Nach den Grenzwertregeln und nach 2) gilt an jeder Stelle p aus dem Definitionsbereich von f:

$$\lim_{x \to p} f(x) = \lim_{x \to p} \frac{g(x)}{h(x)} = \frac{\lim\limits_{x \to p} g(x)}{\lim\limits_{x \to p} h(x)} = \frac{g(p)}{h(p)} = f(p)$$

Die Stetigkeit kann auch für weitere Funktionen nachgewiesen werden. Im folgenden Satz sind die für uns wichtigsten Funktionen angeführt. Die Beweise führen wir nicht durch.

Satz (Stetigkeit elementarer Funktionen)
Die folgenden Funktionen sind in ihrem jeweiligen Definitionsbereich stetig:

- Potenzfunktionen
- Polynomfunktionen
- rationale Funktionen
- Winkelfunktionen
- Exponentialfunktionen
- Logarithmusfunktionen

R **AUFGABEN**

8.03 Begründe: **a)** Jede konstante Funktion ist in ihrem größtmöglichen Definitionsbereich stetig.
b) Jede lineare Funktion ist in ihrem größtmöglichen Definitionsbereich stetig.

8.3 DIFFERENZIERBARKEIT

R

Existenz der Ableitung

Nebenstehend ist die Funktion f mit $f(x) = |x|$ dargestellt.
Die Funktion f ist an der Stelle 0 stetig, denn wenn man sich (von links oder rechts) der Stelle 0 unbegrenzt nähert, dann nähert sich f(x) unbegrenzt der Zahl 0; also ist $\lim\limits_{x \to p} f(x) = 0 = f(0)$. Wir werden aber im Abschnitt 8.4 zeigen, dass die Ableitung von f an der Stelle 0 nicht existiert (und der Graph im Nullpunkt O daher keine Tangente besitzt).

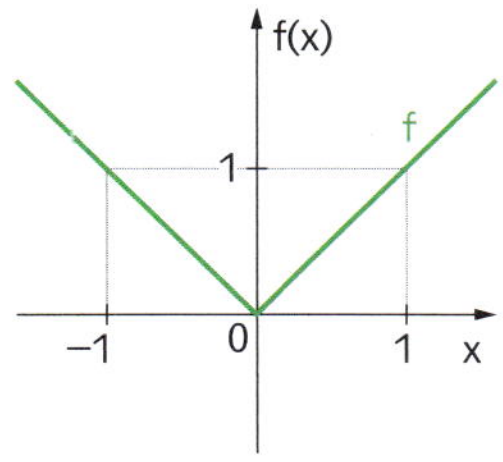

Funktionen, deren Ableitungen existieren, erhalten einen eigenen Namen:

Definition (Differenzierbarkeit)
Eine reelle Funktion **$f: A \to \mathbb{R}$** heißt
(1) an der Stelle $p \in A$ differenzierbar, wenn $f'(p) = \lim\limits_{x \to p} \frac{f(x) - f(p)}{x - p}$ **existiert.**

(2) differenzierbar, wenn sie an jeder Stelle $p \in A$ differenzierbar ist.

Dass eine Funktion f an einer Stelle p nicht differenzierbar ist, merkt man im Allgemeinen daran, dass der Graph von f an der Stelle p einen **Knick** hat. Der Graph besitzt an einer solchen Stelle keine Tangente.

Aus den Herleitungen der entsprechenden Ableitungsregeln folgt:

Satz (Differenzierbarkeit elementarer Funktionen)
Die folgenden Funktionen sind in ihrem jeweiligen Definitionsbereich differenzierbar:
- Potenzfunktionen
- Polynomfunktionen
- rationale Funktionen
- Exponentialfunktionen
- Logarithmusfunktionen
- Winkelfunktionen

L

Zusammenhang von Differenzierbarkeit und Stetigkeit

Satz
Ist eine reelle Funktion $f: A \to \mathbb{R}$ an einer Stelle $p \in A$ differenzierbar, dann ist f an der Stelle p stetig.

BEWEIS:
Sei f an der Stelle $p \in A$ differenzierbar. Es gilt für alle $x \in A$, wie man durch Kürzen leicht sieht:

$$f(x) = f(p) + \frac{f(x) - f(p)}{x - p} \cdot (x - p)$$

Daraus folgt nach den Grenzwertregeln:

$$\lim_{x \to p} f(x) = \lim_{x \to p} f(p) + \lim_{x \to p} \frac{f(x) - f(p)}{x - p} \cdot \lim_{x \to p} (x - p) = f(p) + f'(p) \cdot 0 = f(p)$$

Somit ist f an der Stelle p stetig. □

Die Umkehrung dieses Satzes gilt nicht. Aus der Stetigkeit folgt nicht unbedingt die Differenzierbarkeit. Zum Beispiel ist die Funktion f mit $f(x) = |x|$ an der Stelle 0 stetig, aber an dieser Stelle nicht differenzierbar.

Merke
Aus der Differenzierbarkeit folgt die Stetigkeit, aber nicht umgekehrt.

8.4 SÄTZE ÜBER STETIGE UND DIFFERENZIERBARE FUNKTIONEN

Sätze über stetige Funktionen

Reelle Funktionen, die in einem abgeschlossenen Intervall stetig sind, haben bemerkenswerte Eigenschaften. Wir stellen einige dieser Sätze im Folgenden zusammen. Sie sind alle anschaulich sehr einleuchtend, Beweise führen wir jedoch nicht durch.

Satz (Maximum-Minimum-Satz)
Ist eine reelle Funktion **stetig** in einem abgeschlossenen Intervall [a; b], dann gibt es in [a; b] **mindestens eine Maximumstelle** und **mindestens eine Minimumstelle** von f.

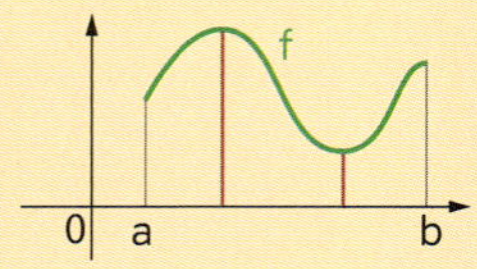

Satz (Nullstellensatz)
Ist die reelle Funktion f **stetig** in einem abgeschlossenen Intervall [a; b] und ist $f(a) \geq 0$ und $f(b) \leq 0$ [oder $f(a) \leq 0$ und $f(b) \geq 0$], dann besitzt f **mindestens eine Nullstelle** in [a; b].

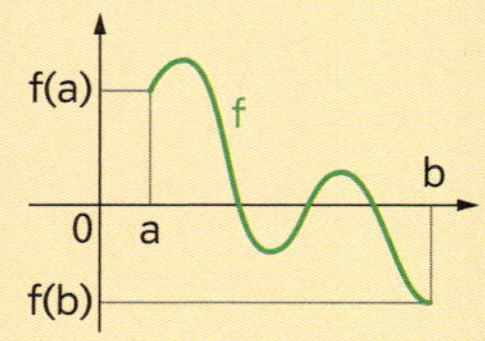

Dieser Satz lässt sich verallgemeinern:

Satz (Zwischenwertsatz)
Ist die reelle Funktion f stetig in einem abgeschlossenen Intervall [a; b] und ist $f(a) \geq q$ und $f(b) \leq q$ [oder $f(a) \leq q$ und $f(b) \geq q$], dann gibt es **mindestens eine Stelle** $p \in [a; b]$ mit $\mathbf{f(p) = q}$.

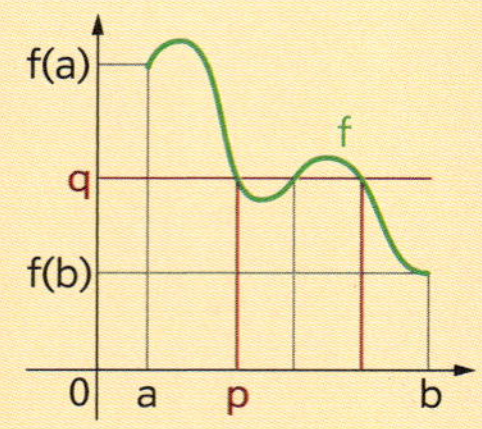

Applet
ib4vj8

Satz (Mittelwertsatz der Differentialrechnung)
Ist die reelle Funktion f **stetig** in [a; b] und **differenzierbar** in (a; b),

dann gibt es **eine Stelle** $p \in (a; b)$ mit $\mathbf{f'(p) = \frac{f(b) - f(a)}{b - a}}$.

(Das bedeutet, dass es zwischen a und b mindestens eine Stelle p gibt, an der die Steigung der Tangente an den Graphen von f gleich der Steigung der Sekante durch die Punkte (a | f(a)) und (b | f(b)) und somit die Tangente parallel zur Sekante ist.)

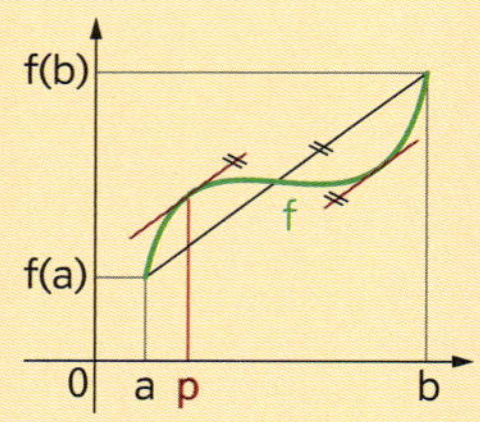

BEACHTE: Im Mittelwertsatz ist die Voraussetzung der Differenzierbarkeit wesentlich. Die nebenstehend dargestellte Funktion f ist in [a; b] stetig und nur an einer einzigen Stelle $c \in (a; b)$ nicht differenzierbar. Dies bewirkt bereits, dass es keine Stelle in (a; b) gibt, an der die Tangente parallel zur Sekante ist.

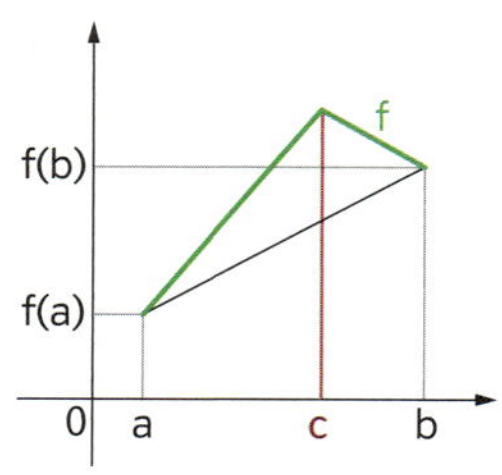

L

Sätze über differenzierbare Funktionen

Im Kapitel 3 haben wir verschiedene Sätze der Differentialrechnung für Polynomfunktionen formuliert und auf Polynomfunktionen angewandt. Im Kapitel 7 haben wir dann aber diese Sätze stillschweigend auch auf andere Funktionen angewandt (rationale Funktionen, Potenzfunktionen mit reellen Exponenten, Exponentialfunktionen, Logarithmusfunktionen, Winkelfunktionen). Dies erscheint zunächst unbegründet. Man kann aber beweisen, dass alle verwendeten Sätze auch unter allgemeineren Voraussetzungen gelten. Man muss nur verlangen, dass die entsprechende Funktion genügend oft differenzierbar ist und alle Ableitungen stetig sind. Da diese Voraussetzungen von allen im Kapitel 7 vorkommenden Funktionen erfüllt wurden, ist die Anwendung dieser Sätze nachträglich gerechtfertigt. Wir stellen diese Sätze im Folgenden zusammen, führen jedoch die Beweise nicht durch.

Satz (Monotoniesatz)
Die reelle Funktion f sei differenzierbar im Intervall I.
(1) $f'(x) > 0$ für alle inneren Stellen $x \in I \Rightarrow$ **f streng monoton steigend** in I
(2) $f'(x) < 0$ für alle inneren Stellen $x \in I \Rightarrow$ **f streng monoton fallend** in I
(3) $f'(x) \geq 0$ für alle inneren Stellen $x \in I \Leftrightarrow$ **f monoton steigend** in I
(4) $f'(x) \leq 0$ für alle inneren Stellen $x \in I \Leftrightarrow$ **f monoton fallend** in I

Satz (Krümmungssatz)
Die reelle Funktion f sei zweimal differenzierbar im Intervall I.
(1) $f''(x) > 0$ für alle inneren Stellen $x \in I \Rightarrow$ **f** ist **linksgekrümmt** in I.
(2) $f''(x) < 0$ für alle inneren Stellen $x \in I \Rightarrow$ **f** ist **rechtsgekrümmt** in I.

Satz (Notwendige Bedingung für lokale Extremstellen)
Die reelle Funktion f sei differenzierbar. Ist p eine lokale Extremstelle von f, dann ist $f'(p) = 0$.

Satz (Hinreichende Bedingung für lokale Extremstellen)
Sei f eine in einem Intervall I definierte, zweimal differenzierbare reelle Funktion mit stetiger zweiter Ableitung und p eine innere Stelle von I.
(1) $f'(p) = 0$ und **$f''(p) < 0$** $\Rightarrow$ **p** ist **lokale Maximumstelle** von f.
(2) $f'(p) = 0$ und **$f''(p) > 0$** $\Rightarrow$ **p** ist **lokale Minimumstelle** von f.

Satz (Notwendige Bedingung für Wendestellen)
Die reelle Funktion f sei zweimal differenzierbar.
p ist Wendestelle von f $\Rightarrow f''(p) = 0$

Satz (Hinreichende Bedingung für Wendestellen)
Sei f eine in einem Intervall I definierte, dreimal differenzierbare reelle Funktion mit stetiger dritter Ableitung und p eine innere Stelle von I.
$f''(p) = 0$ und **$f'''(p) \neq 0$** $\Rightarrow$ **p** ist **Wendestelle** von f.

8.5 EXAKTIFIZIERUNG DES GRENZWERTBEGRIFFS

Gründe für eine genauere Fassung des Grenzwertbegriffs

Grenzwerte haben wir bisher durch Argumentationen mit unbegrenztem Nähern ermittelt. Es gibt jedoch Fälle, in denen diese Methode versagt, wie die nächste Aufgabe zeigt.

8.04 Wir betrachten die Funktion f mit $f(x) = |x|$. Ermittle $f'(0)$!

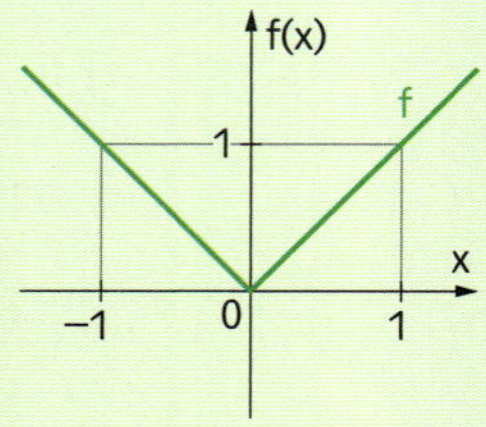

LÖSUNG:
$f'(0) = \lim\limits_{x \to 0} \frac{f(x) - f(0)}{x - 0} = \lim\limits_{x \to 0} \frac{|x| - |0|}{x - 0} = \lim\limits_{x \to 0} \frac{|x|}{x}$

Wir versuchen, diesen Limes durch unbegrenztes Nähern zu ermitteln.

1. VERSUCH: Wenn sich x unbegrenzt der Zahl 0 nähert, dann nähern sich sowohl der Zähler als auch der Nenner des Bruchs unbegrenzt der Zahl 0. Der Quotient $\frac{0}{0}$ ist aber nicht definiert. Wir kommen so nicht weiter.

2. VERSUCH: Es sei $d(x) = \frac{f(x) - f(0)}{x - 0} = \frac{|x|}{x} = \begin{cases} -1 \text{ für } x < 0 \\ 1 \text{ für } x > 0 \end{cases}$

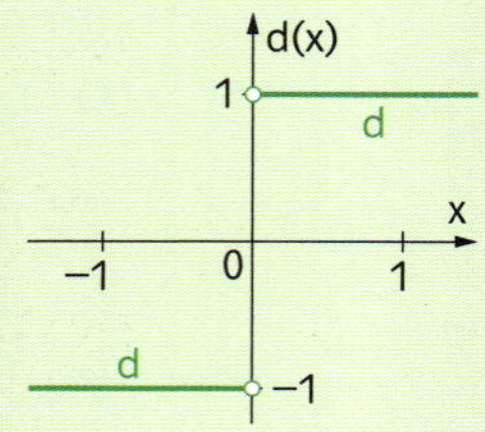

Nähert sich x von rechts her unbegrenzt der Zahl 0, so nähert sich d(x) unbegrenzt der Zahl 1. Nähert sich x von links her unbegrenzt der Zahl 0, so nähert sich d(x) unbegrenzt der Zahl −1. Was bedeutet das? Gibt es zwei Grenzwerte? Oder ist weder 1 noch −1 Grenzwert? Wir kommen auch so nicht weiter.

In der letzten Aufgabe konnten wir den Grenzwert nicht ermitteln. Wir konnten nicht einmal klären, ob es ihn gibt. Der Grund dafür ist darin zu suchen, dass wir nie genau definiert haben, was ein Grenzwert eigentlich ist. Wir werden uns daher im Folgenden bemühen, eine exaktere Definition des Grenzwerts zu erarbeiten. Dies wird uns nicht nur helfen, Grenzwerte zu berechnen, die wir bisher nicht berechnen konnten, sondern wird auch unsere bisherige Argumentation mit unbegrenztem Nähern auf eine exaktere Basis stellen.

Häufungsstellen

Sei $f\colon A \to \mathbb{R}$ eine reelle Funktion. Um vom Grenzwert $\lim\limits_{x \to p} f(x) = q$ sprechen zu können, muss man sich der Stelle p mit Zahlen $x \in A$ unbegrenzt nähern können. Das bedeutet, dass in jeder (noch so kleinen) Umgebung von p ein von p verschiedenes $x \in A$ liegen muss. Eine solche Stelle p erhält einen eigenen Namen.

Definition
Eine Stelle p heißt **Häufungsstelle einer Menge $A \subseteq \mathbb{R}$**, wenn in jeder (noch so kleinen) Umgebung von p ein von p verschiedenes $x \in A$ liegt.

Eine Häufungsstelle einer Menge A kann zu A gehören, muss dies aber nicht tun.

BEISPIEL: Die Randstellen a und b eines offenen Intervalls (a; b) sind Häufungsstellen des Intervalls, obwohl sie nicht zum Intervall gehören.

Im Symbol $\lim\limits_{x \to p} f(x)$ muss vorausgesetzt werden, dass p eine Häufungsstelle der Definitionsmenge A der Funktion f ist. Da eine Häufungsstelle nicht unbedingt zu A gehören muss, braucht f an der Stelle p nicht unbedingt definiert zu sein.

BEISPIEL: Ist f differenzierbar, dann ist die Differenzenquotientenfunktion d mit $d(x) = \frac{f(x) - f(p)}{x - p}$ an der Stelle p nicht definiert, trotzdem kann man vom Grenzwert $\lim\limits_{x \to p} d(x) = f'(p)$ sprechen.

AUFGABEN

8.05 Ist p eine Häufungsstelle von A? Wenn nicht, begründe warum!

a) 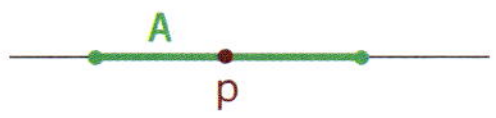

c) 

e) 

b) 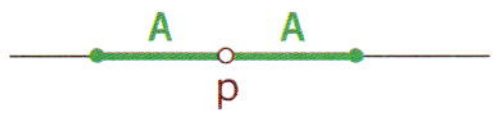

d) 

f) 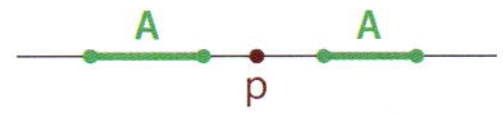

Exaktere Definition des Grenzwerts

Gegeben sind eine reelle Funktion f: A → ℝ und eine Häufungsstelle p von A. Die Aussage

$$\lim_{x \to p} f(x) = q$$

haben wir bisher so gedeutet:

f(x) nähert sich unbegrenzt der Zahl q, wenn sich x unbegrenzt der Zahl p nähert.

Dies kann man auch so formulieren:

Wie klein man auch eine Umgebung U(q) von q wählt, stets lässt sich eine Umgebung U(p) von p finden, sodass gilt: $x \in U(p) \Rightarrow f(x) \in U(q)$.

Dies ist in den folgenden Abbildungen veranschaulicht:

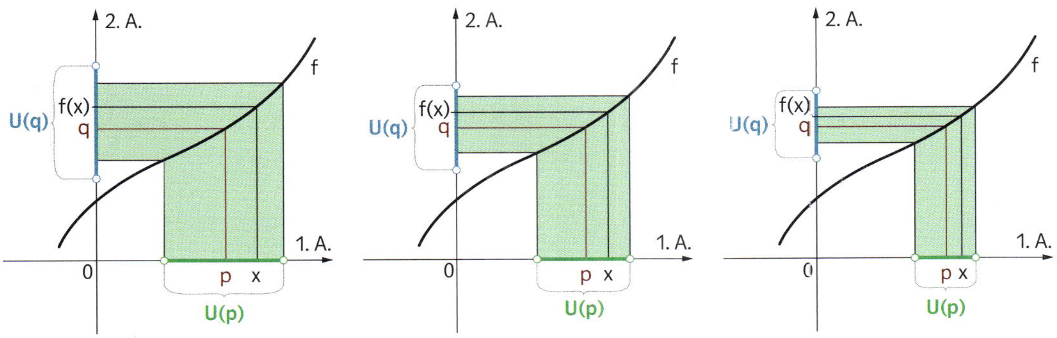

Dabei ist zweierlei zu beachten:

- Die Funktion f muss an der Stelle p nicht unbedingt definiert sein.
- Man kann sich offensichtlich auf Umgebungen beschränken, die symmetrisch um q bzw. p liegen.

Dazu führen wir folgende Begriffe ein:

Definition

Epsilon-Umgebung von q: $U_\varepsilon(q) = \{y \in \mathbb{R} \mid q - \varepsilon < y < q + \varepsilon\}$ mit $\varepsilon > 0$

Delta-Umgebung von p: $U_\delta(p) = \{x \in \mathbb{R} \mid p - \delta < x < p + \delta\}$ mit $\delta > 0$

Punktierte Delta-Umgebung von p: $\dot{U}_\delta(p) = U_\delta(p) \setminus \{p\}$

Damit lässt sich die Definition des Grenzwerts so anschreiben:

Definition (Grenzwert einer Funktion)

Sei $f: A \to \mathbb{R}$ eine reelle Funktion und p eine Häufungsstelle von A. Es gilt

$$\lim_{x \to p} f(x) = q,$$

wenn es **zu jedem $\varepsilon > 0$ ein $\delta > 0$ gibt**, sodass für alle $x \in A$ gilt:

$$x \in \dot{U}_\delta(p) \Rightarrow f(x) \in U_\varepsilon(q)$$

Die Zahl **q** heißt **Grenzwert (Limes) von f an der Stelle p**.

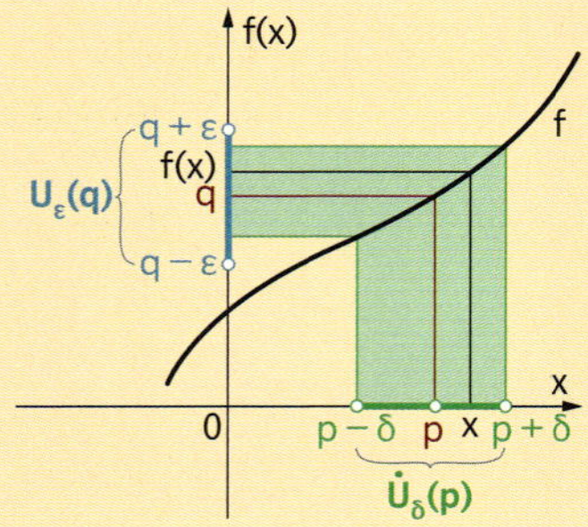

AUFGABEN

8.06 Zeichne zur vorgegebenen Umgebung $U_\varepsilon(q)$ eine Umgebung $\dot{U}_\delta(p)$ so ein, dass für alle x in der dargestellten Definitionsmenge von f gilt: $x \in \dot{U}_\delta(p) \Rightarrow f(x) \in U_\varepsilon(q)$.

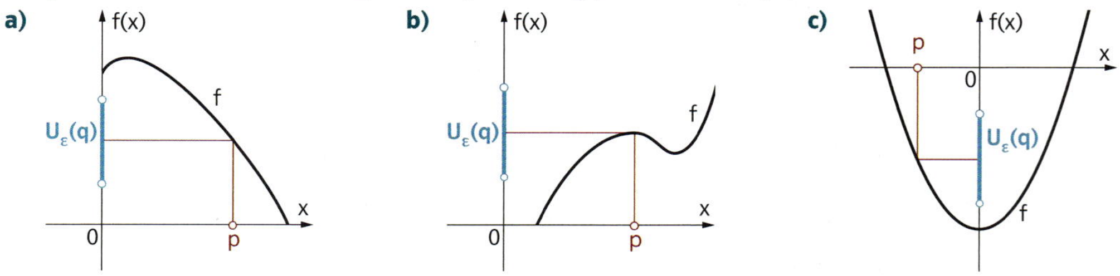

Exaktere Grenzwertnachweise

Mit Hilfe der exakteren Grenzwertdefinition kann man Grenzwerte, die wir bisher nur intuitiv ermittelt haben, besser absichern. Bei einer derartigen Aufgabe geht es nicht darum, einen Grenzwert zu finden, sondern eine vorgegebene Grenzwertbehauptung zu beweisen.

Zum **Beweis von** $\lim_{x \to p} f(x) = q$ geht man in zwei Schritten vor:

1. Schritt: Man gibt ein beliebiges $\varepsilon > 0$ vor.

2. Schritt: Man zeigt, dass sich ein $\delta > 0$ finden lässt, sodass für alle $x \in A$ gilt:
$x \in \dot{U}_\delta(p) \Rightarrow f(x) \in U_\varepsilon(q)$

8.07 Gegeben ist die Funktion $f: \mathbb{R} \to \mathbb{R}$ mit $f(x) = \begin{cases} 2x - 2 & \text{für } x \neq 3 \\ 5{,}5 & \text{für } x = 3 \end{cases}$.

Beweise mit Hilfe der obigen Grenzwertdefinition, dass f an der Stelle 3 nicht stetig ist!

LÖSUNG: Wir zeigen: $\lim_{x \to 3} f(x) = 4 \neq f(3)$.

1. Schritt: Wir geben ein beliebiges $\varepsilon > 0$ vor.

2. Schritt: Wir zeigen, dass sich ein geeignetes $\delta > 0$ finden lässt.

Für alle $x \neq 3$ gilt:

$$f(x) \in U_\varepsilon(4) \Leftrightarrow 4 - \varepsilon < f(x) < 4 + \varepsilon \Leftrightarrow$$
$$\Leftrightarrow 4 - \varepsilon < 2x - 2 < 4 + \varepsilon \Leftrightarrow$$
$$\Leftrightarrow 6 - \varepsilon < 2x < 6 + \varepsilon \Leftrightarrow$$
$$\Leftrightarrow 3 - \tfrac{\varepsilon}{2} < x < 3 + \tfrac{\varepsilon}{2} \Leftrightarrow x \in U_{\frac{\varepsilon}{2}}(3)$$

Wählen wir $\delta = \frac{\varepsilon}{2}$, dann folgt daraus für alle $x \in \mathbb{R}$:
$x \in \dot{U}_\delta(3) \Rightarrow f(x) \in U_\varepsilon(4)$. Somit ist $\lim_{x \to 3} f(x) = 4$.

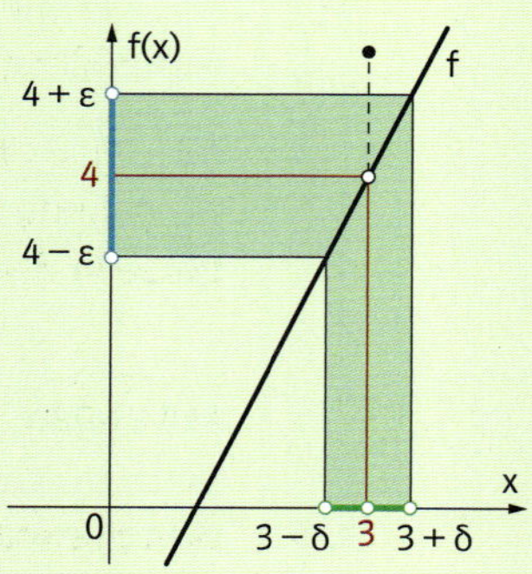

8.08 Gegeben ist die Funktion f: $\mathbb{R} \to \mathbb{R}$ mit $f(x) = x^2$. Beweise, dass f an der Stelle 2 stetig ist!

LÖSUNG: Wir zeigen: $\lim\limits_{x \to 2} f(x) = 4 = f(2)$.

1. Schritt: Wir geben ein beliebiges $\varepsilon > 0$ vor.

2. Schritt: Wir zeigen, dass sich ein geeignetes $\delta > 0$ finden lässt.

Für alle $x \in \mathbb{R}$ gilt:

$$f(x) \in U_\varepsilon(4) \Leftrightarrow 4 - \varepsilon < f(x) < 4 + \varepsilon \Leftrightarrow$$
$$\Leftrightarrow 4 - \varepsilon < x^2 < 4 + \varepsilon \Leftrightarrow$$
$$\Leftrightarrow \sqrt{4-\varepsilon} < x < \sqrt{4+\varepsilon}$$

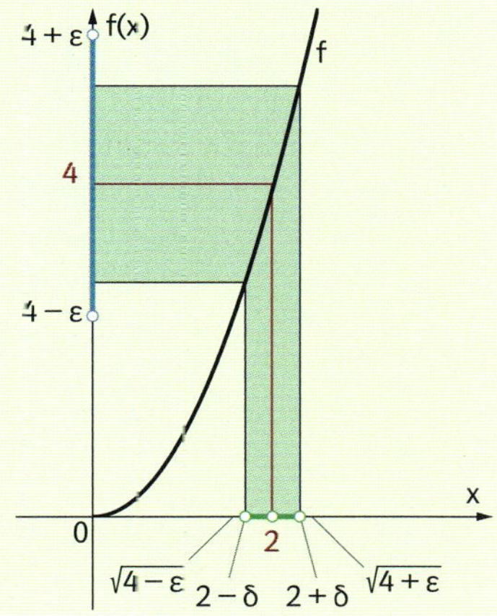

Hier müssen wir $\varepsilon \leq 4$ voraussetzen. Das ist aber keine wesentliche Einschränkung, denn wenn man für ein kleines $\varepsilon > 0$ ein geeignetes $\delta > 0$ finden kann, dann erst recht für ein großes ε.

Wählen wir δ so klein, dass die Umgebung $U_\delta(2)$ ganz im Intervall $(\sqrt{4-\varepsilon}; \sqrt{4+\varepsilon})$ liegt, dann folgt für alle $x \in \mathbb{R}$:
$x \in \dot{U}_\delta(2) \Rightarrow f(x) \in U_\varepsilon(4)$. Somit ist $\lim\limits_{x \to 2} f(x) = 4$.

In den letzten beiden Aufgaben haben wir Grenzwertaussagen bewiesen, die schon von vornherein intuitiv klar waren. Die nächste Aufgabe zeigt aber, dass man mit der exakteren Grenzwertdefinition auch Fälle klären kann, die von vornherein nicht so klar sind.

8.09 (Fortsetzung von 8.04) Gegeben ist die Funktion f: $\mathbb{R} \to \mathbb{R}$ mit $f(x) = |x|$. In Aufgabe 8.04 haben wir erfolglos versucht, die Ableitung $f'(0)$ dieser Funktion zu ermitteln. Beweise jetzt mit Hilfe der exakteren Grenzwertdefinition, dass $f'(0)$ nicht existiert!

LÖSUNG:

$$f'(0) = \lim_{x \to 0} \frac{|x| - |0|}{x - 0} = \lim_{x \to 0} \frac{|x|}{x} = \lim_{x \to 0} d(x) \text{ mit } d(x) = \frac{|x|}{x}$$

Die Funktion f: $\mathbb{R} \to \mathbb{R}$ mit $f(x) = |x|$ ist in Abb. 8.3a, die Funktion d: $\mathbb{R}^* \to \mathbb{R}$ in Abb. 8.3b dargestellt.

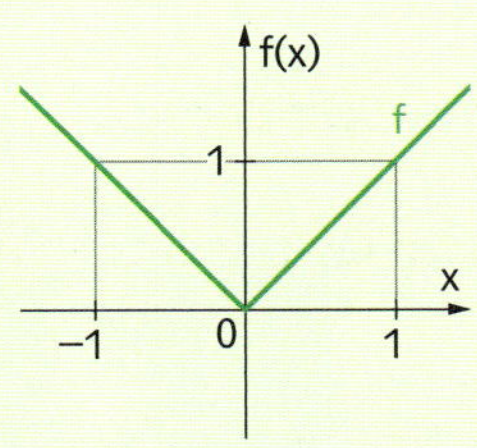

Abb. 8.3a

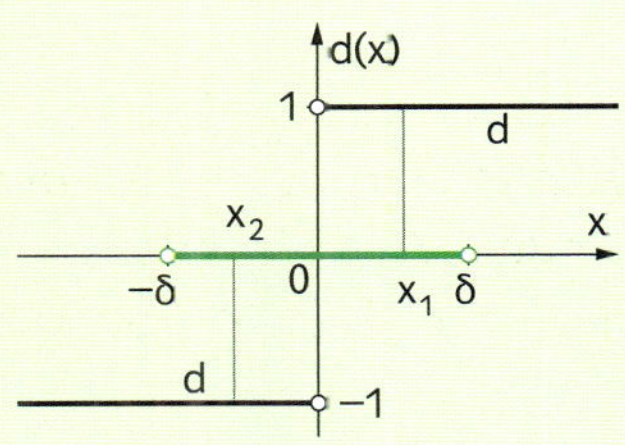

Abb. 8.3b

Wir beweisen indirekt, dass $\lim\limits_{x \to 0} d(x)$ nicht existiert. Angenommen, es gibt eine Zahl q mit $\lim\limits_{x \to 0} d(x) = q$. Dann muss es nach der Grenzwertdefinition speziell zu $\varepsilon = \frac{1}{2}$ ein $\delta > 0$ geben, sodass für alle $x \in \mathbb{R}^*$ gilt: $x \in \dot{U}_\delta(0) \Rightarrow f(x) \in U_\varepsilon(q)$. Eine solches δ gibt es aber nicht, weil es in jeder Umgebung $\dot{U}_\delta(0)$ Stellen x_1 und x_2 mit $d(x_1) - d(x_2) = 2$ gibt (siehe Abb. 8.3b), die folglich nicht beide in der Umgebung $U_{\frac{1}{2}}(0)$ liegen können.

AUFGABEN

8.10 Beweise mit Hilfe der exakteren Grenzwertdefinition und illustriere an einer Skizze:

a) $\lim\limits_{x \to 2} (x + 1) = 3$ **b)** $\lim\limits_{x \to p} c = c$ **c)** $\lim\limits_{x \to 9} \sqrt{x} = 3$ **d)** $\lim\limits_{x \to 3} \frac{1}{x} = \frac{1}{3}$

8.6 HISTORISCHES ZUR DIFFERENTIALRECHNUNG

Intuitive Phase der Differentialrechnung

Als Begründer der Differentialrechnung gelten – nach verschiedenen Vorläufern – vor allem **Isaac Newton** (1643–1727) und **Gottfried Wilhelm Leibniz** (1646–1716). Dabei ging Newton vom Problem der Geschwindigkeit zu einem speziellen Zeitpunkt aus, während bei Leibniz das Tangentensteigungsproblem im Vordergrund stand. Beide entwickelten nahezu gleichzeitig, aber unabhängig voneinander, die wichtigsten Differentiationsregeln. Von ihnen und ihren Nachfolgern wurde die Methode der Differentialrechnung auf Probleme der Naturwissenschaften, insbesondere der Physik und Astronomie (Berechnung von Planetenbahnen), erfolgreich angewendet. Dies, obwohl die dabei durchgeführten Grenzwertüberlegungen vom heutigen Standpunkt aus als unexakt angesehen werden können und etwa dem Präzisionsniveau entsprechen, auf dem wir uns in den Kapiteln 2 und 3 bewegt haben.

Newton betrachtet zeitabhängige Größen. Nach seiner Ausdrucksweise „fließt" eine solche Größe in der Zeit, weshalb er sie als „Fluente" bezeichnet. Ihre Geschwindigkeit zum Zeitpunkt t bezeichnet er als „Fluxion" und wählt dafür das Symbol $x\cdot(t)$. Newton ermahnt jedoch seine Leser, die „Zeit" seiner Fluxionsrechnung nicht mit der realen Zeit zu verwechseln, dh. t kann auch irgendeine andere kontinuierlich veränderbare Größe sein.

Wie Newton bei der Herleitung von Differentiationsregeln vorgeht, erläutern wir am Beispiel von $x(t) = t^3$. Er interpretiert x(t) als den in der Zeit t zurückgelegten Weg und betrachtet ein „unendlich kleines" Zeitintervall [t; t + o]. In diesem Zeitintervall nimmt er gleichförmige Bewegung an. Die Geschwindigkeit in diesem Zeitintervall ist dann der Differenzenquotient:

$$\frac{x(t+o)-x(t)}{o}=\frac{(t+o)^3-t^3}{o}$$

Der Zähler dieses Bruchs kann umgeformt werden:

$$(t+o)^3-t^3=t^3+3t^2o+3to^2+o^3-t^3=$$
$$=3t^2o+3to^2+o^3$$

Dividiert man durch o (es ist $o \neq 0$ vorausgesetzt), erhält man:

$$\frac{(t+o)^3-t^3}{o}=3t^2+3to+o^2$$

Setzt man nun nachträglich doch o = 0, ergibt sich die Ableitung: $x\cdot(t)=3t^2$

Issac Newton
(1643–1727)

Gottfried Wilhelm Leibniz
(1646–1716)

Kritik an der Differentialrechnung

George Berkeley
(1685–1753)

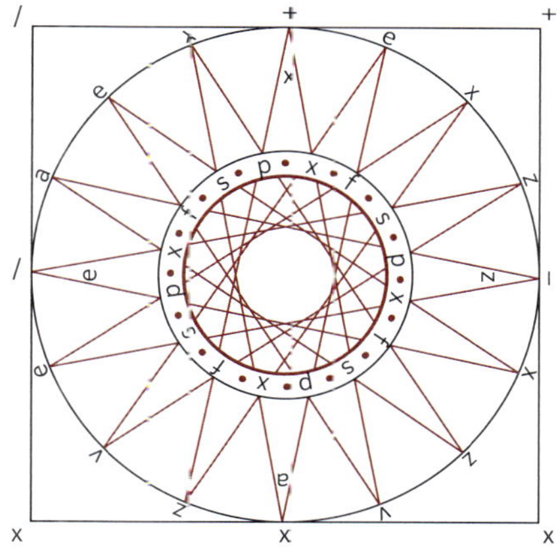

Spielplan zu *De ludo algebraico* von George Berkeley

Newtons Vorgehen wurde von vielen seiner Zeitgenossen kritisiert. In der Tat ist sein Vorgehen merkwürdig: Er setzt zunächst $o \neq 0$ voraus, weil sonst der Differenzenquotient nicht gebildet werden kann. Anschließend wird aber doch $o = 0$ gesetzt. Dazu bemerkte der Theologe **George Berkeley** (1685–1753) kritisch und spöttisch:

„*Bisher* [gemeint: bis zum Anschreiben des Differenzenquotienten] *habe ich vorausgesetzt …, dass t einen wirklichen Zuwachs hat, dass o etwas ist* [gemeint: $o \neq 0$]. *Und ich bin durchweg von dieser Voraussetzung ausgegangen, ohne die ich nicht imstand gewesen wäre, einen einzigen Schritt zu tun … Ich bitte dann um die Erlaubnis, eine neue Voraussetzung machen zu dürfen, die der ersten entgegenkommt; dh. ich will jetzt voraussetzen, dass es keinen Zuwachs von x gibt oder dass o nichts ist* [gemeint: $o = 0$], *welche zweite Voraussetzung meine erste zerstört und mit ihr unverträglich ist … All das scheint eine sehr widerspruchsvolle Art von Argumentation zu sein, so wie sie in der Theologie nicht erlaubt wäre … Ich gebe zu, dass man ein Zeichen entweder etwas oder nichts bezeichnen lassen kann und dass folglich in der ursprünglichen Bezeichnungsweise t + o das o entweder einen Zuwachs oder ein Nichts bezeichnet haben mag. Aber welches von diesen ihr es auch bezeichnen lasst, ihr müsst mit einer solchen Bezeichnung widerspruchsfrei argumentieren und dürft nicht gestützt auf einen Doppelsinn voranschreiten; denn das wäre ein offenbares Sophisma. Mögt ihr mit Worten oder Symbolen argumentieren, die Regeln des richtigen Denkens sind immer dieselben. Noch kann man annehmen, dass ihr in der Mathematik das Privileg verlangt, von ihnen ausgenommen zu sein … Und was sind diese verschwindenden Zuwüchse? Sie sind weder endliche Größen, noch unendliche Größen noch auch nichts. Dürfen wir sie nicht die Gespenster abgeschiedener Größen nennen?*“
[Berkeley, G.: The Analyst. 1734]

Newton hat auf diese Kritik reagiert und die Begriffe „erste Verhältnisse“ und „letztes Verhältnis“ verschwindender Größen entwickelt. Die „ersten Verhältnisse“ liegen vor, solange o gegen 0 strebt, aber von 0 verschieden ist. Das „letzte Verhältnis“ liegt vor, wenn o schließlich 0 erreicht. Den schwammigen Begriff des „letzten Verhältnisses“ versucht er so zu präzisieren:

„*Jene letzten Verhältnisse, mit denen die Größen verschwinden, sind in Wahrheit nicht die Verhältnisse der letzten Größen, sondern die Grenzen (limites), denen sich die Verhältnisse der unbegrenzt abnehmenden Größen jedes Mal nähern, und an die sie näher heran können, als irgendeine gegebene Differenz es ausdrückt …*“
[Newton, I.: Philosophiae Naturalis Principia Mathematica, London 1687]

Dies entspricht ziemlich genau dem auch von uns verwendeten „unbegrenzten Nähern“.

Exaktifizierung der Differentialrechnung

Augustin Louis Cauchy
(1789–1857)

Bernard Bolzano
(1781–1848)

Im 19. Jahrhundert waren die Methoden der Differentialrechnung im Großen und Ganzen entwickelt. Die Begründungen waren jedoch mangelhaft, weshalb man sich verstärkt einer exakteren Grundlegung der Differentialrechnung zuwandte. Ein Charakteristikum war dabei, dass man sich von der geometrischen Anschauung lösen und die Begriffe der Differentialrechnung allein auf der Grundlage der reellen Zahlen aufbauen wollte.

Grundlegende Ideen gehen auf **Augustin Louis Cauchy** (1789–1857) zurück. Seine Grenzwertdefinition sieht aus heutiger Sicht zwar umständlich aus, enthält aber schon das Wesentliche:

„Wenn die einer Veränderlichen nach und nach beigelegten Werte sich einem gegebenen Wert mehr und mehr nähern, so dass in dieser Reihe schließlich Werte existieren, die von jenem gegebenen Wert so wenig, wie man will, verschieden sind, so nennt man den gegebenen Wert die Grenze jener übrigen Werte …"
[Cauchy, A. L.: Cours d'Analyse de l'Ecole Polytechnique. De Bure, Paris 1821]

Die Ableitung beschreibt Cauchy folgendermaßen. Er lässt zunächst im Differenzenquotienten $\frac{\Delta y}{\Delta x} = \frac{f(x+i)}{i}$ die Zahl i gegen 0 streben und stellt fest, dass dabei sowohl der Zähler als auch der Nenner des Bruchs gegen 0 strebt. Dann sagt er:

„Aber während sich diese beiden Glieder unbestimmt und gleichzeitig der Grenze null nähern, wird ihr Verhältnis selbst gegen eine andere Grenze, sie sei positiv oder negativ, konvergieren können … Diese Grenze, oder dieses letzte Verhältnis, hat, wenn es existiert, für jeden speziellen Wert von x einen bestimmten Wert; aber es variiert mit x … Um diese Abhängigkeit auszudrücken, gibt man der neuen Funktion den Namen abgeleitete (derivierte) Funktion, und bezeichnet sie mittels eines Akzentes mit y' oder f'(x)."
[Cauchy, A. L.: Resume des lecons donnees a l'Ecole Polytechnique sur le calcul infinetisimal. De Bure, Paris 1823]

Die Stetigkeit definiert Cauchy im Wesentlichen durch die Gleichung $\lim_{\alpha \to 0} f(x+\alpha) = f(x)$.

Mit Hilfe des Stetigkeitsbgegriffs wurden grundlegende Sätze über reelle Funktionen genauer formuliert und bewiesen. So bewies **Bernard Bolzano** (1781–1848) den Zwischenwertsatz in seiner berühmten Arbeit „Rein analytischer Beweis, daß zwischen zwey Werthen, die ein entgegengesetztes Resultat gewähren, wenigstens eine reelle Wurzel der Gleichung liege". Dabei ging es nicht darum, jemanden von der Richtigkeit dieses Satzes zu überzeugen (an der Richtigkeit zweifelte ja niemand), sondern zu zeigen, dass man diesen Satz ohne Benutzung der Anschauung, allein auf der Grundlage der reellen Zahlen begründen kann.

Während die Differentialrechnung früher hauptsächlich als Hilfsmittel für die Mechanik und Astronomie angesehen wurde, wurde sie im 19. Jahrhundert (wohl durch die exaktere Fundierung) zu einer eigenständigen mathematischen Disziplin, die in eine umfassendere Disziplin eingebettet wurde, die man heute „Analysis" nennt.

Vor- und Nachteile einer exakteren Fundierung

Bis ins 18. Jahrhundert haben Mathematiker die Differentialrechnung auch ohne exaktere Begriffsdefinitionen (zB des Grenzwerts) erfolgreich angewendet. Viele Naturwissenschaftler, Techniker und andere Anwender arbeiten auch heute noch auf diesem intuitiven Niveau. Es ist also nicht so, dass die intuitiv-anschaulichen Überlegungen allesamt zu falschen Resultaten geführt haben. Im Gegenteil: Die meisten Resultate waren richtig. Große Mathematiker zeichnen sich oft dadurch aus, dass sie trotz des Fehlens präziser Begriffsbildungen zu richtigen Resultaten kommen. Was bringt also eine exaktere Fundierung? Bei genauerem Hinsehen erkennt man an dieser Vorteile, aber auch Nachteile.

Einige Vorteile einer exakteren Fundierung

- **Bessere Absicherung der Resultate:**
  Intuitive Überlegungen führen gelegentlich doch zu Fehlern oder zu Unklarheiten, die nur durch exaktere Definitionen der Begriffe geklärt werden können (siehe zum Beispiel Aufgabe 8.04 auf Seite 164).
- **Bessere Mitteilung:**
  Präziser definierte Begriffe können unmissverständlicher mitgeteilt werden. Bei anschaulich-intuitiven Begriffsbildungen besteht immer die Gefahr, dass verschiedene Personen sich Verschiedenes darunter vorstellen.
- **Vertiefung des Verständnisses:**
  Durch genauere Definitionen erkennt man manche Zusammenhänge besser und weiß, was man voraussetzen muss, damit die Resultate gelten. Beispielsweise kann man erkennen, dass aus der Differenzierbarkeit die Stetigkeit folgt, aber nicht umgekehrt (siehe Seite 161).
- **Kritischere Überprüfung von Anwendungen:**
  In der Praxis der Mathematik wird einer exakteren Fundierung oft wenig Bedeutung beigemessen. Man begnügt sich mit einem oberflächlichen Verständnis und hält ein mathematisches Verfahren dann für gesichert, wenn es in vielen Fällen funktioniert. Dieses mag in vielen praktischen Bereichen gerechtfertigt sein. Es besteht aber auch die Gefahr, dass aus mangelnder Kenntnis der genaueren Zusammenhänge mathematische Methoden unkritisch angewandt werden.
- **Ästhetik eines logischen Aufbaus:**
  Die Klarheit und Schönheit eines exakteren logischen Aufbaus hat für viele Menschen einen besonderen Reiz.

Einige Nachteile einer exakteren Fundierung

- **Verlust von anschaulich-intuitiven Vorstellungen:**
  Der Preis, den man für eine exaktere Fundierung zu bezahlen hat, besteht fast immer darin, dass man einige gewohnte Vorstellungen aufgeben oder modifizieren muss. Oft bemerkt man erst hinterher, dass man durch eine exaktere Definition eines Begriffs auch Fälle erfasst hat, an die man zunächst nicht gedacht hat, zB an Oszillationsstellen beim Stetigkeitsbegriff (siehe Seite 160).
- **Kompliziertheit der Darstellung:**
  Begriffsdefinitionen und Argumentationen werden durch Exaktifizierungen meist länger und komplexer. Wenn die Darstellungen zu kompliziert werden, kann das ursprünglich angestrebte Ziel der Verständniserleichterung unter Umständen ins Gegenteil verkehrt werden. Durch zu lange, zu komplizierte und zu undurchschaubare Darstellungen kann die Verständlichkeit wieder abnehmen.

KOMPETENZCHECK

AUFGABEN VOM TYP 1

8.11 Die Funktion $f: \mathbb{R} \to \mathbb{R}$ ist an der Stelle p unstetig. Kreuze die Aussagen an, die mit Sicherheit auf die Funktion f zutreffen!

$\lim\limits_{x \to p} f(x)$ existiert nicht.	☐
$\lim\limits_{x \to p} f(x)$ existiert und $\lim\limits_{x \to p} f(x) = f(p)$.	☐
f ist an der Stelle p nicht definiert.	☐
$\lim\limits_{x \to p} f(x)$ existiert nicht oder $\lim\limits_{x \to p} f(x) \neq f(p)$.	☐
p ist keine Polstelle von f.	☐

8.12 Sei $f: A \to \mathbb{R}$ eine reelle Funktion und $p \in A$. Kreuze die zutreffenden Aussagen an!

Ist f an der Stelle p stetig, so ist f an der Stelle p auch differenzierbar.	☐
Ist f an der Stelle p differenzierbar, so ist f an der Stelle p auch stetig.	☐
Ist p eine Sprungstelle von f, so ist f an der Stelle p unstetig.	☐
Ist f an der Stelle p unstetig, so ist p eine Sprungstelle.	☐
Ist f an der Stelle p nicht definiert, so ist f an der Stelle p unstetig.	☐

8.13 Skizziere den Graphen einer Funktion, die in den Intervallen $(-\infty; -2)$, $(-2; 2)$ und $(2; \infty)$ konstant und an den Stellen -2 und 2 unstetig ist!

8.14 Gib eine Termdarstellung einer Funktion $f: \mathbb{R} \to \mathbb{R}$ an, die an der Stelle 1 stetig, aber nicht differenzierbar ist!

8.15 Die Funktion $f: \mathbb{R} \setminus \{p\} \to \mathbb{R} \mid x \mapsto \frac{x^3 - p^3}{x - p}$ ist an der Stelle p nicht definiert. Definiere eine Funktion $\bar{f}: \mathbb{R} \to \mathbb{R}$ mit folgenden Eigenschaften:
(1) $\bar{f}$ ist auch an der Stelle p definiert und dort stetig.
(2) Es ist $\bar{f}(x) = f(x)$ für alle $x \neq p$.

8.16 Gegeben ist die Funktion $f: \mathbb{R} \to \mathbb{R}$ mit $f(x) = \begin{cases} x^2 + 2 & \text{für } x < 0 \\ g(x) & \text{für } 0 \leq x \leq 2 \\ 1 & \text{für } x > 2 \end{cases}$.

Kreuze jene Termdarstellungen der Funktion g an, für die die Funktion f stetig ist!

$g(x) = 3x - 2$	☐
$g(x) = x^2 - \frac{5}{2}x + 2$	☐
$g(x) = -\frac{1}{2}x + 2$	☐
$g(x) = \frac{1}{2}x - 2$	☐
$g(x) = 2 - x$	☐

8.17 Gegeben ist die Funktion f mit

$$f(x) = \begin{cases} x^2 & \text{für } x \neq 1 \\ 2 & \text{für } x = 1 \end{cases}.$$

Kreuze die zutreffenden Aussagen an!

$\lim\limits_{x \to 1} f(x)$ existiert.	☐
$\lim\limits_{x \to 1} f(x) = 1$	☐
f ist an der Stelle 1 stetig.	☐
f ist an der Stelle 1 differenzierbar.	☐
f ist an der Stelle 1 nicht definiert.	☐

8.18 Gegeben ist die Funktion f: $\mathbb{R} \to \mathbb{R}$ mit

$$f(x) = \begin{cases} x^2 & \text{für } x < 0 \\ x^2 - 1 & \text{für } x \geq 0 \end{cases}.$$

Kreuze die zutreffenden Aussagen an!

f ist in $\mathbb{R}$ stetig.	☐
f ist in $(-\infty; 0)$ stetig.	☐
f ist in $[0; \infty)$ stetig.	☐
f ist in $(-\infty; 0)$ differenzierbar.	☐
f ist in $(-\infty; 0]$ streng monoton fallend.	☐

AUFGABEN VOM TYP 2

8.19 **Stetigkeit und Grenzwerte**

a) ▪ Kreuze die Funktionen an, die an der Stelle p stetig sind!

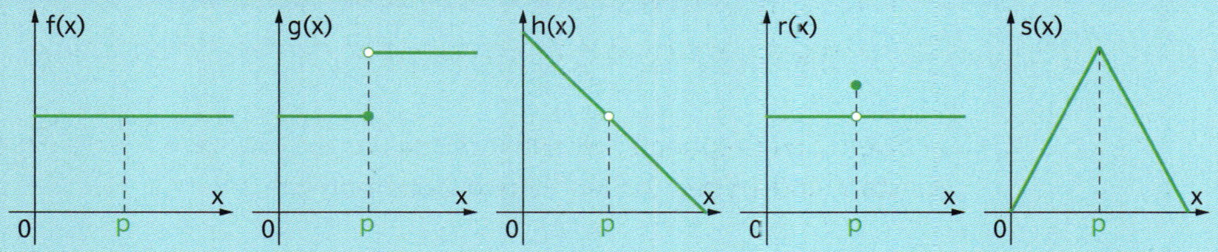

☐ ☐ ☐ ☐ ☐

▪ Kreuze die Funktionen an, die in ihrem größtmöglichen Definitionsbereich stetig sind!

$f(x) = \begin{cases} 1-x & \text{für } x \leq 0 \\ 1+x & \text{für } x > 0 \end{cases}$	$g(x) = \begin{cases} 1-x & \text{für } x \leq 0 \\ x & \text{für } x > 0 \end{cases}$	$h(x) = \lvert x \rvert$	$p(x) = e^{-x}$	$q(x) = \sin(x)$
☐	☐	☐	☐	☐

b) ▪ Gegeben sind eine Funktion f: $\mathbb{R} \to \mathbb{R}$ und Zahlen $r, s \in \mathbb{R}$. Ergänze durch Ankreuzen den folgenden Text so, dass eine korrekte Aussage entsteht!

____①____ gilt genau dann, wenn es zu jedem $\varepsilon > 0$ ein $\delta > 0$ gibt, sodass ____②____ für alle $x \in \mathbb{R}$ gilt.

①	
$\lim\limits_{x \to r} f(x) = s$	☐
$\lim\limits_{x \to s} f(x) = r$	☐
$\lim\limits_{x \to s} f(x) = s$	☐

②	
$x \in U_\varepsilon(s) \Rightarrow f(x) \in U_\delta(r)$	☐
$x \in U_\delta(r) \Rightarrow f(x) \in \dot{U}_\varepsilon(s)$	☐
$x \in \dot{U}_\delta(r) \Rightarrow f(x) \in \dot{U}_\varepsilon(s)$	☐
$x \in \dot{U}_\delta(s) \Rightarrow f(x) \in U_\varepsilon(r)$	☐

▪ Kreuze die zutreffenden Aussagen an!

$\lim\limits_{x \to 0} (x+1) = 1$	$\lim\limits_{x \to 0} \frac{1}{x^2} = 1$	$\lim\limits_{x \to 0} \cos(x) = 1$	$\lim\limits_{x \to 0} e^{-x} = 1$	$\lim\limits_{x \to 0} \ln(x) = 0$
☐	☐	☐	☐	☐

9 ANWENDUNGEN DER DIFFERENTIALRECHNUNG

LERNZIELE

9.1 Einige **Anwendungen in der Wirtschaftsmathematik** kennen.

9.2 Einige **Anwendungen in der Physik** kennen.

- **Kompetenzcheck**

GRUNDKOMPETENZEN

AN-R 1.3 Den **Differenzen- und Differentialquotienten in verschiedenen Kontexten deuten** und entsprechende Sachverhalte durch den Differenzen- bzw. Differentialquotienten beschreiben können.

AN-R 2.1 **Einfache Regeln des Differenzierens** kennen und anwenden können […].

AN-L 2.2 **Kettenregel** kennen und anwenden können.

AN-L 3.4 Zielfunktionen in einer Variablen für **Optimierungsaufgaben (Extremwertaufgaben)** aufstellen und globale Extremstellen ermitteln können.

9.1 ANWENDUNGEN IN DER WIRTSCHAFTSMATHEMATIK

Kostenfunktionen

R

Bei jeder Güterproduktion fallen Kosten an. Die zugehörige Kostenfunktion K gibt an, wie die Gesamtkosten K(x) der Produktion von der Produktionsmenge (dem Output) x abhängen.

Die **Gesamtkosten** K(x) gliedert man in **fixe** und **variable Kosten**.

Gesamtkosten K(x)

fixe Kosten K_f
unabhängig vom Output
- Mieten
- Verwaltungskosten etc.

variable Kosten $K_v(x)$
abhängig vom Output
- Materialkosten
- Energiekosten etc.

Es gilt also:

Gesamtkosten $K(x) =$ variable Kosten $K_v(x)$ + Fixkosten K_f

Der Einfachheit halber verwenden wir folgende Abkürzungen

ME … Mengeneinheiten **GE** … Geldeinheiten

Nachstehend sind einige **typische Kostenverläufe** dargestellt. Man sieht daran: Die einzelnen Typen von Kostenfunktionen sind im Allgemeinen streng monoton steigend und unterscheiden sich durch ihr Krümmungsverhalten.

Linearer Kostenverlauf

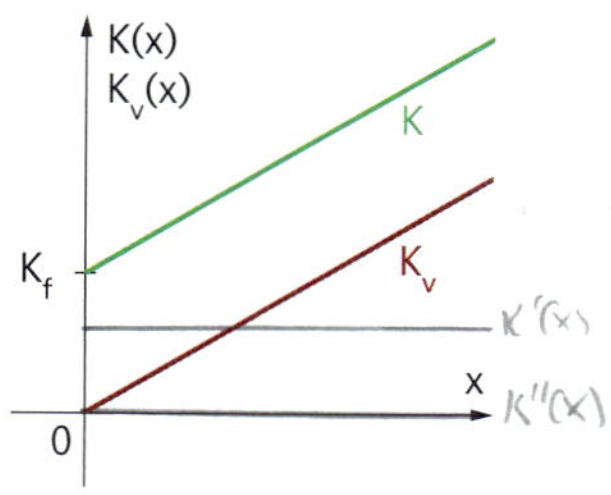

Charakteristische Eigenschaften:

- **K** ist **streng monoton steigend** und **linear**.
  K_v ist **streng monoton steigend** und **direkt proportional**.
  $K'(x) =$ konstant
- Mit wachsendem Output steigen die Kosten so, dass jede zusätzlich erzeugte Mengeneinheit stets den gleichen Kostenzuwachs verursacht.

Man sagt: Die variablen Kosten steigen **proportional** an.

Progressiver Kostenverlauf

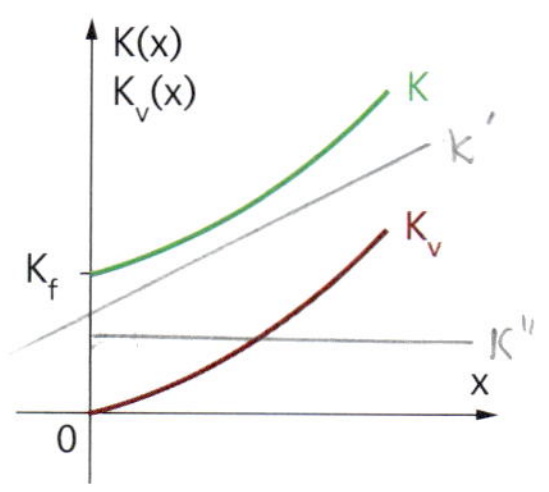

Charakteristische Eigenschaften:

- **K** ist **streng monoton steigend** und **linksgekrümmt**.
  $K'(x) > 0$ und **$K''(x) > 0$**
- Mit wachsendem Output steigen die Kosten so, dass jede zusätzlich produzierte Mengeneinheit stets einen höheren Kostenzuwachs verursacht als die vorangegangene.

Man sagt: Die (variablen) Kosten steigen **überproportional** an.

Degressiver Kostenverlauf

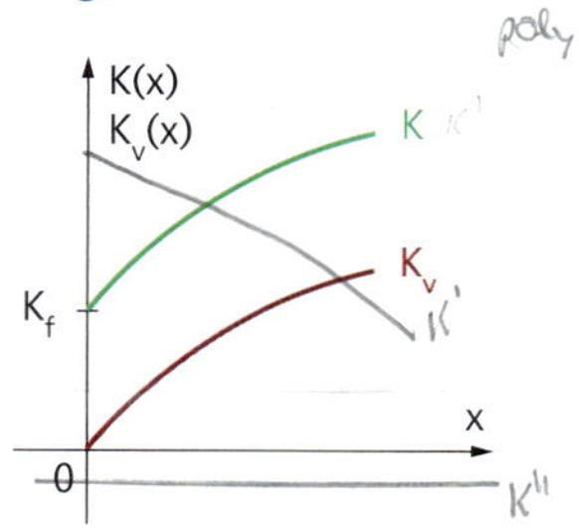

Charakteristische Eigenschaften:

- **K** ist **streng monoton steigend** und **rechtsgekrümmt**.
  $K'(x) > 0$ und **$K''(x) < 0$**
- Mit zunehmendem Output steigen die Kosten so, dass jede zusätzlich produzierte Mengeneinheit billiger produziert werden kann als die vorangegangene.

Man sagt: Die (variablen) Kosten wachsen **unterproportional**.

„S-förmiger" Kostenverlauf

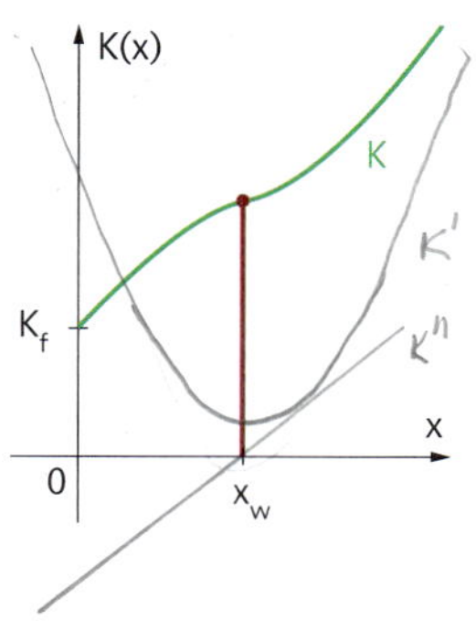

Charakteristische Eigenschaften:

- **K** ist **streng monoton steigend**, bis zu einem Output **x_w** **rechtsgekrümmt** und danach **linksgekrümmt**.
  x_w ist daher eine **Wendestelle** der Kostenfunktion, die man **Kostenkehre** nennt.

Man sagt: Mit zunehmendem Output steigen die Kosten bis zur Kostenkehre **zuerst degressiv** und **danach progressiv** an.

BEMERKUNG: Monoton fallende Kostenfunktionen nennt man **regressiv**. Dieser Kostenfunktionstyp ist extrem selten und für die betriebliche Praxis nicht bedeutend. Er wird daher nicht behandelt.

Die erste Ableitung einer Kostenfunktion K bezeichnet man als **Grenzkostenfunktion** von K. Der Name erklärt sich durch den folgenden Satz:

Satz
Die **Grenzkosten K′(x)** geben näherungsweise den Kostenzuwachs bei Steigerung der Produktion um eine Mengeneinheit an, dh. $\mathbf{K'(x) \approx K(x+1) - K(x)}$.

BEWEIS: Wir gehen von einer Produktionsmenge von x Mengeneinheiten aus.

- Grenzkosten $K'(x) = \lim\limits_{\Delta x \to 0} \frac{K(x+\Delta x) - K(x)}{\Delta x}$
- Kostenzuwachs bei Steigerung der Produktion um eine Mengeneinheit $= K(x+1) - K(x)$
- Für eine lineare Kostenfunktion K mit $K(x) = k \cdot x + d$ gilt: $K'(x) = k = K(x+1) - K(x)$.
  Für eine nichtlineare Kostenfunktion K erhält man für eine kleine Änderung Δx der Produktionsmenge: $K'(x) \approx \frac{K(x+\Delta x) - K(x)}{\Delta x}$. Für $\Delta x = 1$ ergibt sich: $K'(x) \approx K(x+1) - K(x)$. ☐

R

AUFGABEN

9.01 Betrachte die auf der vorigen Seite gezeigten Typen von Kostenfunktionen!
1) Skizziere jeweils die Ableitungsfunktionen K′ und K″ der zugehörigen Kostenfunktion K!
2) Nenne wirtschaftliche Gründe für einen progressiven, degressiven bzw. „S-förmigen" Kostenverlauf!

9.02 Die Grenzkosten K′ der Firma *DatTech* sind durch $K'(x) = 0{,}4 \cdot x + 80$ gegeben. Derzeit beträgt die tägliche Produktionsmenge 25 ME. Die Firma hat jedoch freie Kapazitäten. Ein Abnehmer bietet einen Zusatzauftrag an und ist bereit, einen Preis von 75 GE/ME zu bezahlen. Soll *DatTech* den Auftrag annehmen? Vergleiche dazu die Einnahmen und Kosten bei einer täglichen Produktionssteigerung von 25 ME auf 26 ME!

9.03 Die Kostenfunktion K für die Monatsproduktion eines Unternehmens ist gegeben durch $K(x) = x^3 - 12x^2 + 60x + 100$ für $x \in [0; 12]$.
1) Wie hoch sind die monatlichen Fixkosten?
2) Zeige, dass K streng monoton steigend ist!
3) Wie hoch ist der durchschnittliche Kostenanstieg pro zusätzlich produzierter Mengeneinheit im Intervall [0; 4] und im Intervall [8; 12]? Vergleiche und erläutere die beiden Ergebnisse!
4) Für welche Produktionsmengen steigen die Kosten progressiv?
5) Bei welcher Produktionsmenge hat man die geringsten Grenzkosten?
6) Welchen Einfluss hätte eine Erhöhung der Fixkosten um 10 % auf die Grenzkosten?

9.04 In der Abbildung ist der Graph einer Kostenfunktion $K: x \mapsto K(x)$ dargestellt. Kreuze die zutreffende(n) Aussage(n) an!

Die Kosten steigen im Intervall [3; 6] überproportional an.	☐
Die Kostenkehre liegt bei einer Produktionsmenge von ca. 8 ME.	☒
Bei einem Output von 8 ME kostet die Produktion einer ME im Mittel mehr als 150 GE.	☐
Die Fixkosten liegen nicht über 175 GE.	☐
Die Grenzkostenfunktion ist in [0; 13] streng monoton steigend.	☐

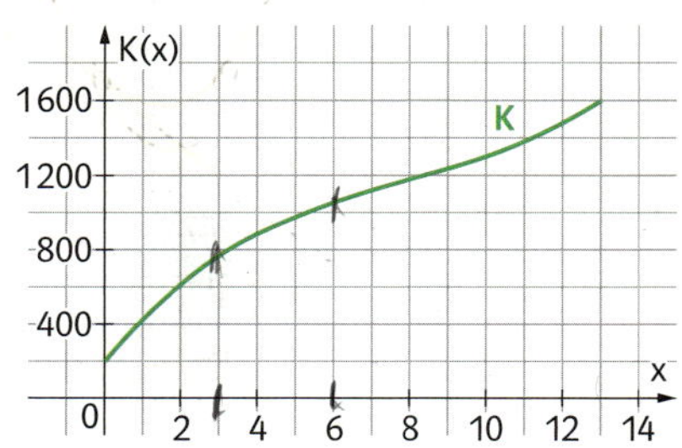

R

Stückkostenfunktion, Betriebsoptimum

Applet mx89ms

9.05 In einem Betrieb wurden die Kosten K(x) für die Produktion von x Stück einer Ware näherungsweise mit $K(x) = x^3 - 12x^2 + 60x + 100$ ermittelt. Aus Kapazitätsgründen muss die tägliche Produktion x im Bereich von 0 bis 10 ME liegen.

1) Stelle die Graphen der Kostenfunktion K und der Grenzkostenfunktion K′ in demselben Koordinatensystem dar!

2) Bei welcher täglichen Produktionsmenge sind die Stückkosten, dh. die Kosten für die Produktion einer Mengeneinheit, am niedrigsten?

Lernapplet 2jx3qt

LÖSUNG:

1) Graphen von K und K′:

$K(x) = x^3 - 12x^2 + 60x + 100$

$K'(x) = 3x^2 - 24x + 60$

Die Graphen von K und K′ sind nebenstehend dargestellt.

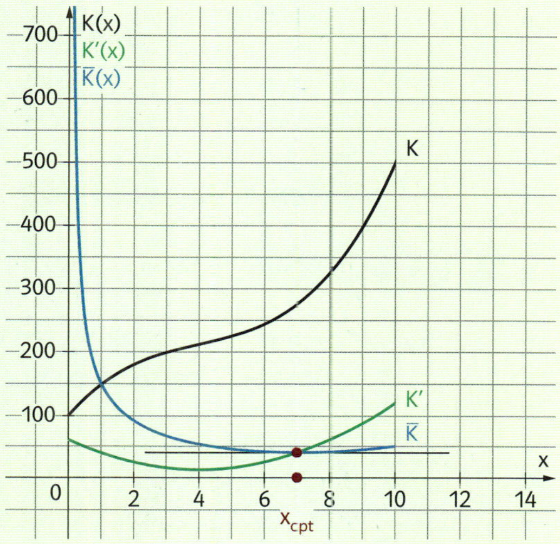

2) Ermittlung der Produktionsmenge mit geringsten Stückkosten:

- Bei der täglichen Produktion von x ME erhält man die Stückkosten $\overline{K}(x)$, indem man die Produktionskosten K(x) durch x dividiert.
  Es gilt also:
  $\overline{K}(x) = \frac{K(x)}{x} = x^2 - 12x + 60 + \frac{100}{x}$
  für $x \in (0; 10]$

  Der Graph von $\overline{K}$ ist ebenfalls in der Abbildung dargestellt.

- Wir suchen jetzt das Minimum der Stückkostenfunktion $\overline{K}$ im Intervall (0; 10]. Mögliche Minimumstellen sind die Stellen mit $\overline{K}'(x) = 0$ und die Randstelle x = 10.

  $\overline{K}'(x) = 0 \Leftrightarrow 2x - 12 - \frac{100}{x^2} = 0 \Leftrightarrow x^3 - 6x^2 - 50 = 0 \Leftrightarrow x \approx 7$

  $\overline{K}(7) \approx 39{,}29 < \overline{K}(10) = 50$

- Daraus ergibt sich:
  Mit den geringsten Stückkosten von ungefähr 39,29 GE/ME arbeitet der Betrieb dann, wenn er täglich ca. 7 ME produziert.

Definition

Sei **K: x ↦ K(x)** mit $x \in A$ eine Kostenfunktion, wobei $A \subseteq \mathbb{R}_0^+$ ein Intervall ist.

- Die Funktion $\overline{K}$ mit $\overline{\mathbf{K}}\mathbf{(x)} = \frac{\mathbf{K(x)}}{\mathbf{x}}$ $(x \neq 0)$ heißt **Stückkostenfunktion** zur Kostenfunktion K.
- Die Produktionsmenge $\mathbf{x_{opt} \in A}$, für die die Stückkostenfunktion $\overline{K}$ minimal ist, heißt **Betriebsoptimum** zur Kostenfunktion K.

Die Abbildung in Aufgabe 9.05 lässt vermuten, dass sich die Graphen von $\overline{K}$ und K′ bei x_{opt} schneiden. Dies wird im folgenden Satz bewiesen.

Satz

Sei $A \subseteq \mathbb{R}_0^+$ ein Intervall und $\mathbf{K: x \mapsto K(x)}$ mit $x \in A$ eine differenzierbare Kostenfunktion.
Das Betriebsoptimum x_{opt} liege im Inneren von A. Dann gilt:

$$\mathbf{\overline{K}(x_{opt}) = K'(x_{opt})}$$

BEWEIS: $\overline{K}(x) = \frac{K(x)}{x} \Rightarrow \overline{K}'(x) = \frac{K'(x) \cdot x - K(x)}{x^2}$. Wegen x_{opt} im Inneren von A gilt: $\overline{K}'(x_{opt}) = 0$.
Daraus folgt: $K'(x_{opt}) \cdot x_{opt} - K(x_{opt}) = 0 \Rightarrow K'(x_{opt}) = \frac{K(x_{opt})}{x_{opt}} = \overline{K}(x_{opt})$ □

Merke

Im **Betriebsoptimum x_{opt}** gilt: **Stückkosten $\overline{K}(x_{opt})$ = Grenzkosten $K'(x_{opt})$**

Die Stückkosten $\overline{K}(x_{opt})$ im Betriebsoptimum liefern dem Unternehmer eine weitere wichtige Information: Langfristig arbeitet ein Betrieb nur dann ohne Verlust, wenn er die gesamte Produktionsmenge zumindest zu jenem Stückpreis verkaufen kann, der die Stückkosten abdeckt. Die minimalen Stückkosten $\overline{K}(x_{opt})$ geben daher die **langfristige Preisuntergrenze** der Produktion an.

R

AUFGABEN

9.06 (Fortsetzung von 9.05)
1) Wie hoch ist die langfristige Preisuntergrenze der Produktion?
2) Wie viele ME muss der Betrieb erzeugen und verkaufen, damit er bei einem Verkaufspreis an der langfristigen Preisuntergrenze gerade noch kostendeckend arbeitet?

T **9.07** Zeige, dass die Kostenfunktion K das angegebene Betriebsoptimum x_{opt} besitzt, und berechne die langfristige Preisuntergrenze der Produktion!
a) $K(x) = 0{,}0001x^3 - 0{,}03x^2 + 100x + 170\,000$; $x_{opt} = 1000$
b) $K(x) = 3x^2 + 50x + 2700$; $x_{opt} = 30$

T **9.08** Die Kostenfunktion K eines Unternehmens bezogen auf einen Tag ist näherungsweise gegeben durch $K(x) = 0{,}001 \cdot x^3 - 0{,}2 \cdot x^2 + 180x + 36\,000$ (in GE). Zeige, dass der Betrieb täglich 300 ME produzieren muss, um seine Stückkosten zu minimieren!

9.09 Ein Hersteller modelliert den Kostenverlauf seiner Produktion durch eine lineare Funktion K. Die Fixkosten betragen 250 GE. Jede Produktionssteigerung um 5 ME führt zu einem Kostenanstieg von 100 GE. Aus Kapazitätsgründen können maximal 50 ME produziert werden.
1) Gib Termdarstellungen der Kostenfunktion K und der Stückkostenfunktion $\overline{K}$ an!
2) Zeichne die Graphen von K und $\overline{K}$!
3) Ist eine Produktion mit Stückkosten kleiner als 10 GE/ME möglich? Begründe!
4) Ermittle das Betriebsoptimum und die kleinsten Stückkosten der Produktion!

9.10 Der streng monoton steigende Kostenverlauf einer Produktion kann annähernd als lineare Funktion $K: x \mapsto K(x)$ angegeben werden. Aus technischen Gründen können maximal x_0 Mengeneinheiten erzeugt werden. Ermittle das Betriebsoptimum der Produktion!

9.11 Begründe:
1) Den Stückkosten $\overline{K}(x)$ entspricht geometrisch die Steigung des so genannten „Fahrstrahls" aus dem Ursprung O durch den Punkt $P = (x \mid K(x))$ auf dem Graphen der Kostenfunktion K.
2) Die Tangente an den Graphen der Kostenfunktion K an der Stelle des Betriebsoptimums geht durch den Ursprung.

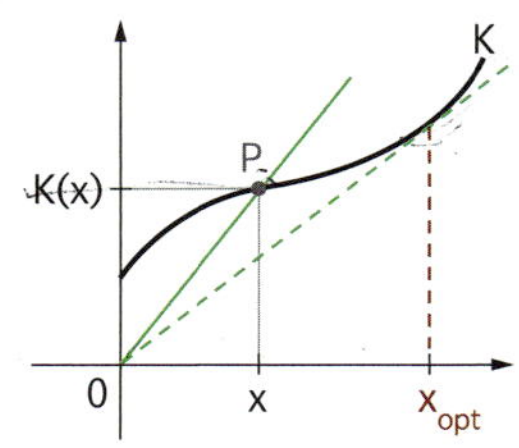

R

Gewinnmaximierung bei vollständiger Konkurrenz

Gibt es für ein Produkt sehr viele unabhängige und gleichwertige Anbieter, dann hat der einzelne Anbieter aufgrund seines geringen Marktanteils keinen Einfluss auf den Produktpreis, der sich global durch das Gleichgewicht von Angebot und Nachfrage bildet. Der Anbieter kann also sein Produkt nur zu einem vorgegebenen Marktpreis p (aber in beliebiger Menge) absetzen. Eine solche Marktstruktur nennt man **vollständige Konkurrenz**. Dabei stellt sich die Frage:
Welche Menge x des Produkts soll erzeugt und angeboten werden, damit nach dem Verkauf zum vorgegebenen Marktpreis p ein möglichst großer Gewinn erzielt wird?

Wir erinnern uns zunächst, wie die Begriffe Erlös und Gewinn definiert sind.

Definition

Werden x Mengeneinheiten eines Produktes zu den Produktionskosten K(x) erzeugt und zum Preis p (in GE/ME) verkauft, dann definiert man
- **Erlös (Ertrag, Umsatz) = Verkaufspreis mal verkaufte Menge** **$E(x) = p \cdot x$**
- **Gewinn = Erlös minus Kosten** **$G(x) = E(x) - K(x)$**

T **9.12** Die Funktion K mit $K(x) = x^3 - 12x^2 + 60x + 100$ für $x \in [0; 12]$ beschreibt näherungsweise die Produktionskosten eines Betriebs. Das Produkt muss zum vorgegebenen Preis $p = 53$ GE/ME auf dem Markt angeboten werden.
1) Für welche Produktionsmengen x erzielt der Betrieb einen (positiven) Gewinn?
2) Für welche Produktionsmenge x ist der Gewinn maximal?

LÖSUNG:

Applet g7x89g

1) Ermitteln des Gewinnbereichs
- Erlös $E(x) = p \cdot x = 53 \cdot x$
  Kosten $K(x) = x^3 - 12x^2 + 60x + 100$
  Gewinn $G(x) = E(x) - K(x) =$
  $= -x^3 + 12x^2 - 7x - 100$
- Wir ermitteln zunächst mit Technologieeinsatz die Stellen mit dem Gewinn 0:
  $G(x) = -x^3 + 12x^2 - 7x - 100 = 0 \Leftrightarrow$
  $\Leftrightarrow x = 4 \lor x \approx 10{,}4 \lor x \approx -2{,}4$
  Da $-2{,}4 \notin [0; 12]$ ist, ergibt sich:
  Für $x = 4$ und $x \approx 10{,}4$ ist der Gewinn null.
- An der Abbildung sieht man: Der Betrieb erzielt zwischen den Gewinngrenzen x_1 und x_2 einen (positiven) Gewinn.
  Bei allen anderen Produktionsmengen arbeitet er ohne Gewinn.

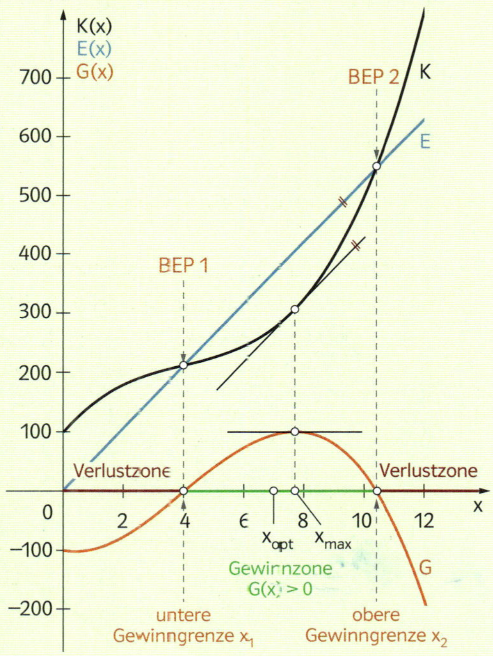

2) Gewinnmaximierung
- Wir suchen das Maximum der Gewinnfunktion G für $x \in [0; 12]$. Mögliche Maximumstellen sind die Stellen mit $G'(x) = 0$ und die Randstellen $x = 0$ und $x = 12$.
  $G'(x) = 0 \Leftrightarrow -3x^2 + 24x - 7 = 0 \Leftrightarrow x \approx 0{,}3 \lor x \approx 7{,}7$
  $G(0) = -100;\ G(0{,}3) \approx -101;\ G(7{,}7) \approx 101;\ G(12) \approx -184$
- Der Vergleich der Gewinnwerte ergibt: Den maximalen Gewinn von ungefähr 101 GE erzielt der Betrieb dann, wenn er ca. 7,7 ME produziert und zum Marktpreis verkauft.

Definition

- Die Stellen x_1 und x_2, an denen der Gewinn null ist, nennt man **Gewinngrenzen** bzw. **Break-even-Mengen**. Das Ermitteln dieser Stellen nennt man **Break-Even-Analyse**.
- Die Schnittpunkte der Graphen von Kosten- und Erlösfunktion an den Gewinngrenzen heißen **Break-even-Punkte** (BEP).
- Die Produktionsmenge, für die der Gewinn maximal ist, bezeichnen wir mit $\mathbf{x_{max}}$.

In der Abbildung zur Aufgabe 9.12 sind die Gewinngrenzen x_1 und x_2, die Break-even-Punkte BEP 1 und BEP 2, die gewinnmaximale Produktionsmenge x_{max} und das stückkostenminimale Betriebsoptimum x_{opt} eingezeichnet.

Der Abbildung kann man entnehmen:

1) Die Gewinngrenzen x_1 und x_2 sind jene Stellen, an denen sich die Graphen der Funktionen E und K schneiden.

BEGRÜNDUNG: $G(x) = 0 \Leftrightarrow E(x) - K(x) = 0 \Leftrightarrow E(x) = K(x)$

2) An der Stelle x_{max} ist die Tangente an den Graphen der Kostenfunktion K parallel zum Graphen der Erlösfunktion E.

BEGRÜNDUNG: $G'(x_{max}) = 0 \Leftrightarrow E'(x_{max}) - K'(x_{max}) = 0 \Leftrightarrow E'(x_{max}) = K'(x_{max})$

Beachte

Die gewinnmaximale Produktionsmenge x_{max} stimmt im Allgemeinen nicht mit der stückkostenminimalen Produktionsmenge x_{opt} überein, dh. Gewinnmaximierung und Stückkostenminimierung sind unterschiedliche Optimierungsziele.

R **AUFGABEN**

Arbeitsblatt 4968vb

9.13 Berechne für die Kostenfunktion K und den festen Verkaufspreis p die Gewinngrenzen und den maximalen Gewinn!

a) $K(x) = 0{,}001x^2 + 2{,}6x + 9\,000$ mit $x \in [0; 7500]$; $p = 13{,}5$

b) $K(x) = -0{,}00625x^2 + 15x + 1000$ mit $x \in [0; 1000]$; $p = 15$

c) $K(x) = 0{,}002x^3 - 0{,}18x^2 + 7{,}8x + 9\,450$ mit $x \in [0; 500]$; $p = 140$

9.14 Die Firma *Factory* kann für ein Erzeugnis die monatlichen Produktionskosten K(x) (in GE) in Abhängigkeit von der Produktionsmernge x (in ME) durch die lineare Funktion K mit $K(x) = 2x + 5\,000$ darstellen.

1) Gib eine wirtschaftliche Interpretation der Zahlen 2 und 5000 in der Kostenfunktion K an!

2) *Factory* muss das Erzeugnis zum vorgegebenen Marktpreis p anbieten. Begründe, dass *Factory* erst mit der Produktion beginnt, wenn der Marktpreis p mehr als 2 GE/ME beträgt!

3) Derzeit produziert *Factory* mit einem monatlichen Output von 800 ME und verkauft seine gesamte Produktion zum Preis von 10 GE/ME auf dem Markt.

a) Wie hoch ist der derzeitige monatliche Gewinn der Firma *Factory*?

b) In Zulieferbetrieben wird gestreikt. *Factory* muss die Produktion zurückfahren. Der Prozentsatz, um den der Output höchstens sinken darf, wenn *Factory* weiterhin keine Verluste schreiben soll, heißt Sicherheitsgrad S. Wie hoch ist der aktuelle Sicherheitsgrad bei *Factory*?

9.15 Nebenstehend sind die Kostenfunktion K und die Erlösfunktion E eines Unternehmens dargestellt, das sein Produkt zu einem vorgegebenen Preis anbieten muss. Die Kapazitätsobergrenze des Unternehmens beträgt 21 ME.

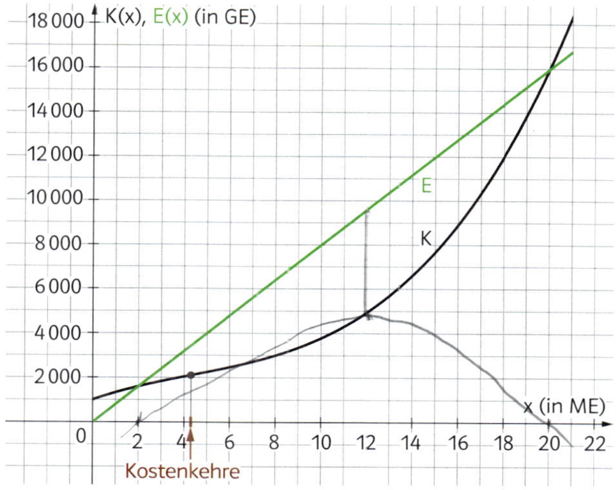

Vervollständige ausgehend von der Abbildung die folgenden Sätze!

a) Die Fixkosten der Produktion betragen 1000 GE.

b) Der Verkaufspreis/ME des Produktes beträgt 800 GE/ME.

c) Eine Termdarstellung der Erlösfunktion E lautet: E(x) = 800x.

d) Bei einer Produktion von 10 ME beträgt der Gewinn ca. 4200 GE.

e) Bei einer Produktion von 2 ME bis 20 ME schreibt die Firma keinen Verlust.

f) Den größten Gewinn erzielt der Unternehmer bei einer Produktion von ca. 12 ME.

g) Bei der Produktion von ca. 4,2 ME sind die Grenzkosten am kleinsten.

9.16 **a)** Was bedeuten in der rechtsstehenden Abbildung die beschrifteten Punkte, Strecken und Kurven?

a Gewinn Spanne G(x)
b Variable Kosten Kv(x)
c Break even Point
d Fixkosten
e Gewinnzone

b) Unter dem Deckungsbeitrag D(x) zum Output x versteht man: $D(x) = E(x) - K_v(x)$. Stelle D(3) in der nebenstehenden Abbildung dar!

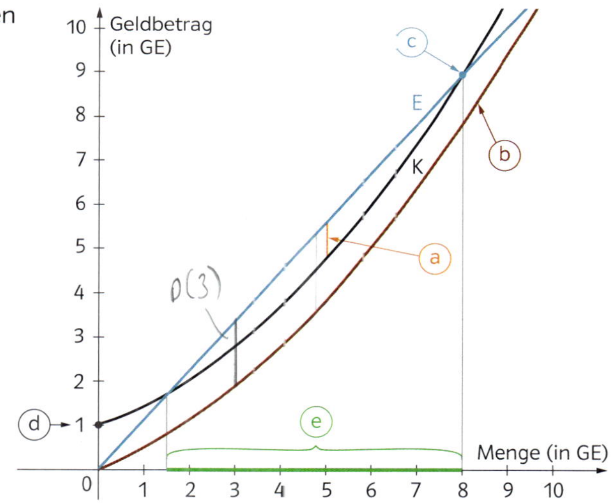

Gewinnmaximierung bei Vorliegen eines Monopols

- Auf innovativen oder regulierten Märkten wird ein Produkt unter Umständen nur von einem einzigen Produzenten angeboten. Dieser besitzt ein **Monopol** auf das betreffende Produkt und wird deshalb als **Monopolist** bezeichnet. Im Gegensatz zu einem Anbieter bei vollständiger Konkurrenz, für den der Preis konstant ist, kann ein Monopolist für sein Produkt zwar grundsätzlich jeden beliebig hohen Preis verlangen, er muss aber gleichzeitig damit rechnen, dass bei steigendem Preis die Nachfrage (der Absatz) sinkt.
- Um also seine Preispolitik planen zu können, wird der Monopolist durch eine Marktanalyse zu ermitteln versuchen, wie der **Produktpreis p** und die zu diesem Preis **nachgefragte Menge x** zusammenhängen. Üblicherweise gibt man diesen Zusammenhang durch eine passende Nachfragefunktion an.

Definition
Eine Funktion $x \mapsto p(x)$, die jeder Warenmenge x den Preis p(x) zuordnet, der zur Nachfrage x führt, heißt **Nachfragefunktion.**

Nebenstehend ist eine Nachfragefunktion dargestellt.

- Nachfragefunktionen sind im Allgemeinen streng monoton fallende Funktionen. Denn ein kleinerer Preis führt zu höherer Nachfrage.
- Den Preis p(0) bezeichnet man üblicherweise als **Höchstpreis**, denn zu diesem Preis wird das Produkt nicht mehr nachgefragt.
- Die Produktionsmenge x_s mit $p(x_s) = 0$ bezeichnet man als **Sättigungsmenge**. Selbst zum Preis null wird auf dem Markt nicht mehr als die Sättigungsmeng x_s nachgefragt.

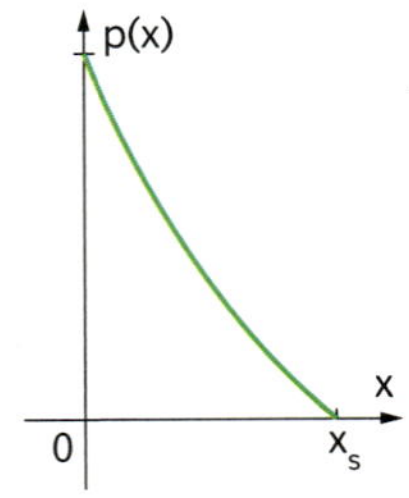

Auch der Monopolist strebt Gewinnmaximierung an und stellt daher die Frage: **Welche Menge x des Produkts soll erzeugt und angeboten werden, damit nach Verkauf zum Preis p(x) entsprechend der ermittelten Nachfragefunktion ein möglichst großer Gewinn erzielt wird?**

Erlös und Gewinn sind dabei analog zum Fall der vollständigen Konkurrenz festgelegt:

Definition
Werden x Mengeneinheiten eines Produktes mit den Produktionskosten K(x) erzeugt und entsprechend der zutreffenden Nachfragefunktion zum Preis p(x) (in GE/ME) verkauft, dann definiert man

- **Erlös = Verkaufspreis mal verkaufte Menge** $\quad E(x) = p(x) \cdot x$
- **Gewinn = Erlös minus Kosten** $\quad G(x) = E(x) - K(x)$

Applet ti95i3

9.17 Ein Monopolbetrieb produziert x Mengeneinheiten eines Produktes mit den variablen Kosten $K_v(x) = 0{,}1x^2 + x$. Bei der Herstellung fallen Fixkosten von 150 GE an. Im Planungszeitraum können höchstens 60 Mengeneinheiten erzeugt werden. Aufgrund von Marktanalysen geht man von einer Nachfragefunktion mit $p(x) = -0{,}2x + 19$ aus.

1) Wie viele Mengeneinheiten des Produktes muss der Betrieb erzeugen und zu welchem Preis muss er sein Produkt verkaufen, um mit positivem Gewinn zu arbeiten?

2) Für welche Produktionsmenge x und welchen Verkaufspreis p erzielt der Betrieb den größten Gewinn?

LÖSUNG:

1) „Break-even-Analyse“:

- Erlös $E(x) = p(x) \cdot x = -0{,}2x^2 + 19x$
  Kosten $K(x) = 0{,}1x^2 + x + 150$
  Gewinn $G(x) = E(x) - K(x) =$
  $= -0{,}3x^2 + 18x - 150$
  $G(x) = 0 \iff x = 10 \lor x = 50$
- Gewinngrenzen: $x_1 = 10$ und $x_2 = 50$
  Für Produktionsmengen zwischen 10 ME und 50 ME ist der Gewinn positiv. Entsprechend der Nachfragefunktion können diese Produktionsmengen nur abgesetzt werden, wenn der Produktpreis zwischen $p(10) = 17$ GE/ME und $p(50) = 9$ GE/ME liegt.

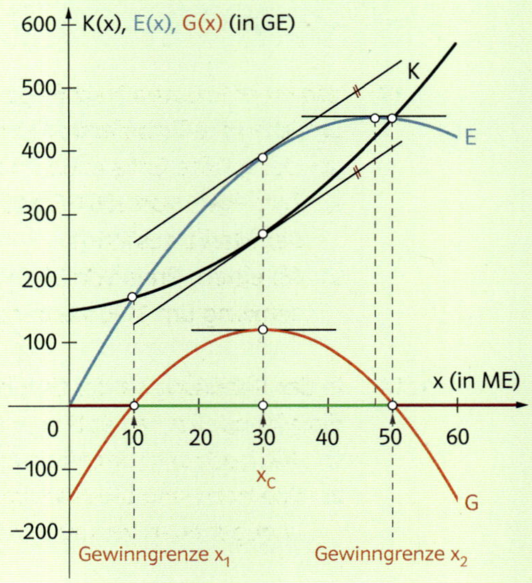

2) Gewinnmaximierung:

- Wir suchen das Maximum der Gewinnfunktion für $x \in [0; 60]$. Mögliche Maximumstellen sind die Stellen mit $G'(x) = 0$ und die Randstellen $x = 0$ und $x = 60$.
  – $G'(x) = 0 \Leftrightarrow -0{,}06x + 18 = 0 \Leftrightarrow x = 30$
  – $G(0) = -150$; $G(30) = 120$; $G(60) = -150$
- Den maximalen Gewinn von 120 GE erzielt der Betrieb also, wenn er 30 Mengeneinheiten produziert und auch verkauft. Entsprechend der Nachfragefunktion ist das genau dann der Fall, wenn der Preis $p(30) = 13$ GE/ME beträgt.

Definition

- Die gewinnmaximale Produktionsmenge eines Monopolisten heißt **Cournot'sche Menge x_c**.
- Den zugehörigen gewinnmaximalen Produktpreis entsprechend der gegebenen Nachfragefunktion nennt man **Cournot'schen Preis p_c**.
- Den Punkt **$C = (x_c \mid p_c)$** auf dem Graphen der Nachfragefunktion $x \mapsto p(x)$ bezeichnet man als **Cournot'schen Punkt.**

BEACHTE: Die gewinnmaximale Produktionsmenge x_c stimmt im Allgemeinen nicht mit der erlösmaximalen Produktionsmenge überein, dh. Gewinnmaximierung und Erlösmaximierung sind unterschiedliche Optimierungsziele.

9.18 (Fortsetzung von 9.17)

1) Gib den Cournot'schen Punkt C des Monopolbetriebes an!

2) Zeige, dass das Erlösmaximum nicht für die Cournot'sche Menge x_c angenommen wird!

LÖSUNG:

1) $x_c = 30$; $p_c = 13$; Cournot'scher Punkt $C = (30 \mid 13)$

2) $E'(x) = 0 \Leftrightarrow -0{,}4x + 19 = 0 \Leftrightarrow x = 47{,}5$. Weil stets $E''(x) = -0{,}4 < 0$ gilt, erhält man für 47,5 ME zwar den größten Erlös, wegen 1) aber nicht den größten Gewinn.

Satz

Für die Cournot'sche Menge x_c eines Monopolisten gilt: **Grenzerlös $E'(x_c)$ = Grenzkosten $K'(x_c)$**

BEWEIS: $G'(x_c) = 0 \Leftrightarrow E'(x_c) - K'(x_c) = 0 \Leftrightarrow E'(x_c) = K'(x_c)$ □

L **AUFGABEN**

9.19 Von einer linearen Nachfragefunktion $x \mapsto p(x)$ liegen die angegebenen Informationen vor. Ermittle eine Termdarstellung der Nachfragefunktion und berechne jene Produktionsmenge, bei der der größte Erlös erzielt werden kann! Dabei soll Folgendes gelten:

a) Zum Preis von 100 GE/ME können 200 ME des Produktes verkauft werden, bei 600 ME ist der Markt gesättigt.

b) Ab einem Preis von 25 GE/ME kann das Produkt nicht mehr verkauft werden. Jede Preissenkung um 1 GE steigert die Nachfrage um 20 ME.

9.20 In der Abbildung ist der Graph einer Nachfragefunktion gezeichnet. Ein Monopolist verkauft sein Produkt zum Preis von 4 GE/ME.

1) Wie hoch sind der Höchstpreis und die Sättigungsmenge?

2) Wie hoch sind die Nachfrage und der Erlös beim angegebenen Verkaufspreis? Stelle den Erlös bildlich dar!

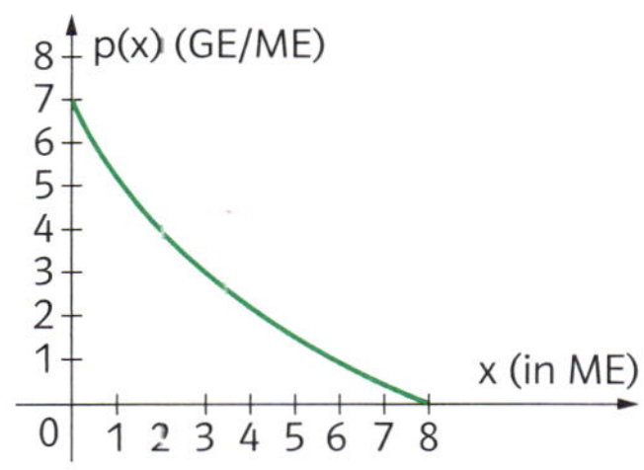

9.21 Ein Monopolbetrieb kann seine monatlichen Kosten annähernd durch eine lineare Funktion beschreiben. Bei monatlichen Fixkosten von 40 000 GE lässt jede Ausweitung der Produktion um 1 ME die Kosten um 2 GE steigen. Das Kaufverhalten der Abnehmer genügt näherungsweise der Nachfragefunktion $x \mapsto p(x)$ mit $p(x) = -0{,}00025x + 18$.
Ermittle die Grenzen des Gewinnbereichs, den Cournot'schen Punkt und den größten erzielbaren Gewinn des Unternehmens!

9.22 Ergänze die Beschriftungen in der Abbildung und vervollständige die Sätze!

a) Die Cournot'sche Menge x_c beträgt ca. ______________________.

b) Der Cournot'sche Preis p_c beträgt ca. ______________________.

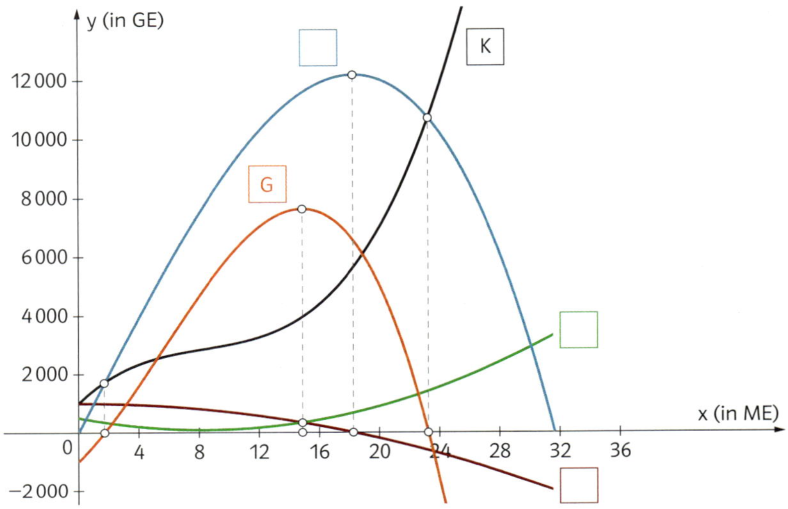

Preiselastizität der Nachfrage

9.23 Ein Monopolist plant mit der Nachfragefunktion $x \mapsto p(x)$ mit $p(x) = -0{,}5 \cdot x + 25$. Er erhöht den Preis pro ME von 20 GE auf 24 GE. Wie „stark" ändert sich dadurch die Kundennachfrage?

LÖSUNG:

	alt	neu	absolute Änderung	relative Änderung
Preis (in GE/ME)	$p_0 = 20$	$p_1 = 24$	$\Delta p = p_1 - p_0 = 4$	$\frac{\Delta p}{p_0} = \frac{4}{20} = 0{,}2 = 20\,\%$
Nachfrage (in ME)	$x_0 = 10$	$x_1 = 2$	$\Delta x = x_1 - x_0 = -8$	$\frac{\Delta x}{x_0} = \frac{-8}{10} = -0{,}8 = -80\,\%$

Die **Preiserhöhung um 20 %** bewirkt also eine **Abnahme der Nachfrage um 80 %**. Die Nachfrage reagiert somit auf die Preisänderung überproportional stark.

Um die Stärke des Zusammenhangs zwischen Preisänderung und Nachfrageänderung zu messen, können wir als Maß das Verhältnis der relativen Änderungen verwenden. Für die letzte Aufgabe ergibt dies:

$$\frac{\frac{\Delta x}{x_0}}{\frac{\Delta p}{p_0}} = \frac{-0{,}8}{0{,}2} = -4 \quad \text{bzw.} \quad \frac{\Delta x}{x_0} = -4 \cdot \frac{\Delta p}{p_0}$$

Dies kann im vorliegenden Fall so interpretiert werden: Eine **Preiserhöhung (Preissenkung)** um einen bestimmten Prozentsatz bewirkt eine **viermal so starke Abnahme (Zunahme) der Nachfrage**. Insbesondere gilt: Bei einer Preiserhöhung (Preissenkung) um 1 % nimmt die Nachfrage um 4 % ab (zu).

Definition

Gegeben sei eine Nachfragefunktion $x \mapsto p(x)$. Bewirkt eine Änderung des Preises von p_0 auf $p_1 = p_0 + \Delta p$ eine Änderung der Nachfrage von x_0 auf $x_1 = x_0 + \Delta x$, dann nennt man den Quotienten

$$\bar{\varepsilon}(p_0, p_1) = \frac{\frac{\Delta x}{x_0}}{\frac{\Delta p}{p_0}} = \frac{\text{relative Änderung der Nachfrage}}{\text{relative Änderung des Preises}}$$

die **mittlere Preiselastizität der Nachfrage** bei Änderung des Preises von p_0 auf p_1.

Im Fall einer differenzierbaren Nachfragefunktion $x \mapsto p(x)$ kann für die mittlere Preiselastizität $\bar{\varepsilon}(p, p + \Delta p)$ der Grenzwert für $\Delta p \mapsto 0$ ermittelt werden. Weil aus $\Delta p \to 0$ stets $\Delta x \to 0$ folgt, erhält man:

$$\lim_{\Delta p \to 0} \bar{\varepsilon}(p, p + \Delta p) = \lim_{\Delta p \to 0} \frac{\frac{\Delta x}{x}}{\frac{\Delta p}{p}} = \lim_{\Delta x \to 0} \frac{\frac{\Delta x}{x}}{\frac{\Delta p}{p}} = \lim_{\Delta x \to 0} \frac{\frac{p}{x}}{\frac{\Delta p}{\Delta x}} = \frac{\frac{p}{x}}{p'(x)} = \frac{p(x)}{x \cdot p'(x)}$$

Dieser Grenzwert erhält einen eigenen Namen:

Definition

- Die Nachfragefunktion $x \mapsto p(x)$ sei differenzierbar. Dann heißt $\boldsymbol{\varepsilon(x) = \frac{p(x)}{x \cdot p'(x)}}$ die **Preiselastizität der Nachfrage** zur Nachfragemenge x (falls $x \neq 0$ und $p'(x) \neq 0$).
- Die Nachfrage heißt
  - **elastisch**, wenn $|\varepsilon(x)| > 1$,
  - **proportional elastisch**, wenn $|\varepsilon(x)| = 1$,
  - **unelastisch**, wenn $|\varepsilon(x)| < 1$.

AUFGABEN

9.24 Bei einem Diskonter gibt $x \mapsto p(x)$ mit $p(x) = -0{,}0075 \cdot x + 1{,}5$ die Nachfragefunktion für Biofrischmilch an. Dabei ist x die Tagesnachfrage in Liter und p(x) der Preis in Euro/Liter.

1) Ermittle die Preiselastizität bei einer Nachfrage von 80 l! Interpretiere das Ergebnis!

2) In welchen Bereichen ist die Nachfrage elastisch, proportional elastisch bzw. unelastisch?

LÖSUNG:

Preiselastizität $\varepsilon(x) = \frac{p(x)}{x \cdot p'(x)} = \frac{-0{,}0075 \cdot x + 1{,}5}{x \cdot (-0{,}0075)} = 1 - \frac{200}{x}$

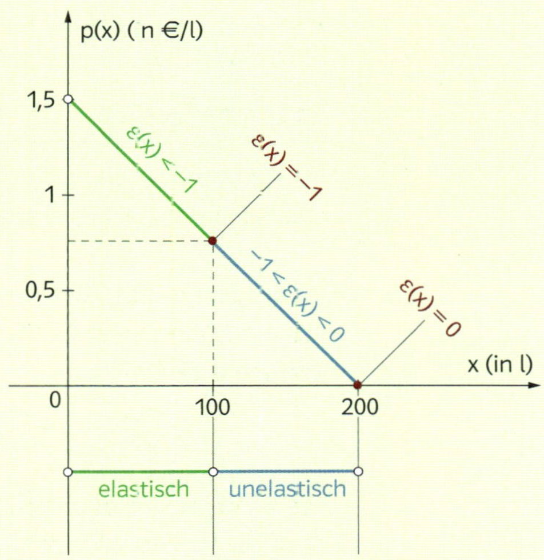

1) $\varepsilon(80) = -1{,}5$

Dies bedeutet:

Wird auf dem Preisniveau $p(80) = 0{,}90$ der Preis um 1% gesenkt, dann steigt die Nachfrage um ca. 1,5%. Die Nachfrage ist elastisch.

2) Für $x \in (0; 200]$ gilt stets $\varepsilon(x) \leq 0$.

- Nachfrage elastisch $\Leftrightarrow |\varepsilon(x)| > 1 \Leftrightarrow$ $\Leftrightarrow \varepsilon(x) < -1 \Leftrightarrow x \in (0; 100)$
- Nachfrage proportional elastisch $\Leftrightarrow$ $\Leftrightarrow |\varepsilon(x)| = 1 \Leftrightarrow \varepsilon(x) = -1 \Leftrightarrow x = 100$
- Nachfrage unelastisch $\Leftrightarrow |\varepsilon(x)| < 1 \Leftrightarrow$ $\Leftrightarrow -1 < \varepsilon(x) \leq 0 \Leftrightarrow x \in (100; 200]$

Bemerkung: Bei $x = 200$ (Sättigungsmenge) ist die Nachfrage völlig unelastisch.

9.2 ANWENDUNGEN IN DEN NATURWISSENSCHAFTEN

Brechung und Spiegelung

Brechung des Lichts: Wenn ein Lichtstrahl von einem Medium in ein anderes (zB. von Luft in Wasser) tritt, wird er „gebrochen", dh. er ändert seine Richtung. Die Richtungsänderung hängt von den Lichtgeschwindigkeiten v_1 und v_2 in den beiden Medien ab.
A, P, B und das Lot durch P liegen in einer Ebene.
Man bezeichnet α als Einfallswinkel und β als Brechungswinkel.
Es gilt folgendes Gesetz:

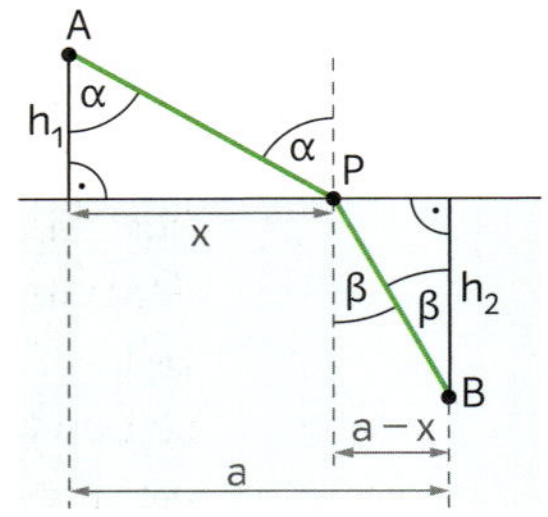

Brechungsgesetz von Snellius: $\frac{\sin(\alpha)}{\sin(\beta)} = \frac{v_1}{v_2}$

Reflexion des Lichts: Wird ein Lichtstrahl an einem ebenen Spiegel reflektiert, ändert er ebenfalls seine Richtung.
A, P, B und das Lot durch P liegen in einer Ebene.
Man bezeichnet α als Einfallswinkel und β als Reflexionswinkel.
Es gilt folgendes Gesetz:

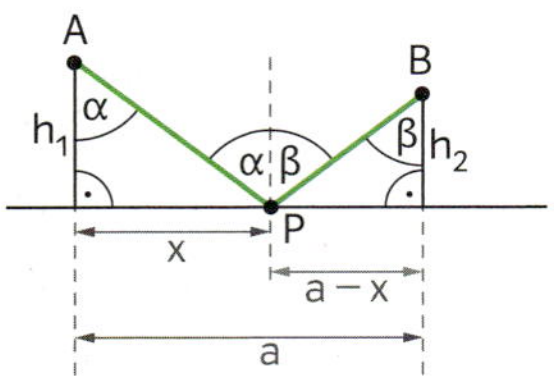

Reflexionsgesetz: $\alpha = \beta$

Sowohl das Brechungsgesetz als auch das Reflexionsgesetz lassen sich aus einem grundlegenden Prinzip herleiten:

Fermatsches Prinzip: Um von einem Punkt A zu einem Punkt B zu gelangen, nimmt ein Lichtstrahl unter allen Wegen immer jenen mit der kürzesten Laufzeit.

9.25 Leite das Brechungsgesetz von Snellius aus dem Fermatschen Prinzip her!

LÖSUNG: Wir verwenden die Bezeichnungen aus der obigen Abbildung. Der Lichtstrahl verläuft von A über P nach B. Die für diesen Weg benötigte Zeit hängt vom Abstand x ab. Anhand der Abbildung erkennt man, dass für diese Zeit t(x) gilt:

$$t(x) = \frac{\text{Weglänge von A nach P}}{\text{Geschwindigkeit } v_1} + \frac{\text{Weglänge von P nach B}}{\text{Geschwindigkeit } v_2} = \frac{\sqrt{x^2 + h_1^2}}{v_1} + \frac{\sqrt{(a-x)^2 + h_2^2}}{v_2}$$

Nach dem Fermatschen Prinzip wählt der Lichtstrahl den Abstand x so, dass t(x) minimal wird.

$$t'(x) = \frac{1}{v_1} \cdot \frac{2x}{2 \cdot \sqrt{x^2 + h_1^2}} + \frac{1}{v_2} \cdot \frac{2(a-x) \cdot (-1)}{2 \cdot \sqrt{(a-x)^2 + h_2^2}} = \frac{1}{v_1} \cdot \frac{x}{\sqrt{x^2 + h_1^2}} - \frac{1}{v_2} \cdot \frac{a-x}{\sqrt{(a-x)^2 + h_2^2}}$$

$$t'(x) = 0 \Leftrightarrow \frac{1}{v_1} \cdot \frac{x}{\sqrt{x^2 + h_1^2}} = \frac{1}{v_2} \cdot \frac{a-x}{\sqrt{(a-x)^2 + h_2^2}} \Leftrightarrow \frac{1}{v_1} \cdot \sin(\alpha) = \frac{1}{v_2} \cdot \sin(\beta) \Leftrightarrow \frac{v_1}{v_2} = \frac{\sin(\alpha)}{\sin(\beta)}$$

AUFGABEN

9.26 Leite das Reflexionsgesetz aus dem Fermatschen Prinzip her!
Gehe dazu in folgenden Schritten vor:
- Bezeichne die Lichtgeschwindigkeit mit v!
- Stelle die Zeit t(x), die der Lichtstrahl von A über P nach B braucht, durch einen Term in x dar!
- Zeige mit Hilfe des Fermatschen Prinzips, dass $\sin(\alpha) = \sin(\beta)$ ist!
- Begründe, dass daraus $\alpha = \beta$ folgt!

9.27 Leite das Reflexionsgesetz durch geometrische Überlegungen ohne Differentialrechnung aus dem Fermatschen Prinzip her!

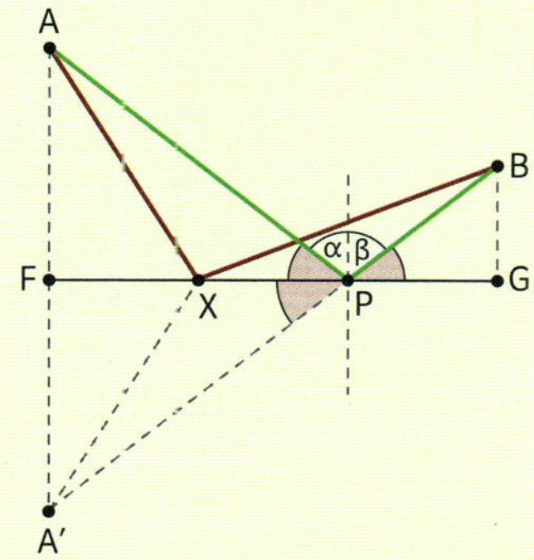

LÖSUNG:

Wir bezeichnen den Spiegelpunkt von A bezüglich der Spiegelfläche mit A' und den Schnittpunkt der Strecke A'B mit der Spiegelfläche mit P. Der Lichtstrahl bewegt sich vom Punkt A über einen Punkt X auf der Spiegelfläche zum Punkt B. Nach dem Fermatschen Prinzip wird der Punkt X so gewählt, dass die Laufzeit auf diesem Weg minimal ist. Da sich der Lichtstrahl stets im selben Medium bewegt, ist diese Laufzeit genau dann minimal, wenn der Weg von A über X nach B die kleinste Länge hat. Diese Länge beträgt $\overline{AX} + \overline{XB} = \overline{A'X} + \overline{XB}$ und ist genau für $X = P$ am kleinsten, weil die Strecke A'B die kürzeste Verbindung der Punkte A' und B ist. Wegen $\sphericalangle APF = \sphericalangle A'PF = \sphericalangle BPG$ erhält man $\alpha = 90° - \sphericalangle APF = 90° - \sphericalangle BPG = \beta$.

9.28 Wenn ein Lichtstrahl von Glas in Luft gelangt, ist $v_2 > v_1$. Daraus folgt nach dem Brechungsgesetz $\sin(\beta) > \sin(\alpha)$ und somit $\beta > \alpha$. Wenn sich dabei jedoch $\beta > 90°$ ergibt, erfolgt keine Brechung mehr, sondern der Lichtstrahl wird zur Gänze reflektiert.
Man bezeichnet den zu $\beta = 90°$ gehörigen Einfallswinkel als **Grenzwinkel der Totalreflexion**. Berechne diesen Winkel für den Übergang von Glas in Luft, wenn sich das Licht im Glas mit ca. 160 000 km/s und in der Luft mit ca. 299 710 km/s bewegt!

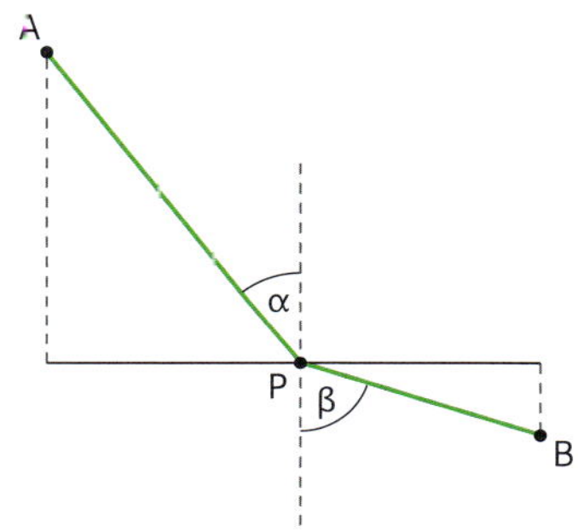

Verzweigung von Blutgefäßen

Das Blutgefäßsystem des Körpers ist im Großen und Ganzen so angelegt, dass der Bluttransport mit möglichst geringem Widerstand erfolgt. Der Blutwiderstand R in einem zylindrischen Blutgefäß mit der Länge l und dem Radius r beträgt:

$$\mathbf{R = k \cdot \frac{l}{r^4}}$$

Dabei ist k eine Konstante, die von der Viskosität (Zähigkeit) des Bluts abhängt.

AUFGABEN

9.29 Die Abbildung zeigt ein Hauptblutgefäß mit dem Radius r_1 und der Länge $l = \overline{AB}$ sowie ein im Punkt C abzweigendes Nebenblutgefäß mit dem Radius r_2 ($< r_1$) und der Länge $l_1 = \overline{CB'}$.

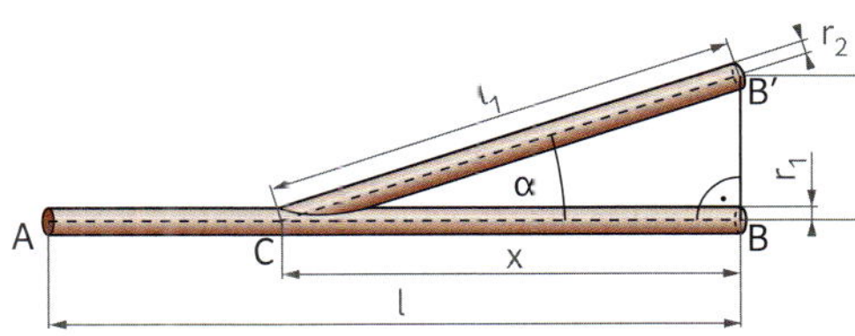

1) Zeige: Die optimale Lage des Verzweigungspunktes C (dh. jener Wert von x, für den der Gesamtwiderstand des Bluts von A über C nach B' am kleinsten ist) hängt lediglich von s und dem Verhältnis $\frac{r_1}{r_2}$ ab.

2) Zeige: Der optimale Verzweigungswinkel α hängt lediglich vom Verhältnis $\frac{r_1}{r_2}$ ab. (Zeige die Abhängigkeit zuerst für tan α und begründe dann, dass sie auch für α gilt!)

R L KOMPETENZCHECK

AUFGABEN VOM TYP 1

AN-R 1.3 **9.30** Die Betriebsstatistik eines Herstellers liefert folgende Daten für den Zusammenhang zwischen dem Output x und den Gesamtproduktionskosten K(x):

Output x in ME	2	3	5	7	8
Kosten K(x) in GE	27	30	36	48	51

Der Einfachheit halber soll der Kostenverlauf des Unternehmens linear modelliert werden.

1) Zeichne die zu diesen Daten passende Punktwolke in ein geeignetes Koordinatensystem! Füge eine Passgerade nach Augenmaß ein!

2) Bestimme mit Hilfe der gezeichneten Passgeraden die ungefähre Höhe der Fixkosten und den ungefähren Kostenzuwachs, mit dem der Hersteller bei einer Ausweitung der Produktion um eine Mengeneinheit rechnen muss!

AN-R 1.3 **9.31** Nebenstehend ist der Graph der Grenzkostenfunktion K′ eines Unternehmens dargestellt. Kreuze an, von welchem Typ die Kostenfunktion K ist!

linear	progressiv	degressiv	S-förmig
☐	☐	☐	☒

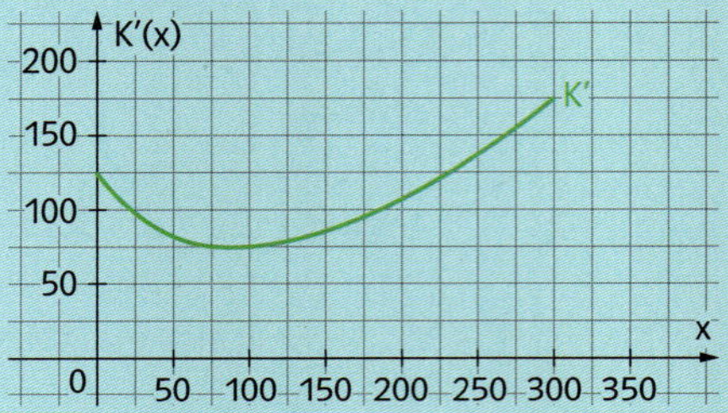

AN-L 3.4 **9.32** Für den Sicherheitsabstand s zweier Autos, die mit einer Geschwindigkeit v auf einer trockenen Straße fahren, gilt die Faustformel: $s(v) = \frac{v^2}{100} + \frac{v}{3,6} + 6$ (s in m, v in km/h). Dabei ist $\frac{v^2}{100}$ der Bremsweg (in m), $\frac{v}{3,6}$ der in einer Sekunde zurückgelegte Weg (in m) und 6 die Fahrzeuglänge (in m).
Unter der *Verkehrsdichte* versteht man die Größe $f(v) = 1000 \cdot \frac{v}{s(v)}$ (Fahrzeuge pro Stunde).

1) Skizziere den Graphen von f im Bereich $5 \leq v \leq 100$!

2) Für welche Geschwindigkeit v ist die Verkehrsdichte am größten?

AN-L 3.4 **9.33** Bei manchen Spiegelteleskopen wird vor den Hohlspiegel eine Korrekturlinse gesetzt, deren Querschnittsfläche auf der einen Seite durch eine Strecke und auf der anderen Seite durch eine Kurve begrenzt wird, die näherungsweise durch die Funktion f mit $f(x) = C \cdot x^2 \cdot (x^2 - r^2)$ beschrieben wird (siehe nebenstehende Abbildung). Dabei ist C eine positive Konstante, die von der Glassorte der Linse und vom Radius des Hohlspiegels abhängt, und r der Radius der Linse. An welchen Stellen ist die Linse am dünnsten?

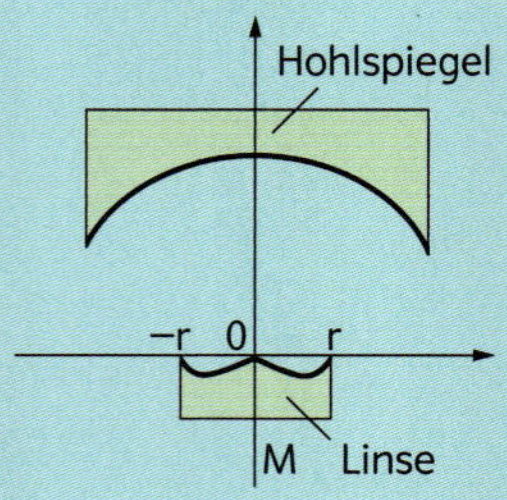

AN-L 3.4 **9.34** Ein Kanal soll einen trapezförmigen Querschnitt bekommen, wobei die Seitenwände unter 45° gegen die Horizontalebene geneigt sind. Der auszumauernde Teil des Trapezumfanges (Seitenwände und Boden) soll 30 m betragen. Wie ist der Kanal zu dimensionieren, damit der Flächeninhalt des Querschnitts maximal wird?

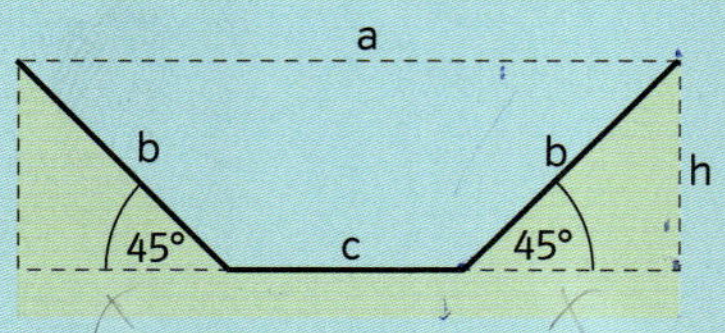

AUFGABEN VOM TYP 2

FA-R 1.4 FA-R 1.6 AN-L 3.4 **9.35 Produktion eines Unternehmens**

In den Abbildungen sind die Kostenfunktion K, die Erlösfunktion E und die Nachfragefunktion p für ein bestimmtes Produkt eines monopolistischen Unternehmens dargestellt.

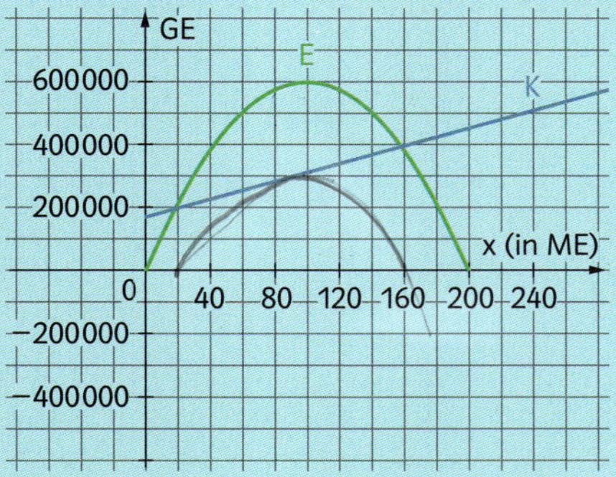

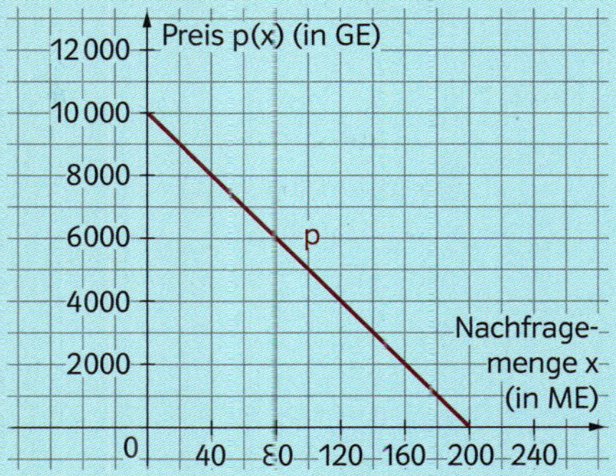

a)
- Skizziere den Graphen der Gewinnfunktion G in der linken Abbildung!
- Gib an, für welche Poduktionsmengen der Gewinn positiv ist!

b)
- Ermittle, für welche Produktionsmenge der Erlös maximal ist!
- Ermittle, für welche Produktionsmenge der Gewinn maximal ist!

c)
- Gib an, zwischen welchen Grenzen der Preis des Produktes gewählt werden muss, damit das Produkt abgesetzt werden kann!
- Gib die Sättigungsmenge an!

FA-R 1.4 FA-R 1.7 AN-R 2.1 AN-R 3.3 AN-L 3.4 **9.36 Produktion von Earphones**

Audio verkauft Earphones um 19,90 € pro Stück. Nebenstehend ist der erzielte Gewinn G(x) zu verschiedenen täglichen Outputmengen x tabelliert.

Output x (in Stück)	500	1000	1500
Gewinn G(x) (in €)	1350	3150	450

a)
- *Audio* modelliert die Gewinnfunktion $x \mapsto G(x)$ als quadratische Funktion. Zeige durch Lösen eines Gleichungssystems mittels Technologieeinsatz, dass zu den angegebenen Tabellenwerten die Funktionsgleichung $G(x) = -0{,}009 \cdot x^2 + 17{,}1 \cdot x - 4950$ passt!
- Gib eine Termdarstellung der zugehörigen Kostenfunktion $x \mapsto K(x)$ an!

b)
- Ermittle mit Technologieunterstützung die Gewinngrenzen x_1 und x_2 sowie das Betriebsoptimum x_{opt} der Tagesproduktion!
- x_{opt} ist nicht die gewinnmaximale Produktionsmenge. Berechne, um wie viel Prozent der Gewinn im Betriebsoptimum unter dem Gewinnmaximum liegt!

c) Wir gehen im Folgenden von einer allgemeinen quadratischen Kostenfunktion $x \mapsto K(x) = a \cdot x^2 + b \cdot x + c$ mit $c > 0$ aus und setzen voraus, dass K in $\mathbb{R}_0^+$ streng monoton steigend ist!
- Begründe, welche Bedingungen an die Koeffizienten a und b gestellt werden müssen, damit die angeführte Voraussetzung erfüllt ist!
- Begründe, dass unter der angeführten Voraussetzung die Kostenfunktion K progressiv ist!

FA-R 1.4
FA-R 1.5
FA-R 1.7
AN-L 3.4

9.37 **Schräger Wurf**

Eine Kugel wird schräg nach oben geworfen, sodass ihre Bahnkurve in einer Vertikalebene liegt. Beschränkt man sich auf die zweidimensionale Darstellung der Bahnkurve in dieser Ebene, kann man ein kartesisches Koordinatensystem zugrundelegen, dessen Achsen wir mit x und y bezeichnen. Die Bahnkurve der Kugel entsteht durch Überlagerung dreier Bewegungen:

– einer gleichfömigen Bewegung parallel zur x-Achse
– einer gleichfömigenBewegung parallel zur y-Achse
– einer gleichmäßig beschleunigten Bewegung (freier Fall) parallel zur y-Achse

Wir nehmen an, dass die Kugel zum Zeitpunkt $t = 0$ vom Ursprung $O = (0 \mid 0)$ aus mit der Geschwindigkeit $\vec{v} = (v_1 \mid v_2)$ schräg nach oben geschossen wird (v_1 und v_2 in m/s) und nach a Sekunden d Meter vom Abschusspunkt entfernt wieder auf dem waagrechten Boden auftrifft. Zum Zeitpunkt t befindet sich die Kugel im Punkt $X(t) = (x(t) \mid y(t))$ und hat in diesem Punkt die Geschwindigkeit $\vec{v}(t) = (\dot{x}(t) \mid \dot{y}(t))$, wobei $\dot{x}(t)$ und $\dot{y}(t)$ die Ableitungen von x(t) bzw. y(t) nach t sind. Die folgende Abbildung zeigt die Bahnkurve der Kugel:

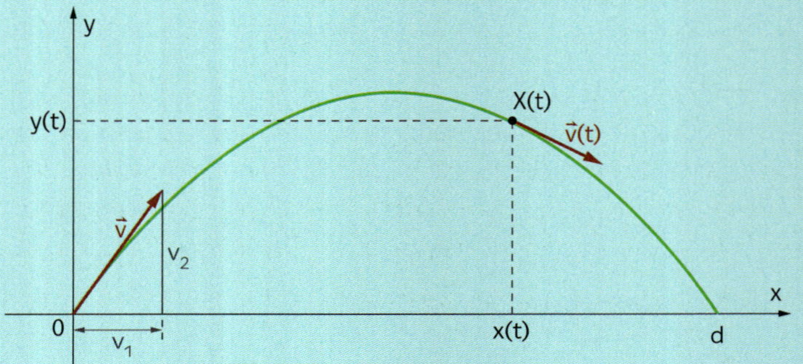

a) ▪ Begründe, dass die Bahnkurve der Kugel die folgende Parameterdarstellung besitzt:
$X(t) = \left(v_1 \cdot t \,\middle|\, v_2 \cdot t - \frac{g}{2} \cdot t^2\right)$ für $0 \leq t \leq a$, wobei g die Erdbeschleunigung ist

▪ Begründe, dass die Bahnkurve der Kugel die folgende Gleichung besitzt:
$y = \frac{v_2}{v_1} \cdot x - \frac{g}{2v_1^2} \cdot x^2$ für $0 \leq x \leq d$

b) ▪ Zeige, dass die Kugel nach $a = \frac{2v_2}{g}$ Sekunden wieder auf dem Boden aufschlägt!

▪ Berechne a für $\vec{v} = (25 \mid 35)$ und $g \approx 9{,}81\,m/s^2$! Runde auf Zehntelsekunden!

c) ▪ Gib eine Formel für die Wurfweite d an!
▪ Berechne d für $\vec{v} = (25 \mid 35)$ und $g \approx 9{,}81\,m/s^2$! Runde auf dm!

d) ▪ Berechne für $\vec{v} = (25 \mid 35)$ die Koordinaten des höchsten Punktes der Bahnkurve! Runde auf dm!
▪ Berechne für $\vec{v} = (25 \mid 35)$ und $g \approx 9{,}81\,m/s^2$, zu welchen Zeitpunkten sich die Kugel in 10 m Höhe befindet! Runde auf Zehntelsekunden!

e) ▪ Stelle eine Formel für den Betrag von $\vec{v}(t)$ auf!
▪ Zeige, dass die Beträge der Geschwindigkeiten beim Abschuss und beim Aufschlag der Kugel auf dem Boden gleich groß sind!

FA-R 1.4
FA-R 1.6
FA-R 1.7
AN-R 1.3
AN-R 2.1

9.38 Kondensatoren in Stromkreisen

Ein Kondensator besteht aus zwei parallelen Platten in geringem Abstand, die elektrische Ladungen +Q und −Q speichern können. Die Ladung Q ist direkt proportional zur Spannung U zwischen den Kondensatorplatten, also $Q = C \cdot U$. Der Proportionalitätsfaktor C heißt Kapazität des Kondensators. Man misst die Zeit t in Sekunden (s), die Ladung Q in Coulomb (C), die Spannung U in Volt (V), den Widerstand R in Ohm (Ω) und die Kapazität C in Farad (F).

Laden eines Kondensators: Ein Kondensator kann in einem Stromkreis wie in Abb. 1 geladen werden. Der Schalter S wird zum Zeitpunkt t = 0 geschlossen. Durch den hervorgerufenen Strom nehmen die Ladungen +Q(t) und −Q(t) auf den Platten mit fortschreitender Zeit t zu und nähern sich asymptotisch den Schranken $+Q_S$ und $-Q_S$ (siehe Abb. 2). Dabei gilt:

$$\mathbf{Q(t) = Q_S \cdot \left(1 - e^{-\frac{t}{R \cdot C}}\right)} \text{ mit } \mathbf{Q_S = C \cdot U}$$

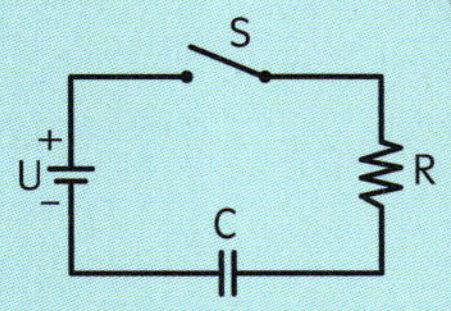

Abb. 1

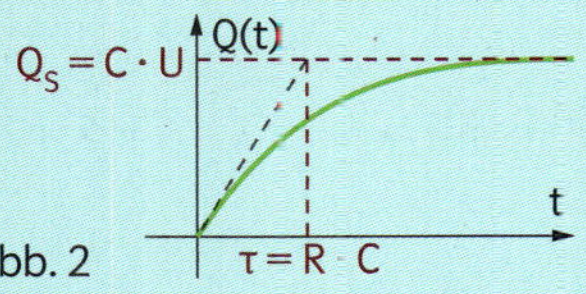

Abb. 2

Entladen eines Kondensators: Ein Kondensator, dessen Platten die Ladungen $+Q_0$ und $-Q_0$ tragen und zwischen denen die Spannung U_0 herrscht, kann in einem Stromkreis wie in Abb. 3 entladen werden. Der Schalter S wird zum Zeitpunkt t = 0 geschlossen. Durch den hervorgerufenen Strom nehmen die Ladungen +Q(t) und −Q(t) auf den Platten mit fortschreitender Zeit t ab und nähern sich asymptotisch dem Wert 0 (siehe Abb. 4). Dabei gilt:

$$\mathbf{Q(t) = Q_0 \cdot e^{-\frac{t}{R \cdot C}}} \text{ mit } \mathbf{Q_0 = C \cdot U_0}$$

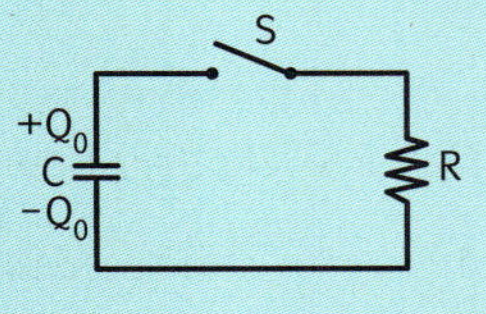

Abb. 3

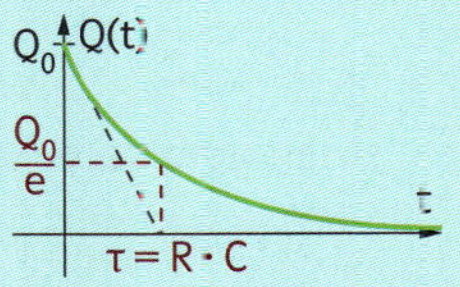

Abb. 4

a) Ein Kondensator wird geladen.
- Begründe: $\lim\limits_{t \to \infty} Q(t) = Q_S$
- Gib eine Formel für die Zeit t an, die benötigt wird, um 90 % der Ladung Q_S auf den Kondensator zu bringen!

b) Ein Kondensator wird geladen.
- Ermittle eine Formel für die Zunahmegeschwindigkeit von Q(t) zum Zeitpunkt t und gib diese Geschwindigkeit zum Zeitpunkt t = 0 an!
- Zeige: Die Tangente an den Graphen von Q im Punkt (0 | 0) schneidet die Parallele zur t-Achse durch den Punkt (0 | C · U) an der Stelle $\tau = R \cdot C$.

c) Ein Kondensator wird entladen.
- Nimm $U_0 = 6\,V$, $C = 2\,\mu F$, $R = 100\,\Omega$ an und gib eine Formel für Q(t) an!
- Ermittle für diese Werte die Ladungen auf den Platten nach 4 Millisekunden!

d) Ein Kondensator wird entladen.
- Ermittle eine Formel für die Abnahmegeschwindigkeit von Q(t) zum Zeitpunkt t und gib diese Geschwindigkeit zum Zeitpunkt t = 0 an!
- Zeige: Die Tangente an den Graphen von Q im Punkt $(0 \mid Q_0)$ schneidet die t-Achse an der Stelle $\tau = R \cdot C$ und zu diesem Zeitpunkt ist die Ladung Q auf den e-ten Teil der Anfangsladung Q_0 gesunken.

10 WAHRSCHEINLICHKEITS-VERTEILUNGEN

LERNZIELE

10.1 **Wiederholung: Mittelwert** und **empirische Varianz (Standardabweichung)** berechnen können.

10.2 Die Definitionen einer **Zufallsvariablen** und einer **Wahrscheinlichkeitsverteilung** kennen.

10.3 Den **Erwartungswert** und die **Varianz (Standardabweichung) einer Zufallsvariablen** kennen und berechnen können.

- **Technologie kompakt**
- **Kompetenzcheck**

GRUNDKOMPETENZEN

WS-R 3.1 Die Begriffe **Zufallsvariable**, **(Wahrscheinlichkeits-)Verteilung**, **Erwartungswert** und **Standardabweichung** verständig deuten und einsetzen können.

10.1 EINIGE WIEDERHOLUNGEN AUS DER BESCHREIBENDEN STATISTIK

R

Mittelwert, empirische Varianz und empirische Standardabweichung

In der beschreibenden Statistik untersucht man Werte von **Variablen** (**Merkmalen**), die man in Form einer **Liste** zusammenfassen kann.

- Die **absolute Häufigkeit** eines Variablenwertes gibt an, wie oft dieser Variablenwert in der Liste vorkommt.
- Die **relative Häufigkeit** eines Variablenwertes erhält man, indem man die zugehörige absolute Häufigkeit durch die Gesamtzahl der Daten in der Liste dividiert.

Definition

Gegeben ist eine Liste $x_1, x_2, \ldots, x_n$ von reellen Zahlen. Man nennt

- $\bar{x} = \frac{x_1 + x_2 + \ldots + x_n}{n}$ den **Mittelwert** (das **arithmetische Mittel**) der Liste,
- $s^2 = \frac{(x_1 - \bar{x})^2 + (x_2 - \bar{x})^2 + \ldots + (x_n - \bar{x})^2}{n}$ die **empirische Varianz** der Liste,
- $s = \sqrt{\frac{(x_1 - \bar{x})^2 + (x_2 - \bar{x})^2 + \ldots + (x_n - \bar{x})^2}{n}}$ die **empirische Standardabweichung** der Liste.

Satz

Sind $a_1, a_2, \ldots, a_k$ die möglichen Werte einer Variablen und treten diese mit den absoluten Häufigkeiten $H_1, H_2, \ldots, H_k$ (mit $H_1 + H_2 + \ldots + H_k = n$) bzw. den relativen Häufigkeiten $h_1, h_2, \ldots, h_k$ (mit $h_1 + h_2 + \ldots + h_k = 1$) auf, dann gilt:

- $\bar{x} = \frac{a_1 \cdot H_1 + a_2 \cdot H_2 + \ldots + a_k \cdot H_k}{n} = a_1 \cdot \frac{H_1}{n} + a_2 \cdot \frac{H_2}{n} + \ldots + a_k \cdot \frac{H_k}{n} = a_1 \cdot h_1 + a_2 \cdot h_2 + \ldots + a_k \cdot h_k$
- $s^2 = \frac{(a_1 - \bar{x})^2 \cdot H_1 + (a_2 - \bar{x})^2 \cdot H_2 + \ldots + (a_k - \bar{x})^2 \cdot H_k}{n}$
- $s = \sqrt{\frac{(a_1 - \bar{x})^2 \cdot H_1 + (a_2 - \bar{x})^2 \cdot H_2 + \ldots + (a_k - \bar{x})^2 \cdot H_k}{n}}$

Zur Berechnung der Varianz ohne Technologieeinsatz eignet sich die folgende Formel besser:

Satz (Verschiebungssatz für die empirische Varianz)
Für die empirische Varianz s^2 einer Liste $x_1, x_2, \ldots, x_n$ mit dem Mittelwert $\bar{x}$ gilt:

$$s^2 = \frac{1}{n} \cdot \left(x_1^2 + x_2^2 + \ldots + x_n^2\right) - \bar{x}^2$$

R **AUFGABEN**

10.01 Aus den beiden siebenten Klassen einer Schule werden jeweils 10 Jugendliche ausgelost und einem Wissenstest unterzogen, bei dem jeder Jugendliche die Punktezahlen 1 bis 5 erreichen kann. Dabei ergeben sich zwei Punktelisten:

7a-Klasse: 2, 2, 3, 1, 2, 3, 3, 1, 2, 2 **7b-Klasse:** 3, 4, 4, 2, 1, 4, 2, 5, 3, 3

1) Ermittle für jede Klasse die absoluten und relativen Häufigkeiten der Punktezahlen! Lege dazu für jede Klasse eine Tabelle an!
2) Ermittle für jede Klasse die mittlere Punktezahl $\bar{x}$! Welche Klasse erhält im Mittel mehr Punkte?
3) Ermittle für jede Klasse die empirische Varianz s^2 und die empirische Standardabweichung s der Punktezahlen! In welcher Klasse streuen die Punktezahlen stärker um den Mittelwert?
4) Stelle für jede Klasse die Verteilung der relativen Häufigkeiten der Punktezahlen durch ein Stabdiagramm dar! Trage in das Stabdiagramm auch den Mittelwert $\bar{x}$ ein.

LÖSUNG:

1) 7a-Klasse

Punkteanzahl	1	2	3	4	5
abs. Häufigkeit	2	5	3	0	0
rel. Häufigkeit	0,2	0,5	0,3	0,0	0,0

7b-Klasse

Punkteanzahl	1	2	3	4	5
abs. Häufigkeit	1	2	3	3	1
rel. Häufigkeit	0,1	0,2	0,3	0,3	0,1

2) 7a-Klasse: $\bar{x} = \frac{2 \cdot 1 + 5 \cdot 2 + 3 \cdot 3 + 0 \cdot 4 + 0 \cdot 5}{10} = 2{,}1$

7b-Klasse: $\bar{x} = \frac{1 \cdot 1 + 2 \cdot 2 + 3 \cdot 3 + 3 \cdot 4 + 1 \cdot 5}{10} = 3{,}1$

Die 7b-Klasse erreicht im Mittel mehr Punkte.

3) 7a-Klasse: $s^2 = \frac{(1-2{,}1)^2 \cdot 2 + (2-2{,}1)^2 \cdot 5 + (3-2{,}1)^2 \cdot 3 + (4-2{,}1)^2 \cdot 0 + (5-2{,}1)^2 \cdot 0}{10} \approx 0{,}490, \quad s = 0{,}70$

7b-Klasse: $s^2 = \frac{(1-3{,}1)^2 \cdot 1 + (2-3{,}1)^2 \cdot 2 + (3-3{,}1)^2 \cdot 3 + (4-3{,}1)^2 \cdot 3 + (5-3{,}1)^2 \cdot 1}{10} = 1{,}29, \quad s \approx 1{,}14$

In der 7b-Klasse streuen die Punktezahlen stärker um den Mittelwert als in der 7a-Klasse.

4) 7a

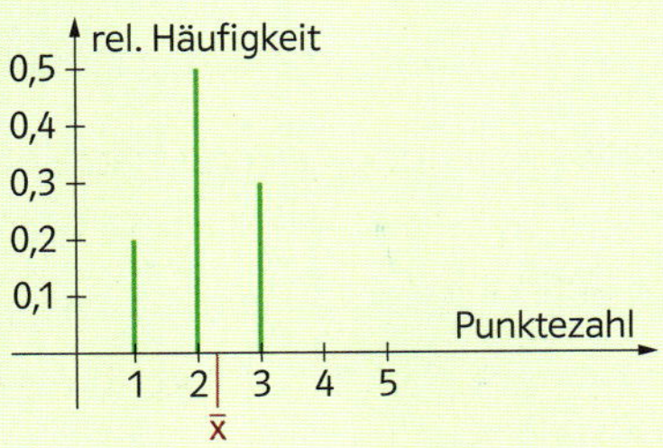

7b

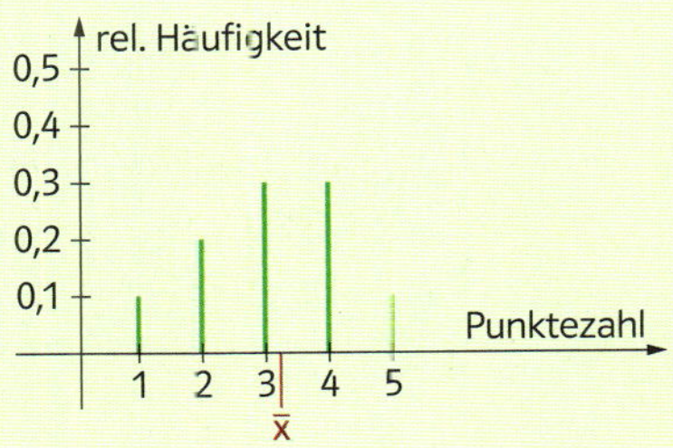

R AUFGABEN

10.02 kompakt Seite 205

An einem Test, bei dem fünf Begriffe zu erraten sind, nehmen 10 Personen teil. Dabei ergibt sich die folgende Liste für die Anzahl der erratenen Begriffe:

1, 3, 2, 2, 4, 5, 0, 4, 5, 4

1) Berechne die absoluten und relativen Häufigkeiten der Daten in dieser Liste und stelle diese Häufigkeiten in einer Tabelle dar!

2) Berechne den Mittelwert $\overline{x}$ der Liste!

3) Berechne die empirische Varianz s^2 der Liste zuerst mit der Formel in der Definition und dann mit dem Verschiebungssatz!

4) Berechne die Standardabweichung s der Liste!

10.03 Zwei Schülerteams treten zu einem Mathematikwettbewerb an. Jedes Teammitglied hat sechs Aufgaben zu lösen. Die Anzahlen der vollständig richtig gelösten Aufgaben für die einzelnen Teilnehmer lauten:

Team A: 3, 3, 5, 1, 0, 1, 2, 4, 4, 2, 0, 3, 4, 1, 4, 5, 2, 6, 1, 4, 2, 3, 5, 4, 3

Team B: 3, 4, 4, 6, 1, 2, 4, 2, 2, 0, 1, 3, 2, 6, 3, 1, 2, 5, 1, 3, 2, 3, 3

1) Stelle die relativen Häufigkeiten der Anzahlen gelöster Aufgaben für jedes Team durch ein Stabdiagramm dar!

2) Berechne für jedes Team den Mittelwert, die empirische Varianz und die empirische Standardabweichung der Anzahl gelöster Aufgaben!

3) Begründe, welches Team im Mittel besser abgeschnitten hat!

4) Interpretiere die unterschiedlichen Standardabweichungen der beiden Teams im Kontext!

10.04 Ein Werkstück wurde auf zwei geeichten Waagen jeweils zehnmal gewogen. Dabei ergaben sich die folgenden, leicht schwankenden Messergebnisse (in Gramm):

1. Waage: 42, 43, 43, 41, 42, 42, 42, 43, 43, 41

2. Waage: 43, 42, 42, 43, 42, 42, 41, 42,42, 43

1) Zeige, dass beide Waagen dieselbe mittlere Masse des Werkstücks liefern!

2) Begründe, welche der beiden Waagen man als „zuverlässiger" bezeichnen könnte!

10.05 Reißnägel der Marke A bzw. B werden in Schachteln zu je 100 Stück verpackt, doch ergeben sich bei der Serienabfüllung leichte Schwankungen bei der Füllmenge. Bei der Untersuchung von 20 Schachteln jeder Marke ergaben sich folgende absolute Häufigkeiten von Füllmengen:

Marke A:

Füllmenge (in Stück)	97	98	99	100	101	102	103
absolute Häufigkeit	1	2	4	8	3	1	1

Marke B:

Füllmenge (in Stück)	97	98	99	100	101	102	103
absolute Häufigkeit	2	2	5	7	3	0	1

1) Berechne die relativen Häufigkeiten für jede Marke und zeichne Stabdiagramme!

2) Berechne für jede Marke den Mittelwert, die empirische Varianz und die empirische Standardabweichung der Füllmenge!

3) Begründe, welche Marke man eher kaufen soll, wenn eine Schachtel der Marke A gleich teuer ist wie eine Schachtel der Marke B!

4) Begründe, bei welcher Marke die Herstellerfirma eher mit einer Reklamation rechnen muss!

10.2 ZUFALLSVARIABLEN UND WAHRSCHEINLICHKEITSVERTEILUNGEN

R

Beispiele für Zufallsvariablen

Applet ia37fs

BEISPIEL 1: **Augenzahl eines Würfels**

Ein Würfel wird geworfen. Die geworfene Augenzahl kann die Werte 1, 2, 3, 4, 5, 6 annehmen. Die Wahrscheinlichkeiten für diese Werte sind in der folgenden Tabelle eingetragen und im Stabdiagramm dargestellt.

Augenzahl	1	2	3	4	5	6
Wahrscheinlichkeit	$\frac{1}{6}$	$\frac{1}{6}$	$\frac{1}{6}$	$\frac{1}{6}$	$\frac{1}{6}$	$\frac{1}{6}$

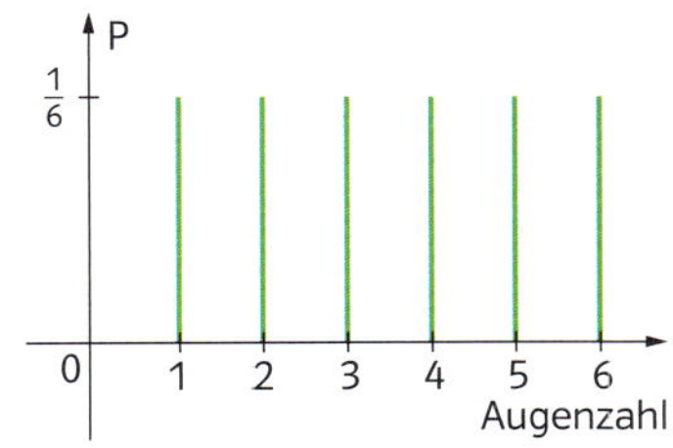

Applet m82nd5

BEISPIEL 2: **Augensumme zweier Würfel**

Zwei Würfel werden geworfen und es wird die Summe der beiden Augenzahlen gebildet. Diese Augensumme kann die Werte 2, 3, 4, . . ., 12 annehmen. Die 36 möglichen Ausgänge des Versuchs und die jeweils zugehörige Augensumme können aus der folgenden Tabelle abgelesen werden.

Augenzahl des 2. Würfels \ Augenzahl des 1. Würfels	1	2	3	4	5	6
1	2	3	4	5	6	7
2	3	4	5	6	7	8
3	4	5	6	7	8	9
4	5	6	7	8	9	10
5	6	7	8	9	10	11
6	7	8	9	10	11	12

Wenn wir voraussetzen, dass alle Ausgänge beim Werfen der beiden Würfel gleich wahrscheinlich sind, dann erhält man die Wahrscheinlichkeiten für die einzelnen Augensummen auf folgende Weise:

- Die Augensumme 2 tritt bei einem der 36 Ausgänge auf, somit beträgt ihre Wahrscheinlichkeit $\frac{1}{36}$.
- Die Augensumme 3 tritt bei zwei der 36 Ausgänge auf, somit beträgt ihre Wahrscheinlichkeit $\frac{2}{36}$.
- Setze selbst fort! Die Wahrscheinlichkeiten zu allen Werten der Augensumme sind in der folgenden Tabelle eingetragen und im nebenstehenden Stabdiagramm dargestellt.

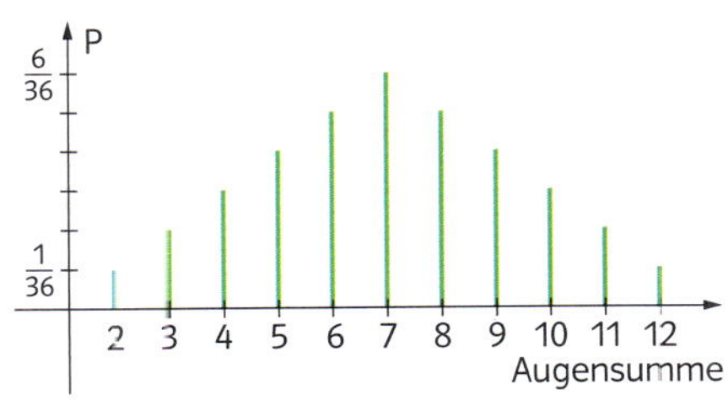

Augenzahl	2	3	4	5	6	7	8	9	10	11	12
Wahrscheinlichkeit	$\frac{1}{36}$	$\frac{2}{36}$	$\frac{3}{36}$	$\frac{4}{36}$	$\frac{5}{36}$	$\frac{6}{36}$	$\frac{5}{36}$	$\frac{4}{36}$	$\frac{3}{36}$	$\frac{2}{36}$	$\frac{1}{36}$

BEISPIEL 3: Anzahl von „Kopf" bei dreimaligem Münzwurf

Eine Münze wird dreimal geworfen und die Anzahl von „Kopf" wird gezählt. Diese Anzahl kann die Werte 0, 1, 2 oder 3 annehmen. Um die Wahrscheinlichkeit für jeden dieser Werte zu bestimmen, zeichnen wir ein Baumdiagramm, in dem „Kopf" mit K und „Zahl" mit Z abgekürzt ist. Daraus ergibt sich:

$P(\text{0-mal Kopf}) = \frac{1}{2} \cdot \frac{1}{2} \cdot \frac{1}{2} = \frac{1}{8}$

$P(\text{1-mal Kopf}) = \frac{1}{2} \cdot \frac{1}{2} \cdot \frac{1}{2} + \frac{1}{2} \cdot \frac{1}{2} \cdot \frac{1}{2} + \frac{1}{2} \cdot \frac{1}{2} \cdot \frac{1}{2} = \frac{3}{8}$

$P(\text{2-mal Kopf}) = \frac{1}{2} \cdot \frac{1}{2} \cdot \frac{1}{2} + \frac{1}{2} \cdot \frac{1}{2} \cdot \frac{1}{2} + \frac{1}{2} \cdot \frac{1}{2} \cdot \frac{1}{2} = \frac{3}{8}$

$P(\text{3-mal Kopf}) = \frac{1}{2} \cdot \frac{1}{2} \cdot \frac{1}{2} = \frac{1}{8}$

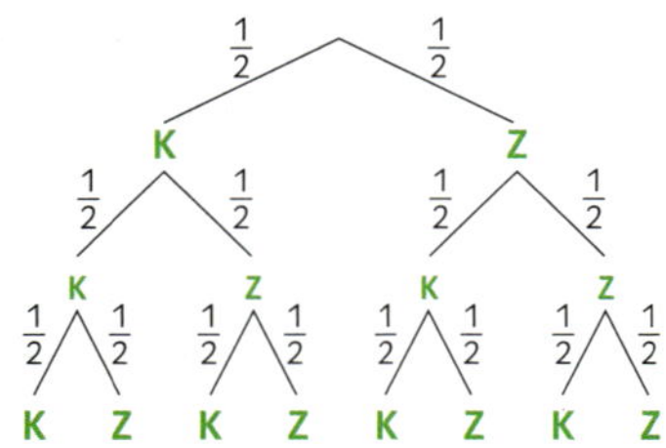

Diese Wahrscheinlichkeiten sind in der folgenden Tabelle eingetragen und im Stabdiagramm dargestellt.

Anzahl von Kopf	0	1	2	3
Wahrscheinlichkeit	$\frac{1}{8}$	$\frac{3}{8}$	$\frac{3}{8}$	$\frac{1}{8}$

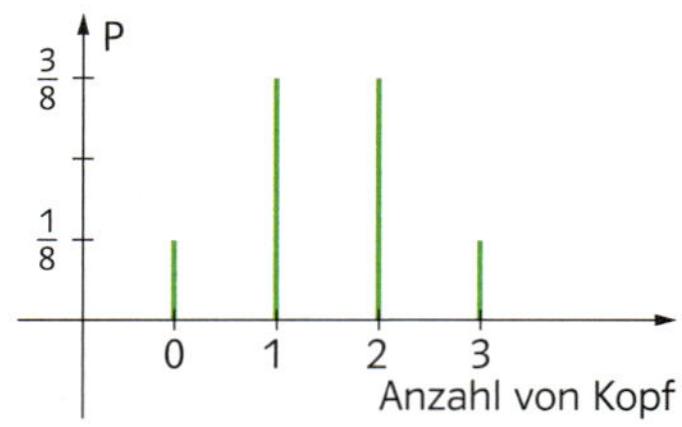

BEISPIEL 4: Wurfanzahl bis zum ersten Sechser

Ein Würfel wird so lange geworfen, bis ein Sechser kommt. Die Anzahl der dafür notwendigen Würfe wird festgehalten. Die Wurfanzahl bis zum ersten Sechser kann die unendlich vielen Werte 1, 2, 3, … annehmen.
Um die Wahrscheinlichkeiten für diese Werte zu bestimmen, zeichnen wir das untenstehende Baumdiagramm, das wir uns ohne Ende fortgesetzt denken. Daraus ergibt sich:

$P(\text{Sechser kommt beim ersten Wurf}) = \frac{1}{6} \approx 0{,}167$

$P(\text{Sechser kommt beim zweiten Wurf}) = \frac{5}{6} \cdot \frac{1}{6} \approx 0{,}139$

$P(\text{Sechser kommt beim dritten Wurf}) = \left(\frac{5}{6}\right)^2 \cdot \frac{1}{6} \approx 0{,}116$

Durch eine Fortsetzung dieser Überlegung ergibt sich allgemein:

$P(\text{Sechser kommt beim n-ten Wurf}) = \left(\frac{5}{6}\right)^{n-1} \cdot \frac{1}{6}$

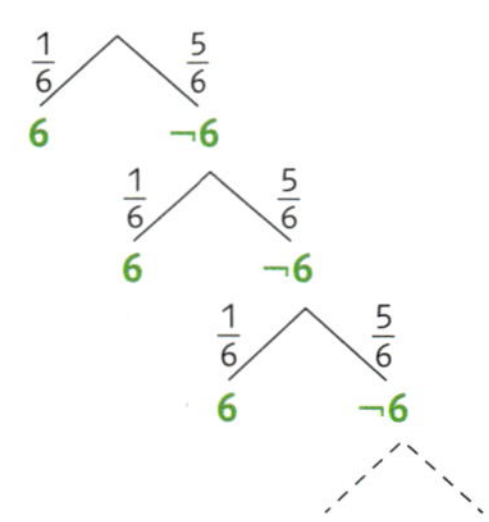

Diese Wahrscheinlichkeiten sind in der folgenden Tabelle eingetragen und im Stabdiagramm dargestellt.

Wurfanzahl	1	2	3	…	n
Wahrscheinlichkeit	$\frac{1}{6} \approx 0{,}167$	$\frac{5}{6} \cdot \frac{1}{6} \approx 0{,}139$	$\left(\frac{5}{6}\right)^2 \cdot \frac{1}{6} \approx 0{,}116$	…	$\left(\frac{5}{6}\right)^{n-1} \cdot \frac{1}{6}$

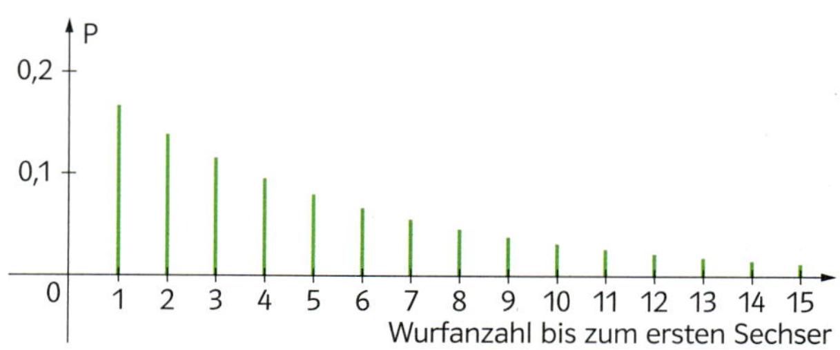

In jedem dieser Beispiele liegt ein **Zufallsversuch** vor (Wurf eines Würfels, Wurf zweier Würfel, dreimaliger Münzwurf, Würfeln bis zum ersten Sechser). Bei jedem Zufallsversuch haben wir eine **Variable** betrachtet, die verschiedene Zahlen als Werte annehmen kann.:

	Variable	Variablenwerte
Beispiel 1	Augenzahl	1, 2, 3, 4, 5, 6
Beispiel 2	Augensumme	2, 3, 4, …, 12
Beispiel 3	Kopfanzahl	0, 1, 2, 3
Beispiel 4	Wurfanzahl bis zum ersten Sechser	1, 2, 3, 4, …

Jedem Ausgang des Zufallsversuchs wird ein Wert der Variablen zugeordnet. So wird etwa im Beispiel 2 dem Ausgang (1|1) der Augensummenwert 2, dem Ausgang (1|2) der Augensummenwert 3 zugeordnet usw. Welchen Wert die Variable tatsächlich annimmt, kann man aber vor der Durchführung des Zufallsversuchs nicht sagen. Der Wert hängt vom Zufall ab. Deshalb bezeichnet man solche Variablen als **Zufallsvariablen**.

Die Werte einer Zufallsvariablen müssen nicht unbedingt Zahlen sein. Zum Beispiel sind die Werte der Zufallsvariablen „Augenfarbe" bei der zufälligen Auswahl einer Person aus einer Personenmenge: braun, blau, grün usw. Man kann jedoch diese Werte durch Zahlen verschlüsseln, zum Beispiel: 1 = braun, 2 = blau, 3 = grün, usw. Wir können also im Folgenden der Einfachheit halber annehmen, dass die Werte einer Zufallsvariablen reelle Zahlen sind.

Definition
Eine **Zufallsvariable** ordnet jedem Ausgang eines Zufallsversuchs eine reelle Zahl zu.

Zufallsvariablen bezeichnen wir mit Großbuchstaben. Nimmt eine Zufallsvariable X bei einer konkreten Versuchsdurchführung den Wert a an, schreiben wir $X = a$. Darüber hinaus verwenden wir folgende Bezeichnungen für Wahrscheinlichkeiten:

- $P(X = a)$ = Wahrscheinlichkeit, dass die Zufallsvariable X den Wert a annimmt.
- $P(X > a)$ = Wahrscheinlichkeit, dass die Zufallsvariable X einen Wert größer als a annimmt.
- $P(X < a)$ = Wahrscheinlichkeit, dass die Zufallsvariable X einen Wert kleiner als a annimmt.
- $P(a < X < b)$ = Wahrscheinlichkeit, dass X einen Wert zwischen a und b annimmt.

Analog sind die Schreibweisen $P(X \leq a)$, $P(X \geq a)$, $P(a \leq X \leq b)$, $P(a \leq X < b)$ und $P(a < X \leq b)$ zu verstehen.

R Wahrscheinlichkeitsverteilungen

In den vorangegangenen Beispielen haben wir Zufallsvariablen X mit endlich vielen möglichen Werten $a_1, a_2, \ldots, a_k$ oder abzählbar vielen möglichen Werten $a_1, a_2, a_3 \ldots$ betrachtet. „Abzählbar" bedeutet hier, dass man die unendlich vielen Werte von X mit Hilfe der natürlichen Zahlen als Indizes durchnummerieren kann. Zufallsvariablen mit endlich vielen bzw. abzählbar vielen möglichen Werten bezeichnet man als **diskrete Zufallsvariablen** [discretus, lat. = getrennt].

Definition
Sei X eine diskrete Zufallsvariable mit den endlich vielen möglichen Werten $a_1, a_2, \ldots, a_k$ bzw. abzählbar vielen möglichen Werten $a_1, a_2, a_3 \ldots$.
- Die Funktion $P: a_i \mapsto P(X = a_i)$ heißt **Wahrscheinlichkeitsfunktion von X** oder **Wahrscheinlichkeitsverteilung von X**.
- Die Funktion $F: a_i \mapsto P(X \leq a_i)$ heißt **Verteilungsfunktion von X**.

Nach dieser Definition ist $P(a_i) = P(X = a_i)$ und $F(a_i) = P(X \leqslant a_i)$.

Da die einzelnen Werte von X nicht gleichzeitig angenommen werden können, gilt:
$$\mathbf{F(a_i) = P(X \leqslant a_i) = P(X = a_1) + P(X = a_2) + \ldots + P(X = a_i) = P(a_1) + P(a_2) + \ldots + P(a_i)}$$

Die Funktionen P und F können durch Tabellen oder Stabdiagramme dargestellt werden.
Die Funktion F ergibt allerdings für bloß nominale Variablen (zB Augenfarbe) keinen Sinn, weil die Versuchsausgänge (vor ihrer Verschlüsselung durch Zahlen) keine Ordnung aufweisen.

Lernapplet e3z828

BEISPIEL: **X = Anzahl von „Kopf" bei dreimaligem Münzwurf** (vgl. Beispiel 3 auf Seite 196)

- Wahrscheinlichkeitsfunktion von X

a_i	0	1	2	3
$P(a_i)$	$\frac{1}{8}$	$\frac{3}{8}$	$\frac{3}{8}$	$\frac{1}{8}$

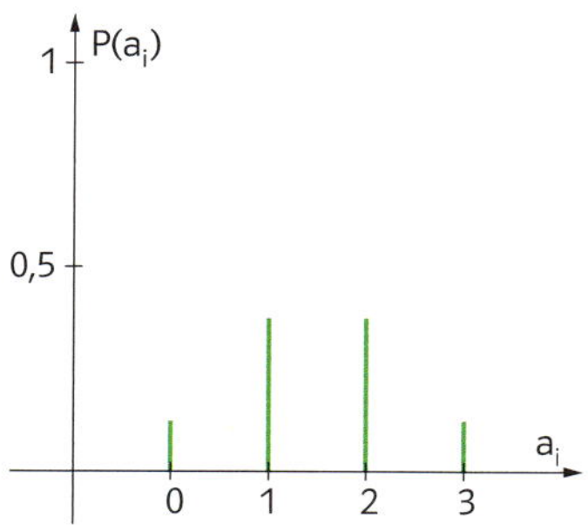

- Verteilungsfunktion von X

a	0	1	2	3
$F(a_i)$	$\frac{1}{8}$	$\frac{4}{8}$	$\frac{7}{8}$	$\frac{8}{8}$

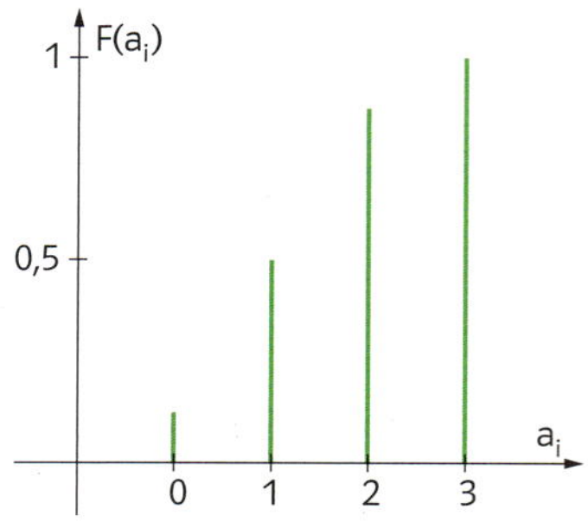

R

AUFGABEN

10.06 Gib drei weitere Beispiele für Zufallsvariablen an! Beschreibe dabei auch den Zufallsversuch und gib an, welche Werte die Zufallsvariable jeweils annehmen kann!

10.07 Ein Würfel wird geworfen. X ist die erhaltene Augenzahl. Berechne:

a) $P(X = 1)$ **c)** $P(X < 3)$ **e)** $P(2 \leqslant X \leqslant 4)$
b) $P(X = 6)$ **d)** $P(3 \leqslant X < 5)$ **f)** $P(X > 2)$

10.08 Das nebenstehende Glücksrad wird einmal gedreht. R ist die Zahl am Rand des Sektors, der vom Zeiger ausgewählt wird. Gib die möglichen Werte von R an und berechne:

a) $P(R \geqslant 2)$ **c)** $P(1 \leqslant R \leqslant 3)$ **e)** P(R ist ungerade)
b) $P(1 < R < 4)$ **d)** $P(R > 4)$ **f)** P(R ist Primzahl)

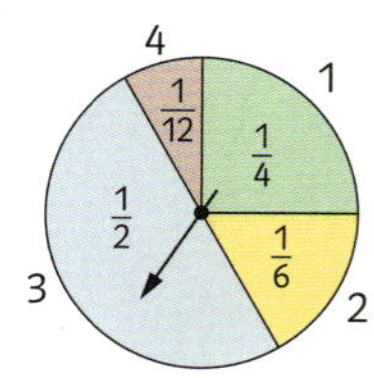

10.09 Zwei Würfel werden geworfen. X ist das Produkt der beiden Augenzahlen.
1) Gib die möglichen Werte von X an!
2) Stelle die Wahrscheinlichkeitsfunktion von X durch eine Tabelle und ein Stabdiagramm dar!

10.10 Aus der nebenstehenden Urne werden zwei Kugeln mit Zurücklegen gezogen. S ist die Summe der Nummern der gezogenen Kugeln.
1) Gib die möglichen Werte von S an!
2) Stelle die Wahrscheinlichkeitsfunktion von S durch eine Tabelle und ein Stabdiagramm dar!

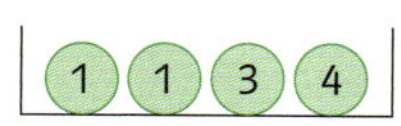

10.11 Eine Zufallsvariable X kann die Werte 1, 2, 3, 4, 5 annehmen. In der Tabelle ist die Wahrscheinlichkeitsfunktion von X angegeben.

a_i	1	2	3	4	5
$P(a_i)$	0,2	0,3	0,3	0,1	0,1

1) Stelle die Wahrscheinlichkeitsfunktion von X durch ein Stabdiagramm dar!

2) Stelle die Verteilungsfunktion von X durch eine Tabelle und ein Stabdiagramm dar!

10.12 Eine Zufallsvariable X kann die Werte 1, 2, 3, 4, 5 annehmen. In der Tabelle ist die Verteilungsfunktion von X angegeben.

a_i	1	2	3	4	5
$F(a_i)$	0,1	0,2	0,6	0,8	1,0

1) Stelle die Verteilungsfunktion von X durch ein Stabdiagramm dar!

2) Stelle die Wahrscheinlichkeitsfunktion von X durch eine Tabelle und ein Stabdiagramm dar!

10.13 Links ist die Verteilungsfunktion einer Zufallsvariablen X gezeichnet. Zeichne rechts die dazugehörige Wahrscheinlichkeitsfunktion ein!

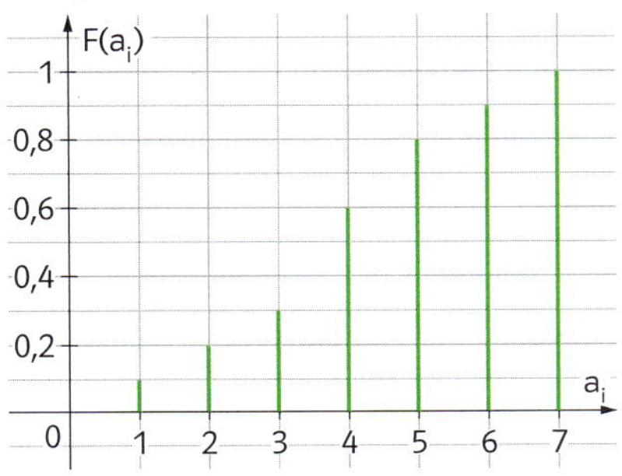

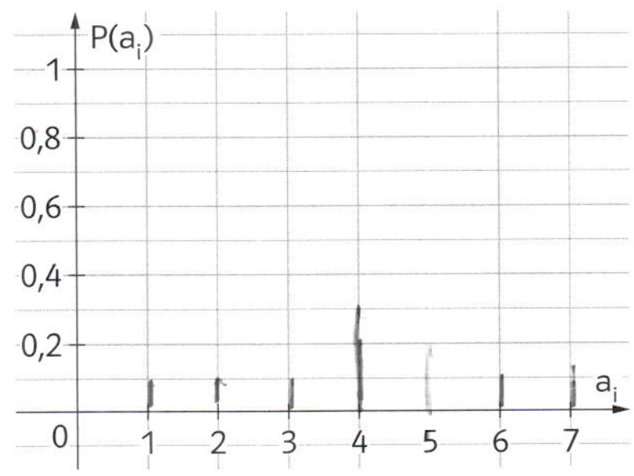

Häufigkeitsverteilung und Wahrscheinlichkeitsverteilung

Es sei X eine Zufallsvariable, die die Werte $a_1, a_2, \ldots, a_n$ bzw. $a_1, a_2, a_3 \ldots$ annehmen kann. Wird der Zufallsversuch n-mal durchgeführt, sprechen wir von einer **Versuchsserie**. Dabei kann jeder Wert a_i öfters auftreten. Man kann somit jedem Wert a_i eine absolute Häufigkeit $H_n(a_i)$ bzw. eine relative Häufigkeit $h_n(a_i)$ bezüglich der Versuchsserie zuordnen. Eine solche Zuordnung bezeichnet man auch als **absolute bzw. relative Häufigkeitsverteilung von X** zur betrachteten Versuchsserie. Diese kann man durch eine Tabelle oder ein Stabdiagramm darstellen.

BEISPIEL: **X = Augensumme beim Wurf mit zwei Würfeln** (vgl. Beispiel 2 auf Seite 195)
Die Zufallsvariable X kann die Werte 2, 3, …, 12 annehmen. In den folgenden Abbildungen sind die relativen Häufigkeiten der Augensummenwerte für Versuchsserien der Länge n = 20, n = 100 bzw. n = 1000 Würfe dargestellt. Man beobachtet für jeden Wert a_i, dass sich mit zunehmender Wurfanzahl n die relative Häufigkeit $h_n(a_i)$ der Wahrscheinlichkeit $P(a_i)$ annähert (im Stabdiagramm entspricht $P(a_i)$ der Länge des zugehörigen Stabes bis zur roten Linie). Insgesamt nähert sich somit die relative Häufigkeitsverteilung von X der Wahrscheinlichkeitsverteilung von X.

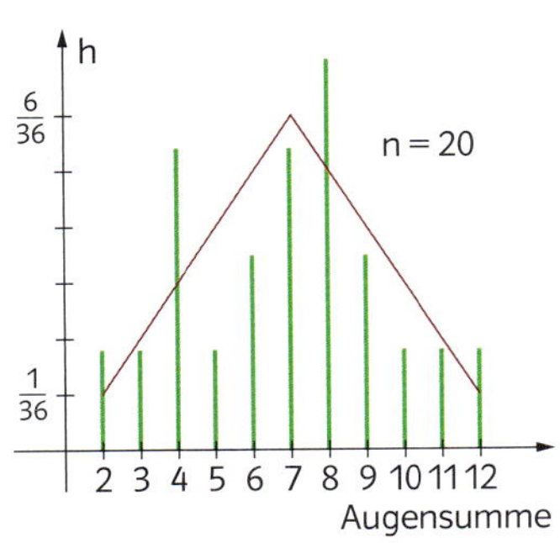

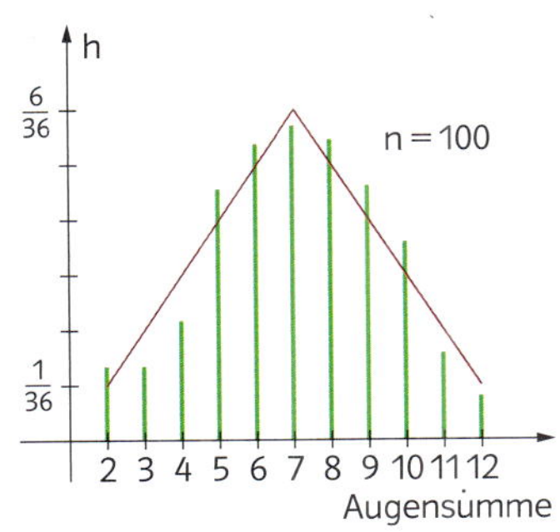

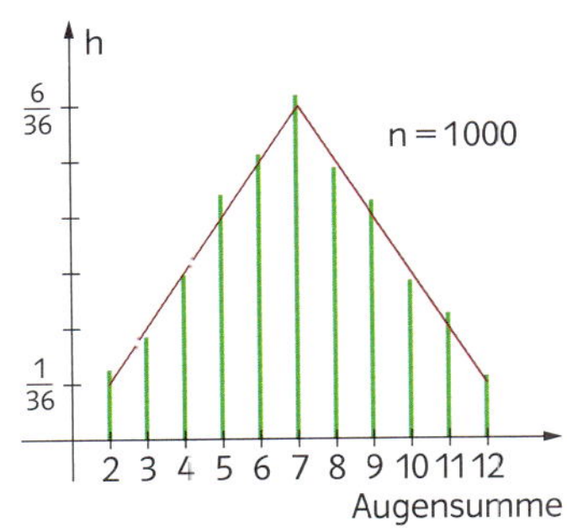

Man kann für jede diskrete Zufallsvariable X beobachten, dass sich für jeden Wert a_i die relative Häufigkeit $h_n(a_i)$ bei zunehmender Anzahl n der Versuchsdurchführungen der Wahrscheinlichkeit $P(a_i)$ nähert, dh. die relative Häufigkeitsverteilung von X nähert sich der Wahrscheinlichkeitsverteilung von X. Die Art der Annäherung hängt aber vom Verlauf der Versuchsserie ab. Wird eine Versuchsserie zu je n Versuchen mehrfach durchgeführt, so kann sich für jede Versuchsserie eine etwas andere relative Häufigkeitsverteilung der erhaltenen Werte a_i ergeben. Es ist jedoch eine Erfahrungstatsache, dass die relativen Häufigkeitsverteilungen für große n nicht sehr stark voneinander abweichen und um die entsprechende Wahrscheinlichkeitsverteilung schwanken.

Empirisches Gesetz der großen Zahlen

Wird eine Versuchsserie zu je n Versuchen mehrfach durchgeführt und ist n groß, so weichen die jeweils erhaltenen relativen Häufigkeitsverteilungen nur wenig voneinander ab und schwanken um die entsprechende Wahrscheinlichkeitsverteilung.

BEACHTE: Dieses Gesetz ist kein mathematisches Gesetz, sondern bloß eine Erfahrungstatsache. Es wird deshalb als „empirisches Gesetz“ bezeichnet. $P(a_i)$ kann nicht als Grenzwert der $h_n(a_i)$ für $n \to \infty$ aufgefasst werden, weil nicht für jedes vorgegebene $\varepsilon > 0$ sichergestellt werden kann, dass ab einem gewissen n die Ungleichung $|h_n(a_i) - P(a_i)| < \varepsilon$ gilt. Wohl aber kann man für jedes vorgegebene $\varepsilon > 0$ beweisen, dass die Ungleichung $|h_n(a_i) - P(a_i)| \geqslant \varepsilon$ mit zunehmendem n immer unwahrscheinlicher wird.

Projektvorschlag 1: Führt einen dreimaligen Münzwurf möglichst oft durch und notiert jedes Mal die Anzahl von „Kopf“! (Jeder wirft mehrmals, die Ergebnisse werden zusammengefasst.) Ermittelt dann die relative Häufigkeitsverteilung der Zufallsvariablen „Kopf“ und zeichnet ein Stabdiagramm! Vergleicht mit Beispiel 3 auf Seite 196!

Projektvorschlag 2: Führt einen Wurf mit zwei Würfeln möglichst oft durch und notiert jedes Mal die Augensumme! (Jeder wirft mehrmals, die Ergebnisse werden zusammengefasst.) Ermittelt dann die relative Häufigkeitsverteilung der Zufallsvariablen „Augensumme“ und zeichnet ein Stabdiagramm. Vergleicht mit Beispiel 2 auf Seite 195!

R

AUFGABEN

10.14 Eine bestimmte Krankheit dauert höchstens drei Tage. An 400 Patienten hat man festgestellt, dass diese Krankheit bei 226 Patienten einen Tag, bei 143 Patienten zwei Tage und bei 31 Patienten drei Tage gedauert hat.

1) Ermittle näherungsweise die Wahrscheinlichkeitsverteilung der Zufallsvariablen „Krankheitsdauer D“ und stelle sie durch eine Tabelle dar!

2) Ermittle näherungsweise $P(D \leqslant 2)$!

10.15 Die Inkubationszeit einer Krankheit gibt die Zeit von der Infektion bis zum Ausbruch der Krankheit an. Bei 200 Patienten wurden für eine bestimmte Krankheit die in der folgenden Tabelle eingetragenen Werte der Inkubationszeit ermittelt:

Inkubationszeit T (in Tagen)	1	2	3	4	5
absolute Häufigkeit	21	65	86	26	2

1) Ermittle näherungsweise die Wahrscheinlichkeitsverteilung der Zufallsvariablen „Inkubationszeit T“ und stelle sie durch eine Tabelle dar!

2) Ermittle näherungsweise $P(T \geqslant 2)$, $P(T \geqslant 3)$ und $P(T \geqslant 4)$!

10.3 ERWARTUNGSWERT, VARIANZ UND STANDARDABWEICHUNG EINER ZUFALLSVARIABLEN

R

Erwartungswert einer Zufallsvariablen

10.16 Das nebenstehende Glücksrad ist in vier Sektoren unterteilt. Die Wahrscheinlichkeit, dass der Zeiger in einem bestimmten Sektor stehenbleibt, entspricht dem relativen Anteil der betreffenden Sektorfläche am gesamten Kreisflächeninhalt und ist in jedem Sektor eingetragen. Bleibt der Zeiger in einem bestimmten Sektor stehen, gewinnt man so viele Euro, wie am Außenrand des Sektors angegeben sind. Jemand dreht das Glücksrad sehr oft (etwa 1000-mal). Wie groß wird sein mittlerer Gewinn pro Drehung sein?

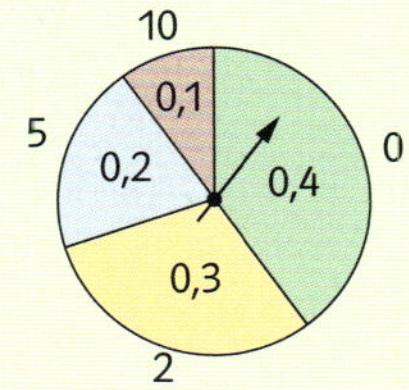

LÖSUNG: Die Zufallsvariable „Gewinn" kann die Werte 0, 2, 5, 10 annehmen. Wird das Glücksrad n-mal gedreht, dann wird jeder dieser Werte mit einer bestimmten relativen Häufigkeit auftreten. Wir bezeichnen diese relativen Häufigkeiten mit $h_n(0)$, $h_n(2)$, $h_n(5)$ und $h_n(10)$.
Der Mittelwert $\bar{x}$ der Gewinne aller Spiele ist dann:

$$\bar{x} = 0 \cdot h_n(0) + 2 \cdot h_n(2) + 5 \cdot h_n(5) + 10 \cdot h_n(10)$$

Da n groß ist, werden die erhaltenen relativen Häufigkeiten näherungsweise mit den entsprechenden Wahrscheinlichkeiten übereinstimmen:

$$h_n(0) \approx 0{,}4,\ \ h_n(2) \approx 0{,}3,\ \ h_n(5) \approx 0{,}2,\ \ h_n(10) \approx 0{,}1$$

Daraus folgt:

$$\bar{x} \approx 0 \cdot 0{,}4 + 2 \cdot 0{,}3 + 5 \cdot 0{,}2 + 10 \cdot 0{,}1 = 2{,}6$$

Der mittlere Gewinn pro Drehung wird also ca. 2,60 € betragen.

Wir verallgemeinern diese Überlegung. Sei X eine Zufallsvariable mit den möglichen Werten $a_1, a_2, \ldots, a_k$. Bei n-maliger Durchführung des Zufallsversuchs lautet der Mittelwert der erhaltenen Werte von X:

$$\bar{x} = a_1 \cdot h_n(a_1) + a_2 \cdot h_n(a_2) + \ldots + a_k \cdot h_n(a_k)$$

Mit zunehmendem n nähern sich die relativen Häufigkeiten $h_n(a_i)$ den Wahrscheinlichkeiten $P(a_i)$, die wir kurz mit p_i bezeichnen $(1 \leq i \leq k)$:

$$\begin{array}{l} \bar{x} = a_1 \cdot h_n(a_1) + a_2 \cdot h_n(a_2) + \ldots + a_k \cdot h_n(a_k) \\ \downarrow \quad\ \downarrow \qquad\qquad \downarrow \qquad\qquad\qquad \downarrow \\ \mu = a_1 \cdot p_1 \quad + a_2 \cdot p_2 \quad + \ldots + a_k \cdot p_k \end{array}$$

Die Zahl μ, der sich der Mittelwert $\bar{x}$ dabei nähert, wird als Erwartungswert von X bezeichnet.

Definition
Es sei X eine Zufallsvariable mit den möglichen Werten $a_1, a_2, \ldots, a_k$, die mit den Wahrscheinlichkeiten $p_1, p_2, \ldots, p_k$ angenommen werden. Dann nennt man

$\boldsymbol{\mu = E(X) = a_1 \cdot p_1 + a_2 \cdot p_2 + \ldots + a_k \cdot p_k}$ den **Erwartungswert** von X.

Nach den obigen Überlegungen gilt: Je öfter der Zufallsversuch wiederholt wird, desto mehr nähert sich der Mittelwert der erhaltenen Werte von X dem Erwartungswert von X.
Wir können also sagen:

Der Erwartungswert einer Zufallsvariablen ist näherungsweise gleich dem Mittelwert der erhaltenen Variablenwerte bei sehr häufiger Wiederholung des Zufallsversuchs.

Lernapplet 9v9y94

BEISPIEL 1: Zufallsversuch: Wurf eines Würfels. A ist die geworfene Augenzahl. Da die Wahrscheinlichkeit für jede Augenzahl $\frac{1}{6}$ ist, erhält man:
$E(A) = 1 \cdot \frac{1}{6} + 2 \cdot \frac{1}{6} + 3 \cdot \frac{1}{6} + 4 \cdot \frac{1}{6} + 5 \cdot \frac{1}{6} + 6 \cdot \frac{1}{6} = 3{,}5$
Wenn man einen Würfel sehr oft wirft, beträgt der Mittelwert der erhaltenen Augenzahlen ca. 3,5.

BEISPIEL 2: Zufallsversuch: Wurf zweier Würfel. S ist die Summe der geworfenen Augenzahlen. Aufgrund der Wahrscheinlichkeitstabelle auf Seite 196 erhält man:
$E(S) = 2 \cdot \frac{1}{36} + 3 \cdot \frac{2}{36} + \ldots + 7 \cdot \frac{6}{36} + \ldots + 11 \cdot \frac{2}{36} + 12 \cdot \frac{1}{36} = 7$
Wenn man zwei Würfel sehr oft wirft, beträgt der Mittelwert der erhaltenen Augensummen ca. 7.

BEISPIEL 3: Zufallsversuch: Dreimaliger Münzwurf. X ist die erhaltene Anzahl von „Kopf". Aufgrund der Wahrscheinlichkeitstabelle auf Seite 196 erhält man:
$E(X) = 0 \cdot \frac{1}{8} + 1 \cdot \frac{3}{8} + 2 \cdot \frac{3}{8} + 3 \cdot \frac{1}{8} = 1{,}5$
Wenn man einen dreimaligen Münzwurf sehr oft durchführt, beträgt der Mittelwert der erhaltenen Anzahlen von „Kopf" ca. 1,5.

AUFGABEN

10.17 Zufallsversuch: Das nebenstehend abgebildete Glücksrad wird einmal gedreht. Bleibt der Zeiger nach dem Drehen in einem Sektor stehen, wird der am jeweiligen Sektorrand angegebene Betrag A (in €) ausbezahlt.

1) Berechne den Erwartungswert E(A) der Auszahlung!

2) Interpretiere E(A) im Kontext!

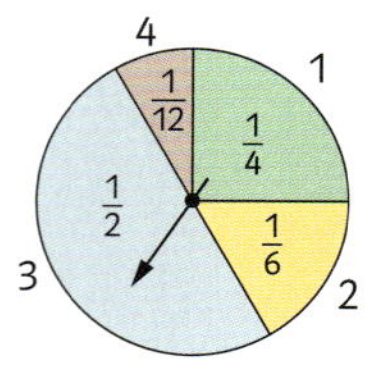

10.18 (Fortsetzung von 10.17) Man muss 2 € Einsatz zahlen, um das Glücksrad einmal drehen zu dürfen. Berechne den Erwartungswert E(G) des Gewinns (= Auszahlung – Einzahlung)! Untersuche, ob gilt: E(G) = E(A) – Einsatz.

10.19 Zufallsversuch: Ein Würfel wird zweimal geworfen. X ist die erste und Y die zweite geworfene Augenzahl. Berechne den Erwartungswert der folgenden Zufallsvariablen:

a) $X \cdot Y$ **b)** $X - Y$ **c)** $|X - Y|$ **d)** Maximum von X, Y

10.20 Bei einem Glücksspielautomaten muss man 5 Jetons einsetzen. Nach Betätigung wirft der Automat 2 bis 10 Jetons aus. Bei 40 Spielen wurde jeweils die Anzahl der ausgeworfenen Jetons notiert:

2, 2, 7, 2, 3, 5, 10, 9, 6, 3, 2, 2, 3, 4, 4, 2, 10, 2, 4, 3,
3, 7, 5, 2, 4, 4, 2, 8, 6, 2, 3, 3, 4, 2, 6, 4, 3, 2, 4, 3

Gib näherungsweise den zu erwartenden Gewinn (= Ausgabe – Einsatz) bei einem Spiel an!

10.21 Ein Spiel heißt „fair", wenn der Erwartungswert des Gewinns gleich 0 ist (dh. wenn man im Mittel weder Geld erhält noch Geld verliert). Angenommen, man gewinnt mit der Wahrscheinlichkeit p und verliert mit der Wahrscheinlichkeit 1 – p. Berechne, in welchem Verhältnis der Einsatz e zur Auszahlung a stehen muss, damit das Spiel fair ist!

10.22 Eine Urne enthält 3 schwarze und 2 weiße Kugeln. Es wird so oft ohne Zurücklegen gezogen, bis man beide weißen Kugeln erhält. X ist die Anzahl der nötigen Ziehungen. Berechne E(X)!

R

Varianz und Standardabweichung einer Zufallsvariablen

Wir betrachten eine Zufallsvariable mit den möglichen Werten $a_1, a_2, \ldots, a_k$, die mit den absoluten Häufigkeiten $H_1, H_2, \ldots, H_k$ bzw. den relativen Häufigkeiten $h_1, h_2, \ldots, h_k$ eintreten. Bei n-maliger Durchführung des Zufallsversuchs lautet die empirische Varianz der erhaltenen Werte:

$$s^2 = \frac{(a_1-\overline{x})^2 \cdot H_1 + (a_2-\overline{x})^2 \cdot H_2 + \ldots + (a_k-\overline{x}) \cdot H_k}{n} = (a_1-\overline{x})^2 \cdot \frac{H_1}{n} + (a_2-\overline{x})^2 \cdot \frac{H_2}{n} + \ldots + (a_k-\overline{x}) \cdot \frac{H_k}{n} =$$
$$= (a_1-\overline{x})^2 \cdot h_1 + (a_2-\overline{x})^2 \cdot h_2 + \ldots + (a_k-\overline{x}) \cdot h_k$$

Mit zunehmendem n nähert sich der Mittelwert $\overline{x}$ der erhaltenen Werte dem Erwartungswert μ der Zufallsvariablen X und die relativen Häufigkeiten $h_n(a_i)$ nähern sich den Wahrscheinlichkeiten $p_i = P(a_i)$:

$$s^2 = (a_1-\overline{x})^2 \cdot h_n(a_1) + (a_2-\overline{x})^2 \cdot h_n(a_2) + \ldots + (a_k-\overline{x})^2 \cdot h_n(a_k)$$
$$\downarrow \qquad \downarrow \quad \downarrow \qquad \downarrow \quad \downarrow \qquad \downarrow \quad \downarrow$$
$$\sigma^2 = (a_1-\mu)^2 \cdot p_1 + (a_2-\mu)^2 \cdot p_2 + \ldots + (a_k-\mu)^2 \cdot p_k$$

Die Zahl σ^2, der sich die empirische Varianz der erhaltenen Werte dabei nähert, wird als Varianz der Zufallsvariablen X bezeichnet.

Definition

Es sei X eine Zufallsvariable mit den möglichen Werten $a_1, a_2, \ldots, a_k$, die mit den Wahrscheinlichkeiten $p_1, p_2, \ldots, p_k$ angenommen werden. Dann nennt man

$$\boldsymbol{\sigma^2 = V(X) = (a_1-\mu)^2 \cdot p_1 + (a_2-\mu)^2 \cdot p_2 + \ldots + (a_k-\mu)^2 \cdot p_k}$$

die **Varianz** von X. Die Zahl $\boldsymbol{\sigma = \sqrt{V(X)}}$ heißt **Standardabweichung** von X.

Nach den obigen Überlegungen gilt: Je öfter der Zufallsversuch wiederholt wird, desto mehr nähert sich die empirische Varianz der erhaltenen Werte von X der Varianz von X. Wir können also sagen:

Die Varianz (Standardabweichung) einer Zufallsvariablen ist näherungsweise gleich der empirischen Varianz (empirischen Standardabweichung) der erhaltenen Variablenwerte bei sehr häufiger Wiederholung des Zufallsversuchs.

Zur Berechnung der Varianz einer Zufallsvariablen ohne Technologieeinsatz eignet sich die folgende Formel besser:

Satz (Verschiebungssatz für die Varianz einer Zufallsvariablen)

$$\boldsymbol{\sigma^2 = a_1^2 \cdot p_1 + a_2^2 \cdot p_2 + \ldots + a_k^2 \cdot p_k - \mu^2}$$

BEWEIS:

$$\sigma^2 = (a_1-\mu)^2 \cdot p_1 + (a_2-\mu)^2 \cdot p_2 + \ldots + (a_k-\mu)^2 \cdot p_k =$$
$$= (a_1^2 - 2a_1\mu + \mu^2) \cdot p_1 + (a_2^2 - 2a_2\mu + \mu^2) \cdot p_2 + \ldots + (a_k^2 - 2a_k\mu + \mu^2) \cdot p_k =$$
$$= a_1^2 \cdot p_1 + a_2^2 \cdot p_2 + \ldots + a_k^2 \cdot p_k - 2\mu \cdot \underbrace{(a_1p_1 + a_2p_2 + \ldots + a_kp_k)}_{\mu} + \mu^2 \cdot \underbrace{(p_1 + p_2 + \ldots + p_k)}_{1} =$$
$$= a_1^2 \cdot p_1 + a_2^2 \cdot p_2 + \ldots + a_k^2 \cdot p_k - 2\mu^2 + \mu^2 = a_1^2 \cdot p_1 + a_2^2 \cdot p_2 + \ldots + a_k^2 \cdot p_k - \mu^2 \qquad \square$$

R

AUFGABEN

10.23 Berechne Varianz und Standardabweichung der Augenzahl beim Wurf mit einem Würfel! Interpretiere die Ergebnisse im Zusammenhang mit häufigem Wurf eines Würfels!

10.24 Berechne Varianz und Standardabweichung der Augensumme beim Wurf mit zwei Würfeln! Interpretiere die Ergebnisse im Zusammenhang mit häufigem Wurf zweier Würfel!

10.25 Berechne Varianz und Standardabweichung der Anzahl von „Kopf" bei dreimaligem Münzwurf! Interpretiere die Ergebnisse im Zusammenhang mit häufigem Wurf einer Münze!

10.26 Setzt man beim Roulette einen Jeton auf eine bestimmte Zahl, so erhält man 36 Jetons, wenn diese Zahl kommt. Dh. der Gewinn beträgt 35 Jetons. Kommt diese Zahl nicht, ist der gesetzte Jeton verloren; der Gewinn beträgt dann −1 Jeton. Berechne Erwartungswert und Varianz des Gewinns, wenn man auf eine bestimmte Zahl setzt!

10.27 Setzt man beim Roulette einen Jeton auf „einfache Chancen" (Ereignisse mit der Wahrscheinlichkeit $\frac{18}{37}$, zB „Rot" oder „Gerade"), so erhält man 2 Jetons, wenn ein solches Ereignis eintritt; der Gewinn beträgt also 1 Jeton. Andernfalls wird der Jeton einbehalten. Berechne Erwartungswert und Gewinn beim Setzen auf „einfache Chancen"!

10.28 Eine Zufallsvariable X nimmt den Wert 1 mit der Wahrscheinlichkeit p und den Wert 0 mit der Wahrscheinlichkeit 1 − p an. Berechne den Erwartungswert und die Varianz der Zufallsvariablen!

10.29 Anlässlich eines Maturaballs werden 300 Lose verkauft. Davon sind 150 Nieten, bei 100 Losen erhält man einen Preis im Wert von 2 €, bei 40 Losen einen Preis im Wert von 5 €, bei 9 Losen einen Preis im Wert von 8 €, der Haupttreffer bringt einen Preis im Wert von 100 €. Berechne Erwartungswert und Varianz für den Wert des erhaltenen Preises!

10.30 In einer Urne sind vier Kugeln mit den Nummern 1, 2, 3 und 4. Es werden nacheinander zwei Kugeln **a)** mit Zurücklegen, **b)** ohne Zurücklegen gezogen. X ist die Summe der Nummern der gezogenen Kugeln. Berechne E(X) und V(X)!

10.31 Das nebenstehend abgebildete Glücksrad wird zweimal gedreht. Man erhält so viel ausbezahlt, wie die Zahl am Rand des jeweiligen Sektors angibt. X ist das Produkt der ausbezahlten Beträge. Berechne E(X) und V(X)!

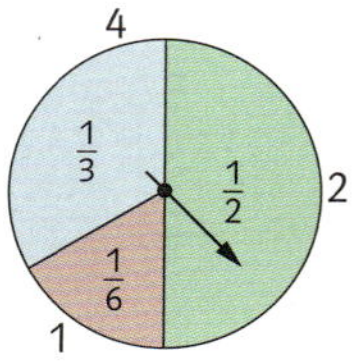

Zusammenfassung

Den Begriffen „Mittelwert", „empirische Varianz" und „empirische Standardabweichung" für Häufigkeitsverteilungen entsprechen die Begriffe „Erwartungswert", „Varianz" und „Standardabweichung" für Wahrscheinlichkeitsverteilungen. Weitere Entsprechungen dieser Art sind in der folgenden Tabelle angeführt:

Begriff der beschreibenden Statistik	Begriff der Wahrscheinlichkeitstheorie
relative Häufigkeit	Wahrscheinlichkeit
Variable (Merkmal)	Zufallsvariable
Häufigkeitsverteilung	Wahrscheinlichkeitsverteilung
Mittelwert	Erwartungswert
empirische Varianz	Varianz
empirische Standardabweichung	Standardabweichung

R TECHNOLOGIE KOMPAKT

GEOGEBRA

CASIO CLASS PAD II

Mittelwert einer Liste reeller Zahlen ermitteln

GeoGebra:
x= CAS-Ansicht:
Eingabe: Mittelwert($x_1, x_2, \ldots, x_n$) – Werkzeug =
Ausgabe → *Mittelwert der Liste* $x_1, x_2, \ldots, x_n$

Casio Class Pad II:
Iconleiste – Main – Statusleiste – Dezimal –
Menüleiste – Aktion – Liste – Statistik –
mean($\{x_1, x_2, \ldots, x_n\}$) EXE
Ausgabe → *Mittelwert der Liste* $x_1, x_2, \ldots, x_n$

Empirische Varianz einer Liste reeller Zahlen ermitteln

GeoGebra:
x= CAS-Ansicht:
Eingabe: Varianz($x_1, x_2, \ldots, x_n$) – Werkzeug =
Ausgabe → *Varianz der Liste* $x_1, x_2, \ldots, x_n$

Casio Class Pad II:
Iconleiste – Main – Statusleiste – Dezimal –
Menüleiste – Aktion – Liste – Statistik –
variance($\{x_1, x_2, \ldots, x_n\}$) EXE
Ausgabe → *Varianz der Liste* $x_1, x_2, \ldots, x_n$

Empirische Standardabweichung einer Liste reeller Zahlen ermitteln

GeoGebra:
x= CAS-Ansicht:
Eingabe: Standardabweichung($x_1, x_2, \ldots, x_n$) – Werkzeug =
Ausgabe → *Standardabweichung der Liste* $x_1, x_2, \ldots, x_n$

Casio Class Pad II:
Iconleiste – Main – Statusleiste – Dezimal –
Menüleiste – Aktion – Liste – Statistik –
stdDev($\{x_1, x_2, \ldots, x_n\}$) EXE
Ausgabe → *Standardabweichung der Liste* $x_1, x_2, \ldots, x_n$

AUFGABEN

T 10.01 Die 22 Schülerinnen und Schüler einer Klasse notieren, wie viele Minuten sie am letzten Samstag bzw. Sonntag mit ihrem Smartphone beschäftigt waren. Dabei ergeben sich folgende Listen:
Samstag: 30, 45, 0, 150, 230, 105, 300, 20, 10, 155, 120, 100, 60, 0, 60, 150, 200, 30, 30, 120, 150, 210
Sonntag: 20, 60, 10, 100, 200, 200, 30, 30, 30, 50, 150, 80, 60, 60, 40, 450, 300, 20, 15, 0, 15, 80

a) Wie lange waren die Schülerinnen und Schüler im Mittel am Samstag bzw. am Sonntag mit ihren Smartphones beschäftigt?

b) Ermittle die empirische Varianz und die empirische Standardabweichung für beide Listen! An welchem Tag streuen die erhobenen Daten stärker um den Mittelwert?

R KOMPETENZCHECK

AUFGABEN VOM TYP 1

WS-R 3.1 **10.32** Ein Würfel wird zweimal geworfen. Kreuze die zutreffende Wahrscheinlichkeitsverteilung für die Anzahl A der dabei auftretenden Sechser an!

k	0	1	2
P(A = k)	$\frac{1}{36}$	$\frac{10}{36}$	$\frac{25}{36}$

☐

k	0	1	2
P(A = k)	$\frac{10}{36}$	$\frac{25}{36}$	$\frac{1}{36}$

☐

k	0	1	2
P(A = k)	$\frac{1}{36}$	$\frac{25}{36}$	$\frac{10}{36}$

☐

k	0	1	2
P(A = k)	$\frac{25}{36}$	$\frac{10}{36}$	$\frac{1}{36}$

☒

k	0	1	2
P(A = k)	$\frac{10}{36}$	$\frac{1}{36}$	$\frac{25}{36}$

☐

k	0	1	2
P(A = k)	$\frac{25}{36}$	$\frac{1}{36}$	$\frac{10}{36}$

☐

WS-R 3.1 **10.33** An einer Hauptstraße stehen nacheinander drei unabhängig voneinander arbeitende Verkehrsampeln. Jede Ampel steht mit der Wahrscheinlichkeit 0,7 auf Grün. Ein Auto fährt die Straße entlang. X zählt die Anzahl der Ampeln, an denen das Auto ohne Halt vorbeifährt. Stelle die Wahrscheinlichkeitsverteilung von X durch eine Tabelle dar!

WS-R 3.1 **10.34** Bleibt der Zeiger beim Drehen des abgebildeten Glücksrads in einem Sektor stehen, so wird der entsprechende am Sektorrand angeschriebene Betrag B (in €) ausgezahlt. Berechne E(B) und V(B)!

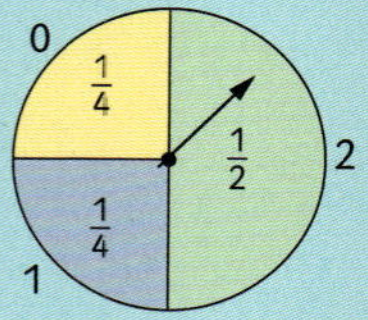

WS-R 3.1 **10.35** Nach Drehen des abgebildeten Glücksrads erhält man den Betrag ausgezahlt, der am Rand des ausgewählten Sektors steht. Das Glücksrad wird so oft gedreht, bis die Summe der ausgezahlten Beträge mindestens 4 € beträgt. N ist die Anzahl der dazu nötigen Drehungen. Berechne E(N) und V(N)!

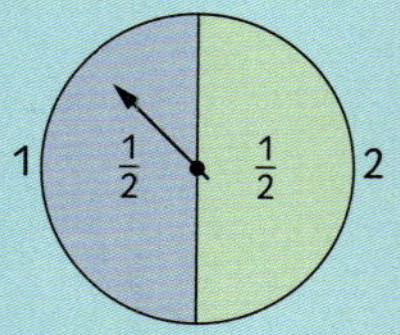

WS-R 3.1 **10.36** Auf einem Jahrmarkt wird folgendes Glücksspiel angeboten:
In einer Urne befinden sich 10 rote Lose und 10 blaue Lose. Der Spieler muss zu Beginn einen Einsatz von 2 € leisten. Anschließend darf er höchstens drei Lose ohne Zurücklegen aus der Urne ziehen. Falls er bei einem Zug ein blaues Los zieht, muss er aufhören und der Einsatz ist verloren. Wenn er jedoch am Ende drei rote Lose gezogen hat, wird ihm ein Geldbetrag von x € ausbezahlt. Der ausbezahlte Geldbetrag beträgt also je nach Spielausgang entweder 0 € oder x €.
Ermittle, wie hoch der Geldbetrag x sein muss, damit das Spiel „fair" ist, dh. der Erwartungswert des ausbezahlten Geldbetrags gleich dem Einsatz des Spielers ist!

WS-R 3.1 **10.37** Auf einem Geflügelhof werden die Hühnereier nach EU-Norm in vier Gewichtsklassen eingeteilt: XL (sehr groß), L (groß), M (mittel), S (klein). In der Tabelle ist angegeben, mit welcher Wahrscheinlichkeit ein Ei in der jeweils angegebenen Gewichtsklasse liegt und wie groß der Reingewinn (in €) pro Ei in dieser Gewichtsklasse ist.

Gewichtsklasse	XL	L	M	S
Wahrscheinlichkeit	0,1	0,3	0,4	0,2
Reingewinn pro Ei	0,1	0,07	0,05	0,01

Berechne den zu erwartenden Reingewinn pro Ei, bezogen auf die Gesamtproduktion des Geflügelhofs!

WS-R 3.1 **10.38** Bei einem Automaten werden bei einem Einsatz von 20 c pro Spiel 0 c, 20 c, 50 c oder 100 c ausbezahlt. Die Wahrscheinlichkeitsverteilung der Auszahlung ist in der Tabelle angegeben.

Auszahlung (in c)	0	20	50	100
Wahrscheinlichkeit	0,60	0,25	0,10	0,05

Entscheide durch Rechnung, ob sich das Spielen an diesem Automaten lohnt!

WS-R 3.1 **10.39** Alena und Boris vereinbaren folgendes Spiel: Es wird mit zwei Würfeln gewürfelt. Unterscheiden sich die Augenzahlen höchstens um 1, so bekommt Alena von Boris 5 €; ansonsten bekommt Boris von Alena 4 €. Untersuche, ob das Spiel „fair" ist, dh. ob die Erwartungswerte des Gewinns für Alena und Boris gleich hoch sind!

WS-R 3.1 **10.40** Im folgenden Diagramm ist die Wahrscheinlichkeitsfunktion P einer Zufallsvariablen X dargestellt. Die dazugehörige Verteilungsfunktion von X ist F.
Fülle die Tabelle aus und berechne E(X)!

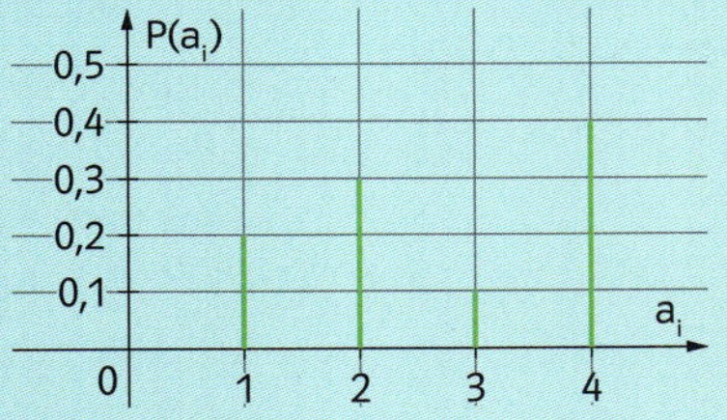

a_i	1	2	3	4
$P(X = a_i)$	0,2	0,3	0,1	0,4
$F(X \leq a_i)$	0,2	0,5	0,6	1

E(X) = 2,7

WS-R 3.1 **10.41** Ein Industrieunternehmen weiß aus Erfahrung, dass jeder Störfall an einer Maschine auf genau einen der drei Störungstypen A, B und C zurückgeführt werden kann. Die Wahrscheinlichkeiten für diese Störungstypen und die damit verbundenen Reparaturkosten pro Störfall und Maschine sind in folgender Tabelle zu finden

Störungstyp	A	B	C
Wahrscheinlichkeit	0,2	0,7	0,1
Reparaturkosten pro Störfall und Maschine (in €)	15 000	2000	7000

Berechne die zu erwartenden Reparaturkosten pro Störfall und Maschine!

WS-R 3.1 **10.42** Bei einem Zufallsversuch kann eine Zufallsvariable X die Werte $a_1, a_2, \ldots, a_k$ annehmen.

a) Beweise: Wird jeder Wert a_i verdoppelt, verdoppelt sich auch E(X).

b) Beweise: Wird jeder Wert a_i um 1 erhöht, dann wird auch E(X) um 1 erhöht.

AUFGABEN VOM TYP 2

WS-R 3.1 AG-R 2.5 **10.43 Überlebensversicherung**

An seinem 30. Geburtstag entschließt sich Herr Walder, seine Familie für das kommende Jahr finanziell zusätzlich abzusichern. Der Versicherer *AustriaLife* macht ihm dazu folgendes Angebot:

Gegen Vorauszahlung einer Prämie von 100 € an den Versicherer leistet AustriaLife 100000 € an die Erben, falls Herr Walder im 31. Lebensjahr verstirbt.

Die Sterbetafel der Statistik Austria gibt die Wahrscheinlichkeit, dass ein 30-jähriger Mann während des 31. Lebensjahres stirbt, mit 0,00057 an.

a) ▪ Fülle die folgende Tabelle aus!

	Wahrscheinlichkeit	Gewinn des Versicherers (in €)
Herr Walder stirbt im 31. Lebensjahr	0,00057	−99900
Herr Walder überlebt das 31. Lebensjahr	0,99943	100

▪ Berechne die Höhe des zu erwartenden Gewinns des Versicherers bei diesem Angebot!

b) ▪ Ermittle, welchen maximalen Rabatt auf die Prämie von 100 € *AustriaLife* dem Kunden gewähren könnte, wenn die Gewinnerwartung von *AustriaLife* mindestens 15 € betragen soll!

▪ Angenommen, *AustriaLife* verlangt nur eine vorauszuzahlende Prämie von 75 €, ist aber bereit, im Falle des Todes von Herrn Walder mehr auszuzahlen. Ermittle, um wie viel dieser Auszahlungsbetrag maximal erhöht werden dürfte, damit *AustriaLife* immer noch eine Gewinnerwartung von mindestens 15 € hat!

WS-R 1.3 WS-R 3.1 **10.44 Autoversicherung**

In Blumstadt sind pro Jahr 10 % der Autos in einen leichten Unfall (Blechschaden ohne Personenschaden) verwickelt. Die deswegen nötige Reparatur kostet im Mittel 1200 €. Ein Autobesitzer, dem diese Daten bekannt sind, erhält von einer Versicherung folgendes Angebot:

Es ist eine Jahresprämie von 100 € zu bezahlen. Im Falle eines leichten Unfalls werden 900 € ausgezahlt.

a) ▪ Der Autobesitzer überlegt, ob er dieses Angebot annehmen soll. Er trägt dazu seine jeweiligen Ausgaben (in €) in die folgende Tabelle ein! Vervollständige die Tabelle!

Ausgaben (in €)	mit Versicherung	ohne Versicherung
Unfall	400	1200
kein Unfall	100	0

▪ Untersuche durch Rechnung, ob der Autobesitzer das Angebot der Versicherung annehmen soll!

b) ▪ Auf Nachfrage bietet die Versicherung bei einem leichten Unfall 1000 € statt 900 € an. Zeige, dass der Autobesitzer bei Annahme dieses Angebots weder einen Vorteil noch einen Nachteil hat!

▪ Berechne für dieses Angebot die Standardabweichung der Ausgaben!

10.45 Ein Würfelspiel

Anja und Britta vereinbaren folgendes Spiel:
Jede der beiden würfelt mit einem gewöhnlichen Würfel. Es gelten folgende Spielregeln:

(1) Würfelt Anja eine kleinere Augenzahl als Britta, dann zahlt Anja an Britta einen Euro.
(2) Würfelt Anja eine größere Augenzahl als Britta, dann zahlt Britta an Anja so viel Euro, wie der Unterschied zwischen den Augenzahlen ausmacht.
(3) Würfeln Anja und Britta die gleiche Augenzahl, zahlen sie einander nichts.

Die Zufallsvariable G gibt Anjas Gewinn bei einem Spiel an. Einen Verlust fassen wir als negativen Gewinn auf.

a) ▪ Ermittle die Werte von G in Abhängigkeit von den gewürfelten Augenzahlen und trage diese Werte in die folgende Tabelle ein!

Augenzahl bei Brittas Wurf

Augenzahl bei Anjas Wurf	1	2	3	4	5	6
1	0	−1	−1	−1	−1	−1
2	1	0	−1	−1	−1	−1
3	2	1	0	−1	−1	−1
4	3	2	1	0	−1	−1
5	4	3	2	1	0	−1
6	5	4	3	2	1	0

▪ Begründe, dass die folgende Tabelle korrekt ausgefüllt wurde!

k	−1	0	1	2	3	4	5
$P(G = k)$	$\frac{15}{36}$	$\frac{6}{36}$	$\frac{5}{36}$	$\frac{4}{36}$	$\frac{3}{36}$	$\frac{2}{36}$	$\frac{1}{36}$

b) ▪ Berechne den Erwartungswert E(G) und die Varianz V(G)!
▪ Wie stark bei einem konkreten Spiel der Gewinn G vom Erwartungswert E(G) abweicht, kann man zwar nicht genau angeben, doch kann man darüber eine Wahrscheinlichkeitsaussage machen. Der russische Mathematiker P. L. Tschebyscheff (1821–1894) hat bewiesen, dass für eine diskrete Zufallsvariable X und jedes $c \in \mathbb{R}^+$ gilt:

$$P(|X - E(X)| \geq c) \leq \frac{V(X)}{c^2}$$

Zeige mit dieser Formel: Bei einem konkreten Spiel ist die Wahrscheinlichkeit, dass Anjas Gewinn G vom Erwartungswert E(G) um mindestens 2 abweicht, kleiner als 0,8.

c) ▪ Jeder Gewinn von Anja ist ein gleich großer Verlust für Britta und umgekehrt. Ermittle aufgrund dieser Tatsache ohne Rechnung, wie hoch der Erwartungswert von Brittas Gewinn ist, und begründe damit, dass das Spiel nicht fair ist!
▪ Berechne, auf welchen Wert man den Eurobetrag in Spielregel (1) ändern müsste, damit das Spiel fair ist!

11 DIE BINOMIALVERTEILUNG UND WEITERE VERTEILUNGEN

LERNZIELE

11.1 **Faktorielle** und **Binomialkoeffizienten** kennen und interpretieren können.

11.2 Die **Binomialverteilung** kennen und anwenden können.

11.3 Die **geometrische Verteilung** und die **hypergeometrische Verteilung** kennen und anwenden können.

- **Technologie kompakt**
- **Kompetenzcheck**

GRUNDKOMPETENZEN

WS-R 2.4 **Binomialkoeffizient** berechnen und interpretieren können.

WS-R 3.2 **Binomialverteilung** als Modell einer diskreten Verteilung kennen – **Erwartungswert** sowie **Varianz/Standardabweichung binomialverteilter Zufallsgrößen** ermitteln können; Wahrscheinlichkeitsverteilung binomialverteilter Zufallsgrößen angeben können; Arbeiten mit der Binomialverteilung in anwendungsorientierten Bereichen.

WS-R 3.3 **Situationen erkennen und beschreiben** können, in denen mit **Binomialverteilung** modelliert werden kann.

11.1 FAKTORIELLE (FAKULTÄT) UND BINOMIALKOEFFIZIENTEN

R

Produkte

11.01 Wie viele mögliche Bildungswege gibt es in dieser Schule?

a) Am Wittgenstein-Gymnasium können folgende Bildungswege zusammengestellt werden: Zuerst muss in der 5. Klasse eine der drei Schulformen „naturwissenschaftlich", „musisch" oder „wirtschaftlich" gewählt werden, dann kann man sich in der 7. Klasse zwischen „Bildnerischer Erziehung" und „Musikerziehung" entscheiden.

b) Am Sigmund-Freud-Gymnasium können folgende Bildungswege zusammengestellt werden: Zuerst muss in der 5. Klasse eine der vier Schulformen „naturwissenschaftlich", „ musisch", „wirtschaftlich" oder „mathematisch" gewählt werden, dann hat man sich in der 6. Klasse für die Kurzsprache „Tschechisch", „Ungarisch" oder „Kroatisch" zu entscheiden, zuletzt muss man in der 7. Klasse zwischen „Bildnerischer Erziehung" und „Musikerziehung" auswählen.

LÖSUNG:

a) Da jede der drei Schulformen in der 5. Klasse mit jeder der zwei möglichen Wahlen in der 7. Klasse kombiniert werden kann, gibt es $3 \cdot 2 = 6$ mögliche Bildungswege.

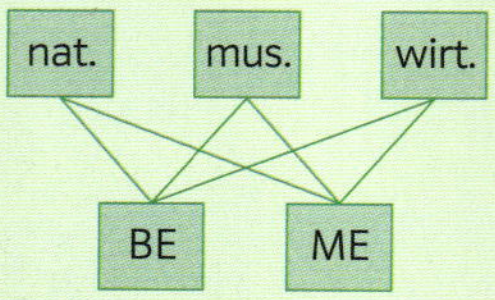

b) Da jede der vier Schulformen in der 5. Klasse mit jeder der drei möglichen Kurzsprachen in der 6. Klasse kombiniert werden kann, gibt es $4 \cdot 3$ mögliche Schulform-Kurzsprache-Kombinationen. Da jede dieser Kombinationen mit jeder der zwei möglichen Wahlen in der 7. Klasse kombiniert werden kann, gibt es insgesamt $4 \cdot 3 \cdot 2 = 24$ mögliche Bildungswege.

Allgemein gilt:

Satz (Produktregel)
Es sollen n Auswahlentscheidungen getroffen werden. Gibt es für die erste Entscheidung a_1 Möglichkeiten, für die zweite Entscheidung a_2 Möglichkeiten, ..., für die n-te Entscheidung a_n Möglichkeiten, dann gibt es für alle n Entscheidungen zusammen $a_1 \cdot a_2 \cdot \ldots \cdot a_n$ Möglichkeiten.

R **AUFGABEN**

11.02 Eine Bühne wird von fünf Scheinwerfern beleuchtet. Die drei Scheinwerfer auf der linken Bühnenseite können in jeweils fünf Beleuchtungsstärken, die beiden anderen auf der rechten Seite nur in jeweils drei Beleuchtungsstärken eingestellt werden. Berechne, auf wie viele verschiedene Beleuchtungsarten die Bühne ausgeleuchtet werden kann!

11.03 Der PIN-Code bei Handys ist eine vierstellige Ziffernfolge, bei der die Ziffern 0, 1, ..., 9 (auch mehrmals) verwendet werden.
Berechne, wie viele PIN-Codes überhaupt möglich sind!

11.04 Basentripletts sind die kleinsten Einheiten des genetischen Codes. Basentripletts sind geordnete Dreierkombinationen aus den vier Basen Guanin (G), Cytosin (C), Adenin (A) und Thymin (T).
Berechne, wie viele Basentripletts grundsätzlich möglich sind!

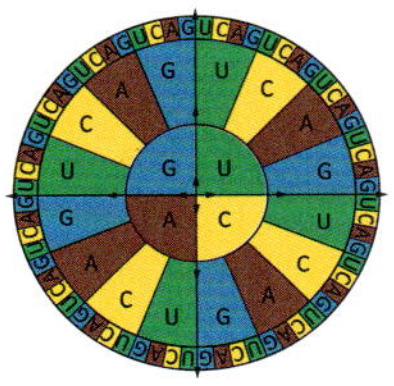

11.05 Ein Fahrradschloss besteht aus drei drehbaren Ringen, von denen jeder mit den Ziffern 0, 1, 2, ..., 9 versehen ist. Nur bei einer ganz bestimmten Einstellung der drei Ringe lässt sich das Schloss öffnen. Berechne, wie viele Einstellungen insgesamt möglich sind!

11.06 Zur Speicherung der Ziffer 0 oder der Ziffer 1 benötigt man eine Speicherkapazität von 1 Bit. Berechne, wie viele verschiedene 0-1-Folgen man mit 1 Byte (= 8 Bit) speichern kann!

R Faktorielle (Fakultät)

11.07 In einem Partykeller wird eine Lichtschiene mit **1)** zwei, **2)** drei, **3)** vier, **4)** n verschiedenfarbigen Spots angebracht. Berechne, wie viele Anordnungen dieser Spots es gibt!

LÖSUNG:

1) Wir bezeichnen die Farben der Spots mit a und b. Es gibt zwei mögliche Anordnungen, nämlich ab und ba.

2) Wir bezeichnen die Farben der Spots mit a, b, c und schreiben die möglichen Anordnungen lexikografisch (dh. wie im Wörterbuch) an:
abc acb bac bca cab cba
Es gibt also sechs mögliche Anordnungen.

3) Man könnte wiederum alle möglichen Anordnungen lexikografisch anschreiben. Kürzer geht es durch folgende Überlegung: Für die erste Farbe gibt es vier Möglichkeiten, für die zweite Farbe nur mehr drei Möglichkeiten, für die dritte Farbe nur mehr zwei Möglichkeiten und für die vierte Farbe nur mehr eine Möglichkeit. Nach der Produktregel gibt es somit insgesamt $4 \cdot 3 \cdot 2 \cdot 1 = 24$ Möglichkeiten.

4) Überlege selbst: Es gibt $n \cdot (n-1) \cdot (n-2) \cdot \ldots \cdot 2 \cdot 1$ mögliche Anordnungen.

Definition (Faktorielle bzw. Fakultät)

Für $n \in \mathbb{N}^*$ setzt man: $\mathbf{n! = n \cdot (n-1) \cdot (n-2) \cdot \ldots \cdot 2 \cdot 1}$ [sprich: n Fakultät oder n-Faktorielle]

Ergänzend setzt man: $\mathbf{0! = 1}$

Damit kann das Ergebnis von Aufgabe 11.07 4) allgemein so formuliert werden:

Satz: n unterscheidbare Objekte können auf n! Arten angeordnet werden.

R

AUFGABEN

11.08 Im Turnunterricht sollen acht Jugendliche hintereinander aufgestellt werden. Berechne, auf wie viele Arten dies möglich ist!

11.09 An einem Skirennen nehmen 10 Personen teil. Berechne, wie viele Rangfolgen sich ergeben können, wenn man voraussetzt, dass kein „ex aequo" eintritt!

11.10 Berechne, wie viele Möglichkeiten ein Teamchef hat, die Reihenfolge der fünf für ein Elfmeterschießen ausgewählten Schützen zu bestimmen!

11.11 Berechne 2!, 5!, 10!, 15! und 20! und überprüfe damit die folgende Aussage: Die Zahl n! nimmt mit wachsendem n sehr rasch zu.

R

Binomialkoeffizienten

11.12 Berechne, wie viele zweielementige Teilmengen die vierelementige Menge {a, b, c, d} enthält!

1. LÖSUNGSMÖGLICHKEIT:

Es gibt sechs zweielementige Teilmengen der Menge a, b, c, d, die wir lexikografisch geordnet angeben: {a, b}, {a, c}, {a, d}, {b, c}, {b, d}, {c, d}
Beachte dabei, dass es nicht darauf ankommt, in welcher Reihenfolge die Elemente einer Menge angeschrieben werden. Es gilt beispielsweise {a, b} = {b, a}.

2. LÖSUNGSMÖGLICHKEIT:

Wir wählen die beiden Elemente für eine zweielementige Teilmenge der Reihe nach aus.
Für das erste Element gibt es 4 Möglichkeiten, für das zweite Element nur mehr 3 Möglichkeiten. Insgesamt gibt es nach der Produktregel also $4 \cdot 3 = 12$ Möglichkeiten zwei Elemente auszuwählen. Dabei liefern jedoch jene Auswahlen, die sich nur in der Reihenfolge der ausgewählten Elemente unterscheiden, dieselbe Teilmenge (zum Beispiel ab und ba). Die Anzahl aller zweielementigen Teilmengen beträgt somit: $\frac{12}{2} = 6$

11.13 Ermittle, wie viele k-elementige Teilmengen eine n-elementige Menge enthält!

LÖSUNG:

Wir wählen die Elemente für eine k-elementige Teilmenge der Reihe nach aus. Für das erste Element gibt es n Möglichkeiten, für das zweite Element nur mehr $n-1$ Möglichkeiten, für das dritte Element nur mehr $n-2$ Möglichkeiten, …, für das k-te Element nur mehr $n-(k-1) = n-k+1$ Möglichkeiten. Insgesamt gibt es nach der Produktregel also $n \cdot (n-1) \cdot (n-2) \cdot \ldots \cdot (n-k+1)$ Möglichkeiten, k Elemente auszuwählen. Dabei liefern jedoch die k! Auswahlen, die sich nur in der Reihenfolge der ausgewählten Elemente unterscheiden, dieselbe k-elementige Teilmenge. Die Anzahl aller k-elementigen Teilmengen beträgt somit:

$$\frac{n \cdot (n-1) \cdot (n-2) \cdot \ldots \cdot (n-k+1)}{k!} = \frac{n \cdot (n-1) \cdot (n-2) \cdot \ldots \cdot (n-k+1)}{k \cdot (k-1) \cdot (k-2) \cdot \ldots \cdot 1}$$

Zur Abkürzung führt man folgende Schreibweise ein:

Definition (Binomialkoeffizienten)

Für $n, k \in \mathbb{N}^*$ mit $k \leq n$ setzt man: $\binom{n}{k} = \frac{n \cdot (n-1) \cdot (n-2) \cdot \ldots \cdot (n-k+1)}{k \cdot (k-1) \cdot (k-2) \cdot \ldots \cdot 1} = \frac{n!}{k!(n-k)!}$ [sprich: n über k]

Ergänzend setzt man: $\binom{n}{0} = 1$

Die Zahlen $\binom{n}{k}$ nennt man **Binomialkoeffizienten**.

Damit kann das Ergebnis aus Aufgabe 11.13 folgendermaßen formuliert werden:

Satz

$\binom{n}{k}$ ist gleich der Anzahl der k-elementigen Teilmengen einer n-elementigen Menge.

BEISPIEL: Die Anzahl der 3-elementigen Teilmengen einer 9-elementigen Menge beträgt:
$\binom{9}{3} = \frac{9 \cdot 8 \cdot 7}{3 \cdot 2 \cdot 1} = 84$

BEMERKUNG: Man setzt $\binom{n}{0} = 1$, da eine n-elementige Menge genau eine 0-elementige Teilmenge besitzt, nämlich die leere Menge.

T kompakt Seite 228

Binomialkoeffizienten $\binom{n}{k}$ lassen sich mit Technologieeinsatz berechnen.
Für spezielle Werte kann man sie auch der Tabelle auf Seite 264 entnehmen.

Bei einer Berechnung ohne Technologie geht man zweckmäßigerweise so vor: Zuerst schreibt man in den Nenner das Produkt $k \cdot (k-1) \cdot (k-2) \cdot \ldots \cdot 1$. Dann schreibt man in den Zähler das Produkt $n \cdot (n-1) \cdot (n-2) \cdot \ldots$ mit gleich vielen Faktoren wie im Nenner. Da Binomialkoeffizienten stets ganzzahlig sind, lässt sich der erhaltene Bruch immer vollständig kürzen.

R **AUFGABEN**

11.14 Berechne mit Hilfe der Formel:

a) $\binom{6}{4}$ **b)** $\binom{8}{3}$ **c)** $\binom{9}{5}$ **d)** $\binom{10}{6}$ **e)** $\binom{12}{7}$ **f)** $\binom{15}{14}$

11.15 Kreuze die richtigen Aussagen an!

$\binom{n}{0} = 0$ ☐ $\binom{n}{1} = n$ ☐ $\binom{n}{n} = 1$ ☐ $\binom{n}{2} = \frac{n \cdot (n-1)}{2}$ ☐ $\binom{n}{2} = \binom{n}{n-2}$ ☐

11.16 Berechne, wie viele 5-elementige Teilmengen **a)** eine 8-elementige Menge, **b)** eine 20-elementige Menge, **c)** eine 50-elementige Menge enthält!

11.17 Berechne, wie viele vierelementige Teilmengen die Menge {a, b, c, d, e, f} besitzt! Schreibe alle vierelementigen Teilmengen in lexikografischer Ordnung an!

11.18 Aus fünf Personen soll **a)** ein Zweierkomitee, **b)** ein Dreierkomitee ausgewählt werden. Berechne, auf wie viele Arten dies möglich ist!

11.19 Bei einem Test werden aus einer Liste von 30 Fragen fünf Fragen ausgewählt. Berechne, auf wie viele Arten dies möglich ist!

11.20 Auf einer Geburtstagsparty sind **a)** 20 Personen, **b)** 30 Personen. Jeder schüttelt jedem die Hand. Berechne, wie oft die Hände geschüttelt werden!

11.21 Fußball-Cup-Spiele werden manchmal durch Elfmeterschießen entschieden. Jeder der beiden Trainer muss dabei 5 seiner 11 Spieler auf dem Platz als Schützen benennen. Berechne, wie viele Möglichkeiten jeder Trainer hat, diese Auswahl zu treffen!

11.22 Gib eine Formel für die Anzahl der Verbindungsgeraden zwischen n Punkten an, wenn man voraussetzt, dass nie mehr als zwei Punkte auf derselben Geraden liegen!

11.23 Gib eine Formel für die Anzahl der Diagonalen eines n-Ecks an! Kontrolliere für $n = 4$ und $n = 5$!
BEACHTE: Die Seiten zählen nicht zu den Diagonalen.

11.24 Beim Canasta-Spiel bekommt jeder Spieler ein „Blatt" aus 12 Karten von insgesamt 110 Karten. Berechne, wie viele verschiedene Blätter ein Spieler bekommen kann!

R

Sinnlose „Wörter"

Wir bilden aus den Buchstaben a und b sinnlose „Wörter", zum Beispiel aaabba oder abbababa. Die Anzahl der aufeinander folgenden Buchstaben in einem solchen Wort bezeichnen wir als „Länge des Wortes". Zum Beispiel ist aabab ein Wort der Länge 5.

11.25 Berechne, wie viele Wörter der Länge 4 man aus den Buchstaben a und b bilden kann, in denen a genau zweimal vorkommt!

LÖSUNG:
Wenn wir die Wörter lexikografisch anschreiben, sehen wir, dass es sechs solche Wörter gibt:
aabb abab abba baab baba bbaa

Satz
Die Anzahl der aus den Buchstaben a und b gebildeten Wörter der Länge n, in denen a genau k-mal vorkommt, ist gleich $\binom{n}{k}$.

BEWEIS: Wir nummerieren die Buchstaben eines solchen Wortes mit 1, 2, 3, …, n durch. Jedem Buchstaben a des Wortes entspricht dann eine bestimmte Nummer. Den k Buchstaben a des Wortes entspricht eine k-elementige Teilmenge der Menge $M = \{1, 2, 3, \dots, n\}$ und umgekehrt.
Da es $\binom{n}{k}$ k-elementige Teilmengen von M gibt, gibt es auch $\binom{n}{k}$ solche Wörter. □

Zusammenfassung

Zwei Bedeutungen von $\binom{n}{k}$

- $\binom{n}{k}$ ist gleich der Anzahl der k-elementigen Teilmengen einer n-elementigen Menge.
- $\binom{n}{k}$ ist gleich der Anzahl der aus zwei Buchstaben a und b gebildeten Wörter der Länge n, in denen a genau k-mal vorkommt.

R **AUFGABEN**

11.26 Berechne, wie viele Wörter der Länge 10 man aus den Buchstaben u und v bilden kann, wenn v **a)** nie, **b)** genau zweimal, **c)** genau fünfmal, **d)** genau siebenmal, **e)** genau zehnmal vorkommen soll!

11.27 Bei einer Prüfung sind 10 Fragen zu beantworten. Das Prüfungsergebnis ist positiv, wenn mindestens 8 Fragen richtig beantwortet werden. Berechne, wie viele Möglichkeiten es gibt, **a)** genau 8, **b)** genau 9, **c)** alle Fragen richtig zu beantworten!
HINWEIS: Bilde Wörter aus den Buchstaben r (richtig) und f (falsch)!

11.28 In einem Raum sind 9 Lampen. Berechne, auf wie viele Arten der Raum beleuchtet werden kann, wenn genau **a)** 3, **b)** 5, **c)** 7 Lampen brennen sollen!
HINWEIS: Gehe von einer festen Reihenfolge der Lampen aus und bilde Wörter aus den Buchstaben e (ein) und a (aus)!

11.29 Stelle den grün hervorgehobenen Weg von A nach B als Wort mit Hilfe der Buchstaben R (nach rechts) und O (nach oben) dar! Berechne weiters, wie viele Wege es von A nach B gibt!

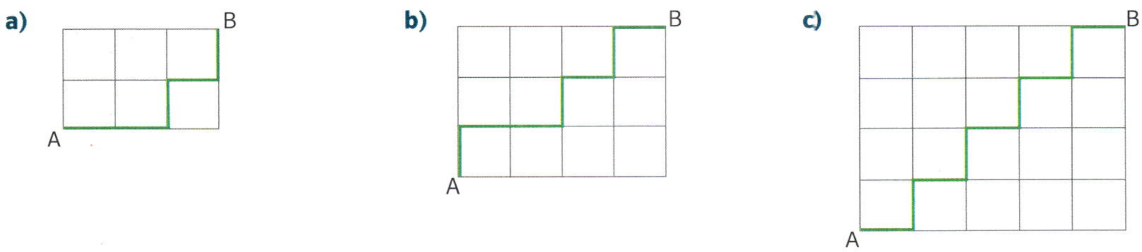

11.30 Berechne, auf wie viele Arten man von einer Seite aus **a)** sechs verschiedenfarbige, **b)** drei gleichartige rote und drei gleichartige blaue Holzperlen der Reihe nach auf eine Schnur schieben kann!

R Eigenschaften der Binomialkoeffizienten

Satz

(1) $\binom{n}{0} = \binom{n}{n} = 1$ $\quad (n \in \mathbb{N}^*)$

(2) $\binom{n}{k} = \binom{n}{n-k}$ $\quad (n \in \mathbb{N}^* \text{ und } k \in \mathbb{N} \text{ mit } 0 \leq k \leq n)$

(3) $\binom{n}{k} = \binom{n-1}{k-1} + \binom{n-1}{k}$ $\quad (n, k \in \mathbb{N}^* \text{ mit } n \geq 2 \text{ und } 1 \leq k \leq n-1)$

BEWEIS: Wir begründen diese Eigenschaften mit Wörtern aus den Buchstaben a und b.

(1) Es gibt genau ein Wort der Länge n, in dem a genau 0-mal vorkommt, nämlich bb...b.
Es gibt genau ein Wort der Länge n, in dem a genau n-mal vorkommt, nämlich aa...a.

(2) Vertauscht man in allen Wörtern der Länge n, in denen a genau k-mal vorkommt, die Buchstaben a und b, erhält man alle Wörter der Länge n, in denen a genau (n – k)-mal vorkommt.

(3) Alle $\binom{n}{k}$ Wörter der Länge n, in denen a genau k-mal vorkommt, erhält man, indem man an alle $\binom{n-1}{k-1}$ Wörter der Länge n – 1, in denen a genau (k – 1)-mal vorkommt, ein a anhängt und an alle $\binom{n-1}{k}$ Wörter der Länge n – 1, in denen a genau k-mal vorkommt, ein b anhängt. □

Man kann die Binomialkoeffizienten in Form eines Dreiecks anordnen, das man **Pascal'sches Dreieck** nennt (nach Blaise Pascal, 1623–1662):

$$\begin{array}{ccccccccc} & & & \binom{1}{0} & & \binom{1}{1} & & & \\ & & \binom{2}{0} & & \binom{2}{1} & & \binom{2}{2} & & \\ & \binom{3}{0} & & \binom{3}{1} & & \binom{3}{2} & & \binom{3}{3} & \\ \binom{4}{0} & & \binom{4}{1} & & \binom{4}{2} & & \binom{4}{3} & & \binom{4}{4} \\ & & & & \dots & & & & \end{array} \qquad \begin{array}{ccccccccc} & & & 1 & & 1 & & & \\ & & 1 & & 2 & & 1 & & \\ & 1 & & 3 & & 3 & & 1 & \\ 1 & & 4 & & 6 & & 4 & & 1 \\ & & & & \dots & & & & \end{array}$$

Blaise Pascal
(1623–1662)

In diesem Dreieck spiegeln sich die Eigenschaften des letzten Satzes wider:

- Wegen $\binom{n}{0} = \binom{n}{n} = 1$ steht am linken und am rechten Rand stets 1.
- Wegen $\binom{n}{k} = \binom{n}{n-k}$ ist in jeder Zeile die erste Zahl gleich der letzten, die zweite Zahl gleich der vorletzten, usw. Die Binomialkoeffizienten sind also in jeder Zeile symmetrisch angeordnet.
- Wegen $\binom{n}{k} = \binom{n-1}{k-1} + \binom{n-1}{k}$ erhält man jede Zahl durch Addition der beiden unmittelbar darüber stehenden Zahlen. Im obigen Dreieck ist dies für $\binom{4}{2} = \binom{3}{1} + \binom{3}{2}$ eingezeichnet.

  Auf diese Weise kann das Pascal'sche Dreieck beliebig weit fortgesetzt werden.

Satz (Binomiallehrsatz bzw. Binomischer Lehrsatz): Für alle $a, b \in \mathbb{R}$ und alle $n \in \mathbb{N}^*$ gilt:

$$\mathbf{(a+b)^n = \binom{n}{0} a^n b^0 + \binom{n}{1} a^{n-1} b^1 + \binom{n}{2} a^{n-2} b^2 + \ldots + \binom{n}{n} a^0 b^n}$$

BEWEIS:

$$(a+b)^n = \underbrace{(a+b) \cdot (a+b) \cdot \ldots \cdot (a+b)}_{\text{n Klammerausdrücke}}$$

Multipliziert man die Klammern miteinander aus, erhält man eine Summe von Ausdrücken der Form $a^k \cdot b^{n-k}$. Jeder Summand $a^k \cdot b^{n-k}$ entsteht dadurch, dass man a aus k Klammern, b aus den restlichen $n-k$ Klammern auswählt und die ausgewählten Elemente miteinander multipliziert. Jeder Summand entspricht somit einem Wort, das aus den Buchstaben a und b gebildet wird und in dem a genau k-mal vorkommt.

Das es $\binom{n}{k}$ Wörter dieser Art gibt, kommt jeder Summand $a^k \cdot b^{n-k}$ genau $\binom{n}{k}$-mal vor. □

Für $n = 2$ und $n = 3$ ergeben sich aus dem Binomiallehrsatz bekannte Formeln:

$$(a+b)^2 = \binom{2}{0} \cdot a^2 b^0 + \binom{2}{1} \cdot a^1 b^1 + \binom{2}{2} \cdot a^0 b^2 = a^2 + 2ab + b^2$$

$$(a+b)^3 = \binom{3}{0} \cdot a^3 b^0 + \binom{3}{1} \cdot a^2 b^1 + \binom{3}{2} \cdot a^1 b^2 + \binom{3}{3} \cdot a^0 b^3 = a^3 + 3a^2 b + 3ab^2 + b^3$$

R

AUFGABEN

11.31 Erweitere das Pascal'sche Dreieck um drei zusätzliche Zeilen!

11.32 Beweise für $n \in \mathbb{N}^*$: $\binom{n}{0} + \binom{n}{1} + \ldots + \binom{n}{n} = 2^n$

HINWEIS: Wähle im Binomiallehrsatz spezielle Werte für a und b!

11.2 DIE BINOMIALVERTEILUNG

Bernoulli-Ketten

R

Wir betrachten ein Glücksrad, das in ein rotes und ein blaues Feld geteilt ist. Bleibt der Zeiger im roten Feld stehen, sprechen wir von einem **Erfolg (E)**, andernfalls von einem **Nichterfolg ($\neg E$)**. Das Glücksrad wird n-mal gedreht. Die absolute Häufigkeit H der Erfolge bei den n Drehungen kann die Werte $H = 0, 1, 2, \ldots, n$ annehmen. Vor der Durchführung der n Drehungen kann man nicht mit Sicherheit sagen, welcher Wert von H sich ergeben wird.

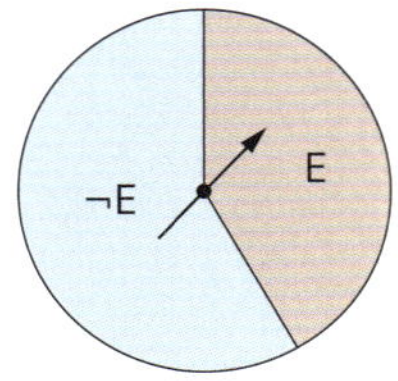

Wir fassen die Erfolgshäufigkeit H als Zufallsvariable auf, die die Werte $0, 1, 2, \ldots, n$ annehmen kann und fragen: Mit welchen Wahrscheinlichkeiten werden diese Werte auftreten?

11.33 Wir nehmen an, dass in dem oben abgebildeten Glücksrad ein Erfolg mit der Wahrscheinlichkeit $\frac{5}{12}$ und ein Nichterfolg mit der Wahrscheinlichkeit $\frac{7}{12}$ eintritt. Das Glücksrad wird zweimal gedreht. Berechne die Wahrscheinlichkeiten, mit denen die Erfolgshäufigkeit H die Werte 0, 1, 2 annimmt! Stelle die Ergebnisse durch eine Tabelle und ein Stabdiagramm dar!

LÖSUNG: Wir zeichnen das nebenstehende Baumdiagramm. Diesem entnehmen wir:

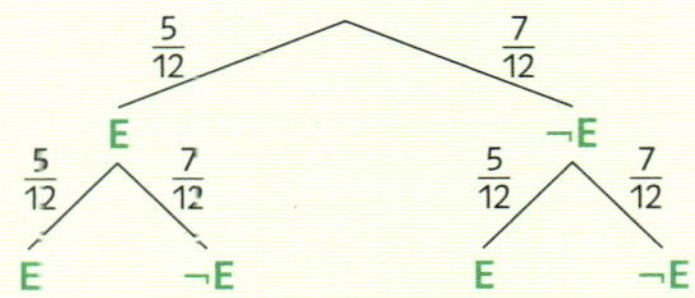

$P(H = 0) = \frac{7}{12} \cdot \frac{7}{12} \approx 0{,}34$

$P(H = 1) = \frac{5}{12} \cdot \frac{7}{12} + \frac{7}{12} \cdot \frac{5}{12} \approx 0{,}49$

$P(H = 2) = \frac{5}{12} \cdot \frac{5}{12} \approx 0{,}17$

Tabelle:

k	0	1	2
P(H = k)	0,34	0,49	0,17

Stabdiagramm:

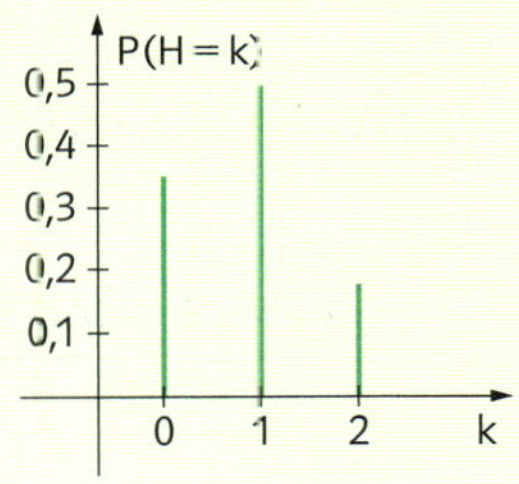

Definition

Die n-malige Wiederholung eines Zufallsversuchs bezeichnet man als **n-stufige Bernoulli-Kette** (bzw. **n-stufiges Bernoulli-Experiment**), wenn gilt:

- Jeder Einzelversuch besitzt **genau zwei Versuchsausgänge** (zB. Erfolg und Nichterfolg).
- Jeder Einzelversuch wird unter **gleichen Bedingungen** durchgeführt (was insbesondere bedeutet, dass sich die Wahrscheinlichkeit für einen Erfolg nicht ändert).

Das oben beschriebene n-malige Drehen eines Glücksrads ist eine Bernoulli-Kette. Der Name geht zurück auf den Mathematiker **Jakob Bernoulli**, der sich mit derartigen Wiederholungen eines Zufallsversuchs eingehend beschäftigt hat.

Jakob Bernoulli
(1654–1705)

Wir betrachten nun allgemein ein aus zwei Sektoren bestehendes Glücksrad, bei dem ein Erfolg mit der Wahrscheinlichkeit p und ein Nichterfolg mit der Wahrscheinlichkeit $1-p$ eintritt. Das Glücksrad wird n-mal gedreht. Wie groß ist die Wahrscheinlichkeit, dabei genau k Erfolge zu erhalten?

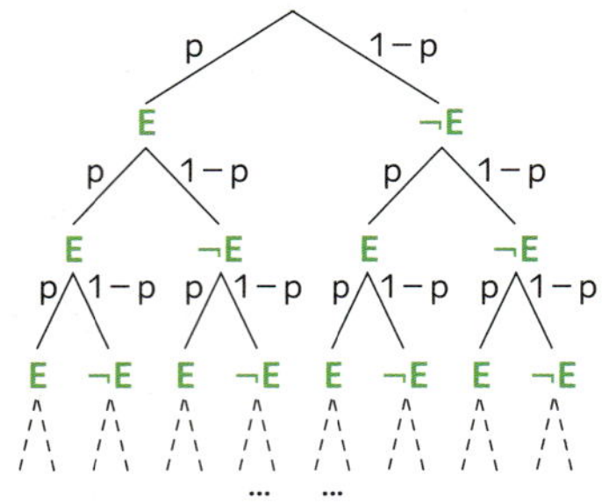

Das Bernoulli-Experiment besteht im n-maligen Drehen des Glücksrads unter gleichen Bedingungen. Wir stellen den Anfangsverlauf dieses Bernoulli-Experiments durch das nebenstehende Baumdiagramm dar.

- Jeder Ausgang des Bernoulli-Experiments, der k Erfolge enthält, entspricht einem von der Spitze ausgehenden Weg, der aus n Strecken besteht und in dem das Ereignis E genau k-mal auftritt.
- Jeder Ausgang des Bernoulli-Experiments, der k Erfolge enthält, tritt nach der Multiplikationsregel für Versuchsausgänge mit der Wahrscheinlichkeit $p^k \cdot (1-p)^{n-k}$ ein.
- Jeder Ausgang des Bernoulli-Experiments, der k Erfolge enthält, entspricht einem aus den Symbolen E und ¬E gebildeten Wort der Länge n, in dem E genau k-mal vorkommt. Da es genau $\binom{n}{k}$ solche Wörter gibt, gibt es genau $\binom{n}{k} \cdot p^k \cdot (1-p)^{n-k}$ Versuchsausgänge, in denen ein Erfolg genau k-mal vorkommt. Also gilt: $P(H=k) = \binom{n}{k} \cdot p^k \cdot (1-p)^{n-k}$.

Da man anstelle des Ereignispaares „Erfolg und Nichterfolg" jedes beliebige Ereignispaar „E und ¬E" nehmen kann, haben wir durch unsere Überlegungen bewiesen:

Satz

Wird ein Zufallsversuch n-mal unter gleichen Bedingungen durchgeführt und tritt dabei ein Ereignis E jedes Mal mit der Wahrscheinlichkeit p ein, dann gilt für die absolute Häufigkeit H des Eintretens von E:

$$\mathbf{P(H=k) = \binom{n}{k} \cdot p^k \cdot (1-p)^{n-k}} \quad \text{(für } 0 \leq k \leq n\text{)}$$

Mit Hilfe dieser Formel kann man für jeden Wert k der Zufallsvariablen H die Wahrscheinlichkeit $P(H=k)$ berechnen. Dadurch ist eine Wahrscheinlichkeitsverteilung von H festgelegt, die man beispielsweise durch eine Tabelle oder ein Stabdiagramm darstellen kann.

Definition (Binomialverteilung)

Sei H eine Zufallsvariable mit den möglichen Werten 0, 1, 2, …, n. Wird jedem Wert k die Wahrscheinlichkeit

$$\mathbf{P(H=k) = \binom{n}{k} \cdot p^k \cdot (1-p)^{n-k}} \quad \text{(mit } 0 \leq k \leq n \text{ und } 0 \leq p \leq 1\text{)}$$

zugeordnet, dann bezeichnet man die dadurch festgelegte Wahrscheinlichkeitsverteilung als **Binomialverteilung mit den Parametern n** und **p**.
Die Zufallsvariable H nennt man **binomialverteilt mit den Parametern n** und **p**.

Unter Benutzung dieser Definition folgt aus dem obigen Satz die Merkregel:

Merke: Wird ein Zufallsversuch n-mal unter gleichen Bedingungen durchgeführt und tritt dabei ein Ereignis E jedes Mal mit der Wahrscheinlichkeit p ein, dann ist die absolute Häufigkeit H des Eintretens von E binomialverteilt mit den Parametern n und p.

BEMERKUNG: Eine binomialverteilte Zufallsvariable wird oft mit X bezeichnet. In diesem Buch bevorzugen wir die Bezeichnung H, weil eine binomialverteilte Zufallsvariable bei allen Aufgaben zur Binomialverteilung als absolute Häufigkeit aufgefasst werden kann.

11.34 Ein Würfel wird zehnmal geworfen. H die absolute Häufigkeit der Augenzahl 6 bei diesen Würfen. Berechne die folgende Wahrscheinlichkeit:

a) $P(H=3)$ **b)** $P(H \leqslant 1)$ **c)** $P(H \geqslant 1)$ **d)** $P(3 \leqslant H \leqslant 5)$

LÖSUNG: Der Versuch (Wurf des Würfels) wird zehnmal durchgeführt und bei jedem Versuch tritt die Augenzahl 6 mit der Wahrscheinlichkeit $\frac{1}{6}$ auf.

Nach dem letzten Satz ist H somit binomialverteilt mit $n=10$ und $p=\frac{1}{6}$.

a) $P(H=3)=\binom{10}{3}\cdot\left(\frac{1}{6}\right)^3\cdot\left(\frac{5}{6}\right)^7 \approx 0{,}155$

b) Da die Ereignisse $H=0$ und $H=1$ einander ausschließen, gilt:

$$P(H \leqslant 1)=P(H=0 \lor H=1)=P(H=0)+P(H=1)=$$
$$=\binom{10}{0}\cdot\left(\frac{1}{6}\right)^0\cdot\left(\frac{5}{6}\right)^{10}+\binom{10}{1}\cdot\left(\frac{1}{6}\right)^1\cdot\left(\frac{5}{6}\right)^9 \approx 0{,}485$$

c) $P(H \geqslant 1)=P(H=1 \lor H=2 \lor \ldots \lor H=10)=P(H=1)+P(H=2)+\ldots+P(H=10)$

Diese Rechnung ist aufwändig. Einfacher geht es so:

$$P(H \geqslant 1)=1-P(H=0)=1-\binom{10}{0}\cdot\left(\frac{1}{6}\right)^0\cdot\left(\frac{5}{6}\right)^{10} \approx 0{,}838$$

d) $P(3 \leqslant H \leqslant 5)=P(H=3)+P(H=4)+P(H=5)=$

$$=\binom{10}{3}\cdot\left(\frac{1}{6}\right)^3\cdot\left(\frac{5}{6}\right)^7+\binom{10}{4}\cdot\left(\frac{1}{6}\right)^4\cdot\left(\frac{5}{6}\right)^6+\binom{10}{5}\cdot\left(\frac{1}{6}\right)^5\cdot\left(\frac{5}{6}\right)^5 \approx 0{,}222$$

11.35 Über eine elektronische Datenleitung wird ein Zeichen nur mit einer Wahrscheinlichkeit von 98 % fehlerfrei übertragen. Berechne die Wahrscheinlichkeit, dass bei einer aus 100 Zeichen bestehenden Zeichenkette mindestens ein Zeichen fehlerhaft übertragen wird!

LÖSUNG: Der Versuch (Übertragung eines Zeichens) wird 100-mal durchgeführt und bei jedem Versuch passiert mit der Wahrscheinlichkeit 0,02 ein Fehler. Die Häufigkeit H der Fehler unter den 100 übertragenen Zeichen ist daher binomialverteilt mit $n=100$ und $p=0{,}02$. Daraus folgt:

$$P(H=0)=\binom{100}{0}\cdot 0{,}02^0\cdot 0{,}98^{100} \approx 0{,}133$$

$$P(H \geqslant 1)=1-P(H=0)\approx 1-0{,}133=0{,}867$$

T kompakt Seite 228

Mit **Technologieeinsatz** können Wahrscheinlichkeiten der Form $P(H=k)$, $P(H \leqslant k)$, $P(H \geqslant k)$ oder $P(a \leqslant H \leqslant b)$ ebenso ermittelt werden. Erforderlich ist dazu die Eingabe von n, p und k bzw. a und b. Auch kann die Verteilung von H durch ein Stabdiagramm dargestellt werden. Siehe dazu die genaueren Beschreibungen auf Seite 228!

Für $n=10$ und $n=20$ und verschiedene Werte von p können die Wahrscheinlichkeiten $P(H=k)$, $P(H \leqslant k)$ und $P(H \geqslant k)$ auch aus den Tabellen auf den Seiten 264–266 abgelesen werden.

11.36 In einem Behälter sind 500 Kugeln, von denen 25 weiß sind. Es werden 10 Kugeln blind gezogen. Berechne die Wahrscheinlichkeit, zwei weiße Kugeln zu erhalten, wenn **a)** mit Zurücklegen, **b)** ohne Zurücklegen gezogen wird!

LÖSUNG:

Es sei H die absolute Häufigkeit der weißen Kugeln unter den 10 gezogenen Kugeln.

a) Da nach jedem Zug zurückgelegt wird, wird der Versuch (Ziehen einer Kugel) stets unter gleichen Bedingungen durchgeführt. Somit ist H binomialverteilt mit $n = 10$ und $p = \frac{25}{500} = 0{,}05$. Wir erhalten: $P(H = 2) = \binom{10}{2} \cdot 0{,}05^2 \cdot 0{,}95^8 = 45 \cdot 0{,}05^2 \cdot 0{,}95^8 \approx 0{,}075$

b) Da nach den einzelnen Zügen nicht zurückgelegt wird, wird der Versuch (Ziehen einer Kugel) nicht jedes Mal unter genau den gleichen Bedingungen durchgeführt. Die Zufallsvariable H ist also nicht exakt binomialverteilt. Da aber die Stichprobe (Menge der gezogenen Kugeln) klein im Vergleich zur Grundgesamtheit (Menge aller Kugeln) ist, spielt es keine große Rolle, dass vor einem Zug schon einige Kugeln entnommen worden sind. Man kann also annehmen, dass H wenigstens näherungsweise binomialverteilt mit $n = 10$ und $p = 0{,}05$ ist.

Man erhält damit: $P(H = 2) \approx \binom{10}{2} \cdot 0{,}05^2 \cdot 0{,}95^8 = 45 \cdot 0{,}05^2 \cdot 0{,}95^8 \approx 0{,}075$

Merke

- Entspricht eine Versuchsserie einem mehrmaligen **Ziehen mit Zurücklegen**, so ist die untersuchte Häufigkeit H **exakt binomialverteilt** und es gilt: $P(H = k) = \binom{n}{k} \cdot p^k \cdot (1 - p)^{n-k}$
- Entspricht eine Versuchsserie einem mehrmaligen **Ziehen ohne Zurücklegen** und ist die **Stichprobe klein im Vergleich zur Grundgesamtheit**, so ist die untersuchte Häufigkeit H **annähernd binomialverteilt** und es gilt: $P(H = k) \approx \binom{n}{k} \cdot p^k \cdot (1 - p)^{n-k}$

R

AUFGABEN

Arbeitsblatt xy2kt9

11.37 Ein Würfel wird viermal geworfen. Berechne die Wahrscheinlichkeit, dass die Augenzahl 6 **a)** nie, **b)** genau einmal, **c)** genau zweimal, **d)** genau dreimal, **e)** genau viermal kommt!

11.38 Max spielt beim Roulette nur so genannte „einfache Chancen", das sind Ereignisse mit der Wahrscheinlichkeit $\frac{18}{37}$ (zum Beispiel „rouge" oder „pair"). Berechne die Wahrscheinlichkeit, dass Max bei 8 Spielen **a)** nie, **b)** genau dreimal, **c)** genau sechsmal gewinnt!

11.39 An einem Automaten gewinnt man bei 30 % aller Spiele. Berechne die Wahrscheinlichkeit, dass man acht von **a)** 10 Spielen, **b)** 20 Spielen gewinnt!

11.40 Eine Münze wird 20-mal geworfen. Berechne die Wahrscheinlichkeit, dass „Zahl" **a)** genau 10-mal, **b)** öfter als 16-mal, **c)** höchstens 3-mal, **d)** mindestens 4-mal, aber höchstens 6-mal kommt!

11.41 Zu Schuljahresbeginn macht Anja einen Wortschatz-Kurztest für Italienisch. Sie schätzt, dass sie 70 % aller Vokabeln aus den vorhergehenden Lernjahren beherrscht. Berechne die Wahrscheinlichkeit, dass Anja von den 10 präsentierten Testvokabeln mindestens 8 kennt!

11.42 Bei einer Prüfung sind 10 Fragen mit „ja" oder „nein" zu beantworten. Ein Schüler beantwortet die Fragen blind, dh. er wählt die Antwort „ja" bzw. „nein" jeweils mit der Wahrscheinlichkeit 0,5. Berechne die Wahrscheinlichkeit, dass er von 10 gestellten Fragen **a)** mindestens 5, **b)** mindestens 7, **c)** alle 10 richtig beantwortet!

11.43 Einer Studie zufolge sollen ca. 40 % der Menschen Linkshänder sein. Berechne, mit welcher Wahrscheinlichkeit man demnach unter 20 zufällig ausgewählten Personen gleich viele Links- wie Rechtshänder finden würde!

11.44 Adrian bewirbt sich um eine Arbeitsstelle. Die Firma führt einen Test mit 10 Fragen durch. Zu jeder Frage werden vier Antworten zur Auswahl angeboten, von denen immer nur eine richtig ist. Adrian hat keine Ahnung und kreuzt zufällig an. Berechne die Wahrscheinlichkeit, mit der er den Test bestehen wird, wenn dafür **a)** mindestens fünf richtige Antworten, **b)** mindestens sechs richtige Antworten verlangt werden!

11.45 Der Online-Versand *BücherDirekt* weiß durch Auswertung des Online-Verhaltens seiner Kunden, dass ca. 60 % der Besucher der *BücherDirekt*-Homepage auch eine Ware bestellen. Berechne die Wahrscheinlichkeit, dass von 10 Besuchern der *BücherDirekt*-Homepage
a) höchstens 4, **b)** mindestens 8 eine Ware bestellen!

11.46 Die Verkehrsgesellschaft einer Stadt geht davon aus, dass ca. 5 % der Fahrgäste in der U-Bahn keinen Fahrschein haben. Ein Kontrollor überprüft 20 Fahrgäste. Berechne die Wahrscheinlichkeit, dass er
a) mindestens einen Fahrgast ohne Fahrschein,
b) weniger als 3 Fahrgäste ohne Fahrschein,
c) genau 3 Fahrgäste ohne Fahrschein antreffen wird!

11.47 Durch Anwendung des neuen Medikaments *PulmoSan* kann eine Infektionskrankheit der Lunge zu 70 % geheilt werden. Berechne die Wahrscheinlichkeit, dass von 10 zufällig ausgewählten Personen, die an dieser Krankheit leiden und mit *PulmoSan* behandelt werden,
a) mindestens 2, **b)** mindestens 4, **c)** mindestens 6 gesund werden!

11.48 Die Fluglinie *UpAndAway* weiß aus Erfahrung, dass ca. 85 % der Flüge auf einer bestimmten Route ausgebucht sind. Nun sind 85 % von 10 Flügen gerade 8,5 Flüge. Entscheide, ob man hier auf- oder abrunden soll, dh. ob von 10 Flügen 9 oder 8 ausgebuchte Flüge wahrscheinlicher sind!

11.49 Bei einem parapsychologischen Test sollen die „außersinnlichen" Fähigkeiten eines „Mediums" so geprüft werden: Aus einem gut gemischten, neuen Kartenspiel mit 32 Karten wird eine Karte verdeckt gezogen. Das „Medium" soll die „Farbe" der Karte (Herz, Karo, Treff oder Pik) nennen. Bei 10 aufeinanderfolgenden Durchführungen dieses Versuchs erzielte das „Medium" 7 Treffer. Liegen beim „Medium" außersinnliche Fähigkeiten vor? Argumentiere!

11.50 Unter den 600 Jugendlichen einer Schule sind 40 blauäugig. Es werden fünf Jugendliche aus dieser Schule zufällig ausgewählt. Berechne die Wahrscheinlichkeit, dass unter den ausgewählten Jugendlichen **a)** kein Blauäugiger ist, **b)** genau ein Blauäugiger ist,
c) genau zwei Blauäugige sind!

11.51 *PizzaFrost* erzeugt Tiefkühlpizzas in Fließbandproduktion. 5 % der erzeugten Pizzas sind nicht zum Verkauf geeignet und damit Ausschuss. Zur Qualitätskontrolle werden der Erzeugung 10 fertige Pizzas entnommen. Berechne die Wahrscheinlichkeit, dass darunter
a) null, **b)** genau zwei, **c)** genau sechs, **d)** lauter Ausschusspizzas sind!

11.52 Das Medikament *DermaCur* wirkt erfahrungsgemäß nur bei 50 % aller Patienten. Aus einer großen Menge von Patienten, die mit *DermaCur* behandelt werden, wählt man zufällig eine Kontrollgruppe von 20 Patienten aus. Berechne, ob es wahrscheinlicher ist, in der Kontrollgruppe genau zwei Personen zu finden, bei denen *DermaCur* wirkt, oder genau acht Personen!

R

Typische Formen von Binomialverteilungen

Lernapplet k3gh9y

In den folgenden Abbildungen sind fünf Binomialverteilungen mit $n = 7$ dargestellt. Man sieht: Für $p = 0{,}5$ ist die Verteilung symmetrisch, für $p < 0{,}5$ überwiegen die Häufigkeiten weiter links, für $p > 0{,}5$ jene weiter rechts.

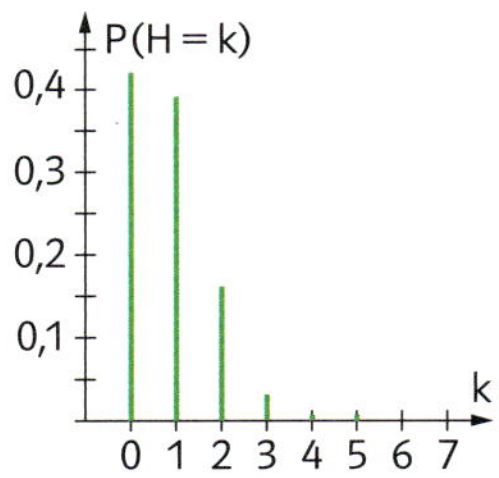

$p = 0{,}12$

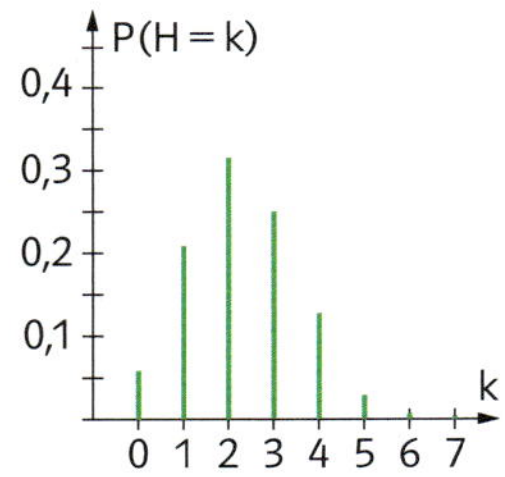

$p = 0{,}33$

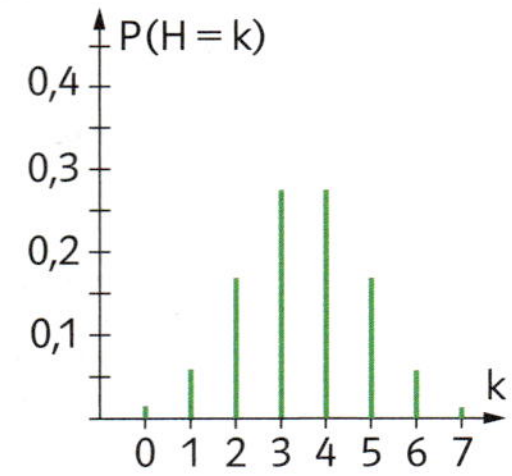

$p = 0{,}5$

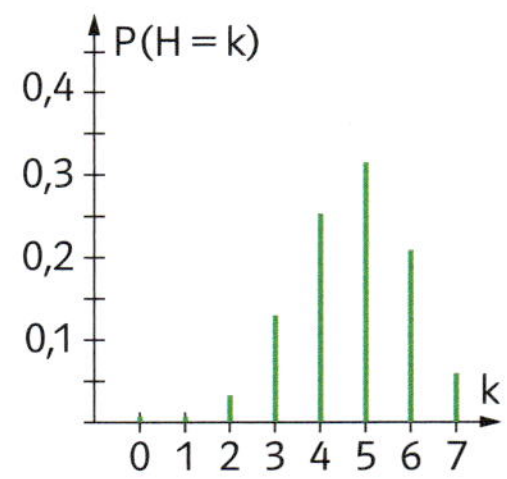

$p = 0{,}66$

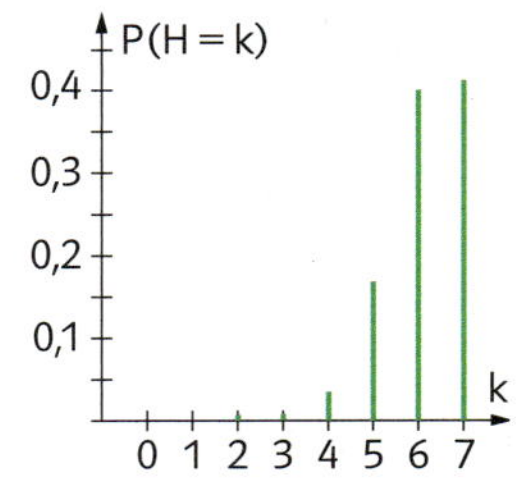

$p = 0{,}88$

Eine Binomialverteilung mit $p = 0{,}5$ kann man näherungsweise durch ein **Galton-Brett** visualisieren (benannt nach Francis Galton, 1822–1911). Dieses besteht aus einem senkrecht aufgestellten Brett, in das Nägel (oder andere Hindernisse) geschlagen sind. An der Spitze wird eine Kugel losgelassen. Diese trifft in jeder Schicht auf genau einen Nagel und wird dabei nach rechts oder nach links abgelenkt. Nach der n-ten Schicht (beginnend mit $n = 0$) landet die Kugel in einem der Fächer, die mit den Nummern 0, 1, 2, …, n beschriftet sind.

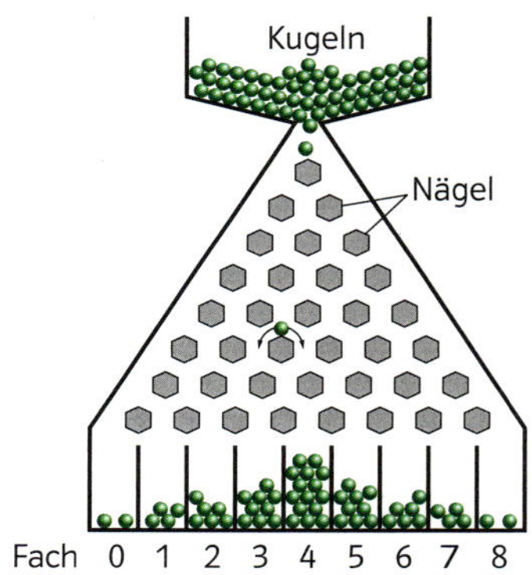

Francis Galton
(1822–1911)

Der Zufallsversuch besteht hier aus dem Fallenlassen der Kugel auf einen Nagel. Dieser Versuch wird n-mal (in jeder Schicht) unter den gleichen Bedingungen wiederholt. Dabei erfährt die Kugel jedes Mal mit der Wahrscheinlichkeit $p = 0{,}5$ eine Rechtsablenkung. Die Wahrscheinlichkeit, genau k Rechtsablenkungen zu erfahren und damit im k-ten Fach zu landen, ist somit gleich $\binom{n}{k} \cdot 0{,}5^k \cdot 0{,}5^{n-k}$. Wenn man sehr viele Kugeln fallen lässt, ist die relative Häufigkeit der Kugeln im k-ten Fach annähernd gleich dieser Wahrscheinlichkeit. Die Verteilung der Kugeln nimmt somit näherungsweise die Form einer Binomialverteilung mit den Parametern n und $p = 0{,}5$ an.

AUFGABEN

11.53 Zeige: Für $p = 0{,}5$ gilt $P(H = k) = P(H = n - k)$ für alle k mit $0 \leq k \leq n$. Dh. eine Binomialverteilung mit $p = 0{,}5$ ist symmetrisch.

11.54 In den folgenden Tabellen sind fünf Binomialverteilungen A, B, C, D und E mit $n = 4$ dargestellt, wobei $P(H = k)$ jeweils auf vier Nachkommastellen gerundet wurde. Ordne die Verteilungen nach steigenden Werten des Parameters p!

A

k	P(H = k)
0	0,0016
1	0,0256
2	0,1536
3	0,4096
4	0,4096

B

k	P(H = k)
0	0,1296
1	0,3456
2	0,3456
3	0,1536
4	0,0256

C

k	P(H = k)
0	0,0256
1	0,1536
2	0,3456
3	0,3456
4	0,1296

D

k	P(H = k)
0	0,0625
1	0,2500
2	0,3750
3	0,2500
4	0,0625

E

k	P(H = k)
0	0,4096
1	0,4096
2	0,1536
3	0,0256
4	0,0016

Erwartungswert und Varianz einer binomialverteilten Zufallsvariablen

11.55 Es sei H eine binomialverteilte Zufallsvariable mit den Parametern n und p.
Berechne den Erwartungswert μ und die Varianz σ^2 von H für **1)** $n = 2$, **2)** $n = 3$!

T kompakt Seite 228

LÖSUNG:

1) Die Zufallsvariable H kann die Werte 0, 1, 2 annehmen. Wir berechnen zuerst:

$$p_0 = P(H = 0) = \binom{2}{0} \cdot p^0 \cdot (1 - p)^2 = (1 - p)^2$$

$$p_1 = P(H = 1) = \binom{2}{1} \cdot p^1 \cdot (1 - p)^1 = 2p(1 - p)$$

$$p_2 = P(H = 2) = \binom{2}{2} \cdot p^2 \cdot (1 - p)^0 = p^2$$

Damit ergibt sich:

$$\mu = 0 \cdot p_0 + 1 \cdot p_1 + 2 \cdot p_2 = 2p(1 - p) + 2p^2 = 2p$$
$$\sigma^2 = [0^2 \cdot p_0 + 1^2 \cdot p_1 + 2^2 \cdot p_2] - \mu^2 = [2p(1 - p) + 4p^2] - 4p^2 = 2p(1 - p)$$

2) Die Zufallsvariable H kann die Werte 0, 1, 2, 3 annehmen. Zeige selbst:
$p_0 = P(H = 0) = (1 - p)^3$, $p_1 = P(H = 1) = 3p(1 - p)^2$, $p_2 = P(H = 2) = 3p^2(1 - p)$, $p_3 = P(H = 3) = p^3$

Damit erhält man:

$$\mu = 0 \cdot p_0 + 1 \cdot p_1 + 2 \cdot p_2 + 3 \cdot p_3 = 3p(1 - p)^2 + 6p^2(1 - p) + 3p^3 = 3p$$
$$\sigma^2 = [0^2 \cdot p_0 + 1^2 \cdot p_1 + 2^2 \cdot p_2 + 3^2 \cdot p^3] - \mu^2 = [3p(1 - p)^2 + 12p^2(1 - p) + 9p^3] - 9p^2 = 3p(1 - p)$$

Die letzte Aufgabe führt zur Vermutung, dass für eine binomialverteilte Zufallsvariable H mit den Parametern n und p gilt:

$$\mu = n \cdot p \quad \text{und} \quad \sigma^2 = n \cdot p \cdot (1 - p)$$

Diese Vermutung lässt sich beweisen.

Satz

Ist H eine binomialverteilte Zufallsvariable mit den Parametern n und p, dann gilt für den **Erwartungswert μ** und die **Varianz σ^2** von H:

$$\mu = E(H) = n \cdot p, \qquad \sigma^2 = V(H) = n \cdot p \cdot (1 - p)$$

AUFGABEN

11.56 Fußball-Toto kann in Österreich zweimal wöchentlich gespielt werden. Pro Toto-Runde stehen 18 Spiele auf dem Toto-Schein. Für die ersten fünf Spiele muss jeweils ein Tipp abgegeben werden. Von den restlichen Spielen müssen acht ausgewählt und getippt werden. Als Tippmöglichkeiten stehen zur Verfügung:

1 (Heimmannschaft gewinnt)
2 (Gastmannschaft gewinnt)
X (Spiel endet unentschieden)

Max füllt einen Totoschein korrekt, aber völlig zufällig aus.
Berechne, wie viele richtige Tipps er auf seinem Totoschein erwarten kann!

11.57 Es wird 20-mal gewürfelt. H ist die Anzahl der dabei erhaltenen Sechser.

1) Berechne den Erwartungswert μ, die Varianz σ^2 und die Standardabweichung σ von H!
2) Berechne die Wahrscheinlichkeit, dass H größer als $\mu + \sigma$ ist!

11.58 Eine Münze wird sechsmal geworfen. H ist die dabei erhaltene absolute Häufigkeit von „Zahl".

1) Berechne den Erwartungswert μ, die Varianz σ^2 und die Standardabweichung σ von H!
2) Berechne die Wahrscheinlichkeit, dass H kleiner als $\mu - \sigma$ ist!

11.59 Ein Roulettespieler setzt 20-mal hintereinander auf „Rot". H ist die absolute Häufigkeit, mit der „Rot" dabei eintritt.

1) Berechne den Erwartungswert μ, die Varianz σ^2 und die Standardabweichung σ von H!
2) Berechne die Wahrscheinlichkeit, dass $\mu - \sigma \leq H \leq \mu + \sigma$ ist!

11.60 Eine Maschine produziert Elektronikbauteile mit 10 % Ausschussanteil. Der Produktion werden zufällig 20 Bauteile entnommen. H ist die absolute Häufigkeit der Ausschussstücke in der Stichprobe.

1) Berechne den Erwartungswert μ, die Varianz σ^2 und die Standardabweichung σ von H!
2) Berechne die Wahrscheinlichkeit, dass H außerhalb des Intervalls $[\mu - \sigma; \mu + \sigma]$ liegt!

11.61 In einer Grundgesamtheit von 10 000 Losen befinden sich 75 % Nieten. Jemand zieht 20 Lose. H ist die dabei erhaltene absolute Häufigkeit der Nieten.

1) Berechne den Erwartungswert μ, die Varianz σ^2 und die Standardabweichung σ von H!
2) Berechne die Wahrscheinlichkeit, dass H um 1 kleiner ist als μ!

11.62 Die Energiesparlampenproduktion eines Leuchtmittelherstellers enthält erfahrungsgemäß 12 % „Montagslampen", dh. Lampen mit deutlich kürzerer Lebensdauer.

1) Berechne die Wahrscheinlichkeit, dass die Anzahl der „Montagslampen" in einer Stichprobe von 20 zufällig ausgewählten Lampen größer als $\mu + \sigma$ ist!
2) Wie viele Lampen müsste die Stichprobe enthalten, um in ihr mit mehr als 95 %iger Wahrscheinlichkeit mindestens eine „Montagslampe" zu finden?

11.63 Die Zufallsvariable H ist binomialverteilt mit den Parametern n und p.
Zeige: $\mu \leq n$ und $\sigma^2 \leq \frac{n}{4}$
HINWEIS: Ermittle den größtmöglichen Wert der Funktion f mit $f(p) = p \cdot (1 - p)$ im Intervall $[0; 1]$!

11.3 WEITERE DISKRETE WAHRSCHEINLICHKEITSVERTEILUNGEN

Die geometrische Verteilung

11.64 T kompakt Seite 228 Im nebenstehend abgebildeten Glücksrad bleibt der Zeiger im roten Sektor mit der Wahrscheinlichkeit p und im blauen Sektor mit der Wahrscheinlichkeit $1-p$ stehen. Das Glücksrad wird mehrmals gedreht. Berechne die Wahrscheinlichkeit, dass der Zeiger zum ersten Mal **a)** bei der dritten Drehung, **b)** bei der k-ten Drehung im roten Sektor stehen bleibt?

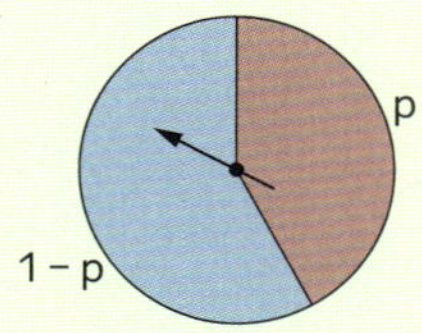

LÖSUNG:

Wir zeichnen das nebenstehende Baumdiagramm, das man sich ohne Ende fortgesetzt denken kann. Ist H die Häufigkeit der erforderlichen Drehungen bis zum ersten Stillstand des Zeigers im roten Sektor, dann gilt:

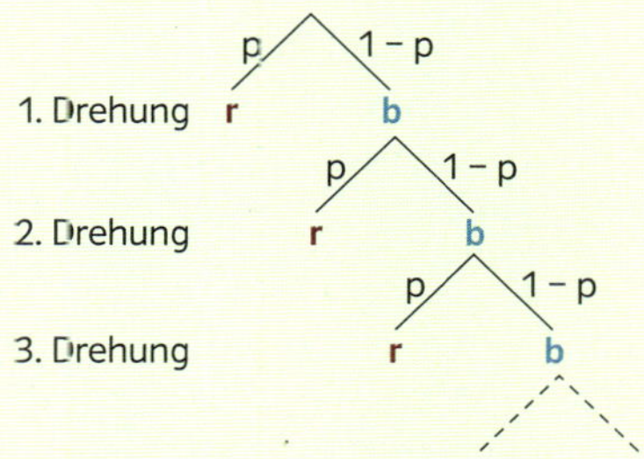

a) $P(H=3)=(1-p)\cdot(1-p)\cdot p=(1-p)^2\cdot p$

b) $P(H=k)=\underbrace{(1-p)\cdot(1-p)\cdot\ldots\cdot(1-p)}_{(k-1)\text{ gleiche Faktoren}}\cdot p=(1-p)^{k-1}\cdot p$

Satz

Bei einem Zufallsversuch tritt ein Ereignis E mit der Wahrscheinlichkeit p ein. Der Versuch wird n-mal **unter den gleichen Bedingungen** durchgeführt. Ist H die Anzahl der Versuchsdurchführungen bis zum erstmaligen Eintreten von E, dann gilt:

$$\mathbf{P(H=k)=(1-p)^{k-1}\cdot p} \quad (\text{für } k=1, 2, 3, \ldots)$$

Definition

Sei H eine Zufallsvariable mit den möglichen Werten 1, 2, 3, …. Wird jedem Wert $k\in\mathbb{N}^*$ die Wahrscheinlichkeit

$$\mathbf{P(H=k)=(1-p)^{k-1}\cdot p}$$

zugeordnet, dann bezeichnet man die dadurch festgelegte Wahrscheinlichkeitsverteilung als **geometrische Verteilung mit dem Parameter p**.
Die Zufallsvariable H nennt man **geometrisch verteilt mit dem Parameter p**.

Formeln für Erwartungswert und Varianz dieser Verteilung geben wir ohne Beweis an:

Satz: Für eine geometrisch verteilte Zufallsvariable H mit dem Parameter p gilt:

$$\mathbf{E(H)=\mu=\frac{1}{p}} \qquad \mathbf{V(H)=\sigma^2=\frac{1-p}{p^2}}$$

AUFGABEN

11.65 Beim Spiel „Mensch ärgere dich nicht" darf man mit dem eigenen Spielstein erst ins Spiel kommen, wenn man einen Sechser würfelt. Dazu hat man drei Versuche. Berechne die Wahrscheinlichkeit, dass dies **a)** bereits beim ersten Wurf **b)** erst beim zweiten Wurf, **c)** erst beim dritten Wurf, **d)** nicht gelingt! Wie viele Würfe wären zu erwarten?

Die hypergeometrische Verteilung

Einen Tipp beim Lotto „6 aus 45" erhält man durch Ankreuzen von sechs Zahlen aus der Menge {1, 2, 3, …, 45} auf einem Wettschein. Bei der Lotto-Ziehung werden dann die sechs Gewinnzahlen ermittelt. Die getippten Zahlen, die mit den Gewinnzahlen übereinstimmen, nennen wir „Treffer".

11.66 Oskar gibt bei einer Runde des österreichischen Lottos „6 aus 45" einen Tipp ab. Er kreuzt sechs Zahlen an. Berechne die Wahrscheinlichkeit, dass er sechs Treffer hat!

T kompakt Seite 228

LÖSUNG: Die sechs Zahlen von Oskars Tipp bilden eine sechselementige Teilmenge der Menge {1, 2, 3, …, 45}. Es gibt $\binom{45}{6} = 8\,145\,060$ solche Teilmengen. Da alle diese Teilmengen gleich wahrscheinlich sind, besitzt das Ereignis, dass gerade die von Oskar angegebene Teilmenge bei der Lottoziehung auftritt, die Wahrscheinlichkeit $\frac{1}{8\,145\,060} \approx 0{,}000\,000\,123$.

11.67 Julia gibt bei einer Runde des Lottos „6 aus 45" ebenfalls einen Tipp ab. Berechne die Wahrscheinlichkeit, dass sie unter den sechs angekreuzten Zahlen genau vier Treffer hat!

LÖSUNG:

- Es gibt insgesamt $\binom{45}{6}$ mögliche Tipps.
- Julia hat genau vier Treffer und zwei Nichttreffer, wenn ihr Tipp vier der sechs ermittelten Gewinnzahlen und zwei der 39 verbleibenden Zahlen enthält.
  Die 4 Treffer können auf $\binom{6}{4}$ Arten, die 2 Nichttreffer auf $\binom{39}{2}$ Arten auftreten.
- Da jede der $\binom{6}{4}$ Arten für die Treffer mit jeder der $\binom{39}{2}$ Arten für die Nichttreffer kombiniert werden kann, gibt es nach der Produktregel $\binom{6}{4} \cdot \binom{39}{2}$ Tipps mit genau 4 Treffern.
- Die Wahrscheinlichkeit, dass Julias Tipp genau 4 Treffer enthält, beträgt daher
  $\frac{\binom{6}{4} \cdot \binom{39}{2}}{\binom{45}{6}} = \frac{15 \cdot 741}{8\,145\,060} \approx 0{,}00136.$

11.68 In einer Urne sind N Kugeln, von denen M rot und N – M blau sind. Aus der Urne werden n Kugeln zufällig gezogen. Berechne die Wahrscheinlichkeit, dass sich unter den gezogenen Kugeln genau k rote Kugeln befinden!

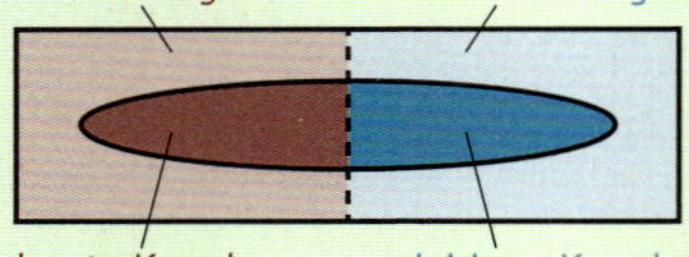

LÖSUNG:

- Es gibt insgesamt $\binom{N}{n}$ mögliche Auswahlen von n Kugeln aus der Urne.
- Bei einer Auswahl erhält man genau k rote Kugeln, wenn k Kugeln rot und n – k Kugeln blau sind. Die k roten Kugeln können auf $\binom{M}{k}$ Arten, die n – k blauen Kugeln auf $\binom{N-M}{n-k}$ Arten erhalten werden.
- Da jede der $\binom{M}{k}$ Arten für die roten Kugeln mit jeder der $\binom{N-M}{n-k}$ Arten für die blauen Kugeln kombiniert werden kann, gibt es nach der Produktregel $\binom{M}{k} \cdot \binom{N-M}{n-k}$ mögliche Auswahlen mit genau k roten Kugeln.
- Die Wahrscheinlichkeit, genau k rote Kugeln zu erhalten, beträgt daher $\frac{\binom{M}{k} \cdot \binom{N-M}{n-k}}{\binom{N}{n}}$.

Da man anstelle der Eigenschaften „rot“ und „blau“ eine beliebige Eigenschaft E und ihr Gegenteil ¬E zugrundelegen kann, gilt allgemein:

Satz

In einer Menge von N Objekten haben M Objekte die Eigenschaft E und N − M Objekte die Eigenschaft ¬E . Aus der Menge der N Objekte werden n Objekte zufällig ausgewählt. Ist H die absolute Häufigkeit der dabei erhaltenen Objekte mit der Eigenschaft E, dann gilt:

$$\mathbf{P(H=k)=\frac{\binom{M}{k}\cdot\binom{N-M}{n-k}}{\binom{N}{n}}}$$

Definition

Sei H eine Zufallsvariable mit den möglichen Werten 0, 1, 2, …, N. Wird jedem Wert k die Wahrscheinlichkeit

$$P(H=k)=\frac{\binom{M}{k}\cdot\binom{N-M}{n-k}}{\binom{N}{n}} \quad (\text{mit } 1\leq M\leq N, 1\leq n\leq N, 0\leq k\leq n, n-k\leq N-M)$$

zugeordnet, dann bezeichnet man die dadurch festgelegte Wahrscheinlichkeitsverteilung als **hypergeometrische Verteilung** mit den **Parametern N**, **M** und **n**.
Die Zufallsvariable H nennt man **hypergeometrisch verteilt** mit den **Parametern N**, **M** und **n**.

Damit können wir die Merksätze auf Seite 220 in folgender Weise erweitern:

Merke

- Entspricht eine Versuchsserie einem mehrmaligen **Ziehen mit Zurücklegen**, so ist die untersuchte Häufigkeit H **exakt binomialverteilt** und es gilt: $P(H=k)=\binom{n}{k}\cdot p^k\cdot(1-p)^{n-k}$
- Entspricht eine Versuchsserie einem mehrmaligen **Ziehen ohne Zurücklegen** und ist die **Stichprobe klein** im Vergleich zur Grundgesamtheit, so ist die untersuchte Häufigkeit H **annähernd binomialverteilt** und es gilt: $P(H=k)\approx\binom{n}{k}\cdot p^k\cdot(1-p)^{n-k}$.
- Entspricht eine Versuchsserie einem mehrmaligen **Ziehen ohne Zurücklegen** und ist die **Stichprobe nicht klein im Vergleich zur Grundgesamtheit**, so ist die untersuchte Häufigkeit H **hypergeometrisch verteilt** und es gilt: $P(H=k)=\frac{\binom{M}{k}\cdot\binom{N-M}{n-k}}{\binom{N}{n}}$

Man kann beweisen:

Satz: Für eine hypergeometrisch verteilte Zufallsvariable H mit den Parametern N, M und n gilt:

$$\mathbf{E(H)=\mu=n\cdot\frac{M}{N}} \qquad \mathbf{V(H)=\sigma^2=n\cdot\frac{M}{N}\cdot\left(1-\frac{M}{N}\right)\cdot\frac{N-n}{N-1}}$$

AUFGABEN

11.69 In einer Urne sind 15 Gewinnlose und 5 Nieten. Es werden 8 Lose blind entnommen.
a) Wie viele Gewinnlose sind dabei zu erwarten?
b) Berechne die Wahrscheinlichkeit, dabei genau vier Gewinnlose zu erhalten!
c) Berechne die Wahrscheinlichkeit, dabei sechs Gewinnlose und zwei Nieten zu erhalten!

11.70 Die 7a-Klasse besuchen 10 Schülerinnen und 10 Schüler. Für einen Kompetenzcheck werden acht Klassenmitglieder zufällig ausgewählt. Berechne die Wahrscheinlichkeit, dass auch die Stichprobe gleiche viele Schülerinnen wie Schüler enthält!

R TECHNOLOGIE KOMPAKT

GEOGEBRA

n-Faktorielle berechnen

x= CAS-Ansicht:
Eingabe: n! – Werkzeug [=]
Ausgabe → *n-Faktorielle*

Binomialkoeffizient berechnen

x= CAS-Ansicht:
Eingabe: Binomialkoeffizient(*n*, *k*) – Werkzeug [=]
Ausgabe → *Binomialkoeffizient* $\binom{n}{k}$

Wahrscheinlichkeiten bei einer binomialverteilten Zufallsvariablen mit den Parametern n und p berechnen

Wahrscheinlichkeitsrechner:

Auswahl: Binomial

Eingabe: n *n* [ENTER] p *p* [ENTER]

Auswahl:] für P(H ≤ k) bzw. [für P(H ≥ k)
[ ] für P(a ≤ H ≤ b) und P(H = k)

Eingabe: P(X ≤ *k*) [ENTER] bzw. P(X ≥ *k*) [ENTER] bzw. P(*a* ≤ X ≤ *b*) [ENTER] bzw. P(*k* ≤ X ≤ *k*) [ENTER]

Ausgabe → *P(H ≤ k), P(H ≥ k), P(a ≤ H ≤ b) bzw. P(H = k) bei einer binomialverteilten Zufallsvariable mit den Parametern n und p*

BEMERKUNG 1: Der Erwartungswert und die Varianz der binomialverteilten Zufallsvariable können im Wahrscheinlichkeitsrechner ebenfalls abgelesen werden.

BEMERKUNG 2: Ebenso können die entsprechenden Werte für geometrisch und hypergeometrisch verteilte Zufallsvariablen berechnet werden.

CASIO CLASS PAD II

n-Faktorielle berechnen

Iconleiste – Main –
Eingabe: *n* – [Keyboard] – [▼] – Erweit. – [!] [EXE]
Ausgabe → *n-Faktorielle*

BEMERKUNG: [!] findet man auch unter [Keyboard] – [abc] – Symbol

Binomialkoeffizient berechnen

Iconleiste – Main – [Keyboard] – [▼] – Erweit. – [nCr]
Eingabe: *n*, *k* [EXE]
Ausgabe → *Binomialkoeffizient* $\binom{n}{k}$

Wahrscheinlichkeiten bei einer binomialverteilten Zufallsvariablen mit den Parametern n und p berechnen

Iconleiste – Main – [Keyboard] – [▼] – binomialPDf(– [Eingabe]
Eingabe: *k*, *n*, *p* [EXE]
Ausgabe → *P(H = k)*
Iconleiste – Main – [Keyboard] – [▼] – binomialCDf(– [Eingabe]
Eingabe: *0*, *k*, *n*, *p* [EXE]
Eingabe: *k*, *n*, *n*, *p* [EXE]
Eingabe: *a*, *b*, *n*, *p* [EXE]
Ausgabe → *P(H ≤ k), P(H ≥ k), P(a ≤ H ≤ b)*
oder:
Iconleiste – Main – Menüleiste – Interaktiv – Verteilungsfunktionen – Diskret – binomialPDf/binomialCDf …
oder:
Iconleiste – Menu – Statistik – Menüleiste – Calc – Verteilung – Binom. Einzelwkt. – [WEITER>>] – x: *k* – Umfang n: *n* – pos: *p* – [WEITER>>]
bzw.
Binom. Vert.-fkt. – [WEITER>>] – Unterer: *a* – Oberer: *b* – Umfang n: *n* – pos: *p* – [WEITER>>]
Symbolleiste – [Ψ]
Ausgabe → *P(H = k) bzw. P(a ≤ H ≤ b)*
Analog für P(H ≤ k), P(H ≥ k)

BEMERKUNG: Analog zu den oben angeführten Methoden können auch die entsprechenden Werte für geometrisch und hypergeometrisch verteilte Zufallsvariablen berechnet werden.

R KOMPETENZCHECK

AUFGABEN VOM TYP 1

WS-R 2.4 **11.71** In einer Urne sind vier rote Kugeln und zwölf blaue Kugeln. Es wird dreimal zufällig eine Kugel mit Zurücklegen gezogen. Mit welcher Wahrscheinlichkeit erhält man dabei mindestens eine rote Kugel? Kreuze die Terme an, die zur Berechnung dieser Wahrscheinlichkeit geeignet sind!

$\binom{3}{1} \cdot 0{,}25^1 \cdot 0{,}75^2$	☐
$1 - \binom{3}{0} \cdot 0{,}25^0 \cdot 0{,}75^3$	☒
$1 - 3 \cdot 0{,}75^3$	☐
$1 - 0{,}75^3$	☒
$0{,}75^3 + 3 \cdot 0{,}25 \cdot 0{,}75^2 + 3 \cdot 0{,}25^2 \cdot 0{,}75 + 0{,}25^3$	☐

WS-R 3.2 **11.72** Ein Würfel wird dreimal geworfen. Berechne die Wahrscheinlichkeit, dabei mindestens zwei Sechser zu erhalten?

WS-R 3.2 **11.73** Alina und Carola spielen 20-mal hintereinander Tischtennis. Erfahrungsgemäß gewinnt Alina drei von fünf Spielen. Berechne die Wahrscheinlichkeit, dass Alina von 20 Spielen mehr als die Hälfte gewinnt!

WS-R 3.2 **11.74** Eine Münze wird **a)** viermal, **b)** fünfmal, **c)** sechsmal geworfen. Berechne die Wahrscheinlichkeit, dass die absolute Häufigkeit H von „Zahl" ungerade ist!

WS-R 3.2 **11.75** Der Schuherzeuger *Solid* weiß aus Erfahrung, dass ca. 1% der Produktion Qualitätsmängel aufweist. *Solid* versendet seine Modelle in Paketen zu je 20 Paaren an Schuhgroßmärkte und verpflichtet sich, jedes Paket kostenlos zurückzunehmen, wenn dieses mindestens ein mangelhaftes Paar enthält. Berechne, mit wie vielen Rücknahmen *Solid* bei 1000 versendeten Paketen rechnen muss!

WS-R 3.2 **11.76** Simon und Yannik werfen je dreimal einen Ball nach dem Basketballkorb. Die Trefferwahrscheinlichkeit beträgt erfahrungsgemäß bei Simon 0,6, bei Yannik 0,7. Berechne:
a) P(Simon und Yannik erzielen gleich viele Treffer)
b) P(Simon erzielt mehr Treffer als Yannik)

WS-R 3.2 **11.77** Bei einem Aufnahmetest werden 20 Multiple-Choice-Fragen gestellt. Der Test soll als bestanden gelten, wenn mindestens 50% der Fragen richtig beantwortet worden sind. Für die Konstruktion des Tests stehen zwei Varianten zur Diskussion:
Variante 1: Aus vier Antwortmöglichkeiten ist jeweils die eine richtige Antwort zu wählen.
Variante 2: Aus fünf Antwortmöglichkeiten sind jeweils die zwei richtigen Antworten zu wählen.
Klarerweise soll die Wahrscheinlichkeit, den Test durch zufälliges Ankreuzen zu bestehen, gering sein. Begründe, welche der beiden Varianten in dieser Hinsicht vorzuziehen ist!

WS-R 3.2 **11.78** Bei einem Glücksspielautomaten gewinnt man mit der Wahrscheinlichkeit 0,3. Es ist H die Häufigkeit der Gewinne bei 100-maligem Spielen. Berechne den Erwartungswert von H, die Varianz von H und die Standardabweichung von H!

WS-R 3.2 **11.79** In den folgenden Abbildungen sind verschiedene Binomialverteilungen durch Säulendiagramme dargestellt. Kreuze jene Darstellungen an, die einer Binomialverteilung mit $n = 5$ und $p > 0,5$ entsprechen!

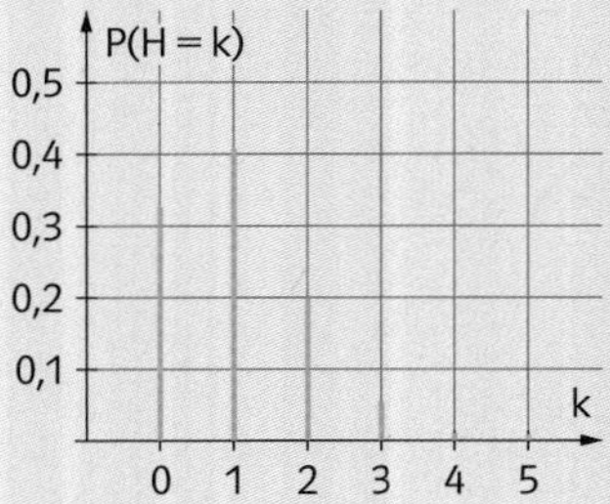

☐

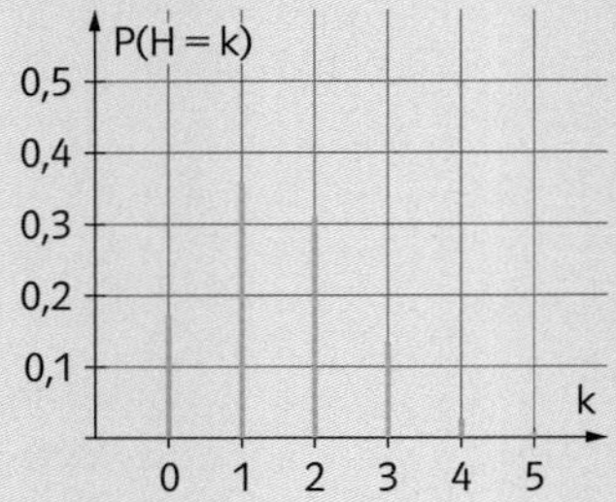

☐

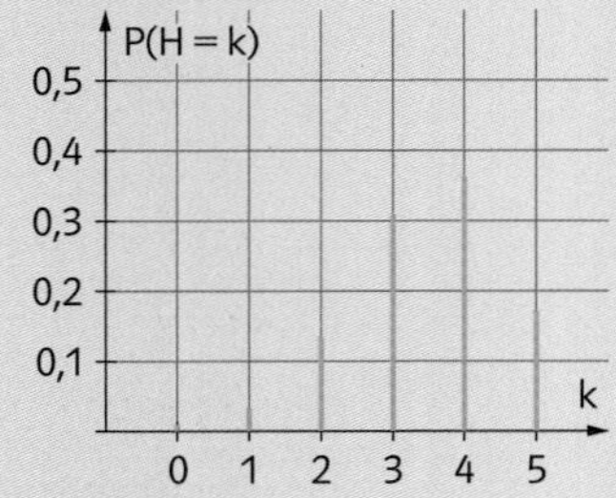

☒

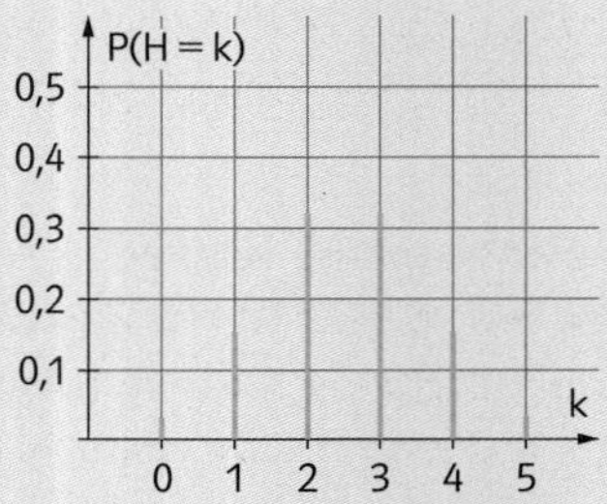

☐

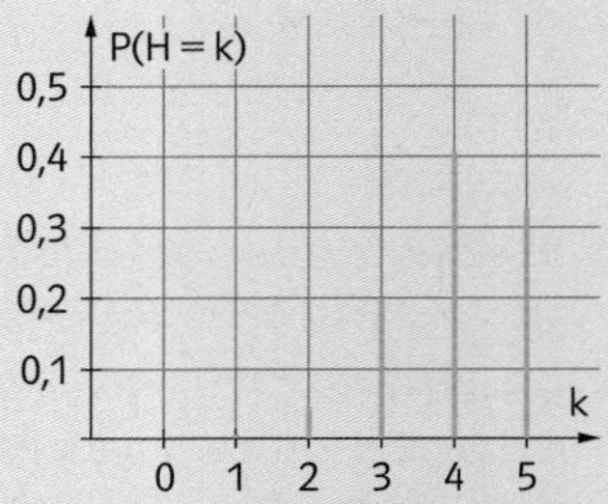

☒

WS-R 3.3 **11.80** Kreuze die Aufgabenstellungen an, die (wenigstens näherungsweise) mit Hilfe einer Binomialverteilung gelöst werden können!

In einer Urne befinden sich 6 blaue und 9 rote Kugeln. Es werden 10 Kugeln ohne Zurücklegen gezogen. Wie groß ist die Wahrscheinlichkeit, dass mindestens drei der gezogenen Kugeln rot sind?	☐
Ein Betrieb erzeugt Lichtschalter, von denen erfahrungsgemäß 0,5 % defekt sind. Aus einer Produktion von 1000 Stück werden 20 Schalter entnommen. Wie groß ist die Wahrscheinlichkeit, dass darunter mindestens ein Schalter defekt ist?	☒
Ein Multiple-Choice-Test besteht aus 20 Fragen mit jeweils vier Antwortmöglichkeiten, von denen genau eine richtig ist. Ein ahnungsloser Kandidat kreuzt jede Frage auf gut Glück an. Mit welcher Wahrscheinlichkeit wird er mindestens die Hälfte der Fragen richtig beantwortet haben?	☒
Ein Multiple-Choice-Test besteht aus 20 Fragen mit jeweils vier Antwortmöglichkeiten, von denen genau eine richtig ist. Es treten 40 Kandidaten an. Mit welcher Wahrscheinlichkeit wird mindestens ein Viertel der Kandidaten nur auf gut Glück ankreuzen?	☐
Zwei Würfel werden zehnmal hintereinander gleichzeitig geworfen. Mit welcher Wahrscheinlichkeit wird dabei mindestens ein Pasch (zwei gleiche Augenzahlen) auftreten?	☒

AUFGABEN VOM TYP 2

WS-R 2.3 WS-R 2.4 WS-R 3.2 WS-R 3.3

11.81 Intelligenzstufen

Der Psychologe David Wechsler definierte unter Benutzung des Intelligenzquotienten (IQ) die in der folgenden Tabelle angeführten Intelligenzstufen für Jugendliche.

Intelligenzstufe	IQ	relativer Anteil in der Bevölkerung
extrem hoch	127 oder mehr	2,2 %
sehr hoch	118 – 126	6,7 %
hoch	110 – 117	16,1 %
durchschnittlich	91 – 109	50,0 %
niedrig	79 – 90	16,1 %
sehr niedrig	63 – 78	6,7 %
extrem niedrig	62 oder weniger	2,2 %

a) Eine jugendliche Person wird zufällig ausgewählt.
- Ermittle die Wahrscheinlichkeit dafür, dass diese Person durchschnittlich intelligent ist!
- Ermittle näherungsweise die Wahrscheinlichkeit, dass diese Person einen IQ von mindestens 110 aufweist!

b) In einer Schule gibt es 750 Schülerinnen und Schüler.
- Ermittle näherungsweise die Wahrscheinlichkeit dafür, dass sich in dieser Schule mindestens fünf Jugendliche mit extrem hoher Intelligenz befinden!
- Ermittle näherungsweise die Wahrscheinlichkeit dafür, dass sich in dieser Schule höchstens eine jugendliche Person mit extrem niedriger Intelligenz befindet!

c) Ein Lehrer unterrichtet eine Gruppe von zehn Jugendlichen.
- Ermittle näherungsweise, mit welcher Wahrscheinlichkeit die Gruppe mehrheitlich aus überdurchschnittlich intelligenten Mitgliedern besteht!
- Ermittle näherungsweise, mit welcher Wahrscheinlichkeit die Gruppe mehrheitlich aus unterdurchschnittlich intelligenten Mitgliedern besteht!

WS-R 2.3 WS-R 3.2

11.82 Ein Würfelspiel

Ein Würfel wird dreimal geworfen. Zu Beginn setzt man 50 c ein, bekommt jedoch am Ende für jeden aufgetretenen Sechser einen Euro. Es sei X die Anzahl der dabei aufgetretenen Sechser.

a)
- Begründe, dass die Zufallsvariable X binomialverteilt ist! Gib die Werte der Parameter n und p an!
- Interpretiere den Ausdruck $\binom{3}{k} \cdot \left(\frac{1}{6}\right)^k \cdot \left(\frac{5}{6}\right)^{3-k}$ für k = 0, 1, 2, 3 im Kontext!

b)
- Berechne P(X = k) für k = 0, 1, 2, 3!
- Begründe, dass das Spiel fair ist, dh. dass der Einsatz gleich dem zu erwartenden Auszahlungsbetrag ist!

c)
- Gib den minimalen und den maximalen Gewinn pro Spiel an!
- Wäre dieses Spiel auch fair, wenn man bei gleichem Einsatz und gleicher Auszahlung den Würfel nur zweimal werfen würde? Untersuche rechnerisch.

12 KOMPLEXE ZAHLEN

LERNZIELE

12.1 Die **komplexen Zahlen** in der Form **a + b · i kennen.**

12.2 **Mit komplexen Zahlen rechnen** können.

12.3 **Mit komplexen Zahlen Gleichungen lösen** können.

12.4 **Komplexe Zahlen geometrisch in der Gauß'schen Zahlenebene darstellen** können.

12.5 **Komplexe Zahlen als Zahlenpaare** mit bestimmten Rechenoperationen auffassen können.

12.6 Die **komplexen Zahlen** in der **Polardarstellung** $r \cdot (\cos\varphi + i \cdot \sin\varphi)$ kennen und mit dieser Darstellung rechnen können.

12.7 **Historisches zu den Zahlbereichen**

- **Technologie kompakt**
- **Kompetenzcheck**

GRUNDKOMPETENZEN

AG-R 1.1 **Wissen über die Zahlenmengen ℕ, ℤ, ℚ, ℝ und ℂ** verständig einsetzen können.

AG-L 1.5 **Komplexe Zahlen in der Gauß'schen Zahlenebene darstellen** und **mit komplexen Zahlen rechnen können.**

AG-L 2.8 Den **Fundamentalsatz der Algebra kennen** und seine Bedeutung bei der Zahlenbereichserweiterung von ℝ auf ℂ erläutern können.

12.1 REELLE, IMAGINÄRE UND KOMPLEXE ZAHLEN

R

Gibt es Wurzeln aus negativen Zahlen?

Die Quadratwurzel aus einer negativen Zahl kann keine reelle Zahl sein, weil das Quadrat jeder reellen Zahl nicht negativ ist. Der italienische Mathematiker **Gerolamo Cardano** (1501–1576) stellte jedoch die folgende Aufgabe, in der Wurzeln aus negativen Zahlen auftreten:

12.01 Die Zahl 10 ist so in zwei Summanden zu zerlegen, dass deren Produkt **1)** 24, **2)** 30 ist.

LÖSUNG: Wenn wir den einen Summanden mit x bezeichnen, ist der andere $10 - x$.

Gerolamo Cardano (1501–1576)

1) $x \cdot (10 - x) = 24$
$x^2 - 10x + 24 = 0$
$x = 4 \lor x = 6$
Die Summanden sind 4 und 6.
PROBE: $4 + 6 = 10$ und $4 \cdot 6 = 24$

2) $x \cdot (10 - x) = 30$
$x^2 - 10x + 30 = 0$
$x = 5 + \sqrt{-5} \lor x = 5 - \sqrt{-5}$

Da die Wurzel aus einer negativen Zahl nicht definiert ist, hat diese quadratische Gleichung keine Lösung. Die Zahl 10 kann also nicht in zwei Summanden zerlegt werden, deren Produkt 30 ist.

Cardano akzeptierte die Ausdrücke $5+\sqrt{-5}$ und $5-\sqrt{-5}$ nicht als Lösungen der Aufgabe, weil er sich nicht vorstellen konnte, dass es Zahlen gibt, deren Quadrate negativ sind. Er stellte jedoch etwas Merkwürdiges fest: Obwohl diese Ausdrücke keine „wirklichen" Zahlen sind, verhalten sie sich wie Zahlen, was die Probe zeigt:

$$(5+\sqrt{-5})+(5-\sqrt{-5})=10$$

$$(5+\sqrt{-5})\cdot(5-\sqrt{-5})=25-(\sqrt{-5})^2=25-(-5)=30$$

Gibt es vielleicht doch Zahlen, deren Quadrate negativ sind?

Fragen wir zunächst: Gibt es eine Zahl, deren Quadrat gleich -1 ist? Wenn es eine solche „Zahl" gibt und wir sie mit i bezeichnen, dann würde gelten: $\mathbf{i^2=-1}$.

Falls es diese „Zahl" i tatsächlich gibt, kann man weitere „Zahlen" bilden, deren Quadrate negativ sind (zumindest dann, wenn man voraussetzt, dass man nach den üblichen Rechenregeln rechnen darf).

BEISPIELE: $(3\cdot i)^2=3^2\cdot i^2=9\cdot(-1)=-9$

$(\sqrt{2}\cdot i)^2=(\sqrt{2})^2\cdot i^2=2\cdot(-1)=-2$

$(b\cdot i)^2=b^2\cdot i^2=b^2\cdot(-1)=-b^2 \quad (b\in\mathbb{R}^*)$

Allgemein kann man „Zahlen" der Form $\mathbf{a+b\cdot i}$ (mit $a, b\in\mathbb{R}$) bilden. Dabei sind folgende Bezeichnungen üblich:
- Die Zahl **i** nennt man **imaginäre Einheit**.
- Die Zahlen der Form $\mathbf{b\cdot i}$ (mit $b\in\mathbb{R}$) nennt man **imaginäre Zahlen**.
- Die Zahlen der Form $\mathbf{a+b\cdot i}$ (mit $a, b\in\mathbb{R}$) nennt man **komplexe Zahlen**. Man bezeichnet **a** als **Realteil** und **b** als **Imaginärteil** der komplexen Zahl $a+b\cdot i$.
- Die **Menge der komplexen Zahlen** wird mit $\mathbb{C}$ bezeichnet.

Jede imaginäre Zahl $b\cdot i$ lässt sich auch als komplexe Zahl anschreiben: $b\cdot i=0+b\cdot i$
Ebenso lässt sich jede reelle Zahl a als komplexe Zahl anschreiben: $a=a+0\cdot i$

Falls es die Menge der komplexen Zahlen überhaupt gibt, umfasst sie also die Menge der reellen Zahlen, dh. es gilt: $\mathbb{R}\subset\mathbb{C}$.

Cardano war nicht bereit, die Existenz komplexer Zahlen anzuerkennen. Auch spätere Mathematiker hatten damit ihre Probleme. Die Anerkennung der komplexen Zahlen als Zahlen war historisch ein langer Weg, der bis ins 20. Jahrhundert hinein reichte und in mehreren Etappen verlief. Diese wollen wir in den folgenden Abschnitten nachvollziehen.

R **AUFGABEN**

12.02 Die Zahl 16 ist so in zwei Summanden zu zerlegen, dass deren Produkt **1)** 39, **2)** 70 ist. Gehe analog zur Aufgabe 12.01 vor und führe die Probe durch!

12.03 Berechne:
a) $-i^2$ **b)** $(-i)^2$ **c)** $-i^3$ **d)** $(-i)^3$ **e)** $-i^4$ **f)** $(-i)^4$ **g)** $-i^5$ **h)** $(-i)^5$ **i)** $(3i)^2$ **j)** $(-5i)^2$

12.04 **1)** Berechne $i^0, i^1, i^2, i^3, i^4, i^5, i^6, i^7, i^8, i^9, i^{10}, i^{11}, i^{12}, i^{13}$!
2) Gib an, welche Werte i^n (mit $n\in\mathbb{N}$) annehmen kann! Gib einen Zusammenhang zwischen n und i^n an!
3) Berechne $i^{40}, i^{81}, i^{122}, i^{163}$ mit Hilfe des in 2) erkannten Zusammenhangs!

12.2 RECHNEN MIT KOMPLEXEN ZAHLEN

Addieren, Multiplizieren und Dividieren

Ein erster Schritt zur Anerkennung der komplexen Zahlen in der Geschichte der Mathematik war die Erkenntnis, dass man mit diesen Zahlen ähnlich wie mit den reellen Zahlen rechnen kann, wenngleich die Existenz der komplexen Zahlen nach wie vor zweifelhaft blieb. In diesem Abschnitt beschäftigen wir uns damit, wie man mit komplexen Zahlen rechnet.

T kompakt Seite 250

Verwendet man die üblichen Rechenregeln, dann kann man mit komplexen Zahlen die vier Grundrechenarten ausführen:

- **Addieren und Subtrahieren:**
  Man addiert bzw. subtrahiert die Realteile und die Imaginärteile der beiden komplexen Zahlen.
  $(a + bi) + (c + di) = (a + c) + (b + d)i$ $\qquad$ $(a + bi) - (c + di) = (a - c) + (b - d)i$
- **Multiplizieren:**
  $(a + bi) \cdot (c + di) = ac + adi + bci + bdi^2 = ac + adi + bci + bd \cdot (-1) = (ac - bd) + (ad + bc)i$
- **Dividieren:**
  Wir stellen die Division in Bruchform dar und erweitern den Bruch mit $(c - di)$.
  $\frac{a+bi}{c+di} = \frac{(a+bi)(c-di)}{(c+di)(c-di)} = \frac{ac+bci-adi-bdi^2}{c^2+d^2} = \frac{ac+bci-adi+bd}{c^2+d^2} = \frac{ac+bd}{c^2+d^2} + \frac{bc-ad}{c^2+d^2} \cdot i$
  Dabei muss $c + di \neq 0$ vorausgesetzt werden (das ist genau dann der Fall, wenn $c \neq 0 \vee d \neq 0$ bzw. $c^2 + d^2 \neq 0$).

12.05 Berechne Summe, Differenz, Produkt und Quotient der komplexen Zahlen $3 + 2i$ und $5 - 4i$!

LÖSUNG:

$(3 + 2i) + (5 - 4i) = (3 + 5) + (2 - 4)i = 8 - 2i$

$(3 + 2i) - (5 - 4i) = (3 - 5) + (2 + 4)i = -2 + 6i$

$(3 + 2i) \cdot (5 - 4i) = 15 + 10i - 12i - 8i^2 = 15 + 10i - 12i - 8 \cdot (-1) = (15 + 8) + (10 - 12)i = 23 - 2i$

$\frac{3+2i}{5-4i} = \frac{(3+2i)(5+4i)}{(5-4i)(5+4i)} = \frac{15+10i+12i+8i^2}{25-16i^2} = \frac{(15-8)+(10+12)i}{25-16\cdot(-1)} = \frac{7+22i}{41} = \frac{7}{41} + \frac{22}{41}i$

Definition: Die Zahlen **a + bi** und **a − bi** nennt man **konjugiert komplexe Zahlen**.

Für die konjugiert komplexen Zahlen $a + bi$ und $a - bi$ gilt:

$$(a + bi) + (a - bi) = 2a$$
$$(a + bi) - (a - bi) = 2bi$$
$$(a + bi) \cdot (a - bi) = a^2 - b^2 \cdot i^2 = a^2 + b^2$$

Es gilt also:

- Die Summe zweier konjugiert komplexer Zahlen ist eine reelle Zahl.
- Die Differenz zweier konjuguert komplexer Zahlen ist eine imaginäre Zahl.
- Das Produkt zweier konjugiert komplexer Zahlen ist eine reelle Zahl.

AUFGABEN

12.06 Berechne:

a) $(3 + 2i) + (2 + 6i)$ **c)** $(-4 + 5i) + (2 - 7i)$ **e)** $(-6 + i) + (-2 - 6i)$ **g)** $(3 - 2i) - (3 - 2i)$

b) $(9 + 8i) - (6 + 5i)$ **d)** $(3 + 2i) - (3 - 2i)$ **f)** $(3 + 2i) - (-3 + 2i)$ **h)** $(3 + 2i) - (3 + 2i)$

12.07 Berechne:

a) $\left(\frac{1}{4}+2i\right)+\left(\frac{1}{2}+\frac{1}{4}i\right)$ **c)** $\left(-3+\frac{6}{7}i\right)+\left(-\frac{6}{7}+6i\right)$ **e)** $(\sqrt{2}+2i)-\left(\sqrt{2}+\frac{1}{4}i\right)$

b) $\left(\frac{1}{3}+2i\right)-\left(\frac{1}{4}+\frac{1}{2}i\right)$ **d)** $\left(3+\frac{3}{5}i\right)-6i$ **f)** $(-3+2\pi i)+(-6-\pi i)$

12.08 Berechne:

a) $(a+bi)+(a+2bi)$ **c)** $(2x+3yi)+(-x-4yi)$ **e)** $(a+xi)+(b+yi)$

b) $(a+bi)-(a+2bi)$ **d)** $(u+vi)-(w-2vi)$ **f)** $(2r+3si)+(4-5i)$

12.09 Berechne:

a) $(3+2i)\cdot(2+6i)$ **d)** $\left(\frac{2}{3}+i\right)\cdot\left(\frac{3}{2}-i\right)$ **g)** $\left(-\frac{7}{9}+9i\right)\cdot\left(\frac{9}{7}-2i\right)$ **j)** $(-6-2i)\cdot(-2-6i)$

b) $(3-2i)\cdot(2-6i)$ **e)** $(9-2i)\cdot(2+9i)$ **h)** $(-2+i)\cdot(-4+5i)$ **k)** $(-3+2i)\cdot(-3-i)$

c) $\left(3+\frac{1}{10}i\right)\cdot\left(3-\frac{1}{10}i\right)$ **f)** $(7-5i)\cdot(7+5i)$ **i)** $(-3-5i)\cdot(-3+5i)$ **l)** $(-6+6i)\cdot(-6-6i)$

12.10 Berechne: **a)** $(1+i)^2$ **b)** $(1-i)^2$ **c)** $(-2+3i)^2$ **d)** $(8-6i)^2$ **e)** $i^3\cdot(1-i^3)$

12.11 Ordne jeder komplexen Zahl in der linken Tabelle die zugeordnete konjugiert komplexe Zahl aus der rechten Tabelle zu!

$5-3i$	D
$3+5i$	C
$5i-3$	A
$3-5i$	B

A	$-3-5i$
B	$3+5i$
C	$3-5i$
D	$5+3i$
E	$-5+3i$

12.12 Berechne: **a)** $\frac{4+i}{2+3i}$ **b)** $\frac{1-i}{2+3i}$ **c)** $\frac{5+3i}{2-2i}$ **d)** $\frac{-4-i}{-1-i}$ **e)** $\frac{i-1}{i+1}$ **f)** $\frac{i}{2-i}$ **g)** $\frac{9-5i}{i}$

12.13 Stelle eine Formel für $\frac{1}{a+bi}$ auf und gib an, welche Bedingung vorausgesetzt werden muss!

12.14 Berechne: **a)** $\frac{1}{i}$ **b)** $-\frac{1}{i}$ **c)** $\frac{1}{2+3i}$ **d)** $\frac{1}{2-3i}$ **e)** $\frac{1}{i^2}$ **f)** $-\frac{1}{i^3}$ **g)** $\frac{i}{i^2}$ **h)** $-\frac{i}{i^2}$

12.15 Berechne:

a) $(16-7i)-[(3+3i)-(7-4i)]$ **c)** $(18-11i)-2\cdot[(11-11i)-(10-10i)]$

b) $-[(2+3i)-(1-7i)]-[(3+2i)-(1-i)]$ **d)** $2\cdot[(a+bi)-(2a-bi)]-2\cdot(-a+2bi)$

12.16 Berechne:

a) $[(1-2i)+(-3+5i)]\cdot(-1-7i)$ **b)** $\frac{13}{5+12i}-\frac{25+50i}{-7+24i}$ **c)** $\left(\frac{i}{1+i}\right)^2-\left(\frac{i}{1-i}\right)^2$

12.17 Berechne:

a) $(a+bi)^3$ **b)** $\frac{(2-i)^2}{(1-i)^2}$ **c)** $\frac{3-2i}{(1+i)^2}$ **d)** $\frac{6-2i}{(5-i)^2}-(2-3i)^2$

12.18 Stelle in der Form $a+bi$ dar! **a)** $\frac{u-vi}{u+vi}-\frac{u+vi}{u-vi}$ **b)** $\left(\frac{c+di}{i}\right)^4$ **c)** $\frac{(a^4+b^4)+(2a^4+2b^4)\cdot i}{a^2-b^2\cdot i}$

12.19 Zerlege in ein Produkt von zwei zueinander konjugiert komplexen Zahlen (mit $x, y \in \mathbb{R}^+$)!

a) $9x^2+4y^2$ **b)** $25x^4+9y^4$ **c)** $x+y$ **d)** $2x+3y$

12.20 Bestimme für die komplexe Zahl $3+bi$ den Imaginärteil b so, dass das Produkt dieser Zahl mit der dazugehörigen konjugiert komplexen Zahl **a)** 25, **b)** 30 ergibt!

12.3 GLEICHUNGSLÖSEN MIT KOMPLEXEN ZAHLEN

Quadratwurzeln aus negativen Zahlen

Die Gleichung $x^2 = 9$ hat die Lösungen $x = 3$ und $x = -3$, denn es gilt $3^2 = 9$ und $(-3)^2 = 9$. Man kann zeigen, dass es keine weiteren Lösungen gibt. Früher hat man beide Lösungen mit $\sqrt{9}$ bezeichnet. Um das Wurzelsymbol jedoch eindeutig zu machen, bezeichnet man heute nur die positive Lösung als Quadratwurzel aus 9.

Die Gleichung $x^2 = -a$ (mit $a \in \mathbb{R}^+$) hat die Lösungen $x = \sqrt{a} \cdot i$ und $x = -\sqrt{a} \cdot i$, denn es gilt $(\sqrt{a} \cdot i)^2 = a \cdot i^2 = a \cdot (-1) = -a$ und $(-\sqrt{a} \cdot i)^2 = a \cdot i^2 = a \cdot (-1) = -a$. Man kann zeigen, dass es keine weiteren Lösungen dieser Gleichung gibt. In der Mathematik werden im Allgemeinen beide Lösungen als Quadratwurzel aus $-a$ bezeichnet. Um aber das Wurzelsymbol auch in diesem Fall eindeutig zu machen, vereinbaren wir, im Folgenden nur die erste Lösung als Quadratwurzel aus $-a$ zu bezeichnen.

Vereinbarung: Für $a \in \mathbb{R}^+$ setzen wir $\mathbf{\sqrt{-a} = \sqrt{a} \cdot i}$, insbesondere $\mathbf{\sqrt{-1} = i}$.

Lösen quadratischer Gleichungen

Eine quadratische Gleichung der Form $\mathbf{x^2 + px + q = 0}$ oder $\mathbf{ax^2 + bx + c = 0}$ konnten wir bisher nur lösen, wenn die Diskriminante nicht negativ war. Akzeptiert man jedoch komplexe Zahlen als Lösungen einer quadratischen Gleichung, so ist diese Voraussetzung hinfällig.

Wir untersuchen dazu nochmals die möglichen Lösungsfälle einer quadratischen Gleichung der Form $\mathbf{x^2 + px + q = 0}$.

Wir bringen die Gleichung zuerst auf die Form:

$$x^2 + px + \left(\frac{p}{2}\right)^2 = \left(\frac{p}{2}\right)^2 - q$$

Setzen wir $\left(\frac{p}{2}\right)^2 - q = D$ (Diskriminante), dann lautet die Gleichung:

$$\left(x + \frac{p}{2}\right)^2 = D$$

Wir unterscheiden nun drei Fälle:

1. Fall: $D > 0$

$$x + \frac{p}{2} = \sqrt{D} \quad \vee \quad x + \frac{p}{2} = -\sqrt{D}$$
$$x = -\frac{p}{2} + \sqrt{D} \quad \vee \quad x = -\frac{p}{2} - \sqrt{D}$$

Die Gleichung hat zwei reelle Lösungen.

2. Fall: $D = 0$

$x + \frac{p}{2} = 0$, also $x = -\frac{p}{2}$

Die Gleichung hat genau eine reelle Lösung.

3. Fall: $D < 0$

$$x + \frac{p}{2} = \sqrt{D} \quad \vee \quad x + \frac{p}{2} = -\sqrt{D}$$
$$x + \frac{p}{2} = \sqrt{-D} \cdot i \quad \vee \quad x + \frac{p}{2} = -\sqrt{-D} \cdot i$$
$$x = -\frac{p}{2} + \sqrt{-D} \cdot i \quad \vee \quad x = -\frac{p}{2} - \sqrt{-D} \cdot i$$

Die Gleichung hat zwei konjugiert komplexe Lösungen.

Satz

Eine **quadratische Gleichung $x^2 + px + q = 0$** mit $p, q \in \mathbb{R}$ und der **Diskriminante $D = \left(\frac{p}{2}\right)^2 - q$** hat

- **zwei reelle Zahlen** als Lösungen, wenn **$D > 0$**,
- genau **eine reelle Zahl** als Lösung, wenn **$D = 0$**,
- **zwei konjugiert komplexe Zahlen** als Lösungen, wenn **$D < 0$**.

In allen drei Fällen gilt:

$$x^2 + px + q = 0 \iff x = -\frac{p}{2} \pm \sqrt{\left(\frac{p}{2}\right)^2 - q}$$

Lösen kubischer Gleichungen

Der italienische Mathematiker **Scipione del Ferro** (1465–1526) entdeckte als Erster eine Möglichkeit zur Lösung kubischer Gleichungen. Fast zeitgleich entwickelte **Niccolò Tartaglia** (ca. 1500–1557) eine entsprechende Lösungsformel. Diese teilte er Gerolamo Cardano mit, der sie dann zum Leidwesen Tartaglias unter seinem eigenen Namen veröffentlichte.

Satz (Formel von Cardano)

Eine Lösung der kubischen Gleichung **$x^3 + px + q = 0$** lautet:

$$x = \sqrt[3]{\sqrt{\left(\frac{p}{3}\right)^3 + \left(\frac{q}{2}\right)^2} - \frac{q}{2}} - \sqrt[3]{\sqrt{\left(\frac{p}{3}\right)^3 + \left(\frac{q}{2}\right)^2} + \frac{q}{2}}$$

BEISPIEL: $x^3 - 6x + 4 = 0$

Nach der Cardano'schen Lösungsformel lautet eine Lösung dieser Gleichung:

$$x = \sqrt[3]{\sqrt{-8+4} - 2} - \sqrt[3]{\sqrt{-8+4} + 2} = \sqrt[3]{\sqrt{-4} - 2} - \sqrt[3]{\sqrt{-4} + 2} = \sqrt[3]{-2+2i} - \sqrt[3]{2+2i}$$

Von den möglichen dritten Wurzeln wählen wir $\sqrt[3]{-2+2i} = 1 + i$ und $\sqrt[3]{2+2i} = -1 + i$, weil $(1+i)^3 = -2 + 2i$ und $(-1+i)^3 = 2 + 2i$ ist. (Rechne nach!) Damit erhalten wir eine Lösung der Gleichung:

$x = (1+i) - (-1+i) = 2$

PROBE: $2^3 - 6 \cdot 2 + 4 = 0$

Wir erkennen: Während im Verlauf der Rechnung die „zweifelhaften" komplexen Zahlen auftreten, ergibt sich am Schluss eine gewöhnliche reelle Zahl, die laut Probe tatsächlich eine Lösung der Gleichung ist. Für Cardano reichte dies zwar nicht aus, die komplexen Zahlen anzuerkennen, doch wurde vielen Mathematikern der damaligen Zeit bewusst, dass die komplexen Zahlen zumindest ein nützliches Instrument zum Lösen mancher Gleichungen sind.

Lösen algebraischer Gleichungen vom Grad n

T kompakt Seite 250

Eine algebraische Gleichung vom Grad n hat die Form:

$$a_n x^n + a_{n-1} x^{n-1} + \ldots + a_1 x + a_0 = 0 \quad (\text{mit } a_n, a_{n-1}, \ldots a_0 \in \mathbb{R} \text{ und } a_n \neq 0)$$

Wir wissen schon, dass eine solche Gleichung höchstens n reelle Lösungen haben kann (siehe Seite 11). Aber hat sie immer mindestens eine reelle Lösung?

Die Antwort lautet: Nein! So hat zB die Gleichung $x^2 + 1 = 0$ keine reelle Lösung. Diese Gleichung hat jedoch zwei komplexe Lösungen, nämlich $x = i$ und $x = -i$. Allgemein gilt:

Satz (Fundamentalsatz der Algebra)

Jede **algebraische Gleichung vom Grad n** mit reellen Koeffizienten hat **mindestens eine komplexe Lösung**.

Der Fundamentalsatz der Algebra wurde zum ersten Mal von **Carl Friedrich Gauß** (1777–1855) bewiesen. Die Bedeutung dieses Satzes liegt vor allem in seiner Anwendung auf Zahlbereichserweiterungen. Durch Erweiterungen der Zahlbereiche kann man immer mehr Gleichungen lösen:

BEISPIELE:
- Die Gleichung $x + 1 = 0$ hat keine Lösung in $\mathbb{N}$, wohl aber eine in $\mathbb{Z}$.
- Die Gleichung $3x = 2$ hat keine Lösung in $\mathbb{Z}$, wohl aber eine in $\mathbb{Q}$.
- Die Gleichung $x^2 = 2$ hat keine Lösung in $\mathbb{Q}$, wohl aber Lösungen in $\mathbb{R}$.
- Die Gleichung $x^2 + 1 = 0$ hat keine Lösung in $\mathbb{R}$, wohl aber Lösungen in $\mathbb{C}$.

Nach dem Fundamentalsatz der Algebra ist nun jede algebraische Gleichung in $\mathbb{C}$ lösbar. Es besteht also – zumindest vom Standpunkt des Lösens algebraischer Gleichungen aus – keine Notwendigkeit, die Menge $\mathbb{C}$ der komplexen Zahlen abermals zu erweitern.

AUFGABEN

12.21 Gib die Lösungen der quadratischen Gleichung als imaginäre Zahlen an!
Arbeitsblatt a677cm

a) $x^2 + 1 = 0$ **b)** $x^2 + 4 = 0$ **c)** $9x^2 + 16 = 0$ **d)** $7x^2 + 3 = 0$ **e)** $x^2 + u = 0$ (mit $u \in \mathbb{R}^+$)

12.22 Ermittle alle komplexen Lösungen der quadratischen Gleichung und mache die Probe!

a) $x^2 + 4x + 5 = 0$ **d)** $x^2 - 8x + 32 = 0$ **g)** $2x^2 + 10x + 13 = 0$
b) $x^2 + 4x + 7 = 0$ **e)** $x^2 - 3x + 14{,}5 = 0$ **h)** $9x^2 + 36x + 37 = 0$
c) $x^2 - 6x + 13 = 0$ **f)** $x^2 - 10x + 25{,}25 = 0$ **i)** $100x^2 - 300x + 229 = 0$

12.23 Zerlege den quadratischen Term in Faktoren der Form $(x - x_1)(x - x_2)$ mit $x_1, x_2 \in \mathbb{C}$!

a) $x^2 - 2x + 2$ **b)** $x^2 - 8x + 25$ **c)** $x^2 + 14x + 53$ **d)** $x^2 - 14x + 65$ **e)** $x^2 + 6x + 18$

12.24 Es sei x_1 eine Lösung der quadratischen Gleichung $x^2 + px + q = 0$.
Gib die zweite Lösung x_2 an und stelle eine quadratische Gleichung mit diesen Lösungen auf!

a) $x_1 = 1 - 2i$ **b)** $x_1 = 2 - 3i$ **c)** $x_1 = 8 + 2i$ **d)** $x_1 = 1 + i$ **e)** $x_1 = c - di$

12.25 Ermittle alle komplexen Lösungen der Gleichung und mache die Probe!

a) $x^3 + 4x = 0$ **c)** $x^3 + 6x^2 + 34x = 0$ **e)** $x^5 + 4x^4 + 29x^3 = 0$
b) $x^3 - 12x^2 + 37x = 0$ **d)** $x^4 - 2x^3 + 10x^2 = 0$ **f)** $x^8 + x^6 = 0$

12.26 Ermittle mit der Cardano'schen Formel eine Lösung der Gleichung $x^3 - 15x + 4 = 0$!
HINWEIS: Zeige $(2 + i)^3 = 2 + 11i$ und $(-2 + i)^3 = -2 + 11i$!

12.27 Löse folgende Gleichung (mit $a, b \in \mathbb{R}^+$) über $\mathbb{C}$!

a) $(x - a)^2 + a^2 = 0$ **c)** $\frac{1}{4} = \frac{ax - 1}{x^2 + 4a^2}$ **e)** $x^2 + b^2 = 2a(b - a - x)$ $(a \neq b)$
b) $2(a - x^2) = 2a + 5 + 6x$ **d)** $\frac{1}{2} \cdot \left(9a + \frac{x^2}{a}\right) = 3x - 2a$ **f)** $x^2 + 1 = \frac{1}{a} \cdot \left(2x - \frac{1}{a}\right)$

12.28 Gib eine quadratische Gleichung an, die

a) zwei reelle Lösungen hat,
b) zwei konjugiert komplexe Lösungen hat!

12.29 Gib eine kubische Gleichung an, die

a) drei reelle Lösungen hat,
b) eine reelle und zwei konjugiert komplexe Lösungen hat,
c) drei komplexe Lösungen hat!

12.4 GEOMETRISCHE DARSTELLUNG KOMPLEXER ZAHLEN

Die Gauß'sche Zahlenebene

Ein Hindernis in der Anerkennung der komplexen Zahlen war zunächst, dass man mit ihnen wenig anschauliche Vorstellungen verbinden konnte. Während man die reellen Zahlen als Punkte oder Pfeile auf einer Zahlengeraden veranschaulichen konnte, fehlte zunächst eine anschauliche Darstellung für komplexe Zahlen. Eine solche Veranschaulichung wurde jedoch von mehreren Mathematikern im 18. und 19. Jahrhundert entwickelt und vor allem von **Carl Friedrich Gauß** (1777–1855) verbreitet.

Carl Friedrich Gauß
(1777 – 1855)

kompakt Seite 250

Die Grundidee dieser Veranschaulichung ist einfach. Eine komplexe Zahl $a + bi$ ist völlig bestimmt durch die beiden reellen Zahlen a und b. Man kann also jede komplexe Zahl $a + bi$ durch das Zahlenpaar $(a \mid b)$ beschreiben. Ein solches Zahlenpaar kann man als Punkt P in einem Koordinatensystem darstellen (siehe nebenstehende Abbildung). Statt eines Punktes kann man auch einen von O zu P gehenden Pfeil zeichnen. Die Ebene bezeichnet man in diesem Zusammenhang als **Gauß'sche Zahlenebene** oder **komplexe Zahlenebene**.

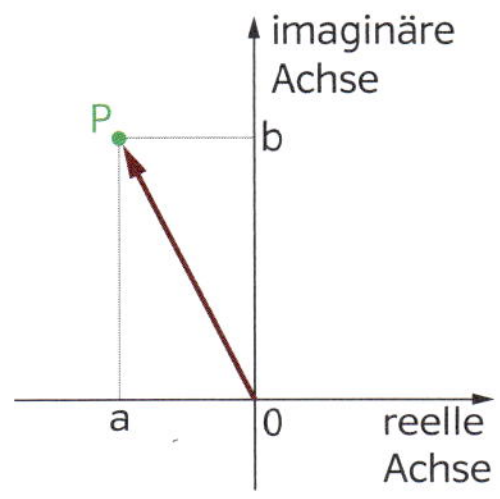

Die Addition und Vervielfachung komplexer Zahlen entsprechen den jeweiligen Rechenoperationen mit Vektoren in $\mathbb{R}^2$ und lassen sich ebenfalls in der Gauß'schen Zahlenebene darstellen.

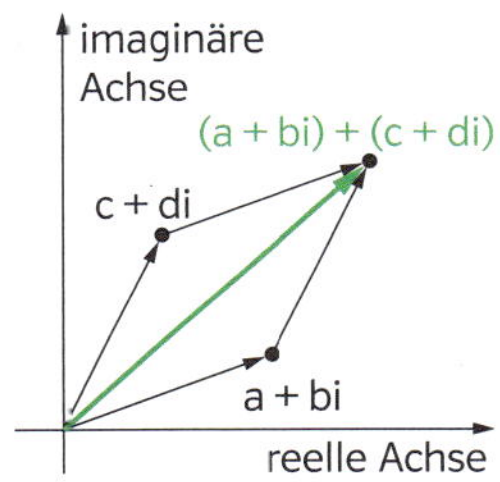

Addition:

komplexe Zahlen: $(a + bi) + (c + di) = (a + c) + (b + d)i$
Zahlenpaare: $(a \mid b) + (c \mid d) = (a + c \mid b + d)$

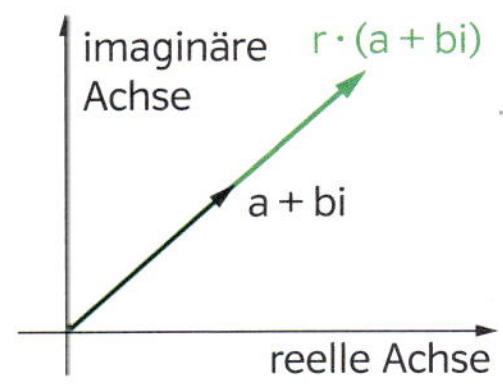

Vervielfachung (mit $r \in \mathbb{R}$):

komplexe Zahlen: $r \cdot (a + bi) = (r \cdot a) + (r \cdot b)i$
Zahlenpaare: $r \cdot (a \mid b) = (r \cdot a \mid r \cdot b)$

Die geometrische Darstellung der komplexen Zahlen und deren Rechenoperationen hat in der Geschichte der Mathematik dazu beigetragen, die Existenz der komplexen Zahlen anzuerkennen. Schließlich sind Punkte und Pfeile vertraute Objekte.

AUFGABEN

Lernapplet 8h76sz

12.30 Stelle die komplexe Zahl z als Punkt und als Pfeil in der Gauß'schen Zahlenebene dar!

a) $z = 3 + 2i$ **b)** $z = -4 + 5i$ **c)** $z = -2 - 3i$ **d)** $z = 5 - 4i$ **e)** $z = 6$ **f)** $z = 5i$ **g)** $z = -7$ **h)** $z = -6i$

Lernapplet y999w8

12.31 Gegeben sind die komplexen Zahlen $z_1 = 4 + 2i$, $z_2 = -3 + i$, $z_3 = -2 - 5i$, $z_4 = 4 - 4i$ und $z_5 = 5i$. Konstruiere als Punkt und Pfeil in der Gauß'schen Zahlenebene:

a) $z_1 + z_2$ **b)** $z_1 - z_4$ **c)** $(z_1 + z_3) + z_5$ **d)** $2z_2$ **e)** $z_3 - (z_4 + z_5)$ **f)** $2z_2 - (z_3 - z_4)$

12.5 KONSTRUKTION DER KOMPLEXEN ZAHLEN AUS DEN REELLEN ZAHLEN

L

Komplexe Zahlen als Zahlenpaare mit reellen Koordinaten

Bei der Einführung neuer Denkobjekte geht die Mathematik häufig in zwei Schritten vor. Im ersten Schritt werden die betreffenden Objekte möglichst genau beschrieben. Im zweiten Schritt werden die Objekte mit den Beschreibungen identifiziert. So ist es auch bei den komplexen Zahlen geschehen. Zunächst wurden die komplexen Zahlen durch Paare reeller Zahlen beschrieben. In einem zweiten Schritt wurden sie mit diesen Paaren identifiziert.

William Rowan Hamilton
(1805 – 1865)

Dieser Schritt geht auf **William Rowan Hamilton** (1805–1865) zurück. Nach seiner Auffassung kann eine komplexe Zahl $a + bi$ nicht nur durch das Zahlenpaar $(a \mid b)$ **beschrieben** werden, sondern die komplexe Zahl $a + bi$ **ist** das Zahlenpaar $(a \mid b)$. Demgemäß ist die Menge $\mathbb{C}$ der komplexen Zahlen mit der Menge $\mathbb{R}^2$ der reellen Zahlenpaare identisch, wenn man in $\mathbb{R}^2$ eine Addition und eine Multiplikation auf folgende Art definiert:

Definition: $(a \mid b) + (c \mid d) = (a + c \mid b + d)$, $(a \mid b) \cdot (c \mid d) = (ac - bd \mid ad + bc)$ mit $a, b, c, d \in \mathbb{R}$

Diese Multiplikation stimmt nicht mit der uns bekannten skalaren Multiplikation von Vektoren in $\mathbb{R}^2$ überein und erscheint auf den ersten Blick ziemlich willkürlich, aber wir wissen ja bereits, dass sie dem Rechnen mit komplexen Zahlen in der Form $a + bi$ entspricht.
Den Zusammenhang zwischen der Schreibweise $a + bi$ und $(a \mid b)$ für komplexe Zahlen kann man herstellen, wenn man eine reelle Zahl a mit dem Zahlenpaar $(a \mid 0)$ und i mit dem Zahlenpaar $(0 \mid 1)$ identifiziert. Dann gilt nämlich:

$$i^2 = i \cdot i = (0 \mid 1) \cdot (0 \mid 1) = (0 \cdot 0 - 1 \cdot 1 \mid 0 \cdot 1 + 1 \cdot 0) = (-1 \mid 0) = -1$$
$$a + bi = (a \mid 0) + (b \mid 0) \cdot (0 \mid 1) = (a \mid 0) + (b \cdot 0 - 0 \cdot 1 \mid b \cdot 1 + 0 \cdot 0) = (a \mid 0) + (0 \mid b) = (a \mid b)$$

Fasst man die komplexen Zahlen als Paare reeller Zahlen auf, so ist an ihnen nichts mehr „mysteriös". Gibt es reelle Zahlen, dann auch Paare von reellen Zahlen und somit auch komplexe Zahlen.

Warum haben wir die komplexen Zahlen nicht gleich als Zahlenpaare eingeführt?
Der Grund hiefür liegt darin, dass wir dem historischen Weg gefolgt sind. Der historische Ausgangspunkt für die Beschäftigung mit komplexen Zahlen war die Frage, ob es Wurzeln aus negativen Zahlen gibt. Dies führte auf Ausdrücke der Form $a + b \cdot i$. Dabei hat zunächst niemand an Zahlenpaare gedacht. Ein Aufbau der komplexen Zahlen mittels Zahlenpaaren wäre damals auch kaum möglich gewesen, weil wohl niemand auf die obige Definition der Multiplikation von Zahlenpaaren gekommen wäre, wenn er nicht schon vorher mit komplexen Zahlen der Form $a + b \cdot i$ gerechnet hätte.

Heute wären Ausdrücke der Form $a + b \cdot i$, insbesondere der Buchstabe i, nicht mehr unbedingt notwendig, da man sie durch Zahlenpaare ersetzen könnte. Man verwendet diese Ausdrücke jedoch nach wie vor, weil man mit ihnen nach vertrauten Rechengesetzen rechnen und die etwas umständliche Zahlenpaarschreibweise vermeiden kann. Zudem braucht man sich die komplizierte Formel für die Multiplikation von Zahlenpaaren nicht zu merken.

Was bedeutet „Existenz" in der Mathematik?

Wir können mit einiger Sicherheit annehmen, dass dieses Buch, unsere Schule, die Erde usw. existieren. All dies können wir sehen, greifen, mit den Sinnen erfassen. Aber gibt es die reellen Zahlen? Gibt es den genauen Wert von $\sqrt{2}$? Was bedeutet überhaupt „es gibt" in der Mathematik? Die Gegenstände der Mathematik sind nicht sinnlich erfassbar, sie existieren nur in unserem Denken. Dies gilt etwa für Objekte der Geometrie oder der Arithmetik. In der sinnlich wahrnehmbaren Umwelt gibt es keine Punkte oder Geraden, bestenfalls Annäherungen dafür. Ebenso gibt es in der sinnlich wahrnehmbaren Welt keine natürlichen Zahlen, obwohl diese zum Zählen oder Vergleichen verwendet werden können. Dabei ist auch gar nicht sicher, ob wirklich jeder natürlichen Zahl eine Gegebenheit in der Natur entspricht, etwa wenn eine natürliche Zahl größer ist als die Anzahl aller Elementarteilchen im Weltall.

Die Gegenstände der Mathematik sind also **Denkobjekte**. Klarerweise wird nicht alles, was man denken kann, automatisch zu den Gegenständen der Mathematik gerechnet. In früheren Zeiten war es – wie die komplexen Zahlen zeigen – zur Anerkennung der Existenz mathematischer Objekte wichtig, dass eine anschauliche Darstellung für diese Objekte gefunden wurde. In der heutigen Mathematik gibt es viele Objekte, die nicht anschaulich dargestellt werden können, sodass diese Forderung nicht mehr erhoben wird. In der Mathematik darf man vielmehr alle Objekte als existent annehmen, mit denen man ohne Widersprüche umgehen kann.

Kurz gefasst:

Existenz bedeutet Widerspruchsfreiheit.

Bislang sind in Zusammenhang mit reellen Zahlen und komplexen Zahlen keine Widersprüche aufgetaucht, weshalb man diese Zahlen bis auf Weiteres als existent annehmen darf. Es gibt jedoch Mathematikerinnen und Mathematiker, die „Existenz" nicht bloß auf „Widerspruchsfreiheit" reduzieren wollen, sondern weitere Forderungen an die Existenz mathematischer Objekte stellen. Vielfach wird verlangt, dass die betreffenden Denkobjekte für die Mathematik nützlich sein sollen, zum Beispiel für den Aufbau einer Theorie oder Anwendungen in der Praxis. Die komplexen Zahlen haben sich in vielen innermathematischen Gebieten als nützlich erwiesen (zum Beispiel in der Funktionentheorie, der Zahlentheorie, der Algebra oder der Geometrie), aber auch in vielen außermathematischen Anwendungsgebieten (zum Beispiel in der Schwingungslehre, der Elektrotechnik, der Strömungslehre oder der Computertechnik).

Viele Fragen bleiben jedoch offen (zum Beispiel wie die Widerspruchsfreiheit stichhaltig begründet werden kann). Was „Existenz" in der Mathematik bedeutet, ist also letztlich eine nicht vollständig beantwortete Frage und wird es wohl auch immer bleiben.

AUFGABEN

12.32 Berechne mit Hilfe der Formeln für die Addition und Multiplikation von reellen Zahlenpaaren und überprüfe das Ergebnis mit Hilfe der bisher üblichen Schreibweise für komplexe Zahlen:

a) $(3\,|\,-2)+(4\,|\,6)$ **c)** $(1\,|\,1)\cdot(5\,|\,-2)$ **e)** $(u\,|\,v)+(-u\,|\,-v)$ **g)** $(1\,|\,2)+(2\,|\,-1)\cdot(3\,|\,4)$

b) $(8\,|\,7)+(-3\,|\,-1)$ **d)** $(3\,|\,-5)\cdot(2\,|\,2)$ **f)** $(u\,|\,v)\cdot(u\,|\,-v)$ **h)** $(3\,|\,3)+(6\,|\,3)\cdot(-5\,|\,1)$

12.33 Stelle eine Formel für **a)** die Subtraktion $(a\,|\,b)-(c\,|\,d)$, **b)** die Division $(a\,|\,b):(c\,|\,d)$ reeller Zahlenpaare auf!

12.6 WEITERE DARSTELLUNGEN KOMPLEXER ZAHLEN

Polardarstellung komplexer Zahlen

kompakt Seite 250

Ist eine von 0 verschiedene komplexe Zahl $a + b \cdot i$ als Punkt $P = (a \mid b)$ in der Gauß'schen Zahlenebene dargestellt, so kann man den Punkt P auch durch seine Polarkoordinaten r und φ angeben:

$$P = [r \mid \varphi] \quad \text{mit } r \in \mathbb{R}^* \text{ und } \varphi \in [0°; 360°)$$

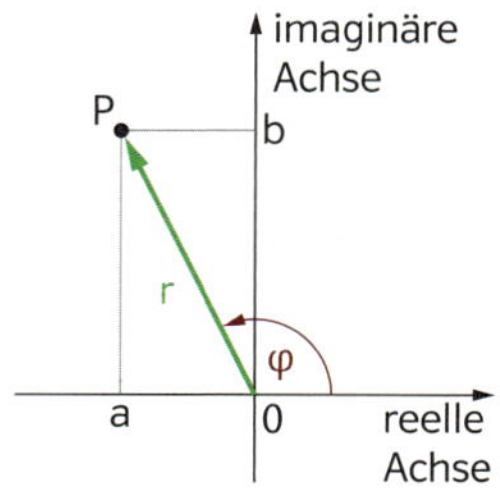

Definition

Die komplexe Zahl $a + b \cdot i \neq 0$ sei in der Gauß'schen Zahlenebene durch den Punkt $P = (a \mid b) = [r \mid \varphi]$ dargestellt.

- **r** heißt **Betrag** von $a + b \cdot i$. Man schreibt: $r = |a + b \cdot i|$.
- **φ** heißt **Argument** von $a + b \cdot i$. Man schreibt: $\varphi = \arg(a + b \cdot i)$

Für die komplexe Zahl 0 setzt man $|0| = 0$, $\arg(0)$ ist jedoch nicht definiert.

Wir erinnern uns daran, dass die Umrechnung von Polarkoordinaten in kartesische Koordinaten und umgekehrt mit Hilfe der folgenden Formeln durchgeführt werden kann:

$$a = r \cdot \cos(\varphi), \; b = r \cdot \sin(\varphi) \quad \text{bzw.} \quad r = \sqrt{a^2 + b^2}, \; \tan(\varphi) = \frac{b}{a} \; (\text{falls } a \neq 0)$$

Damit ergibt sich: $a + b \cdot i = r \cdot \cos(\varphi) + r \cdot \sin(\varphi) \cdot i = r \cdot [\cos(\varphi) + i \cdot \sin(\varphi)]$

Definition

Die Darstellung $z = r \cdot [\cos(\varphi) + i \cdot \sin(\varphi)]$ einer komplexen Zahl z heißt **Polardarstellung von z**.

Wir fassen zusammen:

Satz

Ist $z = a + b \cdot i$ eine von 0 verschiedene komplexe Zahl, $r = |a + b \cdot i|$ und $\varphi = \arg(a + b \cdot i)$, dann gilt:

(1) $a = r \cdot \cos(\varphi), \; b = r \cdot \sin(\varphi)$

(2) $r = \sqrt{a^2 + b^2}, \; \tan(\varphi) = \frac{b}{a}$ (falls $a \neq 0$)

(3) $a + b \cdot i = r \cdot [\cos(\varphi) + i \cdot \sin(\varphi)]$

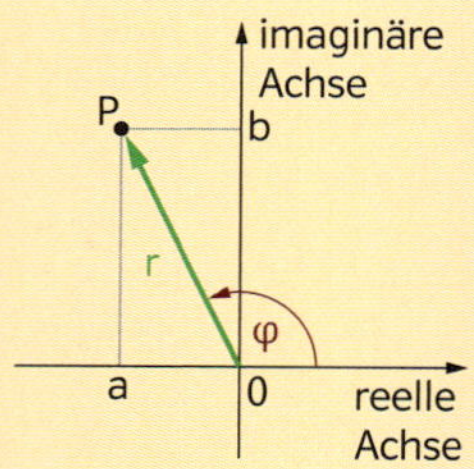

12.34 Stelle die komplexe Zahl $5 \cdot [\cos(140°) + i \cdot \sin(140°)]$ in der Form $a + b \cdot i$ dar!

LÖSUNG:

$a = 5 \cdot \cos(140°) \approx -3{,}83, \; b = 5 \cdot \sin(140°) \approx 3{,}21$

Damit ergibt sich: $5 \cdot [\cos(140°) + i \cdot \sin(140°)] \approx -3{,}83 + 3{,}21 \cdot i$

12.35 Berechne Betrag und Argument der komplexen Zahl $5 - 12i$ und gib die Zahl in Polardarstellung an!

LÖSUNG:

$r = \sqrt{5^2 + (-12)^2} = \sqrt{169} = 13, \; \tan(\varphi) = \frac{-12}{5} \Rightarrow \varphi \approx 292{,}6°$ (wegen $\varphi \in$ Q IV)

Somit gilt: $5 - 12i \approx 13 \cdot [\cos(292{,}6°) + i \cdot \sin(292{,}6°)]$

AUFGABEN

12.36 Berechne Betrag und Argument der komplexen Zahl!

Lernapplet i4k372

a) $3-4i$ **b)** $5+12i$ **c)** $-4i$ **d)** $7+24i$ **e)** $12-35i$ **f)** $2{,}1-20i$

12.37 Gib die komplexe Zahl in Polardarstellung an!

a) $3+4i$ **c)** $5-12i$ **e)** $6+8i$ **g)** i **i)** 3

b) $4-3i$ **d)** $-\frac{3}{2}+2i$ **f)** $15-8i$ **h)** $-5i$ **j)** $17{,}5$

12.38 Gib die komplexe Zahl in der Form $a+b\cdot i$ an!

a) $5\cdot[\cos(30°)+i\cdot\sin(30°)]$ **b)** $4\cdot[\cos(120°)+i\cdot\sin(120°)]$

Multiplizieren und Dividieren komplexer Zahlen in Polardarstellung

Satz: Sind $\mathbf{z_1=r\cdot[\cos(\varphi)+i\cdot\sin(\varphi)]}$ und $\mathbf{z_2=s\cdot[\cos(\psi)+i\cdot\sin(\psi)]}$ zwei komplexe Zahlen, so gilt:

(1) $\mathbf{z_1\cdot z_2=r\cdot s\cdot[\cos(\varphi+\psi)+i\cdot\sin(\varphi+\psi)]}$

(2) $\mathbf{\frac{z_1}{z_2}=\frac{r}{s}\cdot[\cos(\varphi-\psi)+i\cdot\sin(\varphi-\psi)]}$

Ein Beweis dieses Satzes findet sich im Anhang auf Seite 261.

Merke

- Bei der Multiplikation werden die Beträge multipliziert und die Argumente addiert.
- Bei der Division werden die Beträge dividiert und die Argumente subtrahiert.

Potenzen komplexer Zahlen in Polardarstellung

Die folgende Formel geht auf den Mathematiker **Abraham de Moivre** (1667–1754) zurück.

Satz (Formel von de Moivre)

Für $n\in\mathbb{N}^*$ gilt: $\mathbf{z=\cos(\varphi)+i\cdot\sin(\varphi)\Rightarrow z^n=\cos(n\varphi)+i\cdot\sin(n\varphi)}$

BEWEIS: Wird n fortlaufend um 1 erhöht, so erhöht sich das Argument von z^n jeweils um φ. Daher gilt: $z^2=z\cdot z=\cos(2\varphi)+i\cdot\sin(2\varphi)$, $z^3=z^2\cdot z=\cos(3\varphi)+i\cdot\sin(3\varphi)$ usw. □

Aus dieser Formel folgt unmittelbar:

Satz (Potenzen einer komplexen Zahl)

Für $n\in\mathbb{N}^*$ gilt: $\mathbf{z=r\cdot[\cos(\varphi)+i\cdot\sin(\varphi)]\Rightarrow z^n=r^n\cdot[\cos(n\varphi)+i\cdot\sin(n\varphi)]}$

AUFGABEN

12.39 Berechne z^2 und z^3!

a) $z=2\cdot[\cos(75°)+i\cdot\sin(75°)]$ **b)** $z=\frac{1}{2}\cdot[\cos(170°)+i\cdot\sin(170°)]$

12.40 Berechne z^2, z^3 und z^4! Gib diese Zahlen in der Form $a+b\cdot i$ sowie in Polardarstellung an!

a) $z=3+\sqrt{3}\cdot i$ **b)** $z=1-\sqrt{3}\cdot i$ **c)** $z=\frac{1}{2}+\frac{1}{2}\cdot i$ **d)** $z=1-i$

12.41 Für die komplexe Zahl z gilt $|z|=1$ und **a)** $\arg(z)=120°$, **b)** $\arg(z)=72°$. Berechne z^2, z^3, z^4, z^5, z^6 und stelle diese Zahlen in der Gauß'schen Zahlenebene dar! Was fällt auf?

Wurzeln aus komplexen Zahlen

Bisher haben wir von den beiden Lösungen der Gleichung $x^2 = -a$ nur die Lösung $\sqrt{a} \cdot i$ als $\sqrt{-a}$ bezeichnet. Nun verzichten wir auf diese Vereinbarung und definieren allgemein:

Definition: Jede komplexe Lösung der Gleichung $x^n = z$ (mit $z \in \mathbb{C}$ und $n \in \mathbb{N}^*$) wird mit $\sqrt[n]{z}$ bezeichnet.

Wir nehmen dabei in Kauf, dass der Wurzelbegriff im Komplexen mehrdeutig ist.
Wenn wir $z = r \cdot (\cos\varphi + i \cdot \sin\varphi)$ setzen, dann ist jede komplexe Zahl z_k der Form

$$z_k = \sqrt[n]{r} \cdot \left[\cos\left(\tfrac{\varphi}{n} + k \cdot \tfrac{360°}{n}\right) + i \cdot \sin\left(\tfrac{\varphi}{n} + k \cdot \tfrac{360°}{n}\right)\right] \text{ mit } k = 0, 1, 2, \ldots, n-1 \text{ mit } n \in \mathbb{N}^*$$

eine Lösung der Gleichung $x^n = z$, denn nach dem letzten Satz gilt:

$$z_k^n = (\sqrt[n]{r})^n \cdot \left[\cos\left(n \cdot \left(\tfrac{\varphi}{n} + k \cdot \tfrac{360°}{n}\right)\right) + i \cdot \sin\left(n \cdot \left(\tfrac{\varphi}{n} + k \cdot \tfrac{360°}{n}\right)\right)\right] =$$
$$= r \cdot [\cos(\varphi + k \cdot 360°) + i \cdot \sin(\varphi + k \cdot 360°) = r \cdot [\cos(\varphi) + i \cdot \sin(\varphi)] = z$$

Für $k = 0, 1, 2, \ldots, n-1$ ergeben sich n verschiedene Lösungen der Gleichung $x^n = z$, weil das Argument jeweils um $\frac{360°}{n}$ zunimmt. Für $k = n, n+1, n+2, \ldots$ wiederholen sich die schon erhaltenen Lösungen. Man kann zeigen, dass es außer den Zahlen z_k keine weiteren Lösungen der Gleichung $x^n = z$ gibt. Somit gilt:

Satz
Alle n-ten Wurzeln aus einer komplexen Zahl $z = r \cdot [\cos(\varphi) + i \cdot \sin(\varphi)]$ sind gegeben durch

$$z_k = \sqrt[n]{r} \cdot \left[\cos\left(\tfrac{\varphi}{n} + k \cdot \tfrac{360°}{n}\right) + i \cdot \sin\left(\tfrac{\varphi}{n} + k \cdot \tfrac{360°}{n}\right)\right] \quad \text{mit } k = 0, 1, 2, \ldots n-1$$

12.42 Berechne alle dritten Wurzeln der Zahl $z = 27 \cdot [\cos(75°) + i \cdot \sin(75°)]$ und stelle diese in der Gauß'schen Zahlenebene dar! Was fällt auf?

LÖSUNG:

$z_0 = \sqrt[3]{27} \cdot [\cos(25° + 0 \cdot 120°) + i \cdot \sin(25° + 0 \cdot 120°)] =$
$= 3 \cdot [\cos(25°) + i \cdot \sin(25°)]$
$z_1 = \sqrt[3]{27} \cdot [\cos(25° + 1 \cdot 120°) + i \cdot \sin(25° + 1 \cdot 120°)] =$
$= 3 \cdot [\cos(145°) + i \cdot \sin(145°)]$
$z_2 = \sqrt[3]{27} \cdot [\cos(25° + 2 \cdot 120°) + i \cdot \sin(25° + 2 \cdot 120°)] =$
$= 3 \cdot [\cos(265°) + i \cdot \sin(265°)]$

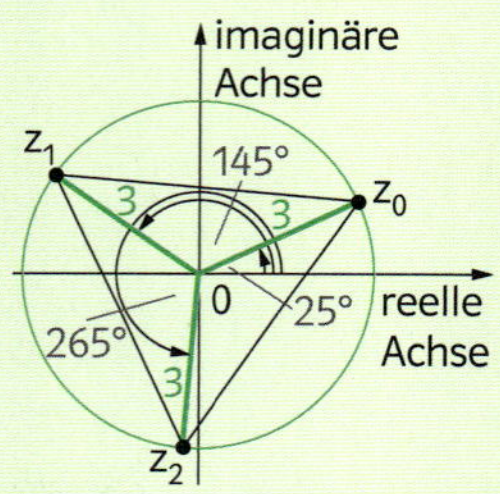

Die den Wurzeln entsprechenden Punkte liegen auf einem Kreis mit dem Mittelpunkt O und dem Radius 3 und bilden die Eckpunkte eines gleichseitigen Dreiecks.

BEMERKUNG: Alle Lösungen der Gleichung $x^n = z = r \cdot [\cos(\varphi) + i \cdot \sin(\varphi)]$ haben den gleichen Betrag $\sqrt[n]{r}$. Die zugeordneten Punkte in der Gauß'schen Zahlenebene liegen somit auf einem Kreis mit dem Mittelpunkt O und dem Radius $\sqrt[n]{r}$. Da ihre Argumente schrittweise um $\frac{360°}{n}$ zunehmen, bilden sie die Eckpunkte eines regelmäßigen n-Ecks.

AUFGABEN

12.43 Berechne alle Quadratwurzeln aus z und stelle sie in der Gauß'schen Zahlenebene dar!
a) $z = 4 \cdot [\cos(68°) + i \cdot \sin(68°)]$ **b)** $z = 9$

12.44 Berechne alle dritten Wurzeln aus z und stelle sie in der Gauß'schen Zahlenebene dar!
a) $z = 27 \cdot [\cos(135°) + i \cdot \sin(135°)]$ **b)** $z = -8$

12.7 HISTORISCHES ZU DEN ZAHLBEREICHEN

In diesem Lehrwerk sind wir von den natürlichen Zahlen ausgegangen und haben die Zahlbereiche schrittweise erweitert: $\mathbb{N} \subset \mathbb{Z} \subset \mathbb{Q} \subset \mathbb{R} \subset \mathbb{C}$. Dies entspricht im Großen und Ganzen der Geschichte der Mathematik. Im Folgenden wollen wir uns die Entstehung der einzelnen Zahlbereiche etwas genauer ansehen.

Natürliche Zahlen

Die natürlichen Zahlen sind uralte Erfindungen der Menschen und wurden auf sehr verschiedene Weisen dargestellt, zB durch Haufen von Steinen oder Muscheln, durch Kerben auf einem Knochen, durch Knoten in einer Schnur und Ähnliches. Abb. 12.1 zeigt ein Quipu der Inkas. Die Knoten der Schnüre stellen Zahlen dar.

Abb. 12.1 Quipu der Inkas

Zählen war vielfach nicht notwendig. Wenn etwa ein Hirte seine Schafe auf die Weide entließ, warf er für jedes Schaf einen Stein auf einen Haufen. Wenn die Schafe wieder heimkehrten, nahm er für jedes Schaf wieder einen Stein weg. Blieb ihm kein Stein übrig, wusste er, dass kein Schaf verloren gegangen war.

Primitive Völker konnten meist nicht sehr weit zählen; sie zählten im Prinzip: eins, zwei, viele. Anstelle von Steinen, Muscheln, Kerben, Knoten etc. wurden auch schon früh Zahlworte verwendet. Diese waren allerdings oft noch sehr an die gezählten Dinge gebunden. Es gab zB einen Stamm in British Columbia, der verschiedene Zahlworte verwendete, je nachdem, ob lebende, runde, lange Objekte oder Tage gezählt wurden.

Bei den **Griechen** waren die natürlichen Zahlen zwar nicht mehr an konkrete Objekte gebunden, doch waren ihre Überlegungen zunächst stark von den Rechensteinen beeinflusst, die sie zum Rechnen verwendeten. Die Pythagoräer legten diese Steine zu Figuren auf. Zum Beispiel betrachteten sie die „Dreieckszahlen" 1, 3, 6, 10, …, die sich in Dreiecksform wie in Abb. 12.2 darstellen lassen, und die „Quadratzahlen", die sich in Quadratform wie in Abb. 12.3 darstellen lassen. Dabei entdeckten sie interessante Zusammenhänge. Zum Beispiel kann man aus Abb. 12.3 erkennen, dass jede Quadratzahl die Summe von aufeinander folgenden ungeraden Zahlen ist, zB $25 = 1 + 3 + 5 + 7 + 9$. Man erkennt dies, wenn man zu den jeweils vorhandenen schwarzen Steinen die roten Steine dazulegt.

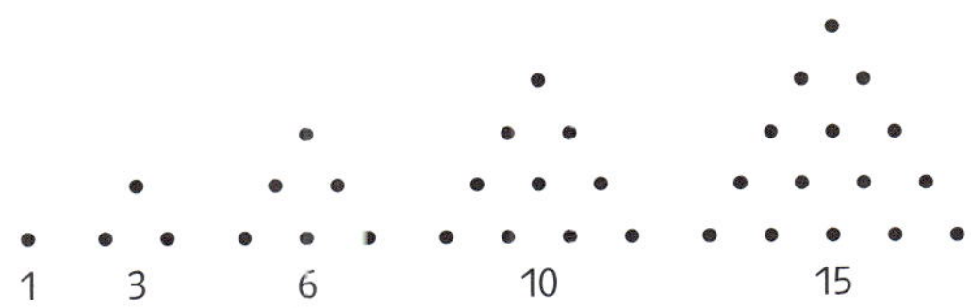

Abb. 12.2: Dreieckszahlen

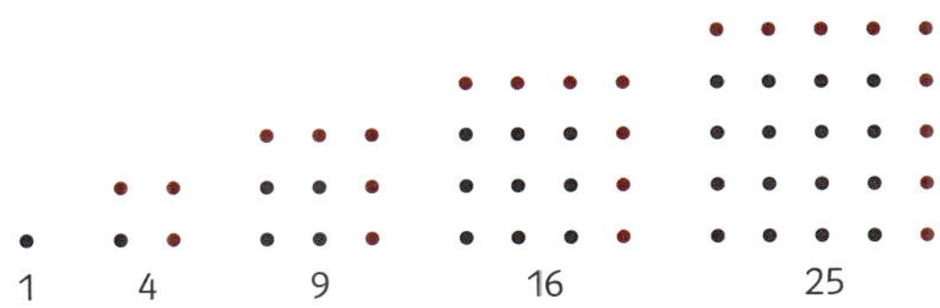

Abb. 12.3: Quadratzahlen

Während die vorgriechischen Völker Zahlen bloß benützten, haben die Griechen zum ersten Mal gefragt: Was ist eigentlich eine Zahl?

Aristoteles (384 – 322 v. Chr.) gab im Wesentlichen die Antwort: „Eine Zahl ist eine aus Einheiten zusammengesetzte Vielheit". Da die Einheit selbst keine Vielheit ist, wurde die Einheit (also 1) nicht als Zahl angesehen. So führte beispielsweise **Euklid** (um 300 v. Chr.) einige seiner Beweise doppelt, einmal für Zahlen (größer als 1) und einmal für die Einheit (1).

Die **Ziffern** 0, 1, 2, 3, …, 9 unseres heutigen Zehnersystems gehen auf die Inder zurück. Sie kamen allerdings über die Araber nach Europa und heißen deshalb heute „arabische Ziffern“.

Die heute üblichen Rechenzeichen entstanden erst viel später. Die Zeichen „ + “ und „–“ tauchten (nach älteren Vorläufern) im 15. Jahrhundert n. Chr. auf, etwas später auch die Zeichen „ · “ und „:“. So lange keine Rechenzeichen zur Verfügung standen, wurden Rechengesetze nur verbal in sehr unübersichtlicher Form formuliert. Beispielsweise beschrieb der byzantinische Mathematiker **Leo** (9. Jahrhundert n. Chr.) das Assoziativgesetz $(\alpha \cdot \beta) \cdot \gamma = \alpha \cdot (\beta \cdot \gamma) = (\alpha \cdot \gamma) \cdot \beta$ so:

„Gegeben seien die Zahlen α, β, γ; das Produkt aus α, β sei δ, das Produkt aus β, γ sei ε, das Produkt aus α, γ sei ζ, das Produkt aus α, ε sei η, das aus β, ζ sei ϑ, das aus γ, δ sei κ. Ich behaupte, dass die Zahlen η, ϑ, κ einander gleich sind“.

Rationale Zahlen

Die Ursprünge der Bruchrechnung sind bei den **Ägyptern** und **Babyloniern** zu suchen. Während die Babylonier durch die Verwendung eines Stellenwertsystems keine Probleme hatten, Brüche darzustellen, hatten die Ägypter mit ihrem Nicht-Stellenwertsystem größere Schwierigkeiten. Sie stellten (mit wenigen Ausnahmen) nur Stammbrüche dar, dh. Brüche der Form $\frac{1}{n}$, und zwar so, dass über das jeweilige Symbol für die natürliche Zahl n das Symbol für „Mund“ gesetzt wurde. Zum Beispiel:

$\frac{1}{3} =$ 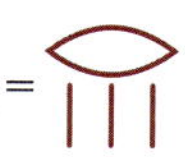 $\frac{1}{6} =$ 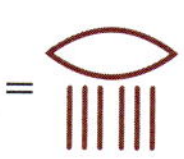 $\frac{1}{11} =$ 

Brüche, die keine Stammbrüche sind, wurden in Summen von Stammbrüchen zerlegt, zum Beispiel:

$$\frac{3}{8} = \frac{1}{4} + \frac{1}{8}, \quad \frac{40}{7} = 5 + \frac{1}{2} + \frac{1}{7} + \frac{1}{14}$$

Solche Zerlegungen waren oft sehr schwer zu finden und wurden in Tabellen festgehalten.

Ein Rechnen mit diesen Darstellungen von Brüchen war natürlich eine äußerst komplizierte Sache und hinderte die Ägypter daran, eine Bruchrechnung im heutigen Sinn zu entwickeln.

Die **griechischen Philosophen** wollten Bruchzahlen nicht als Zahlen anerkennen, weil sie die Einheit für unteilbar hielten. So schrieb etwa **Platon** (427–347 v. Chr.):

„Du weißt doch, dass die echten Meister in dieser Kunst einen auslachen und es nicht zulassen würden, wenn jemand es unternehmen würde, die Einheit in Gedanken zu zerschneiden, und wenn du sie zerteilen wolltest, so würden sie sie vervielfältigen und es nie geschehen lassen, dass die Einheit nicht als Einheit, sondern als viele Teile erschiene.“

Als Ersatz für die fehlende Bruchrechnung entwickelten die Griechen eine Lehre von den Proportionen (Verhältnissen), mit der sie zunächst weitgehend auskamen.

Bei den **Arabern**, die die griechische Mathematik bewahrt und weiterentwickelt haben, wird die Frage, ob Verhältnisse Zahlen sind oder nicht, bereits diskutiert, sie schafften es aber auch nicht, die griechische Zahlauffassung ganz zu überwinden und Bruchzahlen als vollwertige Zahlen aufzufassen. Dieses Verdienst kommt erst **Petrus Ramus** (1515–1572) zu, der eine Zahl sinngemäß als etwas beschrieb, mit dem wir zählen und rechnen. Im „Rechnen“ ist bei ihm nachweislich auch das Rechnen mit Bruchzahlen eingeschlossen. Diese werden also erstmals als vollwertige Zahlen anerkannt.

Die heutige Bruchschreibweise, bei der Zähler und Nenner durch einen Bruchstrich getrennt werden, geht auf die indische Zahlschrift zurück. Die Regeln der Bruchrechnung dürften um etwa 600 n. Chr. bereits bekannt gewesen sein, doch wurden sie noch nicht mit den heute üblichen Rechenzeichen angeschrieben.

Irrationale Zahlen

Die **Pythagoräer** untersuchten ua. Verhältnisse von Saitenlängen am Monochord und entdeckten dabei, dass die musikalischen Intervalle durch einfache Verhältnisse natürlicher Zahlen beschrieben werden können (Oktave 1 : 2, Quinte 2 : 3, Quarte 3 : 4 usw.). Verhalten sich zwei Streckenlängen beispielsweise wie 2 : 3, so bedeutet dies, dass es ein „gemeinsames Maß" gibt, welches in der einen Strecke zweimal und in der anderen Strecke dreimal enthalten ist (siehe die Abbildung).

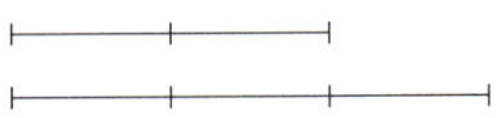

Die Pythagoräer nannten zwei Strecken **kommensurabel**, wenn es ein solches gemeinsames Maß gibt. Sie glaubten zunächst, dass zwei beliebige Strecken stets kommensurabel seien, dh. dass man immer ein gemeinsames Maß finden könne, auch wenn dieses sehr klein ist. Sie entdeckten aber später (möglicherweise war es **Hippasos** von Metapont), dass es inkommensurable Strecken gibt, also Strecken, für die kein gemeinsames Maß gefunden werden kann. Dies gilt etwa für die Seite und Diagonale eines Quadrats oder die Seite und Diagonale eines regelmäßigen Fünfecks. Diese Erkenntnis wirkte wie ein Schock, da sie die Grenzen der griechischen Proportionenlehre aufzeigte. Durch verschiedene Reparaturen (zB durch **Eudoxos**) versuchten die Griechen, ihre Proportionenlehre der geänderten Situation anzupassen. Eine wirkliche Lösung war aber erst möglich, nachdem das Problem von der Geometrie losgelöst wurde und die Verhältnisse inkommensurabler Strecken durch irrationale Zahlen beschrieben wurden.

Einen wesentlichen Anstoß zur Bildung der irrationalen Zahlen dürfte die Dezimalschreibweise geliefert haben. Denn wenn man Zahlen mit endlich vielen Nachkommastellen anschreiben darf, liegt der Gedanke nahe, auch solche mit unendlich vielen Nachkommastellen zuzulassen, auch wenn die Darstellung nicht periodisch ist. Wenngleich man diese Zahlen nicht genau angeben kann, kann man sie doch mit beliebig vorgegebener Genauigkeit annähern. Wenn man aber von Annähern spricht, setzt dies voraus, dass es Zahlen gibt, denen man sich annähert. Das sind die irrationalen Zahlen.

Die Anerkennung der irrationalen Zahlen erfolgte jedoch zögernd. Lange Zeit befand man sich in einem Zwiespalt: Einerseits hatten die irrationalen Zahlen typische Eigenschaften von Zahlen (man konnte sie zB als Punkte auf der Zahlengeraden darstellen), andererseits empfand man sie doch nicht als „richtige" Zahlen. Man nannte sie daher „absurde", „irreguläre", „unerklärliche" oder „taube" Zahlen. Auch der heute gebräuchliche Ausdruck „irrational" ist ein Rest dieses Zwiespalts. Einer der Ersten, der die irrationalen Zahlen als vollwertige Zahlen anerkannte, war **Simon Stevin** (1548–1620), ein eifriger Verfechter der damals durchaus noch nicht üblichen Dezimalschreibweise. Er erweiterte die Zahlauffassung von **Petrus Ramus** und beschrieb eine Zahl im Wesentlichen als etwas, mit dem wir „Quantitäten" ausdrücken, dh. mit dem wir zählen, rechnen und messen. Da beispielsweise zu einer exakten Längenangabe auch irrationale Maßzahlen erforderlich sind, zählen bei ihm auch die irrationalen Zahlen zu den Zahlen. Er erkannte, dass die reellen Zahlen (also die rationalen und irrationa-

Simon Stevin
(1543–1620)

len Zahlen) die Zahlengerade lückenlos ausfüllen und kontinuierlich veränderbar sind, wenngleich er dies etwas umständlich beschreibt:

„Die Zahl ist bei der Größe so etwas wie die Feuchtigkeit beim Wasser. Denn wie diese sich durch das Ganze und in jeden Teil des Wassers erstreckt, so erstreckt sich die einer Größe zugeordnete Zahl durch die ganze Größe und in jeden Teil. Und wie einer kontinuierlichen Wassermenge eine kontinuierliche Feuchtigkeit entspricht, so entspricht einer kontinuierlichen Größe eine kontinuierliche Zahl."

Negative Zahlen

Über den Ursprung der negativen Zahlen weiß man fast nichts. Möglicherweise stieß man auf sie bei dem Versuch, die größere Zahl von der kleineren abzuziehen. Dafür spricht, dass die negativen Zahlen bis ins 16. Jahrhundert, etwa noch bei **Michael Stifel** (ca. 1487–1567), als Differenzen natürlicher Zahlen angeschrieben wurden, zB 8 – 10, 0 – 2 usw. In Rechnungen wurden die negativen Zahlen bestenfalls als nützliche Zwischenglieder angesehen, aber nicht als Endresultate anerkannt.

Die Anerkennung eines negativen Resultats findet sich zum ersten Mal bei **Leonardo von Pisa** (genannt **Fibonacci**, ca. 1170–ca. 1250). In einer Aufgabe, in der nach Geldbeträgen gefragt wird, interpretierte er die positiven Lösungen als Guthaben und die negativen Lösungen als Schulden. Nach und nach verband man mit den positiven bzw. negativen Zahlen auch andere Vorstellungen, die stets gewisse Gegensätzlichkeiten ausdrückten: über null – unter null; über dem Meeresspiegel – unter dem Meeresspiegel usw. Durch Abstraktion entwickelte sich daraus der Begriff des positiven bzw. negativen Vorzeichens. Im Grunde waren damals die negativen Zahlen nichts anderes als die positiven Zahlen, nur mit einem anderen Vorzeichen oder einer anderen Deutung versehen: –5 Gulden war dasselbe wie +5 Gulden, nur Schulden statt Guthaben; –7 Grad war dasselbe wie +7 Grad, nur unter null statt über null; –50 m war dasselbe wie +50 m, nur unter dem Meeresspiegel statt über dem Meeresspiegel usw. Im täglichen Leben werden die negativen Zahlen noch heute vielfach so aufgefasst.

Leonardo von Pisa (genannt **Fibonacci**, ca. 1170–ca. 1250)

Als eigenständige Zahlen wurden die negativen Zahlen nur sehr zögernd anerkannt. Ähnlich wie die irrationalen Zahlen nannte man sie zunächst „defekte", „falsche", „gedichte (= gedachte)", „fingierte", „ungültige", „verneinte" oder schließlich „negative" Zahlen. Der Anerkennung der negativen Zahlen standen vor allem zwei Schwierigkeiten entgegen. Erstens waren die negativen Zahlen kleiner als 0, man konnte sich aber keine Zahlen vorstellen, die mit den Worten von **Gottfried Wilhelm Leibniz** (1646–1716) „weniger als nichts" waren. Zweitens konnte man die Festsetzung „minus mal minus ist plus" nicht verstehen, so lange sie inhaltlich interpretiert wurde. Warum soll das Produkt von Schulden plötzlich ein Guthaben ergeben? Der französische Romanschriftsteller **Stendhal** (1783–1842) schrieb dazu:

„Nach meinem Dafürhalten war in der Mathematik jede Heuchelei ausgeschlossen, und in meiner jugendlichen Einfalt glaubte ich, es müsste dies in allen anderen Wissenschaften, die sie, wie ich gehört hatte, anwandten, ebenso der Fall sein. Wie wurde mir zumute, als ich merkte, dass kein Mensch mir erklären konnte, wieso minus mal minus gleich plus ergibt."

Die volle Anerkennung der negativen Zahlen gelang erst im späteren 19. Jahrhundert, als man sich von den inhaltlichen Interpretationen löste und Zahlen allein durch ihre Rechengesetze (Axiome) beschrieb. Dadurch wurde der Stevin'sche Zahlbegriff (Zahlen als Quantitäten) von einem axiomatischen Zahlbegriff abgelöst (Zahlen als durch Axiome festgelegte Objekte).

Komplexe Zahlen

Im 16. Jahrhundert tauchten Wurzeln aus negativen Zahlen auf. **Cardano** (1501–1576) stellte die Aufgabe, die Zahl 10 in zwei Summanden zu zerlegen, deren Produkt 30 ist (vgl. Seite 232). Die Aufgabe führt auf eine quadratische Gleichung und die formale Anwendung der Lösungsformel für solche Gleichungen liefert die Ausdrücke $5+\sqrt{-5}$ und $5-\sqrt{-5}$. Cardano konnte diesen Ausdrücken keinen Sinn beilegen und nannte sie „sophistische" Ausdrücke.

Gerolamo Cardano (1501–1576)

Die obige Aufgabenstellung konnte man noch als unsinnig bezeichnen. Cardano bemerkte jedoch, dass man mit den Wurzeln aus negativen Zahlen auch ernsthaftere Probleme lösen kann. Er verwendete eine Formel zur Lösung von kubischen Gleichungen der Form $x^3+px+q=0$ (siehe Seite 237). Dabei können in bestimmten Fällen während der Rechnung Wurzeln aus negativen Zahlen auftreten, während sich im Endresultat durchaus reelle Lösungen der Gleichung ergeben. Ähnlich wie bei den negativen Zahlen begann man die Wurzeln aus negativen Zahlen als nützliche Zwischenglieder beim Gleichungsrechnen zu akzeptieren, nicht jedoch als Endresultate. Die Frage, ob sie Zahlen darstellen, wurde kaum gestellt.

Da man mit Wurzeln aus negativen Zahlen jedoch rechnen kann, insbesondere Gleichungen lösen und damit verschiedene Anwendungsprobleme bewältigen kann, lag eine Reparatur des bisher vertretenen Zahlbegriffs in der Luft. **Bombelli** (1526–1572) versuchte die Situation durch Einführung eines erweiterten Vorzeichenbegriffs zu retten. Er fügte den Vorzeichen „plus" (piu) und „minus" (meno) noch zwei weitere Vorzeichen hinzu, die in heutiger Notation $+i$ (piu di meno) und $-i$ (meno di meno) entsprechen. Für diese Vorzeichen formulierte er Vorzeichenregeln:

Piu uia piu fa piu	+ mal + gibt +
Piu uia meno fa meno	+ mal − gibt −
Piu uia piu di meno fa meno di meno	+ mal +i gibt +i
Meno uia piu di meno fa meno di meno	− mal +i gibt −i

usw.

Die große Anzahl an Vorzeichenregeln (insgesamt 16), die man sich hier merken müsste, war wahrscheinlich der Hauptgrund, warum sich dieser Vorschlag nicht durchsetzte.

Die komplexen Zahlen entsprachen nicht dem Stevinschen Zahlbegriff. Sie konnten nämlich nicht als „Quantitäten" gedeutet werden, da es nicht gelang, für sie eine Ordnung (Kleinerrelation) zu definieren. Deshalb war nur eine bedingte Anerkennung der komplexen Zahlen in der Theorie möglich, die sich ähnlich wie bei den negativen und irrationalen Zahlen darin äußerte, dass man die komplexen Zahlen zwar als Zahlen akzeptierte, aber als „sophistische", „unmögliche", „falsche", „eingebildete", „imaginäre" Zahlen uÄ bezeichnete.

Die fortschreitende Anerkennung der komplexen Zahlen wurde in der Folgezeit aus drei Quellen gespeist: die Möglichkeit des Rechnens, die Vereinfachung der Theorie und des Lösens algebraischer Gleichungen sowie die anschauliche Darstellung in der Gauß'schen Zahlenebene. Die endgültige Anerkennung der komplexen Zahlen in der allgemein vertretenen Theorie war jedoch wie bei den negativen Zahlen erst im 19. Jahrhundert möglich, nachdem der Stevinsche Zahlbegriff durch den axiomatischen Zahlbegriff abgelöst wurde. Damit war die Erweiterung der reellen Zahlen zu den komplexen Zahlen vollzogen. Die Ausdrücke „sophistisch", „unmöglich" usw. verschwanden wieder. Das Wort „imaginär" behielt nur mehr eine technische Bedeutung bei.

R L TECHNOLOGIE KOMPAKT

GEOGEBRA

CASIO CLASS PAD II

Komplexe Zahlen eingeben und mit ihnen rechnen

GeoGebra

x= CAS-Ansicht:
Eingabe: $a+b$ [Alt] i – Werkzeug [=]
bzw.
Eingabe: $a+b$ [Alt] i $+c+d$ [Alt] i – Werkzeug [=]
Ausgabe → *Komplexe Zahl $a+b\cdot i$*
bzw.
Ausgabe → *$(a+b\cdot i)+(c+d\cdot i)$*

BEMERKUNG 1: Die anderen Grundrechnungsarten funktionieren ebenso.

BEMERKUNG 2: Im CAS ist das Drücken der Taste [Alt] vor dem i wichtig, damit GeoGebra i als die imaginäre Einheit erkennt.

Casio Class Pad II

Iconleiste – Main – Statusleiste – Kplx –
Eingabe: $a+b$ – [Keyboard] – [Math3] – [i] [EXE]
Ausgabe → *Komplexe Zahl $a+b\cdot i$*
Eingabe: $a+b$ [i] $+c+d$ [i] [EXE]
Ausgabe → *Summe von $(a+b\cdot i)$ und $(c+d\cdot i)$*

BEMERKUNG: Die anderen Grundrechnungsarten funktionieren analog dazu.

Komplexe Lösungen einer Gleichung ermitteln

GeoGebra

x= CAS-Ansicht:
Eingabe: KLöse(*Gleichung*) – Werkzeug [=]
Ausgabe → *Alle (reellen und komplexen) Lösungen der Gleichung*

Casio Class Pad II

Iconleiste – Main – Statusleiste – Kplx –
Menüleiste – Aktion – Weiterführend –
solve(*Gleichung, Variable*) [EXE]
Ausgabe → *Alle (reellen und komplexen) Lösungen der Gleichung*

Komplexe Zahl als Punkt in der Gauß'schen Zahlenebene darstellen

GeoGebra

Algebra-Ansicht:
Eingabe: $a+bi$ [ENTER]
Grafik-Ansicht:
Ausgabe → *Darstellung von $(a+bi)$ als Punkt in der Gauß'schen Zahlenebene*

BEMERKUNG: In der Algebra-Ansicht ist das Drücken der Taste [Alt] vor dem i nicht erforderlich.

Casio Class Pad II

BEMERKUNG: Das CPII kann komplexe Zahlen nicht durch einen Befehl als Punkt in der Gauß'schen Zahlenebene darstellen. Über die Eingabe als Vektor ist dies möglich:
Iconleiste – Main – [Keyboard] – [Math2] – [Vektor] – 1. Feld: a – 2. Feld: – b [EXE]
Symbolleiste – [▼] – [Geometrie] – Vektor markieren und ins Geometriefenster ziehen
Ausgabe → *Darstellung von $(a+bi)$ als Punkt in der Gauß'schen Zahlenebene*

Polardarstellung einer komplexen Zahl ermitteln

GeoGebra

Algebra-Ansicht:
Eingabe: InPolar($a+bi$) [ENTER]
Ausgabe → *Polardarstellung von $(a+bi)$ in der Form $[r\,|\,\varphi]$*

BEMERKUNG: In der Algebra-Ansicht wird φ im Gradmaß ausgegeben, in der CAS-Ansicht erfolgt die Ausgabe im Bogenmaß.

Casio Class Pad II

Iconleiste – Main – Statusleiste – Kplx – 360° –
Menüleiste – Aktion – Komplex –
compToPol($a+b$ [i]) [EXE]
Ausgabe → *Polardarstellung von $(a+bi)$ in der Form $[r\,|\,\varphi]$*

BEMERKUNG: Wird in der Statusleiste 360° gewählt, so wird φ im Gradmaß ausgegeben.

TI-Nspire kompakt 2ss2jp
Für konkrete Anleitungen siehe Technologietrainingshefte

R L KOMPETENZCHECK

AUFGABEN VOM TYP 1

AG-R 1.1 **12.45** Kreuze die richtige(n) Aussage(n) an!

☐ $i^2 \in \mathbb{R}$ ☐ $3i^3 \in \mathbb{N}$ ☐ $(1+i) \in \mathbb{C}$ ☐ $(1+i)^2 \in \mathbb{Q}$ ☐ $(1+i^2) \in \mathbb{Z}$

AG-R 1.1 **12.46** Kreuze die richtige(n) Aussage(n) an!

5 ist eine komplexe Zahl.	☐
$-(1-i)$ ist eine imaginäre Zahl.	☐
Jede reelle Zahl ist eine imaginäre Zahl.	☐
Jede imaginäre Zahl ist eine komplexe Zahl.	☐
Konjugiert komplexe Zahlen entsprechen Punkten in der Gauß'schen Zahlenebene, die symmetrisch zur 1. Achse liegen.	☐

AG-L 1.5 **12.47** Kreuze die richtige(n) Aussage(n) an!

☐ $i^6 = -1$ ☐ $2i^3 = -2$ ☐ $(2i)^3 = -8$ ☐ $(-i)^3 = i$ ☐ $i^{1000} = i$

AG-L 1.5 **12.48** Kreuze die Zahlen an, die Lösungen der Gleichung $x^2 + 2x + 5 = 0$ sind!

$-2-i$	☐
$-2+i$	☐
$-1-2i$	☐
$-1+2i$	☐
2	☐

AG-L 1.5 **12.49** Ordne jeder Gleichung in der linken Tabelle die zugehörigen Lösungen aus der rechten Tabelle zu!

$2x^2 + x + 5 = 0$	
$3x^2 + x + 1 = 0$	
$x^3 - 4x^2 + 5x = 0$	
$x^3 + x^2 + 2x = 0$	

A	$x = -\frac{1}{6} + \frac{\sqrt{11}}{6}i \vee x = -\frac{1}{6} - \frac{\sqrt{11}}{6}i$
B	$x = -\frac{1}{4} + \frac{\sqrt{39}}{4}i \vee x = -\frac{1}{4} - \frac{\sqrt{39}}{4}i$
C	$x = 0 \vee x = -\frac{1}{2} + \frac{\sqrt{7}}{2}i \vee x = -\frac{1}{2} - \frac{\sqrt{7}}{2}i$
D	$x = 0 \vee x = -2 + i \vee x = -2 - i$
E	$x = 0 \vee x = 2 + i \vee x = 2 - i$

AG-L 1.5 **12.50** Ordne jedem Term in der linken Tabelle den äquivalenten Term aus der rechten Tabelle zu!

$(1+i) \cdot (1-i)$	
$(1+i)^2$	
$(1+i) \cdot [(1-i) - (2-3i)]$	
$\left(\frac{2}{5} - \frac{1}{3}i\right) \cdot (15 - 3i) + \frac{1}{5} \cdot (10 + 6i)$	

A	$2i$
B	$7-5i$
C	$3-i$
D	$-3+i$
E	2

Fragen zum Grundwissen wh99xi

AG-L 1.5 **12.51** Gegeben ist die Gleichung $x^2 + px + q = 0$ (mit $p, q \in \mathbb{R}$). Kreuze an, wie viele Lösungen diese Gleichung haben kann!

zwei Lösungen in $\mathbb{R}$	☐
zwei Lösungen in $\mathbb{C}\setminus\mathbb{R}$	☐
eine Lösung in $\mathbb{R}$ und eine Lösung in $\mathbb{C}\setminus\mathbb{R}$	☐
genau eine Lösung in $\mathbb{C}\setminus\mathbb{R}$	☐
keine Lösung in $\mathbb{C}$	☐

AG-L 1.5 **12.52** Kreuze an, in welcher Abbildung die Menge $\{z \in \mathbb{C} \mid |z| = 1\}$ in der Gauß'schen Zahlenebene dargestellt ist!

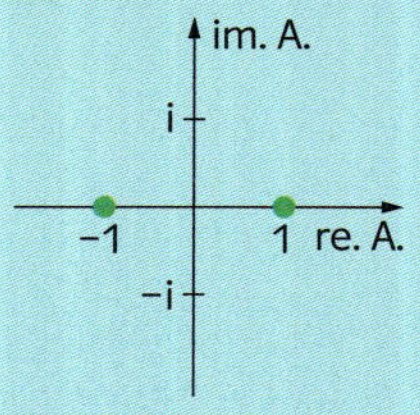

☐

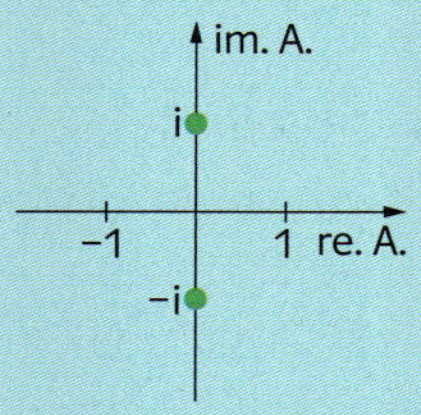

☐

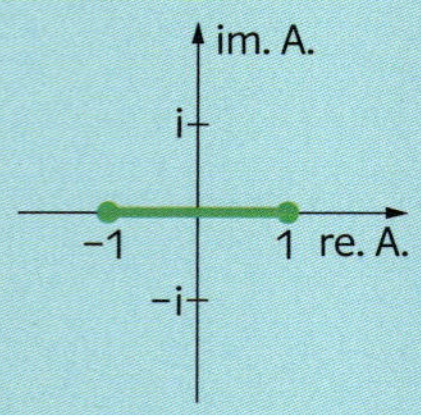

☐

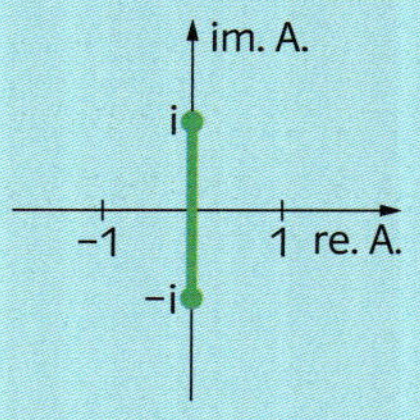

☐

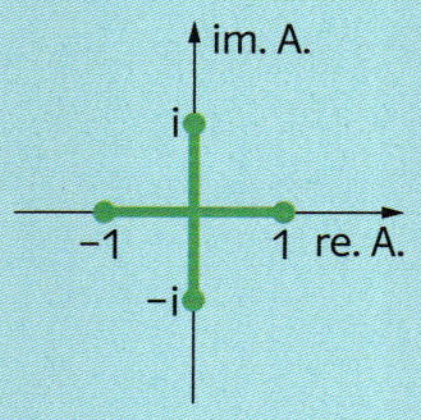

☐

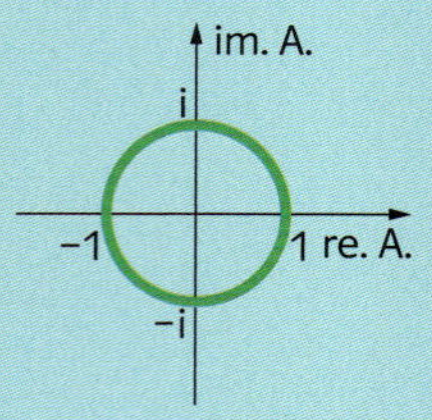

☐

AG-L 1.5 **12.53** Berechne die ersten neun Zahlen der Folge $(1, i, i^2, i^3, i^4, \ldots)$! Kreuze an, was für diese Folge zutrifft!

Es folgen immer wieder die Zahlen 1, i, −1 und −i aufeinander.	☐
Auf jede komplexe Zahl folgt eine Zahl, die keine komplexe Zahl ist.	☐
Imaginäre und reelle Zahlen wechseln einander ab.	☐
Alle Zahlen haben den gleichen Betrag.	☐
Alle Zahlen entsprechen Punkten auf einem Kreis.	☐

AG-L 1.5 **12.54** Eine komplexe Zahl $a + bi$ kann als Zahlenpaar $(a \mid b)$ aufgefasst werden. Für die Addition und Multiplikation solcher Zahlenpaare gelten jedoch zum Teil nicht dieselben Rechenregeln wie für Vektoren in $\mathbb{R}^2$. Kreuze die richtige(n) Aussage(n) für die komplexen Zahlen $u + v \cdot i$ und $x + y \cdot i$ an!

$(u \mid v) + (x \mid y) = (u + v \mid x + y)$	☐
$(u \mid v) + (x \mid y) = (u + x \mid v + y)$	☐
$(u \mid v) \cdot (x \mid y) = (u \cdot x \mid v \cdot y)$	☐
$(u \mid v) \cdot (x \mid y) = (ux - vy \mid uy + vx)$	☐
$(u \mid v) \cdot (x \mid y) = (vx - uy \mid vy + ux)$	☐

AG-L 2.8 **12.55** Kreuze die Aussagen an, die aus dem Fundamentalsatz der Algebra folgen!

Jede algebraische Gleichung mit reellen Koeffizienten besitzt eine komplexe Lösung.	☐
Jede algebraische Gleichung mit reellen Koeffizienten besitzt eine reelle Lösung.	☐
Es gibt eine algebraische Gleichung mit reellen Koeffizienten, die in $\mathbb{R}$ nicht lösbar ist.	☐
Jede in $\mathbb{R}$ lösbare Gleichung ist eine algebraische Gleichung.	☐
Die algebraische Gleichung $x^2 + 4 = 0$ hat zwei imaginäre Lösungen.	☐

AUFGABEN VOM TYP 2

AG-R 1.1 AG-L 1.5 **12.56 Komplexe Zahlen und quadratische Gleichungen**

a) ▪ Zeige: Zwei komplexe Zahlen z und −z (mit $z \neq 0$) liegen in der Gauß'schen Zahlenebene symmetrisch bezüglich des Ursprungs.

▪ Beschreibe, wie zwei konjugiert komplexe Zahlen in der Gauß'schen Zahlenebene zueinander liegen!

b) ▪ Gegeben ist eine quadratische Gleichung $x^2 + px + q = 0$ mit $p \in \mathbb{R}$ und $q \in \mathbb{R}^+$. Zeige: Ist $p = 0$, dann besitzt die Gleichung zwei Lösungen, die imaginär und konjugiert komplex sind.

▪ Zeige umgekehrt: Wenn die Gleichung $x^2 + px + q = 0$ zwei imaginäre und konjugiert komplexe Lösungen besitzt, dann muss $p = 0$ sein.

AG-R 1.1 AG-L 1.5 **12.57 Punktmengen in der Gauß'schen Zahlenebene**

Wir bezeichnen in den folgenden Aufgaben den Realteil einer komplexen Zahl z mit Re(z) und den Imaginärteil mit Im(z).

a) ▪ Teilmengen von $\mathbb{C}$ entsprechen Punktmengen in der Gauß'schen Zahlenebene. Ordne jeder in der linken Tabelle dargestellten Punktmenge der Gauß'schen Zahlenebene die zugehörige Teilmenge von $\mathbb{C}$ aus der rechten Tabelle zu!

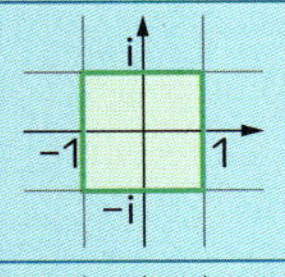	
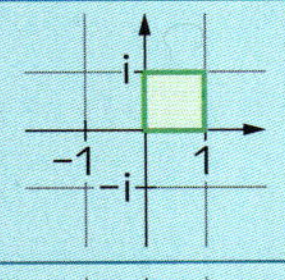	
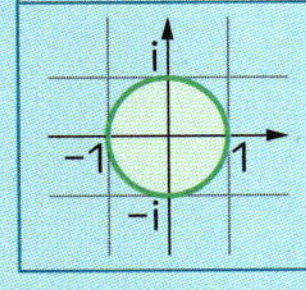	

A	$\{z \in \mathbb{C} \mid \lvert z \rvert \leq 1\}$
B	$\{z \in \mathbb{C} \mid \lvert \mathrm{Re}(z) \rvert \leq 1 \land \lvert \mathrm{Im}(z) \rvert \leq 1\}$
C	$\{z \in \mathbb{C} \mid 0 \leq \mathrm{Re}(z) \leq 1 \land 0 \leq \mathrm{Im}(z) \leq 1\}$

▪ Skizziere die Menge $\{z \in \mathbb{C} \mid \mathrm{Im}(z) = 1 - \mathrm{Re}(z)\}$ in der Gauß'schen Zahlenebene!

b) ▪ In der Abbildung sind vier komplexe Zahlen z_1, z_2, z_3 und z_4 durch Punkte bzw. Pfeile dargestellt. Kreuze die zutreffende(n) Aussage(n) an!

Nach steigenden Beträgen geordnet lauten diese Zahlen: z_2, z_1, z_4, z_3.	☐
Nach steigenden Argumenten geordnet lauten diese Zahlen: z_4, z_3, z_2, z_1.	☐
Nach steigenden Realteilen geordnet lauten diese Zahlen: z_3, z_2, z_4, z_1.	☐
Nach steigenden Imaginärteilen geordnet lauten diese Zahlen: z_3, z_4, z_2, z_1.	☐
Alle vier Zahlen haben einen Betrag < 4.	☐

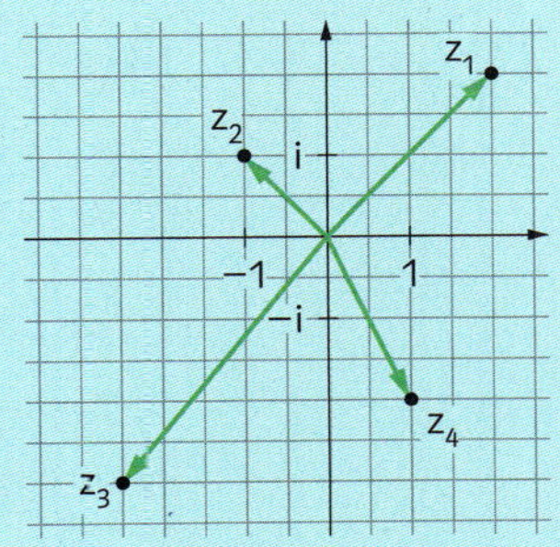

▪ Zwei komplexe Zahlen z_1 und z_2 sind als Punkte in der Gauß'schen Zahlenebene dargestellt. Gib an, was der Ausdruck $\lvert z_1 - z_2 \rvert$ in diesem Zusammenhang bedeutet!

R L SEMESTERCHECK 2

AUFGABEN VOM TYP 1

AG-R 1.1 **1** Kreuze die richtige(n) Aussage(n) an!

$\sqrt{0} \in \mathbb{N}$	☐
$\sqrt{-16} \in \mathbb{R}$	☐
$-\sqrt{16} \in \mathbb{Q}$	☐
$-\sqrt{5184} \in \mathbb{Z}$	☐
$\sqrt{-5184} \in \mathbb{C}$	☐

FA-R 5.4 **2** Gegeben ist die Funktion $f: \mathbb{R} \to \mathbb{R} \mid x \mapsto 10 \cdot 1{,}4^x$. Kreuze die für alle $x \in \mathbb{R}$ zutreffende(n) Aussage(n) an!

$f(x+1)$ ist um 1,4 größer als $f(x)$.	☐
$f(x+1)$ ist 1,4-mal so groß wie $f(x)$.	☐
$f(x+1)$ ist 10-mal so groß wie $f(x)$.	☐
$f(x+1)$ ist um 10 % größer als $f(x)$.	☐
$f(x+1)$ ist um 40 % größer als $f(x)$.	☐

FA-R 5.4 **3** Gib eine Funktion f an, die mit ihrer Ableitungsfunktion f′ übereinstimmt!

FA-R 6.6 **4** Begründe, dass die Punkte $\left(\frac{\pi}{2} \middle| 0\right)$ und $\left(\frac{3\pi}{2} \middle| 0\right)$ Wendepunkte der Cosinusfunktion sind!

FA-R 6.6 **5** In der nebenstehenden Abbildung ist die Ableitungsfunktion $f': [0; 2\pi] \to \mathbb{R} \mid x \mapsto 1{,}5 \cdot \cos(x)$ einer Funktion f dargestellt. Eine der Funktionen f_1 bis f_6 stimmt mit der Funktion f überein. Kreuze diese an!

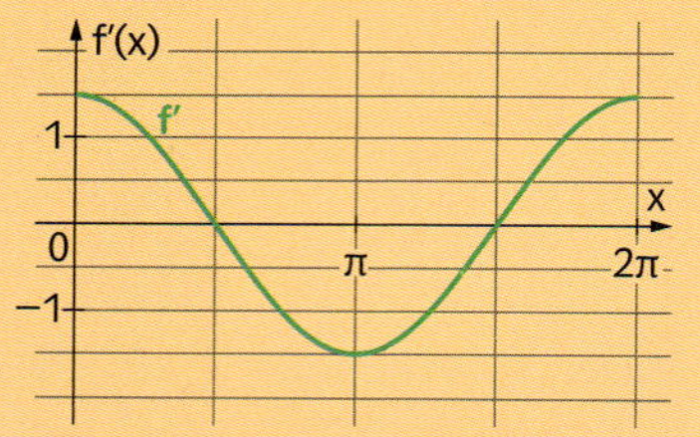

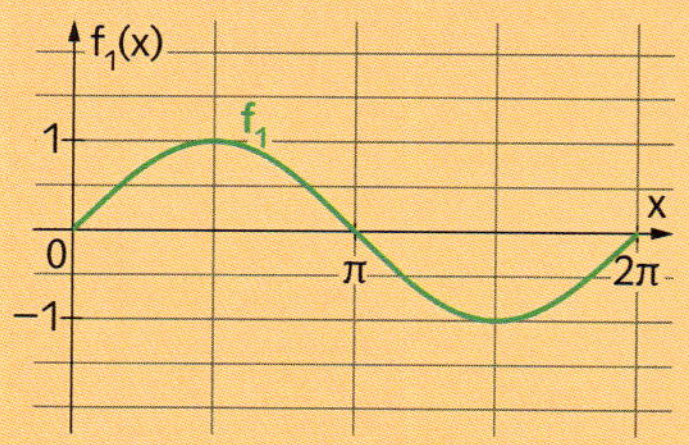

☐

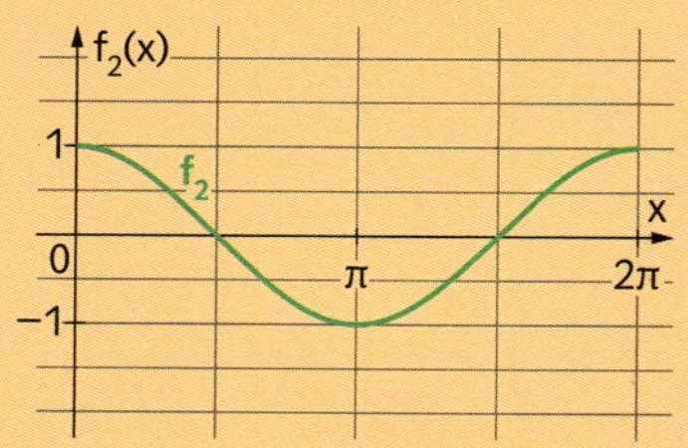

☐

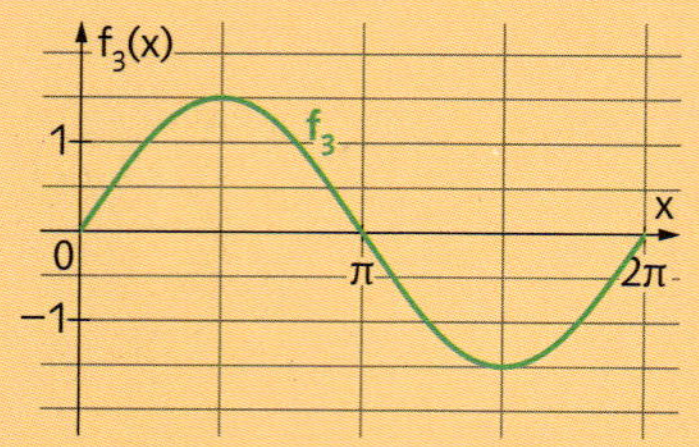

☐

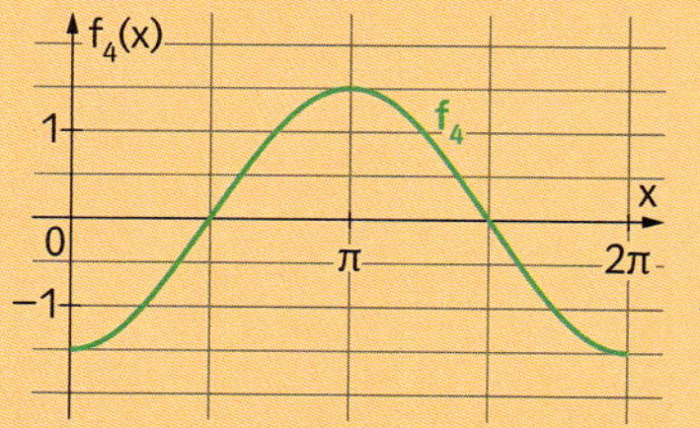

☐

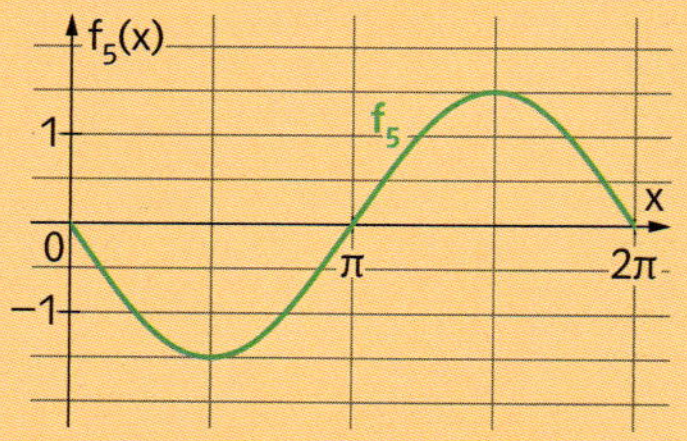

☐

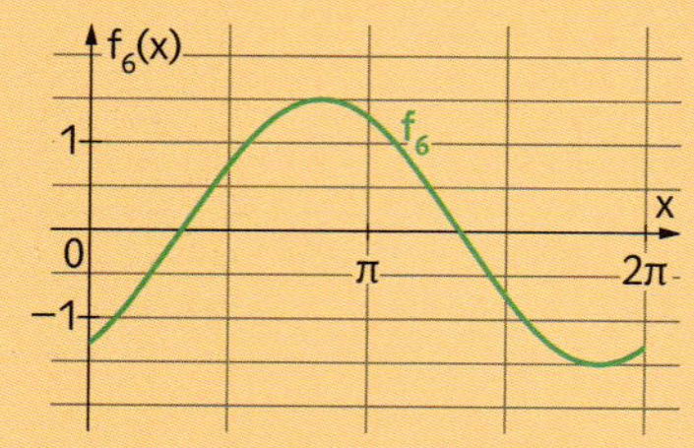

☐

AN-R 1.2 **6** Kreuze die zutreffende(n) Aussage(n) an!

$f(x) = x^2 \Rightarrow f'(0) = \lim\limits_{z \to 0} z$	☐
$f(x) = e^x \Rightarrow f'(0) = \lim\limits_{z \to 0} \frac{e^z - 1}{z}$	☐
$f(x) = e^{-x} \Rightarrow f'(0) = \lim\limits_{z \to 0} \frac{1 - e^z}{z}$	☐
$f(x) = \sin(x) \Rightarrow f'(0) = \lim\limits_{z \to 0} \frac{\sin(z)}{z}$	☐
$f(x) = \cos(x) \Rightarrow f'(0) = \lim\limits_{z \to 0} \frac{\cos(z)}{z}$	☐

AN-R 1.3 **7** Eine Bakterienkultur wächst annähernd nach dem Wachstumsgesetz $N(t) = 1000 \cdot e^{\frac{t}{2}}$, wobei N(t) die Bakterienanzahl t Tage nach Beobachtungsbeginn angibt. Ergänze den folgenden Text so, dass eine mathematisch korrekte Aussage entsteht.

Der Term ______①______ gibt die ______②______ an.

①	
$\sqrt{e}$	☐
$250 \cdot \sqrt{e}$	☐
$2500 \cdot \sqrt{e}$	☐

②	
Bakterienanzahl nach dem ersten Tag	☐
Wachstumsgeschwindigkeit nach dem ersten Tag.	☐
Wachstumsbeschleunigung nach dem ersten Tag.	☐

AN-R 2.1 **8** Bilde die ersten drei Ableitungen der Funktion f mit $f(x) = \frac{1}{3} \cdot \cos(3x)$!

AN-R 2.1 **9** Ordne jeder Funktion in der linken Tabelle die zugehörige zweite Ableitung aus der rechten Tabelle zu!

$f(x) = \sin(2x)$	
$f(x) = -\sin(2x)$	
$f(x) = 2 \cdot \sin(2x)$	
$f(x) = -2 \cdot \sin(2x)$	

A	$f''(x) = 2 \cdot \sin(2x)$
B	$f''(x) = -2 \cdot \sin(2x)$
C	$f''(x) = 4 \cdot \sin(2x)$
D	$f''(x) = -4 \cdot \sin(2x)$
E	$f''(x) = 8 \cdot \sin(2x)$
F	$f''(x) = -8 \cdot \sin(2x)$

AN-L 2.2 **10** Kreuze die zutreffende(n) Aussage(n) an!

Jede lokale Extremstelle der Funktion f_1 mit $f_1(x) = \sin(x)$ ist auch eine Wendestelle der Funktion f_2 mit $f_2(x) = \cos(x)$.	☐
Jede lokale Extremstelle der Funktion f_1 mit $f_1(x) = \cos(x)$ ist auch eine lokale Extremstelle der Funktion f_2 mit $f_2(x) = \cos^2(x)$.	☐
Jede Wendestelle der Funktion f_1 mit $f_1(x) = \sin(x)$ ist auch eine Wendestelle der Funktion f_2 mit $f_2(x) = \sin^2(x)$.	☐
Die Funktion f mit $f(x) = a^x$ ist für $a > 1$ in $\mathbb{R}$ monoton steigend und linksgekrümmt und für $0 < a < 1$ in $\mathbb{R}$ monoton fallend und rechtsgekrümmt.	☐
Die Funktion f mit $f(x) = \ln^2(x)$ ist in $(0; e)$ linksgekrümmt und in $(e; \infty)$ rechtsgekrümmt.	☐

AN-L 2.2 **11** Kreuze die Termdarstellungen der jeweils auf dem größtmöglichen Definitionsbereich definierten Funktionen an, die an der Stelle 0 eine lokale Minimumstelle haben!

$f_1(x) = \sqrt{x^2+1}$	☐
$f_2(x) = \sin^2(x) + \cos(x)$	☐
$f_3(x) = (4-x) \cdot e^{\frac{x}{4}}$	☐
$f_4(x) = \ln(x^2+1)$	☐
$f_5(x) = x \cdot \sin(x)$	☐

WS-R 2.4 **12** Kreuze die richtige(n) Aussage(n) an!

$\binom{3}{1} = 1$	$\binom{3}{0} = 3$	$\binom{3}{2} = \binom{3}{1}$	$\binom{4}{3} > \binom{3}{2}$	$\binom{5}{5} > \binom{4}{4}$
☐	☐	☐	☐	☐

WS-R 3.1 **13** In der folgenden Tabelle ist die Wahrscheinlichkeitsfunktion einer Zufallsvariablen X dargestellt. Ermittle den Erwartungswert und die Varianz von X!

k	0	1	2	3	4
$P(X = k)$	0,10	0,15	0,15	0,25	0,35

WS-R 3.1 **14** Zu Beginn eines Spiels darf Arabella eine Münze so oft werfen, bis „Zahl" kommt, höchstens aber viermal. Die Zufallsvariable X zählt die Anzahl der Münzwürfe, die Arabella ausführt. Vervollständige die Tabelle der zugehörigen Wahrscheinlichkeitsfunktion von X, berechne den Erwartungswert E(X) und interpretiere diesen im Kontext!

k	1	2	3	4
$P(X = k)$				

WS-R 3.1 **15** Alex und Bea vereinbaren folgendes Spiel: Aus einem Kartenspiel mit 32 Karten werden zwei Karten gezogen. Haben diese die gleiche „Farbe" (Herz, Karo, Pik, Treff), so gewinnt Alex. Und zwar erhält er von Bea 0,50 €, wenn es zwei Herz-, Karo, oder Pik-Karten sind. Wenn es zwei Treff-Karten sind, erhält er sogar 1,00 €. Wenn die Karten von verschiedener Farbe sind, hat Bea gewonnen und erhält von Alex 0,20 €.
Berechne den durchschnittlichen Gewinn (bzw. Verlust), den Alex pro Spiel erwarten kann!

WS-R 3.1 **16** Bei einem Zufallsversuch wird eine Münze viermal geworfen. Wenn aufeinanderfolgende Würfe verschiedene Ergebnisse zeigen, spricht man von einem „Wechsel". Die Zufallsvariable Y zählt die Anzahl der Wechsel beim viermaligen Münzwurf.
Beispiel: Beim Ausgang ZKKZ ist die Anzahl der Wechsel $Y = 2$.
Berechne E(Y) und V(Y)! Interpretiere E(Y) für lange Versuchsserien!

WS-R 3.1 **17** In einer Urne befinden sich vier Kugeln, von denen zwei mit der Nummer 1 und zwei mit der Nummer 2 beschriftet sind. Aus der Urne werden zwei Kugeln **a)** mit Zurücklegen, **b)** ohne Zurücklegen gezogen. Es sei X die erhaltene Nummer bei der ersten Ziehung und Y die erhaltene Nummer bei der zweiten Ziehung. Formuliere eine Vermutung für den Zusammenhang zwischen E(X), E(Y) und $E(X + Y)$!

WS-R 3.2 **18** Das Reisebüro *SommerSonne* hat aktuell 500 Reisebuchungen vorliegen. Aus Erfahrung weiß man aber, dass ca. 5 % der Buchungen vor Reiseantritt wieder storniert werden. Berechne, wie viele Stornierungen das Reisebüro *SommerSonne* erwarten muss, und wie groß dabei die auftretende Standardabweichung der Anzahl der Stornierungen ist!

WS-R 3.2 **19** Der Hersteller *EleProd* erzeugt ein elektronisches Bauteil. Erfahrungsgemäß sind 0,05 % der erzeugten Bauteile defekt. Berechne, wie viele Stück des Bauteils mindestens produziert werden müssen, damit sich mit 90 %iger Wahrscheinlichkeit wenigstens ein defektes Bauteil in der Produktion findet!

WS-R 3.2 **20** Im Folgenden sind die Wahrscheinlichkeitsverteilungen von zwei Zufallsvariablen X und Y durch Stabdiagramme dargestellt. Eine der beiden Verteilungen ist eine Binomialverteilung. Begründe, welche der beiden Verteilungen die Binomialverteilung ist!

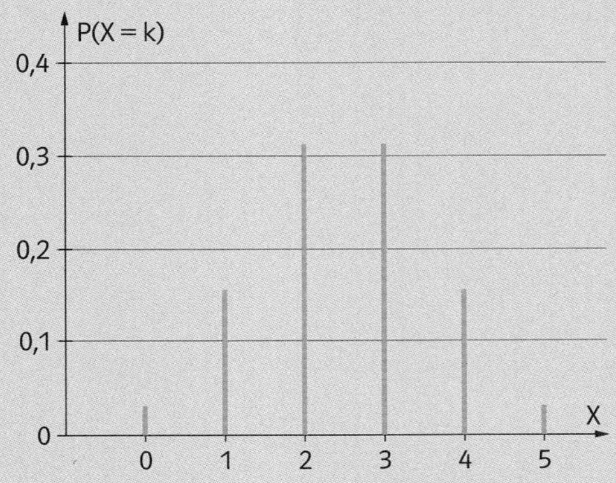

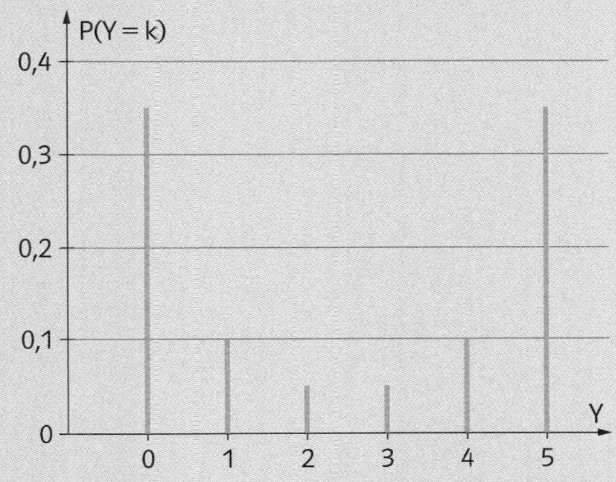

WS-R 3.3 **21** Kreuze diejenigen Situationen an, in denen die Zufallsvariable X binomialverteilt ist!

Auf ein Quadratgitter mit 10 × 10 Feldern fallen zufällig verteilt pro Minute 200 Regentropfen. X ist die Anzahl der Felder, auf die nach einer Minute mehr als 100 Regentropfen gefallen sind.	☐
Flieg'Billig hofft auf Stornierungen und nimmt für einen Flug mit 150 freien Plätzen 180 Buchungen entgegen. Erfahrungsgemäß erscheinen 10 % der gebuchten Personen nicht zum Check-in. X ist die Anzahl der nach dem Check-in überbelegten Plätze für diesen Flug.	☐
Aus dem 50-köpfigen Lehrkörper des *Paracelsus-Gymnasiums* werden für eine Studienreise sieben Personen zufällig ausgewählt. X ist die Anzahl der dabei ausgewählten Männer.	☐
In einem Labor wird ein Experiment 500-mal gleichartig durchgeführt. Die zugehörigen Messdaten werden jeweils in 1-Kilobyte-Datensätzen gespeichert. Erfahrungsgemäß ist die Speicherung eines solchen Datensatzes mit der Wahrscheinlichkeit 0,998 fehlerfrei. X ist die Anzahl der fehlerfrei gespeicherten Datensätze.	☐
Die gleichartigen Flächen eines 12-seitigen „Würfels" sind mit den Augenzahlen 1 bis 12 beschriftet. Es wird so lange gewürfelt, bis eine gerade Augenzahl erscheint. X ist die Anzahl der dazu nötigen Würfe.	☐

AUFGABEN VOM TYP 2

FA-R 1.2
AN-R 2.1
AN-L 2.2
AN-L 2.3
WS-R 1.3
WS-R 2.2
WS-R 3.2

1 **Kundenzufriedenheit**

Beim Online-Portal *UrlaubJetzt* können Kunden nach erfolgter Reisebuchung ihre Zufriedenheit mit dem Service auf einer Skala von 0 bis 4 Punkten bewerten. Die folgende Tabelle gibt die Bewertungen der Kundenzufriedenheit im Monat April eines Jahres an:

verbale Bewertung	wenig zufrieden		zufrieden		sehr zufrieden
Punktebewertung	0	1	2	3	4
absolute Häufigkeit	105				
relative Häufigkeit	2,5 %	8,5 %		46,5 %	10,5 %

a)
- Vervollständige die fehlenden Felder der Tabelle!
- Berechne für den Monat April die mittlere Kundenzufriedenheit in Punkten!

b) Im Monat Mai führt *UrlaubJetzt* Interviews mit 200 zufällig ausgewählten Kunden durch. *UrlaubJetzt* nimmt an, dass sich die Verteilung der Kundenzufriedenheit im Vergleich zum Vormonat nicht verändert hat.
- Berechne, wie viele wenig zufriedene Interviewpartner man erwarten muss!
- Berechne mit Technologieeinsatz die Wahrscheinlichkeit, dass sich unter den ausgewählten Interviewpartnern mindestens 15 % sehr zufriedene Kunden befinden!

c) Im Monat Juni verlost *UrlaubJetzt* 50 Reisegutscheine. *Urlaubjetzt* nimmt immer noch an, dass sich die Verteilung der Kundenzufriedenheit im Vergleich zum Vormonat nicht verändert hat.
- Berechne die Wahrscheinlichkeit, dass sich unter den Gewinnern von Reisegutscheinen kein sehr zufriedener Kunde befindet!
- Berechne mit Technologieeinsatz, mit welcher Wahrscheinlichkeit sich unter den Gewinnern von Reisegutscheinen weniger als sechs sehr zufriedene Kunden befinden!

d) Im Juli ist sich *UrlaubJetzt* nicht mehr sicher, ob noch immer 10,5 % der Kunden mit dem Service sehr zufrieden sind. Man führt daher eine Befragung von 100 zufällig ausgewählten Kunden durch. Von diesen sind 12 Kunden sehr zufrieden, also 12 % der Befragten. Aus mathematischer Sicht ist $\hat{p} = 12\,\%$ ein „guter Schätzwert" für den unbekannten relativen Anteil p der sehr zufriedenen Kunden an allen Kunden, denn: Die Wahrscheinlichkeit, dass man bei einer Befragung von 100 Kunden genau 12 % sehr zufriedene Kunden erhält, ist dann am größten, wenn man annimmt, dass auch der relative Anteil der sehr zufriedenen Kunden an allen Kunden 12 % beträgt.

Sei L(p) die Wahrscheinlichkeit, dass man bei einer Befragung von 100 Kunden genau 12 sehr zufriedene Kunden erhält, wenn p der (unbekannte) relative Anteil der sehr zufriedenen Kunden unter allen Kunden ist.
- Gib eine Termdarstellung der Funktion $L: p \mapsto L(p)$ mit $p \in [0; 1]$ an! Gib den Typ und gegebenenfalls auch den Grad der Funktion L an!
- Ermittle die Maximumstelle $\hat{p}$ von L für $p \in [0; 1]$ mittels Differentialrechnung! Argumentiere, dass es sich bei $\hat{p}$ um die einzige Maximumstelle von L für $p \in [0; 1]$ handelt!

AG-R 2.1 AG-R 2.3 FA-R 1.2 FA-R 1.4 FA-R 1.5 AN-R 1.2 AN-R 3.3 AN-L 3.4

2 Containerschifffahrt

Aufgrund günstiger Wetterbedingungen kann das Containerschiff *MS Kalliope* eine 5 600 km lange Strecke auf hoher See mit annähernd konstanter Geschwindigkeit zurücklegen. Die gewählte Fahrtgeschwindigkeit entscheidet dabei über den stündlichen Verbrauch und damit über den Gesamtverbrauch an Kraftstoff auf dieser Strecke.
Der Zusammenhang zwischen der Fahrtgeschwindigkeit v und dem stündlichen Kraftstoffverbrauch R der Schiffsmotoren kann annähernd durch die Funktion $R: v \mapsto 0{,}0024 \cdot v^2 + 1{,}5$ mit $v \geq 0$ beschrieben werden, wobei R in Tonnen/h und v in km/h angegeben ist.
Den Zusammenhang zwischen der Fahrtgeschwindigkeit v (in km/h) und der auf dieser Strecke insgesamt verbrauchten Kraftstoffmenge G (in Tonnen) gibt die Funktion $G: \mathbb{R}^+ \to \mathbb{R} \mid v \mapsto G(v)$ an.

a)
- Schiffsgeschwindigkeiten werden oft in der Maßeinheit *Knoten (kn)* angegeben. Dabei gilt: 1 kn = 1,852 km/h.
  Gib eine Termdarstellung der Funktion R für R in kg/h und v in kn an!
- Kreuze die Aussagen an, die auf die Funktion R und den durch R beschriebenen Sachverhalt zutreffen!

Die Funktion R ist streng monoton steigend.	☐
Selbst wenn die *MS Kalliope* vor Anker liegt, verbrauchen die Schiffsmotoren täglich 36 t Kraftstoff.	☐
Der Graph der Funktion R ist rechtsgekrümmt.	☐
Eine um 1 km/h höhere Geschwindigkeit hat eine Erhöhung des stündlichen Kraftstoffverbrauchs um 0,0024 t zur Folge.	☐
Bei einem stündlichen Kraftstoffverbrauch von 2,5 Tonnen/h dauert die 5 600 km lange Fahrt mehr als 10 Tage.	☐

b)
- Zeige, dass $G(v) = \frac{13{,}44 \cdot v^2 + 8\,400}{v}$ eine korrekte Termdarstellung von G ist!
- Nebenstehend ist ein Ausschnitt des Graphen der Funktion G dargestellt. Ermittle näherungsweise anhand des Graphen, für welche Werte von v sich insgesamt ein Verbrauch von weniger 950 Tonnen Kraftstoff ergibt!

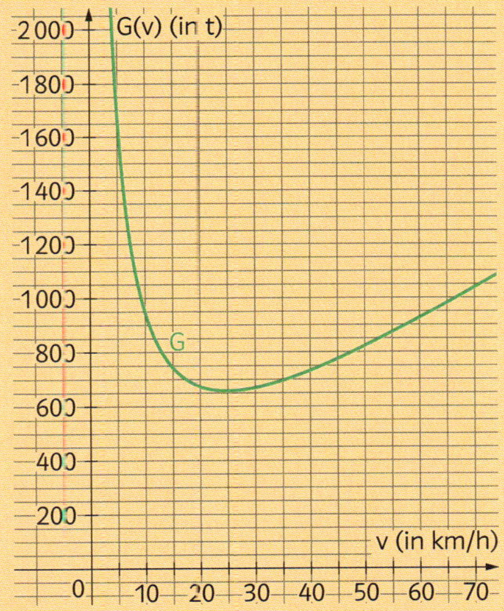

c)
- Beschreibe das Verhalten der Funktion G anhand der Formel $G(v) = \frac{13{,}44 \cdot v^2 + 8\,400}{v}$, wenn sich v von rechts her unbegrenzt der Stelle 0 nähert, und interpretiere dieses Verhalten von G im Kontext!
- Begründe, dass die insgesamt verbrauchte Kraftstoffmenge G(v) für große Werte von v annähernd linear zunimmt!

d)
- Aus Kostengründen wird der Kapitän der *MS Kalliope* auf der 5 600 km langen Hochseestrecke klarerweise jene Geschwindigkeit v_{min} wählen, für die die insgesamt verbrauchte Kraftstoffmenge möglichst klein ist.
  Ermittle diese Geschwindigkeit v_{min} mittels Differentialrechnung!
- Gib zu v_{min} die insgesamt verbrauchte Kraftstoffmenge, den stündlichen Kraftstoffverbrauch und die ungefähre Dauer der Fahrt in Tagen an!

ANHANG: BEWEISE

Zu 5.1 (Seite 104)

Satz (Spaltform der Tangentengleichung einer Ellipse)
Eine Gleichung der Tangente in einem Punkt $T = (x_T \mid y_T)$ der Ellipse $b^2x^2 + a^2y^2 = a^2b^2$ lautet:

$$\mathbf{b^2x_Tx + a^2y_Ty = a^2b^2}$$

BEWEIS:
Wir zeigen, dass die Ellipse ell: $b^2x^2 + a^2y^2 = a^2b^2$ und die Gerade t: $b^2x_Tx + a^2y_Ty = a^2b^2$ genau den Punkt $T = (x_T \mid y_T)$ gemeinsam haben.

$$\begin{cases} b^2x^2 + a^2y^2 = a^2b^2 \\ b^2x_Tx + a^2y_Ty = a^2b^2 \end{cases}$$

Aus der 2. Gleichung erhält man: $y = -\frac{b^2x_T}{a^2y_T} \cdot x + \frac{b^2}{y_T}$. Einsetzen in die 1. Gleichung liefert:

$$b^2x^2 + a^2 \cdot \left(\frac{b^4x_T^2}{a^4y_T^2} \cdot x^2 - 2 \cdot \frac{b^4x_T}{a^2y_T^2} \cdot x + \frac{b^4}{y_T^2}\right) - a^2b^2 = 0$$

$$b^2x^2 + \frac{b^4x_T^2}{a^2y_T^2} \cdot x^2 - \frac{2b^4x_T}{y_T^2} \cdot x + \frac{a^2b^4}{y_T^2} - a^2b^2 = 0 \qquad | \cdot a^2y_T^2$$

$$a^2b^2y_T^2 \cdot x^2 + b^4x_T^2 \cdot x^2 - 2a^2b^4x_T \cdot x + a^4b^4 - a^4b^2y_T^2 = 0 \qquad | : b^2$$

$$a^2y_T^2 \cdot x^2 + b^2x_T^2 \cdot x^2 - 2a^2b^2x_T \cdot x + a^4b^2 - a^4y_T^2 = 0$$

$$\underbrace{(b^2x_T^2 + a^2y_T^2)}_{a^2b^2} \cdot x^2 - 2a^2b^2x_T \cdot x + a^2 \cdot \underbrace{(a^2b^2 - a^2y_T^2)}_{b^2x_T^2} = 0 \qquad (\text{weil } T = (x_T \mid y_T) \in \text{ell})$$

$$a^2b^2 \cdot x^2 - 2a^2b^2x_T \cdot x + a^2b^2x_T^2 = 0 \qquad | : a^2b^2$$

$$x^2 - 2x_Tx + x_T^2 = 0$$

$$(x - x_T)^2 = 0$$

$$x = x_T,\ y = -\frac{b^2x_T}{a^2y_T} \cdot x_T + \frac{b^2}{y_T} = \frac{a^2b^2 - b^2x_T^2}{a^2y_T} = \frac{a^2y_T^2}{a^2y_T} = y_T$$

□

Zu 5.3 (Seite 113)

Satz (Spaltform der Tangentengleichung einer Parabel)
Eine Gleichung der Tangente in einem Punkt $T = (x_T \mid y_T)$ der Parabel $y^2 = 2px$ lautet:

$$\mathbf{y_T \cdot y = p \cdot x + p \cdot x_T}$$

BEWEIS:
Wir zeigen, dass die Parabel par: $y^2 = 2px$ und die Gerade t: $y_Ty = px + px_T$ genau den Punkt $T = (x_T \mid y_T)$ gemeinsam haben.

$$\begin{cases} y^2 = 2px \\ y_T \cdot y = p \cdot x + p \cdot x_T \end{cases}$$

Aus der 2. Gleichung erhält man: $y = \frac{p}{y_T}(x + x_T)$. Einsetzen in die 1. Gleichung liefert:

$$\frac{p^2}{y_T^2} \cdot (x^2 + 2x_Tx + x_T^2) = 2px$$

$$p^2(x^2 + 2x_Tx + x_T^2) = 2p \cdot \underbrace{y_T^2}_{2px_T} \cdot x \qquad (\text{weil } T = (x_T \mid y_T) \in \text{par})$$

$$p^2(x^2 + 2x_Tx + x_T^2) = 4p^2x_Tx \qquad | : p^2$$

$$x^2 + 2x_Tx + x_T^2 - 4x_Tx = 0$$

$$(x - x_T)^2 = 0$$

$$x = x_T,\ y = \frac{p}{y_T}(x_T + x_T) = \frac{2px_T}{y_T} = \frac{y_T^2}{y_T} = y_T$$

□

Zu 12.6 (Seite 243)

Satz:
Sind $z_1 = r \cdot [\cos(\varphi) + i \cdot \sin(\varphi)]$ und $z_2 = s \cdot [\cos(\psi) + i \cdot \sin(\psi)]$ zwei komplexe Zahlen, so gilt:
(1) $z_1 \cdot z_2 = r \cdot s \cdot [\cos(\varphi + \psi) + i \cdot \sin(\varphi + \psi)]$

(2) $\frac{z_1}{z_2} = \frac{r}{s} \cdot [\cos(\varphi - \psi) + i \cdot \sin(\varphi - \psi)]$

BEWEIS: Wir benutzen die Additionstheoreme (siehe Mathematik verstehen 6, Seite 100):
$\sin(\varphi + \psi) = \sin(\varphi) \cdot \cos(\psi) + \cos(\varphi) \cdot \sin(\psi)$
$\cos(\varphi + \psi) = \cos(\varphi) \cdot \cos(\psi) - \sin(\varphi) \cdot \sin(\psi)$

(1) $z_1 \cdot z_2 = r \cdot s \cdot [\cos(\varphi) + i \cdot \sin(\varphi)] \cdot [\cos(\psi) + i \cdot \sin(\psi)] =$
$= r \cdot s \cdot [\cos(\varphi) \cdot \cos(\psi) - \sin(\varphi) \cdot \cos(\psi] + i \cdot [\sin(\varphi) \cdot \cos(\psi) + \cos(\varphi) \cdot \sin(\psi)] =$
$= r \cdot s \cdot [\cos(\varphi + \psi) + i \cdot \sin(\varphi + \psi)]$

(2) kann analog bewiesen werden. □

MATHEMATISCHE ZEICHEN

(unter Berücksichtigung der ÖNORM A 6406 und A 6411)

Beachte

Das „Durchstreichen" eines Zeichens mittels „/" bedeutet dessen Negation.

Symbole aus der Logik

:	gilt	$\neg$	nicht … (Negation einer Aussage)
$\wedge$	… und …	$\vee$	… oder … (nicht-ausschließend)
$\Rightarrow$	wenn …, dann …	$\Leftrightarrow$	… genau dann, wenn …
$\exists$	Es gibt (mindestens) ein … (Existenzquantor)	$\forall$	Für alle … (Allquantor)

Symbole aus der Mengenlehre

$\in$	ist Element der Menge…	$\subset$	ist echte Teilmenge der Menge …
$\supseteq$	ist Obermenge der Menge…	$\subseteq$	ist Teilmenge der Menge …
$=$	hat die gleichen Elemente wie…	A'	Komplementärmenge der Menge A
$\setminus$	Differenzmenge von … und …	$\triangle$	symmetrische Differenz von … und …
$\cap$	… geschnitten mit …	$\cup$	… vereinigt mit …

$A = \{x \in G \mid \ldots\}$ A ist die Menge aller x aus der Menge G, für die gilt: …

Wichtige Zahlenmengen

$\{\ \}, \emptyset$	leere Menge
$\mathbb{N} = \{0, 1, 2, 3, \ldots\}$	Menge der natürlichen Zahlen **mit** 0
$\mathbb{N}^* = \{1, 2, 3, \ldots\} = \mathbb{Z}^+$	Menge der natürlichen Zahlen **ohne** 0 = Menge der **positiven ganzen** Zahlen
$\mathbb{N}_g = \{0, 2, 4, \ldots\}$	Menge der **geraden** natürlichen Zahlen
$\mathbb{N}_u = \{1, 3, 5, \ldots\}$	Menge der **ungeraden** natürlichen Zahlen
$\mathbb{P} = \{2, 3, 5, 7, 11, \ldots\}$	Menge der Primzahlen
$\mathbb{Z} = \{\ldots, -2, -1, 0, 1, 2, \ldots\}$	Menge der **ganzen** Zahlen
$\mathbb{Z}^- = \{\ldots, -2, -1\}$	Menge der **negativen ganzen** Zahlen
$\mathbb{Q}$	Menge der **rationalen** Zahlen
$\mathbb{I} = \mathbb{R} \setminus \mathbb{Q}$	Menge der **irrationalen** Zahlen
$\mathbb{R}$	Menge der **reellen** Zahlen
$\mathbb{Q}^*$ bzw. $\mathbb{R}^*$	Menge der **rationalen** bzw. **reellen** Zahlen **ohne** 0
$\mathbb{Q}^+$ bzw. $\mathbb{R}^+$	Menge der **positiven rationalen** bzw. **reellen** Zahlen
$\mathbb{Q}^-$ bzw. $\mathbb{R}^-$	Menge der **negativen rationalen** bzw. **reellen** Zahlen
$\mathbb{Q}_0^+$ bzw. $\mathbb{R}_0^+$	Menge der **nichtnegativen rationalen** bzw. **reellen** Zahlen
$\mathbb{Q}_0^-$ bzw. $\mathbb{R}_0^-$	Menge der **nichtpositiven rationalen** bzw. **reellen** Zahlen
$\mathbb{C}$	Menge der **komplexen** Zahlen
$[a; b]$, $(a; b)$, $[a; b)$, $(a; b]$	Intervalle
$\mathbb{R}^n$	Menge der geordneten n-Tupel reeller Zahlen

Symbole aus der Arithmetik und Algebra

$=$	… ist (dem Wert nach) gleich …	$\neq$	… ist (dem Wert nach) ungleich
$\approx$	… ist ungefähr gleich …	$\triangleq$	… entspricht …
$<$	… ist kleiner als …	$>$	… ist größer als
$\leqslant$	… ist kleiner oder gleich …	$\geqslant$	… ist größer oder gleich …
$+$	Addition (bzw. Vorzeichen)	$-$	Subtraktion (bzw. Vorzeichen)
$\sqrt{x}$	Quadratwurzel von x	$\sqrt[n]{x}$	n-te Wurzel von x
arg A	Argument von A		
$\sum_{i=1}^{n} a_i$	Summe der Zahlen $a_1, a_2, \ldots, a_n$	$\pm$	… plus oder minus …
$\lvert a \rvert$	Betrag von a	$\mid$	… teilt … $\nmid$ … teilt nicht …
kgV	kleinstes gemeinsames Vielfaches von …	ggT	größter gemeinsamer Teiler von …
%	Prozent	‰	Promille
$(x_1 \mid x_2)$	geordnetes Paar	i	imaginäre Einheit

Funktionen

$f\colon A \to B \mid x \mapsto f(x)$	Funktion von A nach B, die jedem $x \in A$ den Funktionswert $f(x) \in B$ zuordnet		
$f^*\colon B \to A \mid f(x) \mapsto x$	Umkehrfunktion von f	f'	erste Ableitung von f
$g \circ f$	Verkettung von f und g	f''	zweite Ableitung von f
		f'''	dritte Ableitung von f

Symbole aus der Geometrie

A, B, …	Punkte	$(x_1 \mid x_2)$ bzw. $(x_1 \mid x_2 \mid x_3)$	Punkt/Vektor
AB	Strecke AB	$\overline{AB}$	Länge der Strecke AB
$\overrightarrow{AB}$	Vektor, dargestellt als Pfeil von A nach B	$\lvert\overrightarrow{AB}\rvert$	Länge des Pfeils von A nach B
$\vec{a}$	Vektor	$\lvert\vec{a}\rvert$	Betrag des Vektors $\vec{a}$
$\vec{a}_0$	Einheitsvektor zu $\vec{a}$	$-\vec{a}$	entgegengesetzter Vektor zu $\vec{a}$
$\vec{o}$	Nullvektor	$\sphericalangle ABC$	Maß des Winkels mit den Schenkeln BA und BC
$\vec{b}_a$	Normalprojektion von $\vec{b}$ auf $\vec{a}$		
$\perp$	rechtwinkelig (normal, orthogonal)	$\parallel$	parallel
$\vec{a} \cdot \vec{b}$	Skalarprodukt der Vektoren $\vec{a}$ und $\vec{b}$	$\vec{a} \times \vec{b}$	Vektorprodukt der Vektoren $\vec{a}$ und $\vec{b}$

Symbole aus der beschreibenden Statistik

$\bar{x}$	Mittelwert einer Liste	μ	Erwartungswert
s	empirische Standardabweichung	s^2	empirische Varianz
σ	Standardabweichung	σ^2	Varianz

Symbole aus der Kombinatorik

n!	Fakultät, Faktorielle	$\binom{n}{k}$	Binomialkoeffizient

Griechisches Alphabet

Α α	Alpha	Η η	Eta	Ν ν	Ny	Τ τ	Tau
Β β	Beta	Θ ϑ	Theta	Ξ ξ	Xi	Υ υ	Ypsilon
Γ γ	Gamma	Ι ι	Iota	Ο ο	Omikron	Φ φ	Phi
Δ δ	Delta	Κ ϰ	Kappa	Π π	Pi	Χ χ	Chi
Ε ε	Epsilon	Λ λ	Lambda	Ρ ρ	Rho	Ψ ψ	Psi
Ζ ζ	Zeta	Μ μ	My	Σ σ	Sigma	Ω ω	Omega

Binomialkoeffizienten $\binom{n}{k}$

n \ k	2	3	4	5	6	7	8	9	10	11	12	13
2	1											
3	3	1										
4	6	4	1									
5	10	10	5	1								
6	15	20	15	6	1							
7	21	35	35	21	7	1						
8	28	56	70	56	28	8	1					
9	36	84	126	126	84	36	9	1				
10	45	120	210	252	210	120	45	10	1			
11	55	165	330	462	462	330	165	55	11	1		
12	66	220	495	792	924	792	495	220	66	12	1	
13	78	286	715	1287	1716	1716	1287	715	286	78	13	1
14	91	364	1001	2002	3003	3432	3003	2002	1001	364	91	14
15	105	455	1365	3003	5005	6435	6435	5005	3003	1365	455	105
16	120	560	1820	4368	8008	11440	12870	11440	8008	4368	1820	560
17	136	680	2380	6188	12376	19448	24310	24310	19448	12376	6188	2380
18	153	816	3060	8568	18564	31824	43758	48620	43758	31824	18561	8568
19	171	969	3876	11628	27132	50388	75582	92378	92378	75582	50388	27132
20	190	1140	4845	15504	38760	77520	125970	167960	184756	167960	125970	77520
21	210	1330	5985	20349	54264	116280	203490	293930	352716	352716	293930	203490
22	231	1540	7315	26334	74613	170544	319770	497420	646646	705432	646646	497420
23	253	1771	8855	33649	100947	245157	490314	817190	1144066	1352078	1352078	1144066
24	276	2024	10626	42504	134596	346104	735471	1307504	1961256	2496144	2704156	2496144
25	300	2300	12650	53130	177100	480700	1081575	2042975	3268760	4457400	5200300	5200300
26	325	2600	14950	65780	230230	657800	1562275	3124550	5311735	7726160	9657700	10400600

Binomialverteilung mit $n = 10$ und $p = \frac{1}{6}$

k	0	1	2	3	4	5	6	7	8	9	10
P(H = k)	0,162	0,323	0,291	0,155	0,054	0,013	0,002				
P(H ≤ k)	0,162	0,485	0,775	0,930	0,985	0,998	1,000	1,000	1,000	1,000	1,000
P(H ≥ k)	1,000	0,838	0,515	0,225	0,070	0,016	0,002				

Keine Eintragung bedeutet 0,000.

Binomialverteilung mit $n = 20$ und $p = \frac{1}{6}$

k	0	1	2	3	4	5	6	7	8	9	10
P(H = k)	0,026	0,104	0,198	0,238	0,202	0,129	0,065	0,026	0,008	0,002	
P(H ≤ k)	0,026	0,130	0,329	0,567	0,769	0,898	0,963	0,989	0,997	0,999	1,000
P(H ≥ k)	1,000	0,974	0,870	0,671	0,433	0,231	0,102	0,037	0,011	0,003	0,001

k	11	12	13	14	15	16	17	18	19	20
P(H = k)										
P(H ≤ k)	1,000	1,000	1,000	1,000	1,000	1,000	1,000	1,000	1,000	1,000
P(H ≥ k)										

Keine Eintragung bedeutet 0,000.

Binomialverteilung mit n = 10 und verschiedenen Werten von p: P(H = k)

p \ k	0	1	2	3	4	5	6	7	8	9	10	
0,01	0,904	0,091	0,004									**0,99**
0,02	0,817	0,167	0,015	0,001								**0,98**
0,05	0,599	0,315	0,075	0,011								**0,95**
0,10	0,349	0,387	0,194	0,057	0,011							**0,90**
0,15	0,197	0,347	0,276	0,130	0,040	0,008	0,001					**0,85**
0,20	0,107	0,268	0,302	0,201	0,088	0,026	0,006	0,001				**0,80**
0,25	0,056	0,188	0,282	0,250	0,146	0,058	0,016	0,003				**0,75**
0,30	0,028	0,121	0,233	0,267	0,200	0,103	0,037	0,009	0,001			**0,70**
0,35	0,014	0,073	0,176	0,252	0,238	0,154	0,069	0,021	0,004	0,001		**0,65**
0,40	0,006	0,040	0,121	0,215	0,251	0,201	0,111	0,043	0,011	0,002		**0,60**
0,45	0,003	0,021	0,076	0,166	0,238	0,234	0,160	0,075	0,023	0,004		**0,55**
0,50	0,001	0,010	0,044	0,117	0,205	0,246	0,205	0,117	0,044	0,010	0,001	**0,50**
	10	9	8	7	6	5	4	3	2	1	0	k \ p

Keine Eintragung bedeutet 0,000.

Binomialverteilung mit n = 10 und verschiedenen Werten von p: P(H ≤ k) und P(H ≥ k)

P(H ≤ k)

p \ k	0	1	2	3	4	5	6	7	8	9	10	
0,01	0,904	0,996	1,000	1,000	1,000	1,000	1,000	1,000	1,000	1,000	1,000	**0,99**
0,02	0,817	0,984	0,999	1,000	1,000	1,000	1,000	1,000	1,000	1,000	1,000	**0,98**
0,05	0,599	0,914	0,988	0,999	1,000	1,000	1,000	1,000	1,000	1,000	1,000	**0,95**
0,10	0,349	0,736	0,930	0,987	0,998	1,000	1,000	1,000	1,000	1,000	1,000	**0,90**
0,15	0,197	0,544	0,820	0,950	0,990	0,999	1,000	1,000	1,000	1,000	1,000	**0,85**
0,20	0,107	0,376	0,678	0,879	0,967	0,994	0,999	1,000	1,000	1,000	1,000	**0,80**
0,25	0,056	0,244	0,526	0,776	0,922	0,980	0,996	1,000	1,000	1,000	1,000	**0,75**
0,30	0,028	0,149	0,383	0,650	0,850	0,953	0,989	0,998	1,000	1,000	1,000	**0,70**
0,35	0,014	0,086	0,262	0,514	0,751	0,905	0,974	0,995	0,999	1,000	1,000	**0,65**
0,40	0,006	0,046	0,167	0,382	0,633	0,834	0,945	0,988	0,998	1,000	1,000	**0,60**
0,45	0,003	0,023	0,100	0,266	0,504	0,738	0,898	0,973	0,995	1,000	1,000	**0,55**
0,50	0,001	0,011	0,055	0,172	0,377	0,623	0,828	0,945	0,989	0,999	1,000	**0,50**
0,55		0,005	0,027	0,102	0,262	0,496	0,734	0,900	0,977	0,997	1,000	**0,45**
0,60		0,002	0,012	0,055	0,166	0,367	0,618	0,833	0,954	0,994	1,000	**0,40**
0,65		0,001	0,005	0,026	0,095	0,249	0,486	0,738	0,914	0,987	1,000	**0,35**
0,70			0,002	0,011	0,047	0,150	0,350	0,617	0,851	0,972	1,000	**0,30**
0,75				0,004	0,020	0,078	0,224	0,474	0,756	0,944	1,000	**0,25**
0,80				0,001	0,006	0,033	0,121	0,322	0,624	0,893	1,000	**0,20**
0,85					0,001	0,010	0,050	0,180	0,456	0,803	1,000	**0,15**
0,90						0,002	0,013	0,070	0,264	0,651	1,000	**0,10**
0,95							0,001	0,012	0,086	0,401	1,000	**0,05**
0,98								0,001	0,016	0,183	1,000	**0,02**
0,99									0,004	0,096	1,000	**0,01**
	10	9	8	7	6	5	4	3	2	1	0	k \ p

Keine Eintragung bedeutet 0,000.

P(H ≥ k)

Binomialverteilung mit n = 20 und verschiedenen Werten von p:
P(H = k)

p \ k	0	1	2	3	4	5	6	7	8	9	10	11	12	13	14	15	16	17	18	19	20	
0,01	0,818	0,165	0,016	0,001																		**0,99**
0,02	0,668	0,272	0,053	0,006	0,001																	**0,98**
0,05	0,358	0,377	0,189	0,060	0,013	0,002																**0,95**
0,10	0,122	0,270	0,285	0,190	0,090	0,032	0,009	0,002														**0,90**
0,15	0,039	0,137	0,229	0,243	0,182	0,103	0,045	0,016	0,005	0,001												**0,85**
0,20	0,012	0,058	0,137	0,205	0,218	0,175	0,109	0,055	0,022	0,007	0,002											**0,80**
0,25	0,003	0,021	0,067	0,134	0,190	0,202	0,169	0,112	0,061	0,027	0,010	0,003	0,001									**0,75**
0,30	0,001	0,007	0,028	0,072	0,130	0,179	0,192	0,164	0,114	0,065	0,031	0,012	0,004	0,001								**0,70**
0,35		0,002	0,010	0,032	0,074	0,127	0,171	0,184	0,161	0,116	0,069	0,034	0,014	0,005	0,001							**0,65**
0,40			0,003	0,012	0,035	0,075	0,124	0,166	0,180	0,160	0,117	0,071	0,036	0,015	0,005	0,001						**0,60**
0,45			0,001	0,004	0,014	0,037	0,075	0,122	0,162	0,177	0,159	0,119	0,073	0,037	0,015	0,005	0,001					**0,55**
0,50				0,001	0,005	0,015	0,037	0,074	0,120	0,160	0,176	0,160	0,120	0,074	0,037	0,015	0,005	0,001				**0,50**
	20	**19**	**18**	**17**	**16**	**15**	**14**	**13**	**12**	**11**	**10**	**9**	**8**	**7**	**6**	**5**	**4**	**3**	**2**	**1**	**0**	**k \ p**

Keine Eintragung bedeutet 0,000.

Binomialverteilung mit n = 20 und verschiedenen Werten von p:
P(H ≤ k) und P(H ≥ k)

P(H ≤ k)

p \ k	0	1	2	3	4	5	6	7	8	9	10	11	12	13	14	15	16	17	18	19	20	
0,01	0,818	0,983	0,999	1,000	1,000	1,000	1,000	1,000	1,000	1,000	1,000	1,000	1,000	1,000	1,000	1,000	1,000	1,000	1,000	1,000	1,000	**0,99**
0,02	0,668	0,940	0,993	0,999	1,000	1,000	1,000	1,000	1,000	1,000	1,000	1,000	1,000	1,000	1,000	1,000	1,000	1,000	1,000	1,000	1,000	**0,98**
0,05	0,358	0,736	0,925	0,984	0,997	1,000	1,000	1,000	1,000	1,000	1,000	1,000	1,000	1,000	1,000	1,000	1,000	1,000	1,000	1,000	1,000	**0,95**
0,10	0,122	0,392	0,677	0,867	0,957	0,989	0,998	1,000	1,000	1,000	1,000	1,000	1,000	1,000	1,000	1,000	1,000	1,000	1,000	1,000	1,000	**0,90**
0,15	0,039	0,176	0,405	0,648	0,830	0,933	0,978	0,994	0,999	1,000	1,000	1,000	1,000	1,000	1,000	1,000	1,000	1,000	1,000	1,000	1,000	**0,85**
0,20	0,012	0,069	0,206	0,411	0,630	0,804	0,913	0,968	0,990	0,997	0,999	1,000	1,000	1,000	1,000	1,000	1,000	1,000	1,000	1,000	1,000	**0,80**
0,25	0,003	0,024	0,091	0,225	0,415	0,617	0,786	0,898	0,959	0,986	0,996	0,999	1,000	1,000	1,000	1,000	1,000	1,000	1,000	1,000	1,000	**0,75**
0,30	0,001	0,008	0,036	0,107	0,238	0,416	0,608	0,772	0,887	0,952	0,983	0,995	0,999	1,000	1,000	1,000	1,000	1,000	1,000	1,000	1,000	**0,70**
0,35		0,002	0,012	0,044	0,118	0,245	0,417	0,601	0,762	0,878	0,947	0,980	0,994	0,998	1,000	1,000	1,000	1,000	1,000	1,000	1,000	**0,65**
0,40		0,001	0,004	0,016	0,051	0,126	0,250	0,416	0,596	0,755	0,872	0,943	0,979	0,994	0,998	1,000	1,000	1,000	1,000	1,000	1,000	**0,60**
0,45			0,001	0,005	0,019	0,055	0,130	0,252	0,414	0,591	0,751	0,869	0,942	0,979	0,994	0,998	1,000	1,000	1,000	1,000	1,000	**0,55**
0,50				0,001	0,006	0,021	0,058	0,132	0,252	0,412	0,588	0,748	0,868	0,942	0,979	0,994	0,999	1,000	1,000	1,000	1,000	**0,50**
0,55					0,001	0,006	0,021	0,058	0,131	0,249	0,409	0,586	0,748	0,870	0,945	0,981	0,995	0,999	1,000	1,000	1,000	**0,45**
0,60						0,001	0,006	0,021	0,057	0,128	0,245	0,404	0,584	0,750	0,874	0,949	0,984	0,996	0,999	1,000	1,000	**0,40**
0,65							0,001	0,006	0,020	0,053	0,122	0,238	0,399	0,583	0,755	0,882	0,956	0,988	0,998	1,000	1,000	**0,35**
0,70								0,001	0,005	0,017	0,048	0,113	0,228	0,392	0,584	0,762	0,893	0,965	0,992	0,999	1,000	**0,30**
0,75									0,001	0,004	0,014	0,041	0,102	0,214	0,383	0,585	0,775	0,909	0,976	0,997	1,000	**0,25**
0,80										0,001	0,003	0,010	0,032	0,087	0,196	0,370	0,589	0,794	0,931	0,988	1,000	**0,20**
0,85												0,001	0,006	0,022	0,067	0,170	0,352	0,595	0,824	0,961	1,000	**0,15**
0,90														0,002	0,011	0,043	0,133	0,323	0,608	0,878	1,000	**0,10**
0,95																0,003	0,016	0,076	0,264	0,642	1,000	**0,05**
0,98																	0,001	0,007	0,060	0,332	1,000	**0,02**
0,99																		0,001	0,017	0,182	1,000	**0,01**
	20	**19**	**18**	**17**	**16**	**15**	**14**	**13**	**12**	**11**	**10**	**9**	**8**	**7**	**6**	**5**	**4**	**3**	**2**	**1**	**0**	**k \ p**

Keine Eintragung bedeutet 0,000.

P(H ≥ k)

STICHWORTVERZEICHNIS

NAMENSREGISTER

BILDNACHWEIS

U1: Marcus Lindstrom / iStockphoto.com; S. 16: Lovrencg / Fotolia; S. 21: fotofuerst / Fotolia; S. 42: pavlinec / Thinkstock; S. 43: tom / Fotolia; S. 77: akg-images / picturedesk.com; S. 82: MEV-Verlag, Germany; S. 82: ziquiu / Thinkstock; S. 83: Sander Van de Wijngaert / Thinkstock; S. 97: Aleksey Stemmer / Fotolia; S. 123: Bruce Yeany / youtube.com; S. 137: Maridav / Fotolia.com; S. 168.1: Paul D.Stewart / Science Photo Library / picturedesk.com; S. 168.2: akg / North Wind Picture Archives; S. 169.1: akg-images / picturedesk.com; S. 170.1: SCIENCE PHOTO LIBRARY / Science Photo Library / picturedesk.com; S. 170.2: Peter Geymayer / Wikimedia Commons – gemeinfrei; S. 195.1: MH Foto Design; S. 195.2: Carsten Reisinger / Fotolia.com; S. 196.1: Österreichische Nationalbank; S. 196.2: Wavebreakmedia Ltd / Thinkstock; S. 206: ktsimage / Getty Images / iStockphoto; S. 207: Maria.P. / Fotolia.com; S. 214: Mikkel William Nielsen / iStockphoto.com; S. 216: akg-images / picturedesk.com; S. 217: akg / North Wind Picture Archives; S. 219.1: MH Foto Design; S. 219.2: M.Rosenwirth / Fotolia.com; S. 221: Digitalpress / Fotolia; S. 222: AMERICAN PHILOSOPHICAL SOCIETY / Science Photo Library / picturedesk.com; S. 224.1: Doc RaBe / Fotolia.com; S. 224.2: lycha / Fotolia.com; S. 224.3: mohaa / Fotolia; S. 225: DOC RABE Media / Fotolia; S. 229.1: MH Foto Design; S. 229.2: Österreichische Nationalbank; S. 229.3: Marzanna Syncerz / Fotolia; S. 231: sulupress / Fotolia; S. 232: akg-images / picturedesk.com; S. 239: ullstein bild / Ullstein Bild / picturedesk.com; S. 240: Science Photo Library / picturedesk.com; S. 245: Bridgeman Art Library / picturedesk.com; S. 247.1: Science Source / Photo-Researchers / picturedesk.com; S. 247.2: akg-images / picturedesk.com; S. 248: Science Photo Library / picturedesk.com; S. 249: akg-images / picturedesk.com; S. 256: Yvan Dubé / iStockphoto.com